硅技术的发展和未来

［法］P. 希弗特
［德］E. 克瑞梅尔　编著

屠海令　等译

北　京
冶 金 工 业 出 版 社
2009

北京市版权局著作权合同登记号　图字：01-2009-0710 号

Translation from the English language edition:
Silicon edited by P. Siffert and E. F. Krimmel,

图书在版编目(CIP)数据

硅技术的发展和未来/(法)希弗特(Siffert, P.),(德)克瑞梅尔(Krimmel, E.)编著;屠海令等译.—北京:冶金工业出版社,2009.2
书名原文:Silicon——Evolution and Future of a Technology
ISBN 978-7-5024-4536-2

Ⅰ.硅…　Ⅱ.①希…　②克…　③屠…　Ⅲ.硅—研究
Ⅳ.TQ127.2

中国版本图书馆 CIP 数据核字(2009)第 007962 号

出 版 人　曹胜利
地　　址　北京北河沿大街嵩祝院北巷 39 号，邮编 100009
电　　话　(010)64027926　电子信箱　postmaster@cnmip.com.cn
责任编辑　李培禄　美术编辑　张媛媛　版式设计　葛新霞
责任校对　刘　倩　责任印制　牛晓波
ISBN 978-7-5024-4536-2
北京百善印刷厂印刷；冶金工业出版社发行；各地新华书店经销
2009 年 2 月第 1 版，2009 年 2 月第 1 次印刷
155mm×235mm；31.25 印张；539 千字；480 页
50.00 元

冶金工业出版社发行部　电话：(010)64044283　传真：(010)64027893
冶金书店　地址：北京东四西大街 46 号(100711)　电话：(010)65289081
(本书如有印装质量问题，本社发行部负责退换)

序

2006年，欧洲材料研究学会年会在法国召开，受 Paul Siffert 教授的邀请，我参与主持了其中的半导体硅材料分会。与会期间，Paul Siffert 教授很高兴将他和 Eberhard F. Krimmel 教授共同编著的《硅技术的发展和未来》（Silicon：Evolution and Future of a Technology）一书赠予我。由于书中所述内容新颖，国内此类专著尚不多见，在征得作者和出版机构 Springer-Verlag GmbH 的同意后，本人（前言、第1、3、5、22章）同朱悟新（第9、13、15章）、邓志杰（第6、7、20、21章）、米绪军（第18、19、24、25章）、黄倬（第12、16、17、23章）、肖清华（第8、14章）、马通达（第2、4、10、11章）等一起将该书译成中文，以飨读者。

半导体工业是人类历史发展过程中的一个奇迹，它推动着全球科技进步，并不断将更新换代的信息商品以广大消费者可以接受的价格送到千家万户，而支撑这一切的基础即是半导体硅材料。撰写硅材料方面的书籍是一件十分具有挑战性的工作，本书作者 Paul Siffert 教授和 Eberhard F. Krimmel 教授是世界知名的半导体材料专家，Paul Siffert 教授曾任欧洲材料研究学会（EMRS）主席，现仍任 EMRS 秘书长；Eberhard F. Krimmel 教授曾任职于西门子公司领导半导体和激光技术的研发，是 EMRS 的创始人之一。必须指出的是，由于半导体硅技术的发展非常迅速，书中部分章节的某些数据略显陈旧，尽管如此，本书依然不失为一本非常优秀的著作。

全书涵盖了半导体硅及硅基材料、多晶硅和光伏技术、硅外延和薄膜、硅掺杂、器件、化合物半导体、晶格缺陷、杂质影响等多方面的内容，并涉及量子计算机、碳纳米管在微电子中的应用、情境智能系统、大脑半导体等诸多新概念。它系统总结了世界半导体硅材料的发展历史、研究现状，并指出了今后的发展方向；其内容广泛，数据详实，可作为高等院校、科研院所和相关单位中从事半导体材料学习、科研和开发人员的参考用书。

在翻译出版本书的过程中，得到 Springer-Verlag GmbH 出版社和冶金工业出版社的大力合作，北京有色金属研究总院张世荣同志参加了部分组织工作，在此一并表示衷心感谢！

由于时间仓促，译审之中疏漏之处在所难免，敬请读者批评指正。

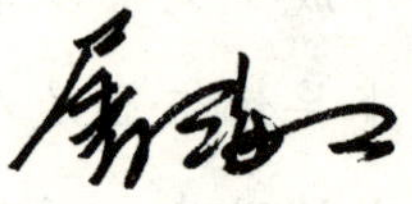

2008 年秋于北京

前　言

人类社会的进化和发展一般以石器时代、青铜器时代和铁器时代这样一些关键词来描述，即以材料为标志。半导体特别是硅的发现和应用使我们的生存条件，社会及生活发生了革命性的变化，甚至超过以前所有材料时代所发生变化的总和。或许某天我们的后代会称之为硅时代。然而，更准确一点讲，现阶段的特点是众多新材料的发现、开发与应用。这些材料有新的合金、陶瓷、塑料、有机化学合成物、复合材料、生物材料以及微电子学、纳米技术和空间科学用的各种材料。微电子材料包括硅和其他元素半导体材料以及化合物半导体和有机半导体材料。硅作为电子学的基础材料之一在上述材料的互相依存和应用方面扮演着核心角色。我们生活在硅时代仅仅半个世纪，现在是否已经跃入合成有机电子学材料的新时代呢？目前我们尚无答案。

首次关于硅的重要工作始于50多年以前。工业界在德国巴伐利亚州东北部Pretzfeld几个世纪前的一个古老乡村城堡里设立了欧洲的半导体实验室。那时尚没有今天所定义的超净条件。但就是这支人数不多但非常优秀的科学家和工程师组成的队伍热情地在那座城堡里进行技术开发并研制出当时最优质的硅材料。这座位于欧洲中心的实验室后来成为单晶硅的重点实验室之一。作为一名年轻的科学工作者，Krimmel在25年以后访问了曾在Pretzfeld城堡最初研究硅的开创者之一的老科学家Spenke，并通过他了解到有关过去的工作岁月。那不只是反复试验，而且是失败交织着成功的喜悦。其更体现了精神而不是金钱。这也是撰写这本书的宗旨和呈献这份描述硅的最初应用到在最新领域进展的报告的初衷。它意味着不但要学习过去而且要以开放的概念看待未来，而这一点不仅限于硅。

我们在世界范围寻求那些曾在或正在相关技术领域进行研发工作的同行作为作者或合作者参与了本书写作。而题目的选取不得不有所限制，以便查询。我们理解或许其他的编者会有不同的选题。生活本该如此！

最后，我们向所有对本书做出贡献的作者，对他们在编写本书过程中给予的帮助、理解与合作表示衷心感谢。我们还要感谢 W. Freiesleben 在联系作者方面所做的工作。

Paul Siffert
Eberhard F. Krimmel
慕尼黑斯特拉斯堡
2003 年 10 月

目　录

第四部分 晶格缺陷

第五部分 硅掺杂

第六部分 某些杂质的作用

第七部分 器　件

第八部分　对硅的补充：化合物半导体

第九部分　新的研究领域

1 导论：各种形式的硅

J. Chelikowsky

1.1 引言

我真诚地深感荣幸被推选作这一报告。本人早期生涯中的一个亮点是长途跋涉赴哈佛访问 David Turnbull 教授。虽然那仅是一次短暂的会面，但给我留下了深刻印象。本章我将讲述我们身边的也是我最喜欢的材料：14 号元素硅。众所周知，我们生活在硅时代；它以电子器件的形式存在于我们周围。硅是最重要的电子材料。人们常说了解硅及其在电子材料中的作用与了解铁及其在冶金和炼钢中的作用相似。

但也不完全是那样。1954 年 5 月 10 日，在第一支硅晶体管的新闻发布会上，德州仪器公司宣布了大家长期盼望的一个新的革命性的电子产品：硅晶体管。通过以硅代锗，最初商用的硅晶体管即刻增大了功率输出并将工作温度提高一倍[1]。

1954 年第一次有了硅晶体管。1965 年出现约含 2000 个晶体管的集成电路芯片。2001 年 Intel 制备出含有 4200 万支晶体管的奔腾微处理器。Intel 认为到 2007 年，它可生产出含 10 亿支晶体管的微处理器[2]。这是一个令人惊奇的技术进步。我们可以花几天的时间来叙述关于硅材料和器件的技术发展。但现在我们要讨论的是硅技术的另一个方面，即硅在发展材料理论工具方面的作用。

20 世纪 70 年代，大约有 3 万篇文章在其摘要中提到硅这个名词。到 80 年代，这一数字达到 84000 篇。进入 90 年代后，对应的文章数达到 135652 篇（平均每 90min 发表一篇文章）[3]。30 年来，约有 25 万篇文章直接或间接地论述到硅。这些文章中大多数集中在硅技术和实验方面，但其主体工作同时深刻地影响了理论界。也就是说，理论学者们也在充分利用这个巨大的数据库。任何关于电子材料的新理论几乎总是先对照硅数据库进行检验和评估。

下面我将综述 40 年来硅对于我们了解电子材料所起的作用。无需多言，我将尽量简化讨论，谨以对电子材料的基本理解概述过去几十年中取得的主要成就。例如，在 20 世纪 60 年代初，我们尚不知道有关硅能带的细节。但到了 70 年代，已经了解了晶体硅的能带结构，然后向更复杂的问题进军并研究硅的表面。到了 80 年代，开始研究与缺陷相关的问题。90 年代，则研究液体、团簇、非晶固体以及其他复杂系统。今天，在研究内容方面还增加了纳米硅颗粒。

在开始简单综述之前，我还想再次强调硅材料在增进知识方面的重要作用。假设 1954 年我们开发硅晶体管失败的话，今天是否应该有"锗谷"存在呢？或者将有锗谷图形公司而不是硅谷图形公司（中国台湾译为视算科技公司）？但有一点是肯定的：如果没有硅技术的协同进步，我们就不可能取得今天对物质的如此广泛深刻的理解。

1.2　从 20 世纪 60 年代到 70 年代初：能带

硅材料早期研究的问题之一是关于半导体电子的空间和能量分布。这需要解决所谓的能带问题，即确定作为波矢 $\boldsymbol{k}$ 的函数的电子能量。该波矢是标记晶体中电子量子态的一个量子数，正像以 nlm 等量子数来标记原子量子态一样。

通过引用所需公式和关于粒子间互作用的理论，可定量求出固体中的每个电子态，并可写出下列多体与时间相关的薛定谔方程：

$$H(r_1,r_2,\cdots;R_1,R_2,\cdots;t)\Psi(r_1,r_2,\cdots;R_1,R_2,\cdots;t)$$
$$=i\hbar\frac{\partial}{\partial t}\Psi(r_1,r_2,\cdots;R_1,R_2,\cdots;t) \tag{1.1}$$

式中，H 是全部电子的哈密顿量，代表电子和原子核间所有的电学作用；r 为电子坐标；R 为原子核坐标；t 为时间；$\boldsymbol{\Psi}$ 为波函数，它包含了系统中每一个电子空间分布的信息。该方程的解可提供我们需要的所有信息。早在 1929 年，著名的理论物理学家狄拉克就认识到这点。他指出原则上我们已掌握了所有必需的物理定律，可以从数学上理解方程式 1.1 中的所有化学及大部分物理内容。

但该方程太复杂难于求解。因此他告诫科学界开发"近似的、实际的方法"[4]。自然，这一告诫引出了诸如开发出何种实际近似可帮助我们理解物质的电子学和结构性质，如何得知这些实际近似是否可行等多方面的问题。这也是本文的核心内容和关键——根据有关硅的文章数据库来检验任何一种近似的提议。

即刻浮现脑海的是一些实际近似。例如，不考虑原子核，而仅侧重于电子自由度的波恩-奥本海默近似[5]。完全有理由认为，对于相对电子来说原子核非常重，电子可对原子核位置及时反应。另一个是被称为 Hartree 近似[6]的单电子近似，该近似认为每个电子都在系统其他电子的平均场中运动。在上述这些近似中，我们需要求解下述方程：

$$\left[\frac{-\hbar^2\nabla^2}{2m}+V(r)\right]\Psi_n(r)=E_n\Psi_n(r) \tag{1.2}$$

式中，$V(r)$ 代表静电势；m 为电子质量；n 为量子数。这里我们忽略所有外场并假设势能不是时间的函数。该方程的本征值 E_n 和本征函数 Ψ_n 可分别给出电子的能量分布和空间分布。

如此，我们将公式 1.1 对电子结构的原始描述转换成了较易理解的问题，并求解 N 个单电子轨道来代替包含 N 个坐标（对应 N 个单电子）的波函数的多体问题。

我们将通过硅来检验和证实这些近似成功与否。但首先需要附加一个关键的近似，即赝势近似[7~10]。物质由原子核、内核电子和外层价电子组成，如图 1.1 所示。

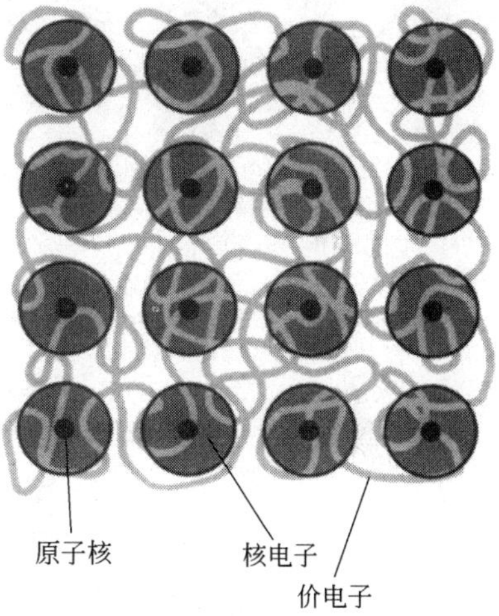

图 1.1 固体的赝势模型
原子核与核电子组成化学惰性离子实，而价电子（外层）为化学活泼的电子

因其在化学上的活泼性，我们此处仅考虑外层电子（$3s^2 3p^2$）。在赝势近似中，通过把“所有电子”的势能化为一个赝势而将内核电子从问题中排除。

赝势的物理内容与元素周期表相同。元素周期表根据价电子来排列（如碳、硅、锗、锡、铅放在一列）。赝势近似与之相似。在赝势近似中尽管硅的总电子数是 14 而铅有 82 个电子，但它们的数字复杂性是可以相比的。

20 世纪 60 年代，赝势近似首先用于描述硅的电子结构。它以弱赝势替代了强的全电子势能，因此可用正弦和余弦解决问题，即以傅里叶级数来表示赝势和波函数。赝势和波函数变化光滑无奇异点，傅里叶变换很快收敛[11]。图 1.2 画出了实空间赝势和对应的傅里叶变换。

对硅而言，我们可通过代入实验数据来确定赝势的傅里叶分量。一般来说，这取决于三个参数，其中两个不是真正线性不相关的。一经确定，即可推出硅的能带。这种确定赝势的方法称为经验赝势法(EPM)[11,12]。

硅为金刚石结构，如图 1.3 所示。其原胞中有 8 个电子和 4 个占有的价带。图 1.4 显示金刚石结构硅的能带图，也是第一个实际的能带结构[13]。

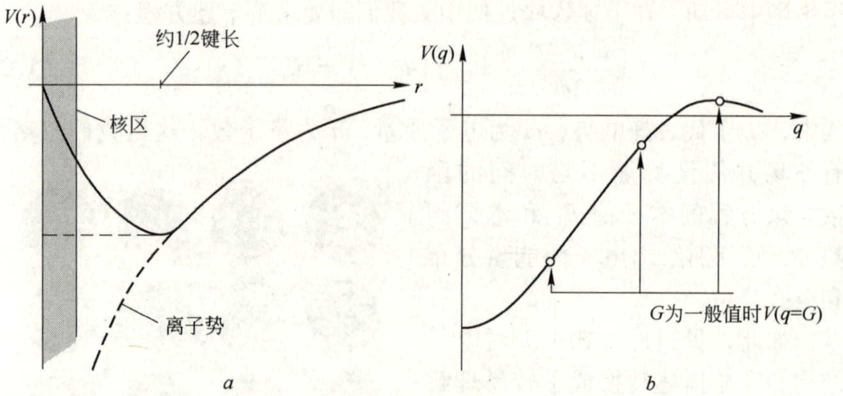

图 1.2　赝势示意图

a—实空间；*b*—傅里叶空间

V(*r*)—电子势；*q*—倒空间距离；*G*—倒格矢

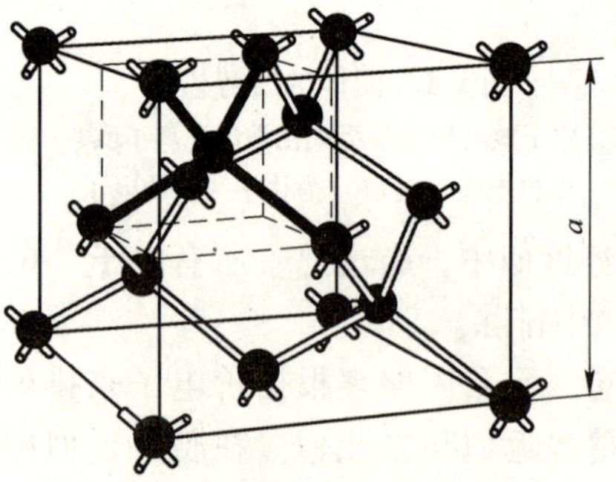

图 1.3　金刚石结构硅的晶格示意图

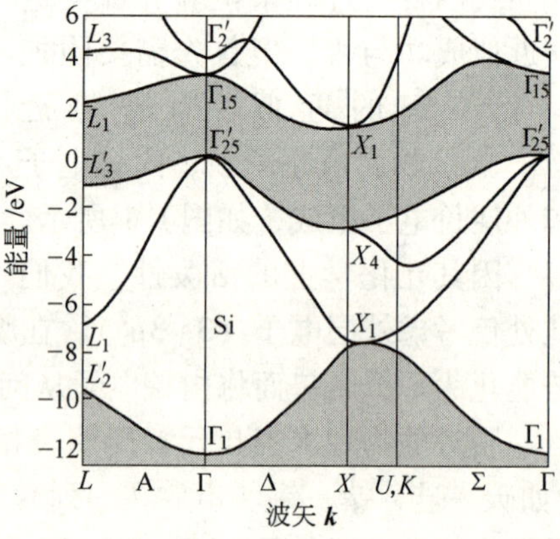

图 1.4　金刚石结构晶体硅的能带图[13]

假设价带顶的能量为零

硅的带隙为 1.1eV，价带宽约为 12eV[11]。应该说这是非常容易的数字计算，用笔记本或掌上电脑解一个 50×50 矩阵就可完成。由 EPM 计算结果可得晶体中电子的能量分布，以及对应空间分布的波函数。图 1.5 再现了晶体硅的计算和测量的调制反射光谱[14]。用满态和空态间振子的强度以及能带的拓扑图可以预计反射率谱中任一结构的原始状态。1970 年 Zucca 和 Shen 的实验工作（图 1.5）揭示了一些复杂结构的特征[14]。理论与实验的一致使该实际近似得到了认可。

然而，这并不适用于所有情况。例如，在谱的低能部分有一些陡峭的结构，在理论谱中不能再现。理论谱中的这一缺失可能是由于 EPM 谱中未考虑自旋轨道的互作用。早期计算忽略了这一特点，而现在很容易将其包含在内。另外，受激电子和空穴互作用的激子效应也未被包括在内，致使谱线结果的形状与实验不完全吻合，但这是细节方面的问题。采用了EPM，可以根据理论得到可靠的光谱，这些理论光谱可直接与实验相联系。20 世纪 60 年代以前，一直不确定是否能从固体的光学性质中得到相关信息。当时认为单电子图像过于粗糙。但到了 70 年代，已经明确人们可以从中得到很多信息，因此开始大量使用光学探针开展固体光谱学测量。EPM 与实验的结合使人们第一次对能带有了定量的理解。这一进展对于加强能带工程能力，即针对特殊应用设计电子材料具有深刻的影响[11]。

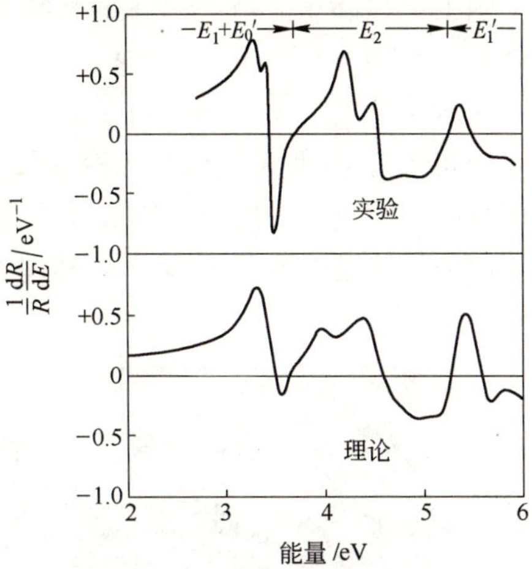

图 1.5　晶体硅的计算（理论）和实测（实验）的调制反射光谱

理论研究依据经验赝势的计算[13]；实测反射率来自 Zucca 和 Shen 的工作[14]

图 1.6 显示了 Ley 等人 1974 年所作的 X 射线光发射谱（XPS）[15]。使用 XPS 可直接测量硅中占有态的能量分布（即态密度）[11]。理论的态密度既包含空态也包含满态，而光发射谱中未观察到空态。理论与实验结果较好吻合，只使用了几个参数即获得上述结果。至于有关反射率的计算，一些令人感兴趣的细节我们当时还不能算出来。例如图 1.6 下图中的价带最大值处在 −1eV 附近的肩，该特征是由于表面态导致的。这些早期计算中并未包括表面的贡献。

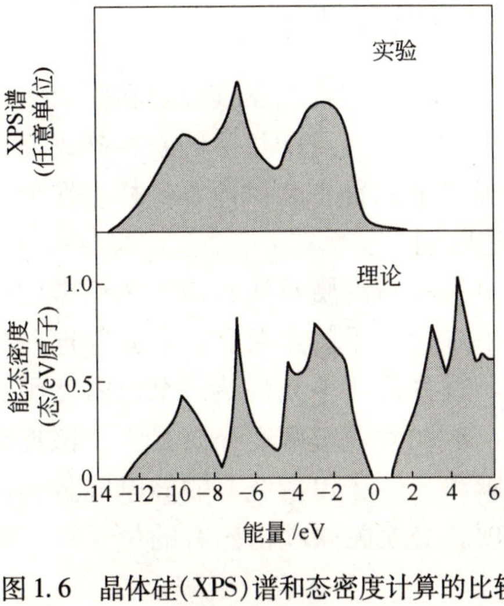

图 1.6　晶体硅(XPS)谱和态密度计算的比较

根据 Ley 等人[15]

这些早期计算的最有意义的方面是考虑了硅中电子的空间分布。根据从 EPM 得到的波函数，可以推算出键合电子的空间分布。图1.7是硅晶体中这一分布的等高线图。该图第一次提供了硅中共价键的可视图。

1974年左右，Yang和Coppens进行了硅的X射线实验以确定电子的空间分布[17]。但因X射线作为探针仅测量强度而不是幅度，因此不能获得精确的空间分布。然而，Yang和Coppens做了一些简单与合理的近似，推算出他们认定的键合结构[17]。其理论与实验的一致性令人吃惊（见图1.8）。

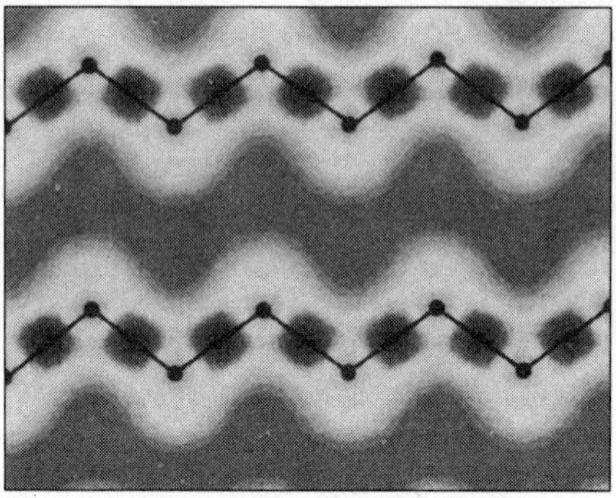

图1.7 晶体硅中键合电子的空间分布图[11,16]

高电子密度区(例如共价键)以深色阴影表示；低密度区以浅灰到深灰表示；所示平面为（110）面；黑色表示原子的位置

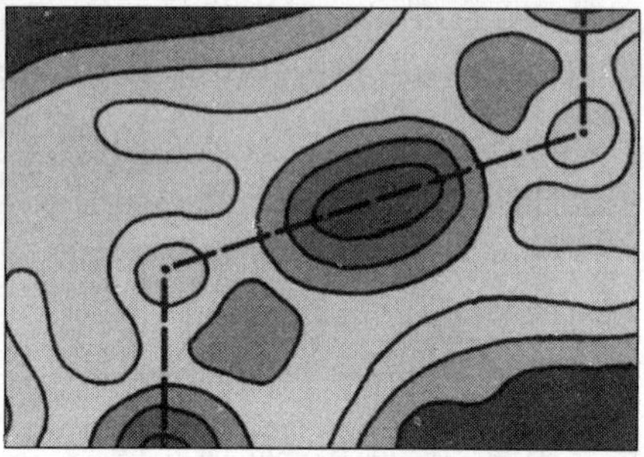

图1.8 根据Yang和Coppens[17] X射线测量结果所做的晶体硅的电子（电荷密度）空间分布图

灰色符号与图1.7的灰色符号相似

1.3 20世纪70年代：应用于硅的表面理论

本节我们主要来认识硅的表面。许多问题发生于表面。在垂直于表面的方向周期性将不复存在。与硅体内原子四重配位不同，在硅表面仅有三重配位。同时表面的原子结构和电子配置也和体内不一样。在处理电子结构问题时，我们必须考虑上述区别。

在20世纪70年代中期，曾提出一种新的赝势法，该方法仅考虑原子核和核电子电荷，而不包括任何来自价电子的屏蔽。我们固定这些离子核势的位置并象征性加入价电子。这些价电子允许弛豫至由密度函数理论确定的最低的能量位置，因此也称之为局域密度近似[20,21]。该近似以价电子引起的静电势屏蔽离子核赝势。该势包括经典的静电屏蔽和仅取决于感兴趣点的密度的交换关联项。交换关联项由固有的量子互作用引起，不同于经典的互作用情况。

可通过自洽求解屏蔽过程，即根据波函数生成与电荷密度一致的哈密顿量。得到的结果称为“从头算起的赝势”。为了构建这些势，我们可从原子结构计算开始，提取离子核赝势，应用于凝聚态物质系统，得到最低能量的结果。不同于经验赝势，此处不用输入实验结果。

通过引入“假设周期性”概念，可处理由表面引起的周期性缺失问题。如果想观察一个团簇（无平均周期性的系统）的电子结构，可进行如下操作：将团簇置于一箱体之中，然后人为地重复该箱体并充满所有空间。如此操作时该箱体被称为超级晶胞[17,18,22]。

现在我们有了一个周期性系统，即一个具有独立团簇的晶体。求解该系统的电子结构则可得到一个独立团簇的电子结构。如果可以得到足够大小的超级晶胞，那么这一方法可以用于任何局域体系。此外，也可使用过去若干年开发的计算机软件来研究晶体并研究硅的所有重要方面，如团簇、表面、液体、缺陷等。

首先来检验有关表面的计算。我们认为 Si（111）面是理想表面。同时它也是解理面。图 1.9 给出了这个表面的几何模型图。

在表面上，每个原子都是三重配位。研究这一简单体系，可了解到关于表面的一些情况。以表面电荷分布为例（见图 1.10），可以看出表面微扰很快修复，表示共价键的灰色区域的较暗的阴影在表面下很短的距离已经恢复重建（修复）。可以认为，在几个键长的距离内，电荷密度已与在无限体晶体中的分布相同。同时我们也可想象杂质是怎样从表面迁移到晶体内的。例如，存在一个从真空到体晶体的无电荷密度的通道[22]。在表面还存在一种新电子形态，即发生于真空/固体界面处的电

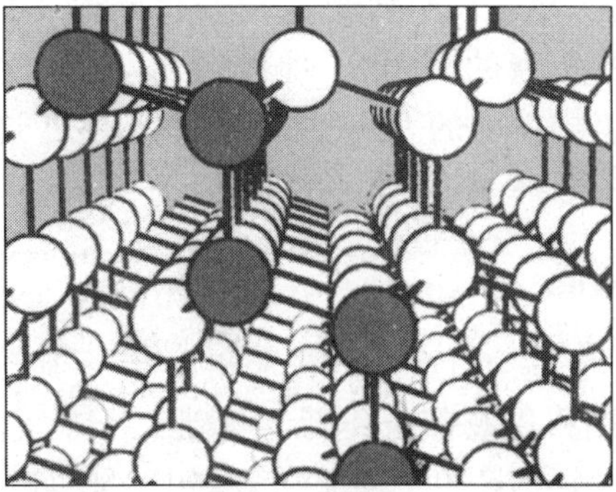

图 1.9 Si（111）理想表面的几何模型

（111）面对应于图中上边；深色圆圈所示原子位于图 1.10 中所示平面

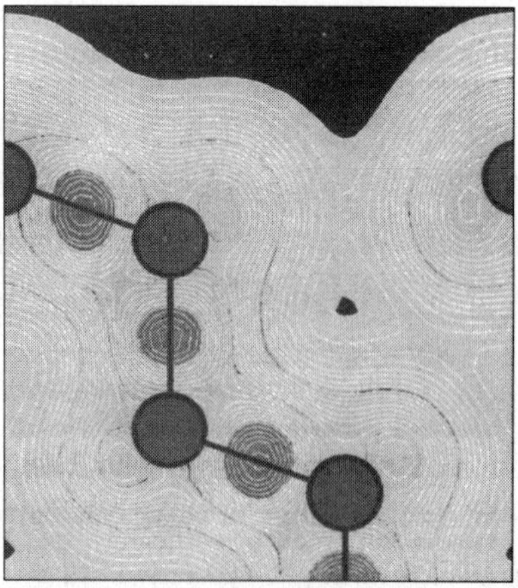

图 1.10 （111）表面的电荷密度[22]

深灰的圆圈表示对应于图 1.9 中平面的原子；图中更深色的阴影表示高电荷密度区

子态。它们同时向真空和晶体中衰减，被称为表面态。占据这种态的电子被“俘获”于晶体和真空间的界面。这些表面态源于表面存在未饱和的悬挂键。当吸附的原子与硅表面互作用时，其化学本质主要取决于这些表面态。

在图 1.10 中我们并没有见到悬挂键表面态，这是因为电荷密度计算的是所有占有态的总和。

大部分的占有态都缓慢地向真空衰减。然而，在硅的带隙之中，也确有对应于悬挂键的电活性表面态。假如考察这些电子态的空间分布，会发现如图 1.11 中所描绘，其既向真空也向晶体中衰减。

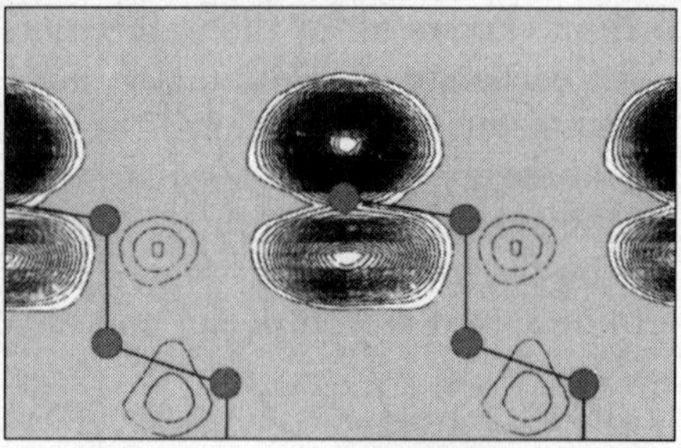

图 1.11 Si(111)表面悬挂键的轮廓线图
该面与图 1.9 中所示平面相似；大面积的灰色区域代表真空。详细情况见 Schlüter 等人文献[22]

一般来讲对于表面性质，可以用从头算起的赝势法解决许多问题。如研究被吸附的物质和键的本质等。也可以计算功函数。可在钝化表面的同时观察发生了什么，也可在表面上加金属，观察肖特基势垒的形成。并可以根据硅的数据库来检验所有这些问题。

但是，有一个问题尚未解决。到此为止，我们均假设表面有一给定的几何形状。对于 Si(111)表面，我们假设表面不影响原子的位置，然而，这一假设依据不足。众所周知硅表面是要“重构”的。当表面原子位置不能维持体晶体的对称性时，将发生“重构”。“重构”对于像硅这样简单的晶体也可能十分复杂。例如，描述一个高温下 Si(111)重构表面的周期性，需要的晶胞体积是理想晶胞的 49 倍，即所谓的 7 × 7 重构[22]。我们需要了解原子在表面是怎样排列的。我们将如何深入呢？这就需要一种方法来研究在不同竞争的表面结构之间的能量差。

1.4 20 世纪 80 年代：硅的结构能

本节我们将回到密度函数理论。该理论可追溯到费米和 Slater，其现代版也可追溯到 20 世纪 60 年代中期科恩及其合作者的基础工作[20,21]。他们发现问题的多体部分可包括在一个有效的交换关联势之中。假如我们知道所有相关的电子互作用，如交换相关、离子-离子互相用、电子-电子静电贡献，我们就可以加上这些互作用并求得总能量，同时可计算不同结构的能量。假如知道该结构的能量，则可以预测具有最低能量的表面结构。Kohn 和 Sham 给出要解的关键方程如下：

$$\left[\frac{-\hbar^2\nabla^2}{2m}+V_{\text{ion}}(r)+V_{\text{H}}(r)+V_{\text{xc}}(r)\right]\Psi_n(r)=E_n\Psi_n(r) \quad (1.3)$$

式中，V_{ion}为离子核赝势；V_{H}为库仑或 Hartree 势；V_{xc}为有效交换关联势。求解泊松方程可得 Hartree 势：

$$\nabla^2 V_{\text{H}}(r)=-4\pi e\rho(r) \quad (1.4)$$

式中，$\rho(r)$ 为电荷密度，并有以下表述：

$$\rho(r)=-e\sum_{\text{occup}}|\Psi_n(r)|^2 \quad (1.5)$$

该表达式对所有的占有态求和，在局域密度近似条件下，V_{xc}是电荷密度的函数：$V_{\text{xc}}=V_{\text{xc}}[r]$。求解上述方程后，可根据下式求系统的总电子能：

$$E_{\text{total}}=\sum_{\text{occup}}E_n-\frac{1}{2}\int V_{\text{H}}\rho d^3r+\int(E_{\text{xc}}-V_{\text{xc}})\rho d^3r+E_{\text{ion-ion}} \quad (1.6)$$

上式第一项是对所有占有态求和；第二项减去重复计算项；第三项减去交换关联势，加进修正能量密度函数；最后一项为离子-离子实斥力项。

将上述公式第一个应用于真实材料系统的是 Yin 和 Cohen 对不同硅晶体结构总能量的计算[24]。其工作示于图 1.12。他们考虑了硅的可能的晶体结构：金刚石、六方金刚石、白锡（β-Sn）、简单立方、简单六方、密排六方、体心立方、面心立方等。计算表明金刚石结构的能量最低。

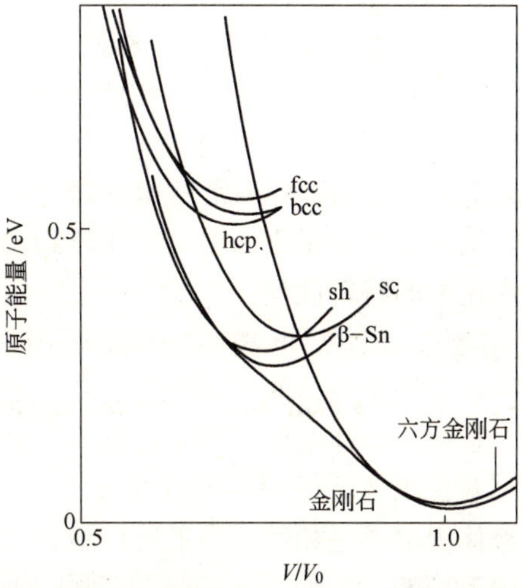

图 1.12 几种硅晶体结构的能量与体积关系图
金刚石、六方金刚石、白锡（β-Sn）、简单立方（sc）、简单六方（sh）、密排六方、体心立方和面心立方。该图根据 Yin 和 Cohen 的数据画出[24]

根据我们的大型数据库，可以评估该图是否正确。从理论和实验上都证明了金刚石结构能量最低。如果在图 1.12 中金刚石结构和白锡结构的曲线间连一条共切线，则切线的斜率即为两结构的相变压，大约为 9GPa，与实验结果基本相符[24]。更重要的是，Cohen 和他的学生后来发现硅在这些高压下的结构呈金属特性并预测其可能是超导体，后来的实验观察证实的确如此[25]。这也是理论可预测硅性质的突出实例。

这样，我们对于以密度函数理论处理半导体问题具有更大的信心。一般来说，使用该理论得到的晶格常数、可压缩率与晶格振动的误差分别在 1% ~3%、5% ~10% 和 1% ~3% 范围之内。

开始在根据密度函数理论求结合能时并不十分理想。结合能是晶体中一个孤立的硅原子相对于另一个相同的硅原子的能量。与结构能相比，结合能的环境是大不相同的。假如我们只是通过晶格常数的微小改变来改变晶体的体积，比较不同固体结构间的变化，则能量变化的结果是很可信的。其原因是运用密度函数理论，误差是很重要的，而必须是绝大部分完全抵消。但对于结合能的计算，不同环境的误差抵消不如晶格参数计算来的完全。更现代的密度函数理论如普适化梯度近似等在结合能计算中的误差已显著减小[26]。

截止目前我们尚未讨论激发态性质问题。现在我们仅对基态性质感兴趣。基态性质对应的是平衡态性质，基态时电子仅占据最低能量的轨道。这些性质包括固体的结合能和键长。相反，假如我们深入研究一种材料，其中有电子被激发到更高能量的轨道，那么该体系就不再处于基态。而密度函数理论只对基态有效。下面，我们将处理激发态和光激发问题。

我们知道能量是结构的函数，因此可以进行分子动力学“从头算起”的计算。“从头算起”在此处的意思是，通过量子力学计算模拟中所求的原子间力，而无需输入任何实验数据。例如，采用 Hellman-Feynman 定则，借助赝势和密度函数理论可以计算作用于某一特定粒子上的力。采用这些量子力来整合原子核运动的方程，而无需做任何有关原子间作用力的特定假设。

当然，正像 Yin 和 Cohen 首先用硅检验密度函数理论的可靠性一样，第一次应用于液体的“从头算起”也是聚焦于硅材料[27,28]。

在检验液体之前，首先回顾一下晶体中电荷密度分布的情况是有益的（见图 1.7）。该图中所示的平面内，电荷密度高度集中于键上。那么在液体中电子是如何分布的呢？液体中原子是运动着的，因此我们仅能检验系统的“快照”，或是作某种平均的考虑。图 1.13 所示为液态硅中的电荷密度。

液态硅与晶体硅大不相同。液体的电荷密度是相当弥散的而不是高度局域化的。正如多数共价键半导体材料熔化时一样，实验中观察的液

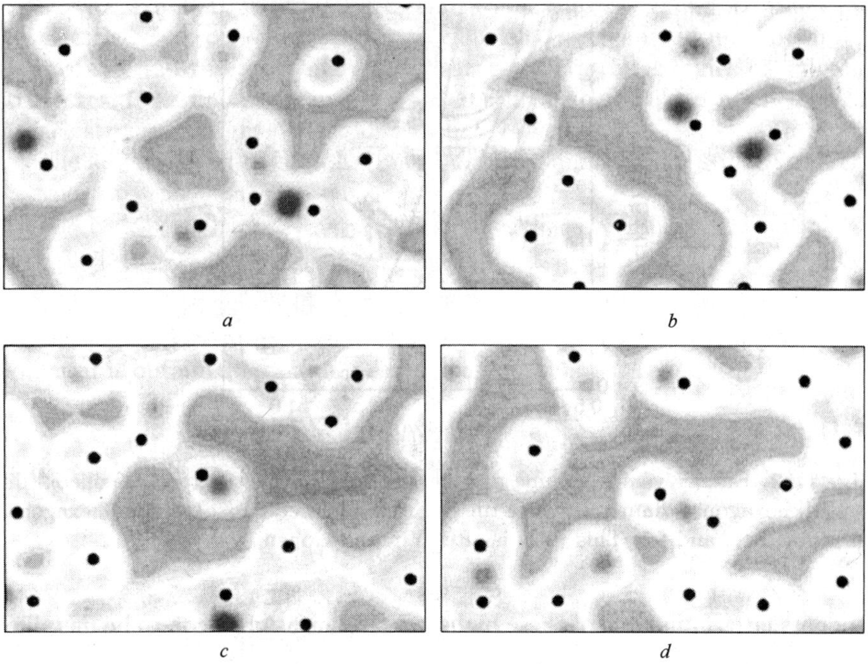

图 1.13 液态硅中的电荷密度

各图显示一段时间中的原子运动情况。灰色阴影区与图 1.7 中一样表示高电子密度

态硅是金属性的。当然也有证据证明在这些熔体中仍存有共价键。在图 1.13 中可以看到，在液体中的两个原子之间存在这样的共价键。该实验结果表明，在硅熔体中至少在一个瞬间可以有共价键存在。一些人通过淬火将液体变为固体推测可保存熔体中的微结构。这将呈现一个有共价键的金属点阵系统。这样的系统是一个典型的超导系统而不是半导体系统。但尚无人能做到将硅熔体足够快地冷却为固体而保持其液态的金属结构。因此目前还不知道将硅冻结于液态结构是否是超导体。还有一些其他的问题可用理论工具来研究。例如，可以计算液态硅中的自扩散。我们可观察硅原子的均方根位移与时间的函数关系[28]。由曲线的斜率（见图 1.14）可获得自扩散常数。

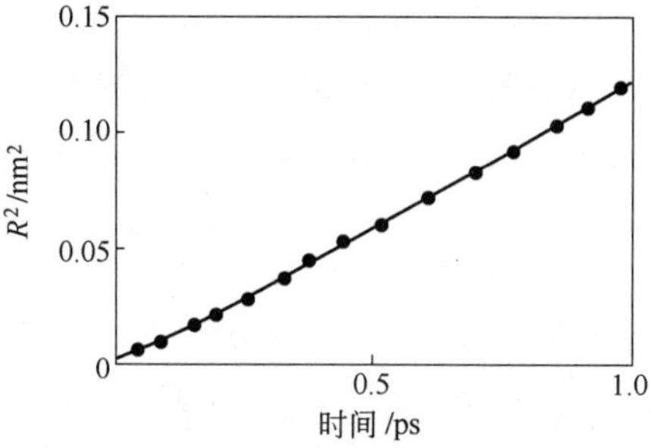

图 1.14 液态硅中硅原子的均方根位移

流体温度在熔点附近。该曲线斜率与液态硅的自扩散系数相关

在建立晶体生长模型时需要用扩散常数。它虽然很难实测，

但不难由计算得到。我也因此而反思，这或许是宏大硅数据失败的一例。我不相信迄今为止有人实测过液体硅中硅的扩散。当然另一方面，这也说明有一些事情理论比试验做得更好。

1.5　20 世纪 90 年代：硅团簇与量子点的结构和电子性质

团簇是物质的一种特殊形式，指的是一组只有在孤立状态才能稳定存在的原子，这种性质使得它的实验研究和理论分析都很棘手[19]。例如，一个由 10 个硅原子组成的团簇，假如它和另一个由 10 个硅原子组成的团簇互作用时将不再处于稳定状态。这两个 10 原子团簇将无缝地组合为一个 20 个硅原子的新团簇。然而两个分子互作用时将不同于上述情形。例如，考虑两个苯分子，假如它们互作用，则仍作为分子而保持它们的整体性。此外，在团簇内也可能有大量原子互相作用并且无特殊的对称性，这意味着该体系内在结构上和电子学方面都有大量的自由度。从理论角度考虑，这将使问题变得极为复杂。

现在需要考虑下列问题：硅团簇具有什么样的结构？研究体硅形式不可能回答这一问题。团簇中的原子完全像表面一样，即不是四重对称。硅团簇像硅表面一样将重构。我们目前不能直接测量硅团簇的结构。那么怎样才能了解其结构呢？

我们可以通过“模拟退火”从理论上回答此问题。退火即为将一个体系从高温向低温缓慢冷却。设想我们从一个热气体开始然后冷却该系统。开始时原子微弱地互作用。它们将形成在低温下难以达到的各种结构，并尝试各种可能的形式。当我们继续降低温度时，仅低能量结构可被选择。最终，假如我们足够慢地冷却该系统，则可得到具有最低能量的结构或与之相近的结构。我们可采用量子力学的分子动力学模拟该过程[29]。图 1.15 给出了 7 原子硅团簇的模拟过程[29]。

我们将 7 个原子置于一盒中，通过一个假想的热浴来控制其温度。从高温开始，然后将原子缓慢冷却（此处须明确“缓慢”指的是皮秒时间范畴。当然，这在实验上是很短的时间，但在理论上却是一个很长的时间）。

在给定的高起始温度下，7 个硅原子互作用，开始形成较弱的键。当系统淬火时，形成多种结构。结果我们发现互相独立形成了一个四聚物和一个三聚物。在这一模拟过程中，它们组合形成一个双覆盖的五角形团簇，导致系统的总能量急剧下降。如何得知该结构是正确的呢？我们可以再次求助硅数据库，并将理论计算与大量实验数据进行比较。例如，我们可以看看团簇的振动模式，光吸收谱和光发射谱[19,29,30]。可以

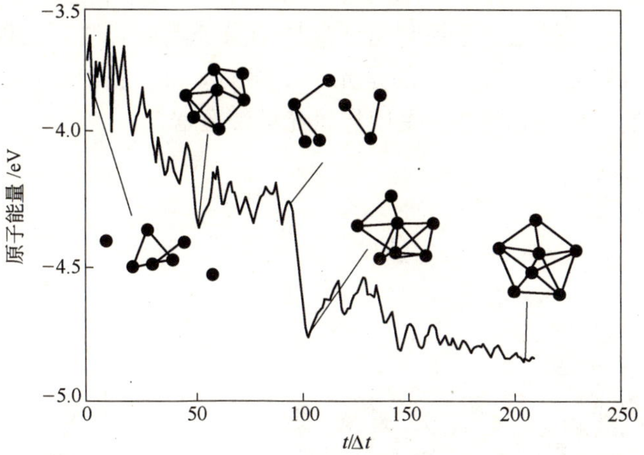

图 1.15　7 原子硅团簇的分子动力学模拟退火

此模拟过程，温度从 500K（图中左侧）降至 300K（图中右侧）。团簇的最终结构与其他理论研究结果和实验数据相符。时间间隔以 Δt 标志

通过一个实例来演示：一个 6 原子硅团簇，荷负电（Si_6^-），将该 6 原子硅团簇置于热浴中，其平均本征谱是时间的函数。通过这一过程，我们便得到了一个可与实验对比的谱，如图 1.16 所示。

这一比较结果好得简直让人难以置信，因为其中的计算十分简单，用到的唯一“参数”就是温度。我们并不了解实验的温度是多少，但可以做出合理的估计，而结果对于估值极度不敏感。此处我们还有另外一个例子，可以在新系统（团簇）上检测我们的理论工具，即用硅来检测我们的计算。

另外一个应用是有限系统中的光学激发。这类系统之所以令人感兴趣是因为团簇的大小可用来调节系统的光学性质。

在本章的前面部分我曾经提到密度函数理论较好地适用于基态性质。然而硅的某些方面不止局限于基态性质。例如，硅的光学性质可直接测量但难于用理论描述。图

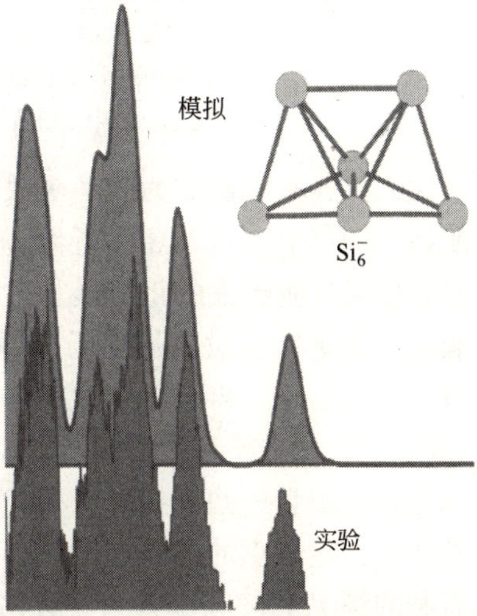

图 1.16　荷负电的 6 原子硅团簇理论受激光发射谱与实验谱对比[31]

1.17 显示了一个关于氢化硅量子点的实验，该量子点是一个 2 ~ 3nm 直径的硅球，外面被氢原子所包缚。这样的量子点所观测到的能隙可在 -2eV 到 2.5eV 之间变化，大约是光学带隙的 2 倍。目前已广泛接受的观点是，在量子点内光学激发受限导致光学带宽增大。

a

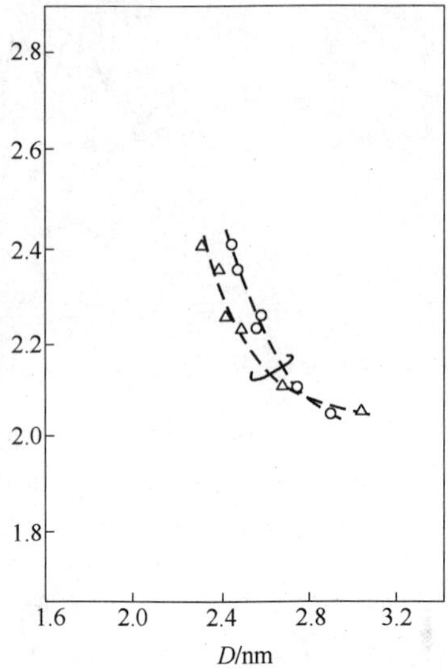

b

图 1.17　一个氢化硅的量子点（a）和量子点直径 D 与所实测光学带隙的函数关系（b）

实圈为硅原子，空圈为氢原子，该量子点包括大约 800 个原子。每个硅原子周边有 4 个原子基本处于类似体硅环境。量子点表面则被氢原子钝化。当量子点的体积减小时，光学带隙增大。该光学带隙的改变缘于量子限制。图中实验数据来自 Furukawa 和 Miyasato[32]

我们可通过求解作为时间函数的薛定谔方程计算光学带宽，使用的是所谓“时间相关局域密度近似（TDLDA）”[33,34]。在电场条件下传播波函数，然后找到激发的正交模。在此方法中，我们要做一个重要的近似，即假设电子坐标系对所加外场有即时反应（即绝热近似）。这一近似是否可行是否合理？再次以硅为例进行检验。

图 1.18 比较了理论谱与实验结果。在大的氢化硅团簇（和量子点）基础上，还包括一些诸如硅烷和二氯硅烷等小的分子。可以找关于这些分子和较大量子点的实验数据，其一致性令人十分震惊，说明至少在一些有利的情况下，TDLDA 可计算出合理的光学性质。虽然这一工作仍在发展阶段，但已显示出在研究量子点和其他纳米结构光学性质方面的前景。

1.6 未来展望

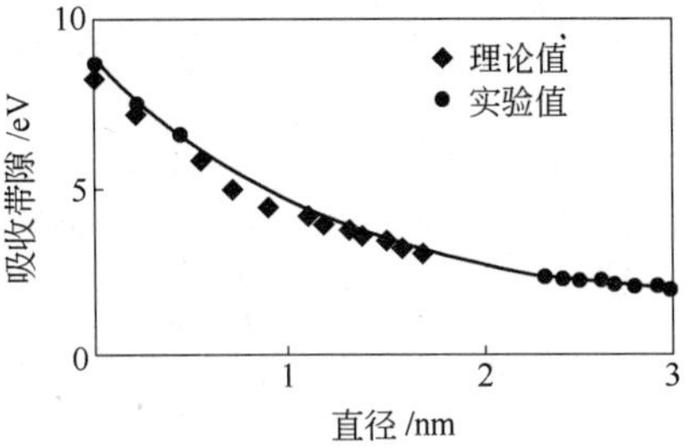

图 1.18 氢化硅团簇和量子点的吸收带隙（或称光学带隙）

理论值由时间相关局域密度函数理论算出[33,34]。量子点实验值来自 Furukawa 和 Mayasato 的数据[32]。团簇实验值来自 Itoh 等人的工作[35]

爱因斯坦曾说："我从不考虑未来，因为它来得太快"[36]。我认为我们应该效仿他，因为预测未来是不容易的。但是对理论的发展方向我有两点评论。

本章中极少论述有关计算工具发展的状况，这并不意味着它不重要。计算平台在过去几十年的发展是令人惊讶的。例如我在明尼苏达办公桌上的个人电脑可与 1975 年我作论文时所使用的主机相媲美。但如果你给我提出下列问题：你是要 2000 年的思路和 1980 年的计算机，还是要 2000 年的计算机和 1980 年的思路？这一问题很好回答，因为目前我的 80% ~90% 的工作包括从头算起赝势方法，密度函数理论和求解对角线化问题的新算法以及其他一些新的看法和内容都是在那些 20 世纪 80 年代的计算机上完成的。相反，假如你给我今天的计算机但思路还是 20 年以前的，那我将陷入窘境，完不成我的大部分工作。

简言之，思路（而不是硬件）是我们目前所完成工作的主要驱动力。我坚信未来思路还将更为重要，或至少与硬件发展同样重要。

展望未来我还要讲一点。我认为今后几十年硅还将是而且肯定是理论学者检查其思路的首选材料。对于这一预测我充满信心。

致　谢

我需要感谢的人实在太多了，但篇幅不允许。此处我要提到的导师巨匠不止一位而是三位：M. L. Cohen，J. C. Philips 和 M. H. Cohen。我与一些"知识弟兄"一起成长，如 S. Louie，J. Chadi 和 J. Joannopoulos，他们至今仍是我的挚友。

同时我也很荣幸和大量优秀的研究生和博士后一起工作，在本章的参考文献目录中可以找到他们的名字。另外，本文也反映了他们的部分工作内容。

最后我还要特别感谢来自国家科学基金、美国能源部、国家宇航局、石油研究基金和埃克森研究工程公司的财政支持和明尼苏达超级计算中心的技术支持。

（屠海令译，米绪军校）

参考文献

1. See the following Web sites: PBS, "The First Silicon Transistor." http://www.pbs.org/transistor/science/events/silicont1.html (accessed September 2002); and Texas Instruments, "History of Innovation." http://www.ti.com/corp/docs/company/history/sitrans.shtml (accessed September 2002)
2. See the Web site at Intel on "Moore's Law." http://www.intel.com/research/silicon/mooreslaw.htm (accessed September 2002), and on "Silicon Showcase: Breaking Barriers to Moore's Law." http://www.intel.com/research/ silicon/ (accessed September 2002)
3. IEE/INSPEC science and engineering database home page. www.iee.org/publish/inspec/ (accessed September 2002)
4. P.A.M. Dirac: Proc. R. Soc. London **123**, 714 (1929)
5. M. Born, J.R. Oppenheimer: Ann. Phys. **84**, 457 (1927)
6. D.R. Hartree: *The Calculation of Atomic Structures* (Wiley, New York 1957)
7. One of the first applications of the pseudopotential concept comes from E. Fermi: Nuovo Cimento **11**, 157 (1934)
8. J.C. Phillips, L. Kleinman: Phys. Rev. **116**, 287 (1959)
9. M.L. Cohen, J.R. Chelikowsky. In: *Handbook on Semiconductors*, vol. 1, ed. by W. Paul (North-Holland, New York 1982) p. 219
10. J.R. Chelikowsky, M.L. Cohen. In: *Handbook on Semiconductors*, vol. 1, ed. by P. Landsberg (Elsevier, Amsterdam 1992) p. 59
11. M.L. Cohen, J.R. Chelikowsky: *Electronic Structure and Optical Properties of Semiconductors*, 2nd edn (Springer, Berlin 1989)
12. M.L. Cohen, T.K. Bergstresser: Phys. Rev. **141**, 789 (1966)
13. J.R. Chelikowsky, M.L. Cohen: Phys. Rev. B **10**, 5095 (1974); Phys. Rev. B **14**, 556 (1976)
14. R.R.L. Zucca, Y.R. Shen: Phys. Rev. B **1**, 2668 (1970)
15. L. Ley, S. Kowalczyk, R.A. Pollak, D. Shirley: Phys. Rev. Lett. **29**, 1088 (1972)
16. J.R. Chelikowsky, N. Binggeli: Comput. Mater. Sci. **2**, 111 (1994)
17. L.W. Yang, P. Coppens: Solid State Commun. **15**, 1555 (1974)
18. W.E. Pickett: Comput. Phys. Rep. **9**, 115 (1989)
19. J.R. Chelikowsky: J. Phys. D **33**, R33 (2000)
20. P. Hohenberg, W. Kohn: Phys. Rev. **136**, B864 (1964)
21. W. Kohn, L. Sham: Phys. Rev. **140**, A1133 (1965)
22. M. Schlüter, J.R. Chelikowsky, S.G. Louie, M.L. Cohen: Phys. Rev. B **12**, 4200 (1975)
23. J.R. Chelikowsky, S.G. Louie (eds.): *Quantum Theory of Real Materials* (Kluwer Academic, Boston 1996)
24. M.T. Yin, M.L. Cohen: Phys. Rev. Lett. **45**, 1004 (1980)
25. K.J. Chang, M.M. Dacorogna, M.L. Cohen, J.M. Mignot, G. Chouteau, G. Martinez: Phys. Rev. Lett. **54**, 2375 (1985)
26. J.P. Perdew, K. Burke, Y. Wang: Phys. Rev. B **54**, 16533 (1996)
27. I. Stich, R. Car, M. Parrinello: Phys. Rev. B **44**, 4262 (1991)
28. J.R. Chelikowsky, N. Binggeli: Solid State Commun. **88**, 381 (1993)
29. N. Binggeli, J.R. Chelikowsky: Phys. Rev. B **50**, 11764 (1994)
30. N. Binggeli, J.R. Chelikowsky: Phys. Rev. Lett. **75**, 493 (1995)

31. L. Kronik, R. Fromherz, E. Ko, G. Ganteför, J.R. Chelikowsky: *Nature: Materials* **1**, 49 (2002)
32. S. Furukawa, T. Miyasato: Phys. Rev. B **38**, 5726 (1988)
33. M.E. Casida. In: *Recent Advances in Density-Functional Methods*, part I, ed. by D.P. Chong (World Scientific, Singapore 1995) p. 155
34. I. Vasiliev, S. Ogut, J.R. Chelikowsky: Phys. Rev. Lett. **86**, 1813 (2001)
35. U. Itoh, Y. Toyoshima, H. Onuki, N. Washida, T. Ibuki: J. Chem. Phys. **85**, 4867 (1986)
36. See "Einstein Links" on the PBS Web site.
http://www.pbs.org/wgbh/nova/einstein/links.html
(accessed September 2002).

第一部分

半导体体硅晶体

2 硅:半导体材料

W. Heywang，K. H. Zaininger

2.1 引言

硅应用于半导体器件的50年是个里程碑。值此之际，撰写了这一系列文章并编著成书，以阐述所有与之相联系的技术在诸多方面的进展、现状以及公认的未来趋势。各文章涉及的主题有：

(1) 单晶生长及其在工业应用中的可重复性；

(2) 多晶和非晶硅；

(3) 外延技术和薄膜；

(4) 晶体缺陷、杂质和掺杂；

(5) 形成微纳结构的各种工艺；

(6) 从微电子、功率电子、光电子和微机械领域用户利益角度提出的材料要求；

(7) 与其他材料如Ⅲ-Ⅴ族化合物以及整个生物电子领域的界面。

该书是关于硅的，不言而喻所有文章将重点强调材料方面。

这项事业应该做也有用，因为硅与其他任何材料有所不同，它极大地改变了我们的世界。特别是，如果没有硅可用，整个信息和通讯技术的发展将完全不同。因此，我们完全有理由称之为硅时代，就像人们谈论到的石器、铜器、青铜器或者铁器时代，在那些时代都有一种特殊材料成为当时进步的主要特征，并被选为那个时代的名称。这里，我们将论及许多单项的技术进步，它们甚至超过了钢铁，并最终使得硅成为今天我们所知道的这样。上面所提及的各种主题证明了这一点。最后不得不承认，由于浓厚技术兴趣的倾注，硅成为小部分得到充分研究的固体之一，对硅的研究为材料科学做出了重大贡献。

我们应邀为该书写一篇绪论，因为我们属于极少数从硅时代开始就经历这一发展过程的人，并且原来作为科技人员后来又在管理岗位任职。我们中的一员（W. Heywang）在西门子（Siemens）开始从事材料研究，后来从事器件应用。另一位（K. H. Zaininger）在美国新泽西普林斯顿的RCA实验室，他将研究精力投入在硅器件技术上。我们对各种问题以及引人注目的事件内涵的理解拥有无可置疑的优势。另外，也可能存在片面性。但我们相信利大于弊，而且我们能够十分客观，因此我们接受了这项任务。

在我们的讨论中，我们想说明硅在其各个发展阶段各种问题明确的解决方案决不是轻松地就可想到，虽然如今回头看我们很容易明白解决方案。相反，硅的研究进展经常是一条包含许多个别成功也有错误路线和谬误判断的险径，与所有研究开发活动一样。

硅半导体工业形成了信息社会发展的基础，信息社会是以人类的智力成就为特征的社会。这个部分虚拟的世界（被分解成比特（bit）或由比特逐步建立）看起来有时候仅仅是人脑的一个作品，被人创造出来的世界。然而，如果没有了硅，这个世界会在哪？

自然界中硅不以单体元素的形式出现，因其具有强的化学亲和力，特别是对氧而言。它只能通过化学还原而获得。那么，硅是否也是人们创造力的产物，是满足人们目的的定制品？或者它是否（具有独特性质）仍然只不过是自然界的极好礼物？

2.2　早期历史

当我们在这部有关硅的专著中谈论制造可以满足半导体应用的硅时，这不只是因为历史的缘故。是的，我们也想让读者明白这个发展是如何成为可能的，哪些部分是既定目标，以及哪些仅仅是偶然的发现？这里我们立即想到人类的古老问题：人能创造自己的世界吗？像在我们这个时代的科幻小说中经常描述或展示的那样。或者是否人仍然只是安身在作为礼物给予我们的自然和创造之中？

尽管在 20 世纪 20、30 年代开展了一些基础工作，进行了能带结构的分析以及整流效应的理论研究，并在那个时期提出了几项关于单极晶体管的专利，但真正的半导体时代仅在 1947 年末巴丁（Bardeen）和巴拉顿（Brattain）证明在锗中存在二极管效应才开始[1]。在迅速增长的产业兴趣的基础上，晶体生长、提纯和掺杂工艺（即使在今天也仍然重要）在 20 世纪 40、50 年代被发展起来，但开始仅仅针对锗。

与此同时，对其他半导体材料的兴趣渐有增长。除了锗是否可能有其他材料更加适合一些特殊的应用？这个问题只能被最先理解晶体管效应的人回答。锗有极高的载流子迁移率，比那些氧化物半导体的高了约 10^3，这一点十分诱人。在 20 世纪 50 年代之初，海因里希·威尔克（Heinrich Welker）和他的研究团队启动在Ⅲ-Ⅴ族化合物领域的先驱工作，他们的目标之一就是要获得更高的迁移率[2]。

关于硅的研究大约在相同的时间开始，但处在不显眼的位置。如果不是硅的半导体性质（在 20 世纪 40 年代仍被怀疑）得到证明，就其本身而言轰动的发现和/或进步则不为人所期望。样品（非常不纯）具有金属光泽和相当高的电导率，与所谓的硬金属相类似，从而导致了错误的结论。例如，在 1953 年版莱纳斯·鲍林（Linus Pauling）的《普通化学》[3]中，硅仍被称为半金属。另外，皮尔森（Pearson）和巴丁在 1949 年发现硅在高温转变为本征传导，因而给出了硅半导体特性的证据。然而，所用的样品不是单晶，以至于低于这个转变温度的电导率没有显示非本征半导体电导率的典型温度依赖关系。这在不同的研究者中间引起了一些兴趣[5,6]。

皮尔森和巴丁的实验表明，硅的带隙是 1.12eV。利用霍耳和漂移测量在 20 世纪 50 年代初测定了载流子迁移率。电子的迁移率为 $1200cm^2/(Vs)$，空穴迁移率为 $300cm^2/(Vs)$，比锗的载流子迁移率低了近 3 倍。所有这些看起来并不令人十分兴奋，因此仅有一小部分研究者投入到硅及其晶体生长的研究中。

20 世纪 40 年代中期微波的重要性不断提高，部分基于多晶硅的各种半导体探测器尺寸小、截止频率高，在微波应用方面取代了微波管。正是在那个时候，硅开始进军通讯技术。这也是对新发现晶体管的特殊兴趣所在，因为更高的载流子迁移率的明显好处是可获得更高的截至频率。所以，理论比较清楚地表明锗由于带隙为 0.7eV，虽然有 80℃ 热应力的限制，但它在通讯方面仍有优势，是可以接受的（那时候硅的晶体管效应还未在实验上得到证实）。只有在产热量提高的情况下，这些限制才变得严重，但是希望能够通过使用其他半导体如上面提到的Ⅲ-Ⅴ族化合物或硅使这些限制得以克服。高度的适应性、高载流子迁移率（例如，在 GaAs 中）以及有利于工艺设计的较低的熔点是所有采用Ⅲ-Ⅴ族化合物的强有力的依据。另外，硅仅涉及一种原子，排除了各种晶格缺陷，保证了良好的晶格热导率。

理论上的考虑如此之多。20 世纪 50 年代早期工业界的现实是，人们离硅作为一种半导体材料的普遍应用还很远。正像已讲过的那样，由于硅在制备温度下的高化学侵蚀性，所有硅样品都是很不纯净的。它们的纯度，如皮尔森和巴丁的样品所显示的那样，在几个 ppm 的范围内。尽管这样，一些研究小组，特别是贝尔实验室的 G. K. 迪尔（Teal）小组，没有气馁。除了锗的主要工作以外，迪尔努力投入到硅的晶体生长研究中直到 1952 年他去了德州仪器（Texas Instruments）。但是即便在那里他仍组建了一支硅的研究队伍，目标是开发功率晶体管。搬家到德州仪器需要时间，这大大缩小了他领先于可能竞争者们的起始优势。

2.3 硅研究中的竞争与合作

20 世纪 50 年代开始的时候，最初完全以秘密的模式，另一位竞争者出现在视线中：西门子集团，W. Heywang 是其中的一员。尽管进入的晚，但西门子肯定想在重要的、新兴的半导体物理和技术领域展开竞争，在它的功率小组中，它们已拥有自己的硒整流器制造设备；西门子也有晶体管的生产设施，运用了自己在高频整流器中和在锗方面跟随贝尔实验室的经验基础。关于其他研究，有一位最著名的半导体先驱沃尔特·肖特基（Walter Schottky）位列其中。对于新的半导体，海因里希·威尔克，具有在Ⅲ-Ⅴ族半导体方面的先进思想和经验，被任命为西门子-舒克特（Siemens-Schuckert）新成立的研究实验室的部门领导者。

在这个技术环境中，西门子与豪斯科（Halske）的材料研究实验室也切入半导体领域，1951 年开始主要从事硅化物如 Mg_2Si 的探索试验。硅的纯化作为这些基础研究的先决条件包括在其中。为了实现硅的纯化，探索了两种方法：第一种是通过镁或锌还原纯净的石英制备纯硅粉的经典冶金方法（所谓的 B 制程），第二种是根据范·阿尔科里（Van Arkel）的方法在放电中用氢还原 $SiHCl_3$。第二种方法与慕尼黑大学的威伯格（Wiberg）和艾姆伯格（Amberger）合作完成，称之为 A 制程。

当采用第二种制程进行实验时，令人非常惊奇的事情发生了，也就是，在其中一个电极上生长出一根细硅棒（图 2.1），在它的单晶部分，显示出比由 B 制程获得的所有样品高几个数量级的纯度[7]。

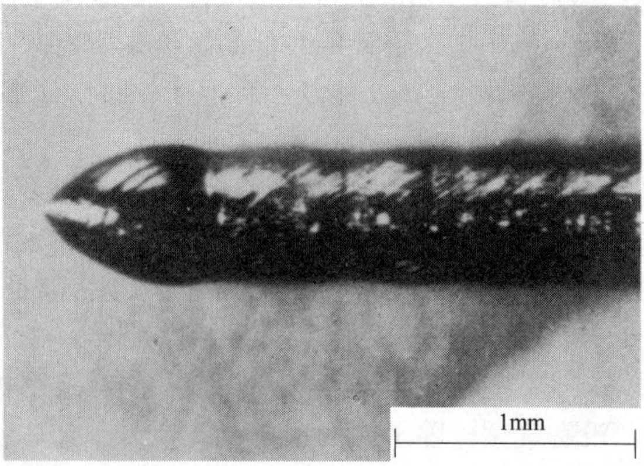

图 2.1 首根“高纯”硅棒，由西门子于 1953 年用所谓 A 制程生长

电阻率为 20Ω · cm，而其他样品的电阻率小于 0.1Ω · cm。针状电极的击穿电压约为 100V 并显示出 N 型半导体极性。因此，这一步，纯

度被提高至少 3 个数量级，进入了亚 ppm 区。这些最初的结果可以被重复，随后纯度、棒的直径以及单晶区域的尺寸甚至可以被进一步提高。现在我们小组可以将自己与国际同行进行比较了，并集中精力在晶体生长和硅的提纯上且作为唯一的目标。

幸运地，前面提到的在普莱茨菲尔德（Pretzfeld，德国城市）的 E. 斯潘科（E. Spenke）领导下仍在从事硒研究的功率整流器实验室，也加入到了硅的工作中。斯潘科在那时已经意识到硅对功率应用的重要性并且阐述道："硅，就像锗一样，是元素半导体，因此不会有很多缺陷，而缺陷由于化学剂量的不完善和基本位错的原因可能和化合物半导体相伴。硅具有足够大的带隙和载流子迁移率，这对于功率应用显然是可以接受的。因此，我们将为它下注"。显然，这个决定预示着与为了相同的应用致力于Ⅲ-Ⅴ族化合物的维尔克（Welker）研究小组的国际竞争。

在斯潘科 1953 年所做的著名预测中，硅的一个重要特性没有被提到是可以理解的，即长载流子寿命。这是硅特殊能带结构的结果，与锗共享，但是在那时还不被人所知，即导带的最小值（与开始的假设相反）没有发生在波矢 $\boldsymbol{k}=0$，但与布里渊区边界相当接近。这阻止了电子和空穴的直接光学复合，此光学复合可能发生在 1ms 量级的时间里（像在 GaAs 中）。这当然一方面阻止了硅在激发发光领域的技术应用，而另一方面允许了高纯和完美晶体获得长载流子寿命（正如在锗中）。这个自然界的礼物是双极锗晶体管发现和发展的关键先决条件（在那时当然还不知道），因为它是实现少数载流子所需扩散长度的方法。大扩散长度不仅是二极管也是所有功率器件如整流器和晶闸管 Ⅰ-Ⅴ 特性的重要因素。

这些注释，有一点点超前，因为能带的这些基本特征直到 20 世纪 60 年代末才被一一发现，而这是随着赫曼（Herman）等的工作开始的[8]。因此，让我们再回到 1953 年，回到那时用范·阿尔科里法制备的硅样品中新发现的纯度水平。这些结果十分令人鼓舞，然而样品直径限制到几个毫米使它们不适于实际应用，特别是在功率领域。现在问题出现了，集中在小的电极区域的放电，是否真是范·阿尔科里法中高纯度效应的关键所在，或者赤热、发光硅表面上 $SiHCl_3$/氢气混合物的热还原（今天称之为"CVD，化学气相沉积"）能发生吗？为了回答这个问题，在专门研制的反应室中加热细针，使送入的气流通过它们，因此它们被厚层所覆盖，然而厚层是多晶。为了用电阻测量能够评价这些多晶样品，必须将它们转变成晶体材料，最好转变成单晶。这必须在不增加更多杂质的情况下完成，正像例如接触坩埚壁将可能导致的那样。为了实现这样的目的，垂直区熔法在 1952 年几乎同时由贝尔实验室的K. H. 斯尤尔（K. H. Theuerer）等和西门子的 K. 斯伯茨（K. Siebertz）与 H. 汉克（H. Henker）发明。在此工艺中，熔区由高频（HF）加热产生，被原锭承载，或者如图 2. 2 所示的情况，被在赤热熔区下已经凝固的新单晶承载。

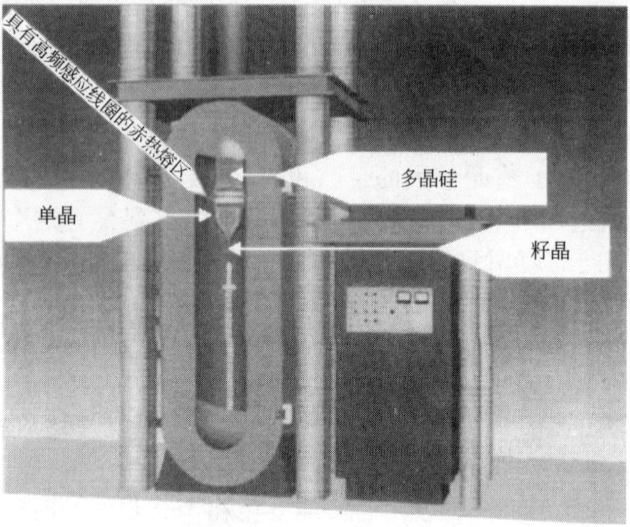

图 2. 2　垂直区熔法（Wacker Chemitronics 提供）

熔区在表面张力以及高频加热电磁力的帮助下达到稳定。之后，新晶体从熔化的材料中生长出来。此区熔法在斯潘科的实验室中得到进一步的改进，以便使新形成的晶体棒不被坚硬地与即将熔化的原始棒相连。使用不同的上杆和下杆拉伸速度，可以任意地获得不同直径的新生晶体部分。这被应用于图 2. 2 中所示的将小直径籽单晶转变为所期望的生长棒的直径。在早期斯潘科小组运用此工艺生长细棒，然后采用 CVD 法加粗。如此粗化样品的横截面见图 2. 3。

利用此方法，形成了气相无壁制备高纯单晶硅的封闭过程，该过程独立于 A 制程，并经过若干技术改进后，也适用于大规模生产。用这个完整的方法（现在简称为 C 制程），可以制造直径为几个厘米、长度超过 1m 的硅棒。然而，由于垂直区熔自身在物理上的局限，致使这些棒的最大直径受到制约。加之对更大直径硅晶片持续增长的需求，以及在经过多年以后涉及氧和其他沾污以及晶体质量的技术得到进一步发展，垂直区熔工艺再次被根据切克劳斯基（Czochralski）法设计的经典坩埚提拉法挤到一边。这种坩埚生长的晶棒在刚刚从坩埚中拉出来时的照片如图 2.4 所示。

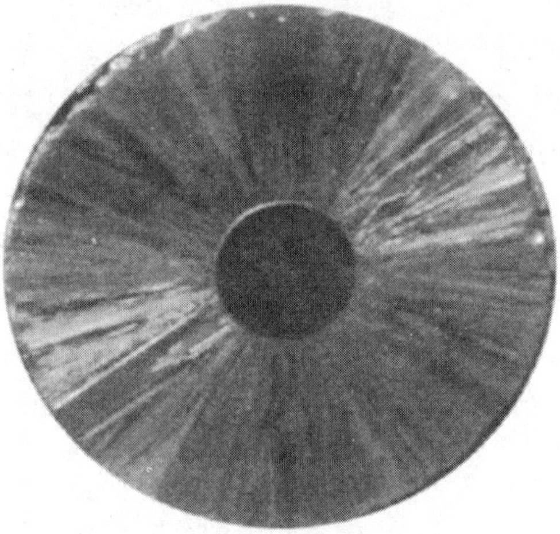

图 2.3 粗化硅棒的横截面（单晶芯被 CVD 多晶层包围）

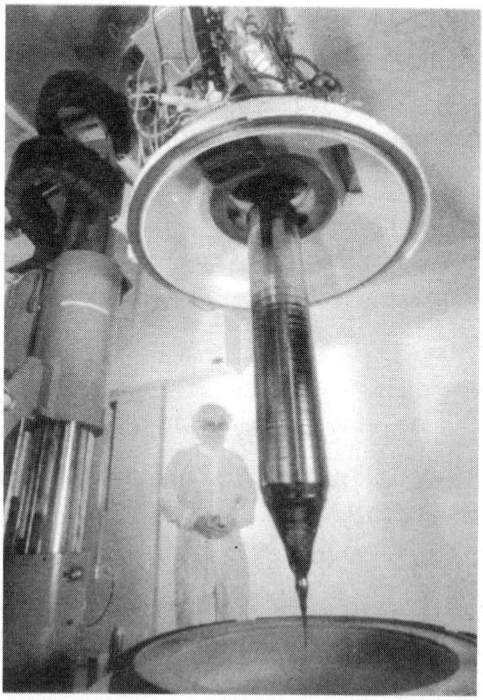

图 2.4 坩埚生长的现代无位错硅单晶（Wacker Chemitronics 提供）

然而，垂直区熔法的发展在当时对于硅作为半导体材料的工业突破是绝对必要的一步。完整的 C 制程开启了通向大规模工业生产的道路。

在其发展时期，垂直区熔是深入研究我们所有硅样品的纯度、性质和晶体质量的关键。这可以被接下来的故事说明。当利用 CVD 层增大细晶直径时，我们发现在沉积和转变为单晶体后最终单晶棒的电导率出奇地高。并发现这源于接近 1×10^{-6}（$1\text{ppm}=10^{-6}$）的施主浓度。然而，对在 A 反应室使用相同 $SiHCl_3$ 样品的测试表明，普遍为具有浓度约为 1×10^{-8} 的受主。高施主浓度来自何方？施主杂质来自反应室吗？样品是被不充分的处理所污染吗？是沉积过程本身的问题吗？许多亚 ppm 区中的问题不得不被同时提出来。第一个正面的结果是杂质可经多次区熔去除。但这显然是笨拙的。

不管怎样，这些是哪类杂质呢？这个问题不可能轻松回答，因为它们的浓度低。所以，常规化学分析方法太过不灵敏。对磷的猜测不能用中子激活射线示踪法证实。其结果令人费解。而且，针对上述退化现象（高施主浓度）我们测量了区熔过程中的分凝系数。测量结果与已知任何分凝系数不相匹配，因此，人们称此施主为 X。不过在洪恩拉斯（Honrath）和齐格勒（Ziegler）的共同努力下澄清了事实[9]：在射线示踪物分析的过程中，中子辐射不仅激活了磷，也使天然硅中的 Si-30 产生了同位素 Si-31，并通过 γ 过程转变为磷。这些额外引入的磷随后在另一步骤中被激活，并依赖于辐射剂量和曝光时间，造成错误的结果。另外，区熔过程中，不仅必须考虑磷在熔化材料和硅晶体之间的分凝系数，还要考虑依赖于熔区直径的蒸发。

根据这个知识（只是一个简单的经验）才可能鉴别磷为决定性的 N 型杂质。此后，才可能降低它的浓度，而因此解决这个问题。

施主 X 的故事可以被认为是我们早期所遇到的代表性问题。进军超高纯区需要从新的角度进行思考。问题只能通过学科间的合作才能得以解决：新颖的化学手段和原始化学品的提纯设备；克服氧化物隔离和阻挡层的测量；施主-受主补偿的澄清；辐射示踪分析；晶体生长的热力学，包括相图在内；各种污染杂质之间以及污染杂质与晶格缺陷之间的相互作用，等等。因此，显然必须一方面开展不同西门子小组之间的紧密合作，另一方面开展与化学物质供应商之间的合作。这主要关系到 Si-H-Cl系的金属-有机化合物。一方面我们不同小组之间不断地交换样品和数据，另一方面与瓦克（后来与 Wacker-Chemitronics）交换。这种合作，最初思想开明地发展，但后来逐渐正规化，最后，成为面向整个生产和测试过程的许可协议。

这种早期公司合作的两个特殊结果应该提一下：

（1）硼的问题：硼作为受主掺杂仍用于器件生产。与磷相反，由于硼与硅的化学相似性，不能通过区域精炼或蒸发去除它。因此我们不得不完全依赖瓦克的纯化工艺和可靠性。

（2）碳的问题：化学上，碳与硅同族，不能担当施主或受主；不可能被电阻测量探测到。但是，通过形成 SiC 沉淀，它阻碍了单晶体生长。这些 SiC 沉淀是 $SiHCl_3$的 $SiHCl_2CH_3$污染的产物。同样地，我们需要完全依赖瓦克的能力和质量控制。

IBM 的斯科乌特克（Schwuttke）小组也有一些关于硅的工作。然而，在高纯硅领域未取得太多关键性的进展。他们的贡献更多是在晶体缺陷 X 射线形貌分析的方向上。

这几个来自早期合作的例子再次强调了上述发展过程是对未知世界进行容易步入迷途的探索。但是，高纯完美的硅晶体本身并不是目的；它们代表了半导体器件正确功能化的关键先决条件，而后依次是正确掺杂、结构化、接触，等等。所有这些形成了一系列分立的问题，这些问题必须通过相关的研究和发展加以解决。这些主题在本书的框架内以单独的文字进行了阐述，因此我们不必在绪论中详细讨论。

2.4 最初的器件应用

我们认为，德州仪器和西门子集团都有很重要的地位，它们各自独立地在硅领域开展工作，也怀有不同的目标。迪尔（Teal）的主要目标是发展双极硅晶体管。1954 年他在代顿召开的 IRE 会议上作了题目为《硅和锗材料及器件的一些新进展》的报告，其中展示了最初的结果。但是，正如 1976 年他在自己的综述文章中所说的那样[10]，他几乎不能克服硅晶体管可重复性和稳定性的遗留问题。另外，对于可比较的几何构型，更低的载流子迁移率导致更低的截止频率。然而，这不能阻止他继续追求这个目标，特别是对于有着更高功率需求的军事应用而言。

关于硅在通讯和信息技术中的应用，西门子（那时的 Siemens & Halske）仍深存怀疑，尽管其在特高纯硅的开发方面紧跟贝尔实验室的理念并有所进展。只有在西门子-舒克特（负责功率技术），斯潘科和他的小组为了在高功率整流器中的商业应用不懈地致力于硅的研发和技术提高以便取代老的硒技术。这种新方法，包括器件技术，在 1956 年为应用做好了准备，并首先用于西门子机车中的功率整流器[11]。显然，整个国际西门子功率电子市场给这些整流器的应用提供了空间——一个不可低估的优势。与其他公司相反，西门子不追逐在硅市场垄断的政策，而是给全部高纯硅的制造过程颁发许可，不仅颁给德国瓦克，也颁给其他主要位于美国和日本的化学公司。这些许可协议也包括合作，以便进一步的改进能够被交换，以及发展某种国际范围的合作。这样就有了这个结果，可以说当今全世界硅半导体材料的生产起始于所谓的西门子工艺。一个现代硅棒的例子可以在图 2.4 中看到，应当跟半个世纪前的小棒进行一下比较（图 2.1）。

至于商业功率应用，西门子显然未止步于硅整流器的开发；晶体管和晶闸管也被开发出来。这时，他们遇到了德州仪器已经看到的相同问题：I-V 特性中的不稳定性。重要关注之一是与俘获问题有关，即在缺陷处电荷载流子有时间限制的存在。贝尔实验室已经在 1953 年检测硅的过程中遇到了这个问题[12]。俘获效应是否可能归因于“本征”缺陷，对硅而言是固有的，因此无法避免，例如，晶格缺陷。我们也对这个问题进行了攻关，彻底检测了硅中的各种俘获效应，硅由斯潘科的实验室制备，也有其他地方的[13,14]。那些研究中最重要的结果是在西门子工艺制备的硅中陷阱密度低于 $10^{11}/cm^3$，因此，室温下不会引起问题。导致此现象的原因是这种硅的绝对无壁制备——一个不在计划之中但仍然关键的优势。

2.5 MOS 技术和集成

尽管有了所有上面提到的这些在德州仪器和西门子得到的令人鼓舞的结果，在通讯和信息领域使用硅代替锗的这项突破仍然没有从根本上得到保障。甚至在 20 世纪 50 年代末，较高的截止频率似乎仍是决定性的因素。因而，在锗和 GaAs 中发现的更高的载流子迁移率更具吸引力。只有伴随着两项创新在硅研究方面的突破才到来了，这对于绝大多数的半导体专家是不期而至的：

（1）热生长 SiO_2 薄膜钝化（稳定）硅衬底表面的发现是导致半导体技术从锗向硅转变的转折点，因为锗表面不能以类似的方式被稳定。这种钝化归因于通过表面 Si—O 键的形成表面态（硅表面悬挂键）大量减少，使对经由氧化物层的电荷载流子的控制成为可能。Si-SiO_2 结构中低密度表面态开启了发展金属-氧化物（SiO_2）-半导体（Si）场效应晶体管（MOSFET）的道路，在 MOSFET 的基本原理中，利用了 20 世纪 20 年代就已经知道的概念（如文献［15］），但当时距离能够实现还有很远的路。发展中的这项技术，是当今微芯片的基础，特别是用在计算机中的那些微芯片，作为介电质和机械层的 SiO_2 薄膜的性质也起了重要作用。

MOS 晶体管的首次实现是在 1960 年由贝尔实验室的康（Kahng）和艾塔拉（Atalla）完成[16]，RCA 实验室的契尼格（Zaininger）紧随其后[17]。但仍需要大量进一步的研发工作，直到 MOS 晶体管技术可控和具有可重复性。这将在后面的一篇文章中加以详细讨论。因此我们将以有限的篇幅简单地指出，在 MOS 技术发展之前，大家的共识是稳定的半导体器件必须避免或至少能够抵御表面的有害影响。

（2）第二个创新也与表面有关。其原理是在单晶硅芯片内的器件集成，起初，看上去似乎在可能性上有相当多的限制。我们不得不记住那时候单个晶体管的产率约为 30%。因此，通过简单的推算我们会预期到两个硬线相连晶体管的产率为 0.3 ×0.3，即约为 10%，对于三个晶体管约为 3%，以此类推。基尔比（Kilby）的杰出思想揭示了金属连接是失败的真正主要原因，并且通过“集成”加以避免可以获得更高的产率和可靠性。的确，他在 1957 年夏通过在 5in（127mm）锗晶片上连接大约 25 个晶体管搭建了第一批功能化的集成电路，最初是一个相移振荡器，然后是一些触发器。但是，那时候谁会认真地想过高度集成将是当今微电子学的特征？没有硅氧化物层特殊的遮蔽特性这些发展将难以想像。由于这个问题，连同许多必要的研究课题和技术发展，将在下面的文章中进行详细的讨论，我们将篇幅仅限制在这个问题上。硅的哪些性质对于硅氧化物层的作用是关键的?

一个性质是十分明显的，就是高纯。只有在纯净的材料上——如果其他后续步骤也是清洁的——生长无缺陷氧化物才是可能的，例如不含离子，在施加电场给氧化物时离子可能发生移动因而改变 I - V 特性。另一个性质，至少和第一个同样重要，即初始氧化物层的化学稳定性。清洁、未受扰动的硅表面是不稳定的，例如，运用 LEED（低能电子衍射）通过对高真空中硅自由表面的研究所显示的那样[19]。例如，正常的（111）硅表面清晰地显示最外层的 6 次对称，像由晶体结构所预期的那样。然而，这种结构在超高真空热处理的过程中转变为更加复杂的对称，其中悬挂键彼此之间相互结合（图 2.5）。

但是这种“纯净”状态仅存在于高真空并渴望吸引其他元素的原子。这里，我们考虑的重点是，事实上被吸引的原子更多的是氧原子，而后形成最初的氧化物层。这个稳定和原子级致密的初始层是硅的一个关键性的优势，在其他有竞争的半导体材料中不存在。这可能归因于一个幸运的情况，也就是 Si—O—Si 键中硅原子之间的距离与基本晶格的金刚石结构中两个硅原子的距离一致。只有这样才能使得致密和无缺陷原始氧化物层的生长得以解释，并且可能避免不期望的表面和界面态。单晶硅衬底向生长在其上面的 SiO_2 层的原子级致密的过渡如图 2.6 所示。

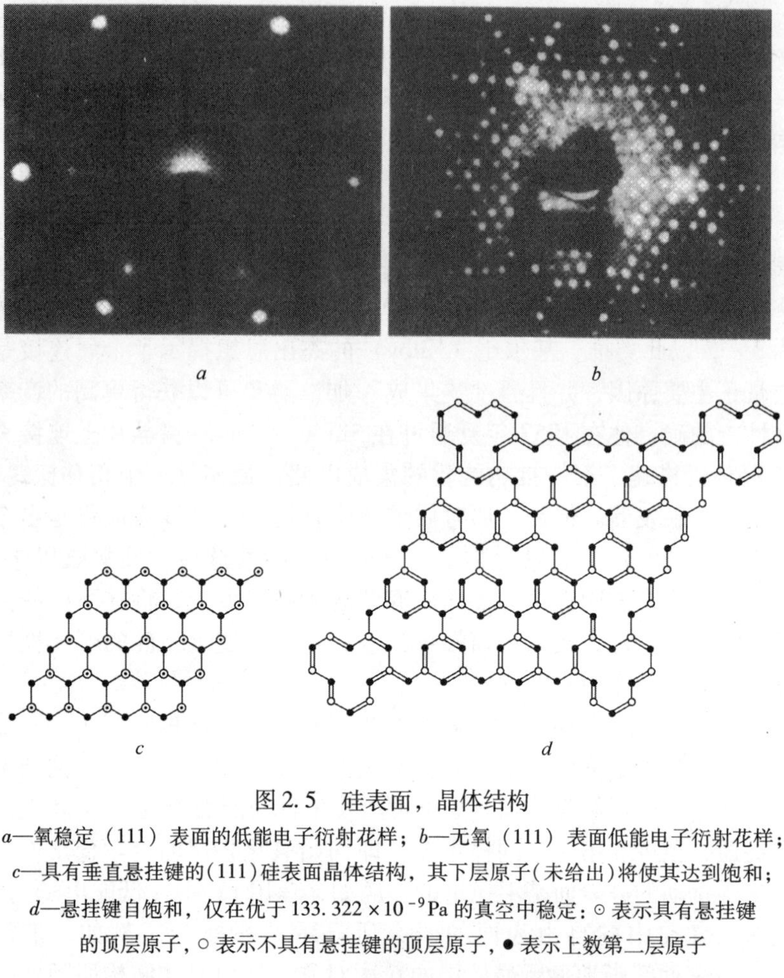

图 2.5 硅表面，晶体结构

a—氧稳定（111）表面的低能电子衍射花样；*b*—无氧（111）表面低能电子衍射花样；*c*—具有垂直悬挂键的(111)硅表面晶体结构，其下层原子(未给出)将使其达到饱和；*d*—悬挂键自饱和，仅在优于 133.322×10^{-9} Pa 的真空中稳定：⊙ 表示具有悬挂键的顶层原子，○ 表示不具有悬挂键的顶层原子，● 表示上数第二层原子

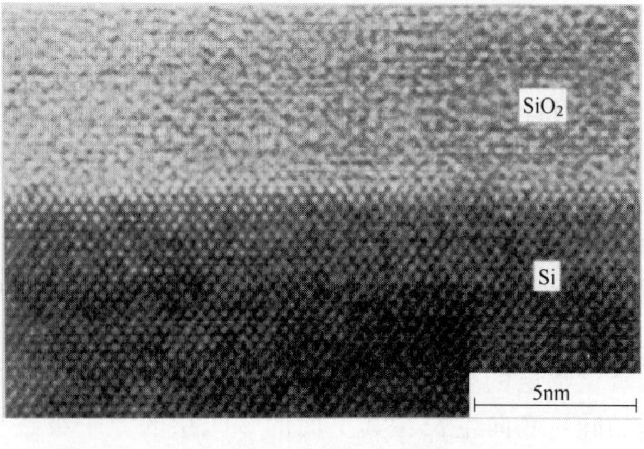

图 2.6 硅基体与 SiO_2 表面层之间原子分辨率的界面

尽管原子匹配，因为硅的晶体对称性不同于二氧化硅，氧化物层是非晶态的。如果我们利用氧使所有悬挂键饱和实现硅表面的完全稳定，以此来抑制所有不期望的界面态，由后续二氧化硅层所需实现的仅有要求是稳定性和原子密度。这是必须的以至于没有沾污离子能够穿透或迁移，因为即使是较小的迁移都将引起器件特性的不稳定。

而且，我们意识到稳定界面上的非晶二氧化硅层可以被其他薄层代替，如果上面提到的稳定性需求被实现。利用这个自由度，例如：Si_3N_4 钝化的情况，以及无论在其他任何地方为了提高速度或现代 IC 技术中的集成度二氧化硅将被低 ***k*** 或高 ***k*** 材料所代替。

总之，通过这种界面稳定化，自然界又帮助我们发展了 IC 技术，包括当今我们从事的多种现代技术领域。这是一个在将硅用于半导体为目的的工作开始时没有人想到的效应，特别是当如此多的其他问题在测量和制作接触的过程中总是与存在的氧化物层相关的时候。

最后，必须指出，下面的事实对于硅顺利地发展进入信息技术至关重要。先进 MOS 技术和特大规模集成（VLSI）——都基于 Si-SiO_2 系统的特殊性质——为有成本效益的数字技术开辟了道路，之后，又为硅集成电路在信息技术中应用所必要的大规模市场开辟了道路。

2.6 结论

这些评论已经延伸到了纳米时代的核心，我们想对硅半导体材料的前期进行综述。我们希望这篇关于纯净单晶硅整个发展的叙述澄清三件事情：

（1）硅，具备所有好的基本属性，首先对于大规模的常规应用必须容易得到。这经常是一条通向未知的艰难之路，只有人类的探索精神才有可能克服遇到的所有困难。这当然不是一个笔直的发展过程——像在回顾时展现给人们的那样以及作为外推法如摩尔定律使人们认为的那样——而是呈现许多特征，经常是极其复杂和分立的发展。它是人类精神在研究以及在材料研究者、器件研发者、设计者和技术人员之间的跨学科合作中的杰出成就。

（2）最重要的是，仅仅一片均匀、高纯、完美的单晶硅材料显然在技术上的应用会是极其有限的。只有当这种材料经过适当的改变和通过可控的、可重复的工艺结构化之后被制造成有用的器件时，它才变得有价值。所有这些要求不可能被实现，如果不是自然界提供给我们一个非常的礼物，通过合适的物理性能和参数等——众多极好的、常常是关键的硅、硅的氧化物和 Si-SiO_2 界面的性质和特性一起使现代硅集成技术从根本上成为可能。刚好让我们快速列举一下最重要的性质和特性。

硅的性质和特性：

1）蕴藏丰富：容易获得，价格低廉；

2）单晶：可获得较大的直径（30cm），缺陷可以被消除或被择优利用；

3）不脆：可以被容易地处理以及对于分立的器件和集成电路芯片是一个力学性能优良的衬底；

4）足够的热导率可以带走芯片中电产生的热；

5）可以被适当的光学和化学相结合的方法（光刻）微结构化，甚至穿过0.1μm阻挡层；

6）可以通过外延将具有不同电性能的晶体硅薄膜生长在硅衬底上；

7）可以将具有不同电性能的晶体硅薄膜生长在绝缘体（蓝宝石等）上来改善绝缘和速度，以及降低电容；

8）通过化学气相沉积或分子束外延可以将晶体锗薄膜和包含量子点、提供不同电学和光学性能的可能的新Ⅲ-Ⅴ化合物薄膜生长在硅衬底上；

9）通过氧离子注入和后续热处理可以在硅表面以下生成薄 SiO_2 埋层（SIMOX 结构）；

10）具有非常有用的能带间隙（1.12eV）；

11）通过扩散和/或离子注入掺杂可以改变电导率（N 型，P 型，数值）；

12）作为元素半导体，它没有化合物半导体所具有的多种材料问题和化学行为；

13）热处理非常好地起作用；

14）电子和空穴的迁移率都好（在 CMOS 电路中重要）；

15）由于特殊的能带结构性质和低密度陷阱电子和空穴的载流子寿命好（对双极器件重要）；

16）非光敏感（在不同光条件下器件工作稳定）。

二氧化硅的性质和特性[20]**：**

1）通过简单、便宜和可靠的（氧化）工艺可以热生长为原生氧化物；

2）通过化学气相沉积和其他方法可以沉积；

3）到非常高的温度都稳定（对于热处理重要）；

4）薄膜可以非常薄（10nm）（对于超小 MOS 器件必要）；

5）在被选硅区域腐蚀过程中担当化学阻挡层；

6）能够担当某些材料的扩散阻挡层，特别是绝大多数的普通掺杂物质；

7）在离子注入过程中作为阻挡层；

8）化学性质稳定，但可以被适当的光学和化学复合法（光刻）微结构化，甚至穿过0.1μm 阻挡层；

9）利用各种方法在它上面沉积的金属图形，结合非常好；

10）力学性能好并且可以作为保护层（物理和离子防护）；

11）通过抛光可以使其表面平坦；

12）透明；

13）高电子击穿强度；

14）有用的介电常数（但这里在某些领域需要新绝缘材料代替 SiO_2：用于栅极的高 $\boldsymbol{k}$ 材料和用于绝缘电路的低 $\boldsymbol{k}$ 材料）。

Si-SiO_2界面的性质和特性：[21]

1）经合理工艺的制备具有极低的界面态密度；

2）非常稳定。

如果不是这样——或者通过自然界的行为或者上帝的施与——发展将会选择不同的道路，那么我们今天看到的巨大进步，特别在微电子和信息技术方面几乎难以想象。

（3）正如在上面第（2）条中所强调的那样，硅是自然界独一无二的礼物，因此我们有理由称之为绝无仅有的半导体材料。从目前的技术来看，它是如此重要而不可能被取代，并将继续主导半导体电子学的核心。重要的补充技术仅被期待在硅遭遇它的自然极限的领域，如光电子学、大面积显示技术、传感器技术和现代生物电子学。在这些领域内人们也需要新材料和可能部分含有硅的材料复合。

然而，对于这个自然界独一无二的礼物仍可能有重要的新应用被发现，使不是当今世界上最重要的材料成为最重要的材料之一。

致　谢

我们承蒙所有老朋友们对我们的帮助，感谢他们综合自己的经验对这篇综述的贡献。我们感谢 Dipl. Phys. Remigius Pastusiak 对西门子旧照片的数字化处理。

（马通达译，肖清华校）

参考文献

1. J. Bardeen, W. Brattain: Phys. Rev. **75**, 1208 (1949)
2. O. Madelung: *Physics of III-V-Compounds* (Wiley, New York 1964)
3. L. Pauling: *General Chemistry*, 2nd edn (W.H. Freeman, San Francisco 1953)
4. G.L. Pearson, J. Bardeen: Phys. Rev. **75**, 865 (1949)
5. E.M. Conwell: Proc IRE **40**, 1327 (1952)
6. W. Heywang, M. Zerbst, F. Bischoff: Die Naturwissenschaften **42**, 301 (1954)
7. W. Heywang: Internal Siemens Report (7.8.1953)
8. F. Herman, R.L. Kortum, C.D. Kuglin, R.A. Short: New studies of the band structure of the diamond-type crystals. In: *Proc. 8th Int. Conf. Phys. Semicond.*, Kyoto (1966) pp. 7–14
9. G. Ziegler, M. Honrath: Internal Siemens Report (3.6.1958)
10. G.K. Teal, K. Storcks: IEEE Trans. Electron. Devices **23**, 621 (1976)
11. E. Spenke: Report at the Garmisch Conference, Oct. 1956. In: *Halbleiter und Phosphore*, ed. by M. Schön, H. Welker (Vieweg, Braunschweig 1958) pp. 630–640
12. J.R. Haynes, J. Hornbeck: Phys. Rev. **90**, 152 (1953)
13. W. Heywang, M. Zerbst: Z. Naturf. **14a**, 641 (1959)
14. M. Zerbst, W. Heywang: Z. Naturf. **14a**, 645 (1959)
15. J.E. Lilienfeld: US Patent No. 1745175 (1926)
16. D. Kahng: IEEE Trans. Electron. Devices **23**, 655 (1976)
17. K. Zaininger: RCA internal report (1961)
18. J.S. Kilby: Miniaturized Electronic Circuits. US Patent No. 3,138,743 (1959/1964) filed February 1959, issued 23 June 1964
19. J.J. Laner: Low energy electron diffraction and surface structural chemistry. In: H. Reiss: *Progress in Solid State Chemistry*, vol. 2 (Pergamon Press, Oxford 1965) pp. 26–90
20. A.G. Revesz, H.L. Hughes: The Structural Aspects of Noncrystalline SiO_2 Films on Silicon, A review, J. Non-Cryst. Solids **328** (1–3), 48–63 (2003)
21. A.G. Revesz, K.H. Zaininger: The Si-SiO_2 Interface, RCA Rev. **29**, 22 (1968)

3 硅：一个工业奇迹

E. F. Krimmel

3.1 引言

大规模工业生产高品质单晶硅对文明进步的影响如计算机通讯系统、传感器、医疗设备、光伏器件、卫星、宇宙飞船等，在整个人类历史上过去和现在都是唯一的，而且是完全不可预见的。美国的贝尔实验室、德州仪器公司，欧洲的菲利浦、西门子和瓦克等全球大公司当年抓住了机遇。但在这一领域中活跃的公司也在不断发展和改变。今天大部分的硅在日本生产，其余部分被美国和欧洲的瓦克公司分担。在文献［1］中可以找到一个简单扼要的从开始到最新发展的总结并列有大量参考文献。

3.2 主要制程

20 世纪 50 年代开发的西门子 C 制程（见第 2 章）包括有高品质的单晶硅、多熔区区域提纯硅和悬浮区熔硅（FZ）等关键技术，这些技术后被瓦克公司采用。切克劳斯基（CZ）直拉工艺（在美国形成）是竞争的技术。FZ 硅片最初主要是用于功率器件，而 CZ 硅片用于德州仪器和仙童公司设计的集成电路。最初的硅片直径是 3 ~ 5cm，而今天直径 30cm 是标准的尺寸，现在正向大于 30cm、甚至 40cm（下一代硅片直径定为 45cm）方向发展以提高效率。尽管有“远见的专家”相信不需要也永远不会生产大直径硅片和 1Mbit 的存储器，但幸运的是具有风险性的前期探索工作仍一往直前。

大直径硅片在高温过程中可能会呈现翘曲，因而全片接触式光刻制造电路结构先由投影光刻而后被分步单片光刻技术取代。使用超短波长甚至到紫外或软 X 射线波段来提高光刻分辨率，而在亚原子尺度范围则采用具有德布勒意波长的电子束或离子束。

最初规定既可使用高纯区熔材料，也可使用含氧的直拉材料。但不久即明确认识到由于位错钉扎作用，直拉比区熔材料力学性能更为稳定。这对离子注入后退火消除辐射损伤等问题至关重要。通过边缘倒角可降低硅片破损。另外，硅中氧对于吸除有害杂质极为有效。今天我们对有关区熔、直拉的问题可以一笑置之，需要考虑的关键问题仅是针对某些特殊应用来选择合适质量的硅片。

为降低硅片的生产成本，建议不用最贵的高质量的硅产品而用更经济的硅材料。如器件需要高质量的薄层硅材料则可采用外延工艺。

3.3 硅材料生产工艺

二氧化硅石英砂是生产电子级硅的原始材料。首先用石英砂加焦炭通过加热反应在2100K温度下还原成粗硅（冶金级硅），粗硅纯度大约为98%，其中含铁可以防止形成碳化硅。反应式如下：

$$SiO_2 + 2C \longrightarrow Si + 2CO \tag{3.1}$$

这些粗硅然后通过下列反应转换为高纯三氯氢硅：

$$Si + 3HCl \longrightarrow SiHCl_3 + H_2 \tag{3.2}$$

三氯氢硅作为母原料在1400K下，在还原炉的细硅棒上通过化学气相沉积形成高纯多晶硅，同时发生如下反应：

$$\begin{gathered} SiHCl_3 + H_2 \longrightarrow Si + 3HCl \\ 2SiHCl_3 \longrightarrow Si + SiCl_4 + 2HCl \\ 4SiHCl_3 \longrightarrow Si + 3SiCl_4 + 2H_2 \end{gathered} \tag{3.3}$$

直拉法制备单晶硅先用石英坩埚，在1415℃温度下将硅融化，然后添加掺杂剂调整电阻率，使用单晶籽晶，形成细颈，同时旋转，将单晶提出熔体，制成晶棒。降低拉速可增大单晶直径。含氧硅材料用于制作集成电路。区熔工艺制备的高纯单晶硅主要用于功率器件。区熔硅掺杂是在工艺过程中通过气相掺杂来实现的。超纯硅片均匀掺杂则通过中子嬗变。

硅切片使用内圆切片机或多线切割机，然后边缘倒角，表面经研磨、腐蚀去除损伤层，然后进行复杂的三步抛光工艺，最后有可能再进行高阻薄层外延。例如，德国瓦克公司目前可向半导体工业提供各种直径的硅片（最大直径300mm）。这一进展需要设备和材料的检测评价。目前已在讨论有关450mm硅片的生产问题。当年选择直拉单晶硅部分原因缘于其力学性能。450mm单晶棒的重量约为400kg，需要1～2cm直径的细颈。所以，全部工艺都将调整改变。除去由于热力学平衡条件而出现的缺陷以外，这些硅片还必须做到在原子尺度上无缺陷。因此，需要通过缺陷分析进行严格控制。

然而，硅的应用并不局限于微电子工艺，硅也以多晶硅形式大量用于光伏产业，化学传感器，生物传感器，压力、流量、力学及温度等物理传感器，红外传感器，辐射探测器以及迈克尔逊干涉仪等。

此外，正在开发非晶硅甚至多孔硅等材料。它们显示出意想不到的效应，有些尚没有完全被认识或仍然处于争议之中。科学家们对多孔硅性质特别感兴趣，它不但有光发射，而且在低温下可与氢发生爆炸反应。这些领域对未来的产业发展可能非常具有吸引力。

致　谢

衷心感谢来自 H. Silbenagel，E. Scrtl 和 V. Braetsch 的有关信息，以及位于 Burghansen 的 Wacker 公司的成员。

（屠海令译，米绪军校）

参考文献

1. E.F. Haller: *The Semiconductor Age* (UC Berkeley and LBNL, USA 2002)

第二部分

多　晶　硅

4 电子器件用多晶硅薄膜

A. Slaoui，P. Siffert

4.1 引言

在现今的电子器件中多晶硅（poly-Si）发挥着重要作用。在集成电路史上多晶硅之所以成为最重要的基础进展之一在于其几方面的优势：首先，从结构的角度看，多晶硅有与单晶硅相匹配的力学性能，CVD 沉积过程中可获得良好的台阶覆盖，具有高熔点，可形成附着氧化物，与 HF 相容；其次，从器件制作的角度看，多晶硅可吸附和再发射掺杂物质，可控制重金属（吸杂），具有与 MOS 器件相兼容的逸出功函数，可形成高电导率硅化物。

这些性质使多晶硅在集成电路（ICs）中被广泛用作电活性层[1]。最近，多晶硅也被用于大面积电子器件技术中，如有源矩阵液晶显示器（AMLCDs）[1,2]、硅基太阳能电池[3]以及传感器[4,5]。

对于 IC 制作而言，多晶硅有许多优点：可以被有选择地沉积，能形成高质量浅结，填充沟槽，允许形成自对准多晶硅化物，提供低 MOS 阈值电压[6]。这些优势促成许多器件应用，包括：自对准 MOS 栅、源/漏接触、多层互连、介电隔离、非易失性浮动栅、形成浅结的发射极扩散源。

多晶硅栅后续处理工艺包括：掺杂、刻蚀和氧化。某些器件结构中需二次沉积多晶硅层。此多晶硅层可以在小窗口中被用作接触材料或者被用作导电部件之间的互连接。

大面积电子系统通常制作在标准氢化合非晶硅材料（α-Si：H）之上。这些系统尤其是平板有源矩阵显示器和二维成像装置[7]的迅速发展也带动了在多晶硅器件方面的兴趣。多晶硅能够满足多种需求，具有较高的载流子迁移率，约为 $100cm^2/(V \cdot s)$（α-Si 为 $1cm^2/(V \cdot s)$），可获得性能优良的 p 型多晶硅薄膜晶体管（thin film transistors，TFTs），有利于实现高性能互补型金属-氧化物-半导体（CMOS）电路。

另外，在异质衬底（玻璃、金属或陶瓷）上沉积多晶硅薄膜然后制作太阳能电池似乎是实现廉价和高效光伏器件最具吸引力的途径之一。其中关键在于具有可控电阻率和长少数载流子寿命的多晶硅材料。

这两种大面积应用对材料结构的需求截然不同。薄膜晶体管要求多晶硅薄膜中晶粒尺寸分布均匀，以求获得可重复的晶体管电性能。而薄膜太阳能电池要求大面积多晶硅薄膜的晶粒尺寸为几微米甚至达到几十微米，具体要求取决于电池的设计。对于太阳能电池，晶粒的位置并不重要，而且只要直径小于1μm的晶粒不存在，就不需要对晶粒的尺寸分布有所要求。

此外，越来越多的人正在关注多晶硅基微电路传感器[1,10]，如压力传感器、应变规、气体传感器以及机械元件。多晶硅基微电路传感器的主要优点是材料消耗的降低以及与IC工艺的兼容性。

4.2　多晶硅薄膜分类

多晶硅薄膜由众多独立的晶粒组成，各个晶粒通过界面与衬底或相邻的晶粒为界，如图4.1所示。多晶硅薄膜的性质和特征与晶粒和界面的内在性质和特征直接相关，所以，晶粒结构在多晶硅薄膜作为材料的应用中是重要的。因此，如果块状晶体的性质是重要的，那么晶粒的平均尺寸应该尽可能的大。而一些应用需要晶粒尺寸缩小至小于所用薄膜的面积。如果需要与某一晶粒尺寸相对应的特殊性质，那么晶粒尺寸分布必须在此尺寸附近尽可能窄地分布。如果同时需要大的晶粒尺寸和空间的均匀分布，那么就必须控制晶粒的位置和它们的边界。总之，为获得高性能多晶薄膜材料控制晶粒结构是绝对必要的。

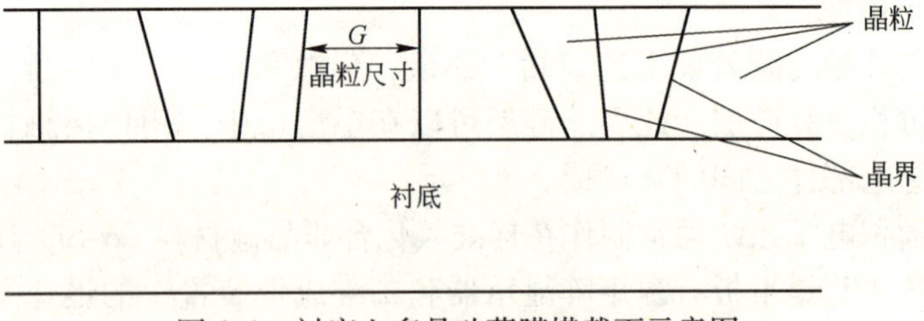

图4.1　衬底上多晶硅薄膜横截面示意图

在绝大多数的情况下，多晶硅薄膜中晶粒结构（尺寸和分布）及其相对应的电性能与用于薄膜制备和/或后续热处理的工艺温度紧密相关，这在表4.1中清晰可见。表4.1给出了依据晶粒尺寸对衬底上晶体硅膜的分类。“Polysilicon”或“Poly-Si”是总称，而“nc-Si”、“μc-Si”和“pc-Si”对应一个晶粒尺寸的范围。所需尺寸的材料视应用而定。

表 4.1 多晶硅薄膜按晶粒尺寸分类

晶粒尺寸范围	nc-Si	μc-Si	pc-Si
平均晶粒尺寸 G	1 ~ 50nm	0.01 ~ 1μm	0.5 ~ 1mm
生长温度 T_g/℃	150 ~ 300	250 ~ 500	> 500
电子迁移率/$cm^2 \cdot (V \cdot s)^{-1}$	1 ~ 10	10 ~ 50	50 ~ 500
空穴迁移率/$cm^2 \cdot (V \cdot s)^{-1}$	0.01 ~ 0.1	0.1 ~ 10	10 ~ 200
少子扩散长度/μm	< 0.1	< 1	1 ~ 20
应 用	NMOS, 太阳能电池	CMOS,TFTs, 太阳能电池	PMOS,CMOS,TFTs, 传感器,太阳能电池

注：NMOS—N 沟道金属氧化物半导体；PMOS—P 沟道金属氧化物半导体；CMOS—互补型金属氧化物半导体；TFTs—薄膜晶体管。

本综述以报道用于形成多晶硅薄膜的不同技术开篇，这些技术包括直接法（CVD 等）和间接法（固相晶化（SPC，solid phase crystallization）、金属诱导晶化（metal-IC，metal-induced crystallization）、激光退火（laser annealing）等）。深入观察这些硅薄膜的结构特征，使人们能够区分具有特定电性能的多晶硅薄膜的基本类型。本篇综述对这些性能相关特性的特定局限进行了讨论。

4.3 多晶硅生长和微晶结构

多晶硅可以由多种技术生长，每种技术满足特定半导体器件技术的需要[1]。

厚度小于 0.1μm 的薄膜层通常由真空沉积技术生长获得，例如：溅射、蒸镀或分子束外延（MBE）。沉积过程的无热特性允许使用低温(20 ~ 600℃)。这些技术应用于热不稳定衬底（如太阳能电池、厚膜晶体管和坚硬掩模层）。

厚度为 10^{-2} ~ 10μm 的薄膜层通常由低压化学气相沉积（LPCVD）在温度为 150 ~ 850℃之间生长得到。几乎所有插入到硅集成电路中的多晶硅层均由此方法沉积得到，其主要原因在于由此沉积技术获得的多晶硅层具有均匀性、可重复性和共形性。

较厚薄膜层（1 ~ 100μm）可以在温度超过 900 ~ 1300℃的化学气相沉积系统内生长而成；然而，在较高的压力下，沉积的均匀性取决于气相扩散，因而减少了加工的晶片数量，进而降低了产能。这些薄膜层被用作太阳能电池应用材料。

除了上述方法，还研制了一批沉积技术，这些沉积技术用其他能量来源作为热激活能的补充，包括：等离子体（等离子体增强化学气相沉积（PECVD）、热丝化学气相沉积（HWCVD）和电子回旋共振化学气相沉积（ECRCVD））和激光或发光器辐射。

总之，多晶硅的晶粒尺寸随沉积温度和薄膜厚度的增加而增加，可从小于10nm（见于薄蒸镀膜中）增大到超过1mm大小（见于LPCVD生长继之以区熔再结晶（ZMR）所获得的厚膜中）。然而，多晶微结构是沉积条件的复杂函数，这将在生长多晶硅膜的相关技术中加以讨论。

4.3.1　CVD多晶硅

4.3.1.1　CVD生长/沉积

早期（1963～1970年），利用物理气相沉积技术（PVD）研究多晶硅的形成。然而，X射线和离子损伤、有害杂质、非均匀台阶覆盖、厚度变化以及低产量阻碍了这些方法的使用。后来（1970～1976年），采用冷壁大气压CVD（APCVD）反应炉进行多晶硅沉积。化学气相沉积原理见文献［11］，这里不再赘述。对于APCVD，沉积一般由物质输运过程控制，所以晶片必须采取低密度的形式堆放，使气体能够接触晶片的表面。这样的反应炉导致较大的厚度变化和较低的气体效率。通过所采用的气体混合和工艺温度可以控制晶粒尺寸，但却可能破坏厚度的均匀性。由于这些限制，硅栅PMOS和NMOS集成电路成为20世纪70年代早期半导体器件市场的主角。

1976年，低压化学气相沉积（LPCVD）工艺被用于沉积多晶硅薄膜。LPCVD压力在1～100Pa，沉积实现动力学控制，晶片实现高堆放密度排布[12]。这使LPCVD成本比APCVD降低了90%以上，均匀性提高了±1%～2%，为沉积后获得好的掺杂控制提供了最适宜的晶粒结构。尽管用于LPCVD系统的压力比APCVD系统降低了3～4个数量级，可是在相近温度下的典型沉积速率仅仅下降了1个数量级。这是因为反应气体在APCVD系统中被稀释，所以反应气体分压在APCVD和LPCVD之间仅仅相差1个数量级左右。

因此，在过去25年间LPCVD系统一直是用于集成电路多晶硅沉积的主要手段，并仍将持续许多年。LPCVD反应炉的选择依赖于器件的应用。热壁、更高压力（66.7～666.6Pa）和更大晶片间距的更高温度（850℃）LPCVD将为更快生长速率的选择性多晶硅沉积提供可能。常规的水平或立式LPCVD（约600℃）可填充先进CMOS存储器所需的深槽或堆置电容腔。附加的能力包括多层、连续、原位沉积及特殊清洗和腐蚀步骤。

速热 CVD（RTCVD）是在 20 世纪 80 年代引入的一种 LPCVD 替代技术，它采用了光学加热系统[13]。RTCVD 技术包括受限反应工艺（LPR），在此工艺过程中反应气存在于反应器中，晶片的快速加热/冷却作为反应的开始/停止[14]。采用专门石英片托，承载双层晶片，形成与反应器其他部分相分离的体积空间，反应气体被注入到该空间中。这避免了沉积到反应器壁上和保证了高的化学效率。RTCVD 技术的缺点是通常受限于单一晶片反应室，这对高产能构成问题。较低的生长温度（600 ~650℃）提供了理想的晶粒尺寸，但不能接受的是低的生长速率。与之相反，较高的生长温度（900 ~1000℃）提供较高的产量，但伴随着不期望的大晶粒尺寸。多步生长（低温形核高温生长）提供了折中方案[12]。

APCVD、LPCVD 和 RTCVD 系统能够生长高质量的多晶硅层，但需要相当高的温度（ >600℃）。然而，对低温（ <500℃）沉积和高沉积速率的需求不断增长。在过去十年里，通过提供源于等离子体或激光的附加能量，生长效率得到了大幅提高，在下文中将会见到。

4.3.1.2 CVD 多晶硅的沉积速率

硅由气相化合物（如硅烷）迁移到固相，并合并到正在平坦衬底上生长的多晶硅层中。这已得到了广泛研究。研究表明，在较宽的衬底温度、气体成分和压力范围内，沉积速率并不受硅由气体到衬底表面输运的限制；限速步骤是 SiH_4 分子穿过多晶硅表面的迁移率与自我成核和生长的速率。正是这个过程被认为决定了我们所测量的沉积激活能。

查阅文献可知，在真正的化学气相沉积系统中获得的多晶硅沉积速率通常没有直接的可比性，由于沾污的影响，以及由于发表的数据不够全面，即便在重要参数值完全相同的情况下也不能进行比较。关键参数是硅化合物的分压和种类（例如 SiH_4 或 $SiCl_4$）、氢的分压、掺杂气体和惰性气体、系统的总压力以及衬底温度。

在 LPCVD 炉沉积系统中（典型工作温度范围 600 ~650℃，采用纯硅烷气体（压力 13.3 ~53.3Pa），沉积速率 5 ~20nm/min），气体传输为非限制因素，正是因为这个原因此高重复性系统才被采用。在这样的生长温度下，衬底类型对成核和生长几乎不产生影响：常存在于硅衬底上的原生氧化物（0.5 ~1.5nm）是稳定的，因而无论硅、二氧化硅或者氮化硅是否为名义上的下层，有效生长总是发生在非晶衬底上。

在 LPCVD 系统中，随着温度的升高沉积速率迅速增加。激活能约为 1.7eV（167.5kJ/mol），稍高于在大气压沉积中所观察到的值。存在此差别的原因在于反应中产生的氢解吸的变化以及物质输运和均相反应作用的差异。温度高于 650℃时，气相反应变得重要，导致粗糙、松散的吸附沉积和反应气体耗尽，进而导致均匀性变化。温度低于600℃时，沉积速率过低以至于缺乏实用性。

用于CVD的气态硅的种类对沉积速率影响强烈。为了说明这点，图4.2给出了大气压下氢稀释三氯硅烷（TCS）[15]或二氯硅烷（DCS）[16]在几种衬底上硅薄膜的沉积速率随沉积温度的变化。热氧化晶片（t-SiO_2）和单晶硅晶片（sc-Si）的数据也包含在其中。可以看到，利用热CVD沉积硅在不同温度区域表现出不同的特征[11]。在低温下，沉积速率受表面反应控制，与温度成指数关系：$\gamma \propto \exp[-E_a/(kT)]$，其中 $E_a=1.4\sim1.7$eV，是全部反应的激活能。高温下，这种温度相关性小得多。在这个温度区域，反应物向表面的气相扩散为生长速率的抑制因素。此区域被视为扩散控制反应区。

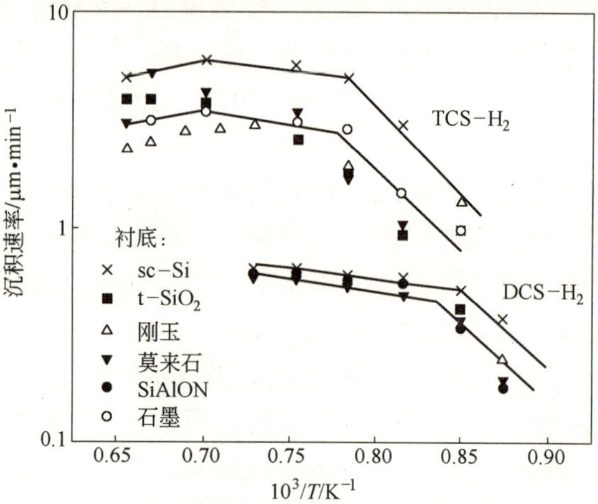

图4.2　不同异质衬底上硅沉积速率与温度的关系

沉积在大气压下进行，此时 H_2 中 TCS15%[15]或 H_2 中 DCS1.2%[16]

对于硅同质外延，在TCS-H_2和DCS-H_2中沉积速率可分别高达6μm/min和0.6μm/min，这可能归因于更加迅速的形核和到达硅类原子与衬底硅原子更加迅速的键合。另外，与在单晶硅上的沉积相比，两个温度区域中多晶硅在热氧化晶片和陶瓷衬底上的沉积速率呈现较低的数值。在衬底表面上反应物的扩散和台阶形核能够解释不同衬底之间沉积过程动力学的不同。

二氯硅烷的沉积速率低于三氯硅烷。事实上，HCl干扰形核过程，也降低了所吸附硅类物质的表面迁移率。表4.2中的数据证实了这个说法，此表总结了在650~1200℃温度范围内所测量的硅烷、二氯硅烷、三氯硅烷和四氯化硅的生长速率。沉积在大气压下进行，此时 H_2 中气体硅源为0.1%。在表面为限制因素的温度区域，决定温度依存关系的所有激活能具有相同值（1.45eV），而指数前因子随产物中氯含量的增加而降低。当沉积温度很高时，气态 HCl 的生成会促进硅表面的腐蚀，并与硅沉积形成竞争。

表 4.2 不同硅前驱体气体的温度范围和相应的沉积速率

气态硅源	温度范围/℃	激活能/eV	指数前因子/μm·min^{-1}
SiH_4	630~850	1.45	1.1×10^6
SiH_2Cl_2	800~950	1.45	3.0×10^5
$SiHCl_3$	800~1000	1.45	1.3×10^5
$SiCl_4$	850~1100	1.45	2.9×10^4

生长速率随着气体分子（例如 Si_2H_6 与 SiH_4）中硅含量的增加而增加。在沉积过程中，通过向反应物中加磷、砷或乙硼烷可实现多晶硅掺杂[17]。但掺杂影响沉积速率，例如加入乙硼烷导致沉积速率大幅提高。类似效应已在大气压下的沉积中观察到。而且，加入掺杂物时，整个晶片的厚度均匀性下降。事实上，由于技术问题，仍未真正发现适用于水平炉管反应器的原位掺杂法。通过使用插入物控制样品附近反应气体的流动实现了均匀性。

已知其他元素影响沉积速率（例如碳和氧），这些元素和其他痕量沾污可能导致上述不同的前置因子值，前置因子可以由不同研究者所发表的沉积速率推导出来。成核的稳定性和可重复性在较高温度下（大于700℃）和存在 HCl 时都将变差。

4.3.1.3 CVD 多晶硅的微结构和晶粒尺寸

在非硅衬底上直接沉积多晶硅层的目的是获得尺寸和分布可控的晶粒。为了实现此目的，了解在非晶衬底（氧化硅、玻璃、陶瓷等）上控制硅生长的机理是必要的。而在非晶衬底上异质形核和晶粒生长是相当复杂的过程，在此过程中许多不同的机制起到了关键作用。对于 CVD，最终的晶粒尺寸一方面决定于初始阶段的沉积，即成核阶段，另一方面决定于晶粒竞争生长。在成核阶段，核形成并开始俘获衬底表面上的自由原子；当这些已存在的晶粒生长时，新的晶粒可能在它们之间形成。发生合并后，晶粒进一步外延生长，使下面的晶体结构贯穿整个层。如果硅原子到达速率 J 大于表面扩散速率 D，以至于成对的原子分别成核而不向更大的核迁移，此时所沉积的薄膜形成非晶结构。达到每一个沉积系统和沉积速率特有的临界温度 T_c 时，这个过程就会发生。T_c 随沉积速率升高。已有报道，氢化表面减少了微晶形核进而提高了 T_c。在沉积过程中，其他化学物质的存在也影响 T_c。在沉积温度高于 T_c时，薄膜结构可能部分或全部是多晶。在 LPCVD 系统中，薄膜在 580 ~ 620℃ 全部晶化，拥有柱状结构，微晶硅具有不同的晶体取向[19]。当这些微晶相互接近时，形成晶界。N_x（在粗化前的晶核数量）与 S_g（最终外延层中晶粒的尺寸）的关系可由 $N_x = S_g^{-2}$ 粗略估计。例如，对于 10μm 晶粒，获得的形核密度为 $10^6 cm^{-2}$。因此，应该控制粗化前形核和生长之间的平衡，以获得所需平均尺寸的外延层。显然，成核密度及最终晶粒尺寸与衬底表面形貌和组分密切相关。

另外，随着薄膜厚度 W 的增加，晶粒尺寸 S_g 连续增大，它们之间的关系被简化为 $S_g = 0.25W$。晶粒尺寸的典型值在 0.03 ~ 0.3μm 之间。上述关系仅是一个粗略的指示，部分原因是它未能考虑邻近压力和温度对晶粒尺寸的影响，还因为实际的晶粒结构存在双组态，既包括等轴的也包括柱状的晶粒。晶化后晶粒尺寸也依赖于掺杂浓度。多晶硅经高浓度磷掺杂并在 900 ~ 1000℃ 之间加热 20min 后，平均晶粒尺寸为 1μm。

报道称，沾污的存在也影响结晶温度和最终晶粒尺寸[21]。氧、氮或碳杂质稳定非晶结构直至 1000℃ 以上，砷稳定柱状结构到 900℃。氧沾污随沉积速率的增加而减少，伴随以几微米以上厚多晶层中晶粒尺寸的增大[22]。在 CVD 多晶生长过程中混入碳后会产生类似效应。晶粒偶然非常大，原因是局域的沾污增强了生长。这些结果表明，所观察到的晶粒尺寸的不同应归因于每个研究中沉积气体的纯度和开始衬底表面杂质的不同。

在高生长温度和压力下，硅的形核是一个吸附过程，此过程决定于撞击硅原子或硅原子团簇与衬底表面之间的相互作用[23]。衬底种类严重影响着上述过程，因为一种衬底与另一种衬底之间吸附的能量势垒是不相同的[24]。在这些条件下，可获得大得多的晶粒。表 4.3 比较了不同 CVD 系统的晶粒尺寸和生长速率。

表 4.3　采用不同 CVD 系统及气体时的晶粒尺寸与生长速率

项　目	APCVD	LPCVD	PECVD	HWCVD	ECRCVD
T/℃	800 ~ 1300	550 ~ 850	150 ~ 300	150 ~ 450	100 ~ 400
前驱硅气源	SiH_4，DCS，TCS，$SiCl_4$	SiH_4，DCS，TCS	SiH_4，Si_2H_6	SiH_4，Si_2H_6	SiH_4，Si_2H_6
衬　底	t-SiO_2，石墨，陶瓷	玻璃，t-SiO_2	玻璃，t-SiO_2	玻璃，金属薄膜	玻璃，金属薄膜，塑料

续表 4.3

项 目	APCVD	LPCVD	PECVD	HWCVD	ECRCVD
生长速率 /μm · min^{-1} /nm · min^{-1}	1 ~ 10	5 ~ 20	5 ~ 20	50 ~ 200	5 ~ 50
S_g/μm	1 ~ 50	0.05 ~ 1	0.05 ~ 0.1	0.05 ~ 1	0.05 ~ 0.1
应 用	CMOS，太阳能电池	CMOS，太阳能电池	太阳能电池	太阳能电池	太阳能电池
文 献	[15 ~ 17]	[38，39]	[27 ~ 31]	[32 ~ 35]	[36，37]

注：CMOS—互补型金属氧化物半导体。

通常，在 600 ~ 650℃ 沉积的多晶硅薄膜具有 {110} 择优取向[25]。在更高的沉积温度下，主要为 {100} 取向，但是此结构包含相当多的来自其他取向如 {110}、{111}、{311} 和 {331} 的贡献[26]。掺杂物和杂质以及温度也影响择优取向。

4.3.1.4 热 CVD 的替代工艺

尽管 LPCVD 系统能够制备高质量多晶硅层，然而在低温（<600℃）下沉积速率通常过低。借助等离子激活反应气体可以按比例提高沉积速率。采用等离子增强 CVD（PECVD），等离子提供断开化学键所需能量，由此降低实现一定生长速率所要求的温度[27,28]。等离子中的高能电子与气体分子发生碰撞并使之分解，诱发化学反应。此外，等离子中的正离子轰击晶片表面能够改变表面化学态，引入不同的薄膜结构和生长速率。射频放电产生弱离子化等离子体，在 PECVD 中最为常用。根据反应器的构造，衬底或者居于等离子体其中，或者位于等离子体的顺流方向。如果衬底在等离子体的顺流方向，可以改善反应化学的控制，但通常一次只可能在一块衬底上进行沉积。PECVD 的缺点是在沉积过程中等离子体可能造成表面损伤。在 200 ~ 300℃ 进行 PECVD，可以获得相对高质量的微晶硅（μc-Si）。对此材料的首次报道由 Veprek 和 Marecek 在 1968 年发表[29]。关于 μc-Si：H 材料结构、光学和电学性质的综述见文献 [30]。然而，此材料中氢含量高（>10% 原子百分比）[31]。这是此工艺过程的一个缺点，因为随着高温下氢的演化薄膜中产生氢泡，导致体内形成宏观缺陷。这正是为何 μc-Si：H 从未作为太阳能电池或集成电路中的光伏活性材料获得太多应用方面的关注，却广泛用于以氢化非晶硅（a-Si：H）作为光活性层的氢化 p-i-n 太阳能电池的掺杂层。低氢含量有利于抑制沉积过程中的自然形核。因此，所用温度约为 500℃[29]。

另一等离子体辅助 CVD 技术是热丝 CVD（HWCVD），距离衬底表面几厘米的灯丝触媒被加热到 1300～2000℃时，气体源如 SiH_4 和 H_2 在其上发生热解[32～35]。然后，产生于灯丝表面的原子和分子反应物发生气相反应和薄膜沉积。此过程在高真空（约 10Pa）下进行。掺杂可以通过将 B_2H_6 或 PH_3 加入到气体源中容易地完成。HWCVD 是一种简单和低成本的工艺方法。具有合理沉积速率和良好掺杂控制的多晶硅一步制备是可以实现的。通过优化多丝构造中反应物的重叠获得大面积沉积。

一种有前途的 CVD 方法是电子回旋加速共振 CVD（ECRCVD）[36,37]。这是 PECVD 的一种形式，它利用电子回旋共振产生等离子体。当交变电场的频率与电子绕磁力线轨道行进的频率相匹配时发生回旋加速共振。ECRCVD 的等离子体密度高于传统 RF PECVD。由于等离子体源和衬底被较好地隔离，工作压力和等离子体势较低，ECRCVD 具有一个特有优点，即几乎不产生表面损伤。另外，采用衬底偏压，等离子体电流和粒子能量可单独改变，可进行原位衬底预处理和外延层后处理，无需热丝或活性电极，使用更高比例的工艺气体，以及存在升级的可能性。ECRCVD 的局限性是需要非常低的压力（0.1～1Pa）和高磁场强度的磁场，这将增加设备造价。

4.3.2 非晶硅晶化的多晶硅

在过去的 25 年里，对通过沉积一层前驱薄膜再晶化形成多晶硅进行了广泛的研究。上述薄膜研发的主要驱动力来自于在大规模电子器件如大面积显示器和太阳能电池中的应用。加工多晶硅的热预算要求非常低，能够使用廉价和/或易变形的衬底如玻璃[38,39]和有机聚合体（塑料）[40]。一旦沉积了非晶硅或细晶多晶硅，就可通过进一步晶化从几个方面提高质量。主要的高温再结晶技术是区域熔化再结晶（ZMR）[41]。低温结晶技术包括固相晶化（SPC）、金属诱导晶化（MIC）和激光晶化（LIC）。尽管将又一个步骤加入到了结晶过程中，但它允许使用更低造价、更低质量的原始硅沉积。这些多晶硅层可被用作籽晶层或器件基底材料。

得到最为广泛研究的获得多晶硅的方法是 PECVD、溅射或简单蒸镀沉积非晶硅的 SPC 法[42]。使用 a-Si SPC 的优势是简单和成本划算，所需处理温度低，制造的活性层质量较高，升级容易，以及允许原位磷掺杂。SPC 可以在约 500℃ 以上的温度进行并产生大的晶粒尺寸。但是，产量低。文献［43］描述了在硅 SPC 过程中晶粒分布的演化过程。

对于 SPC 过程中的所有生长温度，晶粒尺寸一般呈对数正态分布[44]，这不可避免地造成不适宜的小晶粒占较大比例：平均晶粒尺寸小于最大晶粒尺寸的 3～5 倍。这对太阳能电池的应用特别重要，因为即使小部分晶粒的扩散长度小于电池中的晶粒尺寸，开路电压也会显著下降。

脉冲快速热处理（PRTP）是 SPC 的一种非常快速的方法[45]，像金属诱导晶化一样。据报道，a-Si 的温度可通过添加一些金属如铝、镍或钯等得到降低[46]。通过形成金属硅化物、共晶合金的形成、金属硅化物的迁移或通过这些过程的组合，金属导致较低的 a-Si 晶化热处理温度。最初，Liu 和 Fonash 在预沉积的 a-Si 上沉积钯薄膜，降低了晶化温度，但晶体质量不能很好地满足器件应用[47]。Yoon 等报道了在 a-Si 上采用超薄镍层通过在 500℃热处理 20h 进行晶化[48]。a-Si 上的镍原子经热处理在 a-Si 基体中形成八面体 $NiSi_2$ 沉淀。$NiSi_2$ 沉淀形成于热处理的初始阶段，并担当结晶位置。通过 a-Si 硅化物调节晶化（SMC）和 $NiSi_2$ 沉淀迁移穿过 a-Si 网络形成针状微晶硅。Ni-SMC 多晶硅 TFT 采用镍解决方案显示约 $105cm^2/(V \cdot s)$ 的场效应迁移率。最近，通过以镍的胶质状“黑色液体”的方式运用镍颗粒，可以实现镍形核并横向固相外延[49]。非晶硅层在自由形核前完全晶化，每个镍颗粒孕育一个晶粒，获得晶粒尺寸大于 100μm。然而，在每颗晶粒中有许多起源于针状晶体生长的小角亚晶界。

尽管是低温 a-Si 晶化，此方法仍有一些缺陷如晶化硅衬底金属沾污和晶化时间长。为了将晶化温度降至 400℃和/或缩短晶化持续时间，在 a-Si Ni-SMC 的过程中施加电偏压[50]。晶化速度随电场强度的增加而加速，这归因于电场中 $NiSi_2$ 沉淀的加快迁移。有电场存在时，a-Si 完全晶化在 400℃需 30min 或 500℃需 10min。利用场增强 Ni-SMC 多晶硅制作的多晶硅 TFT 所显示的场效应迁移率高达 $120cm^2/(V \cdot s)$。

为了避免沾污，推荐使用铝。铝诱导晶化（AIC）法被研究用来晶化沉积在玻璃[51]和陶瓷[52]上的非晶硅。外延层通过热蒸镀 0.5μm 厚的铝和通过 DC 磁控溅射或 PECVD 沉积 0.5μm 厚的硅制作而成。AIC 在氮气氛中进行，随着硅的晶化，铝和硅相互交换，然后形成玻璃/陶瓷、多晶硅、Al + Si 结构。当温度低于 577℃时，硅层具有均匀厚度并形成分立晶体。直径为 10～20μm 的晶粒在 AIC 温度为 480℃时形成。晶粒尺寸和晶化速度也与铝的平均晶粒尺寸相关[53]。

另一个被广泛研究的在低温衬底上制备高质量多晶硅的方法是非晶硅的受激准分子激光处理[54]。此方法归因于这样一个事实，受激准分子的短波长、高密度以及窄的时间脉冲宽度确保 a-Si 薄膜熔化和固化迅速，在衬底热损伤发生前形成高质量的多晶硅。脉冲激光照射获得迅速温度变化，允许在不熔化玻璃衬底的硅熔点附近发生形核。由于形核率在硅熔点附近较低，所以由激光晶化获得的晶粒尺寸偏大。

最为确定的制备大晶粒的方法被称为顺序横向晶化（SLS）技术[55]。受激准分子激光穿过图形掩模辐照非晶硅层。在曝光区域熔化后，薄膜相对于掩模移动，另一激光脉冲用于辐照硅。此处理具有几个显著的特点。第一，基体处于室温。第二，处理可能导致在玻璃上产生大单晶硅区域。第三，避免了晶粒尺寸的对数正态分布和任意晶粒边界位置。由此实现了200μm的晶粒长度。目前，形成的晶粒边界实质上是平行的。然而，由于能量上较不适宜的晶粒最终逐渐消失，晶粒宽度随着离开晶化起点距离的增加而稍有长大[55]。

横向外延生长和曝光横向晶化两者的结合也被用于晶化沉积在玻璃上的非晶硅薄层[56]。晶化层被用作外延加厚过程的籽晶层。两种技术的原理均为加热硅膜而避免直接加热衬底。横向外延固化包括来自 Ar^+ 激光器的700μs脉冲。在曝光几百微秒后，熔区外延晶化。晶化从熔区外沿开始，表面起皱，缺陷极少。已获得约为100μm长的晶粒。

尽管已用来制作性能优良的薄膜晶体管[57]，但这些几微米宽的晶粒对于薄膜太阳能电池而言还是太小了[58]。

4.3.3　CVD多晶硅晶界化学

20世纪80年代已发表了一些关于硅中晶界（GBs）结构和性能的综述和数篇会议进展资料[59]。这是受到由作为集成电路金属化系统中的互连材料和硅太阳能电池中较大晶粒材料构成的广泛应用的驱动。希望找到这些材料GB结构/化学和电性能之间的关系。

当前对多晶硅中晶界结构的理解是，一些高对称边界的核心可以被视为一个特征结构单元的二维阵列。因为这些单元的一部分由完整硅晶格的六原子环高度畸变而来，认为它们为存在于晶粒内部的杂质原子提供了优先的偏析位置。晶界上的偏析可以相当明显地改变多晶半导体材料的电性能，已经提出了晶界的电活性完全是杂质偏析的结果[60]。

得到最广泛研究的硅晶界中杂质偏析现象之一是600℃以上热处理过程中氧向晶界的扩散[61]。随着热处理时间的延长或温度的提高，晶界上氧浓度的增加与更高的晶界势垒相联系。这降低了多晶集合体的电导率，也提高了边界复合率。因此，可以预见到热处理任何用于太阳能电池生产的大晶粒材料将造成器件性能的强烈退化。实际上，这些材料的绝大多数含有高的氧浓度。仍不清楚氧是否在晶界上形成氧沉淀[62]或以单个偏析原子的形式沿边界平面而存在。偏析越严重，越可能形成沉淀。

氟似乎也在硅晶界上偏析，具有与氧相类似的行为[63]。钛和铝也显示在硅晶界上的偏析，有偏析的晶界似乎比“干净”界面具有更高的势垒。另外，掺杂物如磷和砷在硅晶界上强烈偏析，饱和度在 0.1 ~1 单层之间。这是一个平衡偏析过程。有趣的是，几乎没有发现硼在硅晶界上偏析的证据。

尽管经较长时间高温热处理后已观察到绝大多数的偏析现象，然而沉积态 CVD 多晶硅也显示了掺杂偏析[64]。偏析现象被强烈认为严重影响大晶粒和小晶粒多晶硅材料的电性能。

此外，在鉴别了晶界悬挂键之后对硅片中晶界的氢钝化也进行了广泛研究[65]。认为氢将使悬挂键达到饱和并将降低晶界的电活性。已清楚地观察到硅中晶界上氢的偏析[66]。已经证明，氢化处理降低了晶界处的势垒和复合率，提高了太阳能电池的效率。也已观察到硅晶界中氧被氢替换，尽管两元素之间交换反应的机理仍不确定。Kazmerski[2] 认为，氢与富氧晶界的偏析通过形成羟基使氧引入的悬挂键达到饱和。此反应被广泛用于改善多晶硅太阳能电池性能的实验，无论晶粒尺寸有多大[67]。然而，必须谨慎处理由大晶粒材料获得的晶界结构信息通过外推法来描述氢化前和/或后 CVD 多晶硅薄膜的电性能。在细晶材料中通常完全忽略鉴别晶界结构并认为所有晶界都具有相同的势垒，这是十分错误的。

晶界的一个重要特征是取向。由于是（110）织构，许多晶界应该是 [110] 倾斜型。这样的晶界是非电活性的，它们无断键生长。这是纳米晶和微晶硅材料的情况。如果边界中包含杂质（如氧）或者结构缺陷以晶格错位或扭曲的方式干扰了纯粹倾斜行为，这些 [110] 倾斜型晶界将变得富有活性。似乎生长具有（110）表面织构的硅是获得低密度晶体学缺陷的关键。这不是一件容易的事，但获得高质量薄膜晶体管和高效率太阳能电池需要这样。

4.3.4 多晶硅的掺杂

因为多晶硅在 VLSI 技术（作为互连、栅材料以及向下面衬底扩散的扩散源）和太阳能电池技术中的关键作用，将掺杂物掺入到多晶硅中是重要的。掺杂过程主要通过扩散、注入或在沉积过程中加入掺杂气体来实现[21,68]。通常，受扩散的多晶硅电阻率和掺杂浓度之间具有良好的相关性。掺杂物在多晶硅中的扩散快于在单晶硅中的扩散，在多晶硅薄膜中横向扩散快于垂直于表面的扩散。这种加速归因于多晶硅中晶界的存在，提供了贯穿材料的高扩散系数路径。因此，测量多晶硅中掺杂物的扩散系数必须考虑两个平行的过程：在晶界上和沿着晶界的扩散，在晶粒体内的扩散。此信息对应用非常重要，应用需要了解多晶硅和下面衬底中垂直和横向的扩散[69]。

关于多晶硅中扩散系数的测量报道分为两类：运用单一有效扩散系数描述晶内和晶界的复合效应；分析两个分立的过程，提供在晶界和晶内扩散系数的数值。在后面一类的测量中，一般需要单一晶界附近掺杂物分布的二维分析，因而使用大晶粒材料（铸造或激光增强再结晶CVD)。还要考虑一些效应，如在晶粒和晶界之间掺杂物的偏析以及在热处理过程中晶界的运动[70]。

为了增加细晶多晶硅中有效少数载流子的扩散长度，也可能利用掺杂物沿晶界优先扩散的优势[71]。而且，高扩散系数晶界也具有高复合速率。将晶界转变为 n 型材料（例如在磷掺杂的情况下)，晶界中电子复合减少了复合中心的数量。此外，深度磷扩散增强了吸除效应。所有这些效应强烈影响着载流子的聚集并因此影响着电池的效率[72]。

从器件的观点出发，比较三种掺杂过程表明，主要的不同是扩散的电阻率较低，注入的掺杂浓度较低，原位掺杂的迁移率较低。然而，注入和原位掺杂的优势是较低的处理温度，这常常是 VLSI 工艺中所主要考虑的方面。

4.4 多晶硅的电性能

多晶硅中电输运与单晶硅明显不同。这决定于微晶结构（晶粒尺寸和取向)、晶粒内的掺杂浓度、晶界化学以及缺陷密度。晶界电子电荷控制材料的品质，并最终控制器件的性能。钉扎在中间带隙附近深能态的费米能级是硅对缺陷高灵敏度的原因。

硅中晶界的能带图属于所谓的对称耗尽型，如图 4.3 所示[73]。对于不同材料中晶界电活性的分类和预测见文献［74］。晶界附近的势垒阻碍了多数载流子的输运。因此，在薄膜晶体管中有效沟道迁移率低于单晶材料，然而在多晶硅基太阳能电池中界面电荷吸引少数载流子，增强了

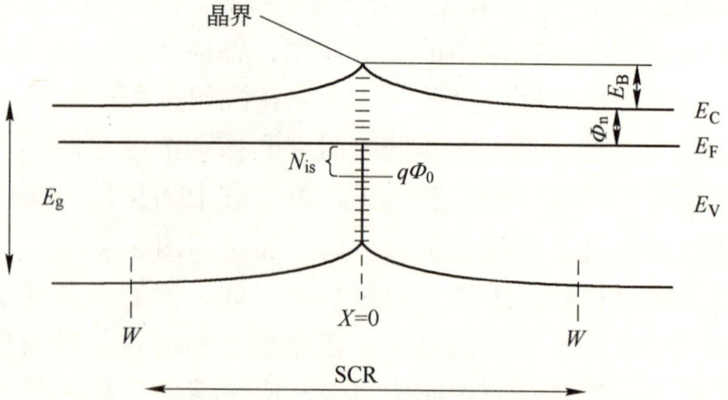

图 4.3 n 型硅中存在陷阱密度 N_{is} 时晶界能带结构的示意图

复合，并降低了开路电压和效率[75]。

势垒高度和缺陷密度效应决定于晶界。例如，近来的理论和实验研究指出直径为 10～20nm 晶粒的晶界没有大的能带弯曲。硅中德拜屏蔽长度在 100nm 左右，大于平均晶粒尺寸。因而纳米晶体硅中载流子输运决定于俘获和复合，而不是晶界的势垒。因此多数载流子迁移率为几个 cm^2/Vs 量级，少数载流子扩散长度一般低于 1μm。在此情况下，少数载流子器件如太阳能电池采用 pin 结构，以便获益于载流子抽出的漂移电场。

相反，μc-Si 或多晶硅薄膜中载流子输运决定于晶界势垒。悬挂键的密度可以十分充分地解释所观察到的硅晶界上的势垒高度，并已提出了多晶硅中晶界复合和电阻率模型，它们与这些系数随势垒高度变化的实验测量结果合理吻合。建立了电阻率与势垒高度之间以及与晶粒尺寸之间的关系[76]：

$$\rho = \frac{(2\pi m^* k_B T)^{1/2}}{q^2 N_G S_g} \exp\left(\frac{E_B}{k_B T}\right)$$

式中，m^* 为“载流子”的有效质量；E_B 为势垒高度。

图 4.4 给出了具有不同晶粒尺寸 S_g 与晶内掺杂浓度 N_G 的多晶硅层的电阻率[77]。正如所期望的，pc-Si 的电阻率高于单晶硅的电阻率，特别是在低掺杂浓度时。晶粒尺寸越小，差别越大[78,79]。这归因于在晶界处载流子的俘获。晶粒尺寸 S_g(μm)、晶界处陷阱密度 N_T(cm^{-2}) 和掺杂浓度 N_G(cm^{-3}) 被经常比较[80～82]：

（1）对于低掺杂浓度（$N_G < N_T/G$），所有载流子被晶界界面态所俘获（耗尽晶粒），导致十分低的载流子浓度，因此导致高的电阻率。

（2）当 $N_G = N_G^* = N_T/G$ 时，晶粒中的载流子浓度和晶界处陷阱相互

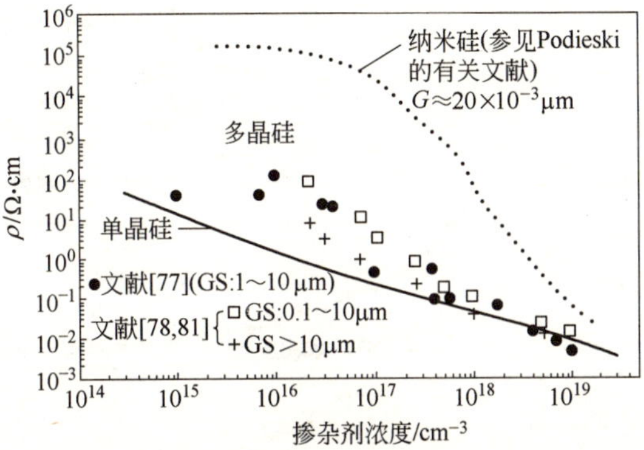

图 4.4　电阻率 ρ 作为不同晶粒尺寸多晶硅薄膜中受主浓度的函数

中和。这对应于迁移率急剧地下降（图 4.5）。增加晶界尺寸导致最小迁移率向低掺杂浓度移动。

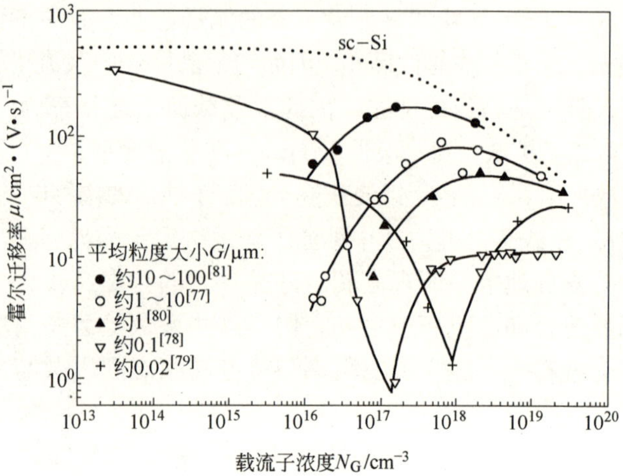

图 4.5　霍尔迁移率与不同晶粒尺寸多晶硅中载流子浓度的关系（数据引自文献［78～82］）

（3）对于高掺杂浓度如 $N_G > N_T/G$，晶界处所有陷阱达到饱和，空间电荷区宽度小于晶粒尺寸。晶内出现中性区，载流子浓度对应于掺杂浓度，随着掺杂浓度的增加载流子浓度逐渐接近 sc-Si 的载流子浓度。

因此，当典型值 $N_T \leqslant 10^{12}\,cm^{-2}$ 和平均晶粒尺寸 $G \geqslant 1\mu m$ 时，为了避免部分或完全晶粒耗尽，通常选掺杂浓度不小于 $10^{16}cm^3$。

已经广泛研究了利用单原子氢通过体钝化降低生长态多晶硅薄膜的势垒。上述处理的效率不总是立竿见影的。图 4.6 绘制了氢化前后多晶硅层

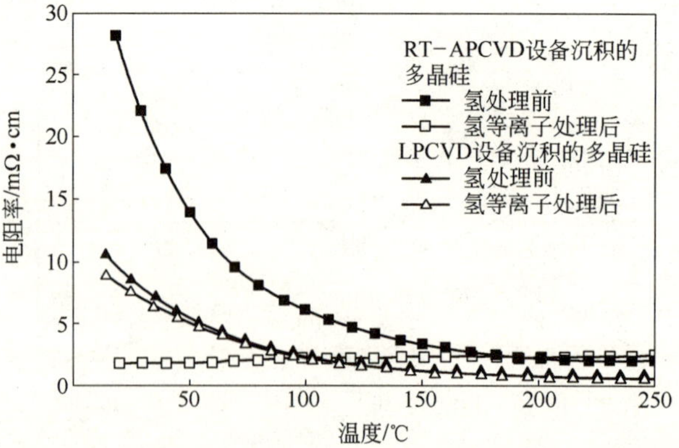

图 4.6　在 RT-APCVD 和 LPCVD 反应炉中沉积在异质衬底上 p 型多晶硅等离子氢化（400℃，1h）前后测量的电阻率与温度的关系

电阻率与温度关系的典型曲线。这些多晶硅薄膜在 APCVD 和 LPCVD 反应器中被沉积在硅的氧化物上（平均晶粒尺寸分别为 4μm 和 0. 5μm）。对于生长态外延层，输运受控于陷阱密度，推导出的（电导率）激活能 E_B 的范围为 180 ~ 200meV，相对应的晶界处正电荷界面态密度为 $1\times10^{12}cm^{-2}$。氢化处理后（400℃，1h），实现了 APCVD 层中晶界的完全钝化，因此造成电阻率大幅度降低。由于光学声子散射，硅晶粒中迁移率的特征是随温度的升高而增加。而在小晶粒（LPCVD）层中，氢化后激活能仅有少量减少（Δ≈20meV）。在此情况下，所测电阻率受控于晶界电阻率，没有来自晶粒内部区域的电导率贡献，晶粒内部仍是部分耗尽。

在太阳能电池中的应用，多晶硅的电学品质与产生自基底层内部的自由载流子寿命有关。然而，与多晶或单晶硅材料相比，所有异质衬底上 CVD 细晶多晶硅材料显示相对较短的少数载流子寿命。少数载流子扩散距离通常的范围仅几个微米。多晶硅薄膜的少数载流子性能的分析由于其非均匀性具有固有的复杂性，这源于宽的晶粒尺寸分布和个体晶界内势的涨落。结果造成多晶硅薄膜电池的开路电压非常小（<500mV）[3,8,24]。为了降低势垒高度和电荷载流子复合，必须降低吸收层掺杂和/或晶界的陷阱密度或增大晶粒尺寸。相反的，对于 μc-Si 基太阳能电池应采用 pin 结结构。而且，这些材料含有几个百分点的氢，而因此钝化了所保持的任何晶界活性。在玻璃上所达到的效率约 10. 1%。在大晶粒硅（毫米级）中，晶界的间距如此之大，以至于势垒已无法再控制复合，常常采用具有更高开路电压电势的 pn 结。已在耐高温衬底上获得 15% ~ 17% 的效率。

4.5 结论

1970 年前后，多晶硅栅在 MOS 工艺中的首次应用是 MOS 技术的一次关键突破，因为它利用了多晶硅的主要优势。从那时起，由于多晶硅的诸多性质如与硅技术中所使用的其他材料的极好兼容性、超过 1000℃ 的温度稳定性、易于掺杂和氧化以及能够产生等角台阶覆盖，多晶硅已被用于各种类型器件的制作中，如 MOS、CMOS、BiCMOC 器件、二极管、显示器、传感器和太阳能电池。

在形成高质量多晶硅薄膜中仍有许多挑战，如：

（1）晶粒结构和掺杂的控制；

（2）电导率的增强；

（3）集成、多层工艺；

（4）高产量、高生长率和大面积（250mm 和 300mm 晶片）。

今天还有许多新的机会没有被彻底探究，这将使多晶硅作为半导体器件的一个重要材料充满希望地进入 21 世纪。

（马通达译，肖清华校）

参考文献

1. T. Kamins. In: *Polycrystalline Silicon for Integrated Circuit Applications*, Book serie vol. 45, ed. by Kluwer Academic Publishers (Kluwer Academic, Boston 1988)
2. p. 235 of [1]; see also articles in: *Flat Panel Display Materials I*, MRS Proc., vol. 345 (1994); *Flat Panel Display Materials II*, MRS Proc., vol. 424 (1996); *Advanced Materials and Devices for Large-Area Electronics*, MRS Proc., vol. 685 (2001)
3. J.H. Werner, R. Bergmann, R. Brendel. In: *Advances in Solid State Physics*, vol. 34, ed. by R. Helbig (Vieweg, Braunschweig 1994) p. 115
4. p. 246 of [1]
5. K. Ikeda. In: *Technical Digest of the 7th Sensor Symposium* (JISCST, Tokyo 1988) p. 193; see articles in: *Materials Science of Microelectrochemical Systems*, MRS Proc., vol. 657 (2001)
6. E.C. Douglas: Solid State Technol. **24**, 65 (1981)
7. J.G. Blake, M.C. King, J.D. Stevens, R. Young: Solid State Technol. **40(5)**, 15 (1999)
8. R.B. Bergmann: Appl. Phys. A **69**, 187 (1999)
9. A. Slaoui, J. Poortmans, T. Vermeulen, R. Monna, O. Evrard, K. Said, J. Nijs: J. Mater. Res. **13**, 2763 (1998)
10. R.T. Howe: Thin Solid Films **181**, 235 (1989)
11. S. Sivaram. In: *Chemical Vapor Deposition* (International Thomson, New York 1995)
12. M.L. Hammond. In: *Silicon Processing*, ed. by D.C. Gupta (ASTM, Boston 1983) p. 206
13. See multiple papers In: *Rapid Thermal Annealing/Chemical Vapor Deposition, and Integrated Processing*, MRS symposia, vols. 146 (1989), 224 (1992), 342 (1994), 387 (1995), 429 (1996)
14. J.F. Gibbons, C.M. Gronet, K.E. Williams: Appl. Phys. Lett. **47**, 721 (1985)
15. D. Angermeier: PhD dissertation, Louis Pasteur University, Strasbourg, France (1998)
16. A. Van Zutphen: PhD dissertation, Technische Universiteit Delft, The Netherlands (2001)
17. F.C. Eversteyn, B.H. Put: J. Electrochem. Soc. **120**, 106 (1973)
18. A.M. Beers, J. Bloem: Appl. Phys. Lett. **41**, 153 (1982)
19. R. Bisaro, P.N Magarino, K. Zellama: J. Appl. Phys. **59(4)**, 1167 (1986) p.
20. C.P. Ho, J.D. Plummer, S.E. Hansen, R.W. Dutto: IEEE Trans. Electron Devices **30**, 1438 (1983)
21. T.I. Kamins: J. Electrochem. Soc. **127**, 833 (1980)
22. T.I. Kamins, M.M. Mandurah, K.C. Saraswat: J. Electrochem. Soc. **125**, 927 (1978)
23. J. Bloem: J. Cryst. Growth **50**, 581 (1980)

24. A. Slaoui, J. Poortmans, M. Maex. In: *Growth, Characterization, and Electronic Applications of Si-Based Thin Films*, ed. by R.B. Bergmann (Research Signpost, Trivandrum, India 2002) p. 147
25. R. Bisaro, P.N. Magarino, K. Zellama: J. Appl. Phys. **59**, 1167 (1986)
26. D. Angermeier, R. Monna, A. Slaoui, J.C. Muller: J. Cryst. Growth **191**, 386 (1998)
27. K. Fujimoto, F. Nakabeppu, Y. Sogawa, Y. Okayasu, K. Kumagai. In: *Proc. 23rd IEEE Photovolt. Spec. Conf.* (Electron Device Society, New York 1993) p. 83
28. O. Vetterl, P. Hapke, O. Kluth, A. Lambertz, S. Wieder, B. Rech, F. Finger, W. Wagner: Solid State Phenomena **67-68**, 101 (1999)
29. S. Veprek, V. Marecek: Solid State Electron. **11**, 683 (1998)
30. S. Veprek, M. Heintze, F.A. Sarott, M. Jurcik-Rajman, P. Willmott: Mater. Res. Soc. Proc. **118**, 3 (1988)
31. N. Wyrsch, P. Torres, M. Goerlitzer, E. Vallat, U. Kroll, A. Shah: Solid State Phenomena **67-68**, 89 (1999)
32. J.K. Rath, H. Meiling, R.E.I. Schropp: Jpn. J. Appl. Phys. **36**, 475 (1997)
33. H.N. Wanka, M.B. Schubert, A. Hierzenberger, V. Baunmung. In: *14th European Photovolt. Solar Energy Conf.*, Barcelona (1997)
34. M. Ichikawa, J. Takeshita, T. Tsushima, A. Yamada, M. Konagai. In: *Technical Digest of the International PVSEC-11*, Sapporo (1999) p. 943
35. R.E.I. Schropp. In: *Thin Film Materials for Photovoltaics*, ed. by A. Slaoui, J. Poortmans, A. Jager-Waldau, C. Brabec, EMRS 2001 Spring Conference, Thin Solid Films **403-404**, 17 (2002)
36. P. Muller, I. Beckers, E. Conrad, L. Wistner, W. Fuhs. In: *25th Photovolt. Spec. Conf.*, (Electron Device Society, New York 1996) p. 673
37. K.E. Lee, W.H. Lee, S.S. Shin, C. Lee: Jpn. J. Appl. Phys. **35**, 258 (1996)
38. R. Rogel, K. Kission, T. Mohammed-Brahim, M. Sarret, O. Bonnaud, J.P. Kleider. In: *2nd World Conf. and Exhibition on Photovoltaic Solar Energy Conversion*, Vienna (1998) p. 1701
39. B. Caussat, J.P. Couderc, A. Figueras, A. Vander Lee, J. Durand, V. Paillard, E. Sheid, J.R. Morante: Solid State Phenomena **67-68**, 125 (1999)
40. S. Wagner, H. Gleskova, I.C. Cheng, M. Wu. In: *Growth, Characterization, and Electronic Applications of Si-Based Thin Films*, ed. by R.B. Bergmann (Research Signpost, Trivandrum, India 2002) p. 1
41. T. Ishihara: ibid., p. 79
42. G.L. Olson, J.A. Roth: Mater. Sci. Rep. **3**, 1 (1988)
43. R.B. Bergmann, F.G. Shi, H.J. Queisser, J.Krinke: Appl. Surf. Sci. **123/124**, 376 (1998); H. Kumoni, F.G. Shi: Phys. Rev. Lett. **82**, 2717 (1999)
44. P. Kwizera, R. Reif: Appl. Phys. Lett. **41**, 379 (1982)
45. Y. Komem, I.W. Hall; J. Appl. Phys. **52(11)**, 6655 (1981)
46. S.Y. Yoon, K.H. Kim, C.O. Kim, J.Y. Oh, J. Jang: J. Appl. Phys. **82**, 5865 (1997)
47. H. Liu, S.J. Fonash: Appl. Phys. Lett. **62**, 2554 (1992)
48. S.Y. Yoon, K.H. Kim, J.Y. Oh, J. Jang: Jpn. J. Appl. Phys. **37**, 7193 (1998)
49. H.A. Atwater, C.M. Chen. In: *Growth, Characterization, and Electronic Applications of Si-Based Thin Films*, ed. by R.B. Bergmann (Research Signpost, Trivandrum, India 2002) p. 55
50. J. Jang, J.Y. Oh, S.Y. Yoon, K.H. Kim, C.O. Kim: Nature **395**, 481 (1998)

51. O. Nast, T. Puzzer, L.M. Koschier, A.B. Sproul, S.R. Wenham: Appl. Phys. Lett. **73**, 3214 (1998)
52. A. Slaoui, E. Pihan, M. Rusu. In: *17th European Photovoltaic Solar Energy Conf.*, Munich (October 2001) p. 1462
53. O. Nast, S. Brehme, S. Pritchard, A. Aberle, S.R. Wenham. In: *Technical Digest of the International PVSEC-11*, Sapporo (1999) p. 727
54. J.R. Köhler. In: *Growth, Characterization, and Electronic Applications of Si-Based Thin Films*, ed. by R.B. Bergmann (Research Signpost, Trivandrum, India 2002) p. 39
55. R.S. Sposili, J.S. Im: Appl. Phy. Lett. **69(19)**, 2864 (1996)
56. G. Andra, J. Bergmann, F. Falk, E. Ose, N.D. Sinh. In: *Technical Digest of the International PVSEC-11*, Saporro (1999) p. 741
57. Y. Helen, R. Dassow, M. Nerding, K. Mourgues, F. Raoult, J.R. Köhler, T. Mohammed-Brahim: Thin Solid Films **383**, 143 (2001)
58. R.B. Bergmann, J.H. Werner. In: *Thin Film Materials for Photovoltaics*, ed. by A. Slaoui, J. Poortmans, A. Jager-Waldau, C. Brabec, EMRS 2001 Spring Conference (Elsevier, Amsterdam 2002) p. 162
59. S. McKernan, C.B. Carter: Solid State Phenomena **37-38**, 67 (1994)
60. C.R.M. Grovenor: J. Phys. C **18**, 4079 (1985)
61. L.L. Kazmerski, J. Vac: Sci. Technol. A **4**, 1638 (1986); G. Harbeke: *Polycrystalline Semiconductors* (Springer, Berlin 1985)
62. F. Battistella, A. Rocher, A. George: Mater. Res. Soc. Symp. Proc. **59** 347 (1986); B. Cunningham, H.P. Strunk, D.G. Ast: J. de Physique **43(C-1)**, 51 (1982)
63. D.S. Ginley: Appl. Phys. Lett. **39**, 624 (1881); F. Komninou, T. Karakostas, G.L. Bleris: J. de Physique **43(C-1)**, 9 (1982)
64. C.R.M. Grovenor: Philos. Mag. A **50**, 409 (1984)
65. N.M. Johnson, D.K. Biegelsen, M.D. Moyer: Appl. Phys. Lett. **40**, 882 (1982); C. Dianteill, A. Rocher: J. de Physique **43(C-1)**, 75 (1982)
66. L.L. Kazmerski, J.R. Dick: J. Vac. Sci. Technol. A **4**, 1120 (1984)
67. A.W. Weeber, H.H.C. de Moor, R.A. Steeman, W.C. Sinke, F.M. Schuurmans, P.-P. Michiels, L.A. Verhoef, P.F.A. Alkemade, E. Algra: Solid State Phenomena **37-38**, 355 (1994); N.H. Nickel, N.M. Johnson, W.B. Jackson: Solid State Phenomena **37-38**, 367 (1994)
68. G. Yaron: Solid State Electron. **22**, 1017 (1979)
69. B. Arab: Sol. Energy Mater. Sol. Cells **37**, 239 (1995)
70. A. O'Neill, C. Hill, J. King, C. Please: J. Appl. Phys. **64**, 167 (1987)
71. G. Beaucarne, S. Bourdais, A. Slaoui, J. Poortmans: Proceedings of the 28th IEEE Photovoltaic Specialists Conference, Anchorage (2000) p. 128
72. E. Christoffel, M. Rusu, A. Zerga, S. Bourdais, S. Noël, A. Slaoui: Thin Solid Films **403-404**, 258 (2002)
73. H.C. Card, E.S. Yang: IEEE Trans. Electron Devices **24(4)**, 397 (1977)
74. J.H. Werner, N.E. Christensen. In: *Polycrystalline Semiconductors II*, ed. by J.H. Werner, H.P. Strunk, Springer Proceedings in Physics, vol. 54 (Springer, Berlin 1991) p. 145
75. J.H. Werner, R. Dassow, T.J. Rinke, J.R. Köhler, R.B. Bergmann: Thin Solid Films **383**, 95 (2001)
76. C.H. Seager, T.G. Castner: J. Appl. Phys. **49(7)**, 3879 (1978)
77. S. Bourdais, G. Beaucarne, J. Poortmans, A. Slaoui: Physica B, Condens. Matter **273**, 544 (1999)

78. M.W.M. Graef, J. Bloem, L.J. Gilling, J.R. Monkowski, J.W.C Maes: Proc. 2nd EC PVSEC, Luxembourg (1979) p. 65
79. M.E. Cowher, T.O. Sedgick: J. Electrochem. Soc. **119**, 1565 (1972)
80. J.Y.W. Seto: J. Appl. Phys. **46**, 5247 (1975)
81. T.I. Kamins: J. Appl. Phys. **42**, 4357 (1971)
82. M.W.M. Graef, L.J. Gilling: J. Appl. Phys. **48**, 3937 (1977)
83. A.M. Barnett, R.B. Hall, J.A. Rand, C.L. Kendall, D.H. Ford: Sol. Energy Mater. **23**, 164 (1991)

5 光 伏 用 硅

J. C. Muller，P. Siffert

5.1 引言

光伏直接将太阳能转换为电能，可能是传统电力最有效的替代能源。世界范围内对陆上光伏系统的需求剧增，先是在偏僻地区，近来在庞大的光伏屋顶计划中包括了直接并网，最重要的例子是日本和德国。

基于不同的半导体材料包括Ⅱ-Ⅵ和Ⅲ-Ⅴ族化合物，开发出多种结构的太阳电池。硅是首先使用的材料，也是今后20年大规模应用的最合适的候选材料。其成功的原因是原材料丰富、技术进步和环境安全。对比单晶硅（sc-Si）由铸锭多晶硅（mc-Si，大晶粒多晶硅）生产的太阳电池可以认为是成本低、生产效率高而且转换效率损失不太大的唯一现存工艺。2002年，全球电池模板装船市场已达530MWp[1]（见图5.1），是两

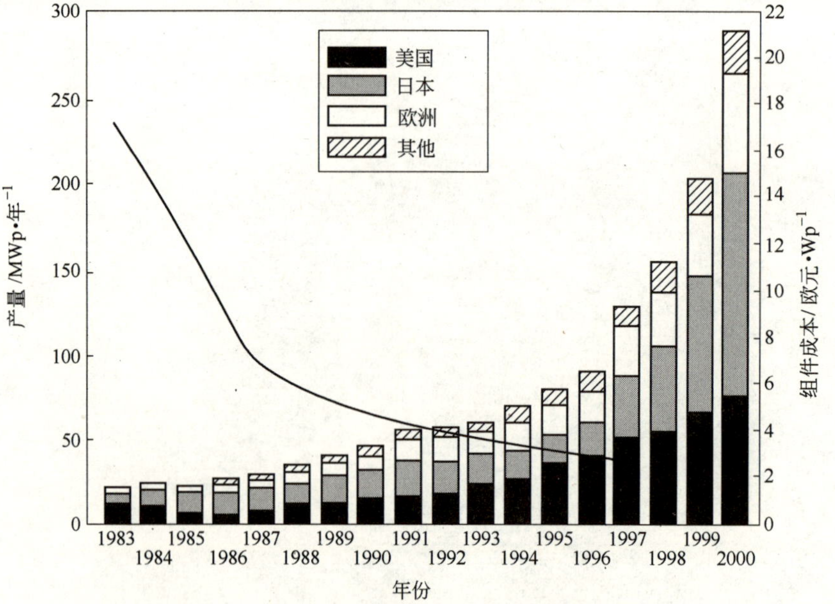

图5.1　世界太阳电池模板市场和成本的变化

2001年产量达400MWp，是1999年的两倍[1]。而2002年达到530MWp[2]，是2000年的两倍。现在运输成本低于3欧元/Wp

年前的两倍。其中99%是硅太阳电池，而硅太阳电池的55%是基于铸锭多晶硅[2]（见图5.2）。

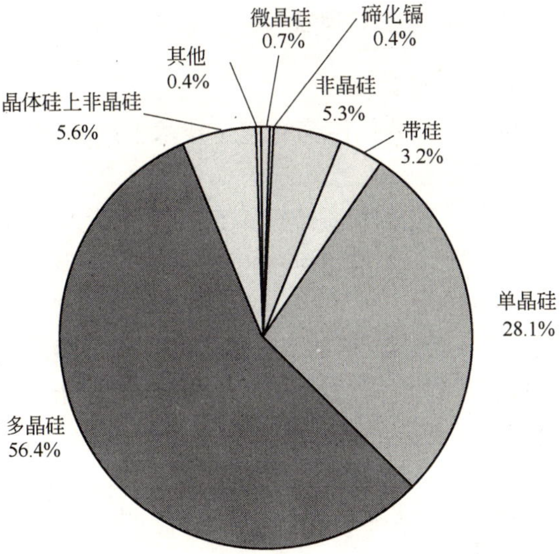

图5.2 不同类型材料在世界光伏产品中所占百分比

全世界产品中硅仍占99%的份额，其中铸锭多晶硅占55%[2]

多晶硅衬底含有晶界，残余杂质浓度比单晶硅高。由此原因，多晶硅太阳电池的转换效率比传统的直拉（CZ）和区熔（FZ）硅要低。然而，25年来对多晶硅的研究丰富了对材料以及器件工艺过程中的热激活缺陷的认识，切实改进了制备工艺，增强了生产高效太阳电池的能力。多晶硅和单晶硅太阳电池的差别正在不断缩小。

5.2 光伏用硅材料

本节主要叙述材料生产技术，包括早期的直拉单晶、铸造多晶锭、硅带和多种薄膜沉积工艺。另外，也阐述了当前出现的制备廉价太阳能级硅原材料等关键问题。

硅带和薄膜工艺需使用电子级硅或高纯SiH_4气体作为原材料，而铸锭技术必须用便宜的原材料，因为在厚度为300μm的切片过程中将损失大约60%的材料。由于上述原因，光伏产业一直在使用微电子工业的不合格材料。目前光伏市场的增长比微电子市场快，原材料的成本翻了3倍，已超过每千克25美元（译者注：现已大幅超过此数字），其结果是硅原材料成为最严重的问题。

当前，正在研究简化现行的化学提纯方法，或由定向凝固工艺进而开发出如电子束提纯法[3]及等离子提纯等方法。

5.2.1　不同生产工艺的历史与现状

5.2.1.1　定向凝固铸锭法

1975 年，瓦克公司为替代传统的直拉技术生产廉价太阳电池衬底材料提出了一种新的称为铸锭工艺的方法（WICP）[4]。随后，世界上众多研究小组和公司开发了其他许多铸锭工艺技术，诸如 Solarex(UCP)[5]、Crystal-System(HEM)[6]、CGE/photowatt(Polix)[7]、IBM(DS)[8]、NEC/OTC(NMR)[9]、Eurosolare[10]、Cystalox[11]和 Bayer[12]。这些工艺先采用石英坩埚熔化微电子工业不合格的直拉单晶头尾料，然后进行定向凝固。凝固过程要控制锭模中硅熔体的纵向温度梯度，生长出从尾部到头部均为棒状结构并有垂直结晶线的大块晶体硅（见图 5.3）。

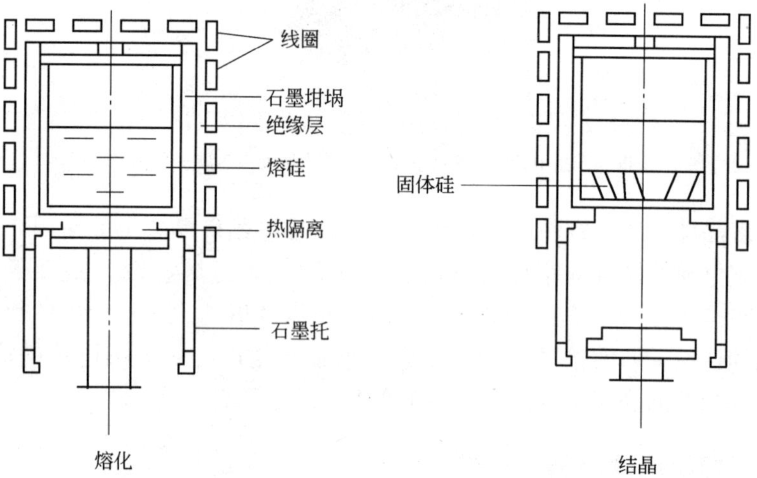

图 5.3　在铸模中具有可控的纵向温度梯度的硅熔体的凝固过程，可获得从头到尾都有垂直线的柱状结构的大块晶体硅例如 Photowatt 国际公司的 Polix 拉晶技术[13]

铸锭方法很快被证明成本低于传统的直拉方法，但也存在下列主要缺点：其生产的材料中存在应力，含有杂质和晶界。为了在凝固过程进一步控制热流，开展了多种方法研究，以保证尽可能平的界面，从而生产完美的大块晶体。生产商逐渐降低了晶体内部的应力，可通过更细致地控制温度梯度减少裂纹的产生，并试图避免熔硅与模具反应。石墨模具经在其内壁镀膜后可再次使用，但会明显引入污染。因石英模具可显著降低材料中的氧、碳含量，因此石墨模具现已逐步被一次性使用的石英模具所替代。此外，为降低制造成本，开展了大量致力于制备更大块材料方面的工作。目前，可提供横截面积大于 50cm × 50cm、高 18cm 或 28cm、重量 250kg 的大型晶锭。

5.2.1.2　电磁铸锭（EMC）

在 1981 ~ 1985 年间，OTC[14] 和 SERI[15] 开发了一种感应加热的冷坩埚铸锭技术。该方法既不用坩埚也不用模具，而是用电磁感应的功率加热并限制熔硅以避免炉体对熔硅的杂质污染（见图 5.4）。由住友 SiTiX 公司（前 OTC）、EMP-Madylam[17] 和 Photowatt 一起开发的垂直连续拉制方法未来将由 EMIX SA 使用[18]。另外，Crystalox[19] 也开发了一种感应加热的水平区熔方法。

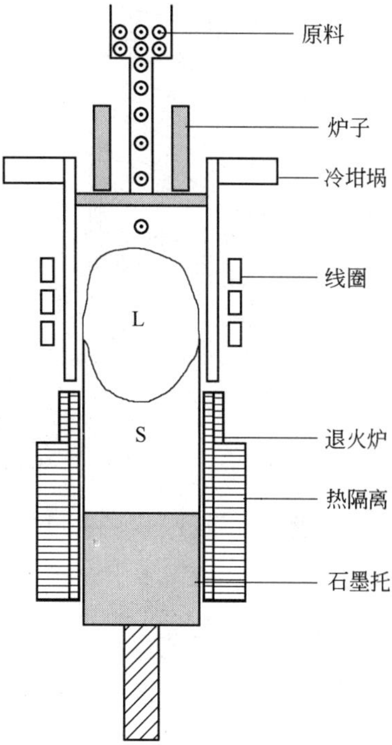

图 5.4　感应加热冷坩埚铸锭技术系统图
该方法不使用模具，熔硅被电磁加热和限制，
如 Emix 工艺。该工艺原由 EMP-Madylam 和
Photowatt 联合开发，现由 EMIX SA 工业使用[18]

使用上述等离子束熔化的连续拉晶技术可较好地控制固/液界面和污染，获得的硅棒长约 3m，横截面积为 35cm × 35cm，重约 850kg[20]。冷坩埚铸锭技术可在拉晶过程节约 3/4 的能量，是未来具有发展前景的多晶生产技术。它一直与硅带技术竞争，近来也成为硅薄膜技术的主要竞争对手。

5.2.1.3　光伏用硅带技术

硅带技术是另一种与铸锭和薄膜技术竞争生产多晶硅颇有前景的方法。1975 年有三家公司同时首次生产出硅带材料：Westinghouse[21] 的 dendritic WEB 技术称为“WEB”带硅工艺（见图 5.5），ASE-Americas[22]（前 MobilTyco/Mobil-Solar）公司[23] 使用两个石墨模片的边缘限制生产工艺称为 EFG 工艺，Motorola[24] 采用激光熔化的带-带晶体生长工艺称为 RTR 工艺。

法国 CGE 公司[25] 开发了一种在炭片上沉积双面膜的 RAD 工艺。与

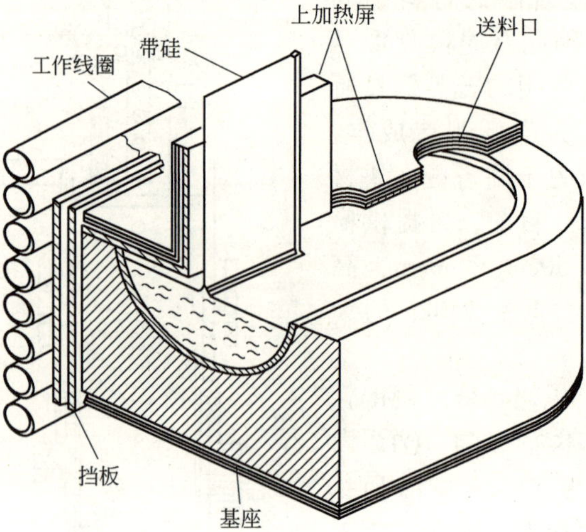

图 5.5　生长薄带硅的 WEB 工艺示意图

铸锭相比，由上述工艺得到的硅晶粒结构更多呈现轴向晶粒结构。结晶的质量强烈取决于拉晶速度（一般约每分钟几厘米）和拉晶材料如石墨或炭基片。

目前，硅带材料占世界市场的 3.7%[26]。研究朝更薄的衬底材料方向发展，正在开发直径 50cm、壁厚 70～80μm 的圆柱状空心管。欧洲的德国 RWE-Schott-Solar 公司最近采用 EFG 技术开始兴建 30MWp 的工厂[28]。

5.2.2　薄膜沉积工艺

5.2.2.1　光伏用非晶、微晶和准晶硅薄膜

薄膜材料占当前世界光伏市场约 9%，主要是非晶硅薄膜。图 5.6[29] 列举了已报道的各种硅薄膜技术的实验室太阳电池转换效率数据，其中包括非晶硅和准晶外延薄膜等。

低温制备非晶硅通常使用玻璃衬底。其结构一般包括三层：一个掺硼层和一个掺磷层，中间为本征层，可在内场（p-i-n）中改善电荷输运（见图 5.7）[30]。

为了提高转换效率，开发了更薄的双层或三层 p-i-n 结构，可增加少数载流子扩散长度数值。除非晶外，小尺寸晶粒也可改善电荷输运性质，因此成功地开发了微晶和多晶材料[31]（见图 5.6 中左半部分）。

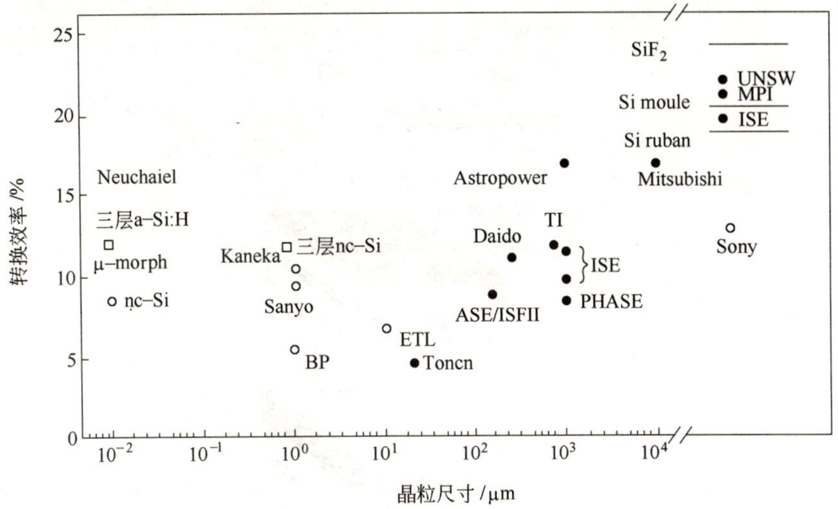

图 5.6　晶粒大小与使用各种固体薄膜制备技术制备的太阳电池转换效率间关系（从非晶到外延）[29]

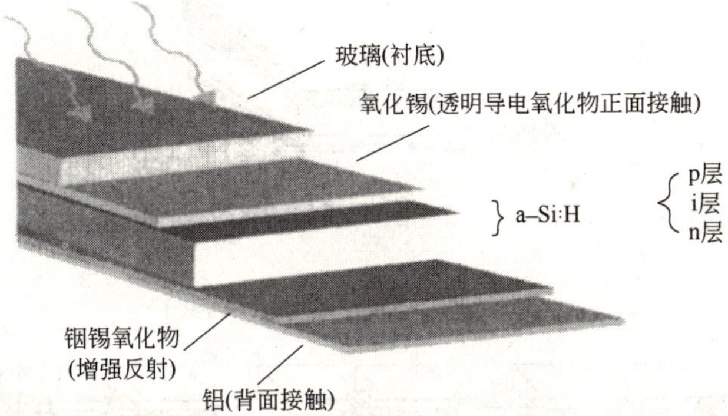

图 5.7　非晶硅薄膜技术示意图

图 5.6 的右半部分表示了两方面的研究进展：(1) 通过在硅衬底上加热晶化双多孔层得到在准晶材料上的 CVD 外延硅[32]（见图 5.8）；(2) 使用包括离子注入工艺和过渡层脆性增强技术，从硅锭上转移硅薄膜[33]。图 5.6 中间区域的晶粒尺寸数据所对应的多晶硅薄膜在本章中未加讨论。进一步的论述可见本书关于“用于电子器件的多晶硅”的第 4 章。

从工业生产的角度看，薄膜技术之所以重要是因为它既从根本上减少了硅的用量，也可采用不锈钢和塑料膜等柔性衬底而与连续制备工艺相兼容（见图 5.9）[39]。

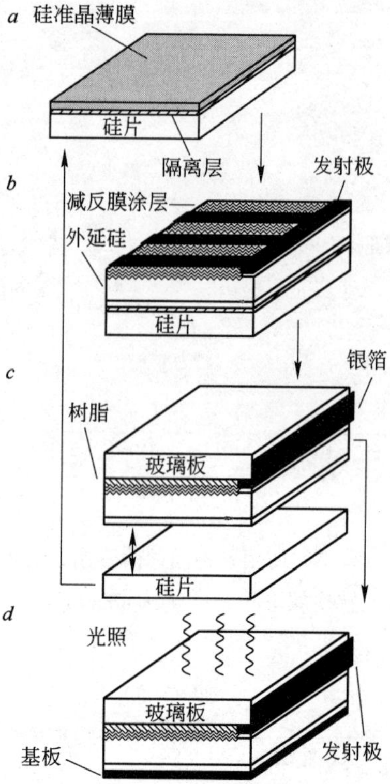

图 5.8 准晶硅薄膜的转移技术

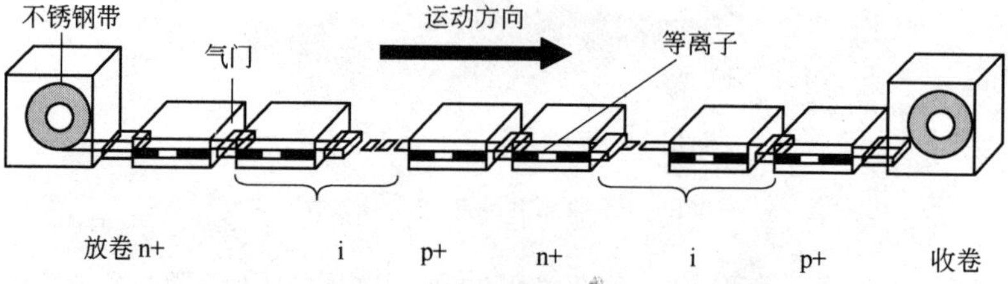

图 5.9 采用卷对卷连续制备薄膜的工艺技术

5.2.2.2 光伏用晶体硅与非晶结构的进展

三洋公司开发了一种结合体单晶硅的高效电荷传输特性和非晶硅低温沉积工艺的新结构（HIT）（图 5.10）[35]。在太阳电池的两边各制备一非晶硅异质结。两面发光的 n 型硅的转换效率可达 21%[36]。假如单晶硅在工业上证明是可行性的，下一步在更大规模的工业使用前，需要证实该技术在 p 型多晶衬底上的工业可行性。

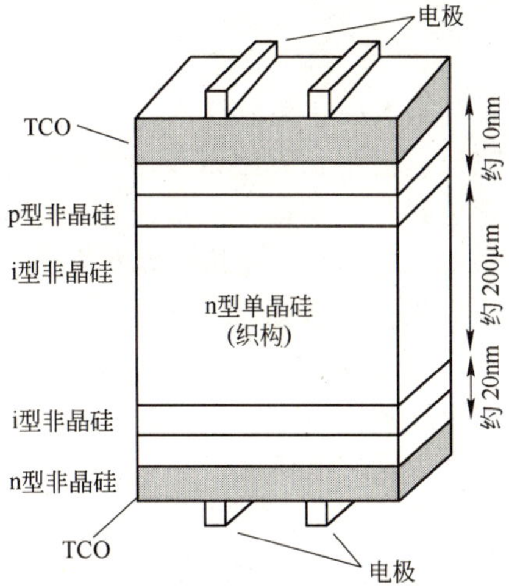

图 5.10　新开发的将硅单晶传输特性与低温非晶
异质结构的优点结合在一起的 HIT 结构[35,36]
TCO 为透明导电氧化物

5.3　光伏硅的输运特性

目前，多晶硅材料的晶体学性质可较好满足光伏使用，其特点是柱状结构的晶粒尺寸大于 $1cm^2$，较少位错和晶粒间缺陷。然而与单晶硅相比，多晶硅含有大量杂质，对少子扩散长度（$L_{n,p}$）有致命的影响。上述杂质包括金属及高浓度的碳和氧，将劣化太阳电池的性质，需要特殊处理（见 5.3.2 节）。

5.3.1　缺陷及杂质对硅输运性质的影响

残余杂质和缺陷影响电荷输运特性且劣化太阳电池性质。用于限制和避免降低体载流子扩散长度的特殊处理工艺，如吸除技术等，可单独也可与掺杂技术一起使用。这些特殊处理工艺的效率强烈依赖于体材料的导电类型。对于具有高浓度的晶粒间缺陷和较小晶粒的材料，氢钝化电活性缺陷是改进输运性质的有效手段。它与吸除或制备减反膜的 SiN：H 等离子沉积工艺结合会产生更积极的效果。

5.3.1.1　单晶硅（sc-Si）中的缺陷

在高效单晶硅太阳电池中，残余缺陷和杂质导致少子扩散长度（$L_{n,p}$）有小幅衰减。已发现掺硼直拉硅太阳电池的转换效率随时间和光照降低，这一效应缘于空位-氧-硼复合体[37,38]，但在区熔硅和掺镓直拉硅太阳电池中并未发现。

5.3.1.2　多晶硅（mc-Si）中的缺陷

多晶硅片的特点是具有大尺寸晶粒（大于几毫米）和高密度的多种晶粒间缺陷。这些缺陷与晶锭生长方法以及不同坩埚、衬层、结晶中的热工艺等无关。已发现位错、位错排、位错纠缠、孪晶（有或无位错缀饰）及亚晶粒边界等缺陷，它们可与晶粒边界发生反应[39]。

空位和间隙原子等点缺陷以及金属、氧、碳等杂质必须加以考虑。这些点缺陷和杂质能聚集成较大的缺陷，在缺陷处或晶粒中形成沉淀。多晶材料的主要缺点是上述缺陷可同时出现，使该材料成为非常复杂的体系。硅中氧、碳浓度经常呈过饱和状态[39]，所以化学和机械势能梯度驱使缺陷和杂质间发生反应。这些反应通常随温度升高而增强，因此，太阳电池制程中的高温工艺将强烈影响上述反应，同时也解释了在电池转换效率方面大幅差别的原因（见本书5.4节）。

5.3.2　吸除改善材料性能

扩展缺陷的复合能力主要来自杂质聚集。杂质沉淀物是复合中心之一。因此，通过去除体材料中的杂质特别是金属杂质可以显著改善单晶硅片的质量。

“吸除”效应可用来清洁材料。Schroter 等人[40]将其基本机制分为三类：（1）弛豫引入的吸除，如晶体缺陷俘获过饱和的杂质；（2）分凝引入的吸除通过提高硅片某些区域的溶解度来实现；（3）注入导致的吸除，如注入自间隙原子与杂质反应。

5.3.2.1　外吸除

多晶硅片大量用于制备太阳电池，其与单晶硅片相比具有较强的成本优势。因此，必须采用廉价的吸除技术。最好的解决办法是相应的吸除技术已包括在太阳电池生产工艺中，例如，近表面的磷、硼或铝扩散和氧化工艺。杂质的外吸除主要在硅片近外表面制造吸除中心，同时提取、迅速扩散和俘获杂质。

在硅片近表面处的重掺磷扩散可制造作为吸除中心的晶格缺陷。磷浓度经常超过其溶解度并形成 SiP 沉淀。Ourmazd 和 Schroter 等人[41]的工作表明，在斜方晶型沉淀的边缘处发生的位错可俘获诸如铁、镍等快速扩散的杂质。

吸除也可发生在由高浓度掺磷而使杂质溶解度增大的区域，其原因是杂质和掺杂原子形成复合体或是费米能级向导带迁移。例如，高掺磷的 N^+ 区由于磷扩散空位密度较高，因此俘获大量间隙原子而增大了其溶解度。另外，磷扩散还具有利于吸除的效应。外吸除常需要从替位位置、从沉淀、从扩展缺陷的分凝中心或从缺陷周围的杂质团中吸引杂质。被吸引的杂质必须处于间隙位置以通过晶格更快扩散到吸除中心。在磷扩散或众所周知的“踢出”机制的沉淀以及沉淀缩小的过程中会有多余的硅原子注入到体硅材料，故将促进吸除[42]。这与磷扩散的情况完全一致，该过程中会在硅片近表面形成 SiP 沉淀，因此有摩尔体热膨胀并产生多余的硅原子。

对薄约 200μm 的多晶硅片在传统炉内 900℃下进行几个小时磷扩散（以 $POCl_3$ 为扩散源），可得到非常大的少子扩散长度值[43]。Silso、Polix、Eurosil 和 Solarex[44] 等公司成功使用多晶材料中的磷扩散效应，在太阳电池的有源区中去除铁、铜和镍等金属杂质并将其驱赶到 N^+ 层前沿[43,45] 以提高电池的转换效率[45,47]。

大量研究报告表明，有铝层的硅片经热处理后，其少子扩散长度将增加。铝在硅中是受主，其扩散后形成的 P^+ 区可作为欧姆接触或形成背场（BSF）。扩散长度可增至几百微米[48~50]，这表明其中存在吸除机制：金属杂质可能被硅铝合金的铝/硅截面俘获。这一过程由于位错存在而增强。

铝吸除也是改善多晶硅片性能的有效方法。在硅片上沉淀 1μm 厚铝层，于 950℃退火 30min，特别是当这些片子经磷扩散吸除后一般可获得很高的有效扩散长度 L_{eff} 值（通常大于 200μm）[51]。

这些改进用于太阳电池可获得高转换效率[51,52]。尽管测量很复杂（如背场效应），提高效率绝大部分贡献应来自吸除。值得注意的是在同一温度下同时使用磷和铝吸除更有优势[49,53]。

5.3.2.2 快速热吸除的特例

尽管快速热处理（RTP）在微电子工业中成功应用，但用于光伏器件还需克服主要的问题，因为 RTP 对于污染比传统的慢速冷却的热处理工艺更为敏感。多晶硅材料在高温工艺过程中，其高浓度杂质处于过饱和状态，由于大量晶体缺陷存在，与 RTP 冷却速率相关的淬火过程中一些杂质将冻结在电活性中心[54]。

快扩散杂质（如 Co、Cu 和 Ni）通常有足够的时间形成非电活性沉淀，而慢扩散杂质（如 Mo、Ti、V、Cr 和 Fe）取决于淬火速率和引入的复合中心，大多数情况下处于晶格的间隙位置。由于此原因，第二组金属元素比第一组在较低的浓度时即对太阳电池性能有危害[55]。

快速热吸除在改善少子体寿命方面与传统吸除技术同样有效[56]。这种在几秒钟内就可吸除金属杂质的真正机制还不清楚。文献［57］中有一些相关建议：从一个自旋沉淀源向金杂质污染的单晶硅进行快速磷扩散。

对于单晶硅材料，需要同时进行磷和铝的热扩散[58]，仅在上述条件下，两个吸除机制的叠合效应方导致少子扩散长度的改善。由于吸除与淬火引入的复合中心的竞争机制，最优的工艺温度取决于多晶硅材料，见文献［59］。

5.3.2.3 通过钝化改善材料性能

除了上述吸除研究方面的巨大努力以外，还开发出多种氢钝化技术，以中和悬挂键和残余的金属杂质。特别是原子氢钝化技术在改善多晶硅太阳电池性能方面极为有效[60,61]。

氢化可由包括射频、遥控等离子和离子束等多种技术来实现。因氢与缺陷和杂质形成的键在400℃以上可被破坏并将扩散出硅片，上述工艺处理须在太阳电池完成后进行。氢钝化可施于电池的正表面或背表面。但对于所有高能束的技术来说，最好应用背表面的辐射处理以避免损伤电池的有源区。Kyocera[64]公司在SiN沉积（使用PECVD）过程中进行氢化的工艺最为有效并可同时生成减反射膜，现已被工业界广泛采用。用这种方法，可以封装电池，并在短时间高温烧结丝网印刷接触时同时完成钝化，如背表面有铝膜的话还能对体少子扩散长度产生良好的作用[65]。

5.3.2.4 非晶硅中氢的作用

原子氢通过饱和悬挂键从而改善非晶材料的输运特性是极为有效的，这一点对于大多数结晶度较低的材料同样适用。氢化一般通过等离子或化学气相沉积工艺完成。其钝化工艺的稳定性主要取决于沉积温度。在200℃时，Si—H(n)键形成，其稳定度低于接近400℃时形成的Si—H键[62]（详见第7章“氢化非晶硅”）。

5.4 硅太阳电池

5.4.1 硅太阳电池技术与其他技术的比较

随着新南威尔士大学Green教授开发的发射极钝化、背电极局部扩散技术（PERL）的应用，硅太阳电池的转换效率几乎达到其理论极限(见图5.11)[66]。

20世纪60年代开发的非晶硅材料现在已被新开发的Cu-In-Se化合物（CIS）所代替。硅薄膜技术必须改进其晶体质量和提高电池效率。有机太阳电池存在稳定性的问题仍需较长时间才能实现工业化生产。有关避开太阳电池热力学效率极限的新概念目前仍未得到实验的证实（见图

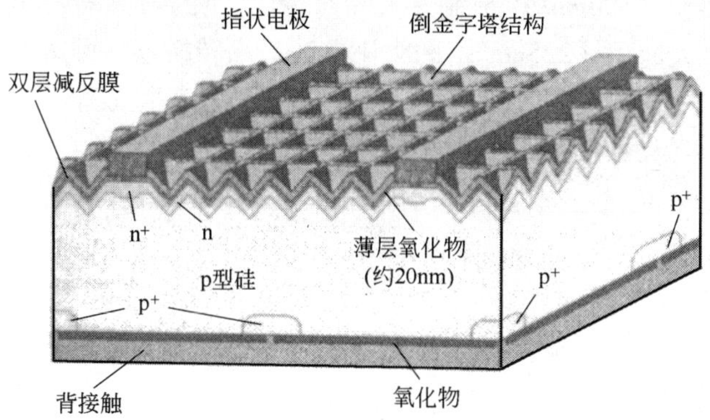

图 5.11 在区熔硅衬底上制备的最佳电池结构的示意图，显示由 Green 开发的 PERL 电池几乎已达到硅太阳电池转换效率的极限

5.12)[67]。

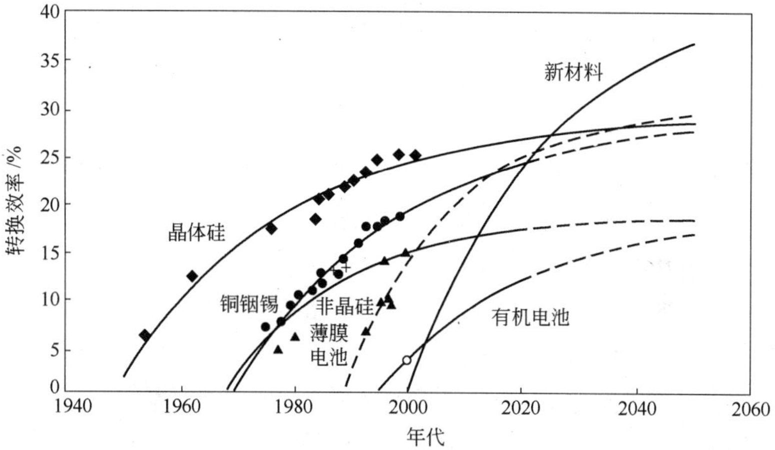

图 5.12 三代太阳电池转换效率的实验室演进过程：以晶体硅为代表的第一代；从非晶硅、CIS 化合物电池（CIS 电池迅速超过非晶硅）、硅薄膜电池到最近发展起来的有机电池为代表的第二代；使用新材料和由于新概念提高目前转换效率极限的第三代电池

5.4.2 多晶硅太阳电池技术

许多组织都参与了使用上述提到的铸锭方法之一进行多晶硅太阳电池的研发，新南威尔士大学[68]和乔治亚理工学院[47,52]率先成功制备了 1～4cm^2实验室规模的多晶硅太阳电池并获得了高转换效率。

以后采用机械沟道正面电极[69]、丝网印刷[70]和选择性发射极[71]等技术，大面积（$100cm^2$）预制多晶硅太阳电池的最高转换效率达到了17.2%。更大面积（$225cm^2$）的太阳电池最高转换效率可达16.7%。

然而，工业规模生产的面积$100cm^2$太阳电池转换效率则在12.5%~14.5%之间（见图5.13）[59]。

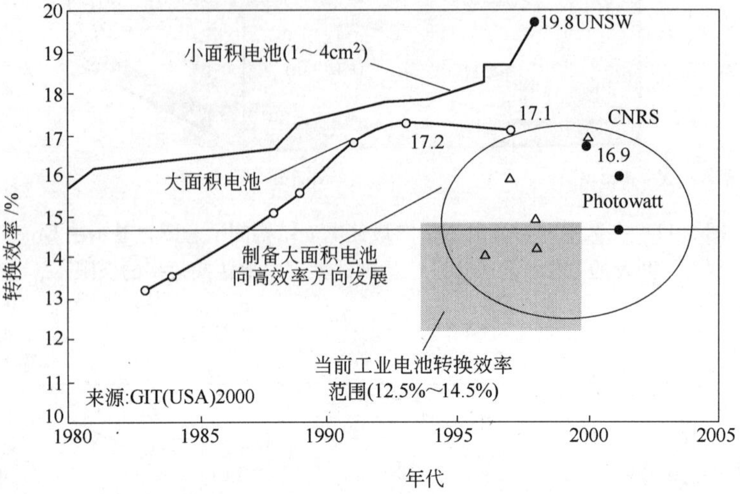

图5.13 多晶硅太阳电池转换效率从实验室到目前工业生产的演进过程

在工业生产中采用SiN(H)做减反射膜和进行体材料及表面的钝化，使太阳电池转换效率接近16%。

应用快速热处理及快速冷却技术的多晶硅太阳电池与采用传统热处理技术具有同一数量级的转换效率[73]。CNRS-PHASE实验室使用Photowatt公司的Polix材料制备出$25cm^2$的太阳电池，最高转换效率为16.7%[74]。

5.5 结论

未来太阳电池工业生产技术的战略重点是大面积（大于目前的$15\times15cm^2$）电池的制备，这些材料或来自更大的多晶硅铸锭或来自连续提拉的电磁铸锭材料。氧、碳和金属杂质浓度需进一步降低以提高体材料输运特性。为缩小多晶硅与单晶硅太阳电池转换效率间的差距，传统和快速热吸除技术以及氢化技术仍需改进。此外，太阳电池需要进一步减薄（最近与将来为150μm，假如有可能要减薄至50μm），目的是在切片过程中可以把硅材料损失从40%降到20%，以便在今后50年内仍可保持对硅带和薄膜技术的竞争力。

（屠海令译，米绪军校）

参考文献

1. *Eurec Position Paper*, Eurec Agency, Brussels, BE-1040 (2000)
2. *World Energy Outlook 2003*, IEA Annual Report
3. N. Yuge, M. Abe, K. Hanazawa, H. Babe, N. Nakamura, Y. Kato, Y. Sakaguchi, S. Hiwasa, M. Obashi: 11th Int. Photovoltaic Science & Engineering Conf. (Sept. 20–24, 1999), Sapporo, Japan, p. 115
4. B.H. Authier: German Patent (DOS) No. 25 0883 (1975); H. Fischer: Proc. 1st EC PV SEC, Luxembourg (1977) p. 52
5. G.M. Storti: Proc. 15th IEEE PVSC, Kissimmee (1981) p. 442
6. E. Schmid, C.P. Khattak: Proc. 5th EC PV SEC, Athens (1983) p. 1019
7. J. Fally, D. Guignot, L. Goeffron: Proc. 7th EC PV SEC, Seville (1986) p. 754
8. T.E. Ciszek, G.H. Schwuttke, K.H. Young: J. Cryst. Growth **46**, 527 (1979)
9. T. Saito, A. Shimura, S. Ichikawa: Proc. 15th IEEE PVSC, Kissimmee (1981) p. 576
10. D. Margadonna, F. Ferrazza, R. Peruzzi: Proc. 10th EC PV SEC, Lisbon (1991) p. 678
11. I.A. Dorrity, B.J. Garrard, D.A. Hukin: Proc. 10th EC PV SEC, Lisbon (1991) p. 317
12. W. Koch, W. Krumbe, H. Lange, W. Schmidt, F. Schomann, G. Wahl: Proc. 12th EC PV SEC, Amsterdam (1994) p. 797
13. Photowatt International S.A., FR-38300 Bourgoin-Jallieu
14. K. Kaneko, T. Misawa, K. Tabata: Proc. 21st IEEE PVSC, Kissimmee (1990) p. 674
15. T.F. Ciszek: J. Electrochem. Soc. **132**, 963 (1985)
16. K. Kaneko, R. Kawamura, T. Misawa: Proc. 1st WCPEC, Hawaii (1994) p. 30
17. I. Perichaud, G. Dour, F. Durand, D. Sarti, G. Goaer, Q.N. Le, F. Floret, S. Martinuzzi: Proc. 13th EC PV SEC, Nice (1995)
18. EMIX S.A., FR-23300 La Souterraine
19. D.A. Hukin: Proc. 4th PVSEC, Sydney (1989) p. 719
20. K. Kaneko, K. Sasatani, M. Ohnishi, N. Kimura: Proc. 11th Int. PVSEC Conf., Sapporo, Japan (1999) p. 119
21. R.G. Seidensticker, L. Scudder, H.W. Brandhorst: Proc. 11th IEEE PVSC, Scottsdale, AZ (1975) p. 299
22. ASE-Americas, Inc., Billerica, MA, 01821-3980, USA
23. K.V. Ravi, H.B. Serreze, H.E. Bates, A.D. Morrison, D.N. Jewett, J.C.T. Ho: Proc. 11th IEEE PVSC, Scottsdale, AZ (1975) p. 281
24. A. Lesk, A. Baghdadi, R.W. Gurtier, R.J. Ellis, J.A. Wise, M.G. Coleman: Proc. 12th IEEE PVSC, Baton Rouge (1976) p. 173
25. C. Belouet, J.J. Brissot, R. Martres, N.T. Phuoc: Proc. 1st EC PV SEC, Luxembourg (1977) p. 164
26. EurObserv'ER, Systèmes Solaires, No. 136 (2000)
27. B.H. Mackhintoch, M.P. Ouellette, M.D. Rosenblum, J.P. Kaleijs, B.P. Piwczyk: 28th IEEE PVSC, Anchorage, AK (2000) p. 46
28. RWE-Schott-Solar, Alzenau, Germany
29. R.B. Bergmann: Appl. Phys. A **69**, 187 (1999)
30. P. Roca i Cabarrocas, Ecole Polytechnique, Palaiseau, France, personal communication

31. P. Roca i Cabarrocas, A. Fontcuberta i Morral, Y. Poissant: Thin Solid Film **403–404**, 39 (2002)
32. R.B. Bergmann, T.J. Rinke, C. Berge, J. Schmidt, J.H. Werner: 12th Int. PVSEC Conf., Jeju, Korea (2001) published in: Solar Energy Materials and Solar Cells, **74**, 213 (2002)
33. P.J. Riberon, A. Beaumont, A. Laugier, A. Kaminski, A. Fave, M. Lemiti, G. Fantosi: ADEME-CNRS Annual Seminar on PV Materials and Processes, Sophia-Antipolis (2002) p. 111
34. M. Sano, K. Saito, S. Okabe, S. Sugiyama, A.K. Ogawa: Proc. 12th Int. PVSEC Conf., Jeju, Korea (2001) p. 29
35. T. Sawada, N. Terada, S. Tsuge, T. Baba, T. Takahama, K. Wakisaka, S. Tsuda, S. Nakano: 1st WCPEC, Hawaii (1994) p. 1219
36. M. Taguchi et al: Prog. Photovolt. Res. Appl. **8**, 503 (2000)
37. S.W. Glunz, S. Rein, W. Warta, J. Knobloch, W. Wettling: Proc. 11th Int. PVSEC Conf., Sapporo, Japan (1999) p. 549
38. J.Y. Lee, S. Peters, S. Rein, S.W. Glunz: Proc. 12th Int. PVSEC Conf., Jeju, Korea (2001) p. 27
39. J.C. Muller, S. Martinuzzi: J. Mater. Res. **13**, 2721 (1998)
40. W. Schröter, M. Seibt, D. Gilles: Mater. Sci. Technol. **4**, 540 (1992)
41. A. Ourmazd, W. Schröter: Appl. Phys. Lett. **45**, 781 (1984)
42. J.S. Kang, D.K. Schroder: J. Appl. Phys. **65**, 2974 (1989)
43. I. Périchaud, S. Martinuzzi: J. de Phys. III **2**, 313 (1992)
44. I. Périchaud, F. Floret, M. Stemmer, S. Martinuzzi: Solid State Phenomena **32**, 77 (1993)
45. B. Sopori, L. Jastrzebski, T. Tan, S. Narayanan: Proc. 12th EC PV SEC, Amsterdam (1994) p. 1003
46. L.Q. Nam, M. Rodot, M. Ghannam, D. Sarti, I. Périchaud, S. Martinuzzi: Int. J. Solar Energy **11**, 273 (1992)
47. A. Rohatgi: Proc. 23rd IEEE PV SEC, Louisville (1993) p. 52
48. R. Sundaresan, D.E. Burk, J.G. Fossum: J. Appl. Phys. **55**, 1162 (1984)
49. L.A. Verhoef, S. Roorda: Proc. 20th IEEE PVSC, Las Vegas (1988) p. 1551
50. O. Porre, M. Pasquinelli , S. Martinuzzi, I. Périchaud: Proc. 11th EC PV SEC, Montreux (1992) p. 1053
51. M. Pasquinelli, S. Martinuzzi, J.Y. Natoli, F. Floret: Proc. 22nd IEEE PVSC, Las Vegas (1991) p. 1035
52. A. Rohatgi , P. Sana, J. Salami: Proc. 11th EC PV SEC, Montreux (1992) p. 159
53. L.A. Verhoef, P.P. Michiels, S. Roorda, R. Sinke, R.J. Van Zolingen: Mater. Sci. Eng. B **7**, 49 (1990)
54. W. Eichhammer, Vu-Thuong-Quat, P. Siffert: J. Appl. Phys. **66**, 3857 (1989)
55. E. Weber. In: *Impurity Diffusion and Gettering in Silicon*, Mater. Res. Soc. Proc. **36**, 3 (1985)
56. B. Hartiti, A. Slaoui, J.C. Muller, R. Stuck, P. Siffert: J. Appl. Phys. **71**, 5474 (1992)
57. B. Hartiti, A. Slaoui, J.C. Muller, P. Siffert: Appl. Phys. Lett. **63**, 1249 (1993)
58. B. Hartiti, A. Slaoui, J.C. Muller, P. Siffert, R. Schindler, I. Reis, B. Wagner, A. Eyer: Proc. 23rd IEEE PV SEC, Louisville, (1993) p. 224
59. A. Rohatgi, V. Yelundur, J. Jeong, A. Ristow, A. Ebong: 10th Workshop on Crystalline Silicon Solar Cell Materials and Process, (Copper Mountain, CO

August 2000), p. 12
60. J.C. Muller, E. Hussian, P. Siffert, D. Sarti: Proc. 9th EC PV SEC, Freiburg (1989) p. 407
61. B. Sopori, K. Jones, X. Dung, R. Matson, M. Al-Jassin, S. Tsuo, A. Doolittle, A. Rohatgi: Proc. 22nd IEEE PVSC, Las Vegas (1991) p. 833
62. J.C. Muller, B. Hartiti, E. Hussian, J.P. Schunck, P. Siffert, D. Sarti: Proc. 22nd IEEE PVSC, Las Vegas (1991) p. 883
63. S. Sivoththaman, M. Rodot, J.C. Muller, B. Hartiti, M. Ghannam, H.E. Elgamel, J. Nijs, D. Sarti: Appl. Phys. Lett. **62**, 3172 (1993)
64. H. Watanabe: 4th Int. PVSEC Conf., Sydney (1989) p. 103
65. V. Yelundur, A. Rohatgi, J.W. Jeong, A.M. Gabor, J.I Hanoka, R.L. Wallace: Proc. 28th IEEE PVSC, Anchorage, AK (2000) p. 91
66. M.A. Green, A. Wang, G.F. Zheng, Z. Zhang, S.R. Wenham, J. Zhao, Z. Shi, C.B. Honsberg: Proc. 12th EC PVSEC, Amsterdam (1994) p. 776
67. A. Goetzberger, J. Luther, G. Willeke: Proc. 12th Int. PVSEC Conf., Jeju, Korea (2001) p. 5
68. S. Narayanan, S.R. Wenham, M.A. Green: Proc. 4th PV SEC, Sidney (1989) p. 111
69. H. Nakoya, M. Nishida, Y. Takeda, S. Moriuchi, T. Tonegawa, T. Machida, T. Nunoi: 7th PV SEC, Nagoya (1993) p. 91
70. J. Coppye, J. Szlufcik, H. Elgamel, M. Ghannam, P. De Schepper, J. Nijs, R. Mertens: Proc. 22nd IEEE PVSC, Las Vegas (1991) p. 873
71. J. Szlucik, F. Duerinckx, J. Horzel, E. Van Kerschaver, S de Wolf, P. Choulat, H. Dekkers, J. Nijs: Proc. 12th Int. PVSEC Conf., Jeju, Korea (2001) p. 305
72. K. Shirasawa, H. Takahashi, Y. Inomata, K. Fukui, K. Okache, M. Takayama, H. Watanabe: Proc. 12th EC PV SEC, Amsterdam (1994) p. 757
73. S. Sivoththaman, B. Hartiti, J. Nijs, A. Barhdadi, M. Rodot, J.C. Muller, W. Laurey, D. Sarti, Proc. 12th EC PV SEC Amsterdam (1994) p. 47
74. S. Noël, H. Lautenschlager, J.C. Muller: Prog. Photovolt. Res. Appl. **9**, 41 (2001)

第三部分

外延、薄膜和多孔层

6 分子束外延薄膜

I. Eisele, J. Schulze, E. Kasper

6.1 设备原理和生长机理

外延生长是原子附着到给定晶格的适当位置上的过程。所生成晶格的晶向和原子间距一般取决于具有清洁表面的单晶衬底。来自气相的原子附着一般是按吸附、扩散及并入到表面台阶上这三个步骤完成的（图6.1）。被吸附的原子称为吸附原子，处于其后并入到晶格中的前驱态。吸附能量 W_{ad}小于其键能 W_b，通常为 W_b 的 1/2 ~2/3。

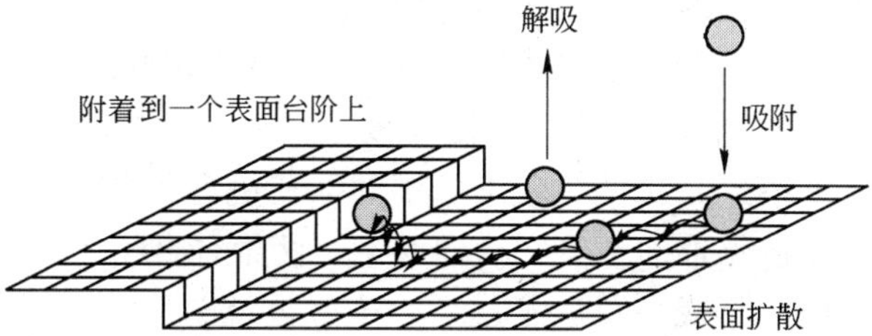

图 6.1 气相外延生长的基本步骤

然而，吸附原子也可能由于解吸而逸出，解吸是由于热振动引起的。吸附原子可在表面上形成规则的网络。吸附原子也相当容易从一个位置跳跃到另一个位置，这就是表面扩散，当然需要克服一定的势垒。只要吸附原子到达台阶附近时未被解吸，这种随机运动也会使原子被并入到晶体中（图6.2）。

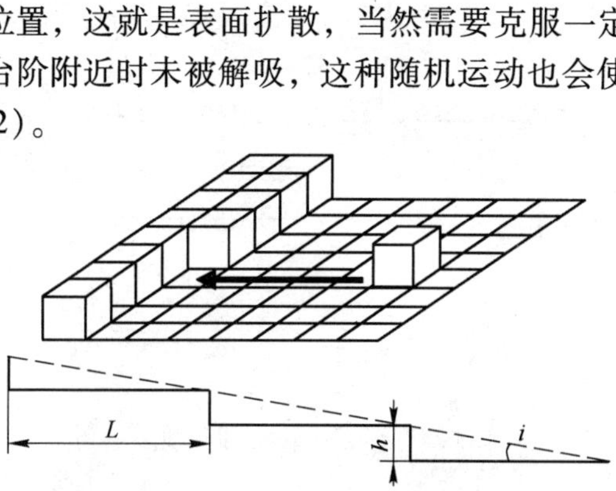

图 6.2 吸附原子通过扩散而附着进行的台阶生长
台阶之间的距离（台阶宽度 L）由衬底表面错取向和台阶高度 h 所给出

商品硅中最普通的单原子台阶源台阶高度为 h，其非故意错取向 i 一般在 0.1°~0.5°之间。即使是标称某种晶向的衬底，台阶宽度 L 也有 15~75nm。

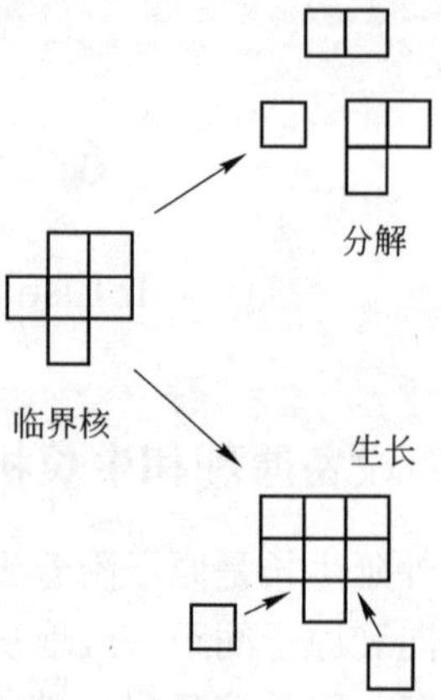

图 6.3　吸附原子的成核

临界核的大小取决于过饱和度，因为分解与生长过程之间达到动力学平衡

当所有吸附原子到达已经存在的错取向台阶时（在有缺陷的衬底中，位错台阶也可起到类似的作用），单原子台阶由于俘获吸附原子而向前横向移动。这种移动发生于较高温度下，粗略估计，这一温度值为 $T_m/2$（T_m 为材料的熔点，硅的 T_m = 1734K）。在较低温度下，缓慢移动着的吸附原子成核为两维岛状（图 6.3）。

临界核是由一尺寸来定义的，此时吸附原子被俘获而生长的几率大于核分解的几率。过饱和度较大时，临界核则较小，在绝大多数 MBE（分子束外延）条件下，两个原子可组成一临界核。图 6.4 比较了两维生长模式（Van der Merwe 模式）中两种吸附原子的俘获机理。台阶流（动）机理是基于业已存在的错取向台阶的横向移动。两维（2D）成核机理则由核化过程产生台阶。形成一单原子层后，这些核就会消失，这一过程周期性地重复着。

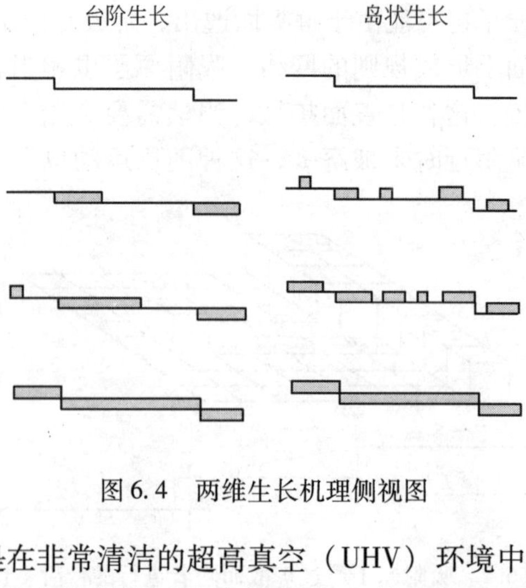

图 6.4　两维生长机理侧视图

MBE 加工是在非常清洁的超高真空（UHV）环境中进行的。所需组分的原子或分子束直接射到被加热的衬底上并生长为外延层，图 6.1 到

图 6.5 示出了其基本原理。置于熔池中的源材料被加热产生分子束（图 6.5）对高熔点或反应活性较强的材料，例如硅则用电子蒸发器加热。气源 MBE（GS-MBE）利用气相化合物（主要是氢、氯的化合物或有机金属化合物），通过喷嘴将其射向衬底。典型的源材料含基质元素硅、锗和碳；掺杂剂有硼、镓、锑和磷；但 MBE 也可生长金属（硅化物）和绝缘材料（CaF_2 和氧化物）。MBE 系统总是装有一种或多种精密原位检测仪器。

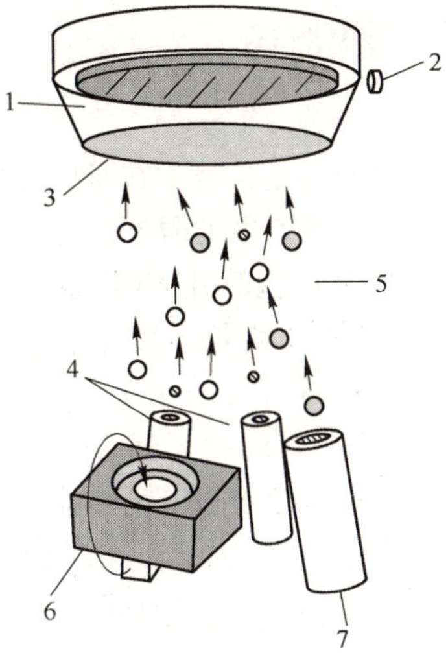

图 6.5　MBE 示意图
1—加热器；2—分析检测仪器；3—衬底；4—熔池（掺杂剂）；5—分子束；6—硅；7—锗

为提高真空度和便于进行不破坏真空的多批次外延生长，将 MBE 生长室（图 6.6）与一存储室和一装卸阀门连接起来。这样，就可通过一转换系统将生长室与分析设备和加工设备组合在一起。

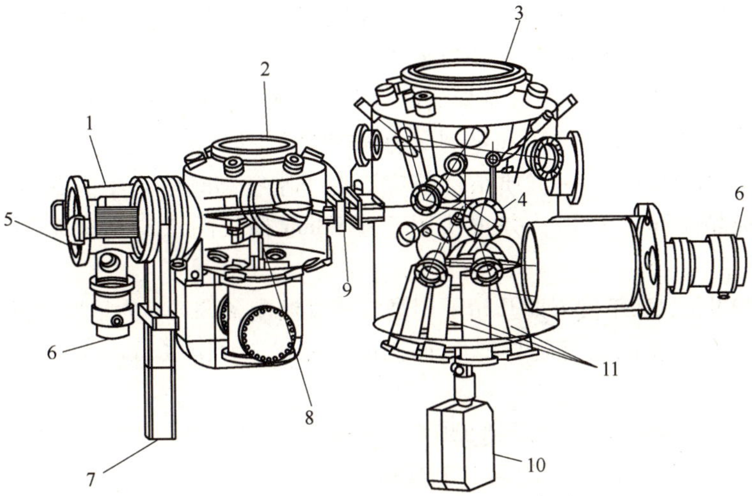

图 6.6　一种硅的 MBE 装置及工艺过程简图
1—装卸阀门；2—存储室；3—生长室；4—衬底；5—晶片孔；6—真空泵；7—阀门；8—转换系统；9—主阀门；10—加热器（Pyritte）；11—熔池

6.2 历史概述

35 年以前，Unvala[1]和 Hale[2]在真空中生长了外延硅薄膜并对其进行评价，所用生长技术在某些方面与现在硅 MBE 是相同的。但是受当时所能达到的真空度的限制，这项工作没有真正被认为是硅 MBE 的起源。1968 年，在典型的硅 MBE 条件下，生长出硅外延材料，Abbink 等人[3]在 800℃温度下生长出具有非常平滑表面的外延薄膜。

Abbink 等人所采用工艺细节包括源材料的电子枪蒸发、用快门对（分子）束进行调制、束的强度和气相组分的原位监控及衬底表面的原位清洁。他们把透射电镜和原位重复结合起来，建立了一种吸附原子快速移动的本征 2D 生长模式，制备了具有清洁表面的硅外延层。这些早期的研究工作为其后在原子级层面上深入理解生长过程奠定了良好基础[4~12]。

尽管此一早期的工作取得了很大成绩，但因为在真空沉积中缺乏有效掺杂方法，并没有对硅工艺产生重要影响。在完整性极好的硅基质中并入异种原子这一难题直到现在才得以理解，而在早期研究工作中对杂质并入缺乏了解妨碍了其实际应用。

大约自 1975 年以来一直在研究掺杂剂原子在表面上的严重分凝现象，经采用多种掺杂技术使其得以克服。1985 年，首先在集成电路（IC）生产中成功地试用了 MBE 层，1985 年前有关这方面的综述及文献请参看有关硅 MBE 的第一本专著[14]。

MBE 极大地促进了硅基异质结（材料）的研究，这些异质结材料既有含绝缘体（如 CaF_2）和金属（如硅化物）的，也有含其他半导体的（例如 SiGe/Si）；后一异质结目前广泛用于制备高频电路中的 SiGe 异质结双极晶体管（HBT），并很快用于亚 90nm 栅长的“应变硅 MOSFET”中。

20 世纪 60 年代末期开始了用真空蒸发法制备 Si/Ge 的早期尝试，在 1975 ~ 1979 年间对其临界厚度有了基本理解，并由 Kasper 制备了 SiGe 超晶格[15,16]。

Bean 等将生长温度降到 550℃，使临界厚度更大一些[17]，并开始了在硅上进行应变层外延的第二个浪潮。

6.3 应变异质结构的稳定性

SiGe 的晶格常数略大于硅的晶格常数。粗略地看，一合金的晶格失配 f 可由两原始材料晶格常数的线性“插入”法表示（Vegard 定律），

即

$$f=\frac{a_f-a_s}{a_s}=0.042X \tag{6.1}$$

式中，a_f、a_s 分别为薄膜和衬底的晶格常数；X 是合金中的锗含量（百分比）。

更精确的计算，需计入一小的抛物线偏差。最近对外延材料的研究证实了先前的对体单晶的测量结果[19]。晶格失配异质结的结构和形貌稳定性是比较复杂的，涉及到两个“极值”（extremes）、不稳定性和晶格完整性的稳定度。对器件加工来说，必须了解失配调节的机理。“大自然”给出了晶格失配的几种答案。在硅上生长 SiGe 的情况下，它们是应变薄膜、由失配位错引起的应变弛豫、表面波纹和裂纹。裂纹只发生于较厚的锗膜冷却过程中，对绝大多数器件无需顾及裂纹问题。为简单起见，我们首先处理平衡时的情况，然后讨论由于低温生长和多层器件结构加工所引起的动力学限制问题。

6.3.1 应变层的临界厚度

在临界厚度 t_c 以下，层是应变的。这意味着：衬底中每个原子列在界面上是连续的。在小厚度范围内的层是完全稳定的，其原因可由能量平衡来说明，小范围内的应变有利于防止产生原子缺陷结构，如失配位错。失配位错是线缺陷，此处原子列在界面上是不连续的。一失配位错可由其线矢量 $\boldsymbol{l}$ 和柏格斯矢量 $\boldsymbol{b}$ 来表征，它确定了位错附近的非均匀应变场。由矢量 $\boldsymbol{l}$ 和 $\boldsymbol{b}$ 所给定的滑移面上，位错易于运动。在金刚石晶格中，滑移面是（111）密排面。位错不能终止于材料内部，它们可以是闭合的或终止于表面。

当膜认为是平坦的时候（读者应记住这一点），平衡临界厚度可相当容易地由位错基本理论计算出来。已报道的数值相互有差异，这是对位错核（心）和非均匀应变的范围作出了不同的假设所致[20]。所计算的平衡厚度 t_{cm}（此处下标 m 系指 Van der Merwe 和 Matthews 及 Blakeslee，他们率先进行了这类平衡计算）相当小，例如，对 25% 的 SiGe 合金（$f\cong 0.01$）为 6nm：

$$\left(\frac{t_{cm}}{b}\right)f=5.78\times10^{-2}\ln\left(\frac{t_{cm}}{b}\right) \tag{6.2}$$

硅中的柏格斯矢量 $\boldsymbol{b}$ 的数值为 0.384nm。以这种简单形式所给出的平衡临界厚度的概念只对小晶格失配有意义。失配值较大时，膜应变由于表面起波纹而减小，此时可引起生长模式的转化：由平坦的 Van der Merwe 生长模式转化为直接岛状生长（Volmer-Weber 模式）或在一薄的浸润层上的岛状生长（Stranski-Krastanov 模式）；例如，硅上生长锗浸润层仅约 0.5nm 厚，在它上面发生岛的成核。当岛生长得较大时，又产生另外的失配位错，所产生的第一“批”位错至少可认为来自表面成核位置（NS），这些 NS 要么是一些小的缺陷，要么是表面台阶（图 6.7）。在应变力作用下，位错半环移动到界面，产生一个直的失配位错段（M）和将该失配位错与表面连接起来的两个穿通位错“臂”（T）。当位于器件有源区下面时，失配位错网络最终可成为器件附近的吸除“器”，但穿通位错会产生这种材料的电性能问题。

6.3.2　亚稳态赝晶生长

SiGe 生长温度大大低于硅外延（典型的为 450～750℃）。在动力学上抑制了表面原子迁移和位错成核。平坦的应变层（赝晶结构）可在亚稳态生长条件下制得，比平衡状态下厚度大得多，失配值也大一些。图 6.8 中比较了平衡时的（下曲线）和低生长温度（MBE，550℃）下所得的临界厚度。

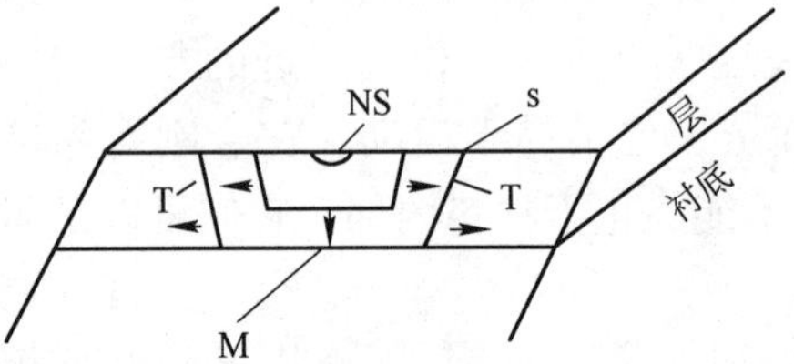

图 6.7　位错半环（NS）的成核和向界面移动，产生 M 段和 T 段

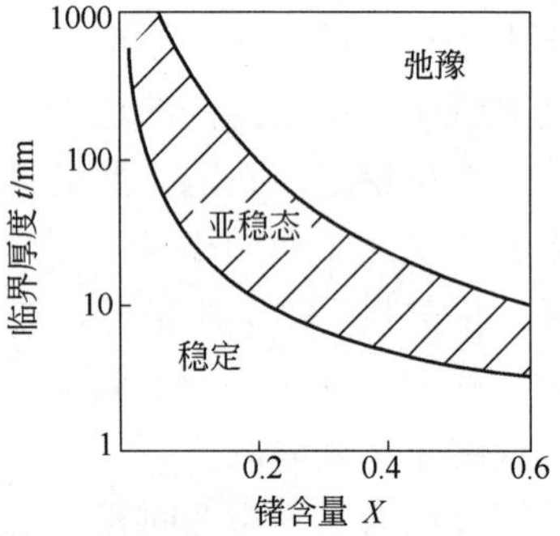

图 6.8　临界厚度 t_c 与锗含量 X 的关系稳定区（式 6.2）和亚稳态区（式 6.3）是应变的。弛豫区含有失配位错

亚稳态临界厚度 t_{cb}（下标 b 指 People 和 Bean，他们发现了许多亚稳态现象并于 1984 年报道了相应的关系式）可粗略地表示为：

$$\left(\frac{t_{cb}}{b}\right)f^2 = \frac{1}{200}\ln\left(\frac{t_{cb}}{b}\right) \tag{6.3}$$

生长温度低于 550℃时，甚至可得到更大的临界厚度（超亚稳性）。

6.3.3 器件结构的加工和退火

厚度小于平衡临界厚度 t_{cm} 的应变层具有固有的稳定性，但亚稳层通过明显高于其生长温度的热处理也能使其变成稳定态。主要原因是 SiGe 结构的顶上有硅帽层，生长这一层有两个用途：制备功能器件（如 HBT 的发射极）和便于完成某些加工，如氧化、覆盖保护层。计及这一帽层，平衡临界厚度增加一倍，但其动力学限制甚至更强，因为人们容易理解，从表面成核位置开始，位错半环不会通过非应变的帽层。直到 850℃，已成功生长出应变 SiGe 层。

对于小的热负载（thermal budget）加工，瞬时增强扩散(TED)日益重要，这一点并非只对异质结构如此。但在异质结构中，为抑制硼的扩散，一直十分强调碳掺杂的作用[21]。间隙原子与替位碳相互作用并因此阻止了增强的间隙驱动的硼扩散——可以得到突变的极重掺杂区[22]。

6.4 硅 MBE 生长膜中掺杂剂的分布

6.4.1 掺杂问题

无论从理论上还是实践中看，用物理气相沉积法生长掺杂薄膜最简易的方法是共蒸发法，即使掺杂剂原子和基质原子一起沉积。原则上，这样几乎可以得到任意的掺杂剂浓度分布。然而，对于硅的 MBE 则不然，由于典型的生长温度在 400℃ 以上，掺杂剂的并入受到表面分凝的严重影响，导致在生长表面上并入几率低（图 6.9），这一熟知的现象使掺杂剂分布明显展宽并成为严重的“硅掺杂问题”[23~25]。

掺杂剂分凝的趋势可用分凝系数 r 表征，r 基本上可表示为已沉积的单层面密度与实际的单层面密度之比[26]。

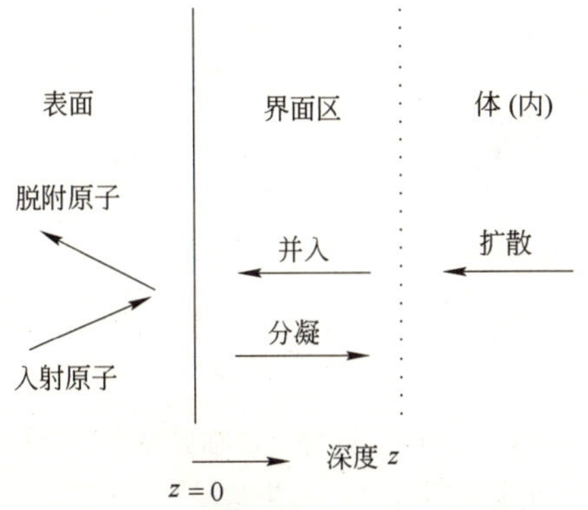

图 6.9 硅 MBE 过程中生长表面示意图

从图 6.10 可以看出，降低生长温度可明显减弱分凝。另外，减小入射硅原子通量可降低热力学平衡与动力学限制分凝状态之间的过渡温度[27]。

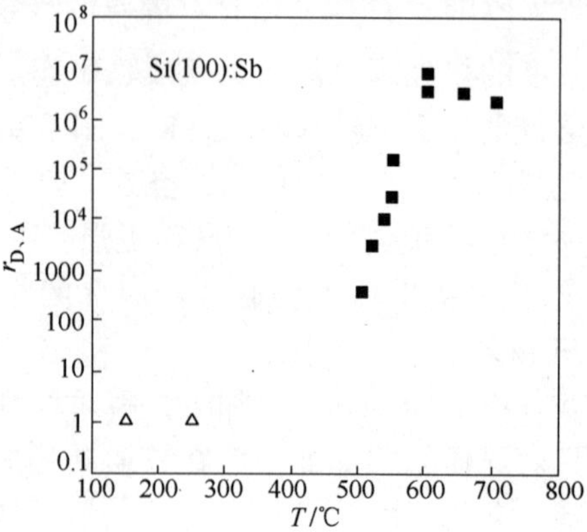

图 6.10　锑掺杂时分凝系数 r 与生长温度的关系

■—文献［27］的实验结果，生长速率为 0.3nm/s；

△—文献［28］的实验数据，生长速率为 0.02nm/s

但是，不能随意降低生长温度，因为存在一个"临界温度"——它决定了外延膜是单晶还是非晶[29]。

Eaglesham 扩展了这一模型[30]。降低生长温度时，他发现一个减小的临界厚度 t_{epi}，仍能生长出单晶膜，而超过这一厚度则生长出非晶。t_{epi} 随温度指数式下降（见图 6.11）。提高生长速率也会使临界外延层厚度

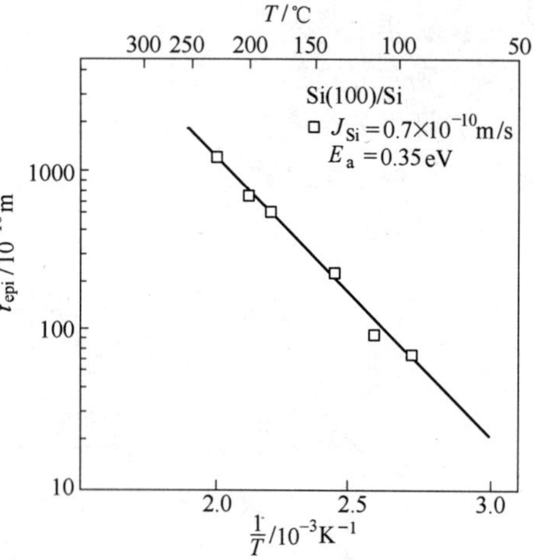

图 6.11　（100）硅外延层临界厚度（生长速率 0.07nm/s）与生长温度的关系

所注明的激活能取自文献［26］

下降。单晶生长转变为非晶生长可用因局部成核导致表面粗糙度增大来解释。

为适于器件应用，还须重视单晶层中的缺陷密度问题。随着温度降低，入射原子的表面扩散也减弱了，因而并非所有格点位置都被占满，这就会使点缺陷浓度提高。对此，必须加以防范，因为这些点缺陷会增强扩散并使掺杂剂分布展宽。另外，它们还起着复合中心的作用，使器件的电性能退化。这些点缺陷密度可用正电子湮灭谱（由正电子平均寿命）测定[31,32]，平均正电子寿命增加与点缺陷密度提高相关。图 6.12 示出了在不同温度下生长的 800nm 厚 MBE 层中平均正电子寿命值。

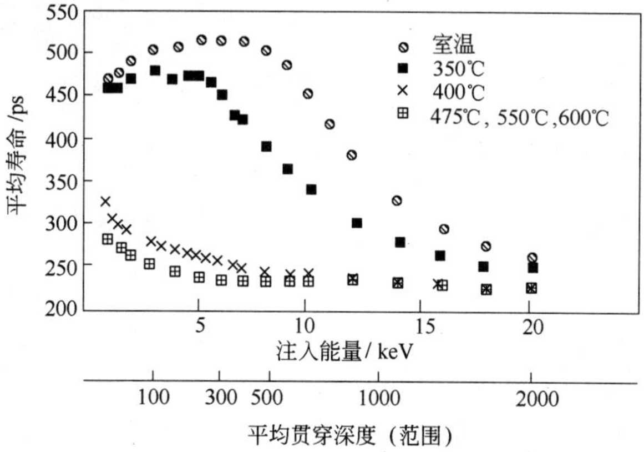

图 6.12 不同温度下所生长的 MBE 层中(生长速率 0.1nm/s)平均正电子寿命

在 475℃以下，点缺陷密度提高而使寿命提高，而在此温度以上，寿命值与体硅衬底相当，说明其结晶质量很好。业已证明：如果增加一些 500℃以上中间退火步骤，在较低的生长温度下也能生长出结晶质量高的外延层。所以，为得到突变（结）掺杂分布和 δ 型掺杂分布，可以采用低温外延生长，也可以采用生长非晶后接着进行退火使其再结晶（固相外延）。

6.4.2 突变和 δ 型掺杂分布

1987 年，Zeinde 等用固相外延法首次在硅中得到了 δ 型掺杂分布。室温下（原文如此，恐有误——译者注）在硅表面沉积一定面浓度的掺杂剂锑，生长约 3nm 厚非晶硅盖帽层后，在 700℃进行再结晶。利用这一技术，掺杂浓度可高达 $2\times10^{14}\,cm^{-2}$，且可限制在 1 ~ 2nm 范围内。用多种分析技术对 δ 层进行了研究[26,34]；例如，图 6.13 给出了锑 δ 层的高分辨率透射电镜图。

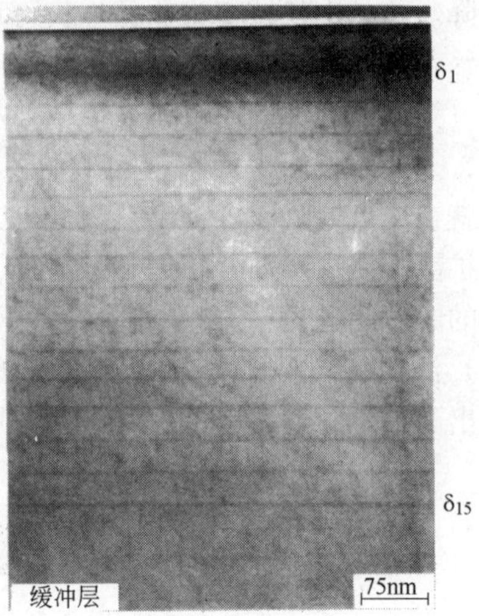

图 6.13　15 层掺锑 δ（层间间距 50nm）的透射电镜显微照片[38]

除锑以外，以后几年陆续报道了掺磷[25]、掺镓[35]和掺硼[36]的 δ 层，并有大量出版物问世，可参看文献［26，34］。

硅的低温 MBE 和固相外延是制备突变掺杂和任意掺杂分布的关键技术。此外，也可利用二次硅离子（用电子枪蒸发时它总会存在）得到所需的掺杂分布。如果这些离子加速射向衬底，产生撞击效应，掺杂剂原子被“推”向体内，这可减弱分凝的影响[37]。利用这些技术之一或将它们结合起来，用 MBE 可得到极好的方形分布，其陡峭度仅十分之几纳米。

关于 δ 层的电学性质，特别令人感兴趣的是：在 V 形势（垒）中，电子能级形成一组两维子能带。通过“自相容”求解垂直于表面方向上运动的一维薛定谔方程和可得到静电势的泊松方程，求得的能级图如图 6.14 所示。子带之间的能量间隔取决于 δ 掺杂浓度，可大至 150meV。这意味着，可考虑将子带内跃迁和共振隧穿效应用于器件设计。

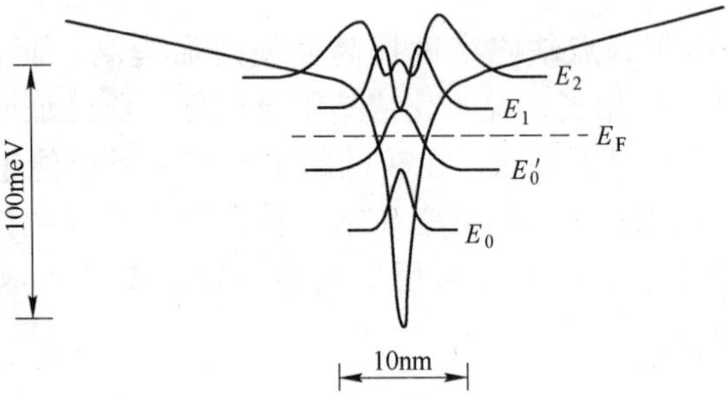

图 6.14　δ 层（锑原子浓度 $2\times10^{13}cm^{-2}$）子能带的量子化能级、费米能级 E_F 和电子电荷分布

6.5　半导体器件研究

MOS 场效应晶体管（MOSFET）和双极晶体管是商业电子市场上最普通的器件。虽然 MOSFET 在高密度电路中用量更大，但双极晶体管由

于有高的跨导而适于用在高速电路中。MBE 器件的作用主要在于改进器件的性能。另一颇受关注的课题是硅基光电子器件性能。

6.5.1 异质结双极晶体管（HBT）

SiGe 材料系统有着连续可变的带隙[40]，这就可以优化双极晶体的各种性能参数，如高的电流增益、高的阿莱电压（Early Voltage）。

Tatsumi 等于 1988 年[41]首次报道了 $Si/Si_{1-x}Ge_x/Si$ HBT 的性质，它含有在（100）硅衬底上生长的应变 $Si_{1-x}Ge_x$ 基极。同一年又相继发表了来自不同研究单位的相关报道，请参看文献［42］。基极有较小的带隙可使 HBT 有更高的电流增益，因为，与同质结器件（双极结晶体管，BJT）比较，增大了集电极电流 I_c。基极中锗均匀分布时，电流增强可近似表示为：

$$I_{C,HBT}/I_{C,BJT} \propto e^{\Delta W/(kT)} \tag{6.4}$$

式中，ΔW 为基极带隙减小量。

此外，按图 6.15 所示的一种渐变 $Si_{1-x}Ge_x$ 分布，可产生一附加电场，它增强电子从发射极向集电极的注入，缩短了渡越时间，因而得到更高的截止频率。

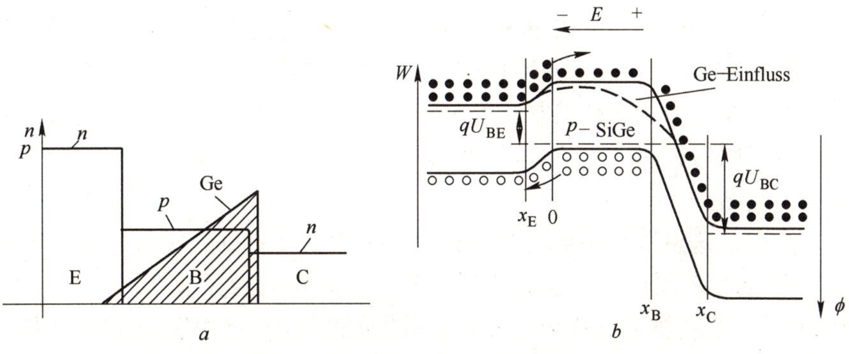

图 6.15 一种 HBT 的渐变锗浓度（a）和能带图（b）[44]

为满足高性能要求，SiGe HBT 基极截面越来越缩小，硼的外扩散已成为一个严重问题。向基极的硼掺杂区及基极两侧的掺硼区外侧掺入碳可以显著减小硼外扩散的影响（图 6.16，参看第 8 章），从而有更窄的基区，因而工作频率更高。

尽管目前绝大多数器件是用 CVD（化学气相沉积）工艺生产的，但绝大多数重要的研究课题要使用 MBE；结果，从 1994 年到现在，所报道

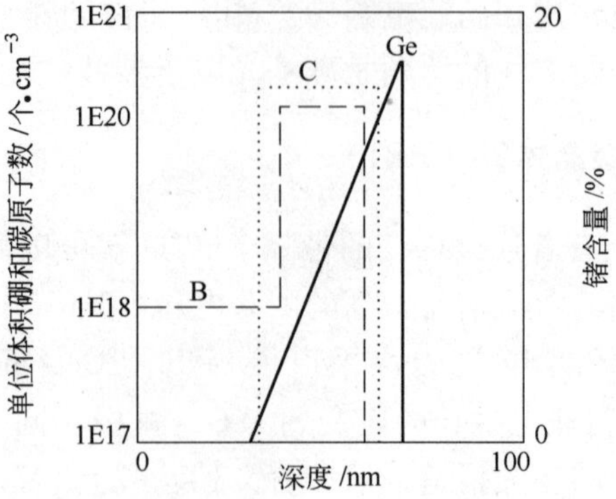

图 6.16　渐变锗 SiGe：C HBT[45]

的最高单位电流增益截止频率 f_T 由 113GHz 提高到 170GHz，最大工作频率 f_{max} 由 90GHz 提高到 350GHz[43]。

6.5.2　SiGe MOSFET 和 MODFET

提高硅或 SiGe 沟道中电子和空穴迁移率的一个方法是“拉伸”晶格，以得到子带系统中应力感生能谷分裂[46]。

由于硅中空穴迁移率小于电子迁移率，所以 NMOSFET 工作速度总是高于互补 PMOSFET，因此，CMOS 倒相器结构的最高速度受 PMOSFET 的限制。所以，一类 SiGe MOSFET 的想法是提高 p 型沟道中的空穴迁移率，如果荷电载流子被限制在用 MBE 生长的赝晶应变 $Si_{1-x}Ge_x$ 沟道中的话，就可以做到这一点。这样就可以制备出更快的 CMOS 倒相器而无需改变工艺结点。

然而，这想法有一个问题，就是不能产生高质量的栅氧化物（这对高频性能是必须的）。迄今，唯一为人们熟知的合适栅绝缘材料是在 750℃以上温度热生长的 SiO_2，但在高热负载情况下会因引入位错（晶格损伤）产生应力弛豫而不能达到迁移率提高的目的。而且硅和锗发生互扩散，这又引起多层异质结构中组分的混污。这个问题可用一几纳米厚的硅帽层，然后再用低温氧化物进行氧化来解决。

对 SiGe NMOSFET，应变硅沟道必须生长在充分弛豫的 $Si_{1-x}Ge_x$ 合金上。图 6.17 示出一种经典的沟道结构[47]，其源、沟道和漏极的排列与经典的 MOSFET 相同。

为了在硅沟道中引入机械应力，在硅衬底上用 MBE 生长一层组分渐变的 SiGe 缓冲层（最终是弛豫的），有着恒定锗摩尔组分的掺杂 SiGe 顶

图 6.17　一种 SiGe MOSFET 沟道（顺时针旋转了 90°）图示

层用作 SiGe 准衬底。在该准衬底上也用 MBE 沉积掺杂的、应变硅沟道。其余所有加工步骤均用标准的横向 MOSFET 工艺。

图 6.18 示出了 n 型 SiGe MODFET 的经典的沟道结构。它的源、沟道和漏的排列方式与经典的 MOSFET 相同。

通过栅（电）极，可以控制被拉伸赝晶本征硅层（厚度为几纳米）中电子浓度（由 n^- 型掺杂 SiGe 层所提供）。由于 $Si_{1-x}Ge_x$ 层与硅层之间的晶格失配，沟道中总存在着机械应力。

图 6.18　一种 SiGe 基 MODFET（其沟道顺时针旋转了 90°）示意图

这类沟道中的电子迁移率大大高于硅沟道/栅氧化物界面上一种经典的硅 MOSFET 的反型层中的电子迁移率。其原因有：（1）由于张应力，本征硅层与 $Si_{1-x}Ge_x$ 层类似（一般说来，$Si_{1-x}Ge_x$ 中的迁移率比纯硅中的高）；（2）在离化散射中心（已离化的受主或施主）上不发生电子散射；（3）不存在电子的界面散射。

对于 SiGe 基 MODFET，由于锗不能形成稳定的热氧化物，因而很难制备 MOS 栅（堆）栈。目前寄希望于用低温低压化学气相沉积（LPCVD）或原子层沉积（ALD）技术制备所谓“高 k 电介质”来解决这一问题。

6.5.3　垂直 MOSFET 结构

如上所述，MBE 的主要优点是原子尺度沉积硅或 SiGe 膜时，可以制备超突变 δ 分布和厚度精确控制。这也是为什么全球许多研究人员用这一技术制备纳米尺度的垂直器件（与先进的光刻方法无关）的主要原因。

1993 年，首次制备出完全采用 MBE 工艺的垂直 MOS 器件。这一新颖的器件结构是 Gossner 等人提出的，被称为“平面掺杂势垒 MOSFET (PDBFET)[48]”。图 6.19 给出了它的基本结构。

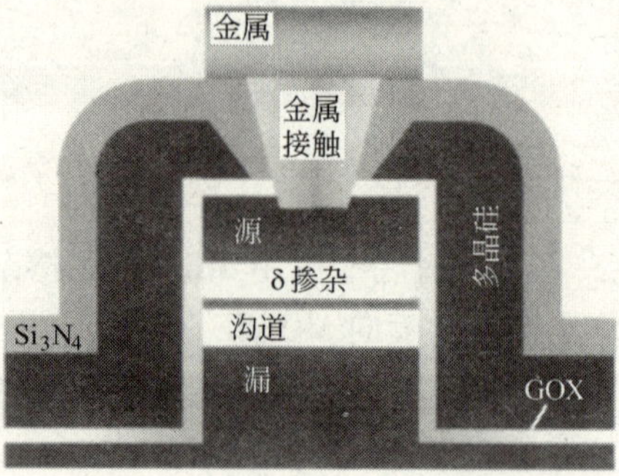

图 6.19 一种垂直的平面掺杂势垒 MOSFET（PDBFET）结构简图

整个沟道中掺杂浓度必须是非常陡峭的 δ 掺杂分布。完成了所有的加工步骤后，有效的 δ 厚度约 6nm（原生厚度约 3nm）。δ 掺杂结构侧面是轻掺杂源和漏的延伸（LDD）与重掺杂的源和漏区本身。LDD 和源、漏区内的掺杂浓度分别是 $1\times10^{16}cm^{-3}$ 和 $5\times10^{19}cm^{-3}$，在文献［48］作者的工作中，主要研究了 LDD 长度和 δ 掺杂浓度的影响。

从图 6.20 可以看到，漏感生势垒的下降（DIBL）强烈依赖于 δ 掺杂浓度。源和漏之间距离越短，越需要较高的 δ 掺杂才能成功抑制 DIBL。这样，就出现了一个熟知的问题：为抑制 DIBL，随着 δ 掺杂浓度的提高会失去对 V_T 的控制，因为较高的 δ 掺杂会产生较高的阈值电压。

在此，让我们回忆起 2001 年国际电子器件会议（IEDM）上关于体硅 10nm MOSFET 可行性的讨论，出现了相互矛盾的观点。遗憾的是，Gossner 等错误地认为其器件的沟道长度等于源漏之间的距离。而实际沟道长度由有效 δ 厚度所给出。所以，可以认为，这个问题已在 1993 年就给出了正确的答案。

用 MBE 制备的所有垂直器件结构的一个主要缺点是制备栅结构时不能与源和漏自对准。所以，垂直 MOSFET 由于有寄生交叠电容而加重负载。因此，有着高时钟频率的逻辑应用高速电路仍采用横向 MOSFET 工艺。

MBE 制造垂直器件的一个重点放在功率电子学应用的垂直器件方

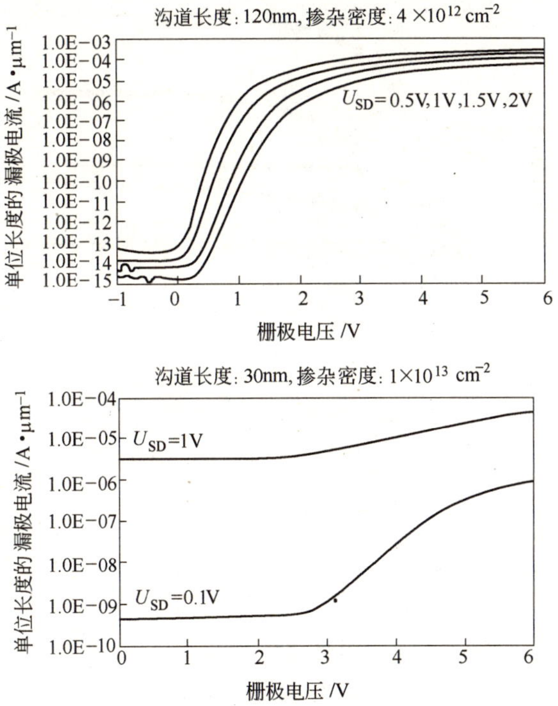

图 6.20 PDBFET 的传输特性与源漏之间距离（上：120nm；下：30nm）的关系

面，此时，寄生交叠电容就不是“致命的矛盾”（killing argument）。

垂直功率 MOSFET 的特征是：沟道区与漏之间有一轻掺杂（或不掺杂）的漂移区，它起着分流电阻的作用。功率晶体管的关断态击穿电压决定于该漂移区的长度（几百微米）。对开通电阻 R_{on}（它决定了工作过程中的功耗）的主要贡献来自两个方面：沟道区和漂移区。Fink 指出：如果用 PDBFET 结构代替具有均匀掺杂沟道区的垂直功率器件结构，可更有效地减小沟道区的串联电阻[50]。从图 6.21 可清楚地看到：栅压相同的情况下，对功率 PDBFET，源和漏之间的开通电流明显增大了。

6.6 若干研究重点介绍

6.6.1 级联激光器

量子级联（QC）结构是研制硅基激光器的可行方法，因为这种器件

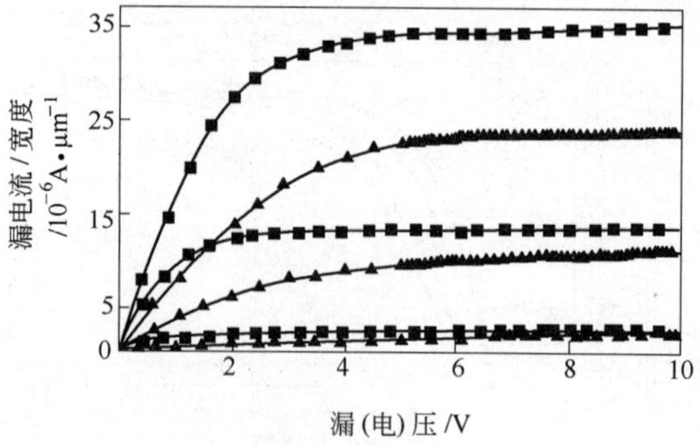

图 6.21　垂直功率 PDBFET (■) 和垂直功率 MOSFET (▲,有均匀掺杂的沟道区) 输出特性比较

两者沟道长度相同；$V_G - V_T = 1V, 2V, 3V$[50]

只靠子带间跃迁。与导带和价带间间接跃迁比较，这样的直接跃迁在光发射方面有高的量子效率。Si/SiGe 量子阱（有分裂能级子带）可发射 3～300μm波长的光，由组分决定。为得到高效率，用 MBE 在注入区和集电区生长多量子阱结构，采用充分“开发”的小能带结构。图 6.22 给出了计算的应变补偿 QC 超晶格的价带结构[51]。

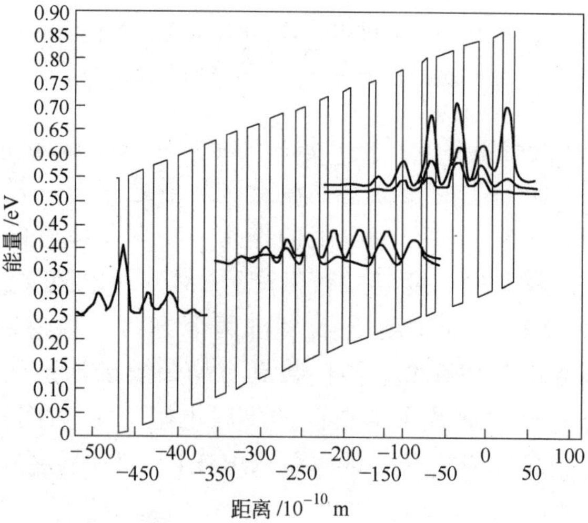

图 6.22　Si/SiGe 量子级联结构的价带边

除进行子带间光致发光测量外，还对其场致发光进行了研究。176meV 能级上于 80K 温度下观察到明显的峰，这与期望值是非常吻合的。这些结果为研制出 Si/SiGe 基激光器奠定了良好基础。

6.6.2 表面结构

如果功率 MOSFET 的沟道长度小至可与其漂移区相比拟，且漂移区长度本身为几十微米，则整个开通电阻 R_{on} 主要取决于漂移区的串联电阻，它应做到尽可能低。另外，在关断态时，漂移区决定了击穿电压。如果漂移区是理想的本征态则可达到最高击穿电压，即 R_{off} 必须尽可能高。解决这一两难问题的一个方法是一种动态电阻，它可通过所谓表面（减小表面场）结构来实现。

一种可能的横向多重表面结构是熟知的用 MBE 生长的 N(δniδpi)结构[52~54]，如图 6.23 所示。基本（δniδpi）结构是 n 型 δ 掺杂层后接着一非掺杂（本征）层，接着是一 p 型 δ 掺杂层，然后又是本征层的依次交替的结构，N 是 δniδpi 重复的次数。Döhler 在 1982 年指出：这种 N(δniδpi)结构可以设计成完全补偿的[55]。这意味着，其中所有受主和所有施主都离化了（施主电子占据受主态），并且，自由电子和自由空穴的数量只由硅的本征载流子浓度所给定，即一个设计良好的 N(δniδpi)结

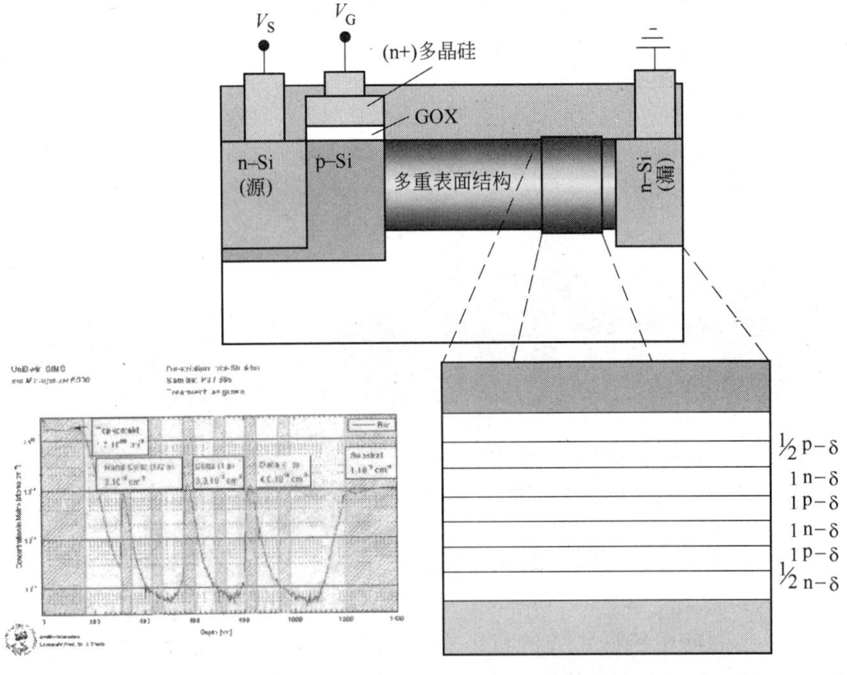

图 6.23 用多重表面结构作为漂移区（上图）的横向功率 MOSFET 结构图；多重表面结构可设计为（δniδpi）结构（右下图）；左下图为该（δniδpi）结构中 p 型掺杂的二次离子质谱分布图

构起着类似于本征硅的作用。

这可解释为什么 N(δniδpi)结构用于大功率电子学受到人们重视。在晶体管的关断态，N(δniδpi)漂移区是完全补偿的，其行为类似于本征硅。此时，其击穿电压只取决于漂移区长度和本征硅击穿的临界电场。开通态时，来自源（极）的电子被注入到漂移区并流向 N(δniδpi)漂移区的重掺杂 n 型层中的漏极，其串联电阻很小。

6.6.3　自组织和有序化

硅和 SiGe MBE 研究中的主要课题之一是研究自组织生长和有序化现象。这就为实现光电子和纳米电子学应用提供了另外的方法，而无需利用先进的光刻技术，也避免了加工感生的损伤。关于自组织纳米结构的潜在器件应用请参看文献［56，57］。以下将择其要点作些介绍。

6.6.3.1　利用微荫罩技术的硅和 SiGe 的自组织生长

Hammerl 和 Eisele 于 1993 年首先报道了用微荫罩技术进行自组织硅生长[58]。两年后，Brunner 等讨论了 SiGe 的自组织生长问题[59]。微荫罩自组织生长是一种独特的 MBE 技术。起初，研究了硅和 SiGe 条的自组织生长，见图 6.24。

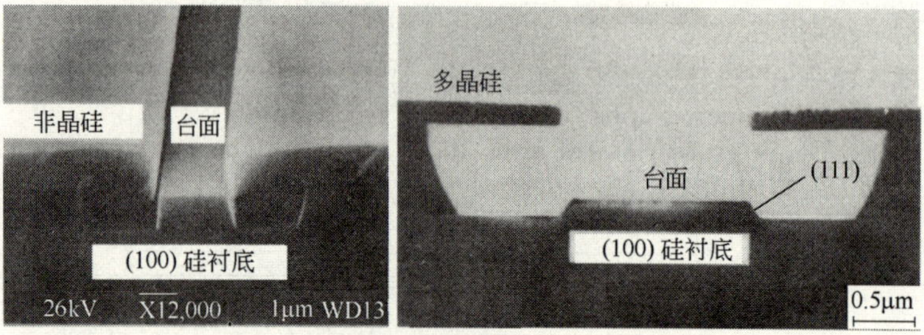

图 6.24　左：局部生长和解理硅台面条的扫描电镜显微图；右：带有 {111} 小面台式侧壁的局部生长的硅台面结构的透射电镜显微图[58]

对自组织生长与沉积温度、生长速率、掩模孔径和掩模准直度的关系进行了研究。例如，Gossner 等研究了硅（100）衬底上带有 4 个 {111} 小面侧壁的硅锥体的自组织形成与掩模（相对于衬底）准直度的关系[60]。他们指出，只是在开始生长阶段，硅台面岛的确对应于掩模形状并且是准直的。如果继续生长，掩模的影响可以忽略，因而形成相同尺寸和形状的锥形结构，见图 6.25。

这些实验结果可用基于下述实验结果的模型来解释：{111} 硅小面是最稳定的小面之一。从能量角度看，这意味着 {111} 小面上表面自由能函数有极小值，并且自组织生长的驱动力是总表面自由能的降低[61]。

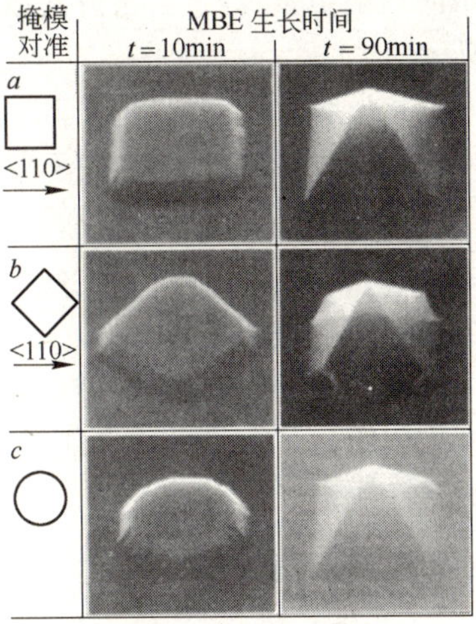

图 6.25 微荫罩 MBE 技术生长的（分别生长 10min（左）和 90min（右）的状态）硅台面结构的扫描电镜显微照片掩模与结晶学方向对准掩模孔径形状在图中示出；掩模敞开长 250nm，生长温度恒定在 500℃[60]

6.6.3.2 硅上生长的锗量子点

在有关硅和 SiGe MBE 研究的诸多文献中，锗量子点（也称作"盒式团"（hut clusters））的制备占有主导地位。在硅（100）衬底上生长的自组织锗量子点的一个主要优点是与现行硅 ULSI 工艺兼容。

硅和锗晶格常数相差 4.2%，由此所产生的应变导致 Stransk-Krastanov 模式岛的形成[62]。但岛的成核是一随机过程，自组装生长会受到尺寸和位置分布展宽的影响[63]。近年来，已证明：从非均匀岛状单层生长开始，通过生长若干层的多层结构可明显提高其尺寸的均匀性。即这种各层含锗岛的多层结构是被硅层间隔开的。这种情况下，在掩埋岛顶部生长的上层中的岛，就沿生长方向使岛之间形成垂直关联。图 6.26 是一个被 22nm 硅间隔层隔开的 10 个锗层（标称 4 个单层厚）样品

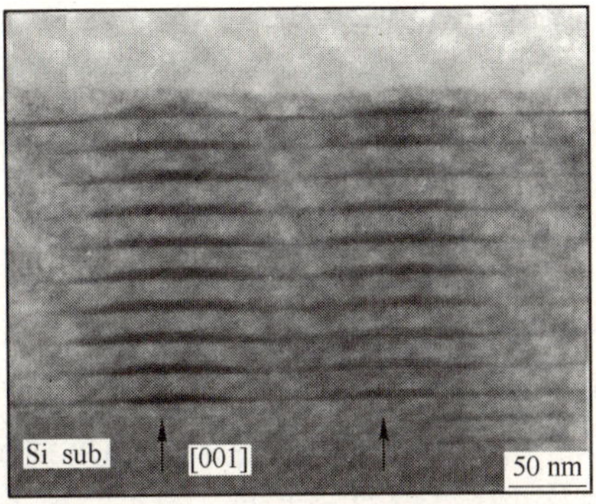

图 6.26 含 10 个 Ge/Si"双"层样品[011]方向的截面透射电镜像（照片）

的截面透射电镜像[65]。它清楚地表明，上层中的每个岛都生长在下一层的岛上。

欲将这种量子点阵列用于计算机和信号处理应用方面，例如，量子点蜂窝自动电话装置[66]，则不仅要求点的尺寸均匀，其空间分布也要均匀[66]。自组织锗量子点生长的一个最令人感兴趣的方法是：采用微荫罩技术选择外延生长（SEG）硅台面并以此作为其后进行锗生长的“模板”。

如从图 6.27 所见，在硅台面脊上，MBE 生长了一维量子点阵列[67]。其平均间距由量子点的应变能与相邻量子点（通过衬底）互排斥作用之间的平衡决定。

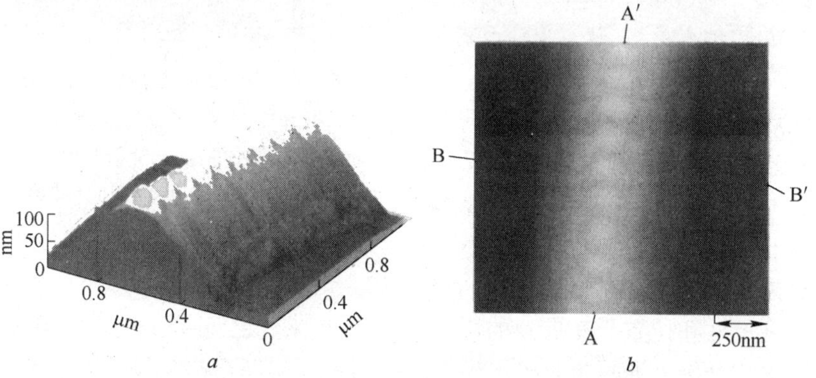

图 6.27　在（110）硅台面条的脊上生长的自对准一维锗量子点（10 个锗单层）阵列

a—三维原子力显微像；*b*—从顶部看的样品的两维像[67]

6.6.3.3　硅上硼的自组织生长

为得到理想的 δ 层（其厚度刚好是一个单原子层），Zotov 等[68]和 Baumgärtner 等[69]提出“有序化 δ 掺杂技术”，也就是将掺杂原子周期性有序排列在两维平面中形成表面相。

硅表面相相当于硅衬底顶部的两维超晶格。近年来对多种吸附材料及它们在不同晶向硅上的表面相进行了研究[70]。作为重要掺杂剂之一的硼，其最令人感兴趣的表面相是硅（111）衬底上的 T_4-$\sqrt{3}\times\sqrt{3}$-R30°-硼表面相（T_4-BSP）[71,72,74,75]。用 MBE 可在衬底温度约 600℃ 时在硅表面沉积硼，一次沉积 1/3 个单层（1/3 个单层 $=2.6\times10^{14}$ 硼原子/cm^2）。在这种相中，一个硼原子占据硅（111）面顶上的一个 T_4 格点，并饱和三个硅悬键，见图 6.28[72]。

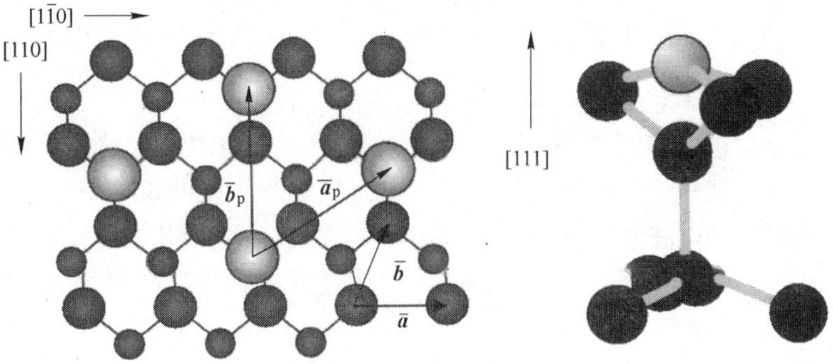

图 6.28　硅（111）表面上（深色）的硼原子（淡色）。每个硼原子饱和了硅（111）双层的顶层上 3 个硅原子。也示出了二维硅表面晶格的原始晶胞（矢量 $\boldsymbol{a}$ 和 $\boldsymbol{b}$）和面积 $A=0.383\text{nm}^2$ 的 T_4-BSP 的原始晶胞（矢量 $\boldsymbol{a}_p=\sqrt{3}\boldsymbol{a}$，$\boldsymbol{b}_p=\sqrt{3}\boldsymbol{b}$）。表面相上的硼密度为 $2.6\times10^{14}\text{cm}^{-2}$，约为 1/3 个单层

Stimpel 等进行的扫描隧道显微研究证实了一种 T_4-BSP 的三步生长过程，以 7×7 重构硅（111）表面作为起始点，见图 6.29[76]。

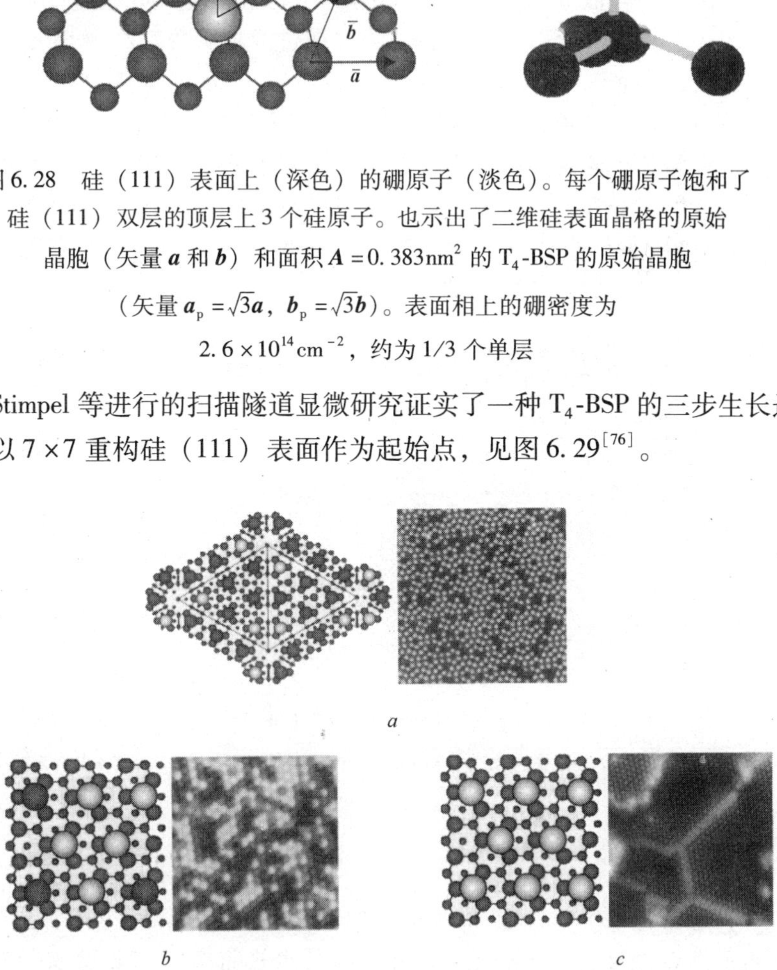

图 6.29　硼原子（图中的淡色圆点）替代 7×7 重构硅（111）表面亚晶胞中硅顶层原子

（扫描隧道显微像：$A=17\times17\mu\text{m}^2$）（$a$）；7×7 重构的断裂：硅和硼原子共同形成 T_4-$\sqrt{3}\times\sqrt{3}$-R30°重构（扫描隧道显微像：$A=17\times17\text{nm}^2$）（b）；形成完整的 T_4-BSP（扫描隧道显微像：$A=17\times17\text{nm}^2$）（c）

第一步，在约600℃温度下沉积的硼原子开始替代7×7重构亚晶胞中硅顶层原子。在硼原子替代一个7×7单位晶胞的所有硼顶层原子的约50%后，7×7重构断裂，硅和硼原子一起形成一个T_4-$\sqrt{3}\times\sqrt{3}$-R30°重构（第二步）。进一步沉积硼导致T_4-$\sqrt{3}\times\sqrt{3}$-R30°重构中其余硅原子的位移（第三步），沉积1/3个硼的单层后，就形成了一完整的T_4-BSP。

更深入的扫描隧道显微（STM）研究显示，T_4-BSP在825℃以下是稳定的；在更高温度下，硼原子开始（通过两步扩散）经由S_5晶格位置扩散进入硅衬底。

请注意，T_4-BSP以及T_4-SiSP可与S_5-BSP结合起来而进行自组织生长。完全被钝化的表面允许有大的表面扩散长度，这将导致入射原子成核并形成纳米级（量子）点。Schulge等观察到在T_4-BSP上400℃时三角锥状{113}小面锗量子点的自组织MBE生长。这些量子点有着均匀的机械应力和尺寸，并按平行链状调直，见图6.30[64,77]。

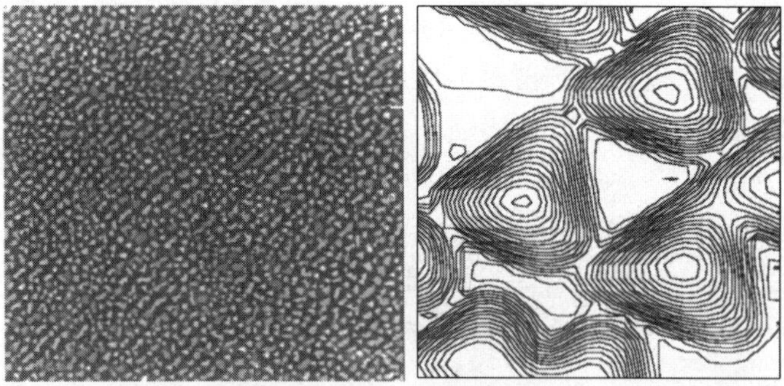

图6.30　在（111）硅上的T_4-BSP上的锗量子点

左：原子力显微（镜）图（$A=15\times15\mu m^2$）；右：轮廓线（$A=0.7\times0.7\mu m^2$）

6.7　结论

在过去几十年中，硅MBE已成为研究新颖的层结构（其厚度可控制到原子级）的极其有用的工具。成功生长出具有突变和δ型掺杂分布薄层结构和SiGe异质结构对于开发微电子应用的新材料和新器件作出了重大贡献。目前正在进行着的研究活动致力于自限制和自组织加工，这对于满足国际半导体工艺指南（ITRS）中所要求的器件特征尺寸等比缩小到纳米尺度是非常必要的。

（邓志杰译，朱悟新校）

参考文献

1. B.A. Unvala: Nature **194**, 966 (1962)
2. A.P. Hale: Vacuum **13**, 93 (1963)
3. H.C. Abbink, R.M. Broudy, G.P. McCarthy: J. Appl. Phys. **10**, 4673 (1968)
4. R.N. Thomas, M. Francombe: Surf. Sci. **25**, 357 (1971)
5. F. Jona: Appl. Phys. Lett. **9**, 235 (1966)
6. G. Booker, B. Joyce, R. Bradley: Phil. Mag. **10**, 1087 (1964)
7. E. Handelmann, E. Povilonis: J. Electrochem. Soc. **111**, 201 (1964)
8. V.E. Kuznetsov, V. Postnikov: Sov. Phys. Cryst. **16**, 357 (1969)
9. Y. Nannichi: Nature **200**, 1087 (1963)
10. D. Thomas: Phys. Stat. Sol. **13**, 359 (1966)
11. L. Weisberg: J. Appl. Phys. **38**, 4537 (1967)
12. H. Widmer: Appl. Phys. Lett. **5**, 108 (1964)
13. E. Kasper, K. Werner: J. Electrochem. Soc. **132**, 2481 (1985)
14. E. Kasper, J.C. Bean. In: *Silicon Molecular Beam Epitaxy I, II* (CRC Press, Boca Raton 1988)
15. E. Kasper, H.J. Herzog, H. Kibbel: Appl. Phys. **8**, 199 (1975)
16. E. Kasper, H.J. Herzog: Thin Solid Films **44**, 357 (1970)
17. J.C. Bean, L.C. Feldmann, T. Sheng, A. Fiory, R. Lynch: J. Vac. Sci. Technol. A **2**, 436 (1984)
18. E. Kasper, A. Schuh, G. Bauer, B. Hollander, H. Kibbel: J. Cryst. Growth **157**, 68 (1995)
19. J.P. Dismukes, L. Ekstron, R.J. Paff: J. Phys. Chem. **68**, 3021 (1964)
20. E. Kasper, K. Lyutovich (eds.): EMIS Datareview 24: *Properties of SiGe:C* (IEE, London 2000)
21. H.J. Osten, G. Lippert, P. Gaworzewski, R. Sorge: Appl. Phys. Lett. **71**, 1522 (1997)
22. J. Murata, A. Moriya, M. Sakuraba: Proc. 8th Int. Symp. Si Mater. Sci. Technol., San Diego (1998) p. 822
23. G.E. Becker, J.C. Bean: J. Appl. Phys. **48**, 3395 (1977)
24. U. König, H. Kibbel, E. Kasper: J. Vac. Sci. Technol. **16**, 985 (1979)
25. E. Friess, J. Nützel, G. Abstreiter: Appl. Phys. Lett. **60**, 2237 (1992)
26. H.J. Gossmann. In: *Delta-Doping of Semiconductors* (Cambridge University Press 1996) p. 161
27. H. Jorke: Surf. Sci. **193**, 569 (1988)
28. H.J. Gossmann, F.C. Unterwald: Phys. Rev. B **47**, 12618 (1993)
29. J.A. Venables, G.L. Price. In: *Epitaxial Growth* (Academic Press 1975) p. 381
30. D.J. Eaglesham: J. Appl. Phys. **77**, 3597 (1995)
31. J. Störmer, P. Wilutzki, D.T. Britton, G. Kögel, W. Triftshäuser, W. Kiunke, F. Wittmann, I. Eisele: Appl. Phys. A **61**, 71 (1995)
32. T. Rupp: Ph.D. Thesis, Universität der Bundeswehr München (1996)
33. H.P. Zeindl, T. Wegehaupt, I. Eisele, H. Oppolzer, H. Reisinger, G. Tempel, F. Koch: Appl. Phys. Lett. **50**, 1165 (1987)
34. I. Eisele. In: *Delta-Doping of Semiconductors* (Cambridge University Press 1996) p. 137
35. H.P. Zeindl, T. Wegehaupt, I. Eisele: Thin Solid Films **184**, 21 (1990)
36. N.L. Mattey, M.G. Dowsett, E.H.C. Parker, T.E. Whall, S. Taylor, J.F. Zhang: Appl. Phys. Lett. **57**, 1648 (1990)

37. H. Jorke, H.J. Herzog, H. Kibbel: Appl. Phys. Lett. **47**, 511 (1985)
38. H.P. Zeindl, E. Hammerl, W. Kiunke, I. Eisele: J. Electron. Mater. **19**, 1119 (1990)
39. I. Eisele: Superlatt. Microstruct. **6**, 123 (1989)
40. C. Penn, T. Fromherz, G. Bauer. In: *Silicon Germanium and SiGe:Carbon*, ed. by E. Kasper, K. Lyutovich (INSPEC, London 2000) p. 125
41. T. Tatsumi, H. Hirayama, N. Aizaki: Appl. Phys. Lett. **52**, 895 (1988)
42. J.C. Sturm, H. Yin. In: *Silicon Germanium and SiGe:Carbon*, ed. by E. Kasper, K. Lyutovich (INSPEC, London 2000) p. 305
43. J.S. Rieh et al.: IEDM Technical Digest (2002) p. 771
44. K. Hoffmann. In: *Systemintegration* (Oldenbourg Verlag 2003)
45. D. Meyer, B. Pagliaro, D. Webb, J. Sellar, M. Ward, J. Robinson, S. Young: Proc. 3rd Int. Conf. SiGe(C) Epitaxy and Heterostructures, Santa Fe (2003) p. 53
46. J.L. Hoyt, H.M. Nayfeh, S. Eguchi, I. Aberg, G. Xia, T. Drake. E.A. Fitzgerald, D.A. Antoniadis: Tech. Dig. Int. Electron Devices Meet., San Francisco (2002) 2.1.1
47. J. Welser, J.L. Hoyt, J.F. Gibbons: Tech. Dig. Int. Electron Devices Meet., San Francisco (1992) 31.7
48. H. Gossner, W. Kiunke, I. Eisele, L. Risch, K. Hofmann, R. Treichler, H. Cerva: Proc. Int. Conf. Solid State Devices Mater., Chiba (1993) PB-1-20
49. F. Kaesen: Ph.D. Thesis, Universität der Bundeswehr München (1998)
50. C. Fink: Ph.D. Thesis, Universität der Bundeswehr München (2000)
51. D. Grützmacher et al.: J. Cryst. Growth **251**, 707 (2003)
52. C. Tolksdorf: Proc. 60th Annual Device Res. Conf., Santa Barbara (2002) p. 85
53. C. Tolksdorf: Proc. 61st Annual Device Res. Conf., Salt Lake City (2003) p. 59
54. C. Tolksdorf: Ph.D. Thesis, Universität der Bundeswehr München (2003)
55. G.H. Döhler: Proc. Int. Conf. Solid State Devices Mater., Tokyo (1982) A-1-4
56. M.J. Kelly: Semicond. Sci. Technol. **5**, 1209 (1990)
57. H. Luth: Appl. Surf. Sci. **130-132**, 855 (1998)
58. E. Hammerl, I. Eisele: Appl. Phys. Lett. **62**, 2221 (1993)
59. J. Brunner, W. Jung, P. Schnittenhelm, M. Gail, G. Abstreiter, J. Gonderman, B. Hadam, T. Koester, B. Spangenberg, H.G. Roskos, H. Kurz, H. Gossner, I. Eisele: J. Cryst. Growth **157**, 270 (1995)
60. H. Gossner, T. Rupp, I. Eisele: J. Cryst. Growth **157**, 308 (1995)
61. H. Baumgärtner, F. Kaesen, H. Gossner, I. Eisele: Appl. Surf. Sci. **130-132**, 747 (1998)
62. J. Tersoff, Y.H. Phang, Z. Zhang, M.G. Lagally: Phys. Rev. Lett. **75**, 2730 (1995)
63. V. Le Thanh, P. Boucaud, D. Debarre, Y. Zheng, D. Bouchier, J.M. Lourtioz: Phys. Rev. B **58**, 13115 (1998)
64. J. Schulze: Ph.D. Thesis, Universität der Bundeswehr München (2000)
65. V. Le Thanh, V. Yam, P. Boucaud, Y. Zheng, D. Bouchier: Thin Solid Films **369**, 43 (2000)
66. A.O. Orlov, I. Amlani, G.H. Berstein, C.S. Lent, G.L. Snider: Science **277**, 928 (1997)
67. G. Jin, J.L. Liu, Y.H. Luo, K.L. Wang: Thin Solid Films **369**, 49 (2000)
68. A.V. Zotov, V.G. Lifshits, T. Rupp, I. Eisele: J. Appl. Phys. **83**, 5865 (1998)
69. H. Baumgärtner, W. Hansch, F. Wittmann, I. Eisele: Curr. Topics Cryst. Growth Res. **2**, 283 (1995)

70. V.G. Lifshits, A.A. Saranin, A.V. Zotov: *Surface Phases on Si: Preparation, Structures, and Properties* (Wiley 1994)
71. Z. Zhang, M.A. Kulakov, B. Bullemer, I. Eisele: J. Vac. Sci. Technol. B **14(4)**, 2684 (1996)
72. A.V. Zotov, S.V. Ryzhkov, V.G. Lifshits: Surf. Sci. **328**, 95 (1995)
73. D.J. Tweet, K. Akimoto, T. Tatsumi, I. Hirosawa, J. Mizuki, J. Matsui: Phys. Rev. Lett. **15**, 2236 (1992)
74. R.L. Headrick, B.E. Weir, A.F.J. Levi, D.J. Eaglesham, L.C. Feldman: J. Cryst. Growth **111**, 838 (1991)
75. P. Avouris, I.W. Lyo, F. Bozso, E. Kaxiras: J. Vac. Sci. Technol. A **8(4)**, 3405 (1990)
76. T. Stimpel, J. Schulze, H.E. Hoster, I. Eisele, H. Baumgärtner: Appl. Surf. Sci. **162-163**, 382 (2000)
77. J. Schulze, H. Baumgärtner, C. Fink, G. Dollinger, I. Genchev, L. Görgens, W. Hansch, H.E. Hoster, T.H. Metzger, R. Paniago, T. Stimpel, T. Sulima, I. Eisele: Thin Solid Films **369**, 10 (2000)

7 氢化非晶硅（a-Si：H）

W. Fuhs

7.1 引言

非晶半导体领域的研究从一开始就一直受两个方面的推动：一是固体性质中无序化的科学兴趣，二是技术应用。早年，硫化物玻璃薄膜因在成像、静电复印、存储和开关等器件方面的应用而成为研究重点，那时，对非晶硅（a-Si）和非晶锗（a-Ge）的兴趣则更多地关注其基础科学方面。作为简单的元素四面体键合非晶半导体，它们起着“模型”系统的作用——其无序化不那么复杂，不是由其化学组成决定而只由其结构无序决定。可用多种方法，例如热蒸发或电子枪蒸发、溅射、离子轰击和电解等在玻璃或石英衬底上制备这些非晶半导体薄膜，厚度约 0.1 ~1μm。这种四面体键合半导体结构最简单的模型是连续随机网络（CRN）结构，其平均配位数接近 4。键角和最近邻原子距离的起伏导致其失去了长程有序性，即使在次近邻层中也是如此。长程无序是非晶半导体的结构特征。结果，就提出了一些基于周期性（布洛赫原理）失效的理论概念，例如带结构、k 矢量、布洛赫态，有效质量和光选择定则。非晶半导体的光谱比其相应的结晶体材料或多或少地展宽了，这表明态密度分布是一个决定性的量。这在很大程度上是由化学键的结构和性质所确定的。也许无序化最显著的影响是电子态的局域化，尤其是带边附近，它强烈地影响着输运性质。

20 世纪 60 年代，研究工作集中在对无序化的理解和发展新的理论概念。然而，由于缺陷密度高，早期制备的非晶硅有着难以接受的电学性质，高缺陷密度在带隙中产生高的态密度，使费米能级钉扎。用电子自旋共振所识别出的唯一缺陷是硅悬键（Si-db），在蒸发法或溅射法制备的材料中，它的浓度为 10^{19} cm^{-3}。硅悬键形成深带隙态，它起着有效的非辐射复合中心的作用。这种 a-Si 材料的电导率很低，室温下，一般由局域化带隙态间的跳跃输运所确定。由于高密度带隙态中费米能级的钉扎，掺杂、光照或载流子注入都不会改变其电导率，这样的材料自然难以在电子器件上得到应用。

20 个世纪 70 年代早期，发现了氢并入的作用，使上述情况发生了戏剧性的变化。在材料和器件研究方面出现的 6 个里程碑式事件，掀起这一领域的研究热潮并使氢化非晶硅（a-Si：H）得到大量应用：

（1）1969 年 Chittick、Alexander 和 Sterling 首次使用了等离子体沉积技术，它使硅烷（SiH_4）在射频（rf）辉光放电中离解并在加热衬底上形成薄膜[1]。

（2）Dundee 大学的研究工作表明：这类非晶硅中缺陷密度是低的，从而有高的光电导率[2]。

（3）Harvard 研究组研究了溅射 a-Si：H 和 a-Ge：H，并首次发现氢在钝化缺陷中的重大作用[3]。随后，大量研究证明，辉光放电沉积的非晶硅由于并入了氢而使其具有优良的半导体性质和光电性质。

（4）1975 年，Spear 和 LeComber 报道[4]，在加工气体中加入磷烷或乙硼烷可分别实现 n 型或 p 型掺杂，这一方法使电导率在 10 个以上数量级范围内可控。

（5）Carlson 和 Wronski 在 1976 年[5]首次报道了光伏器件，证明用 a-Si：H 可制作太阳电池。

（6）在首次报道了关于薄膜晶体管的物理概念及其制备[6]的几年后，开始了显示器件的研究。

a-Si：H 的制备和性质在大量综述论文和专著中都作了描述，例如文献［7～11］，这方面的进展可在两年一次的非晶和微晶半导体国际会议论文集（在“Journal of Non-Crystalline solids”杂志上定期出版）中找到。目前，a-Si：H 已是成熟的材料和器件工艺，它主要用于太阳电池、薄膜晶体管、传感器、成像、辐射探测器和显示器件。在薄膜太阳电池的几种材料中，能够大批量生产大面积组件并在世界市场上占有较大份额（约 10%），a-Si：H 电池是唯一的一种。

7.2 a-Si 的制备和结构性质

非晶硅不能用硅熔体快速冷却制取，而是在衬底上通过气相沉积制备非晶材料，此时衬底的温度大大低于材料的熔点。已利用了多种技术：热蒸发、溅射、使用硅烷的化学气相沉积（CVD）、光 CVD、等离子增强 CVD（PECVD）和热催化热丝沉积（HWCVD）。用这些方法所制非晶膜的微结构原则上没有很大差别。其差别主要在沉积速率、缺陷类型和浓度（悬键和空洞）等方面。PECVD 法所制材料缺陷密度最低，故目前在工业上得到广泛应用。

从热力学看，a-Si 是处于亚稳态。虽然理想的结构可以用一种随机网络结构描述，但其实际结构则因实验方法不同而异。因此，材料性质强烈依赖于其制备条件和热历史。实践中可通过热退火改变材料的所有性质：焓、电学性质、缺陷密度、光学性质等[12]。已发现，经退火的a-Si（弛豫态）的自由能约为0.11eV/原子，比结晶硅的自由能高[13]。加热到约500℃以上通常会引起其向热力学上更稳定的结晶相过渡。固相结晶（SPC）的动力学特征是：消耗周围的非晶材料而进行成核并生长晶体团。a-Si的激光再结晶已成为制备多晶硅薄膜晶体管的重要技术。近年来，SPC受到高度重视还在于：某些金属的存在而大大改进其成核和生长过程。这些技术可用在低温下制备多晶硅薄膜，用于制备一些新型器件，如薄膜晶体管或多晶硅薄膜太阳电池。一个特别引人注目的例子是：可通过铝感生层交换加工技术[14]在玻璃衬底上形成多晶硅层（晶粒大小约10μm）。在这一加工过程中，玻璃/Al/a-Si的叠层经约400℃下退火被转化为玻璃/多晶硅/Al(Si)的叠层，然后腐蚀掉Al(Si)层就得到了玻璃衬底上的多晶硅层，它可作为其后沉积加工的籽晶层。

在PECVD加工中，SiH_4或SiH_4与稀有气体或H_2的混合物在辉光放电中离解。在多数情况下是利用不锈钢反应器中的平行板系统。最重要的沉积参数是衬底温度、基础压力、加工气体的流速、功率密度和频率。典型的沉积速率0.1nm/s、衬底温度150～250℃时可生长出高质量的a-Si：H薄膜。用此法所取得的进展是：深缺陷（硅悬键）密度下降到$10^{16}cm^{-3}$以下（由于氢的并入）。氢的作用是饱和悬键缺陷并降低平均配位数，这就可以“构建”更弛豫的无序网络。氢含量因沉积条件不同而大幅度变化（5%～40%）。红外光谱可揭示出氢的各种不同的键合组态。在经优化的膜中，氢浓度为5%～15%，中性硅悬键密度小于$10^{16}cm^{-3}$。这样膜的红外光谱显示：氢主要被键合为一种孤立的Si：H组态（在$2000cm^{-3}$处吸收，原文为$2000cm^{-3}$，似应为$2000cm^{-1}$——译者注）。然而，核磁共振研究表明：氢分布并不均匀。这种膜在高于其沉积温度下退火导致氢析出并伴随着缺陷密度的提高。在约250℃沉积的膜中，于550℃下退火，氢析出速率达到峰值，而在较低温度下所制备的膜，则在350℃左右显示出第二个析出峰值。低温峰值点出现在其存在多孔结构（它使氢快速扩散）时。由于氢的重要作用，这类a-Si可看作是H-Si合金。实际上，薄膜的所有性质都取决于氢含量[7～10]。

等离子体沉积的突出优点是对加工气体有很大的选择余地，这就使我们易于改进所沉积薄膜的性质。改变沉积参数可以得到较高的沉积速率及对材料改性。在加工气体中，可控地加入适量B_2H_6或PH_3可以实现对薄膜的掺杂。用SiH_4同GeH_4或CH_4混合可分别沉积出a-$Si_{1-x}Ge_x$：H和a-$Si_{1-x}C_x$：H合金膜。控制加工气体的组分，可改变这些合金膜的带隙。对加工气体进行氢稀释可制备出微晶硅膜（μc-Si：H）。对这种等离子体沉积膜的结构性质和电学性质进行广泛而深入的研究[7~11]已有20多年。

7.3 a-Si：H的电学性质

非晶膜的电学性质灵敏地依赖于局域带隙态的密度和能量分布 $N(E)$。尤其是这些态确定了吸收边的形状、掺杂效率、输运性质、复合性质以及所制器件中空间电荷层的宽度。图7.1图示了一种 $N(E)$ 模型，它既考虑了本征缺陷态，也考虑了非本征缺陷态。在能带内，非晶半导体的价带和导带的态密度分布（DOS）与其相应的结晶材料差别不大，在光谱中，主要影响是其光谱展宽。能带内的态可以认为是非局域的，但由于缺乏长程有序，它们也不再是布洛赫（Bloch）态。无序化的一个重要影响是，越靠近带边，态变成局域化的。最广泛应用的模型提出，从扩展态向局域态的转变发生在特定能量 E_V 和 E_C 处，此时由于态特性的变化，载流子迁移率急剧下降[7,11]。在非晶半导体中，这些迁移率边起着与结晶材料中带边相类似的作用。

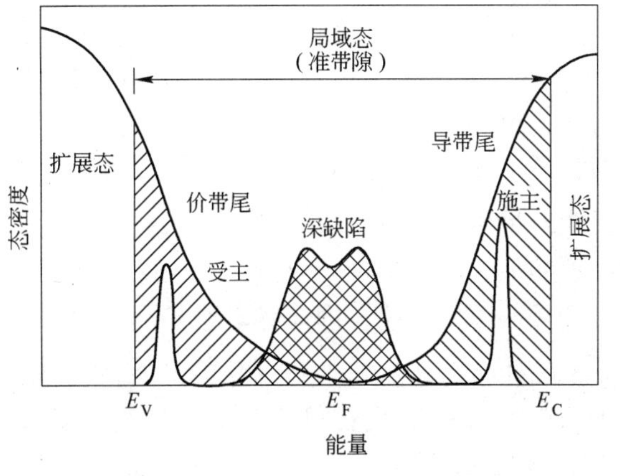

图7.1 a-Si：H带隙中态密度分布模型

非晶半导体中DOS分布的特征是局域态从两带边向带隙深处延伸的拖尾，这些态被认为是由无序化的势能起伏所产生的。除这些带尾态以外，还可能有深（能级）态，它起源于特定的缺陷。这些缺陷可在随机网络结构中形成以释放内应力，但也可因不适当的生长条件而产生。在a-Si：H中最简单的深缺陷是不饱和键（Si-db），它有三个不同的荷电态：非占位态（正电，D +）、单占位态（中性，D°）和双占位态（负电，

D－）。在非掺杂 a-Si：H 中，D°态位于带隙中部附近，而 D－态则有较高能量（相关能约 0.2eV）。杂质可产生非本征态。这些膜中氢浓度可达 15%（原子分数）且受到氧、氮和碳的严重污染（其浓度达 $10^{19}cm^{-3}$ 量级）。迄今，还没有识别由这些杂质所形成的带隙态。唯一清楚的杂质态，起源于周期表中Ⅲ族和Ⅴ族元素的替位式掺杂，它们形成浅的施主或受主态。

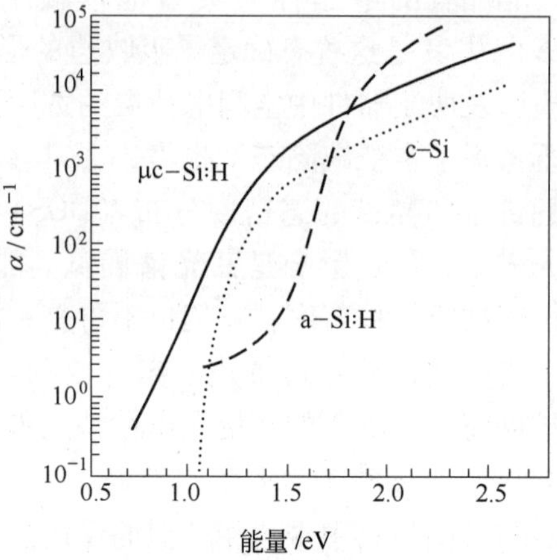

图 7.2　a-Si：H、单晶硅（C-Si）和 μc-Si：H 的吸收边

吸收边的形状揭示了 DOS 分布的一般特征（图 7.2）。非晶和结晶硅吸收谱比较揭示，a-Si：H 的吸收边移向较高的能量和在可见光波段吸收大大增强，这常常与由于缺乏长程有序而引起的 k 选择定则的弛豫有关。吸收增强是该材料应用（如太阳电池、成像和传感器）的重要基础。光学带隙以不同的方法定义。更经常使用 E_{03} 和 E_{04}，它们分别对应 $\alpha = 103cm^{-1}$ 和 $\alpha = 104cm^{-1}$ 时的光子能量。另外，更具物理内涵的方法是利用非直接光学跃迁的概念，它通过绘制（$\alpha h\nu)^{1/2}$ 与 $h\nu$ 的关系图（Tauc 图）考虑畸变光谱 k 选择定则的衰减。把直线外推到能量轴发现，带隙值约为 1.75eV。从输运性质的分析也得到相近的值，证明这一方法是正确的。但必须记住，在这种情况下分析得出的是一不同的值，即迁移率隙 $E_C - E_V$ 的值。带隙值与膜中氢浓度 C_H 是单值函数关系[8]。在 $C_H = 0$ 的蒸发法或溅射法所制备材料中，它的值为 1.2～1.5eV，而在氢化膜中，其值随 C_H 增大而线性增大（1.6～2.0eV）。

在 $\alpha = 3\times10^3cm^{-1}$ 以下，吸收系数 α 值随能量下降而指数式下降：$\alpha \sim \exp[-(E/E_0)]$（Urbach 边），Urbach 参数 E_0 取决于温度和膜的总无序化程度。Urbach 边也与指数式带尾有关，一般认为：a-Si：H 中，吸收边的斜率是由价带带尾的斜率所确定的。对优化条件下所制备的膜的 E_0 值（50meV），与价带尾态密度的指数式变化斜率（由输运性质研究得出）相当一致。导带带尾更陡峭。已由大约 25meV 的斜率很好地解释了飞行时间实验[15]。

在小的光子能量时，a-Si：H 的吸收曲线变平，并形成一平台，这是由缺陷吸收所造成的。小光子能量时的这一与缺陷相关的吸收肩常被用于缺陷的定量分析，所用方法有光电流光谱、光热光谱[16]。在此能量范围内的 α 值被看作是薄膜质量的品质因子。对非掺杂的优化膜，根据电子自旋共振分析，其中性悬键的浓度约为 $10^{16}cm^{-3}$，1.25eV 时 α 的值为 $1cm^{-1}$量级。

输运性质强烈地受无序化的影响。在带隙态密度较低的 a-Si：H 中，输运主要发生在迁移率边 E_C 和 E_V 之上的扩展态中。载流子迁移率不能像在结晶硅中那样用霍尔效应测量来确定，这是因为在非晶半导体中，(霍尔效应) 符号反常。对这一现象的观察和解释仍然是该研究领域的挑战之一，即霍尔效应的符号是与占主导载流子的预期符号相反，例如对电子是正的符号。据估计，扩展态的迁移率在 $10cm^2/Vs$ 量级。局域态中的载流子以低得多的迁移率可以对电导有贡献，这是由热激发隧穿 (跳跃输运) 所引起的。如果在费米能级处的态密度高，则可观察到变程跳跃，其特征温度与电导率的关系为：$\ln\sigma \propto -(T_0/T)^{1/4}$[7]。是否存在尖锐的迁移率边尚有争论，它是否与电子-声子耦合有关也是一直在探询的问题[11]。虽然没有找到直接证据，但大多数实验结果是利用这一模型来讨论的。

向加工气体中加入可控数量的 PH_3 或 B_2H_6，可对 a-Si：H 实现有效掺杂，这是非晶半导体物理上的一项突破[4]。在非晶半导体中，施主向费米能级附近的空态输出电子。所造成的费米能级的漂移取决于 DOS 分布。并且 a-Si：H 中的掺杂效果是与低的缺陷态密度密切相关的。图 7.3 示出了典型的掺杂结果。对磷掺杂，气相中 PH_3 浓度为 0.1% ~1% 时，

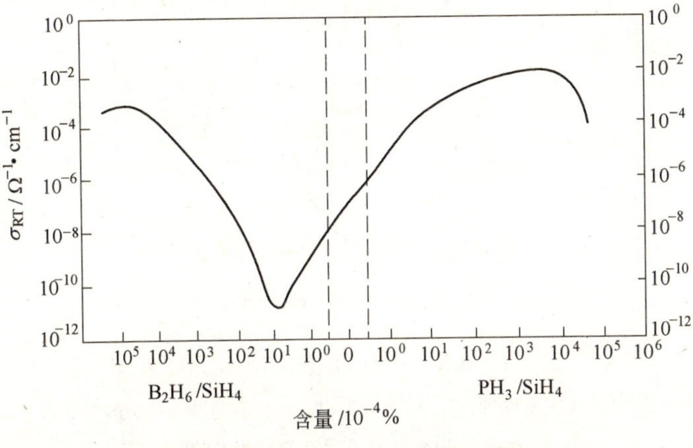

图 7.3　300K 时电导率与气相中掺杂浓度的关系

300K 时最高电导率 σ_{RT} 约为 $10^{-2}S \cdot cm^{-1}$。掺杂量再提高，σ_{RT} 下降，这大概是由于产生了附加缺陷。对硼掺杂，在掺杂浓度较低时，σ_{RT} 下降，在掺杂浓度高时，最大 σ_{RT} 值接近 $10^{-3}S \cdot cm^{-1}$，在极小值时，费米能级到达带隙中间：$E_C - E_F = (1/2)(E_C - E_V)$，其导电类型由 n 型变为 p 型。利用 $\sigma_{RT} \approx 10^{-12}S \cdot cm^{-1}$，可估算出 300K 时迁移率隙的值为 1.7eV。虽然在掺杂浓度高时，不同实验室所得结果相当一致，但在低掺杂时，则有明显的差异。这说明了特定的沉积条件对深缺陷浓度的影响。掺杂机理的细节非常复杂，涉及到与悬键和氢的相互作用。实验表明：随掺杂浓度的提高缺陷浓度急剧增高。缺陷态的密度和能量位置从根本上受费米能级的位置所控制。这是非常概略的缺陷产生机理[16,17]。

7.4 光致发光和光电导

在 50K 以下温度，经优化的非掺杂 a-Si：H 可显示出光致发光（PL），其量子效率接近单位值[18]。其发射谱是由单一无结构带组成的，中心在 1.3～1.4eV 处，半峰宽 ΔE_{FWHM} 为 0.25～0.3eV（图 7.4）。图 7.4 中显示的是掺硼薄膜，在多缺陷和掺杂的膜中发射被猝灭，因而在0.8～0.9eV 出现附加结构。虽然，本征发射和与缺陷相关发射的详细性质尚有争论，但下述观点得到了广泛认可：本征过程是由位于各自带尾的电子和空穴的辐射隧穿所引起的。光电导（PC）与 PL 显示出相反的温度关系[19]。随着温度升高，PL 强度降低，而 PC 则增大了（图 7.5）。这一行为说明，我们应区别不同行为的两个温度范围：

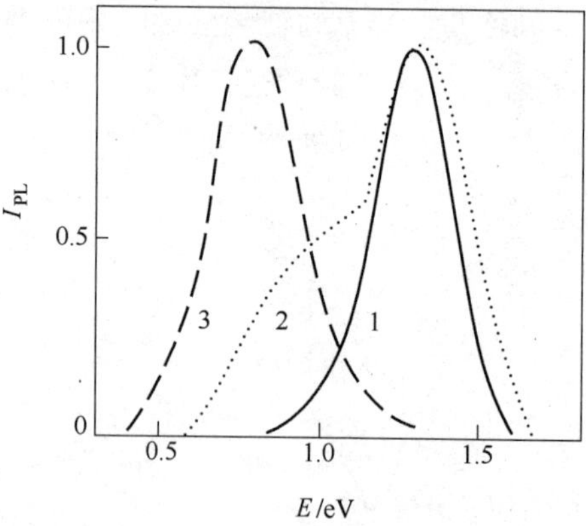

图 7.4 a-Si：H 的 PL 谱（归一化强度 I_{PL}）

1—非掺杂样品的本征发射带；2—掺硼 100×10^4% 样品与缺陷相关的发射带（0.8eV）；3—掺硼 1000×10^4% 样品与缺陷相关的发射带

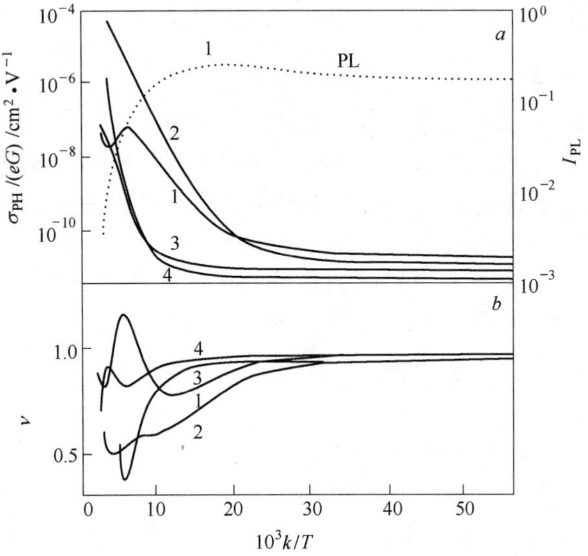

图 7.5 PECVD a-Si：H PL 强度 I_{PL}和归一化光电导率 $\sigma_{PH}/(eG)=\mu\tau(G=3\times10^{20}\mathrm{cm^{-3}}\cdot\mathrm{s^{-1}},\lambda=525\mathrm{nm})$ 与温度的关系（a）；$\sigma_{PH}\propto G^{\nu}$ 关系式中 ν 与温度的关系（b）

1—非掺杂样品；2—掺 PH_3 $100\times10^{-4}\%$；3—掺 B_2H_6 $1000\times10^{-4}\%$；4—溅射法制备的非掺杂 a-Si：H

（1）$T<60$K，PL 量子效率高（在优质膜中接近单位值）且与温度无关。光电导率 σ_{PH}很小，并随光强度呈线性变化。由电荷 e 和产生率 G 所归一化的量 $\sigma_{PH}/(eG)=\mu\tau$ 约为 $10^{-11}\mathrm{cm^2/V}$，对样品质量不很敏感。在图 7.5a 中，$\mu\tau$ 积只有 5 倍的变化，而膜缺陷密度有多个数量级的变化。普遍认为，这一输运特性是由于带尾中局域态之间载流子的隧穿所造成的。

（2）$T>60$K，PL 强度猝灭，$\sigma_{PH}/(eG)$大幅上升。在这一温度范围内，$\sigma_{PH}(G,T)$的值和其动力学行为是由涉及缺陷密度、费米能级位置和其他一些因素的复杂关系所确定的。从图 7.5b 中指数与温度的复杂关系可以看到这一点。此处，在迁移率边之上的扩展态中发生输运，并认为硅悬键是主要的非辐射复合中心[20]。在这一范围内光输运的一个重要特点是：当费米能级由带隙中间移到迁移率边时，σ_{PH} 极大地增强。当 E_C-E_F由 0.8eV 移到 0.4eV 时，n 型膜中这一效应尤其明显。对 p 型膜，迁移率-寿命积（$\mu\tau$）的值可达 $10^{-4}\mathrm{cm^2/V}$[19]。

7.5　亚稳态

以 a-Si：H 为代表的氢化非晶半导体的一个特性是：当带尾态增加时，由于弱键的断裂产生了深缺陷。得到这一状态可以有多种方式：光照、载流子注入、a-Si：H 薄膜场效应晶体管导电沟道中的强烈积累和掺杂（如上所述）。有报道说：在与带尾态占据处于热平衡时的升高温度（$T>420K$）下会产生缺陷[10]。将膜在 $T<420K$ 温度下淬火，这些缺陷有部分被冻结。这种不稳定性是非晶结构的固有特征。因此，图 7.1 中所示的 DOS 分布是不稳定的，并随温度、掺杂浓度和光吸收以及器件工作过程而变化。所以大多数的电性质参数在某种程度上取决于样品的历史和处理情况。

在器件级质量时非掺杂 a-Si：H 膜中，光照可引起其暗电导率和光电导率的可逆性下降，这表明费米能级漂向带隙中央，并且复合寿命也减小[21]。这些光感生变化可通过在约 170℃ 退火而得以完全恢复。Staebler-Wronski 效应的原因是光感生硅悬键密度的增强（典型值为 $10^{17}cm^{-3}$）。缺陷产生的微观机理仍然是本研究领域内最重要的、悬而未决的问题之一。缺陷产生并非与吸收过程（光退化）明显相关，而是和某种涉及非平衡载流子的二次效应有关。这一效应可能是载流子到局域态的复合或俘获。目前普遍认为：在器件级质量的材料中，对氢化膜这一效应是本征的，是无序化和存在氢的结果。大多数结果是与在弱键上的复合导致键断裂这一模型一致的。已断裂的键因氢原子的运动而稳定化了。这一解释特别得到了下述事实的支持：用热丝技术沉积的膜比 PECVD 制备的 a-Si：H 膜更稳定，并且其氢含量也低得多。缺陷产生机理的这种氢的参与导致悬键与近邻的 SiH 键之间在空间上相关联，但在磁共振研究中还没有观察到这一点。利用适当控制沉积条件来改善微结构，调整弱键的浓度（更陡峭的带尾），研究工作正在朝着尽可能减小亚稳性的方向进行。对氚化材料，a-Si：D（有报道说它更稳定）有相互矛盾的观察结果。还不清楚这是不是由于 SiD 键退化较慢，还是所用样品微结构不同。某些结果表明，膜的微结构也许的确是一个重要因素。业已证明，重氢稀释的加工气体可制得更稳定的材料，这种材料中有微晶夹杂和低密度微空洞[22]。近年来，已用 PECVD 制备出类似的两相材料，所用工艺参数与制备粉末接近。表明：这种材料具有很好的电学性质，且稳定性也更好[23]。

7.6　a-Si 太阳电池

自 1976 年首次报道关于 a-Si 太阳电池以来，它成为特别重要的应用领域[5]。这方面，其重要性在于：a-Si：H 的吸收处于可见光波段且吸收系数大大高于 C-Si，因此，仅仅 1μm 的膜厚就能有效地吸收阳光（图 7.2）。在最普通的复合层电池中，结构是玻璃 /TCO/p^+ -SiC_x/i-a-Si：H/n^+ -a-Si/ 金属（TCO 为透明导电氧化物），光透过玻璃入射。衬底电池采用不锈钢（ss）作为衬底。其层结构倒转顺序是 ss/Ag-ZnO/a-Si（n^+）/a-Si（i）/a-Si（p^+）/金属栅。在这两种电池中，非掺杂有源吸收层 a-Si：H(i) 的厚度约为 0.5μm，主要通过在电场中的漂移进行载流子收集。实验室中已研制出稳定化效率为 9% ~10% 的小面积单结电池。a-Si 工艺的一个主要问题一直是非晶膜和器件在光照下的退化。通过适当的器件工艺以提高太阳电池的稳定性方面已取得明显进展。方法是采用两个或三个分层（pin）电池的堆叠，这种先进的电池结构有两个优点：（1）叠层中，单个电池的厚度减小了，这样，通过增加内电场强度，增强了载流子收集，因而提高了稳定性。（2）利用具有不同带隙的材料可制备得串联结构，因而更充分地利用了太阳光谱。值得注意的是，电池的退化作为曝光时间的函数可达到饱和（典型的，AM1 条件下光照 100h 后就不再退化）。因此，生产者就能提供有保证的稳定化电池产品。从原生沉积态开始，优化的电池典型的退化率为 10%。近年来，若干厂家已开始规模化生产大面积 a-Si：H PV 组件，其稳定化效率为 6% ~8%。

图 7.6 是联合太阳系统公司（USSC）所生产的一种三结电池结构图，这是迄今最成功的一类电池，请参阅文献［22］。在这种电池中，吸收太阳光谱中高能光子的顶电池采用 a-Si：H 本征层，其带隙为 1.8eV，中间电池的 i 层为 a-Si/Ge 合金（锗含量约 15%），其带隙为 1.6eV；底电池是用 a-Si/Ge 合金（锗含量为 4% ~50%）作 i 层，其带隙为 1.4eV，主要吸收太阳光谱中的红外部分。织构的 Ag/ZnO 背反射器用于加强陷光。目前，实验室研制的这种结构电池（有源区）最高效率（$A = 0.25cm^2$）分别为 15.2%（初始效率）和 13%（稳定化效率）[22]。获得这些结果的关键技术之一是在制备本征膜时采用重氢稀释技术。

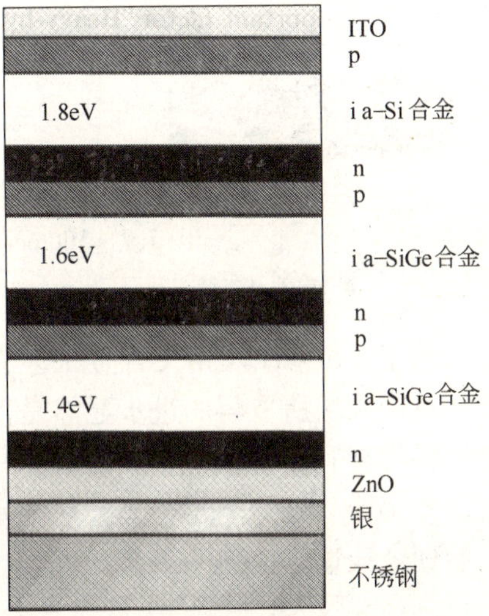

图 7.6　三结薄膜太阳电池结构示意图

目前研究的重点是：开发出能

同 a-Si：H 形成叠层电池的新材料、提高沉积速率、提高电池效率和成品率。a-Si/Ge 合金的电学性质仍比 a-Si：H 差，此外，沉积时用锗烷做加工气体成本也较高。于是，有一些研究团体正在研究用微晶硅（μc-Si）代替 a-Si/Ge 合金[24~26]。可用 PECVD 或 HW 沉积技术制备 μc-Si，所用工艺条件与沉积 a-Si：H 兼容。该材料由于其结构上的不均匀性，它的物理图像相当复杂。结构研究表明：μc-Si 由含有大小为 5～30nm 的晶粒组成，它们被嵌在柱状（典型直径为 50～200nm）基质薄膜中。柱的周围存在着严重的无序相，常常被称为非晶硅。已清楚，这种材料的结构基本上与所用制备方法无关。不均匀性决定了它的物理性质，所以这使得对大多数实验结果的解释变得相当复杂。吸收边的比较（图 7.2）表明：可以用 μc-Si 作为 a-Si：H 叠层电池的底电池，如图 7.7 所示，它有两个分层（pin）结构的子电池叠层，顶电池是 a-Si：H 制的，底电池则用 μc-Si，这种结构电池的优点是：a-Si：H 顶电池和 μc-Si：H 底电池可分别吸收高能光子和低能光子，已制得稳定化效率为 10% 的电池。

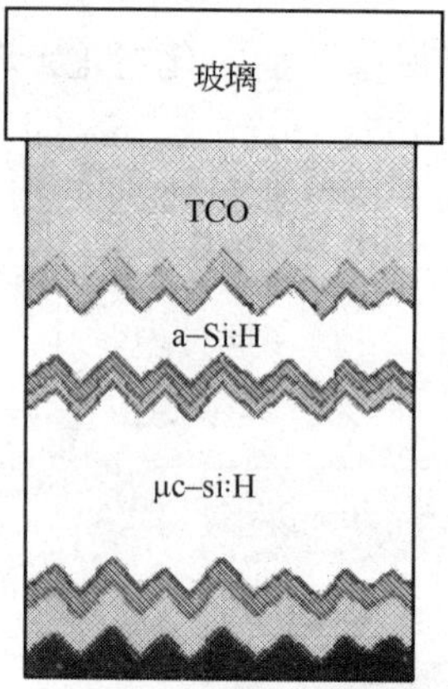

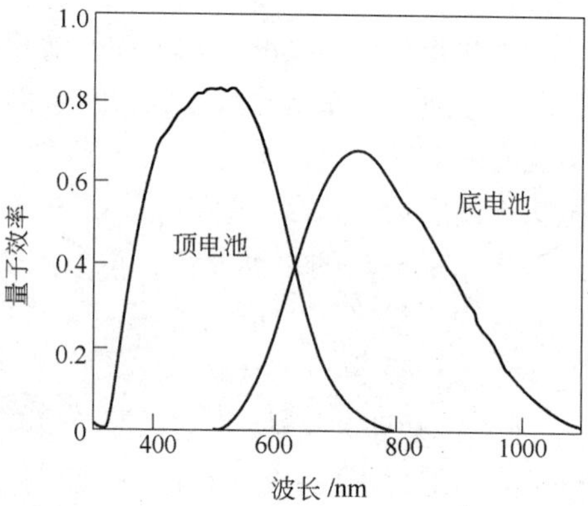

图 7.7 Micromorph 太阳电池概念

a—电池基本结构；*b*—顶电池和底电池的量子效率与波长的关系[26]

基于 a-Si：H 及相关合金工艺在走向商品化的过程中克服了不少困难。在该领域所取得的进步显然是得力于 25 年来坚持不懈的努力，从而对材料物理和器件物理有广泛深入的理解。非晶半导体的多种应用（光伏、传感器、光探测器，尤其是显示器件）推动着对它们的研究，从而发展到今天这样成熟的工艺。

（邓志杰译，朱悟新校）

参考文献

1. R.C. Chittick, J.H. Alexander, H.F. Sterling: The preparation and properties of amorphous silicon. J. Electrochem. Soc. **116**, 77 (1969)
2. W.E. Spear, R.J. Loveland, A. Al-Shabaty: The temperature dependence of photoconductivity in a-Si. J. Non-Cryst. Solids **15**, 410 (1974)
3. A.J. Lewis, G.A.N. Connell, W. Paul, J. Pawlik, R. Temkin: Hydrogen incorporation in amorphous germanium. AIP Conf. Proc. **20**, 27 (1974)
4. W.E. Spear, P.G. LeComber: Substitutional doping of amorphous silicon. Solid State Commun. **17**, 1193 (1975)
5. D.E. Carlson, C.R. Wronski: Amorphous silicon solar cells. Appl. Phys. Lett. **28**, 671 (1976)
6. P.G. LeComber, W.E. Spear, A. Gaith: Amorphous silicon field-effect device and possible applications. Electron. Lett. **15**, 181 (1979)
7. N.F. Mott, D.E. Davis: *Electronic Processes in Non-Crystalline Materials* (Oxford University Press, Oxford 1979)
8. H. Fritzsche: Characterisation of glow-discharge deposited a-Si:H (review). Solar Energy Mater. **3**, 447 (1980)
9. R.K. Willardson, A.C. Beer (eds.): *Hydrogenated Amorphous Silicon, Semiconductors and Semimetals*, vol. 21A-D, ed. by J.E. Pankove (Academic Press, Orlando FL, Cambridge UK 1984)
10. R.A. Street: *Hydrogenated Amorphous Silicon* (Cambridge University Press 1991)
11. H. Overhof, P. Thomas: *Electronic Transport in Hydrogenated Amorphous Semiconductors*, Springer Tracts in Modern Physics 114 (Springer, Berlin, Heidelberg 1989)
12. C. Spinella, S. Lombardo, F. Priolo: Crystal grain nucleation in amorphous silicon. J. Appl. Phys. **84**, 5383 (1998)
13. E.P. Donovan, F. Spaepen, D. Turnbull, J.P. Poate, D.C. Jacobson: Calometric studies of crystallization and relaxation of amorphous Si and Ge prepared by ion implantation, J. Appl. Phys. **57**, 1795 (1985)
14. O. Nast, S.R. Wenham: Elucidation of the layer exchange mechanism in the formation of polycrystalline silicon by Al-induced crystallisation. J. Appl. Phys. **88**, 124 (2000)
15. W.E. Spear: The study of transport and related properties of a-Si:H in transient experiments. J. Non-Cryst. Solids **59/60**, 1 (1983)
16. K. Pierz, W. Fuhs, H. Mell: On the mechanism of doping and defect formation in a-Si:H. Phil. Mag. B **63**, 123 (1991)
17. R.A. Street, D.K. Biegelsen, J.C. Knights: Doping and the Fermi energy in amorphous silicon. Phys. Rev. Lett. **49**, 1187 (1982)
18. R.A. Street: Luminescence and recombination in hydrogenated amorphous silicon. Adv. Phys. **30**, 593 (1981)
19. M. Hoheisel, R. Carius, W. Fuhs: Photoconductivity and photoluminescence of a-Si:H at low temperature. J. Non-Cryst. Solids **63**, 313 (1984)
20. W. Fuhs, K. Lips: Recombination in a-Si:H films and pin structures studied by electrically detected magnetic resonance. J. Non-Cryst. Solids **164/166**, 541

(1993)
21. D.L. Staebler, C.R. Wronski: Optically induced conductivity changes in discharge produced hydrogenated amorphous silicon. J. Appl. Phys. **51**, 3262 (1980)
22. J. Yang, A. Banerjee, S. Guha: Correlation of the component cells with high efficiency alloy amorphous silicon alloy triple junction solar cells. Proc. 2nd World Conference on Photovoltaic Solar Energy Conversion, Vienna (1998) p. 387
23. P. Roca i Cabarrocas, S. Hamma, S.N. Sharma, G. Viera, E. Bertran, J. Costa: Nanoparticle formation in low-pressure silane plasmas: bridging the gap between a-Si:H and μc-Si films. J. Non-Cryst. Solids **227–230**, 871 (1998)
24. K. Yamamotu, M. Yoshimi, Y. Tawada, S. Fukuda, T. Sawada, T. Meguro, H. Takata, T. Suezaki, K. Koi, K. Hayashi, T. Suzuki, A. Nakajima: Large area thin-film silicon module. Techn. Digest 12th International Photovoltaic Solar Energy Conference (2001) p. 547
25. J. Meier, P. Torres, R. Platz, S. Dubail, U. Kroll, J.A. Anna Selvan, N. Pellaton, C. Hof, D. Fischer, H. Keppner, A. Shah, K.-D. Ufert, P. Giannoules, J. Koehler: On the way towards high efficiency thin-film silicon solar cells by the micromorph concept. Mater. Res. Soc. Symp. Proc. **420**, 3 (1996)
26. T. Repmann, W. Appenzeller, T. Roschek, B. Rech, O. Kluth, J. Müller, W. Psyk, R. Geyer, P. Lechner: Development a-Si:H/μc-Si:H thin-film solar modules using 13.56 MHz PECVD. Proc. 17th European Photovoltaic Solar Energy Conference (2001) p. 2836

8 绝缘体上硅和多孔硅

J. P. Colinge

8.1 绝缘体上硅

迄今为止，硅是应用最广泛的半导体材料。其在地壳中的丰度大，容易转换成高纯度的单晶体。与其他一些半导体材料不同的是，硅在高温时是稳定的，在其上面可以容易地生长绝缘性能好的钝化材料二氧化硅。热生长的二氧化硅电学性质和化学性质极好，这或许是硅可以作为成功的半导体材料的重要因素（相关器件参见 Risch 的第 18 章）。

8.1.1 SOI MOS 晶体管的一般性质

经典的硅器件如金属-氧化物-半导体（metal-oxide-semiconductor，MOS）晶体管制作于厚 700～800μm 的硅片表面，但只占据硅片表面最顶部不到 1μm 厚的区域。硅片的其余部分起到对器件的力学支撑作用，有时候也会产生对器件的干扰寄生作用。对绝缘体上硅（silicon-on-insulator，SOI）而言，器件制作在薄的硅层上。该硅层为单晶，位于一绝缘材料之上，通常是二氧化硅。通常，薄硅层的厚度从 10nm 到几个微米，这取决于应用；二氧化硅厚度则在 50nm～1μm 之间。整个结构被置于一力学衬底上。虽然从某些方面来讲，长在玻璃或石英衬底上的硅膜有其优势，但力学衬底一般还是采用硅。夹在顶部硅层和底部力学衬底间的氧化物层称作埋层氧化物（buried oxide，BOX）。图 8.1 给出了制作在硅、绝缘体上硅及玻璃或石英上硅的 MOS 晶体管，在 CMOS 中需要的典型厚度也一并给出。基于 SOI 的 MOS 晶体管有几方面的优点。在体硅技术中，器件的隔离通过反偏的 pn 结来实现，结果在源或漏与硅衬底间产生一个电容（pn 结电容）。而 SOI 器件中的源或漏与衬底间被一介电材料完全隔开，这极大地降低了源和漏的电容，使得电路运行更快。通常，SOI 电路可以比体硅电路快 20%～30%。由于晶体管本体（位于栅下面并介于源、漏间的部分）与硅衬底是介电隔离的，SOI 晶体管中几乎不存在体硅器件上观察到的体效应。体效应会降低电流驱动能力和增大亚阈值波动，从而限制了器件在低压工作时的性能[1]。因此，相比于体硅器件，SOI 器件在低压低功耗电路应用方面有高得多的性能。

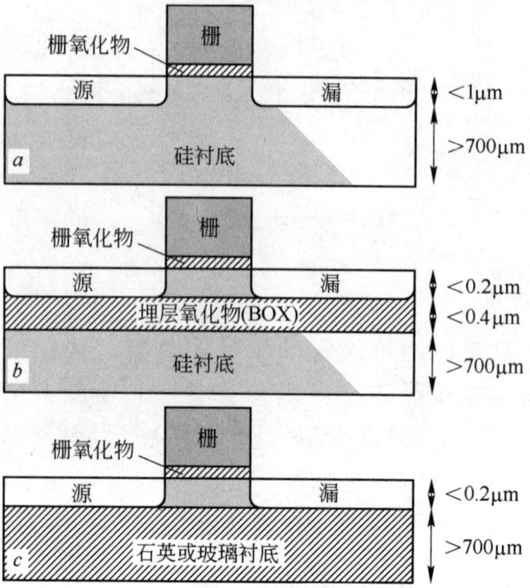

图 8.1 MOS 晶体管，分别制作在体硅（*a*）、标准 SOI 材料（*b*）以及玻璃/石英上硅（*c*）上

由于 SOI MOSFET 的内部硅的量少，其对 α 粒子或宇宙射线引起的软误差的灵敏度有所减小[1,2]。此外，源、漏结的面积减小，该类器件能比常规体硅器件工作在更高的温度下[1,3]。

8.1.2 SOI 应用

许多半导体制造商已经采纳 SOI CMOS 技术制作高速集成电路。IBM、AMD 等公司利用部分耗尽（PD）器件制作 SOI 微处理器。而其他的像 Oki 等使用全耗尽 SOI 工艺生产蓝牙、基带和射频芯片、微控制器、DRAMs、SRAMs 以及光纤维的多路器[4]。以上产品均通过 SOI 器件源和漏的电容的降低，使其速度比体硅器件的提高了 25% ~35%，同时功耗减小了 3 倍。表 8.1 列出了一些 SOI VLSI 电路。

表 8.1 一些 SOI VLSI 电路

公 司	电 路	FD/PD	V_{DD}/V	性 能	文 献
Samsung	微处理器	FD	1.5	600MHz	[5]
IBM	微处理器	PD	2	580MHz	[6]
IBM	微处理器	PD	1.8	550MHz	[7]
Mitsubishi	动态内存	FD/PD	1	46ns	[8]

续表 8.1

公 司	电 路	FD/PD	V_{DD}/V	性 能	文 献
Mitsubishi	动态内存	PD	0.9		[9, 10]
Samsung	动态内存	PD	<1.5	30ns	[11]
Hyundai	动态内存	PD	2.2	1Gb	[12]
Samsung	静态内存	FD	0.9	20ns	[13]
Oki	射频和逻辑电路	FD			[14]

8.2 SOI 材料

研究人员花了 20 多年开发 SOI 片的可靠制备技术。关键难题在于形成一近乎不存在缺陷、满足器件质量、直径 10 ~ 30cm、厚度不到 1μm 的单晶硅。而且该薄层硅必须位于一高质量非晶态二氧化硅层的顶部，且不存在应力和电学缺陷。

8.2.1 早期的 SOI 材料

1980 ~ 1990 年这段时间，出现了几种制作 SOI 衬底的技术。有些是采用激光束、电子束或聚焦高能卤素灯使沉积在二氧化硅层上面的多晶硅薄膜熔融；之后，小心控制熔融多晶硅的凝固过程以形成单晶。这些技术一般被称作区域熔融再结晶方法（zone-melting recrystallization，ZMR）。尽管有一些突出的表现，比如制作有 4 个 SOI 堆栈层的三维电路[15]，但是采用 ZMR 制作 SOI 层的成品率低，可靠性差，因此还是被弃用。

另一种技术称作多孔硅全隔离法（full isolation by porous silicon，FIPOS）。首先，硅片浸在氢氟酸液中，硅片顶部发生电化学反应变成多孔硅，但一些硅岛由于受到保护，没有发生反应；随后，多孔硅通过氧化变成热氧化物，隔离硅岛与底部的硅衬底。虽然上述 FIPOS 工艺不再使用，但形成多孔硅层的想法在制作 SOI 片的 ELTRAN™ 工艺中得到了应用。

第三种技术是：硅衬底上生长一二氧化硅层，然后在二氧化硅层上开一窗口，在该窗口处进行硅的外延生长。硅在氧化物上横向生长时就形成了 SOI 区。该技术称为外延横向覆盖生长（epitaxial lateral overgrowth，ELO），目前仍用于制作三维器件结构[16]。

8.2.2 蓝宝石上硅（silicon-on-sapphire，SOS）

SOS 材料于 1964 年首度出现[17]。它是在（$11\bar{1}2$）取向的单晶三氧化铝（α-Al_2O_3，也称作蓝宝石）上外延生长硅获得的。蓝宝石晶体通过直拉法生长而成，然后切成片，再进行化学机械抛光。蓝宝石片在外延反应腔中于1150℃经最终氢腐蚀处理，然后在900～1000℃对硅烷热分解沉积硅膜。硅和（$11\bar{1}2$）蓝宝石的晶格常数分别是0.543nm和0.475nm。两者的线膨胀系数分别是$3.8\times10^{-6}K^{-1}$和$9.2\times10^{-6}K^{-1}$。由于蓝宝石和硅之间存在晶格失配，薄硅膜中的缺陷密度相当高，特别是膜很薄时。而膜厚增加时，缺陷密度依到硅-蓝宝石界面的距离指数减小。SOS膜中的主要缺陷是堆垛层错和微孪晶。在硅-蓝宝石界面附近的缺陷密度一般为10^6个面状层错/cm和10^9个线状缺陷/cm^2。这正是界面附近电阻率、迁移率和寿命低的原因。因为外延硅是在高温沉积的，硅和蓝宝石的线膨胀系数不同，所以硅膜在室温时是存在压应力的，这会降低电子迁移率，但使空穴迁移率增加。

为了减小SOS膜中的缺陷密度和应力，开发了几项技术。固相外延和再生长方法（solid-phase epitaxy and regrowth，SPEAR）以及双重固相外延技术（double solid-phase epitaxy，DSPE）在改善SOS膜的晶体质量方面尤为成功[18~20]。其步骤如下：（1）硅注入使硅薄膜非晶化，薄的表层例外，其初始缺陷最低；（2）热退火使非晶硅固相外延生长，顶部硅起到籽晶的作用；（3）第二次硅注入使硅层顶部非晶化；（4）随后，非晶层以薄膜底部为籽晶固相外延生长，发生再结晶。在SPEAR工艺中，固相外延生长后还需再加一次外延步骤。采用上述技术，缺陷密度显著改善，MOS器件中的噪声降低，少子寿命增加2～3倍[21,22]。制备高质量SOS的最新技术是UTSi（ultra-thin silicon，超薄硅）方法：在蓝宝石上生长相对厚的硅薄膜；然后，像SPEAR方法一样注入硅离子使硅薄膜非晶化，最表面的部分例外，相对而言其中是没有缺陷的（图8.2）；采用低温退火，使无缺陷硅以固相外延机制从表面向下再生长；最后，通过热氧化和氧化物剥离使硅薄膜减薄到需要的厚度（100nm）。这个方法

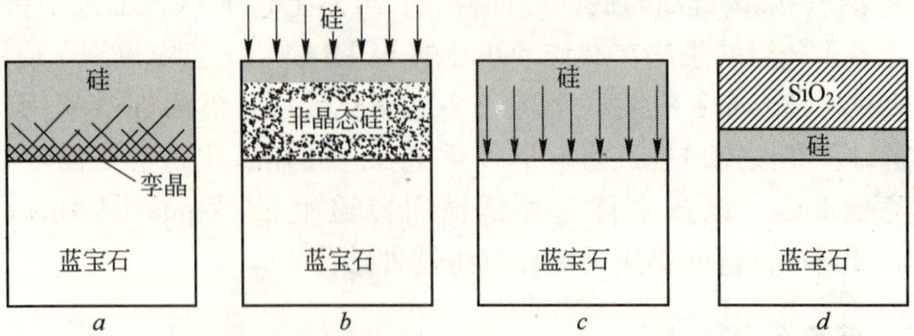

图8.2　UTSi方法

a—相对厚的硅薄膜外延生长；*b*—注入硅离子使之非晶化；

c—从无缺陷表面向下固相再生长；*d*—通过热氧化减薄硅薄膜

可以获得基本无缺陷和无应力的 SOS 材料，从而使制作的器件有效迁移率高[22,23]。

8.2.3 SIMOX

缩写词“SIMOX”表示注氧隔离（“separation by implanted oxygen”）。SIMOX 材料的制作原理很简单（图 8.3），关键在于氧注入于硅片表层下面形成埋层的 SiO_2 层。埋层氧化物一般称作 BOX。

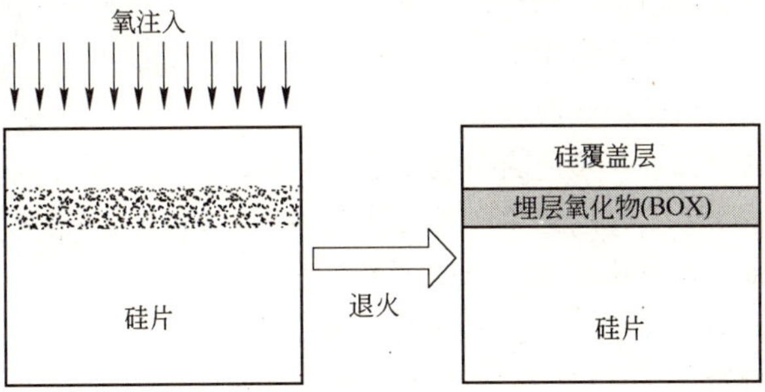

图 8.3 SIMOX 原理：大剂量氧注入到硅中，之后退火，形成一埋层氧化物，其上面为一薄层单晶硅覆盖层

8.2.3.1 标准 SIMOX

SIMOX 技术由日本电信电话公司（NTT）的 Izumi、Doken 和 Ariyoshi 于 1978 年开发[24]。在此项技术中，高剂量的氧离子注入于硅片中。离子注入一般用于半导体行业进行掺杂，但高于 $10^{15}cm^{-2}$ 数量级的剂量很少用。而在 SIMOX 技术中，注入氧原子是为了合成新的材料，即二氧化硅。为了形成氧化物埋层，注入的氧离子剂量需要很高：在标准 SIMOX 技术中采用 200keV，氧离子剂量一般为 $1.8\times10^{18}cm^{-2}$。理想配比的 SiO_2 包含 $4.4\times10^{22}O/cm^3$。因此，注入 $4.4\times10^{17}O/cm^2$ 应足以形成 100nm 厚的氧化物埋层。可惜，由于离子注入的统计性质，硅中氧的分布并不是呈箱体形状，而是呈偏斜的高斯分布：注入的氧原子展开分布超过 100nm，不能达到 SiO_2 的理想化学配比（图 8.4）。若注入氧后对硅片退火，氧的剂量太低，在氧浓度最大的深度位置形成氧化物沉淀，但并不形成连续的氧化物层。实验证明，要形成一连续氧化物层，注入氧的剂量需要达到 $1.4\times10^{18}cm^{-2}$（注入能量 200keV）。一般采用的标准剂量是 $1.8\times10^{18}cm^{-2}$，退火时大约可以形成 400nm 厚的氧化物埋层。图 8.4 给出了以 200keV 的能量注入硅中的氧原子的分布变化。低剂量注入时，氧呈高斯分布。当剂量达到 $1.4\times10^{18}cm^{-2}$时，形成化学配比的 SiO_2

(66% 的氧和 33% 的硅)。剂量进一步增加并不使氧的峰值浓度增加，反而使整个分布展宽（即埋层氧化层变厚）。由于氧在 SiO_2 中的扩散率足够高，氧很容易扩散到 Si-SiO_2 界面，导致氧化。埋层氧化物开始形成的剂量（$\approx 1.4\times10^{18}$ cm^{-2}）称作临界剂量。

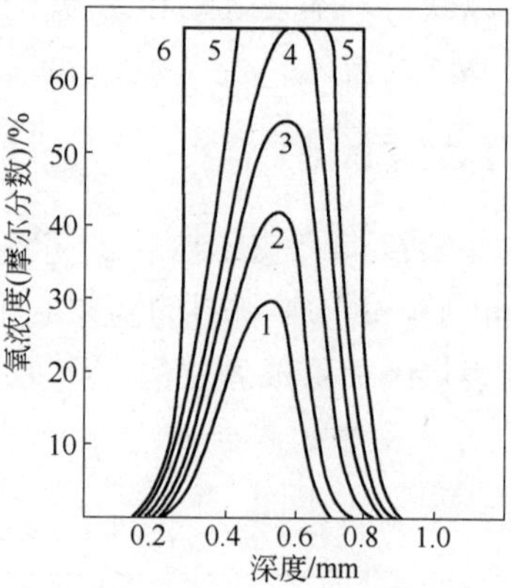

图 8.4　注入能量为 200keV 时氧浓度分布随注入剂量的变化

1—$4\times10^{17}cm^{-2}$；2—$6\times10^{17}cm^{-2}$；3—$10^{13}cm^{-2}$；4—$1.2\times10^{13}cm^{-3}$；5—$1.8\times10^{13}cm^{-2}$；6—$2.4\times10^{13}cm^{-2}$

注入温度是影响硅覆盖层质量的重要参数。氧注入步骤导致投影射程内的硅非晶化。如果注入时硅衬底温度太低，硅覆盖层完全非晶化，进一步退火时会形成多晶硅，这是一个不太好的结果。若注入在高温下进行，注入时非晶损伤会退火消失（即“自退火”），顶部硅层保持单晶性质。然而，硅覆盖层仍存在非常多的缺陷，需要在离子注入之后再进行高温退火以改善 BOX 和硅层质量。

由于每个注入的氧原子都要穿越顶部硅层（后来称之为 SOI 层），从而产生大量的缺陷。起初的 SIMOX 层的缺陷密度一般超过 10^9cm^{-2}。世界上有许多研究组不断对 SIMOX 进行改善。这些改善包括：注入时保持硅片温度足够高，以便大部分缺陷可以自退火；随后在高温（1350℃）下于合适的气氛（Ar + 2% O_2）中热处理，使 BOX 稳定且致密化，并去除顶部硅层的氧沉淀和其他缺陷。图 8.5 是 1985 年和 1998 年制作的 SI-

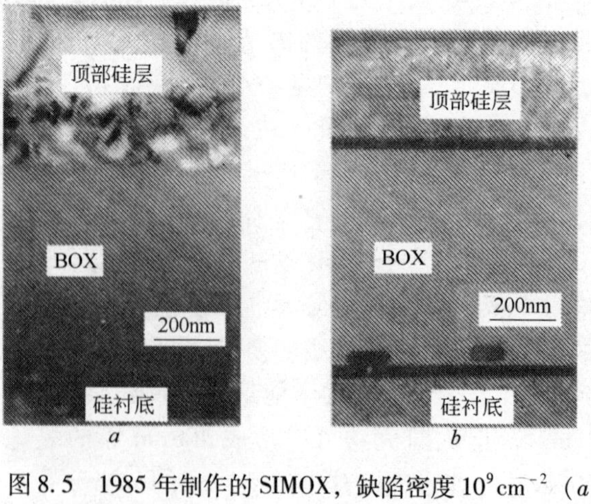

图 8.5　1985 年制作的 SIMOX，缺陷密度 10^9cm^{-2}（*a*）；1998 年制作的 SIMOX，缺陷密度小于 $1000cm^{-2}$（*b*）[27]

MOX 样品的 TEM 横截面像。显而易见，顶部硅层的质量得到改善。但是，BOX 层底部有小的硅包含体，这是标准 SIMOX 材料的典型特征[25,26]。

8.2.3.2 低剂量 SIMOX

1990 年 Nakashima 和 Izumi 提出，降低氧注入剂量可显著减小硅覆盖层中位错密度。他们发现，当注入能量为 180keV、剂量降至 1.4×10^{18} cm^{-2} 以下时，位错密度大大减小（如图 8.6 所示）[28]。

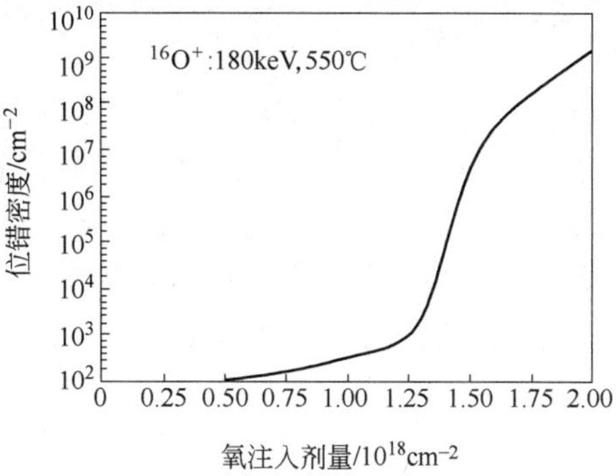

图 8.6 硅覆盖层中位错密度随氧注入剂量的变化[29]

制备 SIMOX 时减小氧注入剂量，除了降低硅层中位错密度外还可以达到其他目的。首先，薄的埋层氧化物在全剂量抗辐照方面比厚的好得多。其次，在薄膜器件应用方面，直接制作薄埋层氧化物很有吸引力。另外，SIMOX 片的成本与注入剂量成正比。这项技术还可能降低硅片的污染，因为杂质（碳和重金属）的引入是与氧注入剂量成比例的。获取低剂量 SIMOX 的 O^+ 注入剂量窗口窄，大约为 $4\times10^{17}cm^{-2}$[30]。一次注入加上 1320℃退火 6h 可得到 80nm 厚的连续 BOX。

图 8.7 为注入能量为 120keV 时埋层氧化物结构与工艺窗口附近剂量的关系[31]。剂量为 $3\times10^{17}cm^{-2}$ 时，形成孤立的氧化物沉淀。剂量为 $5\times10^{17}cm^{-2}$ 时，BOX 总出现硅沉淀。只有当剂量在 $4\times10^{17}cm^{-2}$ 附近很窄的一个工艺窗口中时，才形成连续且无沉淀的 BOX。注入能量是一个关键的参数。注入能量接近于标准 SIMOX 能量，为 190keV 时，在硅覆盖层中出现 SiO_2 岛。若注入缺陷出现最多的位置与氧离子投影射程不同时，则有两个沉淀位置，氧化物既可以在氧离子投影射程处沉淀，也可在缺

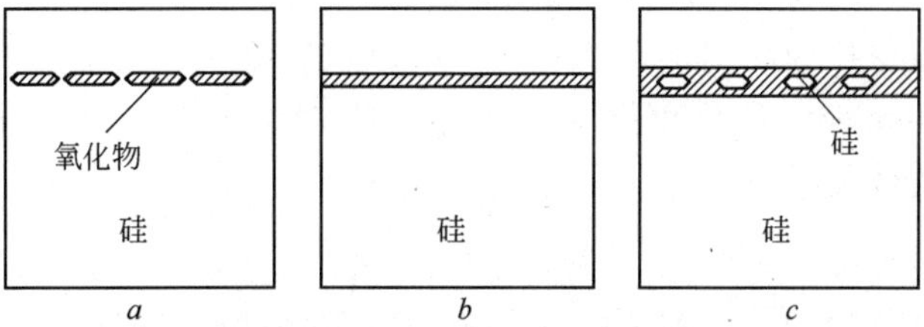

图 8.7 不同剂量获得的埋层氧化物结构（注入能量为 120keV）[34]

a—3×10^{17}；*b*—4×10^{17}；*c*—5×10^{17} O^+ cm^{-2}

陷最多的位置形成。注入能量减小到120keV时，足以使两个沉淀位置合而为一，得到单一且连续的BOX（图8.8）。采用低剂量注入可显著降低缺陷密度，低剂量SIMOX材料中位错密度为300cm^{-2}数量级。从经济成本而言，采用低剂量注入的优点也是明显的，因为氧注入机的产能与注入剂量成反比。已报道的最低剂量SIMOX材料采用$2\times10^{17}cm^{-2}$剂量注入，形成的BOX厚度仅为56nm[32]。薄埋层氧化物层制备的注入剂量和注入能量的经验关系式已经通过实验获得。对$(2\sim6)\times10^{17}O^{+}cm^{-2}$的注入剂量而言，最佳注入能量$E(keV)\approx30D$（$D$是剂量，其单位为$10^{17}cm^{-2}$）[33]。

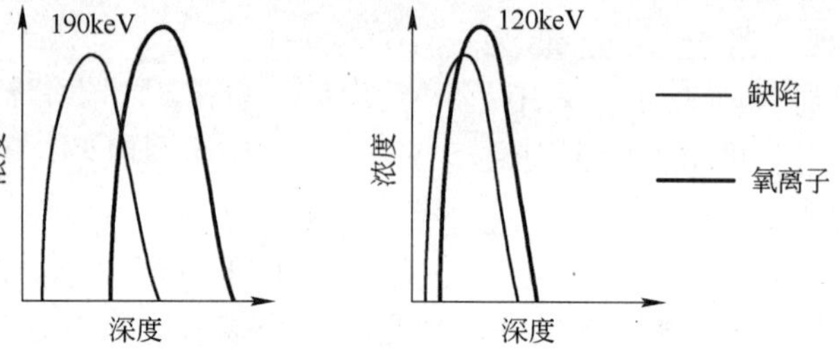

图8.8　190keV和120keV注入时得到的缺陷和氧离子浓度对比

8.2.3.3　ITOX

低剂量注入得到的BOX增厚方案：低剂量SIMOX片在高温（1350℃）氧化，埋层氧化物厚度增加（图8.9）。

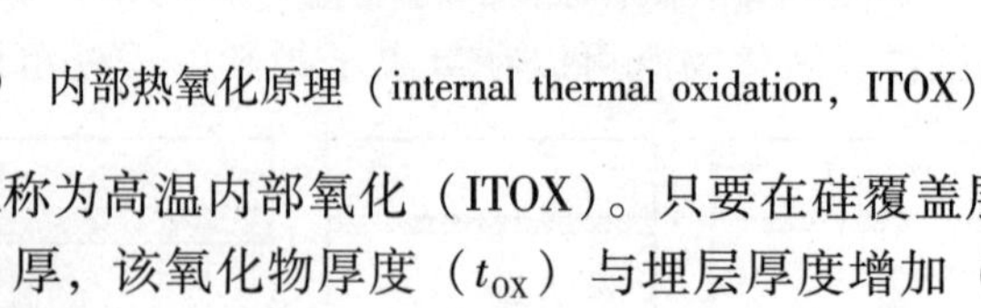

图8.9　内部热氧化原理（internal thermal oxidation，ITOX）[35~37]

这个现象称为高温内部氧化（ITOX）。只要在硅覆盖层上的热氧化物不到500nm厚，该氧化物厚度（t_{OX}）与埋层厚度增加（Δt_{BOX}）之间就存在一线性关系：

$$\Delta t_{BOX}=0.06t_{OX}$$

内部氧化物的生长需消耗硅覆盖层底部的硅。已经证实，高温内部氧化可显著改善硅覆盖层和BOX间的界面粗糙度，并使氧化物本身更致密。

8.2.3.4 MLD SIMOX

制作低剂量 SIMOX 时，如果氧峰值浓度位于硅中缺陷多的区域，则可能形成连续的埋层氧化物层。这是改良低剂量（modified low-dose，MLD）SIMOX 工艺的基础[38]。

MLD 工艺克服了低剂量 SIMOX 制作时遇到的氧化物连续问题。为了促进注入后退火期间超薄埋层氧化物的形成，注入工艺有所改进，以产生能够促进氧聚结到连续层中的微结构。这通常伴随两步注入。首先，在525℃以150keV 注入$3\times10^{17}cm^{-2}$剂量的氧。该剂量和温度值可确保硅覆盖层中形成的缺陷最少。令人遗憾的是，注入产生的缺陷并不位于氧浓度最大的位置。为了引入更多的缺陷，最后还需在室温注入更多剂量。这个增加的剂量（$10^{15}cm^{-2}$）是为了使氧浓度最大的深度附近区域非晶化。这个非晶化区域在随后的退火时成为多缺陷层，作为氧化物形成的模板或控制氧化物的形成。通过这种方法形成的埋层氧化物已证明是连续的，且没有硅包含体[39]。值得注意的是，氧化物形成后再注入氧可用于改善氧化物化学配比以及电学性质。已经证实，向已形成的（标准或低剂量）SIMOX 结构的 BOX 中注入$10^{15}\sim10^{17}cm^{-2}$的氧增大氧化物的密度，并在材料遭受电离辐射时减少氧化物的电荷陷阱[40]。MLD SIMOX 的厚度均匀性好于 2～3nm（6σ），SOI 的 RMS 表面粗糙度为 0.12nm（$1\times1\mu m$ AFM 扫描）。单台高束流氧注入机（束流 =80mA）的产能大约为每年 30000 片 300mm MLD SIMOX 片[41]。

8.2.3.5 相关技术

实际上，不注入氧也可形成埋层氧化物。正如以前的报道，硅中同时存在氧和缺陷时可导致连续埋层氧化物层的形成。2001 年，Ogura[42]报道通过轻离子（H^+或He^+）的注入以及随后在含氧气氛中退火获得连续的 BOX。氢或氦离子注入在离子投影射程附近形成一缺陷层。然而由于氢或氦是轻离子，在硅的其余部分（包括将作为覆盖层的硅）几乎没有产生缺陷。报道的注入条件是：H^+，$5\times10^{16}cm^{-2}$，45keV；He^+，$1\sim5\times10^{17}cm^{-2}$，45keV，所有注入均在室温下进行。在 1200～1350℃下于氩气/氧气气氛中退火时，氧扩散穿过顶部硅层，并引发内氧化过程，在缺陷存在的位置形成氧化物埋层（如图 8.10 所示）。这项技术使得不必注入氧就可获得类 SIMOX 的 SOI 结构，且硅覆盖层的损伤很少。值得注意的是，也可用氧替代氢或氦注入来获得缺陷层[42]。

8.2.4 晶片键合和背面腐蚀

术语“晶片键合”（wafer bonding）指镜面抛光、平整干净的材料晶

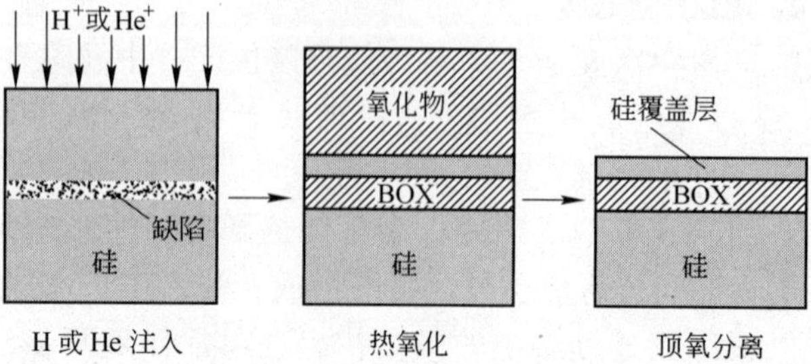

图 8.10 通过轻离子注入及在氧气氛中退火形成埋层氧化物[43]

片相互接触时，通过范德瓦尔斯力在局部相互吸引，最终相互粘合或键合在一起的过程。

室温键合通常相对弱。因此，为了应用室温键合片，必须进行热处理以加强界面的键合。晶片键合后，晶片之一需抛光或腐蚀至合适的厚度以满足 SOI 的应用。另一个晶片则作为力学衬底，被称作支撑晶片（handle wafer）（见图 8.11）。

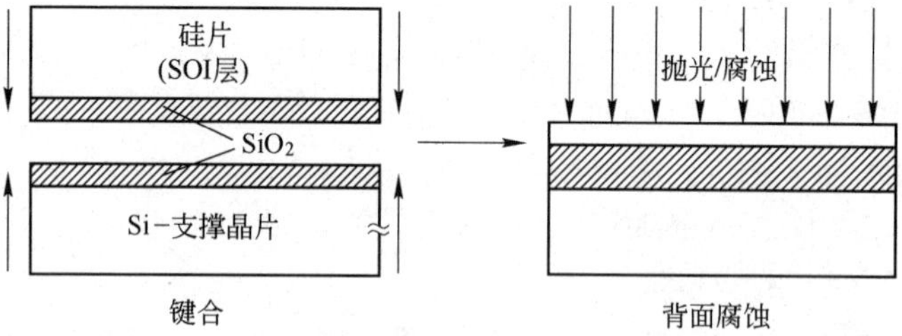

图 8.11 两个氧化硅片的键合（左）和硅片之一的抛光/腐蚀（右）

8.2.4.1 亲水硅片键合

两个平整亲水表面如氧化硅片相对搁在一起，键合自然发生，甚至在室温也可进行。接触力由吸附在两表面的羟基氢氧团（OH）$^-$引起。这个吸引从接触的第一个位置以接触波的形式传到整个硅片，传播速度为每秒几个厘米。图 8.12 给出了两个氧化的 100mm 硅片之间的键合波传播。

室温键合时，两个硅片间的结合力取决于范德瓦尔斯力或氢键，比一般的共价成键弱 1 ~ 2 个数量级。大多数实际应用要求有较高的键合能，这就需要合适的加热步骤。商业 SOI 生产多在 1100℃ 的高温退火。Stengl 等开发了一个有关氧化的硅片直接键合的模型，该模型描述了不同温度下的成键化学[44]。当二氧化硅表面水合时，氧化的硅片表面上有水

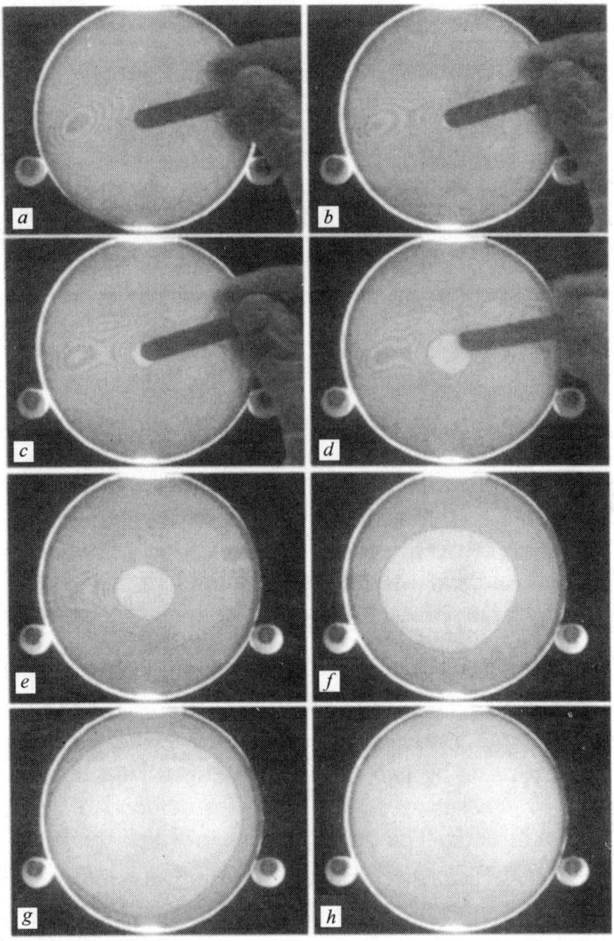

图 8.12 展现两个氧化的 100mm 硅片间的键合波传播的红外透射图（$a \sim h$）顺序出现的两个图片间隔大约为 0.5s（征得 K. Hobart 许可）

分子团（如图 8.13 所示）。两个这样的表面接触时，氢通过吸附的水成键。在高于 200℃ 的温度，吸附的水与 SiOH 团分离，形成四聚物水团。在高于 700℃ 的温度，水团分解并逸出，留下 Si—O—Si 键。Maszara 的实验结果与 Stengl 模型一致：反应成键按两个不同反应进行[45]。Maszara 通过裂纹传播方法测量了键合硅片的键合能，证实了这个机制。室温接触成键的硅片的键合强度在 60 ~ 85mJ/m^2，与通过氢键键合的二氧化硅的表面能一致。而且，二氧化硅的表面能在 300℃ 的转变温度有所增加。该温度时，氢键开始转变为 Si—O—Si 键。对 600 ~ 1100℃ 退火 10s ~ 6h 的键合硅片而言，表面能是固定的，其值超过了 1000mJ/m^2。Maszara[45]

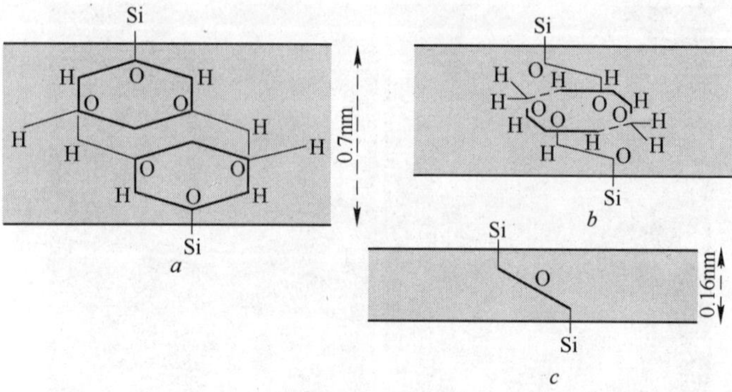

图 8.13　不同温度下硅片键合的 Stengl 模型[48]

a—室温，SiOH：$(OH_2)_2$：$(OH_2)_2$：HOSi；*b*—$T=200$℃，SiOH：HOSi + $(H_2O)_4$；*c*—$T>700$℃，SiOSi + H_2O

认为，在那个温度范围的键合过程并不涉及质量传输。相反，键合强度决定于这种体系下键合硅片的接触面积，特定温度下硅片可以弹性变形到何种程度与接触面积息息相关。从运动学角度，变形非常快，以至键合强度似乎仅仅是温度的函数。在高于 1100℃ 的温度，键合能确实随退火时间的增加而增大，但这是由于高温下氧化物的黏滞流动造成的[46]。值得注意的是，在键合前对硅片进行等离子预处理，室温键合硅片的键合强度可以得到明显改观[47]。

8.2.4.2　背面腐蚀

为了满足 SOI 器件应用，硅片键合后，顶部硅片必须减薄，一般从 600μm 减到几个微米或更小。两个基本的减薄方法是：磨削加化学机械抛光；磨削加选择性背面腐蚀。磨削步骤相对粗糙，但速度快，一般用于去除（顶部）键合硅片至几乎剩余几个微米。采用化学机械抛光的减薄方法成本小，但因为没有腐蚀终止，至今该方法的应用也只能局限于制作相对厚的 SOI 膜。精确得多的技术是在初始磨削之后再进行具有腐蚀终止的化学机械抛光。腐蚀终止通常通过在顶部硅片的表面（即用作键合的氧化层附近）建立一个掺杂浓度梯度获得。例如，在双腐蚀终止技术中，采用轻掺杂的硅片，并以离子注入的方法在其表面形成一个 P^{++} 层。然后，在其上面再外延生长一层轻掺杂层，外延层将在工艺结束时作为 SOI 层。磨削后，需要进行两步化学腐蚀：首先用氢氧化钾溶液[49]腐蚀衬底，腐蚀将在 P^{++} 层终止；然后用 1∶3∶8 的 HF∶HNO_3∶CH_3COOH 腐蚀液去除 P^{++} 层。上述腐蚀的综合选择性好于 10000∶1。SOI 层的最终厚度均匀性取决于外延生长的硅层的厚度均匀性以及形成的 P⁺⁺层的均匀性，厚度标准偏差好于 12nm。

8.2.5 智能剥离（Smart-Cut®）

智能剥离（Smart-Cut®）工艺结合了离子注入技术以及从一个硅片转换薄的表面层到另一硅片或绝缘衬底上的硅片键合工艺[50,51]。该工艺包括连续的三个步骤（图 8.14）：气态离子（一般为氢）注入；与补强材料（stiffener）键合；热退火。

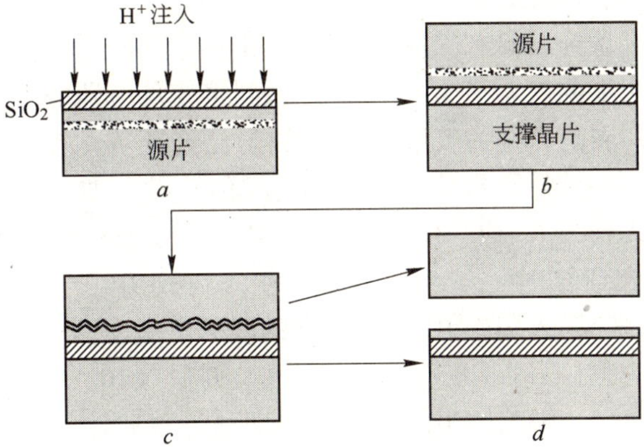

图 8.14 Smart-Cut®工艺

a—氢注入；*b*—硅片键合；*c*—硅片分裂；*d*—硅片抛光

（*a* 步制得的硅片作为支撑硅片重复利用）

（1）氢离子注入到氧化的硅片（称作“源片”（seed wafer））中。注入剂量为 $5\times10^{16}cm^{-2}$ 量级。这个阶段，在注入射程（R_p）的深度形成微空腔和小泡。硅片在注入前最好以热生长的 SiO_2 覆盖。氧化层最后将作为 SOI 结构的埋层氧化物。

（2）源片与另一个氧化的硅片（称作“支撑晶片”（handle wafer））亲水键合。

（3）然后，对键合硅片进行两阶段的热处理。第一个阶段，温度大约为 500℃，导致源片的氢注入区域小泡的重排和合并，并形成大的结构。在不断长大的空腔总的氢气压力不断积累，最后源片分裂成两部分：一是薄层的单晶硅，仍键合在支撑晶片上；二是源片的剩余部分，可重新使用。氢注入和热退火时硅片分裂的基本机制与氦或质子轰击的材料表面产生薄片或起泡的现象类似。退火时，微空腔的平均尺寸增加。尺寸增加是沿着（100）方向（即平行于硅片表面），而且存在空腔间的相互作用，最终结果是裂纹横向传播穿越整个硅片。裂纹正好平行于键合硅片。第二个阶段，热处理在1100℃的高温下进行，目的是为了增强支撑晶片和SOI膜间的结合。

最后，对SOI膜进行化学机械抛光，得到期望的镜面状表面。硅片剥离后，该层呈现明显的微粗糙度，最后需要进行接触抛光。该抛光步骤使表面粗糙度降到0.15nm以下，并要消耗大约几十纳米的SOI膜。注意由于源片可以重新利用，制备N个SOI衬底只需$N+1$个硅片。

Smart-Cut®工艺的基本机制将在下面予以描述。

8.2.5.1 氢/稀有气体注入

长期以来都认为，稀有气体注入到材料中可以导致材料表面气泡的产生。核反应产生的α粒子（He^{2+}）注入到聚变反应器的真空壁中就会引起壁表面薄片剥落，并为气泡所覆盖[52]。已经证实，有好几种气体注入到不同的材料中会导致隆起（blister）的产生，如Ar^+注入到Ge中[53]，Ar^+注入到Si中[54]，H^+注入到GaP中[55]，He^+注入到Mo和Nb中[56]，He^+注入到Ni中[57]，He^+和Ne^+注入到Al中[58]，Ar^+和Xe^+注入到Si中[59]，H^+注入到Si中[60]。早期的隆起实验中，为了在投影射程附近形成充气的腔体（cavity），一般采用大剂量（$10^{17}\sim10^{18}cm^{-2}$）注入。若剂量足够大，则腔体中的气体压力即可导致腔体上材料发生力学变形并形成隆起。如果腔体中的压力足够大，则气泡顶盖可以迸裂，并可见到材料表面的薄片脱落。

注入中等剂量（小于$10^{17}cm^{-2}$）的气态离子，然后进行热退火使小的含气体缺陷合并成大的，则也可能形成气泡。制作SOI材料时，使用氢离子注入更为合适，而不是氦或其他离子，原因在于氢离子质量小，在离子投影射程之上的区域几乎不发生能量沉积。因此，硅的表面层（将来的SOI膜）基本没有缺陷形成，大部分缺陷位于投影射程附近[61]。

对氢（质子）注入硅这种特定情形而言，注入形成的缺陷或与氢有关的空腔（hydrogen-related cavities，HRCs）包括结合氢的空位（hydrogen-decorated vacancies）、空位团（vacancy clusters）以及片状缺陷（platelets）[62]。片状缺陷是含氢的扁平碟形微空腔，厚度大约2个晶格参数（1nm），直径约为10nm。它们的取向主要沿着平行于（100）硅片表面的（100）晶面（图8.15）。一般的注入剂量范围介于$1\times10^{16}\sim7\times10^{16}H^+/cm^2$。退火时（一般退火温度在500℃以上），与氢有关的空腔中的氢原子起到与硅原子成键的作用，并在硅中扩散。氢原子在较大的缺陷中聚集，并驱动这些缺陷尺寸增大。缺陷长大的机制是Ostwald成熟理论：小的空腔失去氢原子，而大的则俘获氢原子，大的空腔长大是以小的消失为代价[63,64]。分子氢迁移到较大的空腔处，导致压力的累积并形

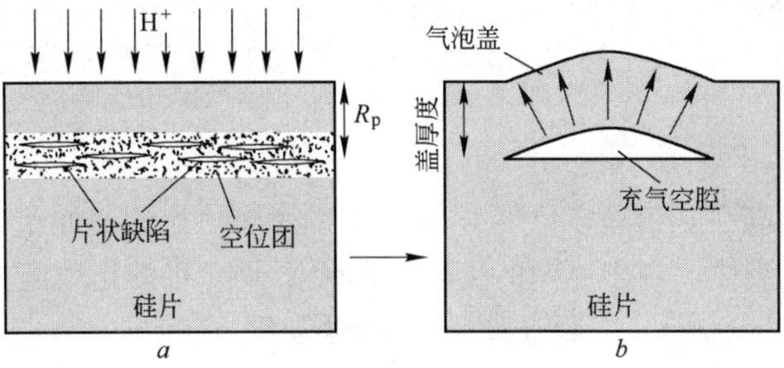

图 8.15 氢注入和缺陷形成（空位、空位团和片状缺陷）（*a*）和退火形成气泡（*b*）

R_p 为注入离子的投影射程

成隆起[65,66]。已经证实，在 250℃ 这样的低温下，注氢硅（H_2^+，160keV，$5\times10^{16}cm^{-2}$）中的小缺陷也会合并到隆起处[67]。

8.2.5.2 与补强材料键合

Smart-Cut®工艺关键在于控制隆起形成时的破坏力以获得薄的硅膜。它的实现需要在注入硅片上粘附一个补强材料。通常，补强材料是一个氧化的硅片，称作支撑硅片（图 8.16*a*），但是玻璃、石英片及其他材料也可作为支撑衬底。注入硅片通常作为源硅片，薄的 SOI 膜将来自于它。然后进行退火，一方面加强两硅片间的接合，另一方面也是为了使与氢有关的小空腔合并成大的充氢结构，称之为裂纹或微裂纹（cracks 或 microcracks）。

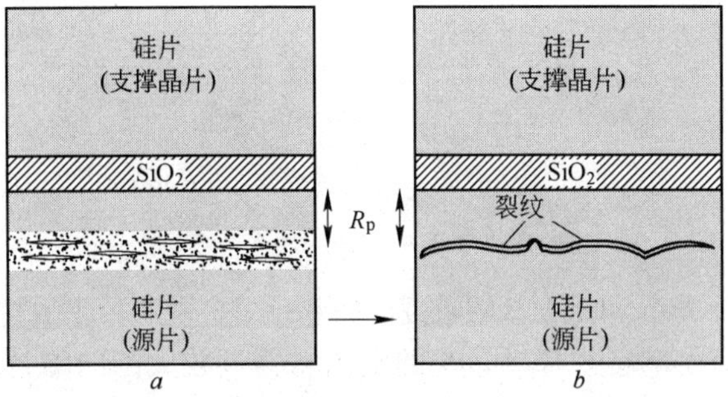

图 8.16 注氢硅片投影射程附近的裂纹形成

a—支撑片（补强材料）与源片的键合；*b*—退火时投影射程附近形成的裂纹网络

这些裂纹位置对应于充气的空腔。在没有补强材料时，充气的空腔变成隆起。补强材料的作用在于防止缺陷区和 SiO_2 层间的薄硅层发生力学变形。另外，补强材料的存在提供了一个恢复力，可以阻止气泡的垂直翘起，并驱动裂纹的横向传播。结果，充填密闭氢气的水平裂纹网络形成，在源硅片的顶部和其余部分间产生穿孔线式的分离。

8.2.5.3　退火

退火步骤在于驱除空位复合体以及片状缺陷处的氢原子，并将之进给长大的微裂纹。许多不同的实验技术用于研究小的与氢有关的空腔向较大的泡（bubble）、隆起（blister）或微裂纹（microcrack）合并。为了精确确定 Smart-Cut 工艺中的活化能，开展了隆起时间或剥离时间实验。源硅片的剥离时间可以精确测定。它实际上与退火温度以及注入条件（剂量和能量、掺杂种类以及其在硅中的浓度、键合参数）相关。由 1/剥离时间-1/(kT)的 Arrhenius 图（图 8.17）可见，有两种活化能。高温时，活化能 E_a 为 0.5eV，与氢在硅中扩散的活化能（0.48eV）非常接近。低温时，活化能约为 2.2eV，对应于氢扩散的活化能（0.48eV）以及与氢有关的空腔缺陷中 H-Si 键断裂的活化能（1.8eV ±0.2eV）之和。因此，高温时气泡合并是一种扩散限制机制，而在低温（<500℃）时，反应既受限于氢扩散，也受限于氢从与氢有关的空腔中脱离。

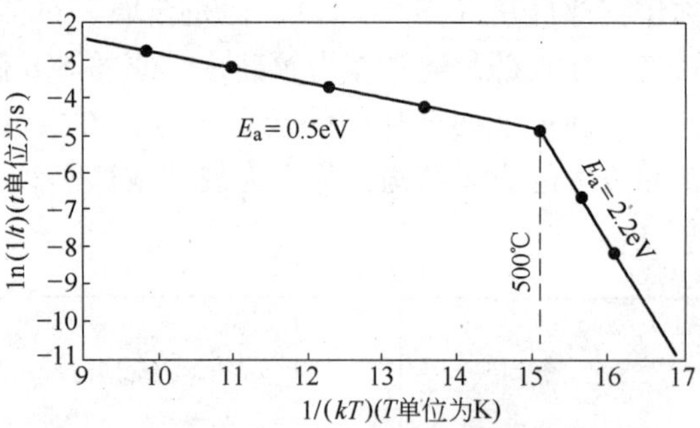

图 8.17　剥离时间与退火温度的 Arrhenius 图[68]

注入条件为 H^+，69keV，$6\times10^{16}cm^{-2}$

结合红外光谱和正向反冲散射（FRS）技术对无补强材料的硅片在退火期间的观察验证了氢从较小的缺陷转移到较大的缺陷处这种 Ostwald 成熟机制。红外光谱可检测到与氢有关的空腔缺陷中存在 Si-H 键，而 FRS 用于测量总的氢浓度（包括成键的氢和隆起中的分子氢）。FRS 表明，只要退火温度低于 500℃，氢就不会从硅中逸出，氢的总量保持不变（图 8.18）。红外光谱则揭示，退火温度在 200 ~ 500℃之间时，Si-H 键中的氢数量随退火温度增大而减少。退火温度高于 500℃时，Si-H 键中的氢全部消失。这清楚地表明，与氢有关的空腔缺陷中俘获的氢变成了一种未受束缚的形式，即分子氢。其导致蓄积这种氢的缺陷尺寸以及内部压力的增加。

透射电子显微镜被用于观察微空腔尺寸和密度随退火时间（T = 450℃）的变化。结果表明，空腔尺寸随退火时间延长而增加，而密度则减小。尤为重要的是，随退火时间延长空腔的总体积仍保持恒定，这再次表明氢的总量是不变的，气体只是从较小的缺陷跑到了较大的缺陷处（Ostwald 成熟）[70]。

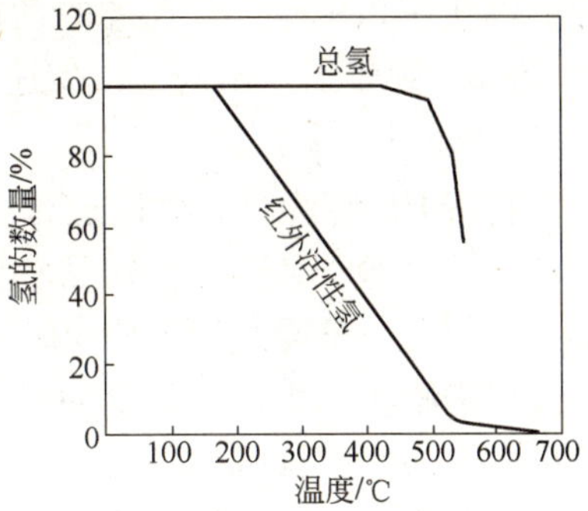

图 8.18　Si-H 键中的氢和总的氢数量随退火温度的变化[69]
退火时间为 30min

8.2.5.4　剥离

在退火过程的最后阶段，离子投影射程附近的硅由于微裂纹网络和内部压力的存在变得非常弱时，源硅片的剥离自然发生。剥离本身需要的时间很短（大概不到 1μs），并发出一小的但能听得见的声音。只要通过氢注入和退火使硅足够弱，利用其他手段也可使源硅片剥离。例如，把键合的硅片放在液氮中[71]或在源硅片的边缘加个机械力[72,73]都可进行剥离。注入片键合并在 150℃退火后进行微波处理（在 900W 和 2.45GHz 条件下微波“退火”2min）也可以发生剥离[74]。剥离后，SOI 片要经过最后的化学机械抛光以减小表面粗糙度，得到可满足 SOI 器件制作要求的表面平整度。置于外延反应器中在 HCl + H_2 的混合气氛下处理也可使剥离表面光滑。已经证实，这项技术可使 SOI 膜表面粗糙度 RMS 降到 0.08nm 以下[75,76]。

8.2.5.5　进一步的开发

此后，智能剥离工艺被用于转移硅以外的其他薄膜材料。文献报道成功转移的材料有：SiC[77]、GaAs、InP 和 $LiNbO_3$[78]、SiGe[79]以及其他材料。这个工艺也可用于制作多层结构（$Si/SiO_2/Si/SiO_2/Si/SiO_2$ 等）[80]，以及转移带图形结构的薄层[81]。采用聚合物键合技术将薄的硅盖层与支撑片脱离并转移到第三个硅片也已得到证实[82]。硼和氢一起注入到硅中还可使智能剥离工艺的热耗（thermal budget）降低。这一改进使得转移一薄的硅膜至石英衬底上的退火温度只需 250℃[83]。

8.2.6　Eltran®

Eltran®（外延层转移）技术结合了多孔硅层制备、外延以及硅片键合，以获得 SOI 片。多孔硅的性质在下面的 8.2.6.1 节中讨论，之后再对 Eltran®制作工艺本身予以叙述。

8.2.6.1　多孔硅

利用 HF 溶液对 p 型硅进行电化学溶解很容易将其变为多孔硅。硅片是浸没在 HF 溶液中，样品和插入到电解液中的铂电极间加上电压。多孔率的大小可通过调节反应时的电流来调控。多孔硅最早在 20 世纪 80 年代用于制作 SOI 片。获得的材料被称作 FIPOS（意为"多孔硅全隔离(full isolation by porous silicon)"）[84,85]。多孔硅基本上像一个硅海绵，充满了虫孔状的空腔，但未被电化学溶解的硅仍是单晶状态。1985 年，发现可在多孔硅上外延生长高质量的硅层[86]。多孔硅有两个重要的性质。其一，表面孔可以填充或用氢气焙烘样品使之密封，该性质可用于制备多孔硅上外延生长硅所需的表面。其二，多孔硅的面容比（或称比表面积，surface-to-volume ratio）极大，约为 $200m^2/cm^3$[87]，因此多孔硅化学活性高，在 HF/H_2O_2 溶液中腐蚀时有极高的选择性（100000∶1）。

8.2.6.2　最初的 Eltran®工艺

最初的 Eltran®工艺公布于 1994 年[88]。该工艺包括下列步骤（见图 8.19）：在硅片（源硅片）上制备一层多孔硅；氢焙烘使表面孔密封；外延生长单晶硅薄膜；在源硅片上热工艺生长氧化物，并将其与另一氧化的硅片（称作"支撑硅片"）键合；通过磨削和抛光减薄键合片，直到多孔硅层；利用 HF/H_2O_2 溶液腐蚀掉多孔硅层；最后，氢退火使表面光滑。最初的 Eltran®工艺有个缺点，即制作一片 SOI 片需要两个硅片。

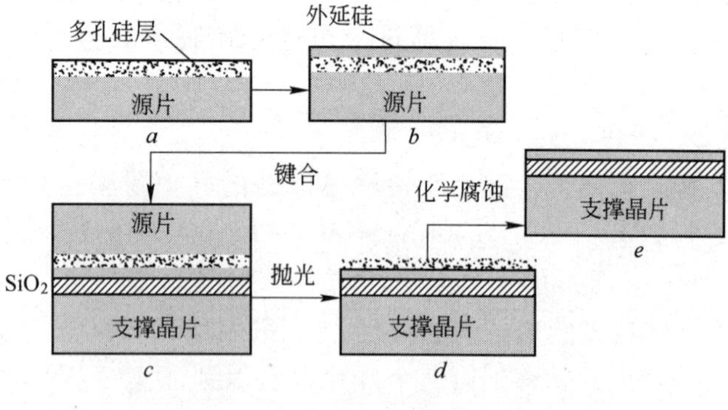

图 8.19　最初的 Eltran®工艺示意图

a—多孔硅层制备；*b*—外延生长硅薄膜；*c*—与支撑片键合；*d*—对硅片抛光；*e*—腐蚀多孔硅

8.2.6.3　第二代 Eltran®工艺

类似于智能剥离工艺，第二代 Eltran®工艺也可用 $N+1$ 个硅片制成

N 个 SOI 片。工艺的关键在于双多孔硅层的形成，或更严格地说是一个多孔硅层但有两个不同的多孔率。毗邻的两个多孔硅层，在它们之间的界面处产生应力。高压水（20～60MPa）注射可将源硅片沿着两个多孔硅层之间的应力区撕开，脱离支撑片，并获得一个 SOI 衬底和一个可再利用的源硅片（图 8.20）。重要的工艺步骤如下所述。

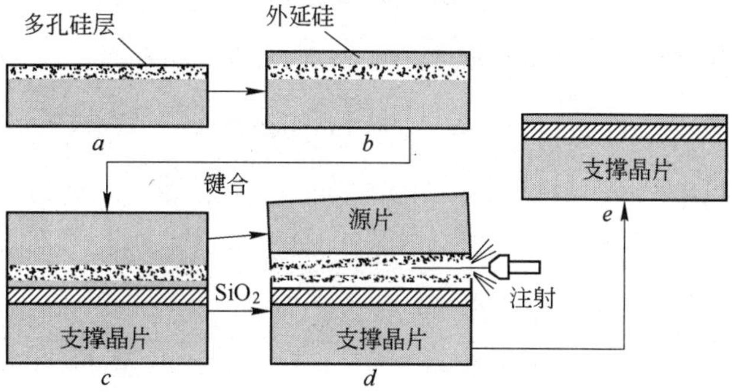

图 8.20　第二代 Eltran®工艺示意图

a—多孔硅层制备；b—硅的外延生长；c—与支撑片的键合；
d—采用水注射分裂多孔硅层；e—腐蚀和氢退火

多孔硅层的多孔率可以通过调节电化学反应时的电流来改变。当电流密度从 8mA/cm^2 增加到 23mA/cm^2 时，多孔率将从 20% 增至 65%[89]。含有两个不同多孔率的多孔层可以在多孔硅制备时改变电流密度来获得。Eltran®工艺中，首先采用低电流密度在源硅片表面获得低多孔率层。然后，增加电流密度，在表层更深处形成多孔率更高的层。多孔率的差异导致两个多孔硅层之间产生应力。氢焙烘后表面的孔密封起来，再在其上外延生长硅薄膜（将来的 SOI 层）。亲水键合将源硅片和支撑硅片粘合到一起。然后，直径 0.1mm 加压水直接注射到键合硅片的边缘，起到一个楔子的作用，使多孔硅在应力值最大的区域（即多孔率变化之处）发生分裂。因为使用的是液态而非固体的楔子，所以分裂效果可以传播到整个硅片，多孔硅层张开像个拉链。一旦分裂，多孔硅层可以通过 HF/H_2O_2 溶液腐蚀从源硅片和 SOI 片上去除掉。最后，采用氢退火使表面光滑。

8.3　结论

经过 20 多年的深入研究和开发，SOI 技术已经成熟，SOI 片和 SOI 电路的批量生产已成为现实。20 世纪 90 年代初，全球可利用的 SOI 衬底仅几万片，到 2003 年，已经增至 200 万片以上。SOI 片的尺寸包括

100mm、200mm 及 300mm。在电路速度方面，SOI 器件有巨大的优势，尤其适用于制作便携产品用的低压电路。几大半导体制造商在生产重要的产品如微处理器时正采纳 SOI 技术。

（肖清华译，马通达校）

参考文献

1. J.P. Colinge: *Silicon-on-Insulator Technology: Materials to VLSI* (Kluwer Academic, Dordrecht 1997)
2. S. Cristoloveanu, S.S. Li: *Electrical Characterization of Silicon-on-Insulator Materials and Devices* (Kluwer Academic, Dordrecht 1995)
3. J.B. Kuo, K.W. Su: *CMOS VLSI Engineering Silicon-on-Insulator (SOI)* (Kluwer Academic, Dordrecht 1998)
4. F. Ichikawa, Y. Nagatomo, Y. Katakura, S. Itoh, H. Matsuhashi, N. Hirashita, S. Baba: Electrochemical Society Proceedings, vol. 2003–05, p. 123 (2003)
5. S.B. Park, Y.W. Kim, Y.G. Ko, K.I. Kim, I.K. Kim, H.S. Kang, J.O. Yu , K.P. Suh: A 0.25-μm, 600 Mhz, 1.5-V, fully depleted SOI CMOS 64-bit microprocessor. IEEE Journal of Solid-State Circuits **34**, 1436 (1999)
6. M. Canada, C. Akroul, D. Cawlthron, J. Corr, S. Geissler, R. Houle, P. Kartschoke, D. Kramer, P. McCormick, N. Rohrer, G. Salem, L. Warriner: A 580 Mhz RISC microprocessor in SOI. Proceedings of the IEEE International Solid-State Conference (1999) pp. 430–431
7. A.G. Aipperspach, D.H. Allen, D.T. Cox, N.V. Phan, S.N. Storino: A 0.2-μm, 1.8 V, 550 Mhz, 64-b PowerPC microprocessor with copper interconnects. IEEE Journal of Solid-State Circuits **34**, 1430 (1999)
8. K. Shimomura, H. Shimano, N. Sakashita, F. Okuda, T. Oashi, Y. Yamaguchi, T. Eimori, M. Inuishi, K. Arimoto, S. Maegawa, Y. Inoue, S. Komori, K. Kyuma: A 1-V 46-ns 16-Mb SOI-DRAM with body control technique. IEEE Journal of Solid-State Circuits **32**, 1712 (1997)
9. T. Oashi, T. Eimori, F. Morishita, T. Iwamatsu, Y. Yamaguchi, F. Okuda, K. Shimomura, H. Shimano, S. Sakashita, K. Arimoto, Y. Inoue, S. Komori, M. Inuishi, T. Nishimura, H. Miyoshi: 16 Mb DRAM/SOI Technologies for Sub-1V Operation. International Electron Devices Meeting (1996) pp. 609–612
10. T. Eimori, T. Oashi, F. Morishita, T. Iwamatsu, Y. Yamaguchi, F. Okuda, K. Shimomura, H. Shimano, N. Sakashita, K. Arimoto, Y. Inoue, S. Komori, M. Inuishi, T. Nishimura, H. Miyoshi: Approaches to extra low voltage DRAM operation by SOI-DRAM. IEEE Transactions on Electron Devices **45**, 1000 (1998)
11. J.W. Park, Y.G. Kim, I.K. Kim, K.C. Park, K.C. Lee, T.S. Jung: Performance characteristics of SOI DRAM for low-power application. IEEE Journal of Solid-State Circuits **34**, 1446 (1999)
12. Y.H. Koh, M.R. Oh, J.W. Lee, J.W. Yang, W.C. Lee, C.K. Park, J.B. Park, Y.C. Heo, K.M. Rho, B.C. Lee, M.J. Chung, M. Huh, H.S. Kim, K.S. Choi, W.C. Lee, J.K. Lee, K.H. Ahn, K.W. Park, J.Y. Yang, H.K. Kim, D.H. Lee, I.S. Hwang: 1 Giga bit SOI DRAM with fully bulk compatible process and body-contacted SOI MOSFET structure. Technical Digest of the International Electron Devices Meeting (1997) pp. 579–582
13. Y.W. Kim, S.B. Park, Y.G. Ko, K.I. Kim, I.K. Kim, K.J. Bae, K.W. Lee, J.O.

Y, U. Chung, K.P. Suh: Digest of Technical Papers of the IEEE International Solid-State Circuits Conference (1999) pp. 32–33
14. M. Itoh, Y. Kawai, S. Ito, K. Yokomizo, Y. Katakura, Y. Fukuda, F. Ichikawa: Electrochemical Society Proceedings, vol. 2001–3, p. 331 (2001)
15. T. Nishimura, Y. Inoue, K. Sugahara, S. Kusunoki, T. Kumamoto, S. Nakagawa, M. Nakaya, Y. Horiba, Y. Akasaka: Three dimension IC for high performance image signal processor. Technical Digest of the International Electron Devices Meeting (1987) pp. 111–114
16. J.P. Denton, G.W. Neudeck: Fully depleted dual-gated thin-film SOI P-MOSFETs fabricated in SOI islands with an isolated buried polysilicon backgate. IEEE Electron Device Letters **17**, 509 (1996)
17. H.M. Manasevit, W.I. Simpson: Single-crystal silicon on a sapphire substrate. Journal of Applied Physics **35**, 1349 (1964)
18. S.S. Lau, S. Matteson, J.W. Mayer, P. Revesz, J. Gyulai, J. Roth, T.W. Sigmon, T. Cass: Improvement of crystalline quality of epitaxial Si layers by ion-implantation techniques. Applied Physics Letters **34**, 76 (1979)
19. J. Amano, K.A. Carey: Novel three-step process for low-defect-density silicon on sapphire. Applied Physics Letters **39**, 163 (1981)
20. P.K. Vasudev, D.C. Mayer: Characterization of CMOS devices in 0.5–1 μm silicon-on-sapphire films modified by solid phase epitaxy and regrowth (SPEAR). Comparison of Thin Film Transistor and SOI Technologies Symposium, pp. 35–39 (1984)
21. M.E. Roulet, P. Schwob, I. Golecki, M.A. Nicolet: Electrical properties of silicon-implanted furnace-annealed silicon-on-sapphire devices. Electronics Letters **15**, 527 (1979)
22. R. Reedy, J. Cable, D. Kelly, M. Stuber, F. Wright, G. Wu: UTSi CMOS: A complete RF SOI solution. Analog Integrated Circuits and Signal Processing, vol. 25 no. 2, Nov. 2000, pp. 171–179
23. M. Megahed, M. Burgener, J. Cable, D. Staab, R. Reedy: UTSi CMOS technology for system-on-chip solution. Topical Meeting on Silicon Monolithic Integrated Circuits in RF Systems. Digest of Papers (1998) pp. 94–99
24. K. Izumi, M. Doken, H. Ariyoshi: CMOS devices fabricated on buried SiO_2 layers formed by oxygen implantation into silicon. Electronics Letters **14**, 593 (1978)
25. G.F. Cerofolini, S. Bertoni, L. Meda, C. Spaggiari: Formation and stability of continuous buried SiO_2 layers in SIMOX. Nucl. Instr. Methods Phys. Res. **B-84**, 234–237 (1993)
26. L. Meda, S. Bertoni, G.F. Cerofolini, C. Spaggiari: Structure and electrical characteristics of a thin buried oxide containing silicon inclusions. Electrochemical Soc. Proceedings **94–11**, 224–229 (1994)
27. S. Krause, M. Anc, P. Roitman: Evolution and future trends of SIMOX material. MRS Bulletin **23**, 25 (1988)
28. K. Izumi: History of SIMOX material. MRS Bulletin **23**, 20 (1998)
29. S. Nakashima, K. Izumi: Practical reduction of dislocation density in SIMOX wafers. Electronics Letters **26**, 1647–1649 (1990)
30. S. Nakashima, K. Izumi: SIMOX wafers with low dislocation density produced by a 100-mA-class high-current oxygen implanter. Nuclear Instruments and Methods in Physics Research B **55**, 847 (1991)
31. B. Aspar, C. Pudda, A.M. Papon, A.J. Auberton-Hervé, J.M. Lamure: Ultra

thin buried oxide layers formed by low-dose SIMOX processes. Electrochemical Society Proceedings **94-11**, 62 (1994)
32. M.J. Anc, J.G. Blake, T. Nakai: Low-energy oxygen implantation for dose reduction in SIMOX. Electrochemical Society Proceedings **99-3**, 51–60 (1999)
33. M. Chen, X. Wang, Y. Dong, X. Liu, W. Yi, J. Chen, X. Wang: Formation of ultra-thin SOI by dose-energy optimization. Proceedings of the IEEE International SOI Conference (2002) pp. 113–114
34. A.J. Auberton-Hervé, B. Aspar, J.L. Pelloie: Low-dose SIMOX for ULSI applications. In: *Physical and Technical Problems of SOI Structures and Devices*, NATO ASI Series, High Technology 4, ed. by J.-P. Colinge, V.S. Lysenko, A.N. Nazarov (Kluwer Academic, Dordrecht 1995) pp. 3–14
35. S. Nakashima, T. Katayama, Y. Miyamura, A. Matsuzaki, M. Imai, K. Izumi, N. Ohwada: Thickness increment of buried oxide in a SIMOX wafer by high-temperature oxidation. International SOI Conference Proceedings (1994) pp. 71–72
36. M. Tachimori, S. Masui, T. Nakajima, K. Kawamura, I. Hamaguchi, T. Yano, Y. Nagatake: Quality innovation of SIMOX wafers by low-dose and high-temperature oxidation techniques. Electrochemical Society Proceeding **96-3**, 53 (1996)
37. A. Matsamura, K. Kawamura, T. Mizutani, S. Takayama, I. Hamaguchi, Y. Nagatake: Recent progress in low-dose SIMOX wafers fabricated with internal-thermal-Oxidation (ITOX) process. Electrochemical Society Proceedings **99-3**, 79–92 (1999)
38. D.K. Sadana: SOI for CMOS logic and memory applications. Electrochemical Society Proceedings **2001-2**, 474 (2001)
39. O.W. Holland, D. Fathy, D.K. Sadana: Formation of ultrathin, buried oxides in Si by O^+ implantation. Applied Physics Letters **69**, 674 (1996)
40. L.P. Allen, M.L. Alles, R.P. Dolan, H.L. Hughes, P. McMarr: Thin BOX SIMOX silicon-on-insulator structures for radiation tolerant advanced electronics. Microelectronic Engineering **36**, 383 (1997)
41. J. Blake, K. Dempsey, R. Dolan, Y. Erokhin, P. Powell, S. Richards: 300 mm ultra-thin Advantox™ MLD SIMOX wafers manufactured using i2000 oxygen implanter. Proceedings of the IEEE International SOI Conference (2002) pp. 109–110
42. A. Ogura: Novel SIMOX with BOX at damage peak. Electrochemical Society Proceedings **99-3**, 61 (1999)
43. A. Ogura: Novel SOI fabrication process by light ion implantation and annealing in oxygen including atmosphere. Extended Abstracts of the International Conference on Solid-State Devices and Materials (2001) pp. 240–241
44. R. Stengl, T. Tan, U. Gösele: A model for the silicon wafer bonding process. Japanese Journal of Applied Physics **28**, 1735 (1989)
45. W.P. Maszara, G. Goetz, A. Cavigilia, J.B. McKitterick: Bonding of silicon wafers for silicon-on-insulator. Journal of Applied Physics **64**, 4943 (1988)
46. Q.Y. Tong, U. Gösele: *Semiconductor Wafer Bonding Science and Technology*, The Electrochemical Society Series (Wiley, New York 1999)
47. P. Amirfeiz, S. Bengtsson, M. Bergh, E. Zanghellini, L. Börjesson: Formation of silicon structures by plasma activated binding. Electrochemical Society Proceedings **99-35**, 29 (1999)
48. C.A. Desmond-Colinge, U. Gösele: Wafer-bonding and thinning technologies.

MRS Bulletin **23**, 30 (1988)

49. S.D. Collins: Etch stop techniques for micromachining. Journal of the Electrochemical Society **144**, 2242 (1997)
50. M. Bruel: Silicon on insulator material technology. Electronics Letters **31**, 1201 (1995)
51. M. Bruel: The history, physics, and applications of the Smart-Cut® process. MRS Bulletin **23**, 35 (1998)
52. M. Kaminsky: Plasma contamination and wall erosion in thermonuclear reactors. IEEE Transactions on Nuclear Science **18**, 208 (1971)
53. K. Kamada, Y. Kazumata, K. Kubo: Observation of blistering and amorphization on germanium after 450 keV Ar+ ion bombardment. Radiation Effects **28**, 43 (1976)
54. F.F. Komarov, V.S. Solov'yev, S.Y. Shiryayev: Crystallographic nature and formation mechanisms of highly irregular structures in implanted and annealed Si layers. Radiation Effects **42**, 169 (1979)
55. C. Ascheron, H. Bartsch, A. Setzer, A. Schindler, P. Paufler: The effect of hydrogen implantation induced stress on GaP single crystals. Nuclear Instruments and Methods in Physics Research B **28**, 350 (1987)
56. J.H. Evans: An interbubble fracture mechanism of blister formation on helium-irradiated metals. Journal of Nuclear Materials **68**, 129 (1977)
57. H. Van Swijgenhoven, L.M. Stals, G. Knuyt: Helium bubble and blister formation for nickel and amorphous Fe–Ni–Mo–B alloy during 5 keV He^+ irradiation at temperatures between 200 K and 600 K. Nuclear Instruments and Methods **209/210**, 461 (1983)
58. K. Ono, T. Kino, K. Kamada, H. Osono: Orientation dependence of flaking of ion irradiated aluminum single crystals. Japanese Journal of Applied Physics **25**, 1475 (1986)
59. K. Wittmaack, P. Blank, W. Wach: High fluence retention of noble gases implanted in silicon. Radiation Effects **39**, 81 (1978)
60. E. Ligeon, A. Guivarc'h: Hydrogen implantation in silicon between 1.5 and 60 keV. Radiation Effects **27**, 129 (1976)
61. M. Bruel: Process for the production of thin semiconductor material films. U.S. Patent 5,374,564 (1994)
62. C.F. Cerofolini, L. Meda, R. Balboni, F. Corni, S. Frabboni, G. Ottaviani, R. Tonini, M. Anderle, R. Canteri: Hydrogen-related complexes as the stressing species in high-fluence, hydrogen-implanted, single-crystal silicon. Physical Review B **46**, 2061 (1992)
63. M. Bruel: The history, physics, and applications of the Smart-Cut® process. MRS Bulletin **23**, 35 (1998)
64. J. Grisolia, G. Ben Assayag, A. Claverie, B. Aspar, C. Lagahe, L. Laanab: A transmission electron microscopy quantitative study of the growth kinetics of H platelets in Si. Applied Physics Letters **76**, 852 (2000)
65. F.A. Reboredo, M. Ferconi, S.T. Pantelides: Theory of nucleation, growth, and structure of hydrogen-induced extended defects in silicon. Physical Review Letters **82**, 4870 (1999)
66. M.K. Weldon, V.E. Marsico, Y.J. Chabal, A. Agarwal, D.J. Eaglesham, J. Sapjeta, W.L. Brown, D.C. Jacobson, Y. Caudano, S.B. Christman, E.E. Chaban: On the mechanism of the hydrogen-induced exfoliation of silicon. Journal of Vacuum Science and Technology B **15**, 1065 (1997)

67. T.H. Lee, Q.Y. Tong, Y.L. Chao, L.J. Huang, U. Gösele: Silicon on quartz by a smarter cut process.. Electrochemical Society Proceedings **97-23**, 27 (1997)
68. B. Aspar, C. Lagahe, H. Moriceau, E. Jalaguier, A. Mas, O. Rayssac, A. Soubie, B. Biasse, M. Bruel: The Smart-Cut® process: status and development. Electrochemical Society Proceedings **99-35**, 48 (1999)
69. K. Hentinnen, I. Suni, S.S. Lau: Appl. Phys. Lett. **76**, 2370 (2000)
70. B. Aspar, H. Moriceau, E. Jalaguier, C. Lagahe, A. Soubie, B. Biasse, A.M. Papon, A. Claverie, J. Grisolia, G. Benassayag, F. Letertre, O. Rayssac, T. Barge, C. Maleville, B. Chyselen: Journal of Electronic Materials **30**, 834 (2001)
71. Q.Y. Tong, R.W. Bower: Beyond "Smart-Cut®": recent advances in layer transfer for material integration. MRS Bulletin **23**, 40 (1998)
72. K. Hentinnen, I. Suni, S.S. Lau: Mechanically induced Si layer transfer in hydrogen-implanted Si wafers. Applied Physics Letters **76**, 2370 (2000)
73. W.G. En, I.J. Malik, M.A. Bryan, S. Farrens, F.J. Henley, N.W. Cheung, C. Chan: The Genesis process: a new SOI wafer fabrication method. Proceedings of the IEEE International SOI Conference (1998) pp. 163–164
74. J.T.S. Lin, J. Peng, T.H. Lee: NovaCut™ process: fabrication of silicon on insulator materials. Proceedings of the IEEE International SOI Conference (2002) pp. 189–190
75. A. Thilderkvist, S. Kang, M. Fuerfanger, I. Malik: Surface finishing of cleaved SOI films using epi technologies. Proceedings of the IEEE International SOI Conference (2000) pp. 12–13
76. M.I. Current, I.J. Malik, M. Fuerfanger, A. Flat, J. Sullivan, S. Kang, H.R. Kirk, M. Norcott, D. Teoh, P. Ong, F.J. Henley: Surface roughness and device layer thickness for ultra-thin SOI. Proceedings of the IEEE International SOI Conference (2002) pp. 111–112
77. J.-P. Joly, B. Aspar, M. Bruel, L. Di Cioccio, F. Letretre, E. Hugonnard-Bruere: New SiC on insulator wafers based on the Smart-Cut® approach and their potential applications. In: Progress in SOI Structures and Device Operating at Extreme Conditions. Proceedings of the Nato Advanced Research Workshop, ed. by F. Balestra, A.N. Nazarov, V.S. Lysenko (Kluwer Academic, Dordrecht, Netherlands 2002) pp. 31–38
78. B. Aspar, C. Lagahe, H. Moriceau, E. Jalaguier, A. Mas, O. Rayssac, A. Soubie, B. Biasse, M. Bruel: The Smart-Cut® process: status and development. Electrochemical Society Proceedings **99-35**, 48 (1999)
79. L.J. Huang, J.O. Chu, D.F. Canaperi, C.P. D'Emic, R.M. Anderson, S.J. Koester, H.S.P. Wong: SiGe-on-insulator prepared by wafer bonding and layer transfer for high-performance field-effect transistors. Applied Physics Letters **78**, 1267 (2001)
80. C. Maleville, T. Barge, B. Ghyselen, A.J. Auberton: Multiple SOI layers by multiple Smart-Cut® transfers. Proceedings of the IEEE International SOI Conference (2000) pp. 134–135
81. B. Aspar, M. Bruel, M. Zussy, A.M. Cartier: Transfer of structured and patterned thin silicon films using the Smart-Cut® process. Electronics Letters **32**, 1985 (1996)
82. C. Colinge, B. Roberds, B. Doyle: Silicon layer transfer using wafer bonding and debonding. Journal of Electronic Materials **30**, 841 (2001)
83. T.H. Lee, Q.Y. Tong, Y.L. Chao, L.J. Huang, U. Goesele: Silicon on quartz by a smarter cut process. Electrochemical Society Proceedings **97**, 27 (1997)

84. K. Imai: A new dielectric isolation method using porous silicon. Solid-State Electronics **24**, 159 (1981)
85. S.S. Tsao: Porous silicon techniques for SOI structures. IEEE Circuits and Devices Magazine **3**, 3 (1987)
86. M.I.J. Beale, N.G. Chew, A.G. Cullis, D.B. Gasson, R.W. Hardeman, D.J. Robbins, I.M. Young: A study of silicon MBE on porous silicon substrates. Journal of Vacuum Science and Technology B **3**, 732 (1985)
87. T. Yonehara, K. Sakaguchi, N. Sato: Eltran®: epitaxial layer transfer. Electrochemical Society Proceedings **99-3**, 111 (1999)
88. T. Yonehara, K. Sakaguchi, N. Sato: Epitaxial layer transfer by bond and etch back of porous Si. Applied Physics Letters **64**, 2108 (1994)
89. T. Yonehara, K. Sakaguchi: Eltran® (SOI-epi wafer™) technology. In: Progress in SOI Structures and Device Operating at Extreme Conditions. Proceedings of the Nato Advanced Research Workshop, ed. by F. Balestra, A.N. Nazarov, V.S. Lysenko (Kluwer Academic, Dordrecht, Netherlands 2002) pp. 39–86
90. K. Sakaguchi, T. Yonehara: SOI wafers based on epitaxial technology. Solid-State Technology **43-6**, 88 (2000)
91. K. Sakaguchi, K. Yanagita, H. Kurisu, H. Suzuki, K. Ohmi, T. Yonehara: Eltran®: by splitting porous Si layers. Electrochemical Society Proceedings **99-3**, 117 (1999)

第四部分

晶格缺陷

9 缺陷能谱学

H. G. Grimmeiss

9.1 引言

在最近几十年中，半导体电子学令人印象深刻的进展可归因于基本概念的先进性、新材料的完美性和新器件原理开发的无与伦比的结合。即使在初期，我们也亲眼看到了硅技术的难以想象的发展。没有对半导体材料的透彻了解和缺陷对于改进材料与器件质量的重要作用，这种发展是不可能的。所以，从初期一开始，就开发出大量表征和识别缺陷的测量技术，旨在进一步增进我们对缺陷的了解，这是不奇怪的。

与通常受非化学剂量配比和其他本征不完整性影响的化合物半导体不同，在元素半导体中，例如硅和锗中，缺陷研究通常更容易进行。这并不意味元素半导体缺陷的电子结构比化合物半导体的简单，对硅所做的几个研究表明，即使是点缺陷的电子结构也可能是相当复杂的。与Ⅲ和Ⅴ族杂质相类似，它们具有相当小的束缚能，因而可很好地用有效质量[1]来近似描述。众所周知，周期表中其他族杂质在大多数情况下表现出非常不同的特性，对过渡金属杂质，更是如此。

早期对硅中Ⅲ和Ⅴ族杂质的良好的了解至少部分是由于这样的事实，即它们的电子结构可容易地用光吸收和/或光电导进行研究，并且对应的能谱一般是线谱，从而提供了大量信息。虽然由于 Krag 和 Zeiger 的开拓性工作[2]，具有相当大束缚能的Ⅵ族杂质的相当好的线谱早在 1962 年就已存在，但只有在空间结电荷技术被引入以后，才使涉及高分辨能谱的表征技术得到广泛应用。这些后来的技术是在 20 世纪 70 年代被再发现的，特别对深缺陷的了解有了某些突破。

各种各样表征和识别硅中缺陷的测量技术是现成的。这些技术包括体和结空间电荷技术（JSCTs）。早期研究大都为体测量技术，例如光电导、电学和磁学方法以及光吸收和各种形式的发光测量。所有这些方法都可以研究热激活能和/或光域值能，但是，只有很少几种方法能够测定基本电学参量的绝对值。

由于结空间电荷技术例如光电流[3]和暗电容测量技术[4]的引进，情况发生了明显的改变。大多数这些技术，特别是深能级瞬态谱

(DLTS)[5]，可以测定缺陷的浓度和直接测量重要的电学参数，例如热和光的发射率和俘获率。

在进行这些表征技术开发的同时，自旋有关测量技术的应用例如电子顺磁共振（EPR）[6]给出了另一个突破，这次是在化学识别领域。遗憾的是，用这些技术所得到的数据很少直接与例如结空间电荷技术已经研究过的缺陷相关联。因为自旋有关的测量技术通常不是研究电学参数的完美工具，这意味着已经被精确表征的许多半导体缺陷（例如硅中的某些金中心）从未被识别，反之也一样。因此，将自旋有关的数据与其他方法[7]例如表征测量相结合的技术是非常重要的，光电电子顺磁共振（Photo-EPR）就是这样的示例。

体测量技术和结空间电荷技术两者都得到进一步发展，特别是高分辨率吸收光谱和光热电离谱（PTIS）以及导纳谱技术被用于研究硅和其他半导体中的缺陷。利用这些高分辨率的测量技术，很容易得到有关束缚能、荷电态、对称性、晶格弛豫和跃迁类型（施主或受主型）的信息，以及缺陷是否为孤立的或是络合物形式的。与发光测量不同，不管缺陷是否为辐射的或非辐射的，光热电离谱和高分辨率吸收测量均可以用在缺陷研究中。

利用微扰能谱，例如 Zeeman 能谱[8]和加压能谱[9]，经常可以获得有关硅中缺陷的能量结构和电子特性的附加信息。特别是加压能谱，对于研究硅中缺陷已被证明是非常有用的。

9.2 表征缺陷特性的基本参数

半导体的电子性能以及缺陷对半导体的电学和光学性能的影响通常用基态束缚能 E_{T}、发射率 $e_{\mathrm{n,p}}$ 和俘获常数 $c_{\mathrm{n,p}}$ 来描述。这里，$e_{\mathrm{n}} = e_{\mathrm{n}}^{\mathrm{o}} + e_{\mathrm{n}}^{\mathrm{t}}$ 和 $e_{\mathrm{p}} = e_{\mathrm{p}}^{\mathrm{o}} + e_{\mathrm{p}}^{\mathrm{t}}$，分别为电子和空穴的光学与热学发射率之和。对于俘获常数也采用类似的记号。缺陷总浓度 N_{TT} 对所有动力学过程都是很重要的。缺陷能谱学的目的之一就是要尽可能精确地测定 10 个基本参数：E_{T}、$e_{\mathrm{n,p}}^{\mathrm{o}}$、$e_{\mathrm{n,p}}^{\mathrm{t}}$、$c_{\mathrm{n,p}}^{\mathrm{o}}$、$c_{\mathrm{n,p}}^{\mathrm{t}}$ 和 N_{TT}。

热学和光学发射过程可以在黑暗下或低于冻结温度下加光照进行测量而被区分开来。用于俘获常数测量的大多数结空间电荷技术是这样的方法，它们研究辐射和非辐射的占主要俘获过程中的俘获常数之和，$c_{\mathrm{n,p}} = c_{\mathrm{n,p}}^{\mathrm{t}} + c_{\mathrm{n,p}}^{\mathrm{o}}$。

俘获常数 $c_{\mathrm{n,p}}$ 通过细致平衡关系式（Engström and Alm 1978）[10]与热发射率 $e_{\mathrm{n,p}}^{\mathrm{t}}$ 相关联：

$$e_{n,p}^{t} = c_{n,p}N_{c,v}\exp[-\Delta G_{n,p}/(kT)] \tag{9.1}$$

式中，N_c或N_v分别为导带或价带的有效态密度；ΔG_n或ΔG_p分别为从缺陷上发射一个电子或空穴所需的吉布斯自由能的变化。如果电子简并度g已知，利用如下的关系式（Rees and Almblad 1980，未发表）：

$$\Delta G_{n,p}^{o} = \Delta G_{n,p} + kT\ln g \tag{9.2}$$

可以从吉布斯自由能求得缺陷相对于一个能带的光学束缚能$\Delta G_{n,p}^{o}$。除非另有说明，对一个缺陷中心的能量位置采用如下的传统符号E_T（在上面的符号中，它对应于$\Delta G_p^o = E_g - \Delta G_n^o$），这里，$E_g$为能隙。因为$\Delta G_{n,p}$和$c_{n,p}$通常是与温度有关的，缺陷的能量位置不能单独由测量热发射率的温度关系求得（例如用 DLTS），只有当$e_{n,p}^{t}$和$c_{n,p}$两者的温度关系为已知时，$\Delta G_{n,p}$从而$\Delta G_{n,p}^{o}$才能被唯一确定。

容易看出，$\Delta G_{n,p}$与焓的变化$\Delta H_{n,p}$和熵的总变化$\Delta S_{n,p}$有如下关系式：

$$\Delta G_{n,p} = \Delta H_{n,p} - T\Delta S_{n,p} \tag{9.3}$$

假设俘获截面σ具有指数温度关系（在许多情况下这是一个很好的近似），于是：

$$\sigma_{n,p} = c_{n,p}/v_{th} = \sigma_o\exp[-\Delta H_{n,p}^{c}/(kT)] \tag{9.4}$$

每一中心的热发射率由下式给出：

$$e_{n,p}^{t}/T^2 = M'\exp(\Delta S_{n,p}/k)\exp[-(\Delta H_{n,p} + \Delta H_{n,p}^{c})/(kT)] \tag{9.5}$$

式中，v_{th}为热运动速度；σ_o为与温度无关的前因子；$\Delta H_{n,p}^{c}$为激活能，它可解释为由于俘获一个载流子而引起焓的变化。于是，$M' = \sigma_o v_{th} N_{c,v} T^{-2}$，是一个与温度无关的因子。利用$\log(e_{n,p}^{t}/T^2)$对$1/T$作图，求得激活能：

$$\Delta E' = \Delta H_{n,p} + \Delta H_{n,p}^{c} \tag{9.6}$$

在大多数情况下，这个值与$\Delta G_{n,p}$很不相同，因此，并不能给出关于我们想要的缺陷能量位置的任何信息。经常也容易忘记的是，$\sigma_{n,p}$是不易从这样的作图中求得的，因为指数前因子M'包含σ_o而不是$\sigma_{n,p}$。并且，对于$\Delta H_{n,p}^{c}$趋于零的情况，如果$\Delta S_{n,p}$是未知的，情况经常是如此，俘获截面也不能由$\log(e_{n,p}^{t}/T^2)$对$1/T$作图确定。考虑到$\Delta S_{n,p}$难以从结空间电荷技术之外的测量技术中得到，所以很显然，俘获截面只能由分别测量求得。

利用式 9.4 和式 9.5 容易看到，$\Delta H_{n,p}$可以直接从发射率和俘获截面的温度关系中计算出来，而无需知道这些量的绝对值。将$e_{n,p}^{t}$和$c_{n,p}$的绝对值代入到式 9.1 中，便可求得$\Delta G_{n,p}$。考虑到俘获截面的绝对值通常不容易测定，建议在几个温度下执行这一测量程序，并将计算得的 $\Delta G_{n,p}$ 对 T 作图，由回归线的斜率求得 $\Delta S_{n,p}$ 的绝对值，在 $T=0$ 处，$\Delta G_{n,p}$ 值就是 $\Delta H_{n,p}$。这一方法既简单，又具有将 $\Delta G_{n,p}$ 表示为温度的函数的优点。至少在较低的温度下，$\Delta G_{n,p}$ 是用于将热学数据与光学数据进行比较的合适能量。

上面已经讲过，对于某些缺陷，俘获截面的绝对值难以测定。从上面计算热动力学量的方法中，不可能核对所测的俘获截面是否正确，或它们是否相差一个常数因子。如果俘获截面相差一个常数因子，只要 $e^{t}_{n,p}$ 和 $c_{n,p}$ 的温度关系已经被适当测量，熵的变化（而不是焓的变化）就不同。所以，文献中不正确的 $c_{n,p}$ 绝对值是常有的，这将导致不实际的熵的变化值。

正如早先所指出的，载流子通过缺陷的俘获过程可能因缺陷的电子结构而不同。例如，考虑到一个缺陷的电子结构通常由一系列激发态所组成，式 9.4 中所做的假设可能不经常被满足。所以建议，至少在俘获过程的开始时，如由 Lax[11] 所提出的并经 Abakumov 等人[12] 修改的，载流子的俘获有时可用分级过程来较好地描述。利用这一模型，电子的俘获截面可由下式给出：

$$\sigma^{t}_{n} = (2\Gamma k/m^{*}_{n}s)T^{-3} \tag{9.7}$$

式中，s 为声速；Γ 为一与温度无关的因子；m^{*}_{n} 为态密度有效质量。

另一个例子是 Gibb 等人[13] 的模型，他们提出了载流子通过单一激发态而俘获到基态，并与热再发射回到价带或导带的过程相竞争。

几个研究工作对俘获截面的温度关系做了不同的假设，这些工作表明，只要适当进行 e^{t}_{n} 的分析并且不违背式 9.1，从 σ^{t}_{n} 和 e^{t}_{n} 组合分析得出的焓的变化与 σ^{t}_{n} 的假设的温度变化是无关的。由于不同俘获过程产生不同的温度关系，从而得到不同俘获过程的信息，俘获截面温度关系的综合研究也许总是有用的。

9.3　结空间电荷技术

在最近几十年中，为研究缺陷的电子性能，大量不同的结空间电荷技术被开发出来。由于篇幅有限，这里只讨论这些技术共同的基本原理。

结空间电荷技术对于快速测定重要参数如浓度、发射率、俘获常数和热激活能等是非常有用的，并且在原理上是简单的技术。但是做综合分析用时，例如分析缺陷的能量结构时，大多数结空间电荷技术不具备足够的能量分辨率。与某些结空间电荷技术的标记无关，它们一般并不是能谱方法，这些能谱法将在后面讲到高分辨率吸收和其他测量技术时加以讨论。

9.3.1 电容技术

稳态和瞬态电容技术两者都是用于表征缺陷的流行技术。执行瞬态电容测量既可以在保持恒定反向电压下测量电容的变化，也可以在保持二极管电容恒定的条件下测量反向电压的变化[14]。缺陷的补偿度在后一情况下远没有前者严格，但是因为这一技术不如前者经常使用，所以这里的讨论只限于采用恒定反向偏压的方法。

瞬态暗电容技术最初是由 Williams[14] 提出的。该测量方法的综合处理后来由 Sah 等人[4] 给出，Lang[5] 将该技术推广到高频瞬态热扫描方法（DLTS）中。这种技术是一种快速表征方法，并且不局限于多子陷阱。

9.3.2 热测量技术

当使用瞬态电容技术时，肖特基势垒或单端 pn 结的反向偏压 V_R 在很短时间 t_s 内瞬时下降，于是耗尽区收缩，从而使自由载流子容易参与复合过程。起初发生复合然后发生发射的空间区位置是耗尽层移动过的区域。

更具体地，下面的讨论是对突变 p^+n 结而讲的，它在禁带的上半部具有浓度为 N_{TT}的单施主型缺陷。这种结的电容有如下关系式：

$$C(t) = A\varepsilon\varepsilon_0/W(t) = [A^2 q\varepsilon\varepsilon_0 N_I(t)/2(V_D + V_R)]^{1/2} \quad (9.8)$$

式中，V_D为扩散电压；A 为结面积；ε 为介电常数；W 为空间电荷区宽度。上面关系式说明，这种结的电容依赖于空间电荷，因而依赖于所有离化了的杂质 $N_I(t)$的空间变化和总浓度。在我们这里的情况下，$N_I(t)$由下式给出：

$$N_I(t) = N_D + p_T(t) = N_D + N_{TT} - n_T(t) \quad (9.9)$$

式中，N_D为浅施主总浓度，由于有小的束缚能，它们被认为是全部离化的；$p_T(t)$和 $n_T(t)$ 分别为空的和填满的缺陷浓度。对于 $N_D \gg N_{TT}$的二极管，用泰勒级数展开式 9.8，得到如下二极管电容的总变化的关系式：

$$\begin{aligned}\Delta C &= C[n_T(t_2)] - C[n_T(t_1)] \\ &= [n_T(t_1) - n_T(t_2)](1/2)[A^2 q\varepsilon\varepsilon_0 t_2 2(V_D + V_R)N_D]^{1/2} \quad (9.10) \\ &= 常数 \times [n_T(t_1) - n_T(t_2)]\end{aligned}$$

式中，$n_T(t)$为在时刻 t 被电子占据的缺陷浓度。如果 V_D和 N_D已知，式

9.10 中的常数既可以由实验确定，也可以由计算得到。合理选择初始和最终条件，于是缺陷总浓度 N_{TT} 便可容易地由式 9.10 求得。例如选择这样的情况，在 $e_p^t \ll e_n^t$ 和在黑暗下短时间内短路反向偏置二极管的条件下，于是 $n_T(t_1)=n_T(0)=N_{TT}$ 和 $n_T(t_2)=n_T(\infty)=0$。在不同反向偏压下进行测量，这一技术也可用于 N_{TT} 深度剖面分析。

缺陷上的电子占据变化由下面的速率方程给出：

$$dn_T/dt = dp/dt - dn/dt = e_p p_T - c_p p n_T - e_n n_T + c_n n p_T \tag{9.11}$$

在空间电荷区内，n 和 p 两者均小到可以忽略不计，对式 9.11 积分得到：

$$\begin{aligned} n_T(t) = & N_{TT}(e_p^o + e_p^t)/(e_p^o + e_p^t + e_n^o + e_n^t) + \\ & [n_T(0) - N_{TT}(e_p^o + e_p^t)/(e_p^o + e_p^t + e_n^o + e_n^t)] \times \\ & \exp[-(e_p^o + e_p^t + e_n^o + e_n^t)t] \end{aligned} \tag{9.12}$$

如果二极管短路后在黑暗下（$e_p^o = e_n^o = 0$），不仅测量了 ΔC，而且也测量了电容瞬态的时间常数，就可得到：

$$\tau = 1/(e_p^t + e_n^t) \tag{9.13}$$

当 $e_p^t \ll e_n^t$ 时，电子热发射率的绝对值便可以直接从衰减时间常数 τ 中求得。

当 e_p^t 和 e_n^t 为相同量级时，可利用 ΔC 和 τ 两者求得 e_n^t 的绝对值。在这一情况下，考虑到 $n_T(t_1)=N_{TT}$ 和 $n_T(t_2=\infty)=N_{TT}e_p^t/(e_p^t+e_n^t)$，就可从式 9.10、式 9.12 和式 9.13 得到：

$$e_n^t = \Delta C(\text{常数} \times N_{TT}\tau)^{-1} \tag{9.14}$$

至少在浅施主全部电离的温度范围内，上式中的常数只与温度有很弱的关系，在大多数情况下 e_n^t 的温度关系容易从式 9.14 中求得。一旦 e_n^t 已知，就可利用式 9.13 确定 e_p^t。

如果测量在黑暗下（$e_p^o = e_n^o = 0$）并在冻结温度以下（$e_p^t = e_n^t = 0$）进行，上面讨论的测量技术也可以用于测量俘获常数。当反向偏压降低时，耗尽区收缩，因而自由载流子进入耗尽区已经移动过的区域。这一过程很快，结果导致与自由载流子俘获到空缺陷态几乎同时存在的电中性区。在发生复合过程的区域内的自由载流子浓度与中性区里是一样的。对于在反向偏压降低之前部分为空态的缺陷中心而言（$n_T(0) < N_{TT}$）（例如用亚带隙光照照射样品），对式 9.11 积分（$p=0$）得到 $n_T(t)$ 的时间关系为：

$$n_T(t) = N_{TT} - [N_{TT} - n_T(0)]\exp(c_n n t) \tag{9.15}$$

将式 9. 15 代入到式 9. 10 中，可以看出，相应的电容变化时间常数与$n_T(t)$的时间常数是一样的，即：

$$\tau = 1/c_n n \tag{9.16}$$

在二极管再次被反向偏置后，测量由于反向偏压降低所引起的电容变化（见图 9. 1）。因为 $c_n^t = \sigma_n^t v_{th}$，非辐射俘获过程的热俘获截面 σ_n^t 可以由俘获常数除以电子平均热运动速度 $v_{th} = (3kT/m_n^*)^{1/2}$ 求得。容易看出，这一测量技术不限于在禁带上半部的缺陷。

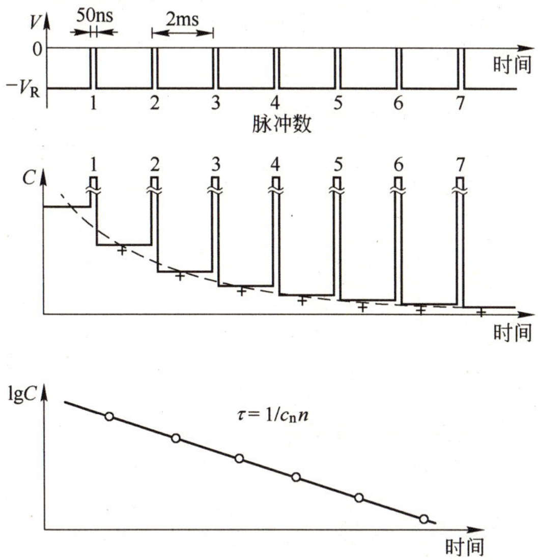

图 9. 1　在低于冻结温度以下俘获截面测量示意图（取自文献［16］）

一旦 c_n和 e_n^t 的温度关系和绝对值已知，便可从式 9. 4 和式 9. 5 得到 ΔH_n，从式 9. 1 得到 ΔG_n，从式 9. 3 得到 ΔS_n，从式 9. 2 得到 ΔG_n^o。

测量俘获常数和发射常数的单瞬态电容技术进一步发展成二极管的反向偏压被重复地加上或降低的测量方法[17]。这些技术简化了半导体的表征，特别是不止一个缺陷存在时。最初被称为深能级瞬态谱（DLTS）的这种典型技术[5]利用如下的事实，即在一定条件下，当反向偏置的二极管被脉冲加到反向偏置电压降低或进入正向偏置时，瞬态电容是呈指数变化的，其初始幅度正比于缺陷浓度（见式 9. 10）和一个例如由式 9. 13 给定的时间常数。在两个不同的但有固定间隔的时刻 t_1 和 t_2（速率窗口）下，利用锁相放大器或双 BOXCAR 平均器测量瞬态电容，可以看到，当电容差 $\Delta C = C(t_1) - C(t_2)$ 作为温度的函数进行测量时，在温度 T_{max}时 ΔC 具有最大值（见图 9. 2）

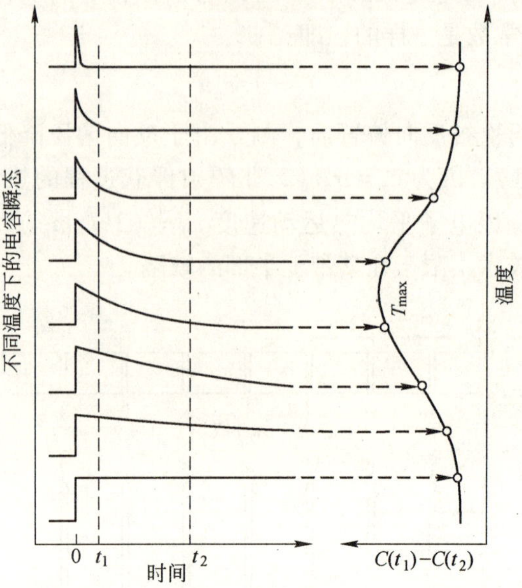

图 9.2　DLTS 测量的示意表示（取自文献［17］）

对于 p^+n 结和在禁带上半部的缺陷（$e_p^t \ll e_n^t$），瞬态的时间常数和在 T_{max} 时的发射率均与速率窗口有关联，用关系式给出：

$$e_n = 1/\tau = \ln(t_2/t_1)/(t_2 - t_1) \tag{9.17}$$

缺陷的热激活能 ΔE^t 由在不同的速率窗口 t_1、t_2 下重复进行温度扫描，并用 $\log(e_n/T^2)$ 对 $1/T$ 作图得到。

如果有几个缺陷同时存在，瞬态将为一个指数和，每一个都有一个时间常数，在某一特征温度下该常数等于速率窗口设定值。速率窗口分离开该指数和，使得温度扫描过程有一系列的峰（每一缺陷对所测量的瞬态贡献一个峰），它们的幅度正比于对应的缺陷浓度。

DLTS 也可用于研究俘获常数。例如，对于带有在禁带上半部的缺陷的 p^+n 结施加反向偏压，它将按式 9.15 所给的速率填满空缺陷态。利用恒定的速率窗口但改变填充脉冲的宽度 $t_s \ll 1/c_n$，从而使 DLTS 峰有不同的高度。将 DLTS 峰高变化的对数对 t_s 作图得到一条直线，该直线的斜率对应于在 T_{max} 时的电子热俘获常数。在不同率窗下进行这些测量可得到 $c_n(T)$。

对原始 DLTS 方法的许多改进和变种已经被开发出来，关于这一课题的最全面的参考文献清单在文献［42］中给出。

虽然结空间电荷技术得到了广泛使用，但由于没有足够的能量分辨率，有时它们的应用也受到限制。所以，一般地说，结空间电荷技术并不是能谱测量技术。当人们研究例如发射过程时，这些技术的其他限制变得很明显。使用结空间电荷技术意味着，发射过程总是在高电场中进行研究，而俘获过程是在零电场下进行测量的。已经说过，电场会影响激活能。电场对载流子热发射的影响原则上可能是由不同物理过程引起的，因而产生不同的电场关系。所以，建议使用电场协助的热发射研究来区分施主中心和受主中心[17]，和/或建立一个中心的荷电状态[19]。关于硅中单一替位硫族施主的电场增强发射过程的详细研究已经表明，由于它们的复杂性[19]，一般不能用结空间电荷技术将其区别开来。另外，正如下面所示的，缺陷的荷电状态以及施主型和受主型跃迁的区分容易用高分辨率光学测量进行研究。

电场增强热发射过程仍然可以用结空间电荷技术进行研究，例如使用单发射测量[20]。在这种情况下，结空间电荷区内的一个很窄范围是由测量两个瞬态之差所选定的，而两个瞬态是在恒定偏压下在两个稍有不同的脉冲电压下记录得到的。在这些情况下，热发射过程是在相当恒定的电场强度下被研究的。当反向偏压改变时电场强度也改变。尽管有相当大的电场影响，利用这一测量技术仍可得到零电场焓 ΔH_n 和低温下的光学束缚能之间有良好的一致性。

结空间电荷技术的另一限制来自二极管的 *RC* 乘积。当人们测量大的俘获常数时，了解 *RC* 乘积的影响是特别有意义的，因为可以用 DLTS 测量的俘获截面上限通常是由二极管的 *RC* 乘积决定的。下面的事实使情况进一步复杂，加上俘获脉冲时空间电荷区宽度改变，所以被俘获的电子浓度不是一个常数，而是根据反向偏置二极管的空间电荷区内的位置而变化的。已经指出[21]，为避免俘获常数测定出现相当大的误差，*RC* 乘积的数值至少必须小于俘获时间常数的十分之一。这些误差在通常的分析中是不容易被检查的。

9.3.3 光学测量技术

保持反向偏压不变，或保持二极管电容不变，瞬态电容测量也可用于测量光学发射率。下面，假设测量是在恒定的反向偏压下和低于缺陷的冻结温度下（$e_p^t = e_n^t = 0$）进行的。于是方程式 9.12 变为：

$$n_T(t) = N_{TT}e_p^o/(e_p^o + e_n^o) + [n_T(0) - N_{TT}e_p^o/(e_p^o + e_n^o)]\exp[-(e_p^o + e_n^o)t] \tag{9.18}$$

这意味着 ΔC 有类似的时间常数。如果将反向偏压加在先前短路过的二极管上，则初始条件选择为 $n_T(0)=N_{TT}$，然后用能量为 $h\nu$ 的光子照射二极管，这里 $h\nu$ 满足 $E_c-E_v>h\nu>E_c-E_T$ 条件，于是，从式 9.10 和式 9.18 得到二极管电容的总变化为：

$$\Delta C = 常数 \times N_{TT}e_n^o/(e_p^o+e_n^o) \tag{9.19}$$

于是，对不同光子能量测量 ΔC 和电容变化的时间常数 $\tau = 1/(e_p^o + e_n^o)$，利用式 9.19 就可计算出光电离化俘获截面 $\sigma_n^o = e_n^o/\phi$，因为：

$$\sigma_n^o = \Delta C(常数 \times N_{TT}\phi\tau)^{-1} \tag{9.20}$$

式中，ϕ 为用于光激发的光子流通量。光子能量在 $E_T-E_v>h\nu>E_c-E_T$ 范围时，这一测量特别简单，因为对这些能量 $e_p^o=0$，因而 e_n^o 的绝对值就可从瞬态时间常数 τ 直接求得。

选择初始条件使得 $n_T(0)=0$，从类似的测量得到 e_p^o 的能谱。这可以首先在测量前用能量在 $E_T-E_v>h\nu'>E_c-E_T$范围的光子照射样品，使初始条件 $n_T(0)=0$ 得到满足。然后如果用能量在 $E_c-E_v>h\nu>E_T-E_v$范围的光子照射，从包含相同常数的类似关系式 9.20 得到 σ_p^o。因为能量范围在 $E_T-E_v>h\nu>E_T-E_v$，e_n^o 直接从 τ 得到。当 ΔC 在相同光子能量下被测量和 N_{TT}已知时，就可以测定该常数。应该注意的是，如果缺陷是部分被填满的，然后用稍小于禁带一半的光子能量照射，那么，ΔC 的符号给出缺陷位置的信息，即缺陷是否在禁带的上半部或下半部的信息。这是光电容技术与光电流测量相比的一个主要优点。

光电离化俘获截面的能谱分布也可以由光电流方法得到。考虑稳态光电流的情况，它由下式给出：

$$I_{ph} = qA(W-W_o)N_{TT}e_p^oe_n^o/(e_p^o+e_n^o) \tag{9.21}$$

式中，$W-W_o$为有效产生区[22]，对于在禁带的上半部的缺陷，十分明显，e_n^o 只有在 $e_p^o<e_n^o$ 时才能被测量。另外，没有比光电流测量更简单和更快的并具有合理精度的测量光学发射率的方法，因为光学发射率是直接地并以高灵敏度得到的。对于 e_p^o 的测定，必须采用其他光电流技术，例如双光源稳态光电流方法[23]。

除了已经叙述过的测量光学性质的结空间电荷技术以外，还有相当多的稳态测量技术。这些技术容许人们在比瞬态测量所用的更高温度下研究缺陷[23~25]，并/或提供单指数的瞬态。由于自由载流子从中性区拖尾延伸到空间电荷区[26~28]，用常规瞬态测量经常不能得到单指数瞬态。

公平地说，用这些技术得到的光电离化俘获截面的能谱分布一般并不能给出太多的关于缺陷电子结构的信息，因为在大多数情况下，能谱是相当平滑的，并且由于相互竞争的过程，域值能经常变宽。所以，为了从分辨率高得多的测量方法中得到这些缺陷的性质，开发出了其他的技术。

9.4 其他光学测量方法

9.4.1 光热电离谱

因为硅中大多数缺陷为非辐射的，光吸收和光热电离谱（PTIS）以及导纳技术对于这些缺陷的光学研究是特别有意义的。与广泛使用的光吸收测量不同，光热电离谱是较少为人们知道的，虽然该技术被用于研究具有小束缚能的浅中心已有30多年[29]。在该技术用于研究具有较大束缚能的所谓深能级缺陷之前已经历了相当长的时间。光热电离谱为热增强光电导方法，基于电荷载流子从缺陷的基态光激发到激发态，接着该激发的缺陷产生热离化。吸收一个光子能够或不能够产生正的PTIS信号，取决于电荷载流子是否最后被激发到连续能带中。

图9.3表示在不同温度下锗中一个浅受主的典型光热电离谱[29]，在该图中，光热电离谱的这些基本特性可以容易地被识别。缺陷（铟）的束缚能为11.7meV，在能量大于束缚能处看到的从基态到价带的跃迁是一宽的、无特征的谱。在谱的低能端观察到5个谱线。由于通过激发态的二步激发，这些谱线的信号随着温度增加而增大，这里第二步激发过程为热过程。所以，与吸收测量相反，来自较浅能级的信号比来自较深能级的信号更明显。

光热电离谱和光吸收测量之间的另一主要不同是光热电离谱具有高的灵敏度。浅中心的早期研究表明[29]，在某些条件下，特别是在特定温

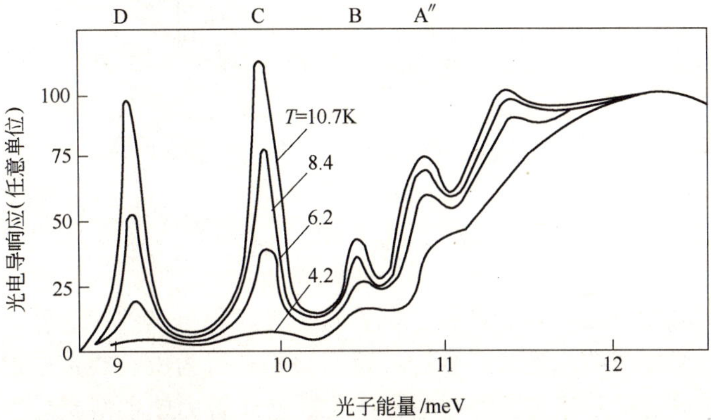

图9.3　在不同温度下掺铟锗（p型）的光热电离谱（取自文献［29］）

度范围内，在低到很低缺陷浓度（10^5cm^{-3}）下，光热电离信号仍与缺陷浓度无关。

与吸收测量相比较，光热电离谱还有一个优点是光热电离涉及两步激发过程的事实。这意味着人们不仅可用光热电离谱研究揭示缺陷能量结构的光跃迁，也可以研究谱中涉及的每一激发态的热学性质。

为了更详细地说明这一技术，以硅中的中性替位硒施主作为例子。该中心的光热电离谱如图 9.4 所示。因为在一个温度下不能观测到全部高分辨率谱线，在 2360 ~ 2500cm^{-1}之间的谱是在 24.7K 下记录得到的，在 2110 ~ 2230cm^{-1}之间的谱是在 65.8K 下记录得到的。该谱由较高能量处的连续部分和较低能量处的几个谱线所组成，这反映了中性硒中心的能量结构。不考虑 s 态时，将峰值能量与有效质量近似（EMA）进行比较表明（见图 9.5），谱的结构完美地与有效质量近似[1]相符合。这意味着，例如，第二个最低峰对应于从基态 $1s(A_1)$ 到 $2p_0$ 态的跃迁，能量最高的峰是由基态到 $5p_{\pm}$ 态跃迁产生的。从图 9.4 所示的一条谱线容易求得基态束缚能，例如，测量出 $1s(A_1)$ 到 $2p_0$ 态的跃迁的激发能，加上 $2p_{\pm}$ 态的有效质量近似束缚能（6.40meV），得到基态束缚能为 306.63meV。一旦电离限已知，所有激发态的束缚能就容易求得。

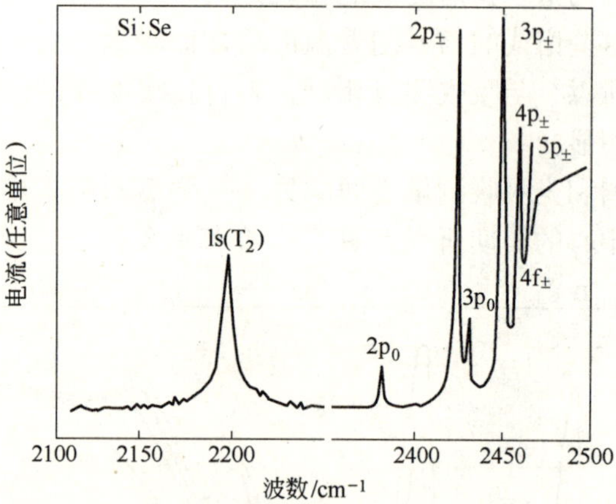

图 9.4　Si：Se° 的光热电离谱（取自文献［32］）

因为激发态的有效质量近似束缚能是随 Z^2 而增加的，这里 Z 为核心的电荷，激发态的能量间隔会告诉我们缺陷是否为中性或带电的，即缺陷是否单施主或双施主。谱线也揭示光跃迁是否为施主型或受主型（因为它们是不同的），和缺陷是否为单独的或构成一络合物。例如，如果缺

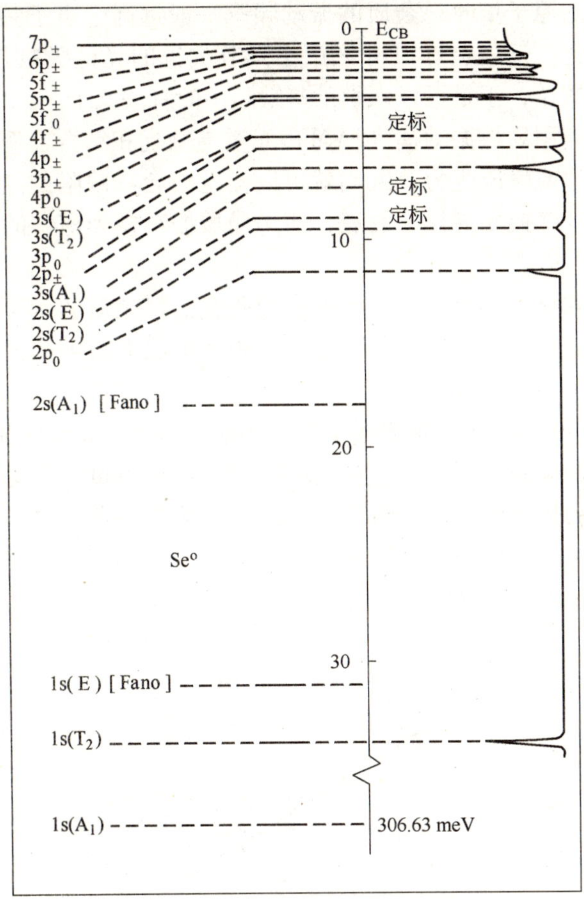

图 9.5　电子束缚到硅中硒施主的能态
（所示的谱由光热电离谱和光吸收得到）

陷由一对硫族原子而不是单个替位硫族原子构成，局域对称性从四面体对称降低为三角形对称，这会导致 s 态的分裂，而 p、d 和 f 态的束缚能几何不受影响[30]。

高分辨率光学测量和结空间电荷技术都不能给出缺陷化学识别的信息。这种信息通常是由电子自旋共振（ESR）结合其他方法得到的，例如，当样品用不同能量的单色光照射时，将 ESR 谱与缺陷的能量位置关联起来。由于对不同光子能量，ESR 激活中心的光子感生的价电荷变化有不同的时间关系，光发射率的能谱分布可以被测量并可以与从结空间电荷技术[31]得到的谱进行比较。

另一个识别缺陷的技术是根据这样的事实，即对于杂质的原子量小于基质晶体的原子量时，杂质的振动频率一般远高于声子频谱。由于强的空间局域化，这就会在红外区产生具有尖锐的光谱吸收带的振动模。结合同位素掺杂，于是可以识别某些缺陷中的有关原子。

而且，利用局域振动模（LVM）光谱与微扰相结合，例如极化探测光和单轴应力或静压应力，人们就可以测定络合物缺陷的结构。正是强有力的傅里叶变换光谱仪的发展，使得局域振动模光谱学的快速推广成为可能。

在元素和化合物半导体中已被成功研究的轻杂质的例子是氢、碳和氧。局域振动模光谱学在工业上也用于硅和集成电路生产中的各个阶段的控制。

半导体中的局域振动模光谱学的更详细处理已由 Barker 和 Sievers[33]、Spitzer[34] 和 Newman[35] 给出。进一步评述最近已由 Haller[36] 发表。

激发态的热特性是在不同温度下测量光热电离谱，并将每一峰积分信号的对数对 $1/T$ 作图（见图 9.6）。假定式 9.4 是正确的，从直线的斜率即可求得热激活能 ΔE^{t}（式 9.6）。

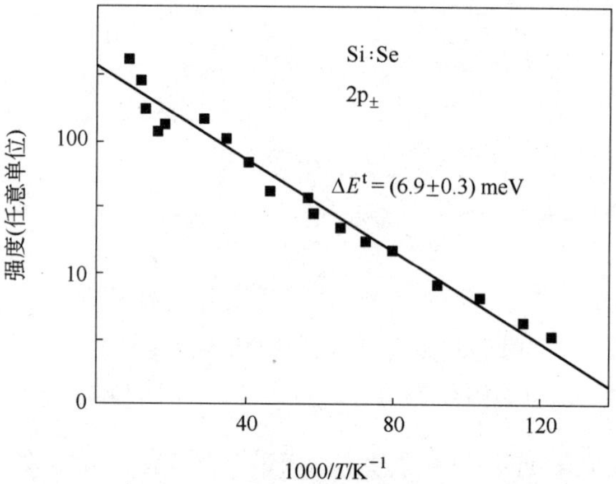

图 9.6　硅中中性硒施主的 $2p_{\pm}$ 谱线的积分幅度对温度倒数的关系（取自文献［32］）

如果对所有激发态，ΔH_{n}^{c} 是类似的，对于从基态到一个激发态的电子激发过程所需的光学能 ΔE^{o} 与热激活能 ΔE^{t} 作图，预期将给出斜率为 1 的直线（见图 9.7），直线与 ΔE^{o} 轴相交处由 ΔH_{n}^{c} 之和给出，从而得到基态束缚能。

如果所有数据点在一条直线上，这证明光热电离谱的所有峰起源于同一缺陷，并且所有激发态的俘获过程是类似的。因此，如果某些数据

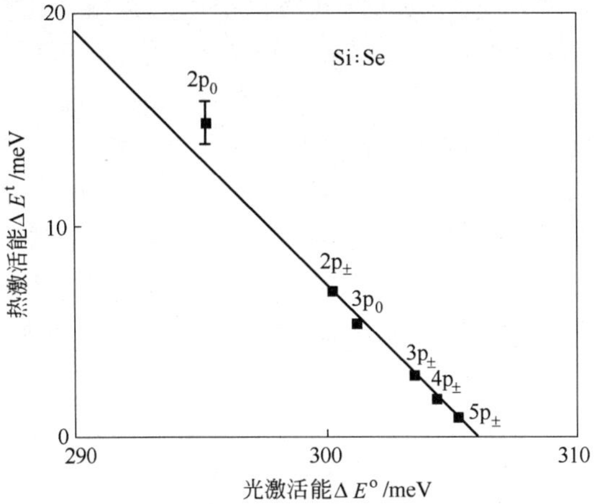

图 9.7　比 $1s(T_2)$ 高的所有谱线的热激活能对光激活能的函数关系（取自文献［32］）

点不在一条直线上，这可能意味这些态与不同的缺陷有关，或这些激发态的俘获机构与其他激发态不相同。

从图 9.6 给出的数据可以得出两个有意义的结论：（1）光热电离谱揭示的热激活能的精度比例如结空间电荷技术好得多。这是由于光热电离谱技术固有地选择具有非常相似的电子性质的中心。（2）所得的热激活能 ΔE^t 很接近光束缚能，看上去较高激发态的 ΔH_n^c 是小的值。这也解析了为什么图 9.7 的回归线与 ΔE^o 轴相交在与基态束缚能几乎一样的 306.5meV 能量处。$2p_0$ 峰（也可记为 $1s(T_2)$）不在该直线上的事实说明对这些激发态可能有不同的俘获特性。

在不同温度下取得的光热电离谱表明[31]，所有态包括基态的光束缚能几乎是与温度无关的，并且各个峰的相对位置的任何移动是与介电常数的温度关系有关的。

9.4.2　傅里叶光电导纳谱

傅里叶光电导纳谱（FPAS）[37] 联合了两个众所周知测量技术的优点，即适用于二极管的导纳谱[38] 和适用于光电导体的傅里叶光谱[39] 的优点。它具有傅里叶光谱的高信噪比和高分辨率以及结技术的高灵敏度。

用于这一测量技术的光谱仪是傅里叶变换红外（FTIR）光谱仪。在这种情况下，通常的探测器用样品二极管来代替。当光强度变化时，由于禁带中来自局域态的激发和到局域态的俘获，在二极管的外电路中产生振荡电流。在傅里叶变换红外光谱仪中用二极管作为探测器意味着，探测器信号是大量振荡电流的组合，每一电流分量的频率正比于相应入射光谱分量的能量。这一信号被储存在光谱仪计算机中，经过适当的数据收集时间以后，它被傅里叶变换为二极管对已知入射光谱的光谱响应。已经指出，如果所涉及的跃迁只是一个能带[40]，二极管外电路中的交流电流是正比于光发射率 $e^{o}_{n,p}$ 的。通常可以这样布置实验条件，使得光谱响应和发射率之间的线性度偏差是小的。

与传统的光吸收和结技术相比较，傅里叶光电导纳谱有几个优点。因为光成为活性之前只通过了非常短的一段距离，声子吸收对光强的影响比光吸收测量中要小得多。与传统的光学结技术相比较，它要快得多，并且分辨率也好得多。它是唯一的可对能量低于 0.2eV 的能级进行光学研究的结技术。而且，在二极管上的测量包括了耗尽区或它们的边缘区。耗尽区激活部分的很小宽度使得空间电荷区特别适合于在较厚衬底上的外延沉积薄层的缺陷研究或由浅扩散引入的缺陷研究。在这种情况下，合适的结或者用金属薄膜沉积在待研究的薄层上，或者用掺杂一薄的 p^+ 或 n^+ 表面层来制得。

当不需要非常高的分辨率时，傅里叶变换红外光谱仪可以用任何其他带有合适单色光调制的光谱仪代替。于是，该测量技术称为光电导纳谱技术（PAS）[4]。

（朱悟新译，邓志杰校）

参 考 文 献

1. W. Kohn: Solid State Phys. **5**, 257 (1957)
2. W.E. Krag, H.J. Zeiger:Phys. Rev. Lett. **8**, 485 (1962)
3. G. Björklund, H.G. Grimmeiss: Physica Status Solidi **42**, K1 (1970)
4. C.T. Sah, L. Forbes, L.L. Rosier and A.F. Tasch Jr.: Solid State Electron. **13**, 759 (1970)
5. D.V. Lang: J. Appl. Phys. **45**, 3023 (1974)
6. G.W. Ludwig, H.H. Woodbury: *Solid State Physics*, vol. 13, ed. by F. Seitz, D. Turnbull (Academic Press, New York 1962) p. 223
7. C.A.J. Ammerlaan, P.T. Huy: Solid State Phenomena **85-86**, 353 (2002)
8. A.Thilderkvist, M. Kleverman, G. Grossmann, H.G. Grimmeiss: Phys. Rev. B **49**, 14270 (1994)
9. K.Bergman, G. Grossmann, H.G. Grimmeiss, M. Stavola, R.E. McMurray Jr.: Phys. Rev. B **39**, 1104 (1989)
10. O. Engström, A. Alm: Solid State Electron. **21**, 1571 (1978)
11. M. Lax: Phys. Rev. **119**, 1502 (1960)
12. V.N. Abakumov, V.I. Perel, I.N. Yassievich: Sov. Phys. Semicond. **12**, 1 (1978)
13. R.M. Gibb, G.J. Rees, B.W. Thomas, B.L.H. Wilson, B. Hamilton, D.R. Wight, N.F. Mott: Philos. Mag. **36**, 1021 (1977)

14. J.A. Pals: Solid State Electron. **17**, 1139 (1974)
15. R. Williams: J. Appl. Phys. **37**, 3411 (1966)
16. H.G. Grimmeiss, C. Ovrén: J. Phys. E **14**, 1032 (1981)
17. G.L. Miller, D.V. Lang, L.C. Kimmerling: Annu. Rev. Mater. Sci. (1977) p. 377
18. L.C. Kimmerling, J.L. Benton: Appl. Phys. Lett. **39**, 410 (1981)
19. K. Hofmann, M. Schulz: Appl. Phys. A **33**, 19 (1984)
20. H. Pettersson, H.G. Grimmeiss: Phys. Rev. B **42**, 1381 (1990)
21. L. Montelius, H.G. Grimmeiss: Semicond. Sci. Technol. **3**, 847 (1988)
22. S. Braun, H.G. Grimmeiss: J. Appl. Phys. **44**, 2789 (1973)
23. S. Braun, H.G. Grimmeiss: J. Appl. Phys. **45**, 2658 (1974)
24. G. Björklund, H.G. Grimmeiss: Solid State Electron. **14**, 589 (1971)
25. H.G. Grimmeiss, N. Kullendorff: J. Appl. Phys. **51**, 5852 (1980)
26. A. Zylbersztejn: Appl. Phys. Lett. **33**, 200 (1978)
27. H.G. Grimmeiss, E. Janzén, B. Skarstam: J. Appl. Phys. **51**, 4212 (1980)
28. H.G. Grimmeiss, E. Janzén, B. Skarstam, A. Lodding: J. Appl. Phys. **51**, 6238 (1980)
29. T.M. Lifshits, N.P. Likhtman, V.I. Sidorov: Fiz. Tekh. Poluprovodn. **2**, 782 (1968)
30. E. Janzén, R. Stedman, G. Grossmann, H.G. Grimmeiss: Phys. Rev. B **29**, 1907 (1984)
31. H.G. Grimmeiss, E. Janzén, H. Ennen, O. Schirmer, J. Schneider, R. Wörner, C. Holm, E. Sirtl, P. Wagner: Phys. Rev. B **24**, 4571 (1981)
32. J.-O. Fornell: Thesis, University of Lund (1989)
33. A.S. Barker Jr., A.J. Sievers: Rev. Mod. Phys. **47**, Suppl. 2 (1975)
34. L.H. Solnik, W.G. Spitzer, A. Kahan, R.G. Hunsperg: J. Appl. Phys. **42** (13), 5223 (1971)
35. R.C. Newman: *Infrared Studies of Crystal Defects* (Taylor & Francis, London 1973)
36. E.E. Haller: Mater. Res. Soc. Symp. Proc. **378**, 547 (1995)
37. E. Janzén, K. Larsson, R. Stedman, H.G. Grimmeiss: J. Appl. Phys. **53**, 7520 (1982)
38. D.L. Losee: Appl. Phys. Lett. **21**, 54 (1972)
39. M.S. Skolnick, L. Eaves, R.A. Stredling, J.C. Portal, S. Askenazy: Solid State Commun. **15**, 1403 (1974)
40. K. Larsson: J. Phys E Sci. Instrum. **20**, 1480 (1987)
41. M. Kleverman, E. Janzén, H.G. Grimmeiss: Solid State Commun. **46**, 895 (1983)
42. *Landolt-Börnstein*, New Series vol. 22, ed. by O. Madelung, M. Schulz (Springer-Verlag, Berlin, Heidelberg 1989) p. 68

10　硅及其在扫描探针显微术进展中的重大作用

F. J. Giessibl

10.1　引言

硅在扫描探针显微镜的发展过程中起到了重要作用。在 20 多年的时间里，硅的 7×7 重构已成为表面科学家的挑战。1983 年，Gerd Binning 和 Heinrich Rohrer 发明了扫描隧道显微镜（STM），在实空间中绘制了第一张 Si(111)(7×7)原子分辨率的图像。这个结果中所包含的信息已帮助发展了 Takayanagi 等提出的二聚物-吸附原子-堆垛层错模型。Si(111)(7×7)表面已被认为是与众不同的扫描探针显微镜——原子力显微镜（AFM）的试金石。Si(111)(7×7)表面的 STM 图像在引入 STM 一年后获得，而 AFM 却花了几乎 10 年的时间迎接这个令人兴奋的复杂表面的挑战。可是这个最初的 AFM 数据没能给出关于硅表面的新的信息，成像这个复杂表面的要求已成为完善 AFM 的驱动力。目前，AFM 的分辨率已得到提高，Si(111)(7×7)表面成为 AFM 的标准测试样品。因为这个表面为众人所知，所以借助它可以了解更多关于显微镜探针尖端的三维结构。硅既是令人激动的研究对象又是用于扫描探针显微镜的重要材料。

10.2　作为扫描探针显微镜基准的硅

1959 年，Schlier 和 Farnsworth 报道了关于 Si(111)表面的低能电子衍射（LEED）实验[1]。将 Si(111)表面加热到 900℃以后，他们发现此表面 LEED 花样中显示了附加的散射峰。这些附加峰起因于硅表面的重构，新的单胞 7×7 倍于体材料的终端结构。由于单胞的尺寸巨大，此表面结构作为表面科学家的巨大挑战存在了 20 多年。1982 年，Binning、Rohrer 等推出了扫描隧道显微镜（STM）[2]。图 10.1 给出了这台非凡仪器的原理。将一个锐利的尖端固定在压电三脚架扫描器上。这个扫描器能够以原子精度在三维空间移动尖端。一个粗糙定位装置（未显示在图 10.1 中）在三脚架扫描器能达到的范围内移动样品。当尖端和样品（具有相对偏压 V_t）接近到几个原子直径的距离时，隧道电流 I_t 涌出。隧道电流随距离基本上成指数增加，距离每减小 100pm 隧道电流就增加 10 倍。这

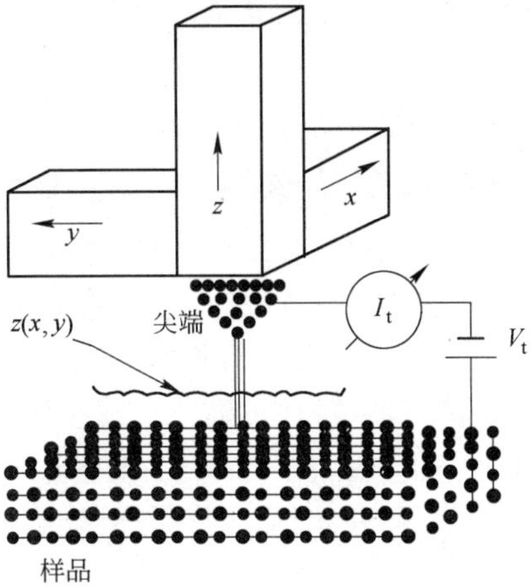

图 10.1 扫描隧道显微镜（STM）

STM 由一个能三维移动锐利尖端并能进行表面扫描的压电扫描器组成。如果此尖端与具有偏压 V_t 的样品足够接近，隧道电流 I_t（小圆点）可以在样品和尖端之间流动。此电流随尖端-样品距离的减小迅速增大，产生一个极好的电反馈控制输入信号，使尖端-样品距离保持不变。尖端一边在 x-y 平面内扫描，一边记录尖端位置 $z(x,y,I_t=$常数$)$，形成表面形貌图。理论上，可分辨单个样品原子

样迅速、单调的距离依赖关系允许简单地反馈整理调节 z 位置使电流不变。在 x-y 平面进行尖端扫描并记录 $z(x,y,I_t=$常数$)$ 形成表面的形貌像。由于隧道电流随距离迅速衰减，即使相对较钝的尖端都能容易地达到原子分辨率。在推出 STM 后仅一年，Binning 等利用扫描隧道显微镜测定了图示表面（图 10.2）表面原子位置[3]。这个极好的结果直接证明了作为

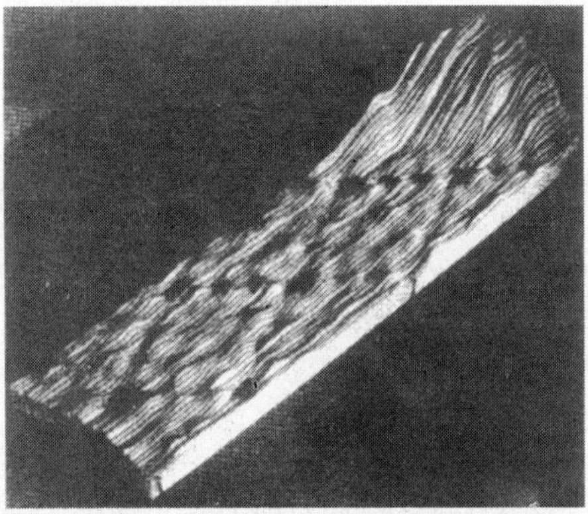

图 10.2 Binning 等拍摄的第一张实空间 Si7 ×7 重构原子像（1983 年）

该图显示了具有 12 个吸附原子和深角洞的钻石形单胞。1983 年，还不能容易地得到计算机图形，该图像是通过剪裁纸板图形记录器上的迹线和排列剪裁后的小块纸板构建起表面的三维模型

表面科学工具 STM 的效能，1986 年 Binning 和 Rohrer 由于发明了 STM 获得了诺贝尔物理学奖。

硅聚集成具有立方晶格常数的金刚石结构，$T=0K$ 时 $a_0=0.543nm$，$T=300K$ 时 $a_0=0.54355nm$[4]。体终结表面 Si(111) 的单位矢量长度 $v=a_0/\sqrt{2}=0.384nm$，角度 60°；在重构表面中，单位矢量长度 $\omega=7\times0.384nm=2.688nm$（见图 10.3）。重构不仅影响表面原子层，也影响顶端的 4 层原子，新单胞包含约 200 个原子。由于单胞尺寸大，原子位置的测定是一个巨大的科学挑战，在 20 多年的时间里一直没有解决。1985 年，Takayanagi 等最终提出了新的普遍适用的二聚物-吸附原子-堆垛层错（DAS）模型[5]。根据这个模型（见图 10.3），每半个单胞安置 6 个吸附原子。吸附原子受到 SP^3 杂化轨道交叠形成的共价键的束缚。在体内，相邻原子杂化轨道的交叠形成电子对。在表面，4 个 SP^3 杂化轨道之一垂直指向表面形成悬挂键。

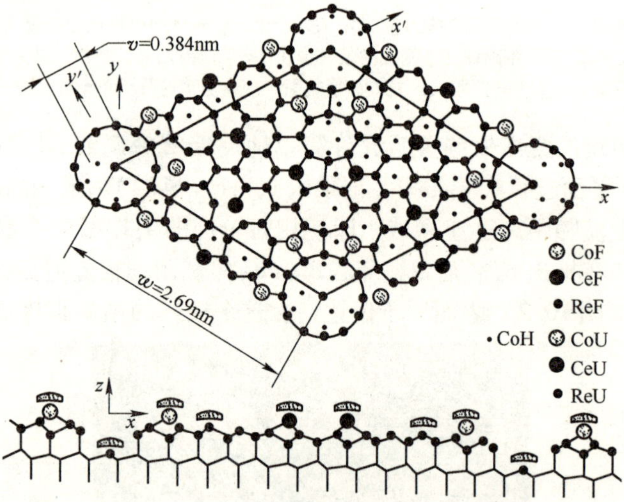

图 10.3　Si(111)(7×7)二聚物-吸附原子-堆垛层错（DAS）模型的顶视图和横截面图（$\gamma=0$）

非表面重构晶格晶格常数 384pm。通过形成 7×7 重构，吸附原子使绝大多数表面原子的悬挂键达到饱和以致于每一单胞中悬挂键的总数从 49 减少到 19。这种重构的显著特征是每一单胞有 12 个吸附原子和 1 个角洞。吸附原子分成 4 个对称种类：错排角（CoF）、错排中心（CeF）、非错排角（CoU）和非错排中心（CeU）。19 个剩余的悬挂键来自 12 个吸附原子、6 个剩余原子（ReF，ReU）和角洞中心原子（CoH）

Si(111)(7×7)成像被认为是一台 STM 分辨能力和表面科学兼容性的标准测试。硅表面的其他取向，如 Si(001)(2×1)表面，在随后进行了研究，并进行了光谱学方法 $I_t(V_t)$ 或 $I_t(z)$ 测量，有关内容参见文献 [6, 7] 和里面的文献。

STM 需要隧道电流的流动作为显微镜操作的控制信号。1985 年，Binning 发明了原子力显微镜（AFM）。在 AFM 中，尖端和样品之间的作用力作为控制信号替代了隧道电流。1986 年，Binning、Quate 和 Gerbert 介绍了 AFM 原理的第一次实现并拍摄了 Al_2O_3 表面台阶[8]。图 10.4 给出了 AFM 的原理。隧道尖端被固定在悬臂上的尖端所代替。尖端和样品之间的作用力使悬臂弯曲，以此来进行力的测量。

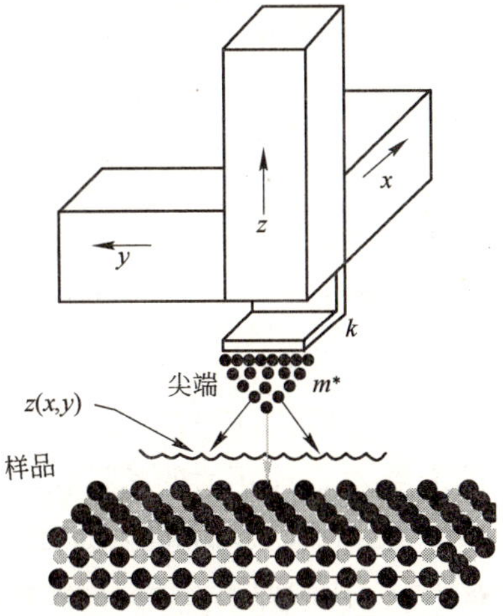

图 10.4　原子力显微镜（AFM）

AFM 和 STM 的工作原理相似。在 AFM 中，尖端固定在刚度为 k、有效质量为 m^* 的悬臂上。尖端-样品力 F_{ts} 使悬臂产生偏转 $q' = F_{ts}/k$。与 STM 中的隧道电流相反，F_{ts} 既不是纯短程力也不单调，但可能具有吸引和排斥的成分。化学力作用范围小且主要作用于尖端前沿原子和邻近样品原子之间（灰色箭头），但也典型存在由范德瓦尔斯或静电相互作用等引起的长程力（黑色箭头）。在许多试验条件下，长程作用力大于短程力

利用 STM 获得原子分辨率相对简单，这归因于隧道电流的物理性质：短程和单调。图 10.5 给出了隧道电流 4、短程力 1 和长程力 2 与距离依赖关系的典型曲线。

由于隧道电流是距离的单调函数，STM 中反馈控制电路的实现就变得简单了。将隧道电流简单地输入对数放大器。控制电路将电流的对数与电流设定值的对数进行比较。如果实际电流大于设定值，缩回尖端；如果电流太小，尖端被进一步接近。由于尖端-样品力 F_{ts} 是非单调的，这个简单原理不能用于 AFM。

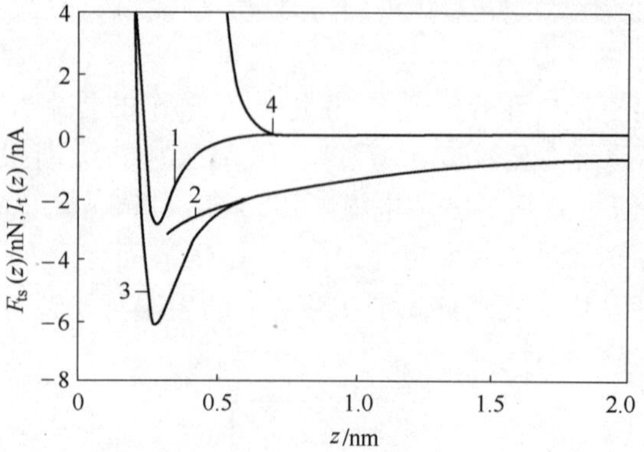

图 10.5 隧道电流和短程、长程以及所有尖端-样品力是（典型的）尖端-样品距离的函数

隧道电流具有短程和单调的距离相关性，这简化了反馈，尖端-样品力由短程和长程成分组成且非单调

1—短程力（莫尔斯势）；2—长程力；3—总力；4—隧道电流

具有原子分辨率的 Si(111)(7×7)表面成像是 STM 仪器的成功，用 AFM 成像此表面是原子力显微镜的试金石。然而，对于反应性的表面如硅，除了图 10.5 所示的尖端-样品作用力的长程和单调性之外出现了更多的问题。强的化学结合出现在 AFM 尖端和硅表面之间，扫描在尖端和样品上产生严重磨损。Howald 等[9]用聚四氟乙烯覆盖悬臂的尖端并设法减小粘滞力来成像7×7 单胞。然而，在这些试验里不能分辨单个的原子。图 10.6 给出了第一个硅表面原子分辨率的结果[10]。该结果于 1994 年采用动力学 AFM 模式（在下面作了解释）获得。与第一个 STM 结果相似，只有一个小面积以原子分辨率成像，单个原子以类似噪声起伏的形式出现（见图 10.6 中插图）。

图 10.6 中用到的实验技术由 Albrecht 等在 1991 年引入[11]，最初用于磁力显微镜。图 10.7 解释了这种“频率调制原子力显微术”技术。悬臂受到正反馈，使其具有可调但不变的振幅 A 以本征频率 f_0 振动，而不是要测量悬臂的 dc 偏差。谐振的本征频率为：

$$f_0 = \frac{1}{2\pi}\sqrt{\frac{k^*}{m^*}} \tag{10.1}$$

式中，k^* 为有效弹性常数；m^* 为有效质量。尖端-样品作用力改变有效弹性常数，悬臂的弹性常数必须加上尖端-样品复合刚度 k_{ts}，所以 $k^* = k + k_{ts}$。如果 $k_{ts} \ll k$，式 10.1 中的平方根项以泰勒级数展开，展开式中的线性项产生对式 10.1 的主要修正。如果在振动循环过程中尖端-样品作用

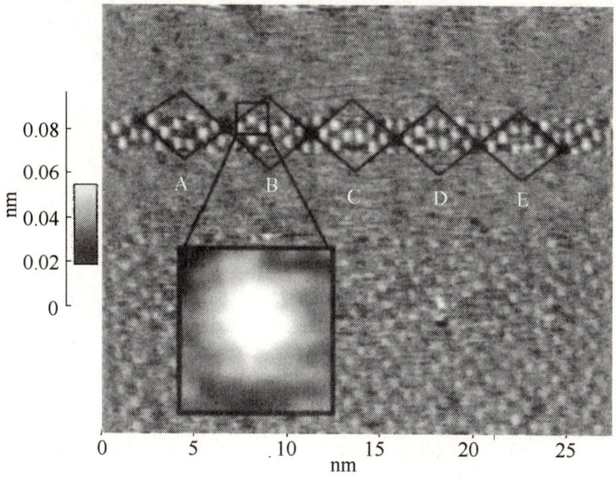

图 10.6 Si(111)(7×7)的第一张 AFM 像

其尺寸为 27nm×19.5nm。悬臂刚度 $k=17\text{N/m}$，本征频率 $f_0=114224\text{Hz}$，质量因子 $Q=28000$，振动幅度 $A=34\text{nm}$。为了最小化长程静电力，尖端和样品之间的静电偏压为零。吸引力导致频率改变 $\Delta f=-70\text{Hz}$，在这个不变的负频率漂移下记录图像。白色的菱形 A～E 指示 5 个单胞，它们在图像中清晰可见。图像质量的改变归因于尖端的改变-在扫描过程中尖端的前沿原子改变了结构。插图中给出了单一吸附原子的放大像

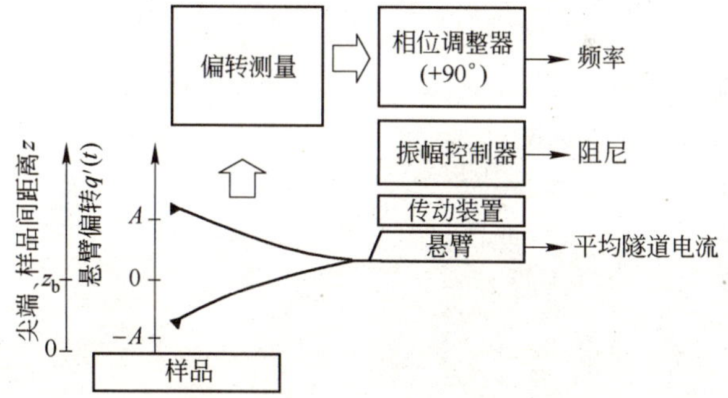

图 10.7 频率调制 AFM 的原理

采用正反馈以不变的振幅 A 驱动悬臂（图中显示了上下转向点）。频率调整为式 10.3 所给的值。维持幅度不变所需要的能量是尖端-样品力滞后作用的度量标准。对于导电样品，隧道电流是再一个用 FM-AFM 可观测和得到的物理量

力的梯度不变，那么频率改变 Δf，由下式给出：

$$\Delta f=\frac{f_0}{2k}k_{ts} \tag{10.2}$$

然而，在实验中包含几十纳米的振幅，k_{ts} 在 z 的区间 $[z-A,\ z+A]$

上变化几个数量级，这样必须将式 10.2 推广为：

$$\Delta f(z)=\frac{f_0}{k\pi A^2}\int_{-A}^{A}k_{ts}(z+\zeta)\sqrt{A^2-\zeta^2}\,d\zeta \qquad (10.3)$$

如文献［12］和其中文献所示。

频率调制技术，参数与图 10.6 中所用参数相似，已成功地用于硅、其他半导体、金属和绝缘体的成像[13~18]。

10.3　作为 AFM 悬臂材料的硅

悬臂是 AFM 的核心元件，此部件有别于 AFM 的前辈——STM。第一代悬臂由附上金刚石尖端的金箔制成[8]。后来，微机械硅悬臂变得受欢迎。第一代微机械悬臂利用在硅片上刻蚀的 V 形非晶硅 SiO_2 薄膜作悬臂。之后，由于 Si_3N_4 比 SiO_2 更为耐用，由硅片上 Si_3N_4 薄膜制成的悬臂得到广泛使用。现在，绝大多数悬臂由集成尖端的单晶硅制成。

图 10.8 给出了几个悬臂的例子。图 10.8*a* 给出了硅悬臂（Nanosen-

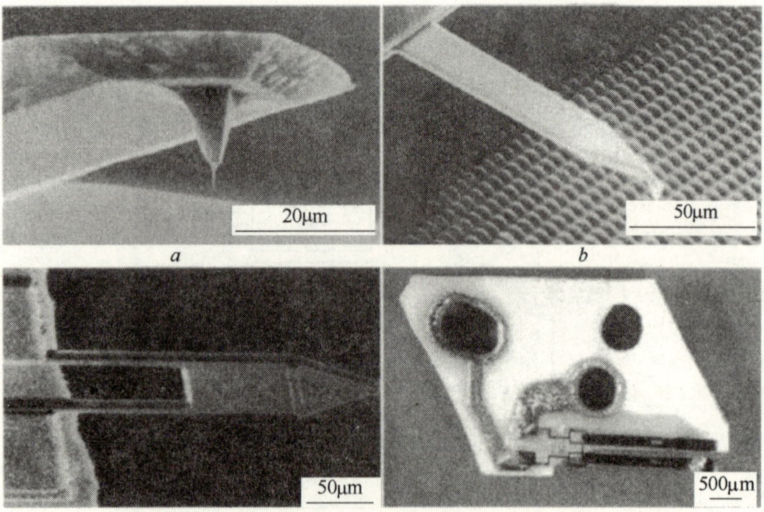

a　*b*　*c*　*d*

图 10.8　4 种类型的力传感器（悬臂）

尖端上的力引起悬臂的偏转。偏转在 *a* 和 *b* 中用光学束偏转或干涉法测量，在 *c* 和 *d* 中用电学测量

a—指向［001］方向的集成尖端微机械硅悬臂[19]；*b*—另一个指向［001］方向的集成尖端微机械硅悬臂[20]，尖端在悬臂的末端，以至于在光学显微镜中可以看到临近尖端的样品区域；*c*—指向［001］方向的集成尖端自感应压电硅悬臂，当偏转悬臂时，悬臂电阻发生改变，构成惠斯登桥的压电悬臂部件获得产生电力信号的简单途径[21]；*d*—基于 SiO_2（石英）音叉（“qPlus 传感器”）的悬臂[22,23]，由于 SiO_2 中的压电效应，传感器的偏转在变形尖头的表面引入电荷，这些电荷被电极收集并被 *I-V* 转换器测量

sors GmbH)；图 10.8*b* 给出了一个悬臂（Olympus），用光学显微镜从上面可以看到尖端；图 10.8*c* 给出了由单晶硅制成的自感应压电悬臂；图 10.8*d* 给出了由晶体 SiO_2（石英）音叉制成的"悬臂"。

在第一台 AFM[8] 中，用隧穿尖端测量悬臂的偏差——悬臂背面用作电极，将锐利的金属尖端放在隧穿距离内。后来，AFM 采用光束偏转或干涉法[24]。在掺杂硅中，压电效应非常强，这允许建造如图 10.8*c* 所示的自感应悬臂[21]。在晶体 SiO_2中，根据压电效应可制造自感应悬臂[22,23]（图 10.8*d*）。

10.4 作为 STM 和 AFM 尖端的 Si(111)(7×7)表面

在 STM 和 AFM 中，原子像是尖端和样品电子态的解卷[7]。因此，为了完全表征原子像需要知道尖端的原子态。幸运的是，在绝大多数情况下无需准确知道尖端的电子态。在典型的试验中，原位制作尖端，例如利用电压脉冲等对样品进行轻微碰撞直到"良好的"图像结果。由于 Si(111)(7×7)表面的形貌像特征——深角洞和具有准确电子结构的宽间距吸附原子——硅是研究显微镜尖端电子结构的优异测试表面。

在系统研究最小化 AFM 中噪声因子后，制造出了具有接近理想物理性能的悬臂（"qPlus 传感器"，见图 10.8*d*）。2000 年，这个悬臂被用于 Si(111)(7×7)成像。包含在表面原子层中吸附原子的电子组态是取向垂直于表面的 $3sp^3$（见图 10.3），预期吸附原子像围绕垂直轴旋转对称。而单个原子像（图 10.9）显示一个由两个子峰组成的峰[25]。根据两个

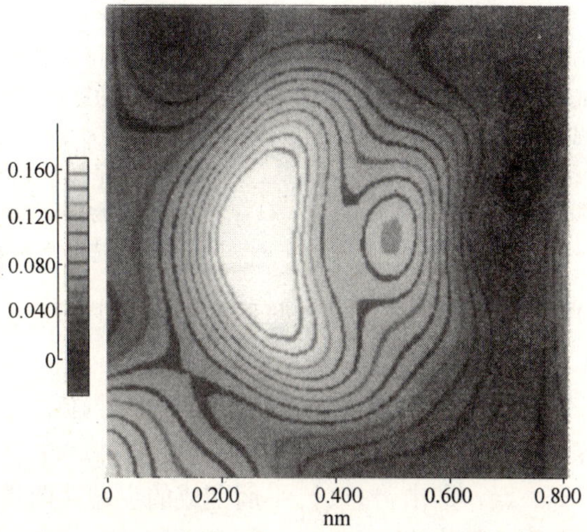

图 10.9 反映尖端原子电结构的 Si(111)(7×7)上单一吸附原子的 AFM 像

子峰的形状和间距，排除了通常的双尖效应。AFM 像经尖端和样品状态的解卷而形成，样品态被认为是一个指向 z 方向的 sp^3 轨道，如图 10.10 所示。因此，图 10.9 被解释为尖端轨道的像。最近的工作也已用硅表面探测具有 d 和 f 壳层金属原子的电子结构[26]。图 10.9 和图 10.10 强调了尖端结构的重要性。Marcus 等[27]已制作出超锐 Si［001］取向尖端并用透射电子显微镜术对它们成像（图 10.11）。有趣的是，晶格似乎一直连续到尖端的末梢。然而 Si[001]尖端可被腐蚀形成极其尖锐的尖端，选择［001］晶向可能不是最理想的。图 10.12a、b 给出了分别指向[001]和[111]方向的块状终结硅尖端。

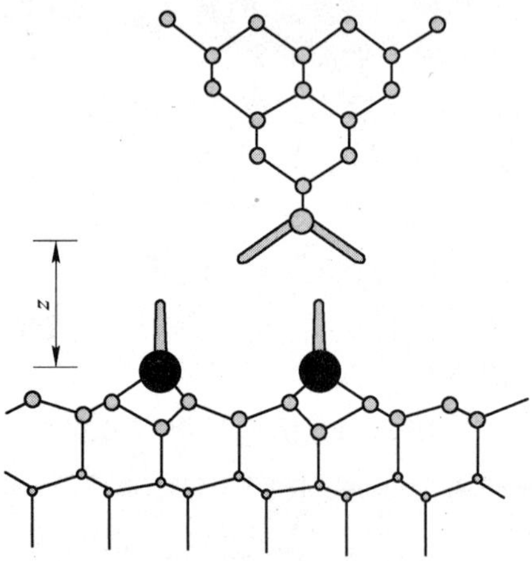

图 10.10　用于解释图 10.9 的原子和轨道排列的球棍模型

因为硅强烈倾向于四面体结合对称，预测每一样品原子在此情况下出现两个峰

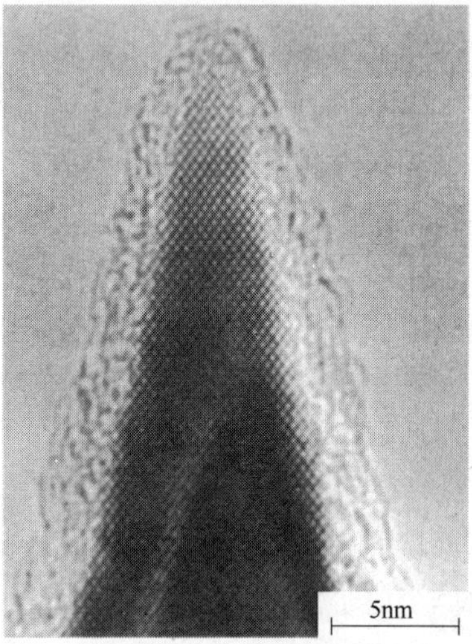

图 10.11　［001］取向极其尖锐硅尖端的透射电子显微像

在成像前用氢氟酸腐蚀掉自然氧化层。尖端上 1.5 ~ 2nm 厚覆盖层主要是电子束聚合的碳氢化合物。有趣的是，晶体结构似乎保持块状直到尖端顶点

指向［001］方向的集成尖端硅悬臂的制造工艺较指向［111］方向的集成尖端硅悬臂的制造工艺简单。然而，［111］取向应更稳定，因为前沿原子有三个键与尖端的主干相连，仅有一个悬挂键。而且，锐利的［111］尖端容易制造，因为硅中的自然解理面是｛111｝，三个互不平行的平面总是交于一点，即由｛111｝平面围成的尖端被期望是原子级锐利的尖端。甚至当侧壁重构为 Si(111)(7 ×7)平面时，［111］尖端前沿原

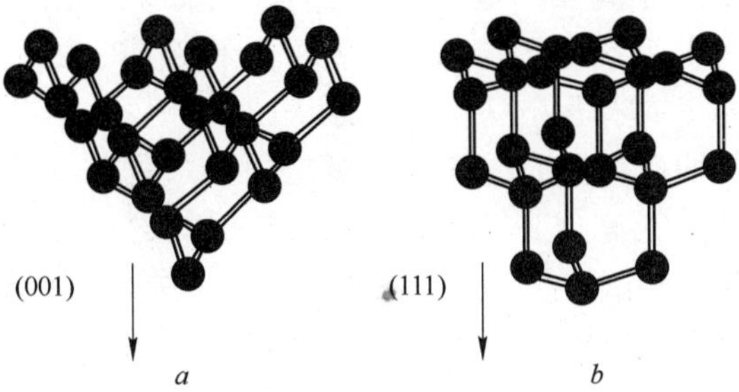

图 10.12　块状终结硅尖端的原子排列模型

a—指向（001）方向；*b*—指向（111）方向

子的取向和配位也能被保持着。图 10.13 给出了这样一个尖端的例子。这个尖端从单晶硅晶片上被解理下来再被粘到一个 qPlus 传感器上（见图 10.8*d*）。这样一个尖端的前沿原子应以大强度结合，用这样一个尖端获得的 Si(111)(7×7)表面的像显示每一吸附原子仅有一个单一最大值。采用图 10.13 中所示尖端的 AFM 获得图 10.14。正如所期望的，每一个吸附原子显示单一峰。吸附原子像中等轮廓线显示尖端不完全垂直于表面。仍有与角度相关的力的贡献，如非球形等轮廓线所示。剩余原子也出现在图像中：在角吸附原子和中心吸附原子之

图 10.13　粘在 qPlus 传感器自由尖头上的解理单晶硅尖端的扫描电子照片（见图 10.8*d*）

矩形部分是自由尖头的端部，宽 130μm，高 214μm。尖端指向［111］方向，由 $(\overline{1}\overline{1}1)$、$(1\overline{1}\overline{1})$和$(\bar{1}1\bar{1})$平面围成

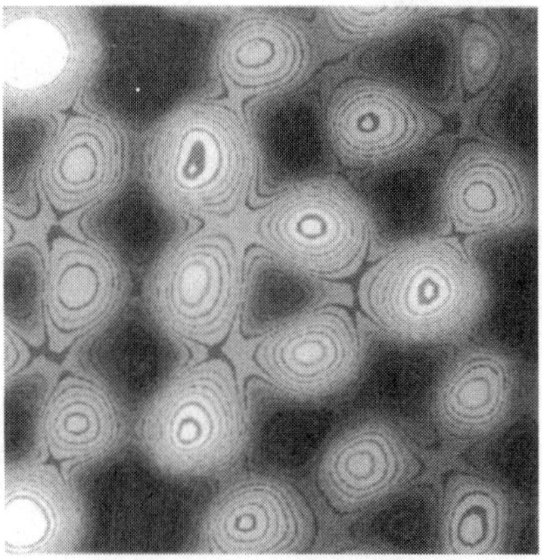

图 10.14　用 qPlus 传感器所成的 Si(111)(7×7)表面的像

参数：$k=1800\text{N/m}$，$A=0.25\text{nm}$，$f_0=14772\text{Hz}$，$\Delta f=+4\text{Hz}$。

像尺寸：水平 4nm，垂直 140pm[28]

间，表面似乎浅于中间无其他原子的三中心原子之间的表面（两相邻中心吸附原子之间的距离等于角和中心吸附原子之间的距离）。图 10.14 记录了正频率迁移，即排斥的尖端-样品作用力。

总之，已证明硅与扫描探针显微镜之间联系紧密。硅表面向 STM 和 AFM 发起了挑战，后来成为 STM 和 AFM 成功的契机。今天，它是研究尖端电子态的完美的测试样品。但硅在探针显微术中具有更多作用：用作悬臂材料，当然开动扫描探针显微镜所必需的电子学没有硅不能发挥作用。

致　谢

作者感谢 G. Binning，R. B. Marcus，O. Ohlsson（Nanosensors）和 T. Akitoshi（Olympus）允许作者使用图片，感谢 J. Mannhart 的支持。本工作得到 BMBF（项目号 EKM 13N6918）的资助。

（马通达译，肖清华校）

参 考 文 献

1. R.E. Schlier, H.E. Farnsworth: J. Chem. Phys. **30**, 917 (1959)
2. G. Binnig, H. Rohrer, C. Gerber, E. Weibel: Phys. Rev. Lett. **49**, 57 (1983)
3. G. Binnig, H. Rohrer, C. Gerber, E. Weibel: Phys. Rev. Lett. **50**, 120 (1983)
4. *Landolt-Börnstein*, Numerical Data and Functional Relationships in Science and Technology, Vol. 17a, ed. by O. Madelung, M. Schultz, H. Weiss (Springer, Berlin 1982) p. 370
5. K. Takayanagi, Y. Tanishiro, S. Takahashi: J. Vac. Sci. Technol. A **3**, 1502 (1985)
6. R. Becker, R. Wolkow. In: J.A. Stroscio, W.J. Kaiser (eds.): *Scanning Tunneling Microscopy* (Academic Press, San Diego 1993) pp. 149–224
7. C. J. Chen: *Introduction to Scanning Tunneling Microscopy* (Oxford University Press, New York 1993)
8. G. Binnig, C.F. Quate, C. Gerber: Phys. Rev. Lett. **56**, 930 (1986)
9. L. Howald, R. Lüthi, E. Meyer, H.-J. Güntherodt: Phys. Rev. B **51**, 5484 (1995)
10. F.J. Giessibl: Science **267**, 68 (1995)
11. T.R. Albrecht, P. Grütter, D. Horne, D. Rugar: J. Appl. Phys. **69**, 668 (1991)
12. F.J. Giessibl: Appl. Phys. Lett. **78,** 123 (2001)
13. S. Kitamura, M. Iwatsuki: Jpn. J. Appl. Phys. **34**, L145 (1995)
14. *Proceedings of the First International Workshop on Non-contact Atomic Force Microscopy* (Osaka, July 21–23, 1998), ed. by S. Morita and M. Tsukada, Appl. Surf. Sci. **140**, 243 (1999)
15. *Proceedings of the Second International Workshop on Non-contact Atomic Force Microscopy* (Pontresina, September 1–4, 1999), ed. by R. Bennewitz, C. Gerber, E. Meyer, Appl. Surf. Sci. **157**, 207 (2000)
16. *Proceedings of the Third International Conference on Non-contact Atomic Force Microscopy* (Hamburg, July 16–19, 2000), ed. by U.D. Schwarz, H. Hölscher, R. Wiesendanger, Appl. Phys. A **72,** S1 (2001)

17. *Proceedings of the Fourth International Conference on Non-contact Atomic Force Microscopy* (Kyoto, September 1–5, 2001), ed. by M. Tsukada, S. Morita, Appl. Surf. Sci. **188**, 231 (2002)
18. S. Morita, R. Wiesendanger, E. Meyer (eds.): *Noncontact Atomic Force Microscopy* (Springer, Heidelberg 2002)
19. O. Wolter, T. Bayer, J. Greschner: J. Vac. Sci. Technol. **9**, 1353 (1991)
20. Olympus Optical Co. Ltd., Tokyo, Japan
21. M. Tortonese, R.C. Barrett, C.F. Quate: Appl. Phys. Lett. **62**, 834 (1993)
22. F.J. Giessibl: Appl. Phys. Lett. **73**, 3956 (1998)
23. F.J. Giessibl: Appl. Phys. Lett. **76**, 1470 (2000)
24. D. Sarid: *Scanning Force Microscopy* (Oxford University Press, New York 1994)
25. F.J. Giessibl, S. Hembacher, H. Bielefeldt, J. Mannhart: Science **289**, 422 (2000)
26. M. Herz, F.J. Giessibl, J. Mannhart: unpublished
27. R.B. Marcus, T.S. Ravi, T. Gmitter, K. Chin, D. Liu, W.J. Orvis, D.R. Ciarlo, C.E. Hunt, J. Trujillo: Appl. Phys. Lett. **56**, 236 (1990)
28. F.J. Giessibl, H. Bielefeldt, S. Hembacher, J. Mannhart: Ann. Phys. (Leipzig) **10**, 887 (2001)

第五部分

硅 掺 杂

11 缺陷、扩散、离子注入、再结晶和电介质

E. F. Krimmel

11.1 引言

理想的纯单晶硅表现本征电导率，本征电导率在室温下低，但随温度的升高而增大。为了制造器件，硅样品轮廓清晰的部分通常以晶片的形式存在，应该呈现负（电子）或者正（空穴）载流子的过剩，分别导致n型或p型导电。n型导电通过施主如磷、砷和锑掺杂获得，p型导电通过受主如硼、铝、镓和铟掺杂获得。施主或受主原子为了电活性必须处于单晶硅晶格中的替代位置，即形成接近导带或价带的能级。硅和碳中氮的详细情况在离子注入的内容中讨论。

首先，当前用于掺杂晶片或晶片掩模限定区的常规技术是将样品进行长时间高温度炉处理，使来自表面作为源的掺杂剂扩散进入晶片体内。扩散工艺结束后，掺杂物已经处于电活性。现在一般采用高能掺杂离子注入，该技术在20世纪60年代引入，利用高压加速器实现。这是一个比较短的过程。然而，掺杂离子不一定停留在替代位置。这样，必须跟着进行短时间的高温热处理电激活掺杂剂，并且也要进行退火修复离子注入引入的辐照损伤，因此没有真正避免采用高温引入位置变化的一些过程，即扩散。热处理可以在炉内进行，或利用激光或电子束辐照完成。其他掺杂方法包括氧化过程中的掺杂、CVD、外延或MBE，以及利用中子嬗变掺杂。因此，掺杂物的初级能量范围从大约0.1eV到高的MeV量级，10个数量级的范围。在硅50周年之际的大规模会议进展证明了对硅的持续兴趣（见文献[1]）。

我们必须认识到要特别提防高温工艺中有关洁净的问题，避免样品的破坏性沾污，这是因为金和铁是载流子寿命的“杀手”。为什么硅片突然被痕量的金沾污？最终发现，用于清洗晶片的溶剂厂商通过引入金催化剂改进溶剂的生产过程。我们和我们在扩散方面关系远的伙伴们要知道，在标准炉内热处理低剂量硼注入硅样品可能表现由交叉沾污导致的奇怪结果。

11.2　高温扩散掺杂

掺杂硅样品的气相源包括 B_2H_6、PH_3 和 AsH_3。处理温度范围从 800～1200℃[12]。当存在化学势梯度 μ_A 时观察到粒子扩散。除了由晶格态引起的局域电场等其他力之外，化学势 μ_A 也是实在的驱动力，详细讨论见文献［2］和［3］。假设 x 方向化学势梯度由一种物质的浓度梯度 $\partial C/\partial x$ 所引起且扩散物质的浓度足够低，即 $C<10^{18}\,\mathrm{cm}^{-3}$，这些物质之间的相互作用可以忽略；那么理想固体中 x 方向每一单位面积截面扩散物质的迁移速率 F_x 可以描述为菲克（Fick）第一定律[4]：

$$F_x = -D\partial C/\partial x \tag{11.1}$$

式中，$C(x)$ 为物质浓度；D 为扩散系数。热力学平衡条件下任意激活过程的 D 通常满足阿伦纽斯（Arrhenius）方程：

$$D = D_0\exp\{-H/(kT)\} \tag{11.2}$$

式中，D_0 为指数前因子；H 为激活焓；k 为玻耳兹曼常数。相应的连续性方程，菲克第二定律应该为：

$$\partial C(x,t)/\partial t = D\partial^2 C(x,t)/\partial x^2 \tag{11.3}$$

实际上浓度分布常采取近似处理：假设浓度在样品表面 $x=0$ 处有最大值，而在深度 l 处降为某个值，如最大值的 1%，导出特征扩散长度 l：

$$\exp\{-l^2/(4Dt)\} = 0.01 \text{ 或近似为 } l \sim 2(Dt)^{1/2} \tag{11.4}$$

量 $(Dt)^{1/2}$ 可被用作量度或作为扩散长度的固有单位。

许多特殊范例的理论论述发表在文献［4］中。误差函数或补余误差函数的出现是所有这样范例解的特征，如在外延过程中扩散伴随界面以一定速率 v 运动，并有：

$$C(x,t) = C_0/2[\mathrm{erfc}\{(x-vt)/(2(Dt)^{1/2})\} + \exp\{vx/D\}\mathrm{erf}\{(x+vt)/(2(Dt)^{1/2})\}] \tag{11.5}$$

在电场 $\boldsymbol{E}$、力学场或重力场中的扩散过程给出如下形式的结果。对于电场 $\boldsymbol{E}$，重要的量为 $\mu\boldsymbol{E}$；$|\boldsymbol{E}|=E$，结果为：

$$C(x,t) = C_0/2[\mathrm{erfc}\{(x-\mu Et)/(2(Dt)^{1/2})\} + \exp\{\mu Ex/D\}\mathrm{erf}\{(x+\mu Et)/(2(Dt)^{1/2})\}] \tag{11.6}$$

电子或空穴的扩散可用相类似的方法处理，得到著名的爱因斯坦关系，以空穴为例为：

$$\mu_h kT = eD_h \tag{11.6a}$$

11.3 缺陷与扩散机制

“完美”晶格在温度 $T>0\mathrm{K}$ 时并不完美。玻耳兹曼对此进行了说明。在菲克定律的基础上对扩散的描述是唯像的。然而，扩散是一个真正的原子过程。因此，如果晶格中发生扩散，它不可能是真正完整的晶格。然而，处于绝对温度 $T>0\mathrm{K}$ 的晶格包含本征缺陷，即一定浓度的空位，如下为玻耳兹曼的描述：

$$N_{\mathrm{v}} = \exp\{\Delta S/k\}\exp\{-\Delta H/(kT)\} \tag{11.7}$$

式中，H 为空位形成焓；S 为熵。对于硅，$\Delta S\approx 4\mathrm{eVK}^{-1}$ 和 $\Delta H\approx 2\mathrm{eV}$。这些缺陷或点缺陷具有几个原子间距的作用半径。示踪法、卢瑟福背散射等可以用于分析扩散过程。

化学反应和扩散速率的原子和量子力学观点以及有关能垒形状和激活能的影响在文献［5］中进行了理论上的处理，对于硅而言这发生在它们变得相关以前的很长一段时间。然而，对于缺陷位置的变化也做了动力学处理，考虑了声子叠加导致的位移。例如，在文献［6，7］中对扩散和相关的晶格缺陷进行了详细讨论。

举个例子，单空位方式的扩散相比于双空位的扩散更为占优。升温时替位原子扩散涉及在热平衡时产生的本征缺陷。比如，自间隙原子是本征原子缺陷。因此，扩散系数包含本征缺陷扩散系数。扩散包括断键能 E_{n} 和形成肖特基缺陷或空位的焓 H_{f}。金属如金是外来原子缺陷，即主要的异质间隙原子/间隙或替位原子。金通过间隙机制扩散，找到过剩的空的间隙位置。所以，此扩散过程仅受控于迁移焓 H_{m}；形成焓 H_{f} 不进入能量平衡。因此，间隙子的扩散系数 D_{i} 比替位扩散系数 D_{sub} 大 5 ~6 个数量级。高温（即接近熔化温度 T_{m}）硅自扩散和Ⅲ族扩散被认为是以推填子机制进行的[8]，包括“液化”自间隙子[9]。已观察到 A 型和 B 型两种类型的漩涡缺陷并基于空位或间隙子进行了有争议的讨论。这类硅样品的电子显微分析表明，A 型漩涡缺陷由自 T_{m} 冷却下来的过程中间隙子聚集而形成的位错环组成[10]，小的 B 型缺陷[11]由几乎不引入晶格应变的空位小球构成。间隙子和空位的共存未受到多少干扰，彼此没有相互湮没，这归因于高的空位-间隙子复合能垒（或熵垒），见文献［12］等。

推填子机制被定义为间隙原子与晶格位置上的原子互换位置，推动它们进入到邻近间隙位置（外来间隙子）。一般认为，较低的温度下硅自扩散将转变为空位机制。V 族扩散以空位机制进行。在自扩散电荷态相关小的激活体积条件下，大的空位自扩散机制指数前因子 D_0 归因于空位强向内弛豫。注意到，半导体内绝大多数的点缺陷可以具有不只一个电荷态。位置改变的过程依赖于电荷态。外力可能引起弛豫效应。挤列机制，多于晶格所允许的晶格中不只一个原子仅需要一个微小的移动将挤列子从一个位置带到另一个位置。然而，环形机制的可能性较小。

11.4 晶格缺陷、扩散与吸杂

伸展缺陷如位错在扩散中起主要作用。螺位错和刃位错、位错环、位错网络等是高密度原子缺陷和一些由诸如间隙子导致的内应力的结果。它们也可能是空位聚集形成的空位对、间隙子对、三空位等直至位错环的结果，或掺杂沉淀如磷，即不同于主晶格有效原子半径的杂质原子的结果。硅单晶晶格被铝、铋、镓、锗和铟扩张而被硼、碳、氮和磷收缩。与此效应相关的量为失配系数 ε =（硅原子半径 - 杂质原子半径）/（硅原子半径）。注意，这里扩散系数依赖于主材料掺杂类型。

位错形成直至内应力消失。沿位错的扩散速率明显高于常态晶格，这归因于较低的激活能。这个性质被用于吸除位错附近引人注目的杂质如金或铁，即清洁固体。在氧化层下面观察到扩散在晶界上被增强。掺杂物的偏析发生在 SiO_2/Si 界面上，如硼的贫化及磷和砷的堆积。采用 Sirtl 腐蚀使位错成为电子显微术、红外显微术和其他方法可见的样品表面的腐蚀坑。

11.5 离子注入

在电子学发展的初期，通过扩散掺杂物进入掩模限定的区域将半导体器件制作在单晶硅晶片上[4]。扩散过程和技术的一些特征是（1）样品表面掺杂浓度最大；（2）掩模边缘下方横向扩散范围扩大，这在现代亚微米半导体器件结构中是不能容忍的；（3）难以精确获得预定的掺杂浓度，主要是在浅扩散深度，以及由于各种晶格缺陷的影响难以获得平坦、光滑的扩散前沿；（4）获得洁净的条件需要付出巨大努力。

在 20 世纪 60 年代末，工业引入离子注入（图 11.1），它被认为恰好适合新的平面技术，有希望在不面对太多新的缺陷的情况下克服扩散的不足[13,51~53]。我们很快意识到离子注入与扩散相比在各个方面陷入极其复杂的问题。人们对扩散工艺有根深蒂固的感觉，对离子注入加工的器件是否可以工作却抱有怀疑态度。一般的固有辐照缺陷是禁止的。这一点从以前关于金属中辐照缺陷的工作看是明确的，离子辐照必须继之以另一相同等级复杂程度不低的过程，即促使原子位置改变为更加稳定的位置、重构晶格和将掺杂原子移至替代位置的高温热处理。不同于扩

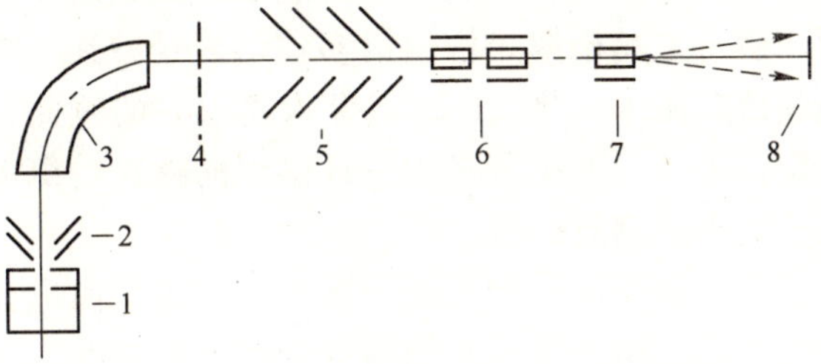

图 11.1 离子注入机

1—离子源；2—浸入透镜；3—质量分离器磁铁；
4—质量分离器出射狭缝；5—静电加速器；
6—静电四极聚焦透镜；7—电子扫描器；8—靶

散的是什么？我们有这里的短程扩散和那里的长程扩散。看上去我们似乎是克服了一个难题却引来了一个更糟糕的难题。然而，离子注入领先了一大步。物理学几乎所有领域的知识都显得十分有帮助。尽管存在初始的所有紊乱，可是离子注入很快成为制造微电子器件的标准技术。

这种热情促使掺杂浓度曲线的峰值不是位于靶表面而是在靶内部，并且距离靶表面越远掺杂离子的能量越高（在 keV 及以上级）。不同类型的浓度曲线如图 11.2 所示。杂质曲线的精细控制开启了注入预定合成物的可能性，所谓通过只改变离子能量和离子剂量剪裁曲线，例如，制造变容二极管[53]。然而，离子注入率先应用在向 MOS 平面晶体管沟道中进行注入获得精确的门槛电压漂移，这是良好器件性能的基础。通过简单地降低离子能量、采用分子离子或者以更高的能量注入穿过薄 SiO_2 辅助表面层注入极其平坦的浓度曲线的可能性开辟了器件设计的新领域。

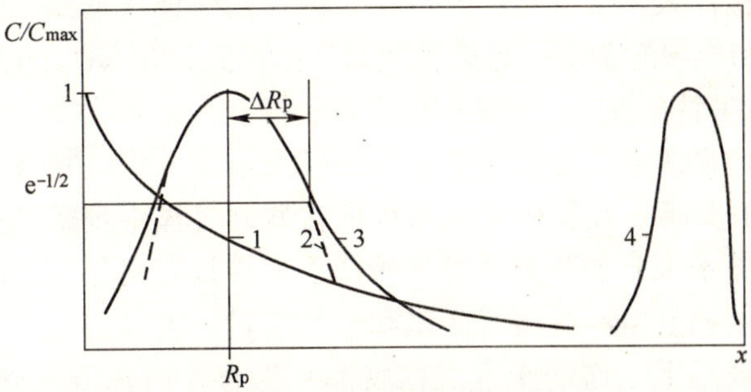

图 11.2 固体中归一化杂质浓度 $C(x)/C_{max}$ 曲线

1—扩散；2—高斯曲线；3—随机注入；4—沟道

R_p—平均射程；ΔR_p—标准偏差

一小部分离子在靶表面发生反射，伴随着表面溅射。绝大多数离子穿入晶片表面，由于主晶格原子散射沿多边形途径减速，损耗能量，遵守统计规律地驻留在体内（图 11.2）。穿入离子束的侧向扩展，由适当厚度的掩模确定，小于标准扩散过程中观察到的掺杂物侧向扩展。重离子显示比轻离子更小的侧向扩展。

原子、晶格原子和注入掺杂，受高能离子作用偏离原始位置。缺陷晶格包括，诸如空位、间隙子和它们的聚合物。如果以超过临界值的重离子注入，主材料甚至可能变为类似非晶状态。当离子以极高能量注入时，非晶层可能夹在一层非常薄、十分完整的单晶表面层和未受影响的衬底单晶体之间（见图 11.5）。辐射损伤度曲线的最大值通常比掺杂曲线的最大值更靠近靶表面。令人奇怪的是发现缺陷的最大浓度比掺杂浓度的最大值更接近表面的一般规律可能被打破：观察到硅样品中晶格空位比注入砷离子掺杂曲线更深。

通过总的离子流或流量的电测量设定掺杂浓度，小心避免来自靶表面、电极和离子加速器光阑的带电粒子的二次发射引入的假象以及中性高能掺杂的流入引入的假象。最终注入结果可能受局域原子范围（第一区）高“温”和发生在注入过程薄注入层中宏观温升的不规律的影响；这主要发生在高离子流量。可能观察到同时发生的热处理。为了保持永久低的损伤水平，这个效应可以通过外部加热晶片而被增强。

辅助顶层 SiO_2 起到几个目的。该层保护晶片防止注入过程中由于撞击注入引入的表面杂质沾污。在相对论弹性中心正面撞击中的最大能量传递为 $\Delta E_{\max,\,rel}=4E\{m_0M(1-\beta^2)\}^{1/2}/\{m_0+M(1-\beta^2)^{1/2}\}^2$，其中 E 为运动离子的初始能量；m_0 为静止质量。自然，SiO_2 表面上的杂质受掺杂离子的撞击被注入并推进到晶片内部，但它们停留在辅助 SiO_2 层中。随后，SiO_2 层和层中的杂质一起被腐蚀掉。注意到，在 SiO_2/Si 界面处 SiO_2 和 Si 之间存在混合效应，界面可能变得模糊。

表面沾污来源于，诸如清洗过程的残余或注入机电极或光阑的溅射沉积。注入开始后，在初始的几毫秒内在残余气体中观察到受溅射离开晶片表面的原子、分子和多种类型的激子。在具有高分辨快速残余气体质量分析计的靶室中进行沾污类型和量的测量。可以通过在把晶片传送到在无油低温泵下工作的靶室之前将晶片保存在高真空气阀一段时间，使“清洁”晶片的部分沾污得到大幅降低。

撞击效应对预沉积薄掺杂表面层的影响可以被用来形成极薄掺杂表面层或形成非常好的欧姆接触。

11.6 硅、氮、碳及电介质

硅的主要掺杂物是元素周期表Ⅲ族和Ⅴ族中第一的、最轻的元素。这个规律的例外关系到氮，无论在何种情况下，它均显示在升高温度后仅有很小的扩散速率，以及可以忽略的几个百分点的激活率[14~20]。从文献上找到的数据存在相当大的差别。原子氮的扩散系数为 $D=0.87\exp\{-3.29/(kT)\}$，激活能 $E_{a,N}=3.29$eV。分子 N_2 的激活能为 2.6eV。氮在扩散态 Si：N_2 中表现中性。因此，通过氮扩散进行掺杂可以被忽略，但这在离子注入中被观察到[17]，其中氮从开始就为原子态。这意味着氮离子注入被调整，以恰好适宜氮特殊情况的分析。所测电激活达到 5%，即 5% 的注入氮原子处于替代位置，95% 处于间隙位置或其他状态，氮剂量范围的限制在 $1\times10^{13}\sim5\times10^{16}$ cm^{-2}之间[16,17,20]。发现的最大电子浓度为 2×10^{19} cm^{-3}[16,17]。固体硅中氮的溶解度极限为 4.5×10^{15} cm^{-3}[16]。当硅处于退化状态时，施主能级为 0.02eV，但在正常条件下为 0.042 ~ 0.58eV。在临界浓度 2×10^{19} cm^{-3}以上，观察到单个氮原子与硅形成键合并可以成核形成电介质 Si_3N_4 相[20]。这些效应归因于氮的共价半径 0.07nm，比硅的共价半径 0.17nm 小得多[14,20]。已经明确导致缺少 sp^3 键合 N_4 位置的效应归因于大的 s-p 能量劈裂是错误的，但是用非键合半径的概念表示氮的小尺寸使其不可能容纳 4 个正常键长为 0.175nm 的硅原子[19]。而且，深施主能级 0.58eV 归因于 Jahn-Teller 效应引起的孤立氮施主〈111〉的三角畸变[14,18]。关于碳类似的矛盾在试图通过将氮注入到碳或碳/硅靶中形成类 C_3N_4 化合物时被观察到[21]。最大的氮原子浓度在某复杂条件下仅达到 45%，而不是必须的 57%[22]。紧束缚模型计算显示一个极小的电子传导率存在于这个石墨 C_xN_y 中[15]。未观察到电介质 C_3N_4 大规模的形成。

氮和/或氧大剂量、高能量注入到硅片内部深处形成 Si_3N_4[23,24]、SiO_2 和 $Si_xN_yO_z$ 介电层。硅氧氮化物是有吸引力的，因为期待着 SiO_2 和 Si_3N_4 不同的相配性能可能被整合以至于在微电子学[26]、光电子学和太阳能电池[27]中富有魅力，见表 11.1。一些有趣的性质为无定形结构、势垒性能、机械硬度、介电功能、功耗因子、IR 吸收、辐照硬度和电击穿强度。在超薄 SiO_2 层中观察到电击穿机制，然而，看上去仍不清晰。利用激光化学的方法在硅上沉积薄结构表面层的努力还没有取得完全成功，例如在工业应用中所必要的可重复性是个问题。因此，氮的离子注入成为可代替热扩散的方法。

表 11.1 SiO_2和Si_3N_4的性能[25]

性 能①	SiO_2	Si_3N_4
晶体结构	对大多数 IC 应用为非晶态	对大多数 IC 应用为六方、非晶态
晶格常数/nm		0.75（六方）
密度/g·cm^{-3}	2.2～2.65	3.44（六方）
熔点/℃	1700	1900
热导率/W·(cm·K)$^{-1}$	0.014	0.185(0.018)
带隙(300K)/eV	8	4.7
反射指数(0.5μm)	1.46	2.0
相对介电常数	3.9	7.5
电阻率/Ω·cm	>10^{16}	10^7～10^{17}

①性能与制备准备过程和痕量杂质密切相关。与化学计量的形式相比，硅氮化合物通常更多地对应于不规则的 Si_xN_y形式。

11.7 注入分布

浓度曲线的三种基本类型应该被考虑到（图 11.2）：（1）当晶片偏离晶体学取向 7°受到所谓离子束任意方向的辐照时观察到近似高斯浓度分布。所测浓度最大值距晶片表面的距离 x 被称为平均射程 $R_p(x)$。（2）当晶片被调整到离子（束孔径小于 1°）沿准确的晶体学取向撞击到晶片上时，即平行于非常开放的硅［110］轴，由于轴沟道作用出现一个相对明锐的掺杂峰，在晶片中的位置比在情况（1）观察到的更深。沟道效应因散射减少导致能量消耗的降低。由于改道效应引起的微弱情况（2）也可以在实践中观察到。（2）型曲线重复困难。它们在制备条件下被避免，（1）型曲线更受偏爱。平面沟道作用也被观察到，在晶面中是非常小的沟道效应。沟道作用可以被阻止，例如，通过预注入足够高能量的硅离子非晶化相应的硅层或在注入前额外沉积薄非晶 SiO_2层，用于通过散射扩展离子束到一定程度使沟道效应最小化。然而，即使采用了辅助非晶 SiO_2层，改道效应仍不能被避免。在注入过程结束后，氧化层经常被腐蚀掉。

主要的相关能量消耗过程为非弹性电子相互作用，即键壳层电子和自由靶电子的激发，以及屏蔽核电荷之间的弹性库仑相互作用，即核抑制。抑制功率 dE/dx 由这些过程定义。主要总能量消耗为：

$$dE/dx = (dE/dx)_e + (dE/dx)_n \tag{11.8}$$

即电子型和原子核型能量消耗的总和。其他类型的消耗，如在最低能量范围核子相互作用和消耗导致的非弹性抑制，比方说10eV以下，当几乎趋于静止的掺杂通常可以被忽略时，在那个能量范围应该考虑化学键合力并做量子力学计算。电荷交换引起的能量消耗也可以忽略。图11.3显示电子和核子抑制功率对离子能量的依赖。原子核抑制功率在十分低的离子能量开始占首要地位，主要引起横向散射，因此导致横向扩展。

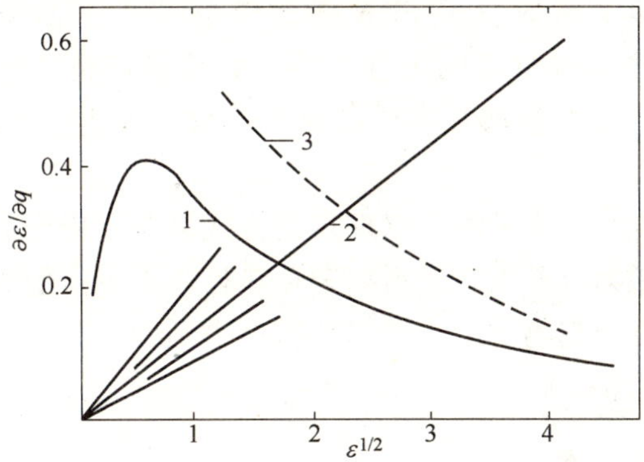

图11.3　能量消耗的减少与能量降低的关系图

1—原子核（Thomas-Femi势）；2—电子；3—原子核（无屏蔽库仑势，卢瑟福散射）

电子抑制功率的计算依赖于所用的原子模型。例如，LSS理论（Lindhard、Scharff和Schiøtt）是一个假设原子Thomas-Femi模型（自洽场法）有效的近似（例如文献［28］）。然而，曲线非对称，指向块体方向复杂起因的拖尾等，应被考虑。作为初始离子能量E的函数计算了R_p和标准偏差ΔR_p的近似值并汇总为表格（如文献［29］），这对实际目的是有用和充分的，比方说工业应用。绝大多数的理论值与当时测定的实验值对应得十分好。分析方法包括测量连续分步（如一步20nm厚）腐蚀注入层时电激活掺杂电导率的改变；MOS电容的C-V测量；电子光谱直接粒子分析；二次离子质谱（SIMS）和卢瑟福背散射分析（RBS）。一个有趣的经历，观察到高分辨SIMS曲线测量结果呈现几乎完美的高斯注入曲线，两年后，在同一样品上测量的具有相同高分辨率的SIMS曲线却显示明显的拖尾。

在许多情况下，平均射程R_p的概念和高斯浓度曲线$N(x)$在今天或许仍有用：

$$N(x) = N_{max}\exp\{-(x-R_p)^2/[2(\Delta R_p)^2]\} \tag{11.9}$$

在归一化值$N/N_{max}=1/e^{1/2}$处，高斯曲线的宽度决定标准偏差ΔR_p的值。

当总剂量 N 已知时，通过积分式 11.9 可以近似计算 N_{max} 的值，反之亦然：

$$N_{max} = N/\{(2\pi)^{1/2}\Delta R_p\} \approx 0.4N/\Delta R_p \tag{11.10}$$

计算机模拟程序，如文献［30］所示，简化了工作。然而，当必须考虑注入层密度的空间和时间依存关系变化时，必须选择适当的模拟程序。这样的情况可能存在于高剂量氧和氮离子注入到硅中以产生绝缘电解质层或 SiO_2、$Si_xN_yO_z$ 或 Si_3N_4 扩散势垒[24~26]。当需要复杂的浓度曲线时，比方说经调整后的浓度曲线，必须确定精确的曲线形状，包括侧面的偏差。模拟能够被实验如原子核反应分析（NRA）或 RBS 验证。

据称，首次利用离子注入以理想的方式复制了掩模边缘，与扩散截然不同。当由散射以及用于激活掺杂和热处理辐照损伤的高温过程所导致的掺杂外扩散引起离子束大幅横向扩展得到验证时，对上述宣称进行了理论和实验修正。

11.8　溅射和分布

由碰撞高能离子引起靶表面原子的溅射影响了高溅射产额注入离子的浓度曲线，甚至可能在碰撞离子的数目达到与溅射出的掺杂相同水平时导致最大值在样品表面的饱和曲线。非常早的时候报道了对锂离子注入到 GaAs 中的强烈影响[32]。当硅在高剂量注入过程中改变结构时，如注入氮制作 Si_3N_4[24]，应谨记这个影响。在利用离子注入合成化合物的过程中可以将此神秘的效应小心地归因于溅射产额的突然改变。当含有化学反应等引发的相改变时，溅射产额就会突然改变。因此，在某些条件下，即使离子注入显示浓度最大值被限制在靶表面像通过扩散获得的一样，但是这些影响是由溅射引入的[33]。当溅射产额非常小时，掺杂注入剂量可能高于在扩散中观察到的极限溶解度。

11.9　辐照缺陷与态、表面态以及界面态

高能掺杂离子在靶体内沿多边形路径减速，由于与主晶格原子的碰撞消耗能量和相对于主晶格的动量。当损耗能量足够高时主晶格碰撞原子发生位移，后面留下一个空位，结果导致一个空位紧邻一个自间隙原子，即所共知的弗伦克尔对。被打出粒子的一部分，当传递给它的能量足够高时，也可能引起辐照损伤，造成二次辐照缺陷和最终

整个碰撞级联[6,7]。在路径的末端掺杂离子损耗的大部分能量被消散，导致材料的严重损伤区。那里“温度”局域升高到远离热力学平衡的极高的值。这个“温度”在几个晶格周期的短距离外大幅下降。晶格变成热化的。缺陷可能改变位置，这依赖于在这个期间所涉及的激活能。当样品温度太高时，在注入过程中可能形成原子缺陷聚集和缺陷杂合体。过剩的点缺陷如自间隙原子可能聚集形成扩展缺陷，如堆垛层错和位错环（见文献［34］）。为了获得最小量的残余缺陷通过在热处理过程中固相外延再生长重新排序注入层，利用极高剂量的注入形成非晶相变得重要。

残余缺陷可能成为掺杂原子的陷阱，因此为了掺杂应予以消除。这样的缺陷可能在能带间隙中引入深能级。深能级可能作为产生/复合中心，减少电载流子寿命。这些缺陷通过散射载流子增加电阻。

硅技术的优势是自然形成 SiO_2，一个幸运的、自然界独一无二的礼物。因此，在局域氧化（LOCOS）等中通过简单的热氧化，硅样品可以被容易地提供作为主要介电层之一的 SiO_2 层。SiO_2 层用作注入或扩散掩模、减少沟道效应的非晶氧化物、避免碰撞注入表面沾污的保护层、钝化、高击穿电场绝缘体等。特别重要的一点是 SiO_2/Si 界面及其复杂结构。所涉及的界面态包括 P_b 中心，具有 $\cdot Si\equiv Si_3$ 或 $\cdot Si\equiv Si_2O$ 结构，包含悬挂键[35]。P_b 中心的结构是非晶的，具有两个状态，所以对应两个能级，施主能级和受主能级。界面态密度分布 D_{it} 显示两个峰[36]。这个中心与在器件中观察到的主要沿注入掩模边缘的漏电流的产生有关[37]。悬挂键被氢中和，但也有报道利用氘获得更加稳定的结构[38]。注意到 SiO_2/Si 界面可能变得模糊，历经着由碰撞注入引起的混合效应。

然而，SiO_2 的不足在先进器件制造中变得明显，如有限的化学和物理稳定性以及在介电功能方面不太适宜，促进了其他电介质的引入，主要是通过沉积技术或离子注入形成的 Si_3N_4、Si_xN_y 和 $Si_xN_yO_z$[24]。当然，硅的氮化物也满载着离子注入引入的缺陷和自然缺陷。Si_3N_4 的 Si_3N_4/Si 界面质量通常次于 SiO_2。这个问题可以通过插入 $Si_xN_yO_z$ 过渡层得以解决。原子尺度的缺陷包括陷阱、悬挂键、键角畸变和电流引入的低能态。这类缺陷常常十分抗热处理。除了已提到的 P_b 中心还有中性的 K^0、$\cdot Si\equiv N_3$ 缺陷，其具有未配对的 21%3s 和 49%3p 电子波函数。K^+ 和 K^- 缺陷是顺磁的。其他的一些缺陷为陷阱 D^+、D^0 和 D^-，以及具有不同电荷态的 N_4 和 N_2 态，价交替对（VAPs）。界面态密度 D_{it} 随热处理温度而变化。据报道，辐照硬度随 Si_3N_4 层厚度的减小而增大。一些分析方法为 ESR、NMR 和魔角旋转核磁共振测量（MAS NMR）。展开讨论可以在文献［39］中找到。

11.10　离子注入样品的热处理

11.10.1　炉退火

在离子注入开始的几年里，通过 450℃ 左右在惰性保护气体 N_2 或 N_2/H_2 混合气体中实施长时间（10min 或更长）传统炉内处理，专门进行注入掺杂的电激活和对引入位置改变的主晶格损伤进行热处理，保持与现有技术的兼容性和允许无缝集成到既定的工业产品工序中。然而，仅获得了损伤靶晶格和深能级的不完全回复，掺杂剂也未真正完全激活。早期的国际会议上许多论文表述了这个问题，认为温度至少为 650℃ 以及热处理时间在 10～30min 之间是必要的[40]。如今，为了消除具有几个电子伏特高激活能的主要和次要缺陷，温度要升至 1200℃。经过最终可能被消除的如缺陷团簇或位错环的状态，在适当的温度再结晶据称发生在外延过程中。然而，在外延再生长后保留在(111)Si 片中的缺陷多于(100)Si 晶片。保留下来的残余缺陷只能通过材料再熔消除，此过程不能在制造复杂电子器件时进行。

高剂量注入非晶硅衬底的热处理不是一个必要的简单过程。以硼或 BF_2 分子注入为例。观察到三个热处理阶段，一个阶段温度达到约 500℃，另一个在 500～650℃之间显示截然相反的热处理，再一个阶段在 650℃以上[41]。据称点缺陷在 600～800℃之间聚集，形成位错。因此，发现在某条件下最佳的热处理温度约为 850℃[48]，这归因于不仅作为缺陷无穷尽陷阱也作为源的邻近表面的影响。当通过固相外延再生长对非晶硅进行热处理时观察到最少的残余缺陷。然而，观察到形成在（111）晶片中的发夹位错多于（100）缺陷。当剂量或者远低于样品材料的非晶化剂量或者远高于两种注入剂量时可以容易地实现良好的热处理。当剂量在两种注入剂量之间时，热处理成为问题。高剂量注入可能导致呈现不完美热处理的两平行损伤区（见图 11.5*e*）。p-n 结应该不适宜放在这样的缺陷区内。

适当缓慢的降温将确保样品在冷却到室温后几乎达到热力学平衡条件。然而，依据热力学定律，即平衡态统计学，当空位形成时熵增加。有限浓度的缺陷，如空位，在温度 $T>0K$ 时总能被发现，即使在完美热处理晶体中。长时间炉内处理的不足显著关系到掩模限定区注入掺杂的横向扩散或起始浓度曲线的改变[4]。来自最大浓度掩模限定区的显著外扩散可能发生在峰值浓度高于溶度限的注入剂量并导致正方形浓度曲线，特别是在砷被注入到硅中时。在某些条件下，甚至向更高注入浓度的方向扩散可能在化学势梯度的影响或发生化学反应时被观察到。当主材料沿位错或在热处理过程中形成的晶界方向已变成非晶时，通常在低注入剂量下的小扩散系数可能变得非常大。这些缺陷对于器件特别是具有亚微米结构的器件是禁止的。而且，在两材料之间的边界上观察到偏析，如单晶硅和非晶 SiO_2。偏析系数是达到热力学平衡时边界一侧的杂质浓度和另一侧的杂质浓度的比率。这个条件是寻找允许更短热处理周期的新热处理技术的动机。

11.10.2 电子束、激光束与快速热处理

一些相关技术已经可以利用，新技术可以被引入来克服炉内热处理的不足。然而，在细节上存在缺陷。这较少地涉及到科学领域，在科学领域这些新技术甚至可能是备用手段，但是可能限制了它们特殊情况下在工业生产上的应用。这些技术中的每一项都具有吸引人目光的性质，但也具有禁止的性质。各种技术将不做分别讨论，而是在关键点上进行相互比较。

脉冲激光处理（仅一个单一脉冲，同时辐照整个晶片）是最为尖端的技术之一，持续纳秒周期降至飞秒量级的处理周期。吸引人的地方在于热处理过程可以在一个跨越 10^{15} 数量级的持续范围工作。连续波（cw）激光热处理、电子束热处理、高强度不连续灯辐照等属于毫秒至多秒范围，所谓快速热处理范围。所有这些方法的优点是掺杂变得具有电活性以及只要维持固态条件掺杂大范围的再分布可以忽略，即没有熔化发生，即使一个薄表面层也没有。然而，在所达到的最高温度下的热力学状态在一定程度上被冻结归因于快速冷却。缺陷保持热力学非平衡条件，例如，高浓度的原子缺陷。通过后来在含有氢的气氛下采用的中温热处理这些缺陷可能被中和，像在接触合金化过程中所做的一样。全面的专论参见文献［49］。

短波脉冲激光热处理的长处（特别在紫外范围来获得光的最小穿透深度）是超薄（低至纳米范围）表面层的热处理或合金化，处理表面可以利用成像或在晶片上极小区域上的掩模确定。这样的过程是有趣的，例如在研究中和在客户设计的小工业产量的情况下，当现存器件必须被修改时，比如通过附加合同，已完成的晶片或芯片不能再作为一个整体被加热。另外，通过破坏实验可以彻底地证明激光的相干

性和它的材料依赖性吸收可能引起严重的热处理问题[42]。这些破坏实验对于获得最短可能时间和最小努力的基本线索是可能有用的。最后，例如激光强度必须被选择，以至于恰好在 SiO_2 掩模所限定的 MOS 结构的注入无覆盖硅区域中温度足够高。然而，当 SiO_2 层的厚度 d_2 刚好满足消反射薄层条件时，SiO_2 覆盖区域中的反应可能是破坏性的（见图 11.4）。$d_2=(2m+2)\lambda/(4n_2)$，$m=0$，1，2，3，…，其中，n 为折射率，λ 为激光波长。在这种情况下，和部分光被反射的无覆盖硅相比激光的更多能量与 SiO_2 层下面的体硅相耦合。在辐照区，覆盖 SiO_2 掩模层因其下面硅的蒸发而被吹掉；无覆盖的硅保持着完整。其他关键点应该被注意。光的吸收依赖于波长，一般地，在应用范围，硅比 SiO_2 更高，导致硅比 SiO_2 中的温度更高，因而导致 Si/SiO_2 边界上的热机械应力。此应力可能引起漏电流，主要在掩模边缘[37]。相关的缺陷通过随后在氢气氛中低温热处理可以被部分消除。这意味着必须通过仔细选择而使激光处理的各个参数相互兼容。

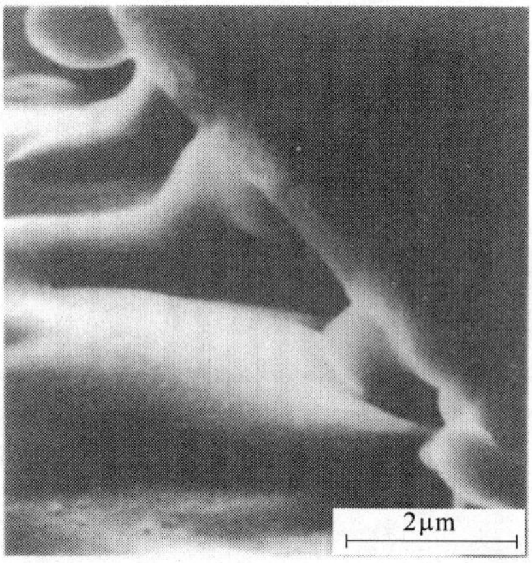

图 11.4　红宝石脉冲辐照热处理 SiO_2 层掩模覆盖注入的硅区域的 MOS 结构（左）。由于 SiO_2 层的厚度刚好满足消反射薄膜条件使硅蒸发吹掉部分电介质（左）

注意，当反应气体脉冲激光辐照引入的光化学反应用于沉积硅时，同样的有害问题可能出现。激光的相干性和空间非均匀性，将导致气体空间物质的非均匀性，这可能引起极高的局域电磁场，以至于发生局域击穿。由内壳电子发射引起的原子离子化导致伴随混乱分布的意想不到的化学反应。看起来这些效应似乎可能主导多光子跃迁以至于激发化学过程。而且，电荷可能担当气相空间中的核心。利用原始弹道检流计测量电子数量可以容易地证明自由电子的存在[50]。

扫描电子束热处理可以成为整个区域脉冲激光热处理的一种替代技术。样品处理温度可以利用灯丝高温计进行控制。只要电子源的宽度与角相干条件 $a2\sin\theta \ll \lambda$ 中 a 相比大得多，在常规处理条件下不存在相干和干扰效应。上式中在 θ 角下可以看到电子源，λ 为相对论电子的德布洛伊（de Broglie）波长，$\lambda = h[2m_0eU(1+eU/\{2m_0c^2\})]^{-1/2}$；对于实际应用而言，$\lambda \approx (1.5/U)^{1/2}$，$U$ 单位为 V，λ 单位为 nm。

在掩模层中电子的能量损失不会与在硅中有太多的不同。因此不同层中的温度将不会区别太大，减小了热机械应力。处理时间范围在毫秒以上，所以比脉冲激光热处理长得多，但对于最小化扩散效应仍足够短。电介质中的荷电效应有时可能引起问题，但可以解决。由于在冷却过程中更缓慢的降温速率，所以电子束热处理样品比脉冲激光热处理处于更佳的热力学平衡条件。观察到在缺陷即悬挂键的影响被后续氢处理大幅减少后，缺陷引入的漏电流甚至小于经激光和炉内热处理后获得的漏电流。可以利用四极磁透镜通过采用扫描线聚焦提高热处理的结果，而非扫描点聚焦，调整线聚焦使其与平面平行，即平行于晶片晶体学取向[43]。

利用适宜的电子束热处理可以使再结晶动力学和由高剂量砷离子注入到硅中所形成的非晶区特征变得可见。这通过一系列透射电子显微镜（TEM）样品横截面照片显示在图 11.5 中[44]。对于迁移缺陷由于表面起到非耗尽阱（或源）的作用，面向表面的界面再结晶比面向基体界面快得多。再结晶前沿未呈现平坦界面。完全热处理样品显示两个具有高缺陷密度的非常薄的区域，在一个区域中两个再结晶界面相遇，在另一个区域中过渡层位于非晶区和晶态基体之间（见图 11.5）。经比较，如果整体经扩散掺杂到相同浓度，将引入各种类型的高密度缺陷；这些缺陷也用于吸除不需要的杂质如金或铁。然而，必须谨记为 TEM 照片所制备的横截面样品已经过大量的准备过程，由于临近表面、机械应力、重新排序等可能通过能量传递已经改变了原始结构。

扫描电子束引起生长在非晶 SiO_2 层上多晶硅层的液态重新排序，得到包含 2mm 长微晶硅的晶体硅层，这归因于某种拉伸效应。在反射中拍摄的（110）电子衍射花样是硅单晶的衍射花样[45]。即使是包含了巨大瑕疵的熔结硅样品表面也可以通过扫描电子束辐照将其转变为致密晶体硅表面层。这样的表面层对于光电子学是引起关注的，特别是太阳能电池。然而，注意到如果从电子束传递到熔结硅样品的能量被限制在一定

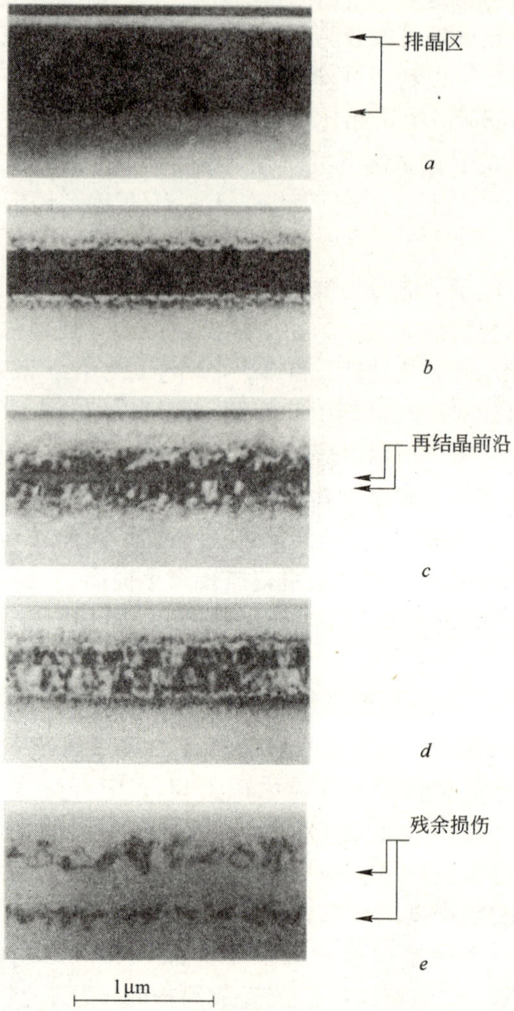

图 11.5　高剂量、高能量离子注入非晶化区域的再结晶动力学。
横截面 TEM 照片，760keV 砷离子注入硅样品
a—注入态，非晶区（黑色）被薄单晶硅层（白色）覆盖；*b*、*c*、*d*—扫描电子束热处理样品的不同热处理步骤；*e*—30min 炉内热处理

水平以至于受低激活能控制的表面原子迁移率和与温度梯度相关的扩散方向成为主导的重新排序作用，可以观察到来自熔结硅样品的长针生长(图 11.6)。相应的能量窗口极小，位于外延再生长和拉伸效应之间。不足为奇，此形状表面的光学表象是深黑色[46]。因此，在电子束热处理高剂量氮注入硅后已观察到硅纳米晶须的生长，它与形成 Si_3N_4 层的实验结

合进行[24,47]。

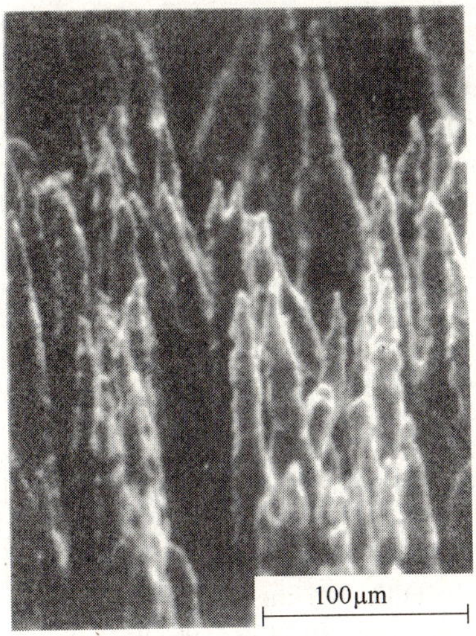

图 11.6 作为电子束再结晶的结果来自熔结硅硅针的形成；
反射电子显微术显微照片，REM

11.11 结论

我们想避开通过常规高温扩散过程获得掺杂曲线的可观的不变性，因而引入离子注入。然而，我们不能避开类似于以前使用过的高温热处理，因为需要用它们激活掺杂原子和热处理辐照损伤。最终的区别在哪里？常规扩散以同时发生的粒子迁移和电激活进行表征。离子注入将这个步骤分成两个处理步骤并在调整曲线方面获得了非常高的灵活性，但这与以前所经历的相比以更为重要的高温过程为代价取得。

我们认识到关键的一点不是发现所有处理工艺中最好的处理工艺，而是找到不同处理工艺中那一个最适合一种特殊器件的制造。这清楚地表明沟槽技术，为提高微电子器件的集成度向第三维的一次跨越，对于此项技术离子注入可能不是一个好的解决方案。然而，当纳米尺度器件受到关注时通过其他先进技术掺杂如分子束外延（MBE）将成为一个解决方案。通过自组织获得的量子点和结构的新技术也可能成为未来活动的实例。

（马通达译，肖清华校）

参考文献

1. H.R. Huff, H. Tsuya, U. Gösele (eds.): *Semiconductor Silicon 1998*, Proceedings, Vol. 98-1 (Electrochemical Society, Pennington, NJ 1998)
2. J. Bardeen, C. Herring: Diffusion in alloys and the Kirkendall effect. In: W. Shockley, J.H. Hollomon, R.J. Maurer, F. Seitz: *Imperfections in Nearly Perfect Crystals* (Wiley, New York 1952) pp. 261–288; C. Zener: ibid., pp. 289–314
3. J. Crank: *The Mathematics of Diffusion*, 2nd edn (Clarendon Press, Oxford 1985) pp. 212–214
4. J. Crank: *The Mathematics of Diffusion*, 2nd edn (Clarendon Press, Oxford 1985)
5. S. Glasstone, K.J. Laidler, H. Eyring: *The Theory of Rate Processes* (McGraw-Hill, New York 1941)
6. M. Lannoo, J. Bourgion: *Point Defects in Semiconductors I*, Springer Series in Solid-State Sciences 22 (Springer, Berlin, Heidelberg, New York 1981)
7. J. Bourgoin, M. Lannoo: *Point Defects in Semiconductors II*, Springer Series in Solid-State Sciences 35 (Springer, Berlin, Heidelberg, New York 1983)
8. A. Seeger, K.P. Chik: Diffusion mechanisms and point defects in silicon and germanium., Phys. Stat. Sol. **29**, 455 (1968)
9. M. Werner, H. Mehrer, H.D. Hochheimer: Effects of hydrostatic pressure, temperature, and doping on self-diffusion in germanium. Phys. Rev. B **32**, 3930 (1985)
10. H. Föll, B.O. Kolbesen: Formation and nature of swirl defects in silicon. Appl. Phys. **8**, 319 (1975)
11. S.M. Hu: Defects in silicon substrates. J. Vac. Sci. Technol. **14**, 17 (1977)
12. see e.g. in ref [7] chapter 9, pp. 247–270
13. D. Widmann, H. Mader, H. Friedrich: *Technology of Integrated Circuits*, Springer Series in Advanced Microelectronics Vol. 2 (Springer, Berlin, Heidelberg, New York 2000)
14. H.A. Jahn, E. Teller: Stability of polyatomic molecules in degenerate electronic states. Proc. Roy. Soc. A **161**, 220 (1937)
15. H. Bross: private communication (2003)
16. J.B. Mitchell, J. Shewchun, D.A. Thompson: Nitrogen-implanted silicon. II. Electrical properties. J. Appl. Phys. **46**, 335 (1975)
17. P.V. Pavlov, E.I. Zorin, D.I. Tetelbaum, A.F. Khokhlov: Nitrogen as dopant in silicon and germanium. Phys. Stat. Sol. (a) **35**, 11 (1976)
18. K.L. Brower: Jahn–Teller-distorted nitrogen donor in laser-annealed silicon. Phys. Rev. Lett. **44**, 1627 (1980)
19. J. Robertson: Theory of defects in amorphous semiconductors. J. Non-Cryst. Solids **77&78**, 37 (1985)
20. N.N. Gerasimenko, V.F. Stas': Buried insulator layer formation by N^+ implantation. Nucl. Instrum. Methods Phys. Res. B **65**, 73 (1992)
21. A.Y. Liu, M.L. Cohen: Structural properties and electronic structure of low-compressibility materials: β-Si_3N_4 and hypothetical β-C_3N_4. Phys. Rev. B **41**, 10727 (1990)
22. F. Link: Untersuchungen zur Phasenbildung mittels Ionenimplantation im Si-C-N System. PhD Thesis, J.W. Goethe Universität, Frankfurt am Main (1999)
23. J.A. Borders, W. Beezold: Infrared studies of SiC, Si_3N_4, and SiO_2 formation in ion-implanted silicon. In: *Proc. Second Intern. Conf. on Ion Implantation in*

Semiconductors, ed. by I. Ruge, J. Graul, Garmisch-Partenkirchen, Germany (Springer, Berlin, Heidelberg, New York 1971) pp. 241–247
24. A.M. Markwitz: Ionenstrahlsynthese und Analyse von oberflächennahen und vergrabenen Siliziumnitridschichten. Ph.D. Thesis, J.W. Goethe University, Frankfurt (1994)
25. E.F. Krimmel: Silicon nitride: electronic structure; electrical, magnetic, and optical properties; spectra; analysis. In: *Gmelin Handbook of Inorganic and Organometallic Chemistry, Si, Silicon*, Supplement Vol. B 5b2, 8th edn (Springer, Heidelberg 1997) pp. 1–171
26. E.F. Krimmel: Silicon nitride in microelectronics and solar cells. In: *Gmelin Handbook of Inorganic and Organometallic Chemitry, Si, Silicon*, Supplement Vol. B 5c, 8th edn (Springer, Heidelberg 1991) pp. 1–320
27. R. Hezel: Silicon nitride in microelectronics and solar cells. In: *Gmelin Handbook of Inorganic and Organometallic Chemistry, Si, Silicon*, Supplement Vol. B 5c, 8th edn (Springer, Heidelberg 1991) pp. 321–362
28. J. Lindhard, M. Scharff, H.E. Schiøtt: Range concepts and heavy ion ranges. Mat. Fys. Medd. Dan. Vid. Selsk. **33**, No. 14 (1963)
29. W.S. Johnson, J.F. Gibbons: Projected Range Statistics in Semiconductors (Stanford University Book Store, Stanford, CA 1969)
30. J.F. Ziegler, J.P. Biersack, U. Littmark: *The Stopping and Ranges of Ions in Solids* (Academic Press, New York 1983)
31. H. Runge: Distribution of implanted ions under arbitrarily shaped mask edges. Phys. Stat. Sol. A **39**, 595 (1977)
32. A.W. Tinsley, W.A. Grant, G. Carter, M.J. Nobes: The retention of bi ions implanted in GaAs. In: *Proc. Second International Conference on Ion Implantation in Semiconductors*, ed. by I. Ruge, J. Graul, Garmisch-Partenkirchen (Springer, Berlin, Heidelberg 1971) pp. 199–204
33. E.F. Krimmel, H. Pfleiderer: Implantation profiles modified by sputtering. Radiation Effects **19**, 83 (1973)
34. K.S. Jones, S. Prussin, E.R. Weber: A systematic analysis of defects in ion-implanted silicon. Appl. Phys. A **45**, 1 (1988)
35. P.J. Caplan, E.H. Poindexter, B.E. Deal, R.R. Pazouk: ESR centers, interface states, and oxide fixed charge in thermally oxidized silicon wafers. J. Appl. Phys. **50**, 5847 (1979)
36. E.H. Poindexter, G.J. Gerardi, M.E. Rueck, P.J. Caplan, N.M. Johnson, D.K. Biegelsen: Electronic traps P_b centers at the Si/SiO_2 interface: Band-gap energy distribution. J. Appl. Phys. **56**, 2844 (1984)
37. H. Boroffka, E.F. Krimmel, M. Lindner, H. Runge: The origin of leakage current of laser and electron beam annealed diodes. In: *Proc. Laser and Electron Beam Processing of Electronic Materials*, Proceeding Volume 80-1 (Electrochemical Society, Pennington, NJ 1980) pp. 178–186
38. N.M. Johnson, D.K. Biegelsen, M.D. Moyer: Low-temperature annealing and hydrogenation of defects at the $Si–SiO_2$ interface. J. Vac. Sci. Technol. **19**, 390 (1981)
39. E.F. Krimmel: Silicon nitride: electronic structure; electrical, magnetic, and optical properties; spectra; analysis. In: *Gmelin Handbook of Inorganic and Organometallic Chemistry, Si, Silicon*, Supplement Vol. B 5b2, 8th edn (Springer, Heidelberg 1997), pp. 25–52, 164–170
40. *Proc. First Intern. Conf. on Ion Implantation in Semiconductors*, Thousand

Oaks, USA (1970); *Proc. Second Intern. Conf. on Ion Implantation in Semiconductors*, Garmisch Partenkirchen, Germany (Springer, Heidelberg 1971); *European Conf. on Ion Implantation* (Peter Pelegrinus, Reading 1970)
41. H. Müller, H. Ryssel, I. Ruge: A new method for boron doping of silicon by implantation of BF_2-molecules. In: *Proc. Second Intern. Conf. on Ion Implantation in Semiconductors*, ed. by I. Ruge, J. Graul, Garmisch-Partenkirchen, Germany (Springer, Berlin, Heidelberg 1971) pp. 85–95
42. H. Boroffka, E.F. Krimmel, H. Mader, H. Runge: Laser annealing of semiconductor devices. In: *Proceedings of Laser Effects in Ion Implanted Semiconductors* (Catania 1978) pp. 224–231
43. E.F. Krimmel: Slip line free silicon in large-area multiple-scan annealing with a line-focused electron beam. Phys. Stat. Sol. (a) **70**, K63 (1982); E.F. Krimmel: Elektroneninterferenzen in der Umgebung der Brennlinie einer magnetischen Quadrupollinse. Z. Phys. **163**, 339 (1961)
44. E.F. Krimmel, H. Oppolzer, H. Runge, W. Wondrak: Kinetics of scanned electron beam annealing of high-energy as ion implanted silicon. Phys. Stat. Sol. (a) **66**, 565 (1981)
45. E.F. Krimmel: Research on future microcircuit technology. Trans. South African Inst. Elec. Eng. **74**, 128 (1983)
46. E.F. Krimmel: Verfahren zur Oberflächenvergrößerung eines Substrates. Offenlegungsschrift DE 33 10 331 A1 (1984)
47. A. Markwitz, H. Baumann, E.F. Krimmel: Height control of silicon nano whiskers embedded in ultra thin silicon nitride layers by rapid thermal annealing. Physica E **11** 110 (2001)
48. H. Boroffka: privat communication
49. D. Bäuerle: *Laser Processing and Chemistry*, 3rd edn (Springer, Heidelberg 2000)
50. M. Winstel, E.F. Krimmel, A. Weiss: Excimer laser-induced deposition of silicon using $SiHCl_3$ precursor. Siemens Forsch.- u. Entwickl.-Ber. **17**, 6 (1988)
51. G. Dearnaley, J.H. Freeman, R.S. Nelson, J. Stephen: *Ion Implantation* (North Holland, Amsterdam 1973)
52. H. Ryssel, I. Ruge: *Ionenimplantation* (Teubner, Stuttgart 1978)
53. S.M. Sze: *Physics of Semiconductor Devices* (Wiley, New York 1981)

12 硅的中子嬗变掺杂(NTD)

M. Schnöller

12.1 引言

为制备高功率器件，如在发动机、轧机和高功率直流传输装置中广泛用于电机驱动控制的高功率半导体闸流管，要使用电阻率为40Ω·cm或更高值的具有极其严格的磷本底掺杂的大尺寸硅晶体材料。准确的磷含量及其均匀分布对于半导体闸流管的电性能起着决定性的作用：击穿行为和截止电压取决于掺杂浓度的最大值，而掺杂浓度的最小值则与器件在高温下的性能有关。如果掺杂剂完全均匀分布，而且在掺杂剂浓度的最大值和最小值之间不存在任何差异，可望获得最佳的器件性能。

此外，掺杂良好的重复性对于制造高能设备中的高压器件也非常重要，这些高能设备中需要大量使用具有相同性能的器件。

12.2 传统的磷掺杂法

要获得40Ω·cm或更高的电阻率，并要求精确的掺杂浓度、分布均匀和掺杂工艺具有极好的重复性，采用传统的磷掺杂技术，例如气相掺杂技术是很难实现的。电阻率测量结果也表明，磷掺杂剂在硅晶体中呈现不均匀的分布，在硅晶体棒中观察到电阻率在轴向和径向呈现宏观和重叠周期性的微观振荡[1,2]。

图12.1*a*和图12.2左侧曲线显示了采用传统掺杂工艺时硅的电阻率测量结果，表明磷的分布在横向存在宏观和微观的不均匀性[3]。Voss[4]对二极管雪崩发射测量结果如图12.3*b*和图12.3*d*所示，表明相对于中子辐照硅中磷掺杂剂的均匀分布（图12.1*b*，图12.2右侧曲线和图12.3*c*)，掺杂剂存在横向和径向的宏观不均匀性。

除了采用可旋转区熔法生长的硅晶体，在其他的晶体中也观察到併入杂质分布的微观周期性振荡现象。Witt和Gatos的研究表明，杂质条纹与生长速度的周期变化有关[5]。Hurrle等人发现[6]，生长速度的变化会造成併入杂质浓度的变化。Morizane等人[7]最终确定了不均匀温度场中生长晶体的旋转导致产生这些振荡。可以假定这些因素也是造成硅晶体中磷浓度出现微观振荡的主要原因。

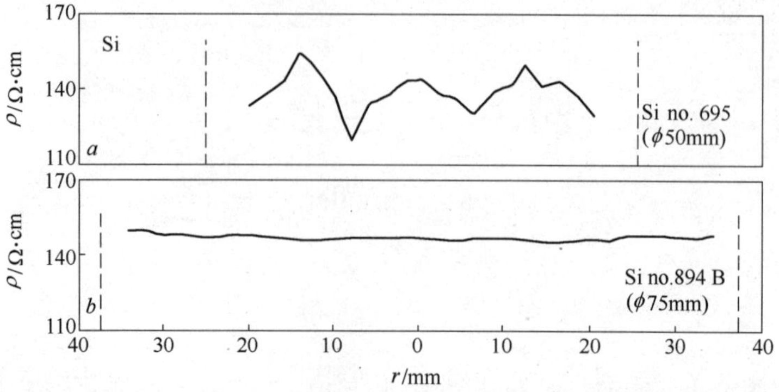

图 12.1 电阻率 ρ 横向微观分布与距离硅片中心径向位置 r 的关系（四点探针测量）

a—传统工艺掺杂硅；b—中子辐照硅[3]

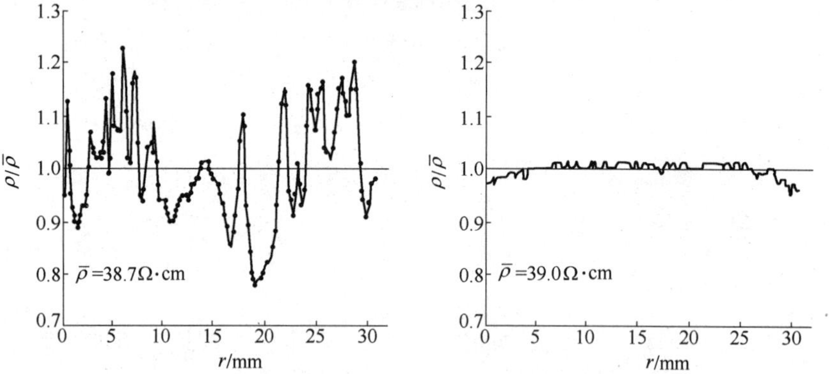

图 12.2 相对电阻率 $\rho/\bar{\rho}$ 横向微观变化与硅片中径向位置 r 的关系（扩展电阻的测量采用铝-硅接触[18]）

左侧：传统工艺掺杂硅；右侧：中子辐照硅

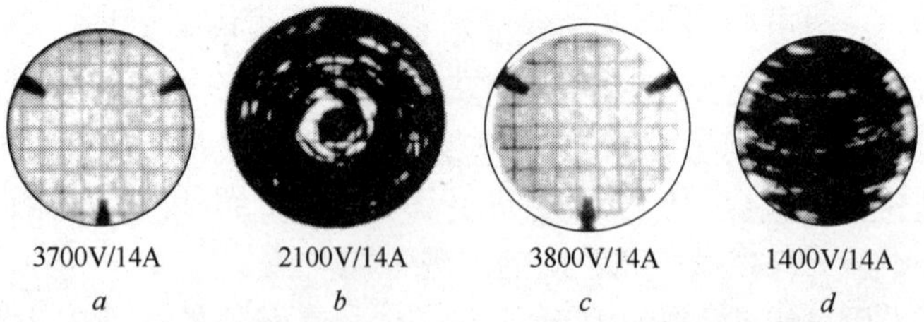

图 12.3 用中子辐照硅（a、c）和用传统掺杂法生长的硅（b、d）所制的二极管的雪崩发射图

a、b—水平截面；c、d—垂直截面

采用中子辐照硅制备的二极管中电阻率的均匀分布造成雪崩发射的均匀分布（灰色形貌）。采用传统掺杂工艺制备的二极管中电阻率的不均匀性产生局部的雪崩发射（黑白对比形貌）。垂直截面（d）显示了生长硅晶体中液相和固相边界的形状[4]

12.3 中子辐照磷掺杂[8]

12.3.1 发展历史

在以前的研究中，我们采用稍低于硅熔点的温度进行退火处理以消除传统磷掺杂硅晶体中的电阻率条纹，硅晶体在退火炉中的退火时间为两周。电阻率条纹测试结果表明，退火前后电阻率分布没有明显的差别。为此，我们开始寻找在硅晶体生长完成后掺入磷的新掺杂方法。

由于带电粒子较低的注入深度，采用离子注入的方式并不适于磷的掺杂。我们认为中子是唯一有可能在没有明显阻碍的条件下穿透硅晶体点阵的粒子。庆幸的是，中子与硅之间可以发生反应生成磷。

尽管人们一度认为在辐照中会产生严重的晶体缺陷，因而担心晶体会受到不可恢复的破坏，然而，由于反应横截面的值、不稳定中间产物的半衰期以及副反应的强度等都处于工业生产技术可以接受的范围内，我们认为这是一种与生俱来可以为我们所接受的工艺。在决定开始研究后，我们在文献中发现了 Lark-Horovitz[9] 和 Tanenebaum[10] 所作的一些开创性的工作。

Lark-Horovitz 于 1951 年首次提出采用中子辐照生成掺杂剂的概念，并在硅晶体中进行了首次实验。然而，由于在中子轰击时产生的缺陷没有得到有效的恢复，所测量到的电阻率并没有如预想的那样呈现 n 型导电性。

Tanenebaum 与其合作者于 1961 年制备出基于中子辐照硅的二极管，其电阻率范围为 ~10Ω · cm。然而，在当时采用传统的掺杂工艺也可以提供所需的电阻率范围，而且当时对掺杂质量的要求也不是很高。另外，当时并没有对高电阻率范围的磷掺杂硅晶体的需求。Tanenebaum 等人的实验中也存在一个缺陷，即在试验掺杂范围内，对于辐照过程产生的大量非稳定的磷的同位素^{32}P，他们没有让其衰减，致使硅材料具有某些不希望有的放射性，从而使得这种掺杂方法不久即为大家所忘却。

12.3.2 掺杂反应

硅元素由^{28}Si(92.23%)、^{29}Si(4.67%)和^{30}Si(3.10%)三种同位素所组成。在热能中子辐照过程中，同位素^{28}Si 和^{29}Si 形成非放射性的同位素^{29}Si 和^{30}Si。

与此相反，同位素^{30}Si 与中子反应形成不稳定的同位素^{31}Si，其半衰期为 2.6h，衰减成稳定的磷同位素^{31}P：

$$^{30}Si(n,\gamma)^{31}Si \rightarrow ^{31}P + \beta^-$$

由于该反应具有较低的截面（$\sigma_{abs} \approx 0.16 \times 10^{-28} m^2$），因而在硅晶体中产生的磷的空间分布与受辐照晶体的尺寸无关。受辐照晶体棒的尺寸仅仅决定于辐照设备的尺寸。磷的空间分布由空间中子密度分布的均匀性所决定，而且，中子流量决定了磷的浓度。所有这些条件都很容易进行调整，因而这种掺杂工艺很适合工业化应用，尤其是考虑到 40Ω · cm 或更高的电阻率范围，此时，采用传统方法欲获得精确的掺杂浓度、掺杂剂的均匀分布和掺杂过程的重复性具有更大的难度。

由于需要大的中子剂量才能获得所需的磷浓度，因而辐照过程通常在具有较高中子流密度的试验反应堆中进行，最好是在重水慢化的设施中进行。对于 100Ω · cm 的电阻率，需要大约 1h 的辐照以获得相应的掺杂浓度。图 12.4 显示了辐照时间与产生的磷的浓度和电阻率之间的关系，使用的中子流密度为 $8 \times 10^{13} cm^{-2} \cdot s^{-1}$。

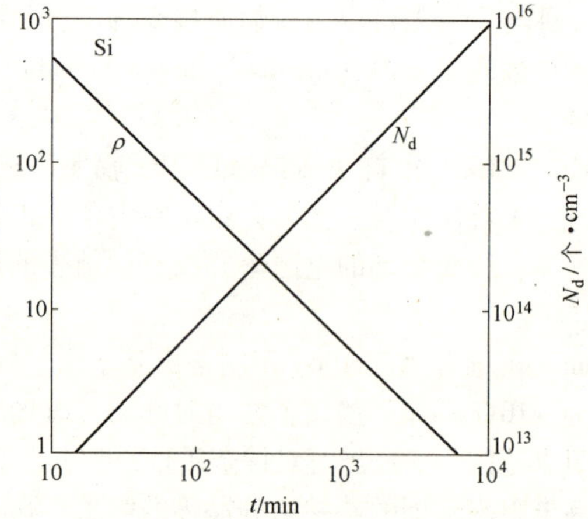

图 12.4　计算得到的辐照时间 t 与电阻率 ρ（左轴）和磷原子数 N_d（右轴）的关系

辐照所用热中子流密度为 $8 \times 10^{13} cm^{-2} \cdot s^{-1}$；计算采用 Irvin 曲线[11,19]

12.3.3　副反应

在中子辐照过程中必须考虑一个重要的副反应，即 ^{31}P 与中子发生二次反应生成非稳定的磷同位素 ^{32}P，这种同位素的半衰期为 14 天，并形成稳定的硫同位素 ^{32}S：

$$^{30}Si(n,\gamma) \rightarrow ^{31}P(n,\gamma) \rightarrow ^{32}P \rightarrow ^{32}S + \beta^-$$

磷同位素的浓度不仅与辐照时间和反应截面有关，而且依赖于辐照过程中反应堆的中子流密度。图 12.5 显示了辐照过程中子流密度与所希望的电阻率和磷同位素^{32}P浓度的关系[11]。

除了热中子与硅的反应外，反应堆中还存在一些与快中子的其他反应。幸运的是，这些反应截面非常低，而且放射性中间产物的半衰期非常短。镁和铝作为稳定的最终产物，其浓度较低，对硅的磷掺杂影响甚微。但是，如果用于生产红外探测器的硅晶体中的杂质，如元素铟受到辐照，就必须考虑这些元素与中子发生的反应。

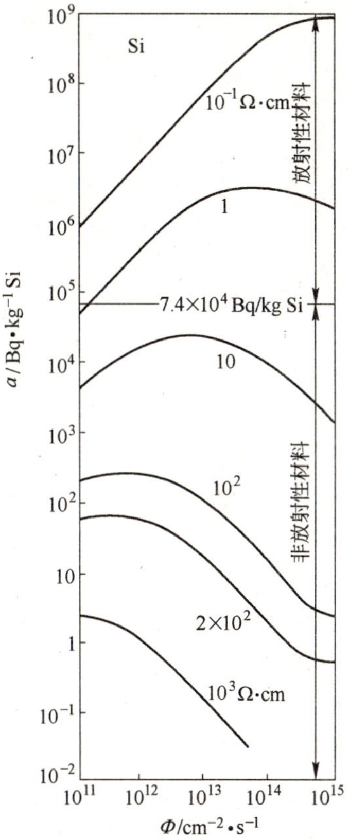

图 12.5 不同电阻率条件下中子流密度 ϕ 与^{32}P放射性 a 的关系[11]

12.3.4 辐照硅的放射性

通常来说，在工业化应用的掺杂范围内，辐照硅的放射性并不会造成严重的问题。由于非稳定中间产物^{31}Si的半衰期较短，经过 3 天的衰减后，通常可以将辐照硅当作未辐照材料来处理。

通常，在 5Ω · cm 和更低的电阻率范围内（这不是工业应用中所需要的），必须考虑非稳定的磷同位素^{32}P具有的较长衰减期。图 12.6 显示了电阻率、辐照硅的质量和衰减期的关系[12]。如果材料中存在放射性的杂质，如反应堆中被污染的水所引起的杂质，可以简单地使用硝酸/氢氟酸混合溶液将其腐蚀掉。通常，辐照硅的表面不会含有任何的污染物。

12.3.5 晶体缺陷的退火

在辐照过程中硅晶体内会产生各种缺陷，其中大部分都是由于快中子的作用形成的。晶体的电阻率大约为 $10^5\Omega\cdot cm$，实际应用中，采用高温退火的方式可以完全消除晶体缺陷。对于少数载流子的寿命而言，传统掺杂方法和退火处理中子轰击硅之间并没有差异[13]。辐照过程中快中

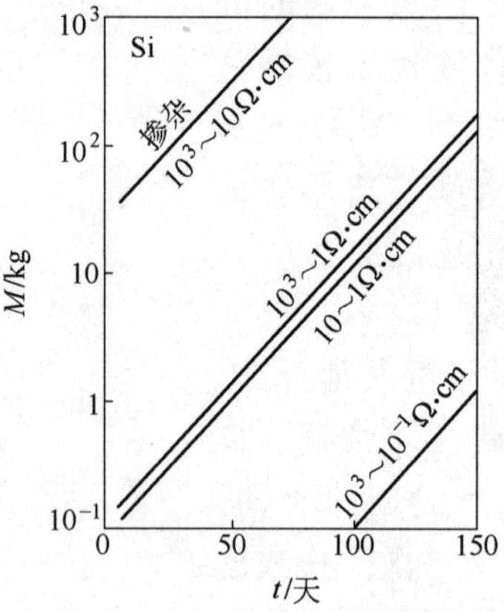

图 12.6　不同电阻率条件下，中子辐照硅中^{32}P衰减到可接受极限的时间 t（$a \sim 3.7\times10^5$ Bq）与辐照硅质量 M 的关系（计算时采用的中子流密度为 $\Phi = 10^{14}\,cm^{-2}\cdot s^{-1}$）[12]

子含量越低，退火时消除晶体缺陷所需的温度就越低。典型的退火条件为750℃退火 1h[14]。作为退火试验的一个例子，图 12.7 显示了不同退火温度时电子激发光谱上磷施主线的变化[15]，在 800℃时晶体点阵得到完全的恢复。采用红外光照也可以消除晶体缺陷[16]。有关晶体缺陷及其消除方法的进一步描述可参考文献［8］。

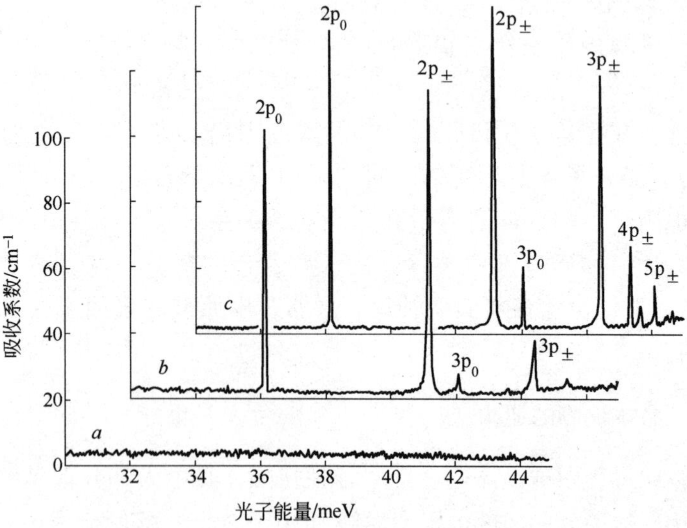

图 12.7　NTD 过程中产生的缺陷的退火试验（磷浓度约为 $2\times10^{15}\,cm^{-3}$）

a—退火前；b—650℃退火 2h；c—800℃退火 1h[15]

12.3.6 硅掺杂的技术实现

12.3.6.1 核反应堆

由于需要高的中子流密度以获得所需的磷浓度，辐照实验大多在研究院或大学的核反应堆中进行，重水慢化反应堆尤为合适，原因在于它可以提供大量的低能量的中子。辐照通常要持续几个小时，表 12.1 列出了使用过的反应堆。

表 12.1 用于生产 NTD 硅的核反应堆及其辐照容量[17]

Saclay，法国	HW	30t/年
Studsvik，瑞典	LW	30t/年
Riso，丹麦（已关闭）	HW	40t/年
Kjeller，挪威	HW	12t/年
Mol，比利时	LW	20t/年
Missouri，美国	LW	15t/年
MIT，美国	HW	10t/年
Lucas Heights，澳大利亚	HW	18t/年
其他反应堆	HW/LW	约 10t/年
总　计	LW	70t/年
	HW	75t/年

注：HW = 重水慢化反应堆，LW = 轻水慢化反应堆。

慕尼黑技术大学于 2004 年开始运行的新型高流量重水慢化反应堆 FRM Ⅱ 可用于长度 500mm、直径 200mm 的硅棒的辐照试验，中子流密度为 $2\times10^{13}cm^{-3}\cdot s^{-1}$，其空间均匀度大约为 ±5%。低能量中子与高能量中子的比值约为 1000 : 1，其容量约为 10^4kg/年。首个商用硅掺杂辐照设施计划于 2005 年投入使用。

12.3.6.2 辐照硅的数量

从 1973 年辐照硅开始商业应用至今[20]，其数量从每年几千克[11]增大到每年几十吨[17]。主要原因在于辐照硅具有的优异特性，它不仅可以获得传统掺杂方法无法达到的 100Ω · cm 和更高的电阻率，而且能够得到较低的电阻率。掺杂工艺的高成本可以通过高产量和提高器件制备效率得到补偿。

图 12.8 显示了 20 年间辐照硅数量的变化[17]，一些年份对应的数量下降来自于硅器件商业需求的降低，以及对更经济的气相掺杂工艺技术的改进，采用这种工艺可以得到更高的电阻率，并改进磷分布的

均匀性。

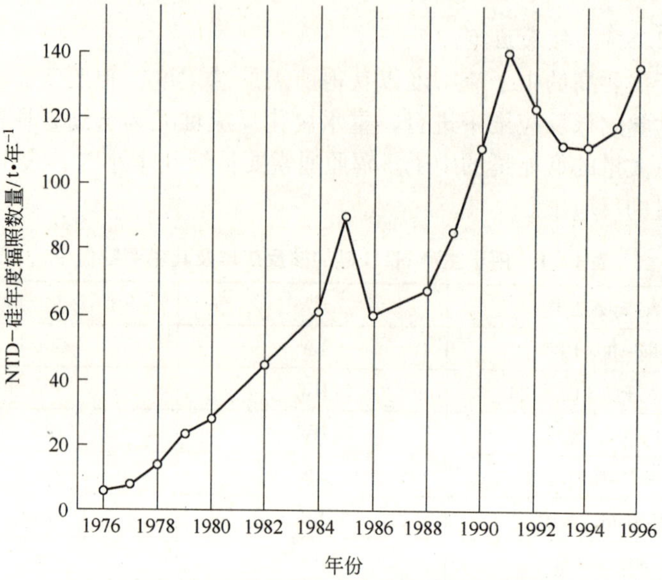

图 12.8　中子辐照硅的年度数量变化[17]

过去，停止使用的辐照设施常常产生一些问题。现在，通过增大现存反应堆的容量可以解决这些问题。将来，由于许多辐照设施将达到使用年限，例如，过早关闭的 Riso 反应堆，面临关闭的反应堆的数量将逐渐增多，必须对此给予高度的重视，这一点对于在工业掺杂中优先使用的重水慢化反应堆显得更为重要。因此，在不久的将来将会出现辐照设施短缺的局面。

12.4　展望

将来会出现对中子辐照掺杂硅晶体的需求，尤其是在需要更高电阻率的范围时。可以预期的是，采用传统气相掺杂和中子辐照掺杂的商业界限将会由于传统方法的改进而转向更为价廉的气相掺杂工艺。目前可以估计到的是，NTD 硅材料不久将占据更高电阻率范围需求的主导地位。同样，由于未来硅器件的发展，对掺杂的精确度、均匀性和可重复性的要求也会更加严格，这意味着 NTD 硅材料不仅将会在唯有中子掺杂才能提供的电阻率范围内得到应用，而且也可用于采用传统方法可以达到的电阻率范围。

（黄　倬译，邓志杰校）

参考文献

1. J. Burtscher: Resistivity fluctuations, growth striations and swirls in silicon single crystals. Proceedings of the European Summer School, July 8–12, 1974, Bad Boll, ed. by H. Weiss (1974) pp. 63–91
2. E. Spenke, W. Heywang: Phys. Stat. Sol. (a) **64(11)**, 12 (1981)
3. M. Schnöller, E. Spenke: Physik in unserer Zeit **7(1)**, 1 (1976)
4. P. Voss: IEEE Trans. Electron. Devices **ED-20**, 299 (1973)
5. A.F. Witt, H.C. Gatos: J. Electrochem. Soc. **115**, 70 (1968)
6. D.T.J. Hurrle, E. Jakeman, E.R. Pike: J. Cryst. Growth **3/4**, 633 (1968)
7. K. Morizane, A.F. Witt, H.C. Gatos: J. Electrochem. Soc. **114**, 738 (1976)
8. M. Schnöller: Nuclear transmutation doping. In: *Landolt-Börnstein*, New Series Vol. 17, *Semiconductors*, Subvolume c, ed. by M Schulz, H Weiss (Springer, Berlin, Heidelberg 1984) Sect. 6.1.4.3., pp. 185–191 and 513–516
9. K. Lark-Horovitz: Nucleon-bombarded semiconductors. In: *Semiconducting Materials, Proceedings of a Conference at Univiversity of Reading* (Butterworth, London 1951) pp. 47–69
10. M. Tanenbaum, A.D. Mills: J.Electrochem. Soc. **108**, 171 (1961)
11. E. Haas, J.A. Martin: Nuclear transmutation doping from the viewpoint of radioactivity. In: *Neutron Transmutation Doping in Semiconductors*, ed. by J.M. Meese (Plenum Press, New York and London 1979) pp. 27–36
12. E.W. Haas, M.S. Schnöller: J. Electron. Mater. **5**, 57–68 (1976)
13. P. Voss: private communication (1976)
14. J. Corish, F. Benière, V.K. Agrawal, S. Harridos, C. Defeux: J. Appl. Phys. **50**, 6338 (1979)
15. C. Jagannath, Z.W. Grabowsky, A.K. Ramdas: Phys. Rev. B **23**, 2082 (1981)
16. A. Yusa, D. Itoh, C. Kim, H. Kim, K. Hushimi, S. Ohkawa: Application of NTD silicon for radiation of surface barrier type. In: *Neutron Transmutation-Doped Silicon. Proceedings of the Third International Conference on Neutron Tansmututation Doping of Silicon*, Aug. 27–29, 1980, Copenhagen, ed. by J. Guldberg (Plenum Press, New York 1980) pp. 473–485
17. W.V. Ammon: *Neutronen in der Silizium-Haibleitertechnik, Neue Forschungsneutronenquelle Garching* (Technische Universität München, Garching 1998) pp. 78–80
18. J. Krauße: National Bureau of Standards Special Publication 400-10, *Spreading Resistance Symposium*, Proceedings of a Symposium held at NBS, Gaithersburg, MD, June 13–14 (1974)
19. J.C. Irvin: Bell Syst. Tech. J. **41**, 387 (1962)
20. M. Schnöller: IEEE Trans. Electron Devices **21**, 313 (1973)

第六部分

某些杂质的作用

13 硅中的过渡金属杂质

T. Heiser

13.1 引言

与掺杂剂不一样，金属杂质很少使用在半导体器件中。然而过渡金属在工艺上是重要的，因为它们在硅中的存在是难以避免的，并且它们与自由载流子的相互作用可能影响电子器件性能[1]。硅中的铜给出一个说明实例。在每立方厘米硅中低达 10^{12} 的铜原子可以在亚微米集成电路制造中导致明显的产率损失[2~4]。尽管有铜沾污增大的风险，铜薄膜的高电导率和热导率还是推动了电子工业在它的产品中采用铜互连。只有硅工艺学中的铜杂质完美控制才能容许工业进行这样的作业。在硅的光伏工业中出现另一个有关过渡金属的技术问题，这里为追求降低成本，采用带有大量金属的低质量硅[5,6]。在器件加工过程中发生的缺陷反应决定了最后的能量转换效率。了解主要杂质的反应途径、不同状态的电活性和它们的相互作用，有助于使光伏器件的性能最佳。

现在，为 ULSI（超大规模集成）工艺设计的高质量原生硅片中的金属杂质浓度一般不超过 10^{11} at/cm^3。沾污大多数发生在硅片的加工过程中，例如高温处理、离子注入、化学清洗和硅片输送中。铁、铜和镍是最经常观测到的沾污物。硅片加工过程中的沾污潜力依赖于物理性能，例如杂质在硅中的负电性、蒸气压、体扩散和固溶度。作为例子，与硅的负电性（1.8）相比，铜的较大负电性（1.9）会引起液相中的表面沉积，使化学处理成为铜沾污的主要途径。大的扩散系数和固溶度（在处理温度下）容许被吸附的表面原子快速扩散到硅中并从后来的表面清洗中离开。相反地，高的蒸气压有利于表面蒸发和减少体沾污。这是锌和汞以及几个氧化金属原子的情况[7]。

对成品器件沾污的结果取决于沾污的空间分布。金属杂质可以积累在界面，可以包含在氧化硅中或结束在体内。在后一种情况下，器件有源区的近邻效应是决定因素。对于大多数电子器件来说，只有表面下的最初几个微米是重要的，并需要保持洁净。位于材料较深处的任何金属沾污对器件的运行没有影响。但是对于光伏器件，由于整个硅片参与光吸收和电荷输运，因而需要将金属屏蔽。金属杂质和自由载流子之间的相互作用取决于杂质的微观状态。溶解的杂质和沉淀的杂质行为也不相同。孤立杂质会引入局域电子态，它或者可以俘获少子或者增强它们的复合率，可以在双极晶体管中造成低电流增益和在光伏器件中造成低的转换效率。另外，金属沉淀大都对低阻路径负责并在整流器件中产生大的漏电流和低的击穿电压。当金属杂质位于近表面区时，金属沉淀也会引起氧化物局部减薄并产生过早的电压击穿。

现在对硅中金属杂质的物理特性和电活性的了解以及工业上控制它们对电子器件影响的目前所使用的工程解决方案是过去 50 年全世界进行大量研究工作的成果。在这段时间里发表了大量关于硅中金属杂质的评论文章和书籍（例如见第 9 章参考文献［8～10］）并帮助半导体科学家和工程师们跟踪上实验和理论研究结果的快速演变。本章的目的不是作为另一篇评论文章，而是给非初学读者作为硅中过渡金属杂质物理容易了解的入门。用已得的结果对基本概念加以说明，加上该领域最新发表的参考文献，容许感兴趣的读者进行深入研究。

本章编排如下：13.2 节讲述主要过渡金属的扩散机理和平衡固溶度；13.3 节讲述金属杂质的电活性和相关的器件失效；而 13.4 节讲述最新的杂质工程，例如吸杂和金属痕量检测。

13.2 扩散和固溶度

硅中金属杂质的扩散系数和固溶度是它的最重要特性。它们决定了由意外的表面沾污和接着的高温处理所引起的杂质穿透深度和体浓度。在 20 世纪 60 年代已对主要沾污物的这些特性做了基础研究[8,11～13]。除了硅中的铜外，大多数这些数据现在仍然有效，而铜的扩散系数是被明显低估了[14,15]。图 13.1 表示主要金属杂质的扩散系数对温度关系的最新数据。作为对比加入了磷杂质的数据。

与磷相比较，过渡金属的大得多的扩散系数表明有不同的扩散机理。浅掺杂剂在热平衡时已知总是占据替位位置。只有当一个本征点缺陷（自间隙或空位）位于最紧邻位置时，这一能量上稳定的结构才容许掺杂剂发生扩散。点缺陷的平衡浓度随温度而快速下降，并在 900℃ 以下时掺杂剂的扩散系数极慢。相反的，过渡金属的快速扩散说明，在扩散温度下，相当数量的杂质处在间隙位置上并通过硅的有空隙的晶体结构进行快速扩散。图 13.1 所示的扩散系数是金属的间隙对替位比率的函数（替位杂质被认为是不动的），因而是间隙成分的扩散率的函数。

目前所能接受的是，3d 过渡金属在所有温度下具有以间隙为主的固溶度[7]。化学趋势以及移动焓（图 13.1 中的直线斜率）随原子数增大

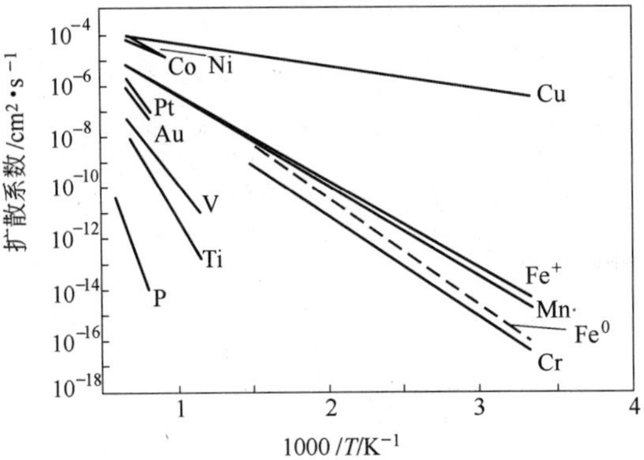

图 13.1　不同杂质的扩散系数对温度倒数的关系（除铜数据取自参考文献［15］外，其余数据均取自参考文献［7］）

而减少，Utzig 把这种趋势归因为硅晶格中杂质弹性能的影响[16]。

已发表的有关硅中铁的大量数据（最近的评论见参考文献［17］）是基本一致的，说明铁主要具有间隙平衡固溶度和以 0.68eV 的移动焓进行间隙扩散。尽管对于镍和钴只有相当少量的实验结果（主要由于在室温下难以保持这些杂质在间隙位置），确信这些杂质在高温下也以间隙形式进行分解和扩散[8]。

对于铜，Hall 和 Racette[11] 发现，在 p 型和适度掺杂的 n 型材料中，在热平衡条件下大于 99% 的金属处于间隙位置上，并估计间隙铜的移动焓为 0.43eV。但是最近实验表明，由于铜-受主对的原因，这一值明显过高了[18]（见后）。最近由 Istratov 等人[14,15] 用轻掺杂材料的漂移实验得到的本征铜移动焓只有 0.18eV。这个值与 Woon 等人[19] 所做的 ab-initio 计算符合得很好。在重掺杂材料中或低温时，必须计入铜-受主相互作用。假设了扩散限定配对反应和热激活分解率后，计算得到的有效扩散系数很好地与 Hall 和 Racette 的数据相符合[15]。

在金或铂沾污的样品中观察到的扩散剖面不能用简单的间隙扩散机理加以解释。Gösele 等人[20] 发现，这些金属的确具有很大的替位平衡固溶度，在能够扩散之前需要与硅的自间隙原子相互作用将其“踢出”到间隙位置上。这一踢出机理由下面的反应式描述：

$$M_s + I \Longleftrightarrow M_i \tag{13.1}$$

式中，M_s 和 M_i 分别对应固定的替位金属杂质和可动的间隙金属杂质；I 代表硅自间隙原子。这一反应得到不均匀的有效扩散系数 D_M^{eff}，它定义为：

$$D_M^{eff} = D_{M_i} f_i \tag{13.2}$$

式中，$f_i = [M_i]/([M_i] + [M_s])$，括号中的项代表在不同原子位置上的杂质浓度。方程 13.2 强调，只有间隙杂质是可动的，因子 f_i 局部取决于反应式 13.1。在非平衡条件下，自间隙的过饱和趋向于使 f_i 增大，而未饱和趋向于使 f_i 减小。在点缺陷浓度钉扎在它的平衡值（例如通过高位错密度）的特殊情况下，f_i 是均匀的并导致图 13.1 所示的恒定的（与浓度无关的）有效扩散系数[21,22]。到目前为止，对这些替位过渡金属的本征间隙扩散系数（D_{M_i}）实验值尚未有报道。

点缺陷对扩散机理的贡献使替位金属扩散与局部点缺陷浓度关联起来，而局部点缺陷浓度本身可能在技术上受重要加工工艺例如热氧化或离子注入或由于存在扩展缺陷（例如位错、晶界）的影响。例如，在氧化过程中自间隙的注入通过反应式 13.1 增加了间隙金属浓度。另外，在扩展缺陷的近邻较低的点缺陷浓度降低了有效扩散系数并有利于金属堆积。本章后面讨论的替位金属的吸杂就部分依赖这种点缺陷-杂质的相互作用。

在半导体中，根据费米能级位置和缺陷的电离能，缺陷可以有不同的电荷态。因此，电荷态既可以通过与电荷态有关的 D_{M_i} 影响杂质扩散率，这在铁的情况已经被发现，也可以通过费米能级有关的间隙固溶度影响杂质扩散率。用硅中的铜作为例子说明后一效应。Hall 和 Racette[11] 指出，间隙铜杂质行为像浅施主，在室温下带正电，与费米能级位置无关。相反地，替位铜杂质，虽然是少数，发现大都处在带负电的状态(受主型缺陷)。引入到硅基体中后，铜原子电离引起费米能级相关能增大。在 p 型材料中，从间隙铜上释放电子在能量上是有利的路径，因而增大间隙固溶度。但是在 n 型材料中，位在费米能级以下的替位受主的电离在能量上变得有利，这就增大了替位的固溶度，它甚至超过 n 型重掺材料中间隙固溶度。在这一情况下，铜扩散明显变慢，并很可能与本征点缺陷有关，这与其他替位金属例如金和铂的情况一样。

硅中给定杂质的固溶度定义为与第二相（大多数情况为金属硅化物[8]）处在平衡状态时的硅基体中溶解了的杂质浓度。例如，在整个所研究的温度范围内，发现铁和镍与 $FeSi_2$ 和 $NiSi_2$ 处在平衡状态，而铜边界的硅化物成分为 Cu_3Si[25~27]。所有过渡金属均以固溶度随温度降低而快速下降为特征的，在室温下达到可忽略的值[8]。因此在室温下观察到硅中的溶解金属杂质总是构成亚稳态过饱和溶液。过饱和程度取决于不同因素，例如从扩散温度冷却下来的冷却速度、杂质的扩散率、硅化物的晶体结构和二次缺陷的存在。铁和镍给出有趣的例子，在冷却过程中它们的行为明显不同。镍的硅化物的晶格参数接近硅，从而在形成硅化物过程中有低的弹性应变[26]。这也有利于过饱和金属的快速沉淀，因而认为即使以极快速度冷却（2000℃/s）后也会使室温下间隙镍浓度在检测限以下。相反，铁的较慢扩散速率和硅化物 $FeSi_2$形成时的较大体积变化（与镍的硅化物相比较）允许在冷却后有明显的金属过饱和[25]。观察到的铁的硅化物沉淀成核是由二次缺陷（位错、界面等）引发的，它通过应变弛豫降低硅/硅化物的界面能。但是，后续的沉淀生长是由长程杂质扩散约束的，这使铁比镍有更强的限制。因此，适当快的冷却速率（小于50℃/s）一般足以防止在高品质单晶中形成铁沉淀。

铜的行为又不相同。起初认为即使在快速冷却时铜沉淀几乎都会发生，不管是伴随着生成富金属硅化物颗粒所必须的大的晶格失配和强的自间隙发射[7]。认为间隙铜的极高扩散系数对这一行为负有责任。但是最近，间隙铜通过瞬态离子漂移测量的观察和用同步 X 光荧光的沉淀研究得到结论，在适当冷却速率（大于50℃/s）下的淬火可以得到大的过饱和铜固溶体[28,29]。目前认为长大的硅化物颗粒和间隙铜之间的库仑排斥力对这一非常低的沉淀速率负责。在慢的冷却速率情况下，铜沉淀主要发生在样品表面附近，表面起着发射自间隙的理想热沉的作用，并且经择优表面腐蚀后，这种沉淀能够以雾的形状被看到[7]。

溶解的过饱和金属杂质也可以与其他杂质形成具有相同的或不同的化学特性的络合物。如果冷却速率太快不能产生大量沉淀，和如果被溶解的金属杂质的室温迁移率足够大，使它们被二次缺陷所俘获，则预期有络合物形成。长程静电相互作用也对络合物形成速率有贡献。典型的例子是施主-受主对的形成[30]。在这一情况中，两种组分的相反荷电状态产生长程库仑相互作用，它通过扩散限制俘获机理形成稳定的缺陷对。例如，已经很好证实，在室温下间隙铁扩散系数是足够大的，足以让所有铁原子与一种受主型掺杂剂（B、Al、Ga 等）在数小时内配对。Chantre 和 Kimerling[31]指出，假定点电荷具有电位，这些配对在不同空间构型中的统计分布很好地符合 Boltzmann 分布。在 Cr-和 Mn-沾污的 p 型硅中也观察到类似的配对[32,33]。施主-受主对一般是弱束缚，在相当低的温度（约200℃）下退火可以被分解。因为由各个不同金属杂质构成的缺陷对和缺陷团有不同的电活性，它们需要被考虑以便全面了解金属沾污对电子器件的影响。

以上的简短叙述足以给出一个概念，即金属杂质的行为是如何与典型的器件加工步骤联系在一起的。大多数过渡金属的固溶度和扩散系数都足够大，在典型的高温工艺中足以使金属杂质从被沾污的表面扩散到体内相当大的距离（从几个微米到整个晶片厚度）。金属杂质的最终分布和结构强烈地依赖于冷却速率，而冷却速率控制着过饱和的程度和或多或少导致金属沉淀的形成。或者通过杂质扩散机理（替位金属杂质例如金或铂的情况）或者通过沉淀动力学，可预期到与本征点缺陷有关联，而点缺陷的浓度随工艺参数而变化。在一给定工艺之后，金属杂质或者可以处在间隙态（Fe、Cu、Ti、…），或者可以处在替位态（在 n^+ 硅中的 Au、Pt、Cu,），可以包含在一络合物中或包含在硅化物颗粒中。某些杂质在近表面区即在器件有源区内有产生沉淀的倾向，这对器件运行是特别有害的。

13.3　电活性

溶解了的金属杂质的电活性大都由它们引入到硅能隙中的局域能态（或深能级）所决定。这些深能级与自由载流子之间的相互作用已由 Shockley、Read 和 Hall 利用载流子的俘获率和发射率加以描述（见图 13.2）[34,35]。俘获率由下式给出：

$$c_n = \sigma_n v_n n \text{ 和 } c_p = \sigma_p v_p p \tag{13.3a}$$

式中，v_n、v_p 分别为电子和空穴的热运动速度；σ_n、σ_p 为俘获截面；n、p 分别为与费米能级有关的电子和空穴浓度。深能级的发射率由下式给出：

$$e_n = v_n \frac{N_c}{g} \sigma_n e^{-\Delta H_n/(kT)} \text{ 和 } e_p = v_p \frac{N_v}{g} \sigma_p e^{-\Delta H_p/(kT)} \tag{13.3b}$$

式中，N_c 和 N_v 分别为导带和价带的有效态密度；g 为深能级简并因子；

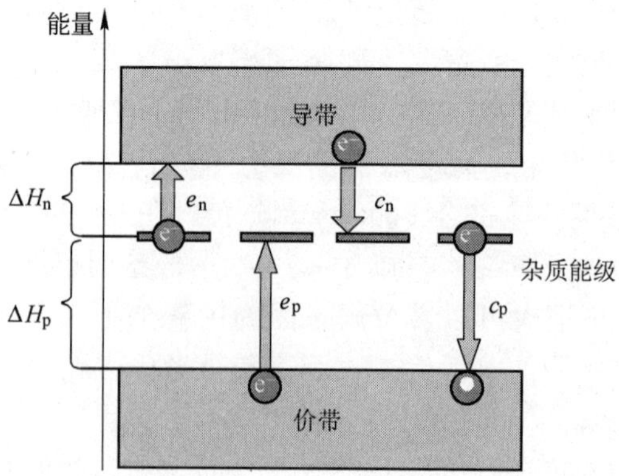

图 13.2　深能级和硅能带之间相互作用图示说明

ΔH_n、ΔH_p 分别为深能级电子和空穴电离焓（即分别为深能级与导带或价带的距离）。位于靠近带隙中央的深能级（$\Delta H_n \sim \Delta H_p$）允许向导带和价带进行跃迁和从导带和价带到深能级的跃迁，并促进电子-空穴对的热产生。如果杂质处在载流子俘获率为可忽略（n，$p \sim 0$）的耗尽区时，这是特别重要的。这些“产生中心”明显增加 pn 结和肖特基势垒的漏电流，因而降低电荷耦合器件的储存时间。类似地，对电子和空穴两者均具有大的俘获率（与发射率比较）的深能级会导致有效的电子-空穴对复合。因为俘获率取决于自由载流子浓度，掺杂材料中的复合大都发生在非平衡条件下，这时或者由于吸收光子或者由于近邻界面的注入，少子浓度增大。这些“复合中心”会降低附加少子的寿命并导致光伏器件低的收集效率。如果复合杂质位在双极晶体管基极内，这些杂质会增大基极电流和降低晶体管的电流增益。

俘获截面量值可以在 $10^{-18} \sim 10^{-14}\,cm^2$ 范围内。这一大的范围反映杂质荷电状态通过长程库仑相互作用对俘获过程的影响。例如由于库仑排斥力，带负电的杂质可能比中性的或带正电的缺陷有较小的电子俘获。因此，大的电子俘获截面证实所研究的杂质为施主特性。俘获截面的量级经常用于估计受主型或施主型的杂质特征（见表 13.1）。另外，杂质荷电状态更明确地表示来自电场增强的载流子发射。这种 Poole-Frenkel 效应是由于杂质附近宏观电场（例如肖特基势垒耗尽区）[36] 造成电子或空穴的势能分布畸变所致的。该电场降低了电子从施主型缺陷发射或空穴从受主型缺陷发射的能量势垒。

表 13.1　主要金属杂质的能级（取自文献［7］）

金 属	Ti_i	V_i	Cr_i	CrB	Mn_i	MnB	Fe_i
ΔH_n/eV	0.08 0.27d	0.18a 0.45d	0.22d		0.12a 0.42d	0.53d	0.39d
ΔH_p/eV	0.28dd	0.32dd		0.29d	0.27dd		
金 属	**FeB**	**Co_s**	**Ni_s**	**Cu_s**	**Cu_i-Cu_s**	**Au_s**	**Pt_s**
ΔH_n/eV		0.41d	0.41d	0.16d		0.55d	0.23d
ΔH_p/eV	0.1d	0.41a	0.17a	0.46a 0.22d	0.1d	0.34a	0.32a

注：下标 i 和 s 表示原子在间隙或替位位置。字母“d”或“a”表示深能级为施主或受主特性（“d d”对应双施主，“a a”对应双受主）。

目前大多数已经很好确定的有关由主要金属杂质引入能级的数据归纳在表13.1中。大多数金属杂质都会引入复合中心，当要求有高的少子寿命和长的扩散长度时，金属杂质的浓度要低。金的复合作用被用在高速开关器件中，对这些器件，附加少子的复合是时间限制的复合过程[37]。间隙铜被认为引入了相当浅的施主能级，它在禁带中的精确位置仍然不确定[9,38]。从漂移实验，Prescha 等人发现在p型硅中，间隙铜在至少低达 -70℃下仍然带正电[18]。目前认为替位铜引入3个深能级，对应着4个荷电状态[14]。在铜沾污的硅中观察到许多其他深能级，是由包含在一个或几个铜原子中的缺陷络合物所产生的[39]。这些缺陷的形成有利于硅中铜在室温下有可忽略的固溶度。它构成热力学驱动力，并由于它的快速扩散，降低了运动势垒。但是关于这些络合物的结构和成分仍然知道得很少。位于价带以上0.1eV 的浅施主能级是一个例外。由观察深能级浓度对铜沾污水平的二次方的关系，Weber 等人[40]得出结论，对应的缺陷是由间隙铜-替位铜对所构成的。更近发现，铜与其他杂质例如氢、金和受主型掺杂剂均会形成络合物[41~43]。

对硅工艺上重要的杂质铁的电活性研究已经做了许多努力，并使这一杂质成为硅中最透彻了解的一个缺陷。间隙铁已知在价带上方0.39eV处引入施主能级，它对p型材料中铁与带负电缺陷之间的长程库仑作用负责[7]。在掺硼的硅中，大多数铁与硼配对，并在价带以上0.1eV处引入浅能级[7]。因为间隙铁和铁-硼对两者的俘获率和发射率是已知的，铁-硼对分解后的少子寿命或扩散长度的变化可以被用来研究定量动力学反应。Zoth 和 Bergholz 建议利用这一特性来检测p型硅中的痕量铁[34]。在高于200℃下或由复合增强反应引起的高少子注入的室温下，这些对的分解是可能的。

因为镍总是在冷却时大量沉淀，它的电活性大部由镍的硅化物颗粒、镍有关缺陷团和替位镍所引起的。Hedemann 和 Schröter[45]近来研究了纳米尺寸的金属硅化物颗粒的电活性。这些作者发现，发射率的温度关系可以用位于硅禁带中的能带型状态来解释。他们的理论成功地复制了镍和铜沉淀的深能级瞬态谱的特征。这些能带型状态可认为是对沉淀颗粒的复合能力负责，因而对束感应电流像的衬度负责。对较大的颗粒，金属硅化物体内电学特性占主要。因此硅中微米尺寸的铜或镍的硅化物颗粒构成金属/半导体界面，它可能产生电荷再分布和相关的内电场[46]。金属硅化物的低电阻率进而使它们成为电流的择优通道。如果位在器件的有源区（最经常在 Si/SiO_2 界面或空间电荷区），或者通过复合流（从微小沉淀的能带型状态）或者通过电击穿[47]，快速扩散的过渡金属的沉淀可能对器件失效负责。

13.4 杂质工程

13.4.1 吸杂

因为金属杂质是电活性的和不可避免的，半导体器件制造商试图将它们挡在有源区之外以最低限度减少它们对器件工作的影响。这可以在硅的背面（例如对光伏器件）或只有几微米厚近表面层之外（对电子器件）引入有效杂质俘获中心（格点）来获得。沾污后金属杂质优先扩散到这些热沉处，在此处它们成为稳定的并对器件无害。这种“吸杂”方法只有在以下条件下才是有效的：

（1）金属杂质必须是可动的：沉淀的杂质或杂质团在被吸杂格点俘获之前首先需要被分解掉。

（2）在热处理过程中杂质扩散长度必须大于杂质和热沉间的距离，而热处理按照初始沾污步骤执行。

（3）在杂质发生扩散的温度下俘获格点必须是有效的，并在后继的热处理过程中不会释放出杂质。

一给定工艺的吸杂“效率”可定义为带有吸杂格点时的对没有吸杂格点时的器件有源区的杂质浓度之比。如上面所讨论的，吸杂效率强烈依赖于金属杂质的物理特性（平衡结构、扩散系数、荷电态、…）。对于容易形成硅化物颗粒的如铜或镍等快速扩散杂质，第一个条件也许构成限制因素，而对于如铁或金等金属，它们经常被分别溶解在间隙或替位位置，不需要有初始的分解步骤。相反的对最慢扩散的原子，第二个条件具有重大意义。

发生吸杂过程所需的热处理取决于热沉的性质。对于“分凝型吸杂”工艺，与标准的硅相比，热沉对应着以更大金属固溶度为特征的一个区域。在硅背面上沉积重掺杂区或铝薄膜是一些流行的例子[48,49]。在前者情况下，例如 p^+ 掺杂增强带正电杂质的固溶度（例如间隙铜或铁）。在 p/p^+ 外延片中，整个 p^+ 衬底对应于吸杂区。这一解决方案特别适用于微电子器件。在第二个例子中，在铝/硅界面形成的铝-硅共晶体具有的金属固溶度比硅中的固溶度大几个数量级，从而构成吸杂层。这一技术已被成功使用在提纯光伏用硅单晶。在两种情况下，假定温度足够高，满足上面所叙述的第二个条件，退火时便会发生杂质吸杂。吸杂效率强烈依赖于硅与吸杂层之间的分凝系数和退火温度下的杂质扩散系数。

另一重要类型的吸杂工艺称为“弛豫型吸杂”，这里热沉起着金属硅化物的成核中心的作用并趋向于降低任何金属的过饱和度[50]。因此，在冷却时过饱和金属杂质沉淀优先发生在吸杂格点处。这引起金属持续向热沉扩散的浓度梯度。吸杂效率取决于过饱和程度和杂质扩散长度。过饱和随冷却速率增大而增加并引起沉淀。另外，有效杂质扩散长度随冷却速率增大而减小，并必须保持足够大使杂质到达生长的硅化物颗粒处。因此只有在相当窄的工艺窗口内才可能得到高的效率。最经常使用的方法也称为本征吸杂，利用直拉硅中在高温过程中形成的氧原子团和有关的扩展缺陷（位错）作为非均匀金属沉淀的成核格点。用来自近表面区的外扩散氧，人们得到氧沉淀正好位在器件有源区外，因而在后继的退火过程中有效地吸除金属[50,51]。

由离子注入产生的缺陷在器件有源区附近构成另一种引入有效吸杂热沉的方法[52~54]。扩展缺陷例如位错或堆垛层错一般构成非均匀金属沉淀（类似于氧化物颗粒）的成核格点。已经发现由高剂量氦或氢形成的纳米尺度的空洞有效地将金属杂质俘获在空洞壁上。在这种情况下，吸杂机理可以用金属向着空洞分凝来描述，其分凝系数随着空洞壁的面积增大而减小[53]。

在硅中的磷扩散过程中，也已发现不同金属杂质的有效吸杂现象[55]。已经提出，受主型杂质（例如 Cu_{sub}）对重掺 n 型区的分凝和磷-金属对的形成是这种吸杂机理的可能的驱动力[49]。在这一工艺中，由磷扩散引起点缺陷（大多数为自间隙）的注入也起着主要作用，因为自间隙增强金属扩散（踢出机理）并有利于富金属硅化物颗粒的分解。某些报告发现，磷扩散与铝背面吸杂相结合是一有效的吸杂解决方案，特别对太阳电池应用，因为在制造该器件结构时两种工艺步骤都是需要的。

在近十年中，杂质吸除一直是一个活跃的研究课题，最终目标是建立起普遍物理模型，器件制造者可以用该模型来预测工艺和使工艺达到最佳吸杂效果。这些模型依赖于上面几节所讨论的金属基本性质。在最近的几个报告中叙述了吸杂模型的现状[57~59]。某些问题例如吸杂格点的稳定性（条件 3）和沉淀物分解动力学（条件 1）仍处在研究之中。

13.4.2　痕量检测

在超大规模集成电路器件中，$10^{10}\sim10^{12}cm^{-3}$ 量级的可允许金属杂质浓度是在大多数标准分析工具例如二次离子质谱和原子吸收光谱的检测限以下。高灵敏度的方法例如全反射 X 光荧光谱仪和感应耦合等离子质谱仪或者受表面分析或者受破坏样品所限制，并且是耗时的。电学方法构成另一有意义的、具有低检测限和无接触非破坏的方法。这些方法的可靠性强烈依赖于我们对上面所讨论的硅中金属杂质性质的认识和我们对它们与载流子相互作用的了解。例如，硅中痕量铁可以由测量少子寿命对铁-硼对分解的变化而被有效地检测到。这可以将整个硅片以无接触方式在高强度光照射（通过复合增强反应促进铁-硼对分解）下用标准的少子寿命或扩散长度仪器进行测量达到。所得的检测限低于 10^{10} at/cm^3[44,50]。

最近 Yli-Koski 等人[61]报道了类似的尝试，用少子扩散长度测量检测硅中的痕量铜。这些作者发现暴露在强光下会增强间隙铜在扩展缺陷（氧化物颗粒）上的沉淀速率并引起少子寿命的不可逆的下降。另一方法是基于带正电间隙铜具有非常高的迁移率[62~64]。如果耗尽层中的电场允许间隙铜原子做漂移运动，用简单的器件（肖特基势垒管）传送出电容瞬态信号，这些信号于是可用来定量检测低达 10^{11} at/cm^3 的硅中铜的存在。虽然这种测量具有重要意义，但是大部分铜杂质首先需要用适当的热处理将其放在间隙位置上。硅中铜物理特性的实验研究表明，高质量硅晶体在低达 600℃下经短时间退火[62]，这一条件是可以被满足的。

13.4.3 其他工程问题

有关金属杂质的其他工程课题包括缺陷钝化和少子寿命工程。前者利用电活性缺陷与可动杂质间的缺陷反应使电活性降低或形成钝化的络合物。可动钝化杂质最详尽研究的例子是由硅中的氢给出[65]。在多晶硅中，扩展缺陷的钝化已成为增强太阳电池转换效率的广泛采用的技术[66]。氢原子的存在一般可降低硅晶粒边界处附加少子的复合。也已观察到氢与大多数金属杂质构成对（见本书第 14 章）。但是其中某些会引入深能级，它们与孤立金属杂质不同，仍保持电活性。因为氢容易在室温湿化学工艺中引入到硅中，当检测一个给定杂质的电活性时，总是应考虑氢-有关缺陷的反应。

少子寿命工程关系到快速开关器件的发展，这里载流子寿命控制着允许的开关速率。引入有效复合中心有助于降低相应的时间常数。金和铂杂质会引入深能级，使它们对这一任务有用[37]。工程师最后的选择包括其他有关方面，例如产生率（对漏电流负责）、杂质扩散和固溶度。

13.5 结论

到目前为止发表的大量有关硅中金属杂质的实验和理论工作，导致对硅中缺陷的高度了解，而其他半导体材料从未达到这种程度。它们肯定对最近几十年快速演变的微电子工业做出了贡献。但是随着微电子器件尺寸不断缩小，对金属沾污的允许程度也在变严。浅结的形成要求更低的退火温度，这可能与标准吸杂方案不相容。沾污的监视需要更低的检测限。电介质、互连或扩散阻挡层用的新材料也将被引入到硅器件中，并由这些不太熟识的杂质造成沾污的风险。因此我们可以得出结论，硅中金属杂质物理学即使再经过50年积极研究，仍是不远的将来的重要论题。

（朱悟新译，邓志杰校）

参考文献

1. W. Bergholz, D. Gilles: Phys. Stat. Sol. (b) **222**, 5 (2000)
2. E.P. Burte, W. Aderhold: Sol. Stat. Electron **41**, 1021 (1997)
3. R. Gonella, P. Motte, J. Torres: Microelec. Reliab. **40**, 1305 (2000)
4. K.S. Low, M. Schwerd, H. Koerner, H.J. Barth, A. O'Neil: SPIE Conf. Vol. 3883 (1999) p. 24
5. W. Schröter, J. Kronewitz, U. Gnauert, F. Riedel, M. Seibt: Phys. Rev. B **52**, 13726 (1995)
6. A. Huber, G. Bohm, S. Pahlke: J. Radioanal. Nucl. Chem. **169**, 93 (1993)
7. K. Graff: *Metal Impurities in Silicon-Device Fabrication*, 2nd edn (Springer, Berlin, Heidelberg 2000)
8. E.R. Weber: Appl. Phys. A **30**, 1 (1983)
9. A.G. Milnes: *Deep Impurities in Semiconductors* (Wiley, New York 1973)
10. M. Lannoo, J. Bourgoin: *Point Defects in Semiconductors II* (Springer, Berlin, Heidelberg 1989)
11. R.H. Hall, J.H. Racette: J. Appl. Phys. **35**, 379 (1964)
12. G.W. Ludwig, H.H. Woodbury: Solid State Phys. **13**, 223 (1962)
13. H. Lemke: Phys. Stat. Sol. (a) **1**, 283 (1970)
14. T. Heiser, A.A. Istratov, C. Flink, E.R. Weber: Mater. Sci. Eng. B **58**, 149 (1999)
15. A.A. Istratov, C. Flink, H. Hieslmair, E.R. Weber, T. Heiser: Phys. Rev. Lett. **81**, 1243 (1998)
16. J. Utzig: J. Appl. Phys. **65**, 3868 (1989)
17. A.A. Istratov, H. Hieslmair, E.R. Weber: Appl. Phys. A **70**, 489 (2000)
18. T. Prescha, T. Zundel, J. Weber, H. Prigge, P. Gerlach: Mater. Sci. Eng. B **4**, 79 (1989)
19. D.E. Woon, D.S. Marynick, S.K. Estreicher: Phys. Rev. B **45**, 13383 (1992)
20. U. Gösele, F. Morehead, W. Frank, A. Seeger: Appl. Phys. Lett. **38**, 157 (1981)
21. H. Bracht, H. Overhof: Phys. Stat. Sol. (a) **158**, 47 (1996)
22. H. Bracht: Defects Diffusion Forum **143–147**, 979 (1997)
23. T. Heiser, A. Mesli: Phys. Rev. Lett. **68**, 978 (1992)
24. H.P. Gunnlaugsson, G. Weyer, M. Dietrich, M. Fanciulli, K. Bharuth-Ram, R. Sielemann: Appl. Phys. Lett. **80**, 2657 (2002)
25. A.G. Cullis, L.E. Katz: Phil. Mag. **30**, 1419 (1974)
26. M. Seibt, K. Graff: J. Appl. Phys. **63**, 4444 (1988)
27. M. Seibt, W. Schröter: Phil. Mag. A **59**, 337 (1989)
28. T. Heiser, S. McHugo, H. Hieslmair, E.R. Weber: Appl. Phys. Lett. **70**, 3576

(1997)
29. S.A. McHugo, A. Mohammed, A.C. Thompson: J. Appl. Phys. **91**, 6396 (2002)
30. H. Feichtinger, J. Ostwald, R. Czaputa, P. Vogl, K. Wünstel. In: *13th International Conference on Defects in Semiconductors*, Coronado 1984, ed. by L.C. Kimerling, J.M. Parsey (Metallurgical Society of the AIME, Warrendale, PA 1984) p. 855
31. A. Chantre , L.C. Kimerling: Mater. Sci. Forum **10-12**, 387 (1986)
32. H. Lemke: Phys. Stat. Sol. (a) **75**, K49 (1983)
33. H. Lemke: Phys. Stat. Sol. (a) **71**, K215 (1982)
34. W. Shockley, W.T. Read: Phys. Rev. **87**, 835 (1952)
35. R.N. Hall: Phys. Rev. **87**, 387 (1952)
36. S.D. Ganichev, E. Ziemann, W. Prettl, I.N. Yassievich, A.A. Istratov, E.R. Weber: Phys. Rev. B **61**, 10361 (2000)
37. O. Bostrom, B. Pichaud, M. Regula, J.C. Bajard, G. Blondiaux, O.A. Soltanovich, E.B. Yakimov, A. Lhorte, J.B. Quoirin: Mater. Sci. Eng. B **71**, 166 (2000)
38. A.A. Istratov, H. Hieslmair, C. Flink, T. Heiser, E.R. Weber: Appl. Phys. Lett. **71**, 2349 (1997)
39. S.K. Estreicher: Phys. Rev. B. **60**, 5375 (1999)
40. J. Weber, H. Bauch, R. Sauer: Phys. Rev. B **25**, 7688 (1982)
41. T. Prescha: Ph.D. Thesis, Max Planck Institute, Stuttgart, Germany (1990)
42. S. Knacke, J. Weber, H. Lemke, H. Riemann: Phys. Rev. B **65**, 165203 (2002)
43. R. Czaputa: Appl. Phys. A **49**, 431 (1989)
44. G. Zoth, W. Bergholz: J. Appl. Phys. **67**, 6764 (1990)
45. H. Hedemann, W. Schröter: Solid State Phenom. **57–58**, 293 (1997)
46. S.A. McHugo, A.C. Thompson, A. Mohammed, G. Lamble, I. Périchaud, S. Martinuzzi, M. Werner, M. Rinio, W. Koch, H.-U. Hoefs, C. Haessler: J. Appl. Phys. **89**, 4282 (2001)
47. B.O. Kolbesen, H. Cerva: Phys. Stat. Sol. (b) **222**, 303 (2000)
48. R. Hoelzl, K.J. Range, L. Fabry: Appl. Phys. A **75**, 525 (2002)
49. E. Spiecker, M. Seibt, W. Schröter: Phys. Rev. B **55**, 9577 (1997)
50. D. Gilles, E.R. Weber, S. Hahn: Phys. Rev. Lett. **64**, 196 (1990)
51. A. Bazzali, G. Borionetti, R. Orizio, D. Gambaro, R. Falster: Mater. Sci. Eng. B **36**, 85 (1996)
52. F. Roqueta, A. Grob, J.J. Grob, R. Jerisian, J.P. Stoquert, L. Ventura: Nucl. Instrum. Methods Phys. Res. B **151**, 298 (1999)
53. S.M. Myers, D.M. Follstaedt: J. Appl. Phys. **79**, 1337 (1996)
54. R. Kögler, J.R. Kaschny, R.A. Yankov, P. Werner, A.B. Danilin, W. Skorupa: Solid State Phenom. **57–58**, 63 (1997)
55. W. Schröter, R. Kühnapfel: Appl. Phys. Lett. **56**, 2207 (1990)
56. M. Loghmarti, K. Mahfoud, J. Kopp, J.C. Muller, D. Sayah: Phys. Stat. Sol. (a) **151**, 379 (1995)
57. J.S. Kang, D.K. Schroder: J. Appl. Phys. **65**, 2974 (1989)
58. S.A. McHugo, H. Hieslmair, E.R. Weber: Appl. Phys. A **64**, 127 (1997)
59. S.M. Myers, M. Seibt, W. Schröter: J. Appl. Phys. **88**, 3795 (2000)
60. L. Kronik, Y. Shapira: Surf. Sci. Rep. **37**, 1 (1999)
61. M. Yli-Koski, M. Palokangas, A. Haarahiltunen, H. Väinölä, J. Storgårds, H. Holmberg, J. Sinkkonen: J. Phys. Condens. Matter **14**, 13119 (2002)
62. A. Belayachi, T. Heiser, J.P. Schunck, S. Bourdais, P. Bloechl, A. Huber,

A.Kempf: Mater. Sci. Eng. B **102**, 218 (2003)
63. T. Heiser, S. McHugo, H. Hieslmair, E.R. Weber: App. Phys. Lett. **70**, 3576 (1997)
64. T. Heiser, E.R. Weber: Phys. Rev. B **58**, 3893 (1998)
65. S.K. Estreicher, J.L. Hastings, P.A. Fedders: Mat. Sci. Eng. B **58**, 31 (1999)
66. H.E.A. Elgamel, J. Nijs, R. Mertens, M.G. Mauk, A.M. Barnett: Sol. Energ. Mater. Sol. C **53**, 277 (1998)

14 氢

C. A. J. Ammerlaan

14.1 引言

氢是宇宙中最丰富的物质，在地球上也是非常普遍的，正如其名“源于水（hydro-gen）”，它以最普通的液体——水的形式呈现。作为元素周期表中第一个元素，氢可以呈现一些极端的性质。它是所有元素中最小和最轻的，因此氢在许多种晶体中常常作为杂质存在，在硅中也是如此。当氢发生一次电离时，只有核留下，这个裸露的质子仅飞米大小。氢是一种非常独特的杂质，不带任何内壳层电子。荷正电的杂质将占据晶体中电子密度最大或库仑势最低的位置，并以典型的离子键方式成键。在电中性状态，氢以原子形式存在，其 1s 电子层充填一个电子。通过另外的方式，氢还可以在 1s 层的低能态接收第二个电子，使该电子层充满。电子层充满的形式一般通过共价键获得。氢的成键方式具有如此大的反差，因此其在硅中的成键极为复杂。我们无法基于简单的直观想象来判断其实际的成键方式。这应是最先进的理论计算的领域。这样的计算如今是可能的，未来应有更好的精确性。在深入了解氢在硅中的行为方面，计算已经呈现出重要的理论意义。除了浅替代施主和受主以及著名的有效质量理论外，或许理论对半导体中缺陷和杂质物理学的影响要比以前更大。从其电子结构来看，氢应是一种强活性的杂质。氢与周期表中各行各列的各种杂质不论是浅能级杂质还是深能级杂质，替代型杂质还是间隙型杂质，施主、受主或是双性杂质，都能相互作用，这充分证实了氢的活性。还有一种很特殊的情况，氢与其本身作用形成 H_2 分子。以这种共价键形成分子时，没有任何电荷或偶极子的运动。该反应中氢完全钝化其本身的电学活性，该特性也表现在氢与其他杂质如受主以及悬挂键的相互作用中。一些功能强大的实验手段如电子顺磁共振（electron paramagnetic resonance，EPR）并不能够观察到钝化中心，这是实验研究的一个阻碍。虽然可能大量存在，但氢钝化中心对材料性质并没有任何能感知的效应，难以检测。当热处理时，如器件加工，钝化的复合体可以分解，其中的杂质重新恢复电学活性。因此，氢与硅的不稳定性质有密切关系。

过去 20 年对硅中氢的作用开展了深入研究，开发了几个可控的引入氢的方法。其中每一个都有其优缺点。将硅片放在朝下流动的含氢等离子源下，可以掺入较高浓度的氢至硅的表层，一般 1μm 厚。衬底温度保持在 500℃左右。另一种进行浅层掺氢的方法是对硅片进行室温化学腐蚀或水浴。在湿空气中处理样品是标准 IC 工艺中常见的条件。因此，氢可能无意中被引入到硅中，导致一些出人意料的现象和性质。可控的引入可以通过质子注入实现。引入的射程决定于注入能量，可以达到几厘米。掺入浓度与注入剂量有关，并也在一定深度范围有所变化。离子注入过程通常伴随辐射损伤的产生，一般要求对这些缺陷进行热退火。大约 1200℃的高温扩散处理几个小时可以使毫米以上范围内的氢掺入均一。

出于实验研究的目的，选择氢引入方法需考虑能否直观测量。腐蚀方法形成的浅层对深能级瞬态谱（deep-level transient spectroscopy, DLTS）而言是理想的样品。这种灵敏的方法可以获得浓度和能级。结构信息最好通过光谱方法捕捉，如与轻的氢杂质有关的复合体（complex）的红外振动模式。氢有两个稳定的同位素：氕和氘。它们之间存在 2 倍的相对质量差，比其他任何元素的都大，可确保氢模式识别。局域振动模式（local vibrational mode, LVM）谱能够探测缺陷的各种荷电状态。磁共振虽然不适合这个方面，但可用于检测和表征仍未完全钝化的与氢有关的复合体。而且，对辨认各种复合中心的氢来说利用这两个同位素有很大优势。这两个同位素的核自旋不同，氕的 $I_p = 1/2$，氘的 $I_d = 1$。在电子顺磁共振谱上会出现明显的差异。如果进行电子-核双共振（electron-nuclear double resonance, ENDOR）实验，不同的核磁矩 $\mu_p = +2.79285\mu_N$ 和 $\mu_d = +0.85744\mu_N$ 可以给出辨别氢的确凿证据。这些对理论有重要的补充作用。

近年已有几篇有关硅中氢的综述报道[1~14]。这些综述提供了上千篇的原文索引，人们可以深入地跟踪调查。这里进行简要概括，只限于讨论 4 个特定情形。首先考虑硅中的单个氢原子和分子，这是基本的结构。第二和第三方面涉及受主和施主杂质的钝化。最后，还要叙述氢与作为深能级中心的过渡金属杂质的相互作用。

14.2 氢原子和分子

氢在硅中是一两性杂质。在非平衡条件下，它究竟是呈荷正电荷、负电荷或是中性状态取决于费米能级，就像浅掺杂剂一样。氢作为电离施主，呈现 H^+ 状态，电子密度最高的区域是其能量最稳定的位置。这个位置在两个相邻硅原子中间，这两个原子间为共价键，产生最高的电子密度。中性氢原子被束缚于所谓的键中心位置，称作 BC 位置[15~23]。另外，荷负电荷的氢离子 H^-[24~26]更青睐电子密度最低的区域，位于 T 位置的间隙空间[20,22]。图 14.1 给出了已验证的结构模型[27]。当氢占据 BC 位置时，Si—H—Si 三中心键的两个相邻硅原子可能以一种非对称的形式背离氢朝外移动，以降低能量[15,17,19,21,22,28~30]。理论计算出来的距离标示在图 14.1 中[22,27]。如果荷正电荷的氢位于电子密度高的区域，就难以再加入一个电子使杂质转变为中性状态。换句话说，要成为中性状态，费米能级必须高，（+/0）施主能级在带隙中处于高位。利用电容-电压技术如深能级瞬态谱测出单个氢的施主能级 $E_d = E_c - 0.2eV$[31~33]。以前的文献中，这个能级被称作 E3′中心，并不认为与氢有关[34]。荷负电荷的氢，在电子密度低的 T 位置被有效束缚，有说法认为将形成低能的能级（0/－），中心失去电子，这类似于前面几种氢状态的说法，只不过参数相反。实验已经证实该能级为 $E_a = E_c - 0.56eV$，接近于带隙中间位置[35~37]。两种氢离子都是很稳定的，关键在于它们周围的静电势吸引。对中性状态的氢，这样的吸引力并不存在，H^0 的能量将更高。图 14.2 中[22]，形成 H^- 和 H^+ 离子的能量相对中性 H^0 的是费米能级的函数。该能量需要通过电子交换传递[20~22,29,38]。正如所讨论的，受主能级

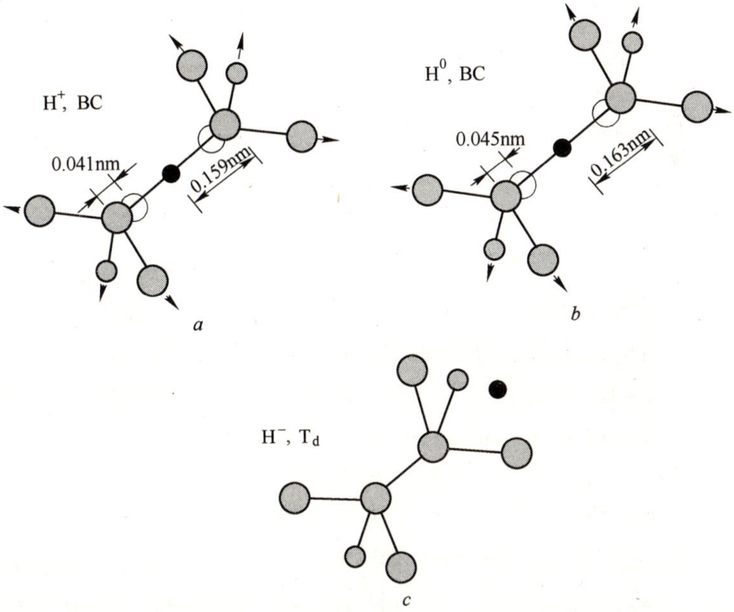

图 14.1 硅晶体中 H^+（*a*）、H^0（*b*）和 H^-（*c*）的位置示意图

根据文献［22］计算结果得出的硅原子弛豫标示于图中。

Johnson 和 Van de Walle 报道[27]

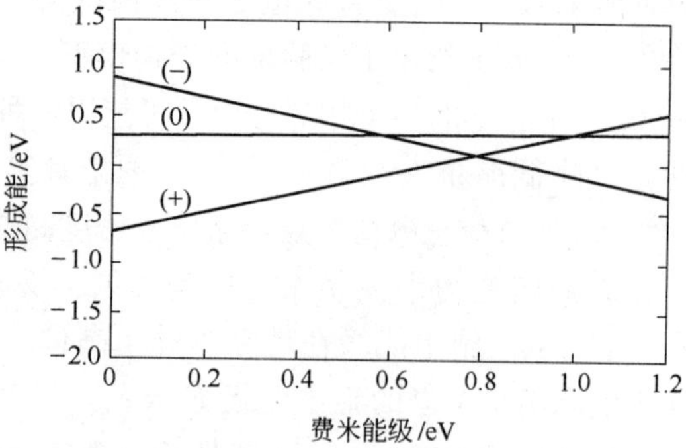

图 14.2 硅中氢间隙杂质不同荷电状态相对稳定性的定量图示
Van de Walle 等报道[22]

$E_a(0/-)$在施主能级$E_d(0/+)$之下，这表明这些中心具有负的相关能 U。此时，$U=E_a-E_d=-0.36\text{eV}$[35]，但能量的增加归因于相反电离状态的氢占据不同的晶格位置。这种特征表明，硅中氢的情形明显不同于以前报道的负 U 体系，如晶格空位和间隙硼杂质。后种情形，由于 Jahn-Teller 效应驱动的晶格畸变，能量有所增加。测试表明，H^0的能量永远不会处于最低，因此 H^0是不稳定的。中性氢原子可以通过 $2H^0 \rightarrow H^+ + H^-$ 的方式降低其能量。已经观察到 pn 结空间电荷区荷电状态的变化导致其在晶格位置的跃迁[32]。测量表明，BC 位置和 T 位置间的势垒高度为 0.29eV。氕和氘的跃迁速率是质量比的平方根，这意味着跃迁过程是单个氢原子的跳跃。

当处于中性状态时，氢原子只有一个未成对电子，表现为顺磁性，并已通过磁共振观察到[30,33,39~41]。由于 H^0不稳定，光照样品可以产生杂质中心，其在 EPR 谱中标为 Si-AA9。图 14.3 给出了重要的谱线特征，主线呈双谱线结构，这源于与氕的超精细相互作用，核自旋 $I_p=1/2$。在掺氘材料中，$I_d=1$，分裂为三重谱线，较小的分裂对应于氘的较小核磁矩。从角度关系可以看出，杂质中心的对称性为三角对称，证实了 BC 位置模型。这些氢的 EPR 实验与对正异常 μ 介子和 μ 子素的 μ 介子自旋研究之间具有很好的对应性[42~46]。μ 介子可以看作是氢的轻同位素，在金刚石结构的晶体中具有同样的成键行为[47]。表 14.1 列出了理论和实验得出的两个体系的数据[41,43,48~51]。证据表明，超精细相互作用比例于核磁矩，μ_μ/μ_p比值为 3.17。与 Si-μ/p-Si 键中两个等价的硅最近邻原子的超精细相互作用实际上是一致的。这证明了两种情形的相同性，从而在研究氢时可以将介子作为重要的替代，克服了氢研究时需要顺磁态的

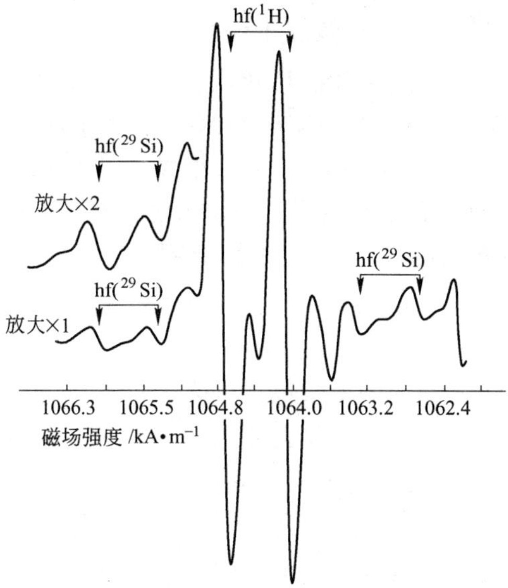

图 14.3 硅中中性氢的电子顺磁共振谱 Si-AA9

箭头所示为与^{1}H 和^{29}Si 的超精细相互作用。观察条件为：
温度 77K，磁场平行于〈100〉，微波频率 37.47GHz。
Gorelkinskii 和 Nevinnyi 报道[40]

表 14.1 由 EPR 和 μSR 实验以及自旋密度函数理论得出的有关 $(H_{BC})^0$ 中心以及异常的 μ 子素 Mu* 的超精细参数

中 心	核	$A_{//}$/MHz	$A_\perp$/MHz	a/MHz	b/MHz	方法	文献
$(H_{BC})^0$	^{1}H	-6.2	-31.4	-23.0	8.4	EPR	[41]
Mu*	Mu	-16.82	-92.59	-67.33	25.26	μSR	[50]
Mu*	Mu	9.6	-57.3	-35	22.3	EPR	[51]
$(H_{BC})^0$	^{29}Si	-139.0	-72.9	-94.9	-22.0	EPR	[41]
Mu*	^{29}Si	-137.5	-73.96	-95.1	-21.2	μSR	[43]
Mu*	^{29}Si	-128	-63.5	-85	-21.5	理论	[51]

注：Ammerlaan 和 Huy 报道[52]。

难题。与质子超精细相互作用的各项异性部分被认为是与自旋密度局域在近邻硅原子附近的电子的偶极子-偶极子相互作用。为了解释观察到的 b =8.4MHz，需要从质子和硅间的距离（等于 0.165nm）入手[52]。与正常的硅参数相比较推导出朝外弛豫为 0.047nm，这与理论结果一致[27]。中性状态以及荷正电的氢是三角中心，沿 4 个〈111〉晶轴之一取向，在

4 个方向的取向是随机的并且概率相等。在有利于氢在邻近 BC 位置间跳跃的温度下，选择合适方向施加单轴应力，将会导致择优排列[30]。在 EPR 谱中，各种明显取向的中心的浓度可以由对应共振的幅度反映。三角中心压电谱张量的再增分析表明每单位应变的能量为负，这证实硅原子相对于氢朝外弛豫[30]。样品在无光照情形下等时退火的研究表明，H^+会发生重新取向，该过程遵循一级动力学，并在 120 ~ 150K 范围符合 Arrhenius 温度关系。在 BC 位置间的跳跃频率为：

$$v(T) = v(\infty)\exp[-E_a/(kT)]$$

式中，$v(\infty) = 2.3\times10^{12}s^{-1}$，$E_a = 0.43eV$。

由此可见，重新取向的能量势垒包括从一个 BC 位置向邻近 BC 位置的一个基本跳跃，其实际上等于荷正电的氢在升温到 1092 ~ 1200℃时穿过 2mm 厚的壁所需要的能量 $E = 0.48eV$[53]。图 14.4[54]总结了实验和理论方法得到的荷正电氢的扩散数据[22,53,55~57]。可以认为，主要温度范围和扩散速率方面数据有很好的一致性[54]。高温下氢原子的溶解度可以用 Arrhenius 型表达式描述：

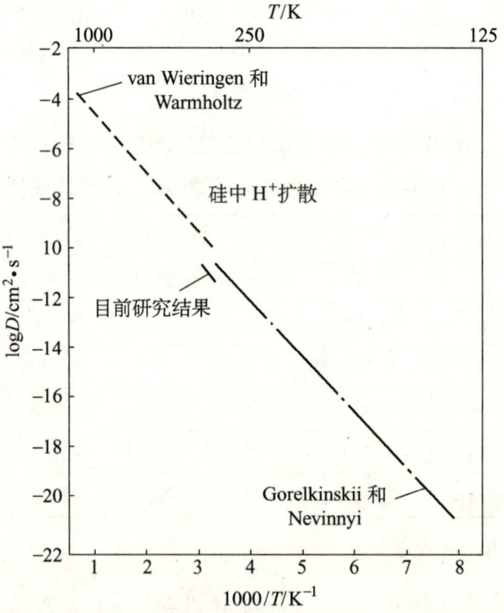

图 14.4　硅中 H^+的扩散率 D，包括 van Wieringen 和 Warmholtz[53]
在高温测得的、Gorelkinskii 和 Nevinnyi[30]在低温测得的、
Herring 等[54]在室温测得的
Herring 等[54]报道

$$S(T)=S(\infty)\exp[-E_s/(kT)]$$

式中，$S(\infty)=4.8\times10^{21}\text{cm}^{-3}$，$E_s=1.87\text{eV}$[53]。

就像在真空中一样，H_2 分子也是氢在硅内部的一种稳定形式。H_2 分子横跨 T 位置，沿着〈100〉和〈111〉方向的能量是简并的，氢分子在 T 位置间的扩散势垒高[17,20,22,23,29,58]。氢二聚物的另一种几何结构是一个氢原子在 BC 位置附近，另一个原子在 AB 位置上。图 14.5[59] 描绘了这个 H_2^* 中心。可以认为其形成源于 BC 位置的一个 H^+ 和 T 位置的一个 H^- 离子相互吸引[21,23,60~62]。其形成能比分子的略高，但扩散更快。氢的这些形式不会形成位于能带带隙中的能级，也没有偶极矩，所以难以通过实验手段检测，大部分模型都源于理论。实验方面，局域振动模式光谱可以提供丰富的有关单原子和二聚物的信息，并证实了上述结构模型。据报道，对 BC 位置的 H^+ 而言，Si—H 键的伸缩振动频率随质量数比例变化[22,63~65]。若为氕，该频率为 1990cm^{-1}，若为氘，则为 1440cm^{-1}。二聚物 H_2^* 的 Si—H 伸缩振动频率有所不同，这证实了缺陷中存在成对的非等价氢位置[59,62,66]。H/D 同位素替代引起的变化完全可以从 H_{BC}-H_{AB}、H_{BC}-D_{AB}、D_{BC}-H_{AB} 及 D_{BC}-D_{AB} 这个缺陷体系获得解释。变化大小与质量数的平方根密切相关。单轴应力引起的谱线分裂表明了中心的三角对称性。另外，实验测得的频率与局域密度函数群从头计算结果一致。

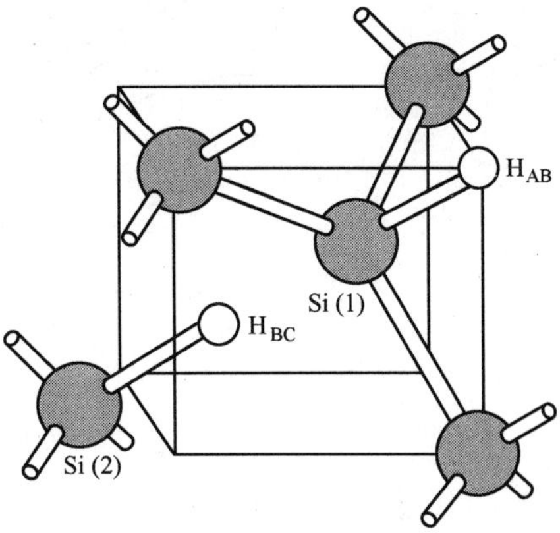

图 14.5　H_2^* 缺陷的原子结构

Holbech 等报道[59]

14.3　受主钝化

受主的钝化或电性中和引发了对氢化领域及其对半导体材料电学性质的巨大影响的强烈关注[67,68]。单晶硅中电离的氢施主 H^+ 钝化单个替代受主的直观表现就是 p 型材料电阻率的增加，如图 14.6 中的受主硼[69]。钝化也表现为自由载流子浓度的减小[70,71]、受主束缚的激子光致发光的减少[72]、新的局域振动模式的出现[70,73~78]以及载流子迁移率的增加[70,71]。后一效应是钝化与补偿的不同之处。补偿时，受主和施主可以

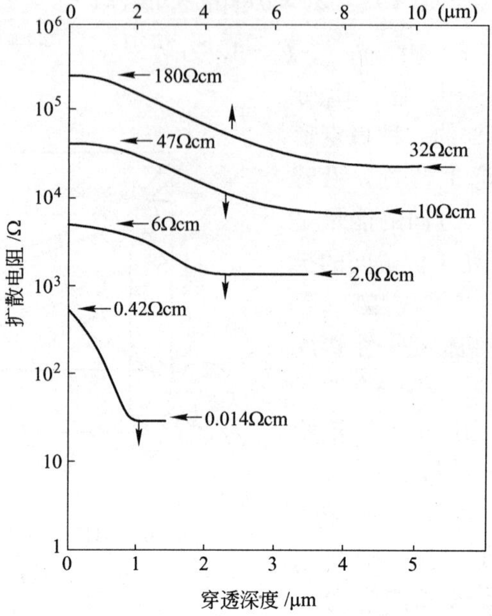

图 14.6　4 个掺硼的硅样品在 122℃氢化后的扩展电阻率分布

电阻率最低的样品氢化 1h，其他三个电阻率的样品氢化 4h。注意：底部和上部的深度比例不同；原子氢在硼浓度最低的样品中的穿透深度最大。Pankove 等报道[69]

在空间上不相关，它们只是相反型号的掺杂剂，产生的空穴浓度为 $n(A^-)-n(H^+)$，电离杂质散射中心的浓度为 $n(A^-)+n(H^+)$。而钝化时，自由载流子浓度是一样的，而电离杂质的浓度为 $n(A^-)-n(H^+)$。在迁移率主要决定于电离杂质散射的温度下（一般低温），钝化将使迁移率增加。钝化通过负电的替代受主杂质 A^- 和正电的可移动氢施主 H^+ 间互相吸引达到补偿的效果，但导致新的中性杂质中心，如受主-施主对。由于附近荷负电受主的存在，氢的施主能级被抬升，并进入导带。同样地，由于荷正电的氢施主的排斥力，电离的受主能级降低，能量进入价带。带隙中没有了能级，这是钝化的本质特征。大多数研究针对浅受主硼，其电离能仅 45meV，但电学中和同样会发生在 Al、Ga、In 和 Tl 等其他能级越来越深的Ⅲ族受主身上[69,72]。

由于氢在 p 型硅中作为 H^+ 经过键中心位置 BC 迁移，所以 BH 复合体最可能的结构是在受主 A^- 附近的 BC 位置上俘获 H^+ 离子。这种沿〈111〉方向成键结合的受主和近邻硅原子之间插入氢的结构受到广泛的理论和实验研究的支持[21,73~75,78~99]。缺陷模型如图 14.7*a* 所示[84]。图 14.7*b* 则详细描述了为容纳额外的原子而发生的弛豫[99]。各种理论计算和实验得到的键长度和位移值列于表 14.2[81,82,85,86,90,93,99~102]。可以发现，某些结果中 Si-H 距离比 B-H 的短，其反映出的结构是硅原子的悬挂键为氢钝化，而三价的硼与三个邻近硅形成面状键，两部分完全共价饱和，不呈现电学活性。其他计算中，氢朝硼原子移动更多距离，形成三中心键。一般认为，即便垂直于〈111〉方向的能量表面很平，BH 中心的氢在〈111〉轴上，形成三角对称中心，但也有一些异议[84,93,102~104]。对受主

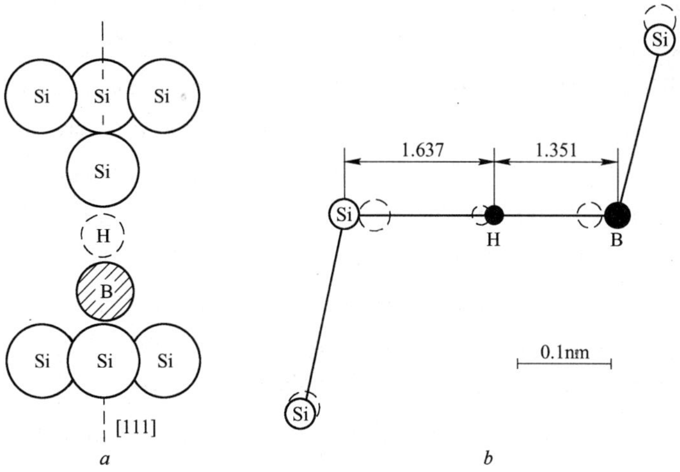

图 14.7　硅中 B-H 复合体的示意模型，Bergman 等报道[84]（*a*）；B-H 中心的平衡结构，虚圆标明的是未弛豫的位置，Zhou 等报道[99]（*b*）

表 14.2　各种计算获知的 Si-H-B 复合体的平衡几何关系

H-Si	H-B	$Si\text{-}Si_s$	$B\text{-}B_s$	文　献
0.156	0.151	0.016	0.055	[100]
0.146	0.159	0.022	0.048	[81]
0.144	0.166	0.026	0.049	[93]
0.149	0.153	0.016	0.047	[101]
0.163			0.047	[85]
0.165	0.136	0.024	0.042	[90]
0.164	0.135	0.033	0.031	[99]

注：Si_s和 B_s表示未畸变硅晶格中的位置。所有距离的单位为 nm，实验测得的 $B\text{-}B_s$位移为 0.022nm[82]、0.028nm[86]或0.03nm[102]。Zhou 等报道[99]。

Al、Ga 和 In 而言，共价半径更大，氢原子被推开偏离〈111〉轴[84,93,95,105~108]。另一种模型认为，氢原子在受主的反键位置，在〈111〉轴上，间隙 T 位置附近，其位置给出在图 14.1c 中[106,109~111]。然而，大多数其他的计算反映这个位置比 BC 位置有更高能量，在总能量表面上形成一个鞍点[80,88,90,91,93]。扰动 γ-γ 角度相关分析的实验结果表明，在两个位置上氢都可以出现[112~114]。而且，受主的近邻硅的背面成键位置也被认为是合适的氢位置，类似于图 14.8 所示 AsH 复合体的模型[115]。大多数定量建模都是基于理论研究；通过 α 离子沟道和核反应研究这样的实验可以获得位置的几何信息[82,83,86,114]。研究这些钝化中心并获得大量成果的实验技术主要是关于局部振动模式的光学吸收[70,74,77,116]。施加单轴应力则可使能级分裂，得到对称性的信息，并可引起缺陷重新取向，用于研究缺陷动力学[84,117]。双色性则专门用于检测特定的取向。对 BH 中心的重新取向而言，氢原子从一个 BC 位置跳跃到同一硼原子的另一近邻位置，势垒为 0.19eV[87,117]，这与滞弹性弛豫实验测得的 0.22eV 活化能[118]和计算得到的势分布有很好的一致性[88,90,91]。低温下观察到的 Arrhenius 行为偏差与热辅助隧穿过程[119,120]有关。观察到的同位素效应明确验证了一个受主和一个氢原子的模型。伸缩振动模式的高分辨结果表明，对应于 ^{10}B-^{1}H 的频率为 1905.2cm^{-1}，^{11}B-^{1}H 的为 1904.4cm^{-1}，^{10}B-^{2}H的为 1393.9cm^{-1}，^{11}B-^{2}H 的为 1390.6cm^{-1}。这为理论研究提供了

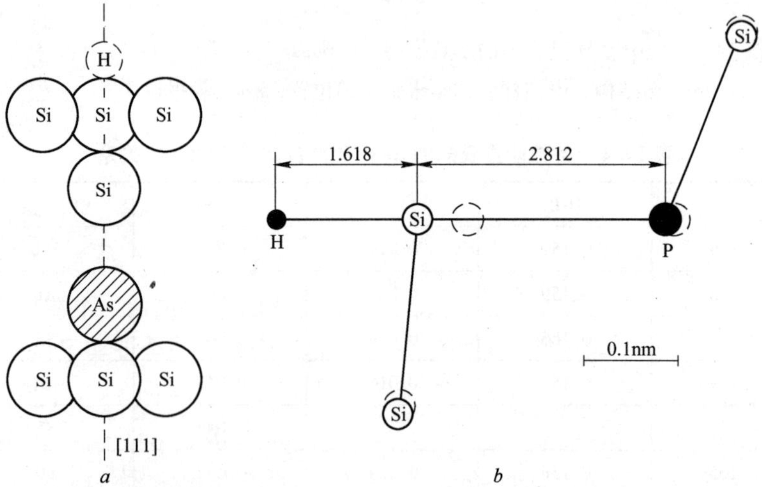

图 14.8　硅中 AsH 复合体的示意模型，施主-氢复合体结构的一个例子，Bergman 等报道[84]（a）；P-H 中心的平衡结构，虚圆标明的是未弛豫的位置，Zhou 等报道[99]（b）

准确的测试数据[78,111]。在与氘有关的复合体中硼的同位素效应显著，其原因是费米共振[96]。拉曼谱[76,102~104]中也观察到伸缩振动模式和很少研究的低能摇摆振动模式[108,121]的局域模声子。

受主-氢复合体是非常稳定的中心，BH 的束缚能为 1.28eV，AlH 的为 1.44eV，GaH 的为 1.40eV，InH 的为 1.42eV[95]。至于 H_2 分子，每个氢原子的能量为 0.6eV[21,85]或 0.3eV[23]。复合体的热退火与外部条件如光照大小、载流子浓度、氢俘获的存在等有密切关系，但一般发生在 150℃左右[72,76,112,113,122~125]。

双受主使得可以选择部分或全部钝化，这或许与掺杂杂质束缚一个还是两个氢原子有关。关于铍的实验证实，围绕受主原子的氢原子会发生隧穿运动，导致复杂的基态和光谱。由实验可知，氢的能量最小值，就像单个受主一样，在〈111〉方向，构成一四面体转子[97,126~128]。而理论表明能量最小值在〈100〉方向，形成的是八面体转子[89,91]。干扰角度相关光谱测试反映，双受主镉的数据类似，这可以认为是热激活隧穿，激活能为 0.21eV[129]。对双受主锌，实验分辨出锌本身以及氢复合体 ZnH 和 ZnH_2 的光谱特征[130~133]。深能级瞬态谱（DLTS）中观察到锌受主被有效钝化，浓度至少减小两个数量级[134]。并发现 470℃热退火后，受主重新激活恢复到原来的浓度，激活能为 2.2eV。

14.4 施主钝化

氢是万能钝化剂，它也能电性中和施主掺杂剂。然而需注意到，与同等的受主相比，硅中浅施主磷、砷和锑的钝化效果差。有报道称，最大的施主钝化效率为 80%[135,136]。施主活性在 150℃热退火后又可以重新激活。PH 的束缚能为 1.32eV，AsH 的为 1.43eV，SbH 的为 1.43eV[135,136]。为施主束缚的氢杂质的能量仅比氢分子 H_2 中的低 0.1eV，这正是其稳定性低的原因[85]。按照简单的施主-受主成对模型，荷负电的氢离子 H^- 占据间隙 T 位置，为荷正电的施主 D^+ 所吸引。因此，钝化的施主包括一个在替代位置的施主和一个邻近间隙位置的氢。先进的理论分析完全证实了该模型，都认为间隙位置是受主最近邻硅的反键位置[85,99,137~141]。图 14.8 给出了该三角中心的原子结构，D-Si-H 沿着〈111〉轴排列[84,99]。关于中心周围弛豫的定量信息列于表 14.3[99,138~140]。其反映施主和邻近的硅同方向移动，而早期的一些计算认为弛豫是反方向的[142,143]。施主钝化的第一个实验证据表现为掺磷和掺砷硅氢化时电阻率和霍尔迁移率增加[137,144]。红外吸收光谱观察到的局域振动模式很大程度上支持该缺陷模型[84,135]。施加单轴应力时，AsH 对的谱线分裂，这证明该中心具有三角对称[84,117]。硅-氢伸缩振动模式的波数基本与施主质量数无关，PH 的为 $1555cm^{-1}$，AsH 的为 $1561cm^{-1}$，SbH 的为 $1562cm^{-1}$。其反映的结构模型是氢并不与施主本身直接相邻。伸缩和摇摆模式的振动频率比大约为 1.37 的氕/氘同位素实验结果意味着势能表面存在一个平常的全局最小值。穆斯堡尔（Mössbauer）实验揭示锑施主可束缚两个氢原子[136,145,146]。而且，根据理论计算预计浅受主和施主都可俘获多个氢，突出的如 BH_2、PH_2 和 SbH_2 复合体的形成[141,147,148]。

表 14.3　各种计算获知的 H-Si-P 复合体的平衡几何关系

H-Si	Si-P	$Si-Si_s$	$P-P_s$	文　献
0.169	0.284	0.066	0.018	[140]
0.166		0.059	0.014	[139]
0.165	0.272	0.052	0.014	[138]
0.162	0.281	0.056	0.010	[99]

注：Si_s和 P_s表示未畸变硅晶格中的位置。所有距离的单位为 nm。Zhou 等报道[99]。

氢与硫族深双施主硫、硒和碲相互作用使这些中心部分钝化，形成单个浅施主。红外吸收谱中观察到典型的类有效质量的激发谱，可分辨出三个硫-氢施主，电子束缚能分别为 92meV、135.07meV 和 135.45meV[149,150]。当以氘替代时，光谱偏移，因此存在一个氢原子。由于不是完全钝化，磁共振也用于辨认新的硫族-氢复合体，它们处于中性顺磁状态。对硫和硒而言，其复合体被认作自旋 $S=1/2$ 中心，具有三角对称性，包括一个替代的硫族元素和一或两个氢原子[151~156]。硒中心的一个被直接解释为硒-二氢复合体。利用电子-核双共振（ENDOR），获得中心的核自旋以及原子的磁矩，可清楚分辨出核素 ^1H 或 ^2H 以及 ^{33}S 或 ^{77}Se。由超精细相互作用获知中心的自旋密度分布空间上比较伸展，这与浅施主的性质一致。提出的模型中，氢原子位于〈111〉三角缺陷轴上可能的 BC、Si-AB 或 S/Se-AB 位置。DLTS 结果表明，硫族施主可以为一个氢原子完全钝化，所有带隙能级数量减小两个数量级[157~159]。从图 14.9 给出的相关图谱可见，没有新的能级存在，但浅的能级或许未被检测到[157]。Mössbauer 谱发现碲中心 TeH 和碲-多氢复合体[146]。DLTS 和 EPR 实验得出，一直到 500℃ 硫族-氢复合体都是稳定的[153,157,159~161]。测得 SH 再激活能为 1.61eV，SeH 和 TeH 的都为 1.39eV[159]。从头计算的理论研究表明，氢占据最近邻硅原子的反键位置的结构是最稳定的[141,162~164]。然而，对硫而言，其复合体中氢占据 BC 位置，能量仅高

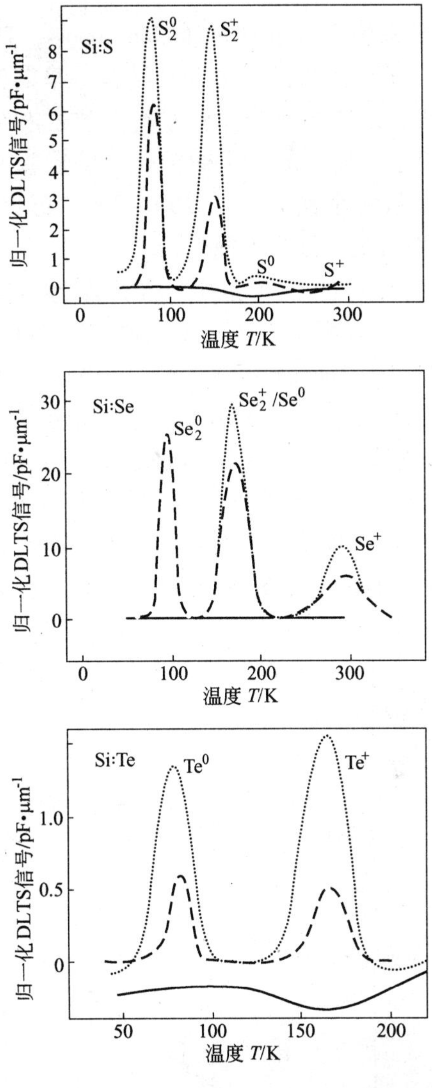

图 14.9 硫族元素硫、硒和碲钝化的深能级瞬态谱

掺杂剂在 538℃退火 10min 后重新激活。虚线代表参考样品的谱线，实线代表氢化后，点线代表热退火重新激活后。Pensl 等报道[157]

出 0.1eV，考虑到计算误差，可以认为这应是另一个可能。对硒和碲而言，BC 位置的能量要分别高 0.3eV 和 0.8eV，故这种复合体形式应该可以排除。另外，硫族原子的反键位置在能量上也是不利的。所有单一氢化复合体都是三角对称的，预计是浅施主。双氢化的硫族杂质预计是非电学活性的。与以前的理论结果[165]不同，现今的计算与实验结果特别是

EPR 的结果，有很好的一致性。

与氧有关的热双重施主（thermal double donors，TDDs）一组缺陷有非常长的研究历史。研究的目的是解开其结构。早期根据红外吸收、电阻率测试和 DLTS 认为，这些复合体施主具有伸长芯结构，也可为氢钝化[166,167]。特别是较小、较早的施主被钝化，导致总电离能有效转到较浅的能级，近乎可以被完全钝化[168]。100 ~ 200℃退火，施主重新激活，最初的两类与后来的相比，行为不同[168 ~ 171]。EPR 观察到氢化的不同方面。在 Si-NL10（H）中心的 EPR 谱中，氢是作为结构组分存在的，这为 ENDOR 所证实[172,173]。图 14.10 所示图谱中，ENDOR 跃迁频率对称分布在氢的原子核塞曼（Zeeman）频率附近。考虑 Si-NL8 中心（经红外吸收谱确定为热双重施主）与 Si-NL10(H)中心相互间的相似性，后者非常容易被当作氢化热施主[174]。但应该注意到，Si-NL10(H)中心是在 450℃热处理形成的，而在该温度低温钝化的 TDDs 被再激活[171]。其原因应是两个不同的钝化的 TDD 中氢在复合体中占据不同位置。因为热施主的精细结构仍未知，所以钝化热施主的结构也是不清楚的。其可能是

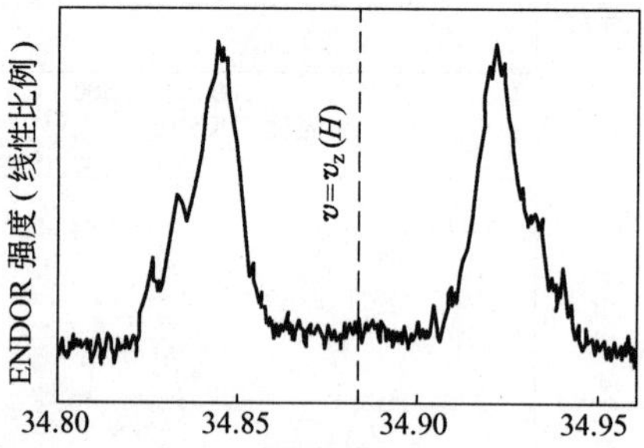

a

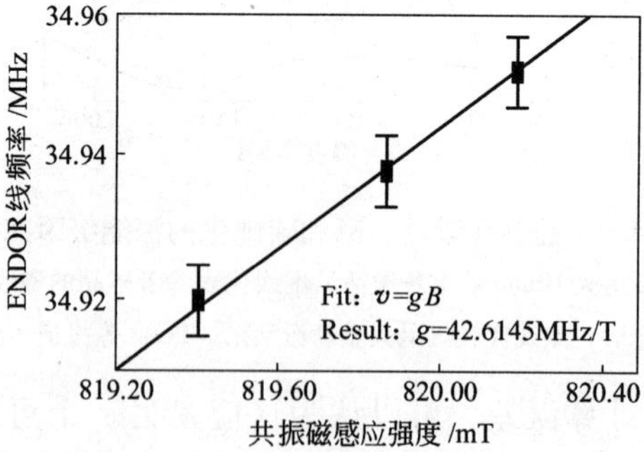

b

图 14.10　直拉法生长的掺铝硅在 470℃退火 55h 后的氢 ENDOR 谱（*a*）；ENDOR 频率随磁场的变化，确定了质子核素 *g* 因子（*b*）

Martynov 等报道[172]

对称性低的复合中心，或许是三斜对称[174]。理论研究发现存在束缚一个原子的部分钝化的 TDDs[175]。红外吸收谱中一组特别的浅热施主即 STD(H)可能就与这个施主有关[176,177]。磁共振和红外吸收表明，STD(H)和 Si-NL10(H)有关联，两者具有相同性[178]。

14.5 过渡金属-氢复合物

一般过渡金属具有属于 3d、4d 或 5d 层的电子态。这样的电子态在硅原子或晶体中并不存在，故可以形成新的混合电子结构。因此，过渡金属杂质与浅掺杂剂不同，对硅的电子结构有强烈的干扰，形成深阱，以深能级束缚电子或空穴。这些电子态对载流子的束缚和释放是非常快的过程，过渡金属成为活性的复合中心，对载流子寿命有决定性影响。过渡金属对氢以及其他杂质而言，也是强烈的吸引中心，形成大量杂质复合体。尤其是 3d、4d 和 5d 系列比较靠后的过渡金属元素（铁、铜、银和金）扩散率大，而且是天然存在的，会因为有意地或对环境中的污染控制不够而进入硅中，引发这些缺陷的形成。

近年来，对过渡金属-氢复合体的存在进行了深入的从头理论计算，值得关注的是金、银、钯、铂[179~185]。利用自旋-极化波函数和局域密度理论计算出了包含 100 个硅原子以上的团簇中的过渡金属的稳定性和电子能级。结果表明，这些过渡金属元素可以束缚 1~4 个氢原子，形成新的电学活性的施主、（多重）受主或两性中心。与浅掺杂杂质不同，过渡金属不会被钝化。计算出来的与铂有关的单个杂质及其氢化物 PtH_n ($n=1,2,3$和 4)的电子能级示于图 14.11 中[185]。

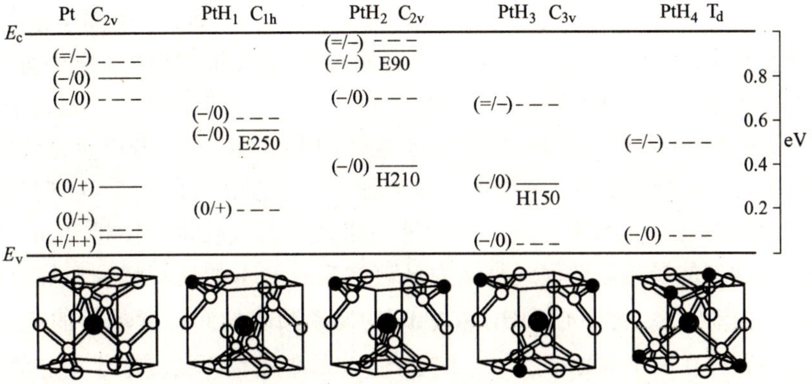

图 14.11 实验[199,204,205]和理论[182]研究获知的硅中铂及其与氢形成复合体的结构和相应电子能级

实验和计算得出的能级分别以实线和虚线表示。Jones 等报道[185]

电子结构已经用 DLTS 进行了深入的实验研究。钯、银、铂和金的最近结果与以往的有些不一致[186~192]，在图 14.11 中也一并给出[193~207]。对纵深分布进行特定分析确定了氢原子的数量[208]。虽然一般认为有很好的一致性，但几个不同还是很显然的。实验中没有检测到 TM-H_4 复合体的相关能级，以致得出 4 个氢原子钝化了所有过渡金属的结论。而且，计算和实验得出的能级不一致，不能令人满意，需要进一步修正。另一问题是，理论研究表明金和银的施主和受主能级位置不同，而实验研究报道位置的差别在误差范围内，应是相同的，这不利于对这些杂质的辨认[185]。

3d 过渡金属的实验研究发现几个被氢化但仍存在电学活性的复合体，如钴在带隙中达到 9 个新能级。对钛[191,202,209]、钒[191,210,211]、铬[191,210~212]、铁[189,190]、钴[202,213~215]、镍[188,189,202,216]和铜[188,189,217]都进行了详细的 DLTS 研究。另外还报道了 4d 元素铑的氢复合体 RhH_1 和 RhH_2，两者有两个能级[218]。一般在不到 300℃ 的温度，复合体就可分解，重新形成单个的过渡金属。通过观察光吸收的局域振动模式和磁共振实验中的塞曼效应与超精细相互作用，获得了原子和电子结构信息。

至今，最详细的研究是针对与铂和金有关的复合体，特别是称作 PtH_2 的中心[52,219~222]。掺铂硅在 1000 ~ 1250℃ 氢化处理 24 ~ 72h，这个中心可成为体缺陷，能够利用 IR 和 EPR 测试。磁共振谱分析时，采用电子自旋 $S=1/2$。结果表明了体心正交对称的中心的角度关系。原子构成则通过基于观察到的超精细分裂样式得出。根据清晰的超精细结构，一个铂原子有三个组分，其比为 0.25∶1∶0.25，其中同位素 ^{195}Pt 的核自旋 $I=1/2$，丰度为 33%，这类似于天然的铂。超精细结构表明，位于对称等价位置的两个氢原子（核自旋 $I=1/2$，丰度 100%），在每个铂线上的比为 1∶2∶1。图 14.12 给出了这样的 EPR 谱[223]。若以氘替代氢，自旋 $I=1$，超精细线的数量会增加到 5 条，强度比为 1∶2∶3∶2∶1，但它们相互间间隔太小，无法分辨，只能见到相关的谱线展宽。1888.2cm^{-1} 和 1901.6cm^{-1} 的局域振动模式被认为是顺磁态的 PtH_2 的反对称和对称氢拉伸模式振动[222]。对中心 PtHD 和 PtD_2 的振动频率的同位素偏移的观察，证实中心存在两个氢原子[224]。不同于 EPR，振动谱不会受限于中心的顺磁态（PtH_2）$^-$，因此中心的其他两个抗磁荷电状态的对应振动也有报道[224,225]。600℃ 热退火时 LVM 和 EPR 谱都有类似的损失，这意味着两个谱是有关同一个中心的[219]。通过监控费米能级变化时谱的出现，仔细

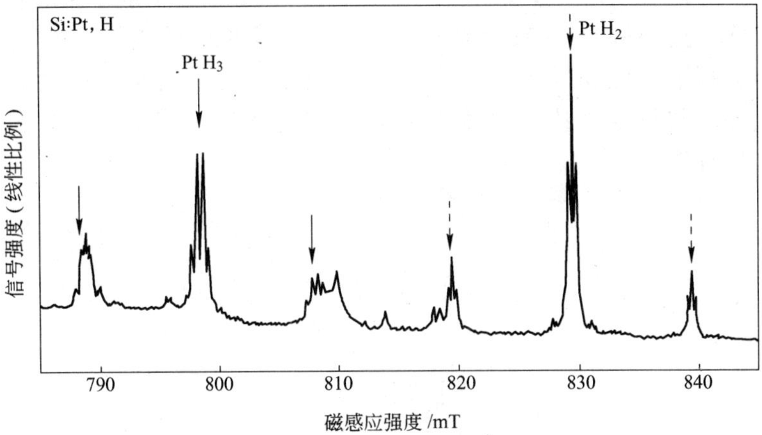

图 14.12　Si：PtH_2 和 Si：PtH_3 中心的 EPR 谱

谱线结构的特征是与铂同位素和氢的超精细相互作用，虚箭头表示 PtH_2，实箭头表示 PtH_3。Huy 和 Ammerlaan 报道[223]

研究了中心的荷电状态，结果表明复合中心的顺磁态对应于（PtH_2）$^-$，能级$(PtH_2)^{2-}/(PtH_2)^-$位于 $E_c-0.045eV$ 和 $E_c-0.1eV$ 之间。第一个受主能级$(PtH_2)^{2-}/(PtH_2)^0$位于 $E_c-0.23eV$ 和 $E_c+0.32eV$ 之间。这些结果与图 14.11 中的 DLTS 数据一致。应该可以认为，掺铂硅的氢化会导致双受主的形成，因此不会发生电性钝化。缺陷模型中，两个氢原子在通过替代的铂原子的（011）面上有间隙位子。通过对数据的分析可以推断出铂原子最近邻硅原子外的硅的反键位置是最佳位置。然而，最近邻笼形结构内的位置有更多的 BC 特征，仍不能被排除。

对三角对称的 PtH_3 也进行了 EPR 观察[52,223,226,227]。如图 14.12 所示以及对氢的观察，特征的超精细结构分裂成 4 个，强度比为 1：3：3：1，故推断出有 3 个对称等价的氢原子。另一个类似的中心 $Au_s(H_i)_2$，是 PtH_2的类似物，乃根据 EPR 谱 Si-NL64 辨认而知[52,223,226~228]。这个中心出现金原子，其信号有 4 个等幅度的共振，表明^{197}Au 同位素丰度为 100%，核自旋 $I=3/2$。图 14.13 记录的是相互结合的金和氢的超精细作用的共振，共振导致了 (1：2：1)：(1：2：1)：(1：2：1)：(1：2：1) 结构。LVM 谱中，单氢化物复合体 PtH_1 和 AuH_1 被认为是电学活性的缺陷，与理论研究和 DLTS 结果一致[224,229,230]。显然，对应于这些复合体的 EPR 谱因为一些未知的原因未被检测到。所有这 3 个讨论的 EPR 中心，氢超精细相互作用的各项同性部分约为 10MHz。将其与氢的 1s

态电子的耦合（$a \approx 1400$MHz）相比，可以认为复合体中氢的自旋密度很低。这相应于1s轨道没有电子和氢为荷正电的离子，或1s电子层充满两个自旋相反的电子和氢为负离子。似乎防止了中性状态的H^0出现，可以认为让H^0不稳定的单个氢的负U效果在TM-H复合体中也是有作用的。

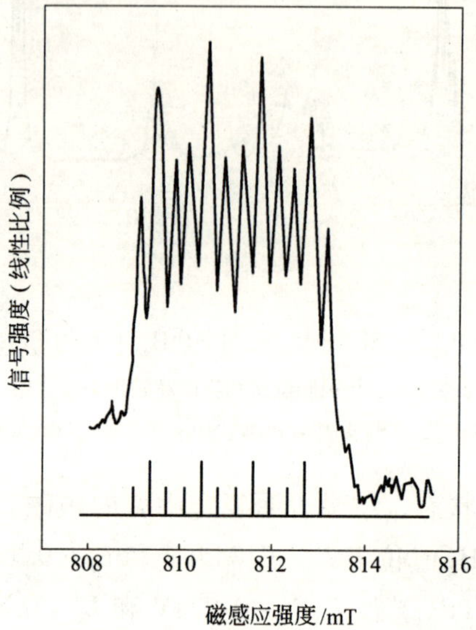

图14.13 硅中AuH_2中心的Si-NL64的部分EPR谱
四重分裂归因于与^{197}Au同位素（丰度100%，核自旋$I=3/2$）的超精细作用。另一个1：2：1结构表明存在两个氢原子。Huy和Ammerlaan报道[228]

14.6 结论

本章从几个重要的方面概述了硅中氢杂质的活性，但未能一无遗漏。一些相关主题仍未涉及，包括氢与辐照和注入引起的（多）空位和间隙原子这样的内部晶体缺陷的相互作用；与钝化相反的效果，氢对等电子杂质如碳激活；氢增强杂质如铝和氧的扩散作用；与氢有关的浅施主形成；氢对Si/SiO_2界面、晶粒边界的影响以及其与P_b中心的作用；非晶硅中的氢以及其在改善太阳能电池材料方面的应用。关于这些方面，需要参考相关文献。

（肖清华译，马通达校）

参考文献

1. S.J. Pearton, J.W. Corbett, T.S. Shi: Appl. Phys. A **43**, 153 (1987)
2. J.I. Pankove, N.M. Johnson (eds.): *Hydrogen in Semiconductors*, Semicond. Semimetals **34** (1991)
3. M. Stutzmann, J. Chevallier (eds.): *Hydrogen in Semiconductors: Bulk and Surface Properties*, Physica B **170**, 1–581 (1991)
4. S.M. Myers, M.I. Baskes, H.K. Birnbaum, J.W. Corbett, G.G. DeLeo, S.K. Estreicher, E.E. Haller, P. Jena, N.M. Johnson, R. Kirchheim, S.J. Pearton, M.J. Stavola: Rev. Mod. Phys. **64**, 559 (1992)
5. S.J. Pearton, J.W. Corbett, M. Stavola: *Hydrogen in Crystalline Semiconductors* (Springer, Berlin 1992) pp. 1–363
6. S.K. Estreicher: Mater. Sci. Eng. Rep. R **14**, 317 (1995)
7. N.H. Nickel, W.B. Jackson, R.C. Bowman, R.G. Leisure (eds.): *Hydrogen in Semiconductors and Metals* (Materials Research Society, Warrendale 1998) pp. 1–455
8. N.H. Nickel (ed.): *Hydrogen in Semiconductors II*, Semicond. Semimetals **61** (1999)
9. M. Stavola: Hydrogen diffusion and solubility in c-Si. In: *Properties of Crystalline Silicon*, EMIS Datareviews Series No. 20, ed. by R. Hull (INSPEC, IEE, London 1999) pp. 511–521
10. M. Stavola: Hydrogen-containing point defects in c-Si. In: *Properties of Crystalline Silicon*, EMIS Datareviews Series No. 20, ed. by R. Hull (INSPEC, IEE, London 1999) pp. 522–537
11. J. Weber, A. Mesli (eds.): *Defects in Silicon: Hydrogen*, Mater. Sci. Eng. B **58**, 1–183 (1999)
12. R. Jones, B.J. Coomer, J.P. Goss, B. Hourahine, A. Resende: Solid State Phenom. **71**, 173 (2000)
13. J. Chevallier, B. Pajot: Solid State Phenom. **85-86**, 203 (2002)
14. C.A.J. Ammerlaan, P.T. Huy: Solid State Phenom. **85-86**, 353 (2002)
15. S. Estreicher: Phys. Rev. B **36**, 9122 (1987)
16. B. Bech Nielsen: Phys. Rev. B **37**, 6353 (1988)
17. P. Deák, L.C. Snyder, J.L. Lindström, J.W. Corbett, S.J. Pearton, A.J. Tavendale: Phys. Lett. A **126**, 427 (1988)
18. P. Deák, L.C. Snyder, J.W. Corbett: Phys. Rev. B **37**, 6887 (1988)
19. G.G. DeLeo, M.J. Dorogi, W.B. Fowler: Phys. Rev. B **38**, 7520 (1988)
20. C.G. Van de Walle, Y. Bar-Yam, S.T. Pantelides: Phys. Rev. Lett. **60**, 2761 (1988)
21. K.J. Chang, D.J. Chadi: Phys. Rev. B **40**, 11644 (1989)
22. C.G. Van de Walle, P.J.H. Denteneer, Y. Bar-Yam, S.T. Pantelides: Phys. Rev. B **39**, 10791 (1989)
23. C.G. Van de Walle: Phys. Rev. B **49**, 4579 (1994)
24. A.J. Tavendale, S.J. Pearton, A.A. Williams: Appl. Phys. Lett. **56**, 949 (1990)
25. J. Zhu, N.M. Johnson, C. Herring: Phys. Rev. B **41**, 12354 (1990)
26. N.M. Johnson, C. Herring: Phys. Rev. B **46**, 15554 (1992)
27. N.M. Johnson, C.G. Van de Walle: Isolated Monatomic Hydrogen in Silicon. Semicond. Semimetals **61**, 13 (1999)
28. C.H. Chu, S.K. Estreicher: Phys. Rev. B **42**, 9486 (1990)
29. C.G. Van de Walle: Physica B **170**, 21 (1991)

30. Yu.V. Gorelkinskii, N.N. Nevinnyi: Mater. Sci. Eng. B **36**, 133 (1996)
31. K. Irmscher, H. Klose, K. Maass: J. Phys. C: Solid State Phys. **17**, 6317 (1984)
32. B. Holm, K. Bonde Nielsen, B. Bech Nielsen: Phys. Rev. Lett. **66**, 2360 (1991)
33. B. Bech Nielsen, K. Bonde Nielsen, J.R. Byberg: Mater. Sci. Forum **143–147**, 909 (1994)
34. L.C. Kimerling, P. Blood, W.M. Gibson: Defect states in proton-bombarded silicon at T < 300 K. In: *Defects and Radiation Effects in Semiconductors 1978*, ed. by J.H. Albany (Institute of Physics, Bristol 1979) pp. 273–280
35. N.M. Johnson, C. Herring, C.G. Van de Walle: Phys. Rev. Lett. **73**, 130 (1994)
36. N.M. Johnson, C. Herring, C.G. Van de Walle: Phys. Rev. Lett. **74**, 4566 (1995)
37. C.H. Seager, R.A. Anderson, S.K. Estreicher: Phys. Rev. Lett. **74**, 4565 (1995)
38. P. Deák, L.C. Snyder, J.W. Corbett: Phys. Rev. B **43**, 4545 (1991)
39. Yu.V. Gorelkinskii, N.N. Nevinnyi: Sov. Tech. Phys. Lett. **13**, 45 (1987) [Pis'ma Zh. Tekh. Fiz. (USSR) **13**, 105 (1987)]
40. Yu.V. Gorelkinskii, N.N. Nevinnyi: Physica B **170**, 155 (1991)
41. Yu.V. Gorelkinskii: Electron Parametric Resonance Studies of Hydrogen and Hydrogen-Related Defects in Crystalline Silicon. Semicond. Semimetals **61**, 25 (1999)
42. V.A. Gordeev, Yu.V. Gorelkinskii, R.F. Konopleva, N.N. Nevinnyi, Yu.V. Obukhov, V.G. Firsov: Preprint 1340, Leningrad Nuclear Physics Institute, Academy of Sciences of the USSR (1987), pp. 1–30
43. R.F. Kiefl, M. Celio, T.L. Estle, S.R. Kreitzman, G.M. Luke, T.M. Riseman, E.J. Ansaldo: Phys. Rev. Lett. **60**, 224 (1988)
44. R.B. Gel'fand, V.A. Gordeev, Yu.V. Gorelkinskii, R.F. Konopleva, S.A. Kuten', A.V. Mudryi, N.N. Nevinnyi, Yu.V. Obukhov, V.I. Rapoport, A.G. Ul'yashin, V.G. Firsov: Sov. Phys. Solid State **31**, 1376 (1989) [Fiz. Tverd. Tela **31**, 176 (1989)]
45. V.A. Gordeev, R.F. Konopleva, V.G. Firsov, Yu.V. Obukhov, Yu.V. Gorelkinskii, N.N. Nevinnyi: Hyperfine Interact. **60**, 717 (1990)
46. B. Hitti, S.R. Kreitzman, T.L. Estle, E.S. Bates, M.R. Dawdy, T.L. Head, R.L. Lichti: Phys. Rev. B **59**, 4918 (1999)
47. T.L. Estle, S. Estreicher, D.S. Marynick: Phys. Rev. Lett. **58**, 1547 (1987)
48. B.D. Patterson, A. Hintermann, W. Kündig, P.F. Meier, F. Waldner, H. Graf, E. Recknagel, A. Weidinger, T. Wichert: Phys. Rev. Lett. **40**, 1347 (1978)
49. K.W. Blazey, J.A. Brown, D.W. Cooke, S.A. Dodds, T.L. Estle, R.H. Heffner, M. Leon, D.A. Vanderwater: Phys. Rev. B **23**, 5316 (1981)
50. K.W. Blazey, T.L. Estle, E. Holzschuh, W. Odermatt, B.D. Patterson: Phys. Rev. B **27**, 15 (1983)
51. C.G. Van de Walle, P.E. Blöchl: Phys. Rev. B **47**, 4244 (1993)
52. C.A.J. Ammerlaan, P.T. Huy: Solid State Phenom. **85–86**, 353 (2002)
53. A. van Wieringen, N. Warmholtz: Physica **22**, 849 (1956)
54. C. Herring, N.M. Johnson, C.G. Van de Walle: Phys. Rev. B **64**, 125209-1 (2001)
55. F. Buda, G.L. Chiarotti, R. Car, M. Parrinello: Phys. Rev. Lett. **63**, 294 (1989)
56. P.E. Blöchl, C.G. Van de Walle, S.T. Pantelides: Phys. Rev. Lett. **64**, 1401 (1990)

57. C. Herring, N.M. Johnson: Hydrogen Migration and Solubility in Silicon. Semicond. Semimetals **34**, 225 (1991)
58. N.M. Johnson, C. Herring: Phys. Rev. B **38**, 1581 (1988)
59. J.D. Holbech, B. Bech Nielsen, R. Jones, P. Sitch, S. Öberg: Phys. Rev. Lett. **71**, 875 (1993)
60. K.J. Chang, D.J. Chadi: Phys. Rev. Lett. **62**, 937 (1989)
61. S.B. Zhang, W.B. Jackson, D.J. Chadi: Phys. Rev. Lett. **65**, 2575 (1990)
62. A.N. Safonov, E.C. Lightowlers, G. Davies: Phys. Rev. B **56**, R15517 (1997)
63. B.N. Mukashev, K.H. Nussupov, M.F. Tamendarov: Phys. Lett. **72A**, 381 (1979)
64. H.J. Stein: Phys. Rev. Lett. **43**, 1030 (1979)
65. B.N. Mukashev, K.H. Nussupov, M.F. Tamendarov, V.V. Frolov: Phys. Lett. **87A**, 376 (1982)
66. K.J. Chang, D.J. Chadi: Phys. Rev. B **42**, 7651 (1990)
67. J.I. Pankove, D.E. Carlson, J.E. Berkeyheiser, R.O. Wance: Phys. Rev. Lett. **51**, 2224 (1983)
68. C.-T. Sah, J.Y.-C. Sun, J.J.-T. Tzou: Appl. Phys. Lett. **43**, 204 (1983)
69. J.I. Pankove, R.O. Wance, J.E. Berkeyheiser: Appl. Phys. Lett. **45**, 1100 (1984)
70. Y.-C. Du, Y.-F. Zhang, G.-G. Qin, S.-F. Weng: Solid State Commun. **55**, 501 (1985)
71. A. Chari, M. Aucouturier: Solid State Commun. **71**, 105 (1989)
72. M.L.W. Thewalt, E.C. Lightowlers, J.I. Pankove: Appl. Phys. Lett. **46**, 689 (1985)
73. G.G. DeLeo, W.B. Fowler: Phys. Rev. B **31**, 6861 (1985)
74. N.M. Johnson: Phys. Rev. B **31**, 5525 (1985)
75. J.I. Pankove, D.J. Zanzucchi, C.W. Magee, G. Lucovsky: Appl. Phys. Lett. **46**, 421 (1985)
76. M. Stutzmann: Phys. Rev. B **35**, 5921 (1987)
77. M. Stavola, S.J. Pearton, J. Lopata, W.C. Dautremont-Smith: Appl. Phys. Lett. **50**, 1086 (1987)
78. B. Pajot, A. Chari, M. Aucouturier, M. Astier, A. Chantre: Solid State Commun. **67**, 855 (1988)
79. G.G. DeLeo, W.B. Fowler: J. Electron. Mater. **14a**, 745 (1985)
80. G.G. DeLeo, W.B. Fowler: Phys. Rev. Lett. **56**, 402 (1986)
81. A. Amore Bonapasta, A. Lapiccirella, N. Tomassini, M. Capizzi: Phys. Rev. B **36**, 6228 (1987)
82. A.D. Marwick, G.S. Oehrlein, N.M. Johnson: Phys. Rev. B **36**, 4539 (1987)
83. B. Bech Nielsen, J.U. Andersen, S.J. Pearton: Phys. Rev. Lett. **60**, 321 (1988)
84. K. Bergman, M. Stavola, S.J. Pearton, T. Hayes: Phys. Rev. B **38**, 9643 (1988)
85. K.J. Chang, D.J. Chadi: Phys. Rev. Lett. **60**, 1422 (1988)
86. A.D. Marwick, G.S. Oehrlein, J.H. Barrett, N.M. Johnson: The structure of the boron-hydrogen complex in silicon. In: *Defects in Electronic Materials*, ed. by M. Stavola, S.J. Pearton, G. Davies (Materials Research Society, Pittsburgh 1988) pp. 259–264
87. M. Stavola, K. Bergman, S.J. Pearton, J. Lopata: Phys. Rev. Lett. **61**, 2786 (1988)

88. C.G. Van de Walle, P.J.H. Denteneer, Y. Bar-Yam, S.T. Pantelides: Hydrogen diffusion and passivation of shallow impurities in crystalline silicon. In: *Shallow Impurities in Semiconductors 1988*, ed. by B. Monemar (Institute of Physics, Bristol 1989) pp. 405–414
89. E. Artacho, F. Ynduráin: Solid State Commun. **72**, 393 (1989)
90. P.J.H. Denteneer, C.G. Van de Walle, S.T. Pantelides: Phys. Rev. B **39**, 10809 (1989)
91. P.J.H. Denteneer, C.G. Van de Walle, S.T. Pantelides: Phys. Rev. Lett. **62**, 1884 (1989)
92. P.J.H. Denteneer, C.G. Van de Walle, Y. Bar-Yam, S.T. Pantelides: Mater. Sci. Forum **38–41**, 979 (1989)
93. S.K. Estreicher, L. Throckmorton, D.S. Marynick: Phys. Rev. B **39**, 13241 (1989)
94. T. Sasaki, H. Katayama-Yoshida: Mechanism of hydrogen passivation in silicon. In: *Shallow Impurities in Semiconductors 1988*, ed. by B. Monemar (Institute of Physics, Bristol 1989) pp. 395–404
95. T. Zundel, J. Weber: Phys. Rev. B **39**, 13549 (1989)
96. G.D. Watkins, W.B. Fowler, M. Stavola, G.G. DeLeo, D.M. Kozuch, S.J. Pearton, J. Lopata: Phys. Rev. Lett. **64**, 467 (1990)
97. K.R. Martin, W.B. Fowler, G.G. DeLeo: Mater. Sci. Forum **83–87**, 69 (1992)
98. Dj.M. Maric, P.F. Meier, S.K. Estreicher: Phys. Rev. B **47**, 3620 (1993)
99. Y. Zhou, R. Luchsinger, P.F. Meier: Phys. Rev. B **51**, 4166 (1995)
100. G.G. DeLeo, W.B. Fowler: Computational Studies of Hydrogen-Containing Complexes in Semiconductors. Semicond. Semimetals **34**, 511 (1991)
101. Dj.M. Maric, P.F. Meier: Helv. Phys. Acta **64**, 908 (1991)
102. C.P. Herrero, M. Stutzmann, A. Breitschwerdt: Phys. Rev. B **43**, 1555 (1991)
103. C.P. Herrero, M. Stutzmann: Solid State Commun. **68**, 1085 (1988)
104. M. Stutzmann, C.P. Herrero: Raman studies of hydrogen passivation in silicon. In: *Defects in Electronic Materials*, ed. by M. Stavola, S.J. Pearton, G. Davis (Materials Research Society, Pittsburgh 1988) pp. 271–276
105. A. Amore Bonapasta, P. Giannozzi, M. Capizzi: Phys. Rev. B **44**, 3399 (1991)
106. A. Amore Bonapasta, P. Giannozzi, M. Capizzi: Phys. Rev. B **45**, 11744 (1992)
107. Y. Zhou, R. Luchsinger, P.F. Meier: Mater. Sci. Forum **196–201**, 885 (1995)
108. M. Stavola, S.J. Pearton, J. Lopata, W.C. Dautremont-Smith: Phys. Rev. B **37**, 8313 (1988)
109. L.V.C. Assali, J.R. Leite: Phys. Rev. Lett. **55**, 980 (1985)
110. L.V.C. Assali, J.R. Leite: Phys. Rev. Lett. **56**, 403 (1986)
111. E.C.F. da Silva, L.V.C. Assali, J.R. Leite, A. Dal Pino Jr.: Phys. Rev. B **37**, 3113 (1988)
112. A. Baurichter, S. Deubler, D. Forkel, M. Uhrmacher, H. Wolf, W. Witthuhn: Hydrogen passivation of indium acceptors in silicon. In: *Shallow Impurities in Semiconductors 1988*, ed. by B. Monemar (Institute of Physics, Bristol 1989) pp. 471–476

113. T. Wichert, H. Skudlik, M. Deicher, G. Grübel, R. Keller, E. Recknagel, L. Song: Phys. Rev. Lett. **59**, 2087 (1987)
114. T. Wichert, H. Skudlik, H.-D. Carstanjen, T. Enders, M. Deicher, G. Grübel, R. Keller, L. Song, M. Stutzmann: Localization of hydrogen in B and In doped silicon by ion channeling and PAC. In: *Defects in Electronic Materials*, ed. by M. Stavola, S.J. Pearton, G. Davies (Materials Research Society, Pittsburgh 1988) pp. 265–270
115. J.M. Baranowski, J. Tatarkiewicz: Phys. Rev. B **35**, 7450 (1987)
116. N.M. Johnson, C. Doland, F. Ponce, J. Walker, G. Anderson: Physica B **170**, 3 (1991)
117. M. Stavola, K. Bergman, S.J. Pearton, J. Lopata, T. Hayes: The symmetry and properties of donor-H and acceptor-H complexes in Si from uniaxial stress studies. In: *Shallow Impurities in Semiconductors 1988*, ed. by B. Monemar (Institute of Physics, Bristol 1989) pp. 447–452
118. G. Cannelli, R. Cantelli, M. Capizzi, C. Coluzza, F. Cordero, A. Frova, A. Lo Presti: Phys. Rev. B **44**, 11486 (1991)
119. M. Stavola, Y.M. Cheng: Solid State Commun. **93**, 431 (1995)
120. M. Stavola, J.-F. Zheng, Y.M. Cheng, C.R. Abernathy, S.J. Pearton: Mater. Sci. Forum **196–201**, 809 (1995)
121. M. Stavola, Y.M. Cheng, G. Davies: Mater. Sci. Forum **143–147**, 885 (1994)
122. C.H. Seager, R.A. Anderson: Appl. Phys. Lett. **59**, 585 (1991)
123. T. Zundel, J. Weber: Phys. Rev. B **43**, 4361 (1991)
124. T. Zundel, J. Weber, L. Tilly: Physica B **170**, 361 (1991)
125. Y. Ohmura, K. Abe, M. Ohtaka, A. Kimoto, M. Yamaura: Mater. Sci. Forum **258–263**, 185 (1997)
126. K. Muro, A.J. Sievers: Phys. Rev. Lett. **57**, 897 (1986)
127. E.E. Haller: Hydrogen-related effects in crystalline semiconductors. In: *Shallow Impurities in Semiconductors 1988*, ed. by B. Monemar (Institute of Physics, Bristol 1989) pp. 425–436
128. R.E. Peale, K. Muro, A.J. Sievers: Phys. Rev. B **41**, 5881 (1990)
129. M. Gebhard, B. Vogt, W. Witthuhn: Phys. Rev. Lett. **67**, 847 (1991)
130. M. Suezawa, R. Mori: Phys. Stat. Sol. (b) **210**, 507 (1998)
131. M. Suezawa: Optical absorption study of hydrogen in Zn-doped Si. In: *Hydrogen in Semiconductors and Metals*, ed. by N.H. Nickel, W.B. Jackson, R.C. Bowman, R.G. Leisure (Materials Research Society, Warrendale 1998) pp. 357–362
132. R. Mori, M. Suezawa: Physica B **273–274**, 220 (1999)
133. R. Mori, N. Fukata, M. Suezawa, A. Kasuya: Physica B **302–303**, 206 (2001)
134. P. Stolz, G. Pensl, D. Grünebaum, N. Stolwijk: Mater. Sci. Eng. B **4**, 31 (1989)
135. K. Bergman, M. Stavola, S.J. Pearton, J. Lopata: Phys. Rev. B **37**, 2770 (1988)
136. Z.N. Liang, L. Niesen: Nucl. Instrum. Methods Phys. Res. B **63**, 147 (1992)
137. N.M. Johnson, C. Herring, D.J. Chadi: Phys. Rev. Lett. **56**, 769 (1986)
138. A. Amore Bonapasta, P. Giannozzi, M. Capizzi: Phys. Rev. B **42**, 3175 (1990)
139. P.J.H. Denteneer, C.G. Van de Walle, S.T. Pantelides: Phys. Rev. B **41**, 3885 (1990)
140. S.B. Zhang, D.J. Chadi: Phys. Rev. B **41**, 3882 (1990)
141. Z.N. Liang, P.J.H. Denteneer, L. Niesen: Phys. Rev. B **52**, 8864 (1995)

142. A. Amore Bonapasta, A. Lapiccirella, N. Tomassini, M. Capizzi: Phys. Rev. B **39**, 12630 (1989)
143. G.G. DeLeo, W.B. Fowler, T.M. Sudol, K.J. O'Brien: Phys. Rev. B **41**, 7581 (1990)
144. N.M. Johnson, C. Herring: Hydrogen neutralization of shallow-donor impurities in single-crystal silicon. In: *Defects in Electronic Materials*, ed. by M. Stavola, S.J. Pearton, G. Davies (Materials Research Society, Pittsburgh 1988), pp. 277–280
145. Z.N. Liang, C. Haas, L. Niesen: Phys. Rev. Lett. **72**, 1846 (1994)
146. Z.N. Liang, L. Niesen: Phys. Rev. B **51**, 11120 (1995)
147. L. Korpás, J.W. Corbett, S.K. Estreicher: Mater. Sci. Forum **83–87**, 27 (1992)
148. L. Korpás, J.W. Corbett, S.K. Estreicher: Phys. Rev. B **46**, 12365 (1992)
149. S.P. Love, K. Muro, R.E. Peale, A.J. Sievers, W. Lo: Phys. Rev. B **36**, 2950 (1987)
150. R.E. Peale, K. Muro, A.J. Sievers: Mater. Sci. Forum **65–66**, 151 (1990)
151. I.S. Zevenbergen, T. Gregorkiewicz, C.A.J. Ammerlaan: Phys. Rev. B **51**, 16746 (1995)
152. I.S. Zevenbergen, T. Gregorkiewicz, C.A.J. Ammerlaan: Mater. Sci. Forum **196–201**, 855 (1995)
153. C.A.J. Ammerlaan, I.S. Zevenbergen, T. Gregorkiewicz: Passivation of electronic centres in silicon by hydrogen. In: *Physics of Semiconductor Devices*, ed. by V. Kumar, S.K. Agarwal (Narosa, New Delhi 1998) pp. 531–538
154. C.A.J. Ammerlaan, P.T. Huy: Solid State Phenom. **69–70**, 583 (1999)
155. P.T. Huy, C.A.J. Ammerlaan, T. Gregorkiewicz: Physica B **273–274**, 239 (1999)
156. P.T. Huy, C.A.J. Ammerlaan, T. Gregorkiewicz, D.T. Don: Phys. Rev. B **61**, 7448 (2000)
157. G. Pensl, G. Roos, C. Holm, E. Sirtl, N.M. Johnson: Appl. Phys. Lett. **51**, 451 (1987)
158. G. Pensl, G. Roos, P. Stolz, N.M. Johnson, C. Holm: Hydrogen neutralization of chalcogen double donor centers in single-crystal silicon. In: *Defects in Electronic Materials*, ed. by M. Stavola, S.J. Pearton, G. Davies (Materials Research Society, Pittsburgh 1988) pp. 241–246
159. G. Roos, G. Pensl, N.M. Johnson, C. Holm: J. Appl. Phys. **67**, 1897 (1990)
160. Yu.V. Martynov, I.S. Zevenbergen, T. Gregorkiewicz, C.A.J. Ammerlaan: Solid State Phenom. **47–48**, 267 (1996)
161. I.S. Zevenbergen: Ph.D. thesis, University of Amsterdam (1998)
162. V.J.B. Torres, S. Öberg, R. Jones: Theory of hydrogen single passivated substitutional sulphur double donor in Si. In: *Shallow-Level Centers in Semiconductors*, ed. by C.A.J. Ammerlaan, B. Pajot (World Scientific, Singapore 1997) pp. 501–504
163. J. Coutinho, V.J.B. Torres, R. Jones, A. Resende, P.R. Briddon: Phys. Stat. Sol. (b) **235**, 107 (2003)
164. J. Coutinho, V.J.B. Torres, R. Jones, P.R. Briddon: Phys. Rev. B **67**, 035205-1 (2003)
165. A.S. Yapsir, P. Deák, R.K. Singh, L.C. Snyder, J.W. Corbett, T.-M. Lu: Phys. Rev. B **38**, 9936 (1988)
166. N.M. Johnson, S.K. Hahn, H.J. Stein: Mater. Sci. Forum **10–12**, 585 (1986)
167. N.M. Johnson, S.K. Hahn: Appl. Phys. Lett. **48**, 709 (1986)

168. A. Chantre, S.J. Pearton, L.C. Kimerling, K.D. Cummings, W.C. Dautremont-Smith: Appl. Phys. Lett. **50**, 513 (1987)
169. D.I. Bohne, J. Weber: Phys. Rev. B **47**, 4037 (1993)
170. D.I. Bohne, J. Weber: Mater. Sci. Forum **143–147**, 879 (1994)
171. J. Weber, D.I. Bohne: Passivation of thermal donors by atomic hydrogen. In: *Early Stages of Oxygen Precipitation in Silicon*, ed. by R. Jones (Kluwer Academic, Dordrecht 1996) pp. 123–140
172. Yu.V. Martynov, T. Gregorkiewicz, C.A.J. Ammerlaan: Phys. Rev. Lett. **74**, 2030 (1995)
173. Yu.V. Martynov, T. Gregorkiewicz, C.A.J. Ammerlaan: Mater. Sci. Forum **196–201**, 849 (1995)
174. C.A.J. Ammerlaan, I.S. Zevenbergen, Yu.V. Martynov, T. Gregorkiewicz: Magnetic resonance investigations of thermal donors in silicon. In: *Early Stages of Oxygen Precipitation in Silicon*, ed. by R. Jones (Kluwer Academic, Dordrecht 1996) pp. 61–82
175. P. Deák, L.C. Snyder, J.W. Corbett: Phys. Rev. B **45**, 11612 (1992)
176. R.C. Newman, M.J. Ashwin, R.E. Pritchard, J.H. Tucker, E.C. Lightowlers, T. Gregorkiewicz, I.S. Zevenbergen, C.A.J. Ammerlaan, R. Falster, M.J. Binns: Mater. Sci. Forum **258–263**, 379 (1997)
177. R.E. Pritchard, M.J. Ashwin, J.H. Tucker, R.C. Newman, E.C. Lightowlers, T. Gregorkiewicz, I.S. Zevenbergen, C.A.J. Ammerlaan, R. Falster, M.J. Binns: Semicond. Sci. Technol. **12**, 1404 (1997)
178. R.C. Newman, J.H. Tucker, N.G. Semaltianos, E.C. Lightowlers, T. Gregorkiewicz, I.S. Zevenbergen, C.A.J. Ammerlaan: Phys. Rev. B **54**, R6803 (1996)
179. D.E. Woon, D.S. Marynick, S.K. Estreicher: Phys. Rev. B **45**, 13383 (1992)
180. R. Jones, S. Öberg, J. Goss, P.R. Briddon, A. Resende: Phys. Rev. Lett. **75**, 2734 (1995)
181. A. Resende, J. Goss, P.R. Briddon, S. Öberg, R. Jones: Mater. Sci. Forum **258–263**, 295 (1997)
182. R. Jones, A. Resende, S. Öberg, P.R. Briddon: Mater. Sci. Eng. B **58**, 113 (1999)
183. A. Resende, R. Jones, S. Öberg, P.R. Briddon: Mater. Sci. Eng. B **58**, 146 (1999)
184. A. Resende, R. Jones, S. Öberg, P.R. Briddon: Phys. Rev. Lett. **82**, 2111 (1999)
185. R. Jones, B.J. Coomer, J.P. Goss, B. Hourahine, A. Resende: Solid State Phenom. **71**, 173 (2000)
186. S.J. Pearton, A.J. Tavendale: Phys. Rev. B **26**, 7105 (1982)
187. S.J. Pearton, E.E. Haller: J. Appl. Phys. **54**, 3613 (1983)
188. S.J. Pearton, A.J. Tavendale: J. Appl. Phys. **54**, 1375 (1983)
189. A.J. Tavendale, S.J. Pearton: J. Phys. C: Solid State Phys. **16**, 1665 (1983)
190. S.J. Pearton, A.J. Tavendale: J. Phys. C: Solid State Phys. **17**, 6701 (1984)
191. R. Singh, S.J. Fonash, A. Rohatgi: Appl. Phys. Lett. **49**, 800 (1986)
192. A. Mesli, E. Courcelle, T. Zundel, P. Siffert: Phys. Rev. B **36**, 8049 (1987)
193. E.Ö. Sveinbjörnsson, O. Engström: Appl. Phys. Lett. **61**, 2323 (1992)
194. H. Feichtinger, E. Sturm: Mater. Sci. Forum **143–147**, 111 (1994)
195. E.Ö. Sveinbjörnsson, G.I. Andersson, O. Engström: Phys. Rev. B **49**, 7801 (1994)

196. E.Ö. Sveinbjörnsson, O. Engström: Mater. Sci. Forum **143–147**, 821 (1994)
197. E.Ö. Sveinbjörnsson, O. Engström: Phys. Rev. B **52**, 4884 (1995)
198. J.A. Davidson, J.H. Evans: Semicond. Sci. Technol. **11**, 1704 (1996)
199. J.-U. Sachse, E.Ö. Sveinbjörnsson, W. Jost, J. Weber, H. Lemke: Phys. Rev. B **55**, 16176 (1997)
200. J.-U. Sachse, J. Weber, H. Lemke: Mater. Sci. Forum **258–263**, 307 (1997)
201. N. Yarykin, J.-U. Sachse, J. Weber, H. Lemke: Mater. Sci. Forum **258–263**, 301 (1997)
202. J. Weber: Electrical properties of transition metal hydrogen complexes in silicon. In: *Hydrogen in Semiconductors and Metals*, ed. by N.H. Nickel, W.B. Jackson, R.C. Bowman, R.G. Leisure (Materials Research Society, Warrendale 1998) pp. 345–356
203. L. Rubaldo, P. Deixler, I.D. Hawkins, J. Terry, D.K. Maude, J.-C. Portal, J.H. Evans-Freeman, L. Dobaczewski, A.R. Peaker: Mater. Sci. Eng. B **58**, 126 (1999)
204. J.-U. Sachse, J. Weber, E.Ö. Sveinbjörnsson: Phys. Rev. B **60**, 1474 (1999)
205. J.-U. Sachse, E.Ö. Sveinbjörnsson, N. Yarykin, J. Weber: Mater. Sci. Eng. B **58**, 134 (1999)
206. J. Weber, S. Knack, J.-U. Sachse: Physica B **273–274**, 429 (1999)
207. N. Yarykin, J.-U. Sachse, H. Lemke, J. Weber: Phys. Rev. B **59**, 5551 (1999)
208. O.V. Feklisova, N.A. Yarykin: Semicond. Sci. Technol. **12**, 742 (1997)
209. W. Jost, J. Weber: Phys. Rev. B **54**, R11038 (1996)
210. T. Sadoh, H. Nakashima, T. Tsurushima: J. Appl. Phys. **72**, 520 (1992)
211. T. Sadoh, M. Watanabe, H. Nakashima, T. Tsurushima: Mater. Sci. Forum **143–147**, 939 (1994)
212. T. Sadoh, M. Watanabe, H. Nakashima, T. Tsurushima: J. Appl. Phys. **75**, 3978 (1994)
213. W. Jost, J. Weber, H. Lemke: Mater. Sci. Forum **196–201**, 927 (1995)
214. W. Jost, J. Weber, H. Lemke: Semicond. Sci. Technol. **11**, 22 (1996)
215. W. Jost, J. Weber, H. Lemke: Semicond. Sci. Technol. **11**, 525 (1996)
216. M. Shiraishi, J.-U. Sachse, H. Lemke, J. Weber: Mater. Sci. Eng. B **58**, 130 (1999)
217. S. Knack, J. Weber, H. Lemke: Physica B **273–274**, 387 (1999)
218. S. Knack, J. Weber, H. Lemke: Mater. Sci. Eng. B **58**, 141 (1999)
219. P.M. Williams, G.D. Watkins, S. Uftring, M. Stavola: Phys. Rev. Lett. **70**, 3816 (1993)
220. M. Höhne, U. Juda, Yu.V. Martynov, T. Gregorkiewicz, C.A.J. Ammerlaan, L.S. Vlasenko: Phys. Rev. B **49**, 13423 (1994)
221. M. Höhne, U. Juda, Yu.V. Martynov, T. Gregorkiewicz, C.A.J. Ammerlaan, L.S. Vlasenko: Mater. Sci. Forum **143–147**, 1659 (1994)
222. P.M. Williams, G.D. Watkins, S. Uftring, M. Stavola: Mater. Sci. Forum **143–147**, 891 (1994)
223. P.T. Huy, C.A.J. Ammerlaan: Solid State Phenom. **82–84**, 133 (2002)
224. S.J. Uftring, M. Stavola, P.M. Williams, G.D. Watkins: Phys. Rev. B **51**, 9612 (1995)
225. M. Stavola, S.J. Uftring, M.J. Evans, P.M. Williams, G.D. Watkins: Spectroscopy of transition-metal-hydrogen complexes in silicon. In: *Defect and Impurity Engineered Semiconductors and Devices*, ed. by S. Ashok, J. Chevallier, I. Akasaki, N.M. Johnson, B.L. Sopori (Materials Research Society, Pittsburgh 1995) pp. 341–352

226. P.T. Huy, C.A.J. Ammerlaan: Physica B **302–303**, 233 (2001)
227. P.T. Huy, C.A.J. Ammerlaan: Physica B **308–310**, 408 (2001)
228. P.T. Huy, C.A.J. Ammerlaan: Phys. Rev. B **66**, 165219-1 (2002)
229. M.J. Evans, M.G. Gornstein, M. Stavola: Vibrational spectroscopy of gold hydrogen complexes in silicon. In: *Defects in Electronic Materials II*, ed. by J. Michel, T. Kennedy, K. Wada, K. Thonke (Materials Research Society, Pittsburg 1997) pp. 275–280
230. M.J. Evans, M. Stavola, M.G. Weinstein, S.J. Uftring: Mater. Sci. Eng. B **58**, 118 (1999)

第七部分

器　　件

15 半导体功率器件

A. Porst

15.1 引言

15.1.1 历史

半导体器件历史中最重要的一步是 Bardeen 和 Brattain[1] 及 Shockley[2] 于 20 世纪 40 年代末在半导体材料中发现的晶体管效应。这一发明刺激了功率半导体器件的进一步发展。所做的努力终于实现了当半导体材料一个 p 型区（受主掺杂）和一个 n 型区（施主掺杂）紧密地放在一起时预期发生的效应。

1952 年，Hall[3] 提出了二极管结构并且也实现了“大面积二极管”。制造出了第一个功率半导体器件，具有整流电压为 200V，正向电流的容量为 35A。

在那时是用锗作半导体材料的，因为锗更容易得到。但是不久，理论研究证明，与锗相比较硅有更大的带隙，在高温下运行具有更好的潜力。

图 15. 1 按时间尺度画出最重要的硅功率器件的发展历程，同时也给出这些制得的器件的电压和电流范围。

在 1950 ~ 1970 年之间，只有二极管和可控硅用作功率器件。在起初那些年代里，在开发半导体器件的同时，也要开发和生产硅材料本身。在 20 世纪 50 年代中期，联邦德国 Pretzfeld 的西门子实验室生产的硅功率整流器（二极管），整流电压大于 1000V，电流大约为 150A。

在这一时期，功率半导体的开发活动是由用体积小得多的半导体器件去代替电解领域所使用的大体积汞电子管的需求所驱动的。

在 1956 年提出了四层结构器件方案[4] 后，人们企望也可用半导体器件代替闸流管，后来称为可控硅是在 20 世纪 60 年代被实现的。可控硅的第三端有利于器件在任何时间的导通。

在 20 世纪 70 年代引入了中功率晶体管和 GTO（栅极可关断晶闸管）[5,6]。在这一时期，用氧化物将半导体表面隔离开的带有栅极端的 MOS 晶体管被用在集成电路工艺中，MOS 表示在芯片顶部有顺序排列的

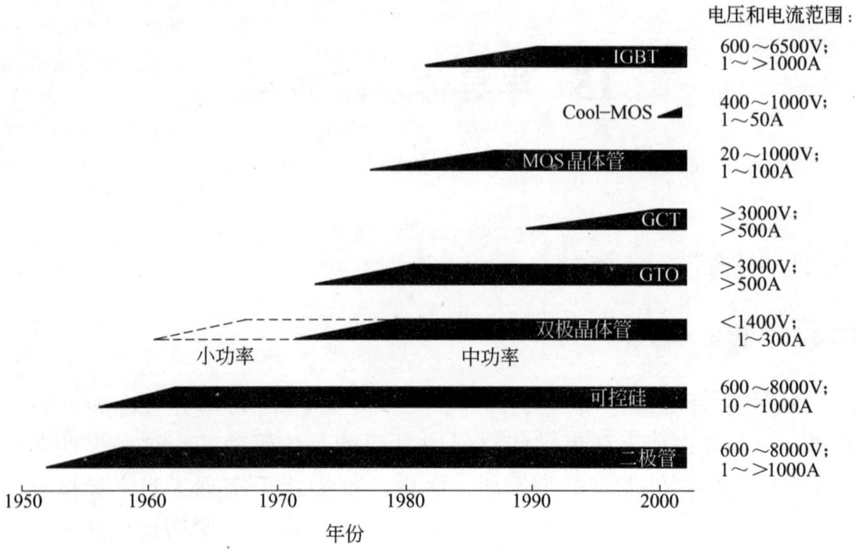

图 15.1　功率器件的发展史

金属-氧化物-半导体层。在集成电路工艺中这些晶体管设计成横向结构，它不适合高整流电压和大电流。但是，与双极晶体管相匹配的急剧减小栅极驱动的要求增强了对实现功率 MOS 晶体管的尝试。在 20 世纪 70 年代末出现的第一个功率 MOS 晶体管包含有电流从芯片顶部和底部之间流过的垂直结构[7,8]。今天最广泛使用的功率器件之一 IGBT（绝缘栅双极晶体管），是一种双极导电的改进的 MOS 晶体管，它出现在 20 世纪 80 年代初期[9~12]。

MOS 晶体管是一种多子型器件，只有一种类型载流子决定其性能。在前面列出的其他所有器件，都是由两种类型载流子（电子和空穴）决定其性能的。对于这些器件，电子和空穴的复合，电场和两类载流子扩散流的存在，以及由可动电子和空穴建立的中性区的可能性是基本物理要素，这些在文献［13］中已有叙述。半导体器件与汞电子管和闸流管相比较，最大优点是小得多的体积，功耗明显下降，对控制脉冲有更快的反应时间和不必考虑被用坏。

在功率器件（例如二极管和可控硅）发展的较长时间内，因为一个晶片只作一个器件，器件的尺寸是由区熔工艺生产的硅棒直径决定的，所以最大可能电流是与现有硅棒最大直径联系在一起的。

当引入双极晶体管后，由于对失效更加敏感的结构限制了芯片的无限扩大，并联芯片成为必须。对于在几微米范围内带有横向图形的 MOS 器件（MOS 晶体管和 IGBT），这种限制是相当有效的，因其不同顶层（氧化层、多晶层和金属层）中的小缺陷可能大大降低成品率。为了将电流引入和引出，并保护硅器件不受外界环境影响，密封是必需的。大的晶闸管和 GTO 封装在圆盆管壳中（见图 15.2），并必须由电路提供的压力，在其两端构成电接触。

对于小于 $50mm^2$ 的芯片，使用塑料管壳。为了能够处理较大电流，芯片（例如双极晶体管或 IGBT）并排放置在一模件结构中，它可能包含有 24 个或 36 个并排的 IGBT 芯片，每一个尺寸大约为 14mm × 14mm（图 15.3）。当今，这种器件的电流可以达 3600A，整流电压达 1200V。

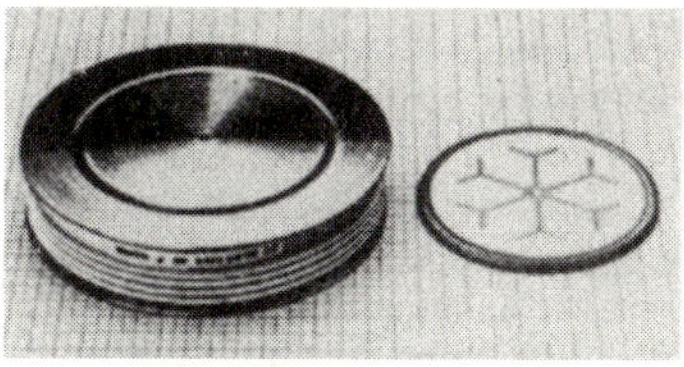

图 15.2　直径 100mm 5500V 的晶闸管（右图），密封在圆盆管壳中（左图）

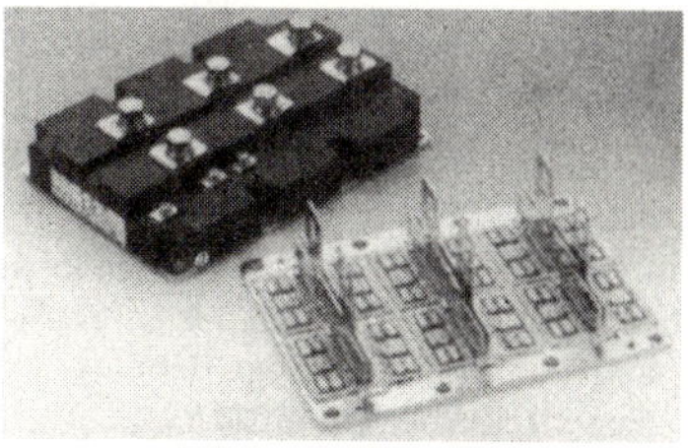

图 15.3　以组件排列的芯片（24 个 IGBT 和 12 个二极管）

芯片一端焊在镀铜的绝缘陶瓷衬底上，另一端用键合到芯片金属化区的金属线构成接触。在这些模块结构中也可以包含其他芯片（例如二极管）和不同开关构形的排列。

15.1.2　半导体功率器件的要求

半导体器件与汞电子管和闸流管一样，用于电能变换和分配，也包括执行打开和关断电路功能的电动机速度控制。

在二极管情况下为二端器件，开关功能自动生产，但依赖于所加电压的极性。这些器件不太适用于主动开关，但与主动开关联用时是必不可少的。

带有附加栅极的器件（三端器件）使控制成为可能。在晶闸管情况下，开通可以被控制，但对于关断，必须改变所加电压的极性，使电流低于某一水平。在交流电情况下，这一极性改变会自动发生，否则，必须引入辅助电路使电流减小。

更加现代化的三端器件（例如 GTO、双极晶体管、MOS 晶体管和 IGBT），其开通和关断可以用第三端控制。与控制电路发展过程一起，这些器件已在更广阔的电动机速度控制系统领域中得到应用。从 50Hz 或 60Hz 线频率开始，利用中间直流电路例如电容器，产生的频率通常在 0 ~200Hz 之间。利用一可变频率，可以控制便宜的和广泛使用的异步马达的速度，以便使其符合应用要求。

改变如图 15.4 所示电路中开关 S1 和 S4 开启和关断态的时间间隔，可以产生正的正弦半波（见图 15.5），并且有可变的频率。开关 S2 和 S3 用于产生负的正弦半波。

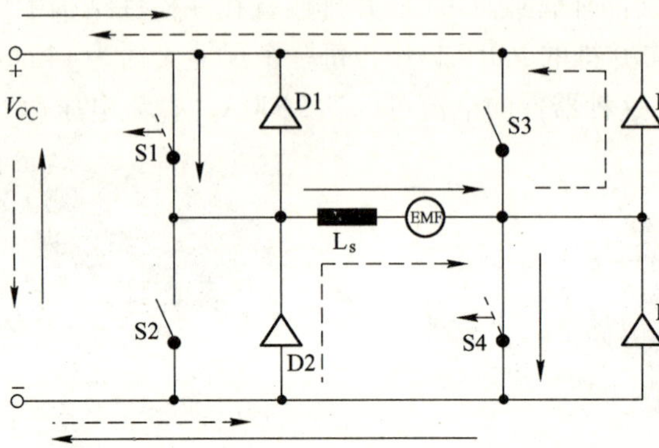

图 15.4　由直流电压源和开关 S1 和 S4 闭合（—）和开启(－－) 产生正弦波的电路

如果图 15.4 中的开关处在关断态，二极管有利于电流连续流过负载，因此防止由于危险的尖峰电压使电流中断。

为了得到光滑的正弦波，开关的频率必须比所得的正弦波频率至少高一个数量级。通常开关频率在 500Hz ~20kHz 之间的范围内。用 6 个开关以类似图形排列，并利用合适的开关，可以产生三相正弦电流。

为了实现开关功能，功率半导体器件的特性必须包括：

（1）关断态（阻断态）的截止电压能力适合于应用要求（只允许有小的漏电流）。

（2）开启态（导通态）期间损耗低，这意味着电流流过时有良好的电导率，以便使制冷系统要求降到最低。

（3）从开启态过渡到关断态时损耗要低，反之也一样。

当考虑开关期间发生的损耗时，其他有利特性是对门电路的要求不高和开关频率可以高达 20kHz 的可能性。

功率半导体器件必要的截止电压由各个典型应用的电压范围所决定（表 15.1）。

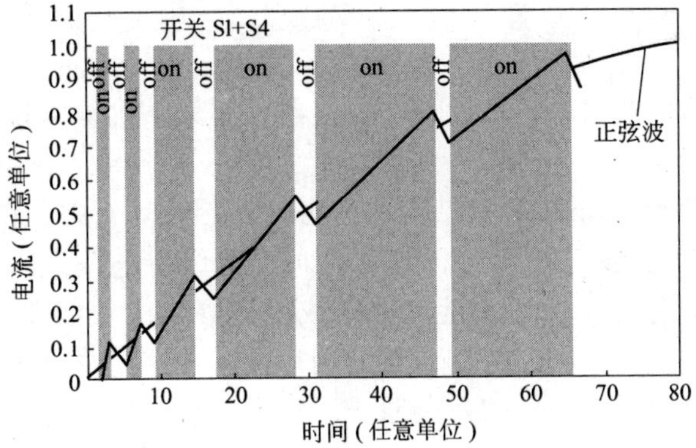

a

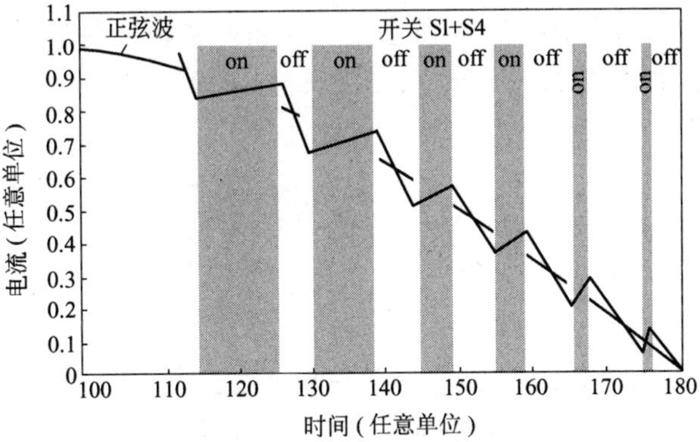

b

图 15.5　利用开关产生正弦波

a—正的正弦半波的上升部分；*b*—正的正弦半波的下降部分

表 15.1　功率半导体器件的应用和要求

应　用	截止电压能力	功率半导体器件
汽车应用，伺服传动系统	<100V	MOS 晶体管
家用电器（例如空调机、洗衣机、感应加热、微波炉）；开关式电源；电源管理（不间断电源、焊接系统）	≤600V	MOS 晶体管 双极晶体管 冷却式 MOS 晶体管 IGBT
工业应用，例如机床马达驱动、机器人	≥1200～1800V 取决于线电压	IGBT
特殊大功率应用（钢厂大马达驱动、电车、风力电站、高压直流（HVDC）变换）	≥2000～8000V	晶闸管 GTO IGBT

15.2　二极管

正如引言中所讲的，二极管（整流器）是第一种被实现的功率半导体器件。

带有一个 pn 结的二极管结构示意地表示在图 15.6 中。在重掺杂的 p 区（p^+）和在重掺杂的 n 区（n^+）之间，为维持电压，插入轻掺杂的中间 n 区（n 或 n^-，分别对应轻掺杂或很轻掺杂）。如果选择极性如图 15.6*a* 所示，空穴和电子将从 pn 结的两边被移走，在左边的 p 区和轻掺杂的中间区里留下未补偿的掺杂原子，并建立起空间电荷区。二极管处于阻断态。

如果极性改变如图 15.6*b* 所示，空穴和电子将从两重掺杂区进入轻掺杂中间区，强烈增加了电导率，二极管处于导通态。

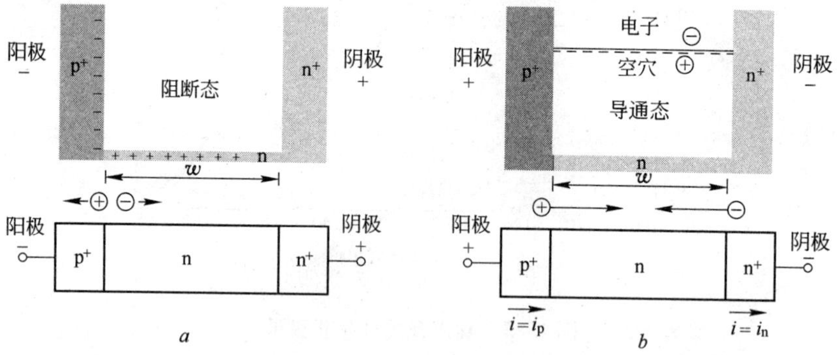

图 15.6　二极管结构和掺杂水平

a—阻断态；*b*—导通态

15.2.1　截止电压（反向或阻断态）

在阻断态，电场在 n 型掺杂中间区的未补偿（正的）施主 n_{D^+} 和 p 型掺杂边界区的未补偿（负的）受主 n_{A^-} 之间出现（图 15.7）。最大电场在 pn 结处，因为这是所有正和负的电荷电力线必须通过的地方。

半导体器件中的电场分布由 Poison 方程描述：

$$\frac{d^2\varphi}{dx^2} = -\frac{\rho_{sc}}{\varepsilon\varepsilon_0} \tag{15.1}$$

当将此式与电场关系式 E：

$$E = \frac{d\varphi}{dx} \tag{15.2}$$

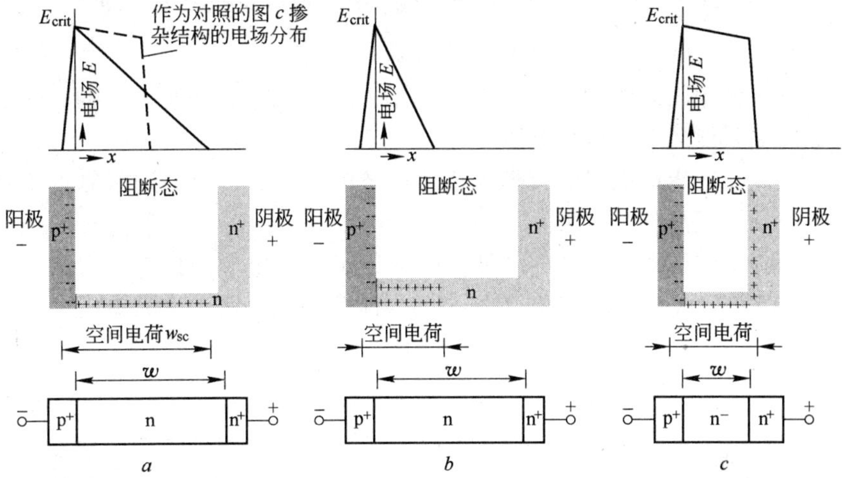

图 15.7　二极管结构、掺杂水平和电场分布

a—中间区为中间掺杂水平；*b*—中间区为增强掺杂水平；*c*—中间区为很轻掺杂水平

联系在一起时，考虑到空间电荷密度 ρ_{sc} 由未补偿掺杂原子数 n_{doping} 所决定，即

$$\rho_{sc} = qn_{doping} \tag{15.3}$$

式中，q 为电子电荷。

电场梯度由下式给出：

$$\frac{dE}{dx} = -\frac{qn_{doping}}{\varepsilon\varepsilon_0} \tag{15.4}$$

对硅，$\varepsilon = 11.2$、$\varepsilon_0 = 8.85 \times 10^{-14}$ As/(V · cm)，得到量值 $\varepsilon\varepsilon_0 \approx 10^{-12}$ As/(V · cm)。

从电压 V 和电场 E 之间的关系式：

$$V = \int E dx \tag{15.5}$$

可以计算得到跨在 p^+nn^+ 结构上的电压，它也可以由电场分布所封闭的面积来表示。

根据式 15.4，掺杂浓度决定电场梯度，而空间电荷的符号（负值对应于未补偿的负受主 n_{A^-} 或正值对应于未补偿的正施主 n_{D^+}）分别表示电场为增大或减小。

图 15.7*a* 表示出空间电荷区 w_{sc}，pn 结右端为带正电荷的，而 pn 结左端为带负电荷的。在这一情况下，对于 $E_{max} = E_{crit}$ 和空间电荷延伸区为

w_{sc}时，根据式 15.5，最大截止电压 V_{Rmax} 由三角形面积给出，即

$$V_{Rmax} = E_{crit} w_{sc}/2 \tag{15.6}$$

如果将中间区的掺杂水平提高两倍，正如图 15.7*b* 所表示的，在器件的两端只能建立一半的电压。

对截止电压最主要的贡献来自轻掺杂的中间区，因为通常靠近边界区的掺杂比其高几个量级。

随着中间区掺杂水平的降低，电场分布从三角形变化为不规则四边形（图 15.7*c*），略去重掺边界区中的很薄空间电荷区，最大电压至少可表示为：

$$V_{Rmax} = E_{crit} w \tag{15.7}$$

现在整个中间区 w 是耗尽的，pn 结右端的电场降低直到重掺 n^+ 区。对于如图 15.7*a* 所示的相同截止电压，可以使用中间区 w 的减小了的宽度，这对导通态有利。

在硅中，最大电场 E_{crit} 由电压 $V_{Rmax}<10V$ 的 Zener 效应以及由 $V_{Rmax}>10V$ 的雪崩过程所限制，其值分别约为 300kV/cm 和 200kV/cm。在这些高电场下，会产生来自硅晶格的附加载流子，因而漏电流将激烈增加。这些载流子直接从硅晶格获得（Zener 效应），或者电子被加速到这种程度，使得晶格中的固定电子脱离开它们的位置，然后被加速，引起连锁反应（雪崩效应）。

图 15.8 表示 p^+nn^+ 结构的最大截止电压与 n 掺杂中间区宽度的关系。根据式 15.7，可以看到对一给定的中间区宽度 w 的截止电压饱和的情况。在横坐标上，使用了 n 掺杂中间区的电阻率 ρ_n：

$$\rho_n = \frac{1}{\sigma} = \frac{1}{q\mu_n n_{D^+}} \tag{15.8}$$

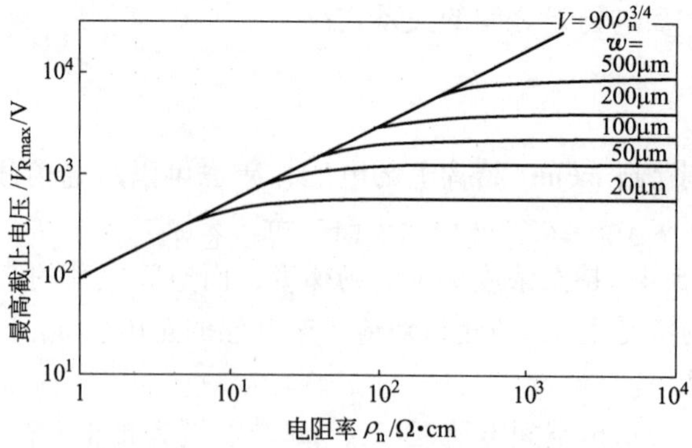

图 15.8　p^+nn^+（二极管）结构的最大截止电压能力

式中，σ 为电导率，由下式给出：

$$\sigma = q\mu_n n_{D^+} \tag{15.9}$$

式中，n_{D^+}为轻掺杂中间区的掺杂浓度；μ_n 为电子迁移率；q 为电子电荷。

值得注意的是，正如从图 15.7 所预期的，截止电压能力的增加并不直接与电阻率成正比。随着空间电荷区的增大，对较长的距离存在较高电场，而雪崩效应在稍低的 E_{crit}值发生。

15.2.2 导通态（正向）

在二极管导通态下，为降低损耗，电流流过时的二极管两端电压降 V_F应尽可能低，它决定了器件的加热，从而确定必要的冷却系统。

与空间电荷区中没有空穴和电子的阻断态相反，现在空穴和电子被扫进中间区，根据电荷中性可建立起新的平衡（图 15.6b）：

$$n = p + n_{D^+} \tag{15.10}$$

负电荷的电子（n = 电子浓度）近似地补偿正电荷的空穴（p = 空穴浓度）。由于 n_{D^+}比电子和空穴浓度小 10 ~ 100 倍，可以忽略不计。

在图 15.6b 右端的 n^+ 区里电流为电子电流 i_n，但在左端的 p^+ 区里电流必须为空穴电流 i_p。在中间区由于电子和空穴的复合，整个电流必须从电子电流转变为空穴电流。因为复合率正比于载流子浓度，浓度也依赖于必须被转变的电流值。此外，在此区域内的复合率也与载流子寿命成反比。

如果将复合余量（即复合率和产生率之差）记为 R，则电流密度 i 有下面的方程：

$$i = q\int R\mathrm{d}x = q\frac{n}{\tau_{hl}}w \tag{15.11}$$

式中，载流子浓度 $n = p$；w 为中间区宽度；τ_{hl} 为二极管中间区内高电平载流子寿命。

产生率对阻断态的漏电流负责，其值低于 10^{-2}A/cm^2，因而在正向电流密度约为 100A/cm^2的导通态时，可以忽略不计。

对于恒定的电流密度 i 和恒定复合余量 R，根据式 15.11，当高电平载流子寿命 τ_{hl} 为小值时，电子和空穴浓度可维持在较低值，但根据下面的方程：

$$\sigma = q\mu_n n + q\mu_p p \tag{15.12}$$

在较低浓度下电导率变差。

图 15.9 表示不同载流子寿命 τ_{hl} 的二极管中间区中的模拟载流子浓度。如果寿命 τ_{hl} 降低 4 倍，载流子浓度（和储存电荷）也降低 4 倍（由中等浓度 n_{medium} 表示）。但是，由于在较低 τ_{hl} 情况下载流子分布有更强的曲率，中间区的最低浓度值下降了 10 倍。因为最低浓度对正向压降 V_F 有最大贡献，这一现象比按比例还更多地增加了导通态的损耗。

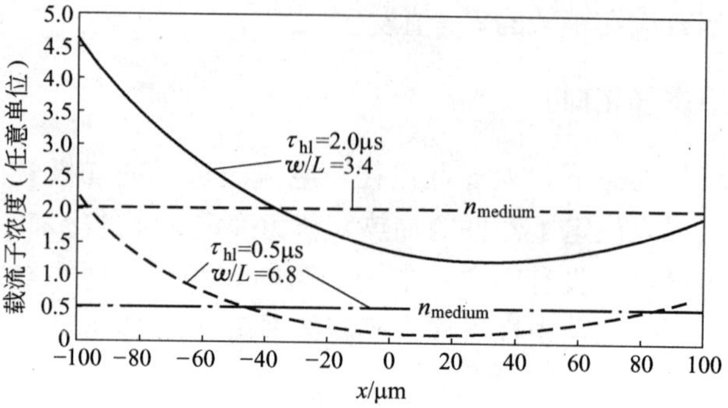

图 15.9　不同高电平寿命 τ_{hl} 的导通态下二极管中间区中计算得的载流子分布

对双极器件，比值：

$$\frac{\text{中间区宽度 } w}{\text{载流子扩散长度 } L}$$

是一重要的量度，它决定了载流子分布的曲率。

扩散长度 L 由下式给出：

$$L = \sqrt{D\,\tau_{hl}} = \sqrt{\frac{\mu kT}{q}\tau_{hl}} \tag{15.13}$$

式中，μ 为载流子迁移率；T 为开氏温度；q 为电子电荷；k 为玻耳兹曼常数($k = 1.38 \times 10^{-23}$ Ws/K)。对高电平条件 $n = p$ 时的迁移率 μ 为空穴迁移率 μ_p 和电子迁移率 μ_n 的组合，即

$$\mu = 2\frac{\mu_n \mu_p}{\mu_n + \mu_p} \tag{15.14}$$

它由求解连续性方程得到。

图 15.10 画出一典型二极管导通态的正向压降 V_F 对固定寿命 τ_{hl} 值时的宽度关系（a）和正向压降 V_F 对固定宽度 w 值时的寿命 τ_{hl} 关系（b）。如果边界区的复合可以忽略，则陷入面积为 A 的二极管中间区 w 的存储

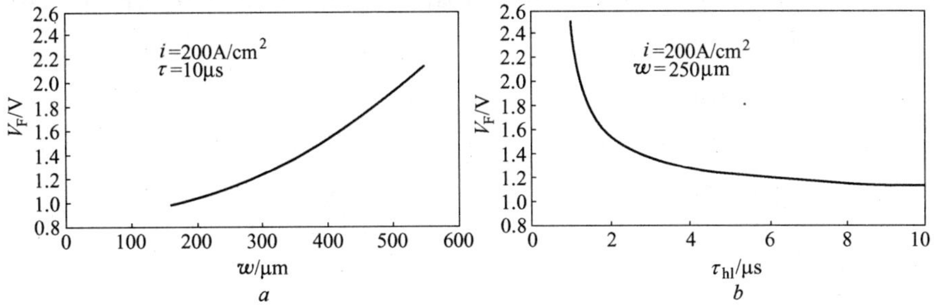

图 15.10　二极管的正向压降

a—与中间区宽度 *w* 的关系；*b*—与高电平寿命 τ_{hl} 的关系

载流子总数等于：

$$Q_S = qnwA \tag{15.15}$$

并可以用提取储存电荷 Q_S 测量。

由式 15.11 引入正向电流 I_F，即

$$I_F = i_F A = q\frac{n}{\tau_{hl}}wA \tag{15.16}$$

如果进行测量的时间间隔与高电平寿命 τ_{hl} 相比较是短的，由式 15.16 和式 15.15 一起，可以求得高电平寿命 τ_{hl} 的量度：

$$\tau_{hl} = \frac{Q_S}{I_F} \tag{15.17}$$

在快速开关应用中，储存电荷必须很低，以避免过高的反向恢复电流（见下面）和开关过程中的损耗。

引入能级位于禁带中央的复合中心，可以控制高电平寿命 τ_{hl} 。利用金或铂的扩散工艺或采用电子、质子或氦原子的辐照工艺，可以进行寿命掺杂。寿命掺杂也影响支配阻断态漏电流的产生过程。特别在高温时，器件的这种漏电流比没有寿命掺杂的器件要增大。

在 50 ~ 200A/cm^{2}下，功率硅二极管的典型正向压降 V_F在 1 ~ 4V 范围内，依赖于截止电压和应用情况而定。当今快速开关电路中所用的一种 1700V/300A 二极管的电压-电流特性表示在图 15.11 中。随着温度升高，根据式 15.11，高电平寿命增加和必须有较高的空穴和电子浓度，在较低正向压降 V_F下获得较好的导电性。另外，随着温度增加载流子的迁移率降低，正向压降增大。取决于载流子浓度的增加率和载流子迁移率的减少率，对一给定电流的正向压降 V_F或者得

到负的或者得到正的温度系数。在图15.11中可以看到这两个现象的很好平衡。

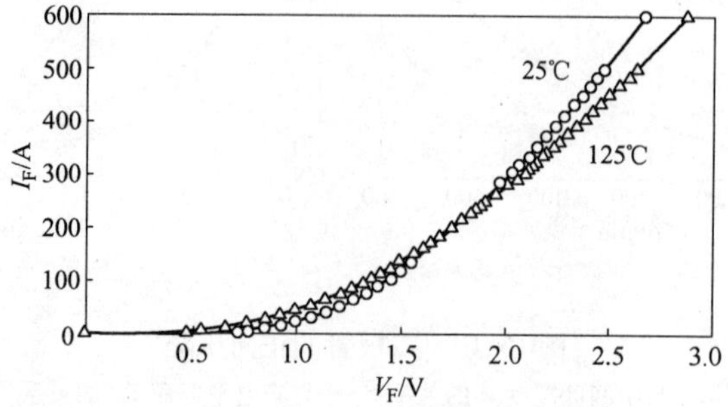

图15.11　在25℃和125℃下1700V/300A快速二极管的导通态电压 V_F-电流 I_F 特性

15.2.3　动态性能

自从功率二极管用作开关器件后，除了静态特性外，还必须考虑从开启态到关断态以及相反开关过程的动态特性情况。

15.2.3.1　关断

如果加在二极管上的电压极性从正向偏置改变到反向偏置，为建立反向截止电压，在正向（导通）态时被陷入到中间区的载流子必须被移走。

在图15.12中示意地表示出这个扫除过程（也称反向恢复过程）。在快速开关情况下（极性的快速改变），开始时的相反方向电流只受外电路参数（电阻或电容）所限制，而不是受二极管本身限制。在仍有载流子陷入的中间区，这里 $n=p$，电流主要是电场电流，电子电流 i_n 和空穴电流 i_p 之和由下式给出：

$$i = i_n + i_p = qn\mu_n E + qp\mu_p E \tag{15.18}$$

因为 $\mu_n \approx 3\mu_p$，电子的场电流约比空穴场电流大3倍，即

$$i_n \approx 3i_p \tag{15.19}$$

电子流向正电位的重掺 n^+ 区，而空穴被驱动到负电位的重掺 p^+ 区。因为 p^+ 区不能供给电子，在中间区的靠近pn结处出现没有电子存在的区域。在这个区域内，全部电流都由空穴携带，它与未补偿的施主一起，共同建立起正空间电荷区。负的相反电荷（受主 n_{A-}）局限在重掺的 n^+

区。在图15.12的右端，出现无空穴的区域，因而电子建立起负的空间电荷区，或它们可以补偿正的施主，结果形成欧姆区。由于电子和空穴的不同迁移率，在给定的时间间隔内，电子比空穴更多地被移走（在仍有载流子陷入的区域用3个电子流和1个空穴流标出）。图15.12左端的正空间电荷区出现得较早，因而，该区增大比此图中右端的区域更快一些。

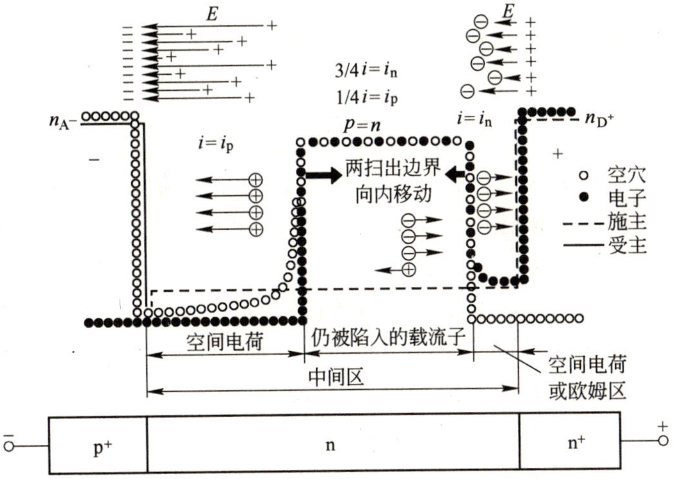

图15.12　在反向恢复过程时的二极管结构和二极管中间区中的载流子流

在反向电流流动时，这些区域向着中间区内部运动。空间电荷区的出现与二极管截止电压的建立同时发生。因为开关时间与高电平寿命 τ_{hl} 相比较通常较短，在开关过程中载流子的复合经常可以忽略不计。但在初始条件下，寿命 τ_{hl} 是有决定性的，因而与正向电流的大小相当的最大反向恢复电流也受到强烈影响。

对一1700V/200A快速开关二极管从200A的正向电流在大约0.4μs内转变为最大值为220A的反向电流，然后逐渐回到零电流值的典型电流波形表示在图15.13中（标记为“传统二极管”）。

随着器件的截止电压的增大，峰值损耗可能在100kW/cm^{2}的几倍的范围内，并且必须由器件维持着。

反向恢复电流波形也是很重要的。在反向恢复过程中，因为可能发生危险的尖峰电压，必须防止反向恢复电流快速降低——急变特性。为防止急变，二极管必须设计成，在直到截止电压形成前的所有时间内，二极管里仍然有一定数量的电荷存在。如果出现大的反向恢复电流，存

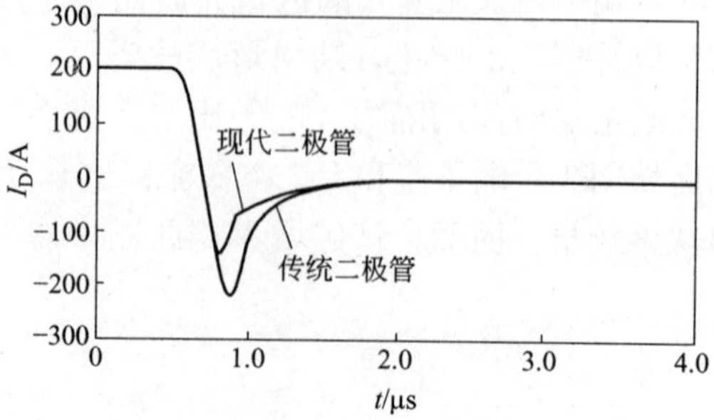

图 15.13　中间区有不同载流子分布的 1700V/200A 二极管的反向恢复电流波形

留的电荷将很快地被反向恢复电流移走，因而电流突然减小。二极管反向恢复过程的详细描述可以在文献［14］中找到。

15.2.3.2　开启

通常二极管的开启不是一个重要的过程，但是，应该提及的是载流子的陷入需要一段时间。在过程的初始瞬间，二极管的电导率只由中间区的掺杂浓度所决定，导致其电阻在 10～100Ω 范围。当电流快速增加时，二极管电压可能达到 10V 到几百伏，这对于与二极管并联的，在相关方向上不具有截止能力的器件是危险的。

15.2.4　发展趋势

为了优化二极管的电压降和动态特性，近几年开发工作集中在中间区载流子浓度分布的控制上。在快速开关条件下为获得可接受的最大反向恢复电流，最重要的是降低中间区靠近 p^+ 区域处的载流子浓度 $n=p$。这可以由增加重掺 p 区的复合例如采用质子或氦的辐照，或者由降低该 p^+ 区域的掺杂浓度来减小发射极效率达到。结果表示在图 15.13 和图 15.14 中。在图 15.13 中，比较了在中间区具有不同载流子浓度分布的两个二极管的反向恢复特性（电流波形）。采用专门的激光技术[15]，测量了这两个二极管的载流子浓度分布，可识别到的不同之处表示在图 15.14 中。

为改善二极管的特性，提出了一个附加栅极的方案，但是对这些器件需要更复杂的电路。如果使用其他材料例如碳化硅，显著的改善将是可能的。目前碳化硅只用于低压小电流范围（例如开关频率在 100kHz 范围的开关式电源）。这种材料目前的最大缺点是价格很贵和材料中缺陷很多，使芯片尺寸只有几毫米。

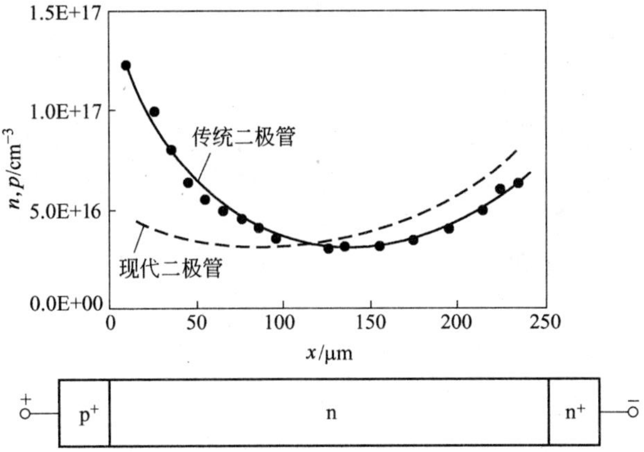

图 15. 14　在图 15. 13 所示的二极管结构和中间区的载流子分布

15. 3　晶闸管

15. 3. 1　基本特性

如图 15. 15 所示，晶闸管为三端器件，该三端称为阳极、阴极和门极。交替掺杂 n 和 p 的 4 层形成 3 个 pn 结（J1、J2、J3）。

如果所加的极性如图 15. 15*a* 所示，J1 和 J3 将处在阻断态；J2 偏置在正向，但阻断结 J1 和 J3 处于支配地位，这就是反向阻断态。由于紧邻 J1 的区域通常是重掺的，只能建立起低的截止电压（10 ~ 50V），所以结 J3 决定了截止电压能力。

当极性改变如图 15. 15*b* 所示时，于是结 J2 处在阻断态，而结 J1 和 J3 处在正向偏置，这称为正向阻断态。比较图 15. 15*a* 和图 15. 15*b* 看出，由于两种情况下，同样的低掺杂中间区支配着截止电压，所以原则上讲，同样的截止能力是可能的。

在正向状态下，当来自外部 n^- 区和 p^- 区（这里，J1 和 J3 处在正向偏置）的载流子陷入阻断的 pn 结 J2 中时（见图 15. 15*c*），附加条件是可能的。通常，这可以由第三端即门极来启动。当门极相对于阴极加上正电位时，结 J1 在正向有更强的偏置，于是电子流向阳极（见图 15. 15*c*）。在阳极结 J3 处，空穴流是由流向阴极的电子所触发的，这一空穴流反过来又对来自阴极的更大电子流负责。如果在 J1 和 J3 处的发射效率足够高，再生过程可以维持，结果形成完全陷入的中间区。

更实际的晶闸管横截面如图15. 16所示。通常，门极端放置在结构

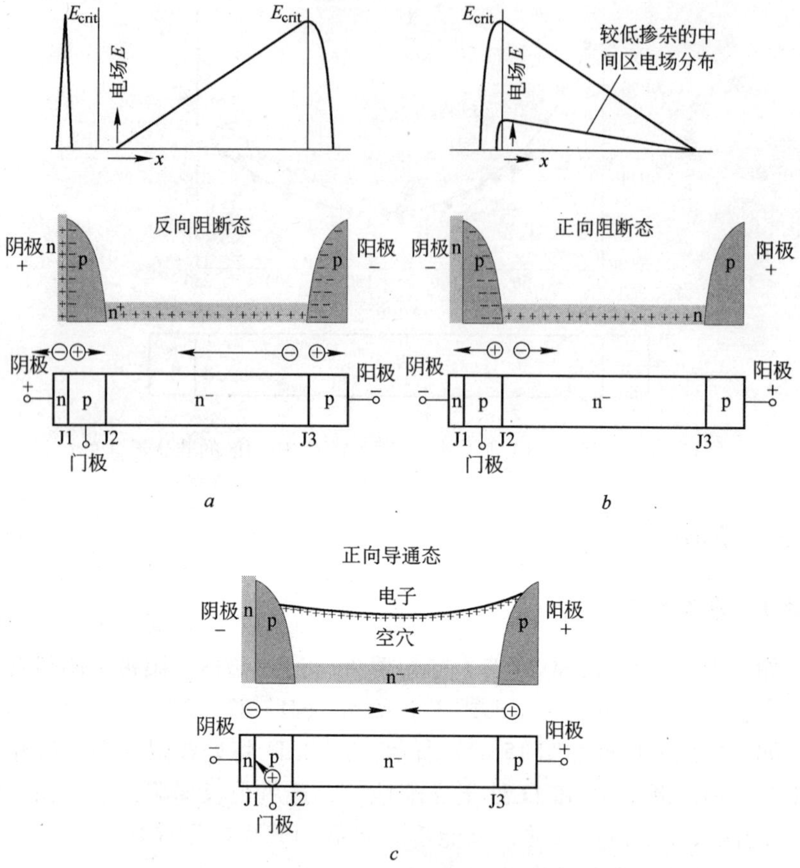

图 15.15　晶闸管的结构、掺杂程度和电场分布

a—处在反向阻断态；*b*—处在正向阻断态；*c*—处在正向导通态

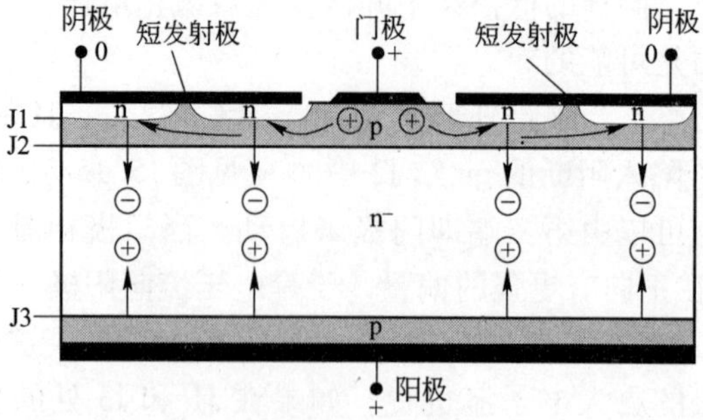

图 15.16　晶闸管结构的横截面与导通态时的电流流动

的中央部分，发射极区伸向结构的周边。

15.3.2 截止电压

对于 npn^-p 结构在正向和反向的截止电压能力，临界电场强度 E_{crit} 和轻掺杂中间区 n^- 的宽度又一次变为很重要（图 15.15）。但是，当电场接近相反的正向偏置 np 结时，收集到愈来愈多的空穴，反向电流大量增加限制了截止电压能力。特别地，如果中间区为很轻掺杂，电场梯度将会很小，从而在达到临界电场强度 E_{crit} 之前，在低的最大电场下可能发生电场对相反的 p 层的穿通现象。结果是低的截止电压能力（例如参见图 15.15*b* 正向阻断态所示的虚线）。

通常晶闸管的 p 区是由扩散工艺制成的，结果使得结 J1 和 J3 位在硅表面下面 30 ~ 100μm 深度的地方，并且从表面向里面掺杂浓度愈来愈小，如图 15.15 所示。但是，轻掺杂中间区又一次成为最主要决定截止电压能力的因素。

如图 15.17 所示[16]，在轮廓分明的掺杂浓度（或轮廓分明的硅材料电阻率）下获得（n）pnp 结构的截止电压最高值，此值也取决于中间区的宽度。

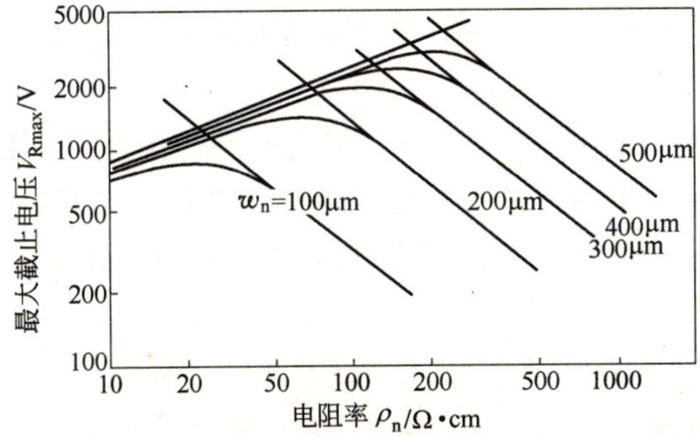

图 15.17 晶闸管 npnp 结构的最大截止电压能力

与图 15.8 所示的二极管截止电压能力不同，如果电阻率增加而不配合中间区宽度，截止电压能力可能降低。

根据图 15.17，轻掺杂 n^- 区宽度的离散也决定了截止电压的离散。在晶闸管的生产中，为了获得给定的截止电压能力和良好的成品率，具有大的掺杂离散结构，比硅材料小的掺杂离散结构需要有较大宽度的轻掺杂 n^- 区。对传统区熔工艺制备的硅材料，其典型的掺杂变化为 ±20%，由于引入中子嬗变掺杂硅，掺杂变化可以降低到 ±5%[17]。如文献［17］所表明的，利用该种硅材料减少了掺杂离散，因而也减小了宽度，晶闸管特性得到了改善。

如果将 n 型掺杂的缓冲层插入 n^- 区和 p 型阳极层之间，进一步减小中间区宽度是可能的。如果使用较轻掺杂 n^- 区，类似于图 15.7*c* 所示的二极管情况，n 型缓冲层中的电场将被阻止，但必须牺牲反向截止电压能力。然而，必须保证发射极效率不能被更重掺杂的缓冲层降低太多。

15.3.3　导通态

晶闸管的轻掺中间区以类似于二极管所讨论的方式储存着空穴和电子，这已在图 15.15*c* 中指出。如果将二极管和晶闸管的轻掺区厚度和面积做得一样大小，可得到大约相同的电压降。只有低电流的范围稍有不同，这是由在 n 型阴极区和轻掺中间区之间的附加的 p 型区所引起的。

对于具有对称阻断特性的晶闸管来说，与二极管相比较，在相同截止电压能力下晶闸管中间区宽度通常更大，因为必须防止穿通发生。所以，在导通（触发）态下晶闸管正向压降 V_T 高于二极管的 V_F。

随着截止电压能力的增加，伴随着相匹配的中间区宽度增大，正向压降也增加。

在图 15.18 中，在 25℃和 125℃下比较了具有截止电压能力为 1650V（R15）和 2500V（R16）的晶闸管的阻断特性和导通特性（例如，器件由直径 55mm 的硅制成），说明晶闸管 R16 有较高的正向压降并有较高的截止电压能力。

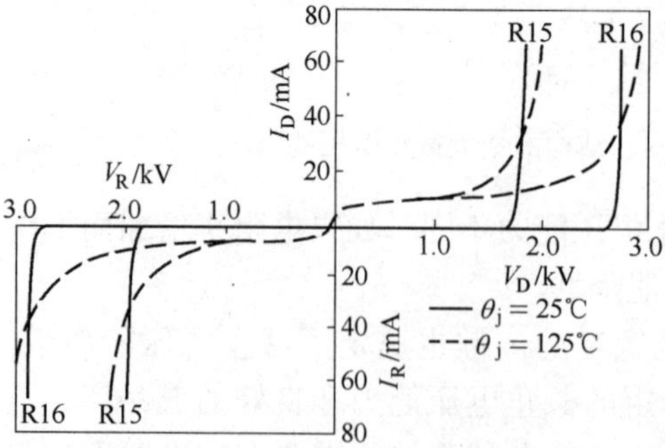

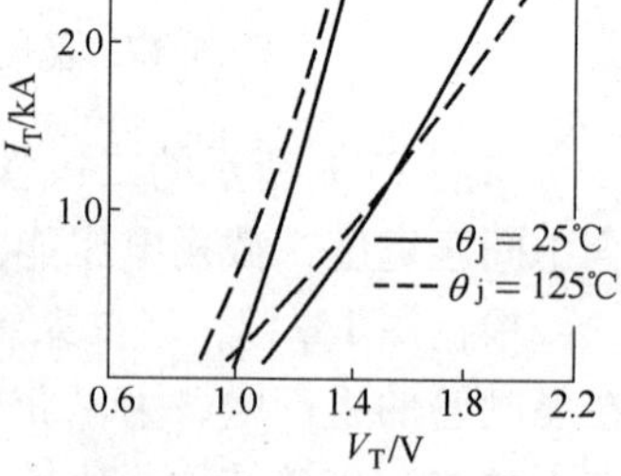

图 15.18　分别在 25℃和 125℃下具有 1650V 和 2500V 截止电压能力、1400A 和 800A 电流值的晶闸管阻断特性（左图）和导通特性（右图）

15.3.4 动态性能

15.3.4.1 关断

对于晶闸管的动态特性，关断时间 t_f 是一重要的数值。它被定义为电流从正向（导通）态（图 15.15c）改变到反向阻断态（图 15.15a）以后，直到再一次可以加上正向电压为止所经过的时间间隔。以类似于二极管特性的方式，在电源电压反向以后，晶闸管结构中也出现反向恢复电流。

空穴流向阳极，而电子流向阴极，但现在电子必须通过 pn 结 J2，并保持将空穴输送到中间区（见图 15.19）。如同二极管一样，在结 J3 处也出现空间电荷区，但是与二极管不同，由于连续输送空穴（与相应的电流成正比），不能移走全部载流子。晶闸管在反向建立起电压后，电流降低，并且寿命 τ_{hl} 基本上控制着载流子的进一步移走，并支配着关断时间 t_f。关断时间 t_f 大约为高电平寿命 τ_{hl} 的 7～10 倍。这一寿命必须与应用要求相匹配，因为载流子寿命减少会使正向压降 V_T 增加，类似于在图 15.10b 中所看到的二极管的情况。

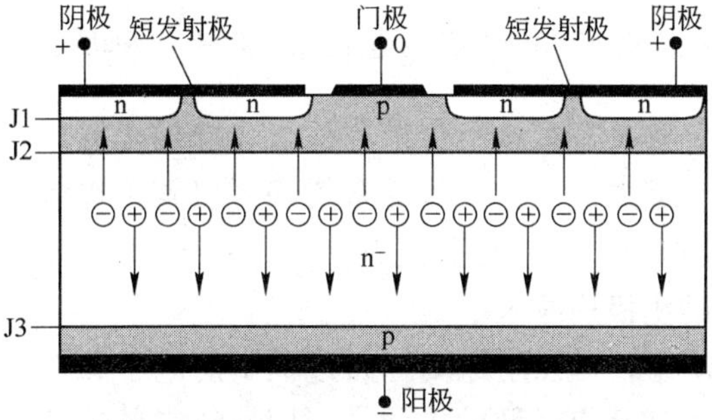

图 15.19 极性从正向改变到反向后电子和空穴的流动

15.3.4.2 开启

门极和阴极之间的门电流启动晶闸管的开启（图 15.16）。通常，持续时间约为 10μs 的 1A 量级门电流脉冲足以建立起再生过程。

在开始时，只有临近门电极的阴极区是开启的，并且相当小的区域导通电流（图 15.20）。因为电流由电路参数所限定，如果加上大电流使得 di/dt 增大，便存在着大的功率损耗和器件可能损坏的危害（图 15.21）。开启的等离子区以 20～200μm/μs 的速度在整个阴极区扩展[20,21]。

对于高的 di/dt 值的应用，已经开发出带有小发射极扩展区的特殊阴

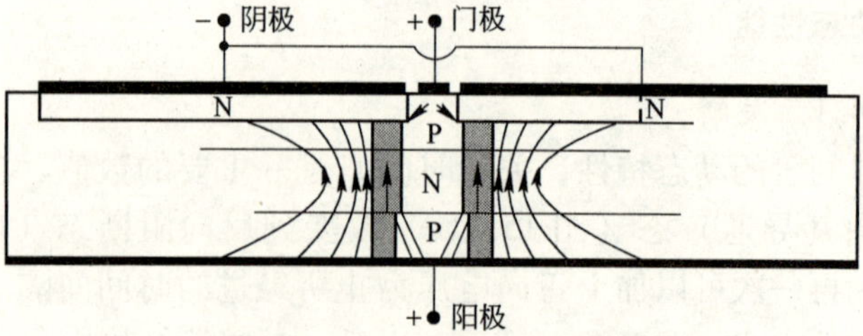

图 15.20　晶闸管开启初期的不均匀电流分布

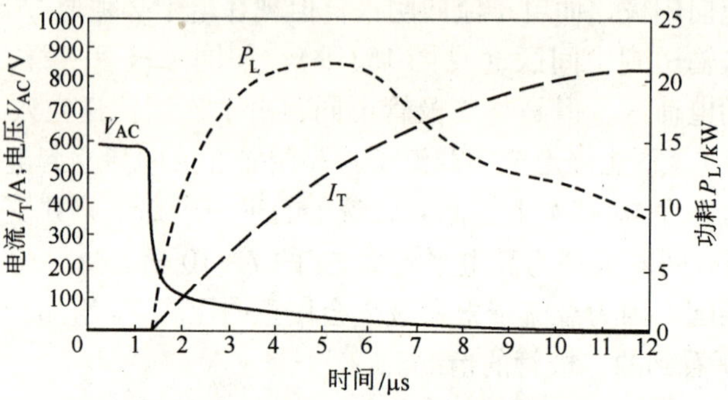

图 15.21　晶闸管开启期间的电压 V_{AC}、电流 I_T 和功耗 P_L 的波形

极和门极结构，它具有指状组合结构的长边缘的优点。因为这种加大的阴极边缘需要足够大的门极电流用来均匀开启整个边缘区，所以使用了所谓放大作用的门极[22]，它首先开启，然后流过负载电流作为门极电流，开启加大的阴极边缘区。

在图 15.22 中，可以用探测开启过程中的电子和空穴的复合所生产的红外辐射观察到开启区域的扩展。利用特殊制备的晶闸管和利用一个光电倍增管，红外辐射可以被看见[23]。对设计成带有放大作用门极和指状组合结构，关断时间为 10μs 的 900V 晶闸管，表示了从 500V 截止电压以电流增量 $di/dt \approx 100A/\mu s$ 增加到 600A 的开启过程。放大作用门极晶闸管首先开启（上部中间），在随后的几微秒内使得带有大的阴极边缘的主晶闸管的均匀开启成为可能。经过 25μs 后，在底部右图中可以看到明亮区同时增大达二指（在金属中装观察孔）。

为应对高的 di/dt 值和在未触发再生过程时正向阻断方向上出现的位移电流，大部分位移电流（空穴）必须远离 n 型发射极。为此，短发射极被放置在发射极区域（图 15.16），因而空穴流旁路 n 型发射极有机会直接流向阴极。必须很好调节这些短发射极的大小和安放位置，因为也

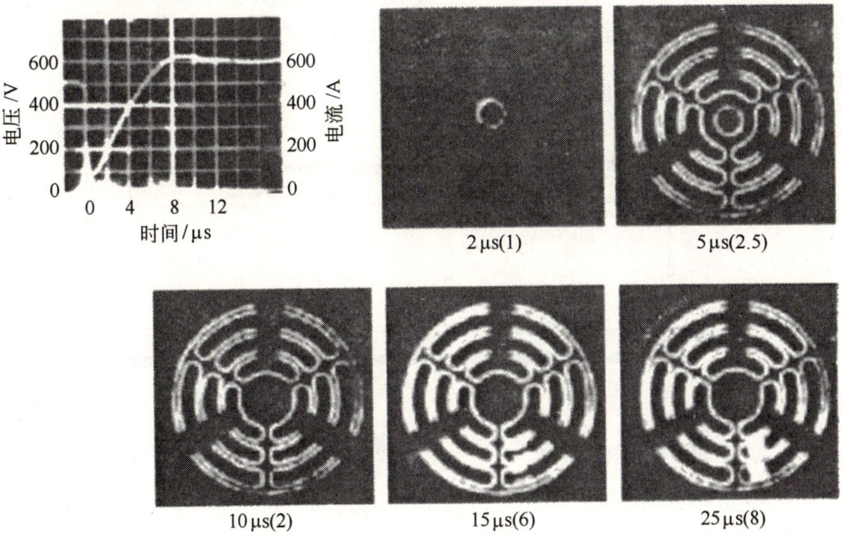

图 15.22 电流和电压的波形（左上图）和在不同时间下具有指状组合门极结构的晶闸管的开启过程的红外复合辐射

可能对门触发电流和开启区域的扩展有不利的影响。有关双极功率器件专门问题的综述见文献［24］。

15.3.5 发展趋势

现在，所生产的晶闸管截止电压能力可高达 8kV 以上。在较低的电压范围内，晶闸管愈来愈多地被 IGBT 所取代，但是在高压、大功率应用方面（例如 HVDC、高压直流传输），它仍然是最主要的器件。

新的发展允许用光进行触发，这对于最高电压范围的应用是非常有意义的，因为绝缘问题可以更容易地得到解决[25]。

15.4 GTO（门极关断晶闸管）

15.4.1 基本特性

GTO 是晶闸管结构旨在任何时刻用门电流使其关断以及开启成为可能的不断发展的产物。关于截止能力，它与晶闸管一样有同样的物理关系，包括对称和不对称结构的可能性。

为了使关断特性最佳，这些晶闸管的 n 区和 p 区的掺杂浓度是不同的。阴极和门极区的几何设计也是不同的，如图 15.23 所示。尽管晶闸管的 n 阴极区宽度尺寸在 2～20mm 范围内，包括指状结构，而 GTO 的 n 阴极区被分为数个指状结构，每个宽度只有几百微米。

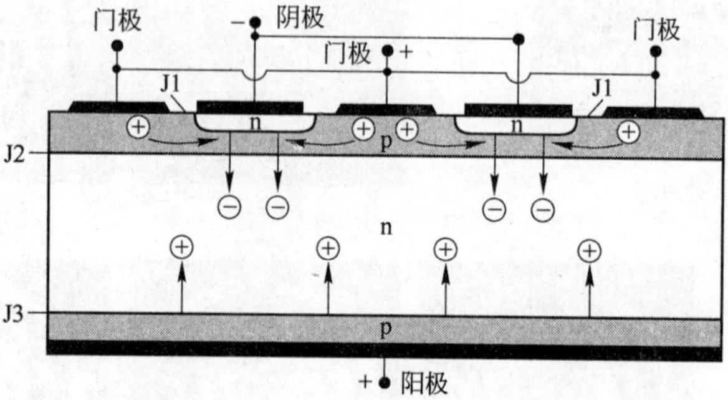

图 15.23　GTO（门极关断晶闸管）横截面表示出导通态时的电子和空穴流

在导通态，存留在中间区的电子和空穴载流子浓度支配着正向压降，而它们的浓度又受载流子寿命和中间区宽度的影响。

15.4.2　动态性能

开启过程是由门极相对于阴极的一个正电位触发的，在结 J1 处产生正向电流（图 15.23）。从阴极（n 发射极）流向阳极的电子流开始启动再生过程，类似于晶闸管图 15.15*c* 的情况，得到载流子存留的中间区。

为了启动关断过程，不必改变阳极和阴极的极性，在门极相对于阴极加上一个负电位，部分负载电流必须换向进入门电路（图 15.24）。由于发射极区的尺寸小，空穴或多或少远离了 n 发射极，从而阻止再生过程发生，获得关断的性能。为了阻止再生过程，必须有相当大份额的负载电流被转移到门电路中（10%～40%）。但是由于结 J1 是由重掺区组成，在该门电路中，只有低（截止）电压（约 20～30V）对于这一转换

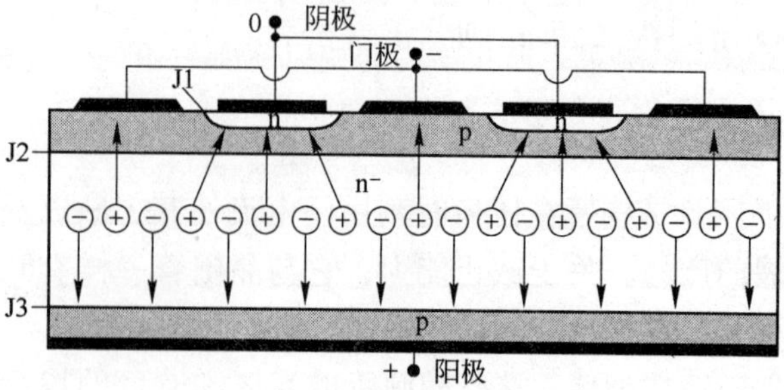

图 15.24　GTO 关断时的电子和空穴流

是可行的。在大电流器件的情况下，必须应对门电路的大电流。

在关断过程中，GTO 趋向于建立起具有大的功率密度的电流丝区域，所以损坏风险是高的。因此通常必须用由一电容、一电阻和一二极管组成的缓冲电路与器件并联来限制器件电压的增加，对于晶闸管也是这样做的。

15.4.3 发展趋势

在 20 世纪 90 年代初，一种改进的 GTO-GCT（门转换晶闸管）被引进[26]。使阴极端的掺杂浓度和几何形状最佳时，有可能在 1μs 内将全部负载电流转换流入门极电路。为防止电流丝的形成，1μs 时间是必要的。为了实现这种开关特性，必须开发出低电感门极电路，但可省去对 GTO 必须的缓冲电路。

现在，在有高电压、大电流要求的应用方面几乎全都使用 GTO（例如交通运输和高压直流传输）。专门开发的器件例如反向导通 GTO，它包含一个集成二极管，却没有得到广泛使用。

15.5 双极晶体管

和 GTO 一样，双极晶体管利用了任何时刻能够关断和开启能力的优点。虽然在美国已发表了许多有关双极晶体管的文章，但是双极晶体管在功率方面的应用是在日本开创的，为了满足大电流器件的要求，引进了带有并排放置在一绝缘衬底上的双极晶体管芯片的模块。在 20 世纪 70 年代，大量使用这种器件来调节空调系统，在日本气候方面空调系统是很重要的。

15.5.1 基本特性

双极晶体管有三层结构，例如，带有一个发射极、一个基极和一个收集极的 npn 结构。对功率双极晶体管，已产生了图 15.25 所示的这种结构，它具有薄的 p 基区和在较重掺杂的 n 区前有轻掺 n^- 区的收集极。在结 J_{BC} 处的临近区域决定了截止能力。如以前所讨论的，至少有一层必须为轻掺杂，并且扩展得足够大，足以接纳空间电荷区。

在导通态，利用基极相对于发射极的正电位，结 J_{EB} 偏置在正向（图 15.25*a*）。基极和发射极之间的基极电流（空穴）触发电子从发射极流向收集极。原则上，发射极端的几何形状为指状结构，类似于 GTO 情况。

正如图 15.25*b* 所示的，为了维持截止电压，在阻断态空间电荷区可以伸展到轻掺 n^- 收集极区中。

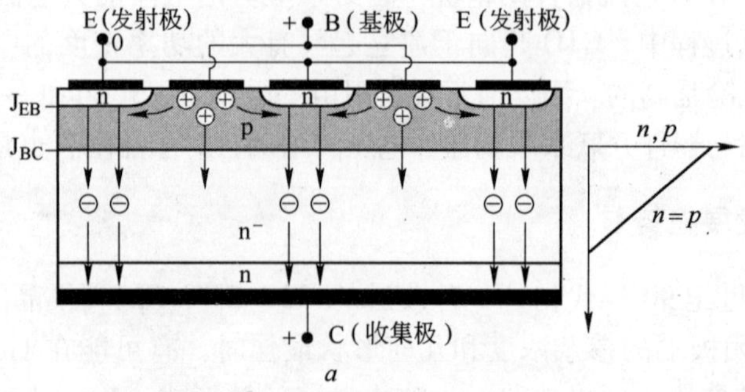

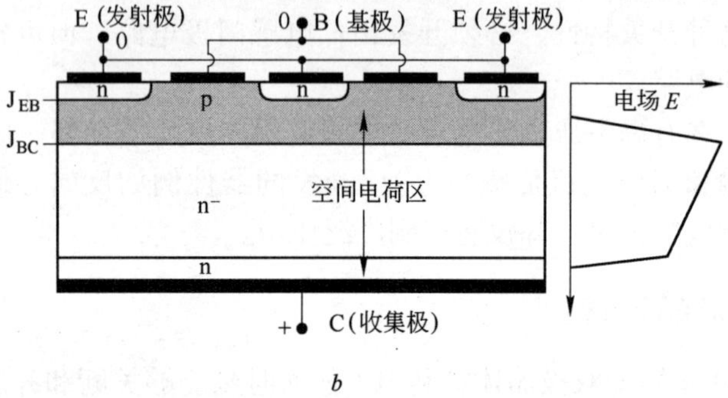

图 15.25　处在导通态（a）和阻断态（b）时的双极功率晶体管

15.5.2　导通态

功率双极晶体管通常使用在发射极构形下（图 15.25a），此时基极电路中的小电流可以控制收集极和发射极之间的负载电路的大电流。

电流增益由下式表示：

$$\alpha_E = h_{FE} = \frac{\text{收集极负载电流 } I_C}{\text{基极电流 } I_B} \tag{15.20}$$

式 15.20 描述了为获得一定负载（收集极）电流所必须的基极电流。

对功率双极晶体管，在大负载电流下轻掺 n^- 收集极区典型地或多或少存储着载流子，但是负载电流在其余的轻掺收集极区中会产生电压降。结果产生结 J_{BC} 的正偏置，流到轻掺 n 区的空穴流是可能的。出现从发射极到收集极具有梯度的浓度分布 $n=p$，如图 15.25a 右边所示。电子扩散流和电子电场流有相同方向并一起构成负载电流，而空穴的扩散流和电场流是严格相互抵消的。因为在存储区内发生不断的复合，所以只需要用基极电流输送空穴来支持电中性。

随着负载（收集极）电流密度的增加，浓度梯度必须增大，产生更高的浓度值。愈来愈多的基极电流被用来维持收集极存储区内的电中性，所以，可用于触发发射极电子流的基极电流份额减少，电流增益降低。因此，控制晶体管所需的基极电流增大，对于截止电压能力大约为1000V的晶体管，10% ~30%的负载电流值必须花费在基极电流上。利用Darlington结构可以减小基极电流，但不得不接受其导通态压降和开关特性方面的缺点。

15.5.3 截止电压

一般说，对晶闸管所讨论的同样的关系式均有效。但原则上对于pnp或npn结构，必须考虑基极开路（V_{CEO}）情况以及发射极与基极连接时（V_{CBO}）的情况。

如果基极开路，在收集极-基极结 J_{BC} 附近空间电荷区所产生的空穴漏电流必须通过正向偏置的发射极-基极结 J_{EB}，并且从该结发射的电子会增强漏电流。两种类型载流子在空间电荷区被加速，导致电流的放大。产生的附加空穴再次流向发射极端，又控制着发射极的更大的电流。

基极开路的截止电压 V_{CEO} 表示为：

$$V_{CEO} = \frac{V_{CBO}}{\sqrt[4]{h_{FE} + 1}} \tag{15.21}$$

由于在低电流范围的通常电流增益 $h_{FE} = 10 \sim 20$，在没有发射极区或发射极与基极连接时可能在结 J_{BC} 处截止电压能力降低到大约 V_{CBO} 值的一半。在后者情况下，空间电荷区中产生的空穴可以傍路过发射极，容易得到更高的截止电压能力。

原则上对所有pnp或npn结构均具有上面所讲的性能，但是对双极晶体管更加肯定，因为这时为高电流增益而设计的基区宽度非常薄，而发射极效率没有明显下降，例如先前对晶闸管讨论过的短发射极。

15.5.4 动态性能

为了保证发射极结均匀正向偏置，如图15.25*a*所示，发射极区被分隔成几个宽度小于0.5mm的指形区。在开启周期内，轻掺收集极区存储着载流子，直到建立起稳定的分布（图15.25*a*）。

在关断过程中可能发生严重的问题，而关断过程是由门极相对于发射极的负电位触发的。与开启时的情况相比较，现在基极电流以相反方向流动。基极电流沿着基极层电阻产生电压降，导致发射极指形环的较小的正向偏压或甚至反向偏压，它们中的一个被放大在图 15.26 中。当全部负载电流仍在流动时，电流愈来愈多地被限制在发射极的内区。增强了的电流密度以不利方式影响电场分布，于是被称为二次击穿现象（在许多文献中描述过）可能限制了双极晶体管的关断能力[27]。在 Darlington 结构中，关断问题更加严重。

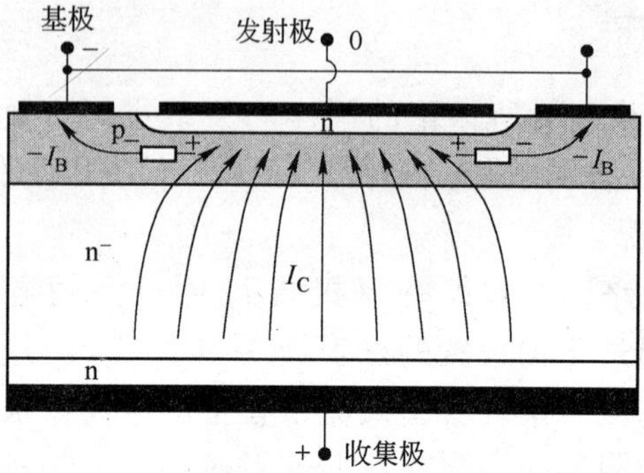

图 15.26　双极晶体管在关断时的电流收缩现象

负基极电流采用 20% ~30% 的负载电流时，电流密集是不严重的，而开关损耗也是低的，但是也许不得不接受更长的储存时间。

双极晶体管设计和关断特性的更详细描述可以分别在文献［28］和［29，30］中找到。

15.5.5　发展趋势

采用很小尺寸的发射极（指形环宽度为 5μm 而不是 100 ~300μm）可以在很大程度上解决关于二次击穿的严重问题[31]。但是双极晶体管仍旧存在的两个缺点，一是它要求连续不断的基极电流，这就增加了基极电路的成本；二是对于截止电压高于 600V 时必须采用 Darlington 结构，而该结构在导通态有大的压降并在关断态有不利的特性。虽然双极晶体管是具有短路能力的第一个器件，但是，这一特性只局限在 1000V 以下。

现在，双极晶体管模块主要使用在火线电压为 110V 和 220V 下的中、低功率范围的家用电器和消费电子应用中。

可以总结地说，双极晶体管打开了通向采用模块结构和开发具有开启关断能力的电路的门户。但是实际上，由于对高压功率器件的附加要求，该种器件没有使其截止能力大大高于 1500V 的物理潜力。

15.6 MOS 晶体管（金属-氧化物-硅晶体管）

15.6.1 基本特性

在 20 世纪 70 年代末，提出了一个利用集成电路先进工艺的结构[7,8]。大大改进的光刻技术及线宽缩小到微米尺度，不同层的沉积例如多晶、氧化物和金属及它们的处理技术，与非常纯的和无缺陷的（栅极）氧化物一起，使生产的器件不再由栅极电流驱动，而是由控制栅极电压加以区分。为了得到这种可能性，栅极端必须用薄的氧化物（栅极氧化物约为 0.1μm 厚）与硅隔离，如图 15.27 所示。n 轻掺层（n^-）又一次支配着截止能力。在图 15.27 的底部，较重掺杂的 n 区构成漏区，在上部还有 p 区（p 阱）和 n 区，得到了类似于双极晶体管结构的 npn 结构。但是，这里的源极与上部的 p 区和 n 区连接以便抑制该 pn 结的影响。当 n 源区引入电子时，p 阱必定建立阻断能力并对不需要的电流起着阻挡作用。

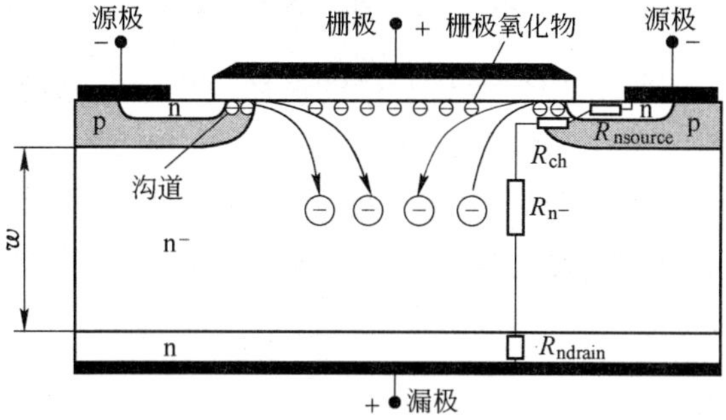

图 15.27 MOS 晶体管中导通态的电子和空穴流

绝缘栅端是重叠在 p 区上面的。利用栅极端相对于源极的正电位，（负的）电子被拉向硅表面，在将 n 源区与轻掺 n^- 中间区连接的 p 区中产生了一个薄沟道——反型层，打开了 p 势垒使电流流过。在 p 阱之间的 n^- 层中建立起积累层。

电子浓度以及沟道的电导率可以由正的栅极电位调节。为了在 p 区中得到 n 沟道，需要有一个称为域值电压 V_{th} 的最小栅极正电位，以便增强 p 区表面处的电子浓度，直到大约等于 p 浓度。为了得到高的沟道电导率，必须进一步增强电子浓度直到明显超过 p 掺杂浓度。然后，电子所带的电子电流经过 n 源、n 沟道、n^- 区和 n 漏区到达漏极端子，这一路径以欧姆特性表征。路径的不同部分有电阻 $R_{nsource}$（源）、R_{ch}（沟道）、R_{n^-}（中间区）和 R_{ndrain}（漏区），最后得到 R_{DSon}（见图 15.27）。

器件的行为与可以进行开启和关断的电阻一样。

尽管谈到压控器件，也应提及在 MOS 晶体管中还存在各种电容必须进行充电和放电，这要求有短时间间隔的栅极电流。图 15.28 表示截止态时各种电容的情况。电容值大小取决于绝缘栅氧化物的厚度、中间区的掺杂浓度、沟道面积（p 阱面积与栅极重叠）和 p 阱之间的面积。

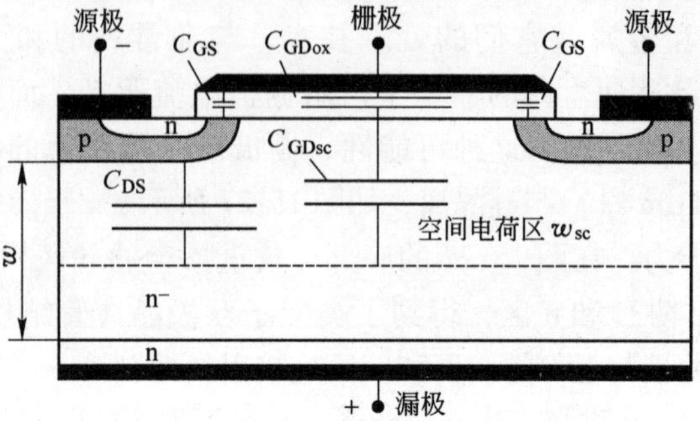

图 15.28　MOS 晶体管中的电容

如果图 15.27 所示 MOS 晶体管中的极性改变到在源极为正电位和在漏极为负电位，便启动了固有的但不是最佳的二极管结构的情况，并产生载流子的存储。如果 MOS 晶体管使用在如图 15.4 所示的电路中，这一点就必须要考虑，因为这里，当电流流过单向传动二极管时会发生开关处电位的改变。

15.6.2　导通态

图 15.29 中模拟的 V_{DS}-I_{DS} 特性表示截止电压为 500V 和有源面积为 $11mm^2$的 MOS 晶体管栅极电压与电流的关系。在低的漏-源电压下有一欧

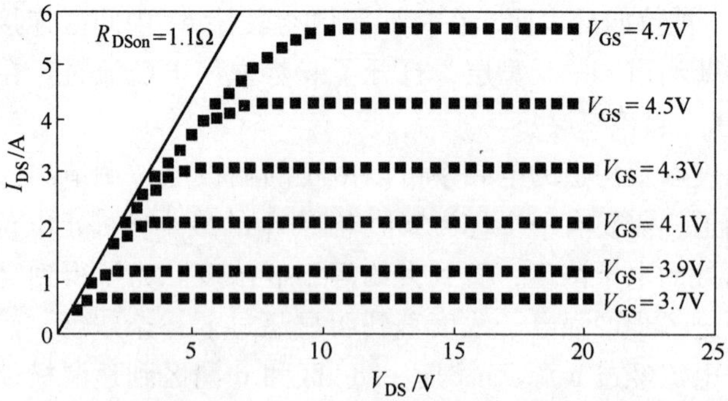

图 15.29　有源面积为 $11mm^2$的 500V MOS 晶体管在 25℃时的不同栅压下的模拟 V_{DS}-I_{DS} 特性

姆区，在固定栅压 V_{GS} 下随着电流增大，沟道电阻 R_{ch} 两端的压降减小了控制着沟道中电子浓度的有效栅压。对于较低的电子浓度建立起新的平衡，产生了特性曲线的电流饱和。这一特性是很有用的，因为在短路情况中电流被限制，电子关断是可能的。应该提及，在这种情况下，因为出现全部电路电压和高于标称电流 5~10 倍的电流，器件中发生增强损耗。当发生这种情况时，器件必须在大约 10μs 内关断。

对高压器件（$V_{br}>200V$），轻掺 n^- 区占 R_{DSon} 值的主导部分，因而也是器件正向压降 V_{DSon} 的主导部分。由于必须选择 n^- 区支持截止能力，对较高的截止电压必须将掺杂浓度降得更低，此外，该区的宽度 w 也必须加宽。根据公式：

$$R = \frac{l}{\sigma A} = \frac{w}{q n_D \mu_n A} \tag{15.22}$$

得到两倍增大的开启态电阻 R_{DSon}。

正如图 15.27 所示，由于 p 阱以下不存在均匀电流，也必须考虑小于芯片的有效面积。如果温度从 25℃ 增大到 125℃，由于电子迁移率 μ_n 是减小的，电阻又额外增大了 2 倍。

对 10A 电流（对双极器件其典型的电流密度为 $i\approx 1A/mm^2$）对这个 500V 的 MOS 晶体管，开启态的电压降大约为 10V，对功率器件这是不允许的，因为损耗不能被冷却系统带走。

相反的，对截止电压 $V_{br}<200V$，很低的 R_{DSon} 值是可能的，从而使 MOS 晶体管在汽车领域的低压应用上处于有利地位。

对一个具有面积为 $32mm^2$ 的 100V MOS 晶体管在 25℃ 下的典型 V_{DS}-I_{DS} 特性表示在图 15.30 中。现在在电流密度 $i=1A/mm^2$ 下，得到电压降 V_{DSon} 只有约 1V。对低压 MOS 晶体管，除了 n^- 区的掺杂以外，其他部分

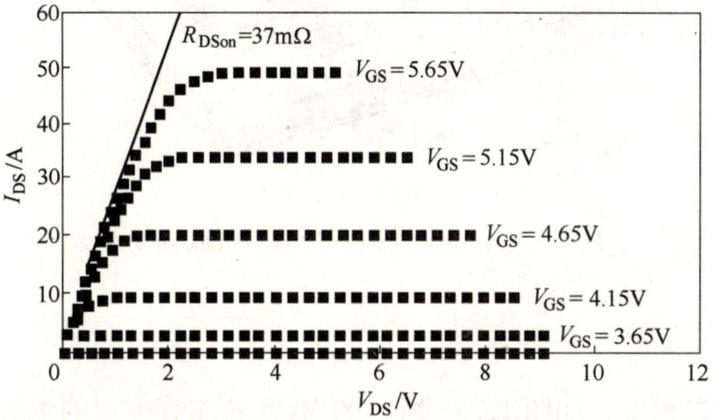

图 15.30 芯片有源面积为 $32mm^2$ 的 100V MOS 晶体管在 25℃不同栅压下的模拟 V_{DS}-I_{DS} 特性

的电阻路径也对 R_{DSon} 有贡献，例如沟道电阻 R_{ch}，它由下式给出：

$$R_{ch} = \frac{l_{ch}}{\sigma A_{ch}} \tag{15.23}$$

式中，A_{ch} 为沟道截面面积，由下式给出：

$$A_{ch} = w_{ch} d_{ch} \tag{15.24}$$

式中，w_{ch} 为芯片上沟道展宽 - 芯片上所有 p 阱的总周长；d_{ch} 为沟道深度。因为当栅压 $V_{GS} \approx 10V$、沟道宽度为 1cm 时，电阻 R_{ch} 值为 10Ω 量级，所以这一影响必须降低到最小。

沟道长度 l_{ch} 必须要短（几微米），在器件表面上的沟道展宽 w_{ch} 必须按合适的几何形状增大。因为载流子只局限在硅表面下面并由栅压控制，根据物理定律沟道深度 d_{ch} 固定在 20nm 左右。

利用如图 15.31 所示的网格设计，以间距 $a = 20\mu m$ 和 p 阱宽度 $b = 6\mu m$，在 $1cm^2$ 的面积上可放置大约 100 万个网格。对于 $1cm^2$ 尺寸的器件，沟道宽度（所有 p 阱周长之和）达 240m（！），而沟道电阻 R_{ch} 降低到 0.5mΩ 以下。

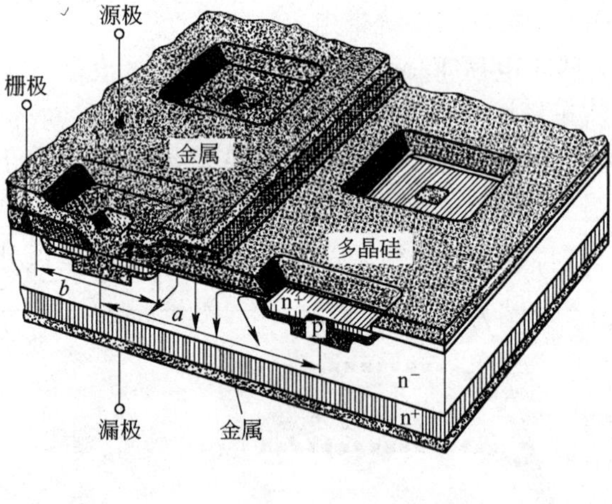

图 15.31　功率 MOS 晶体管的网格结构

15.6.3　动态性能

在开关过程中，如图 15.28 所示的 MOS 晶体管内在的电容必须进行充电和放电。这些电容值部分地依赖于器件的电压，并且在开关过程中不是恒定的。

15.6.3.1 开启

在 MOS 晶体管开启过程中的漏-源电流 I_{DS}、漏-源电压 V_{DS} 和栅极电压 V_{GS} 的典型波形如图 15.32 所示，这些波形是由模拟得到的。

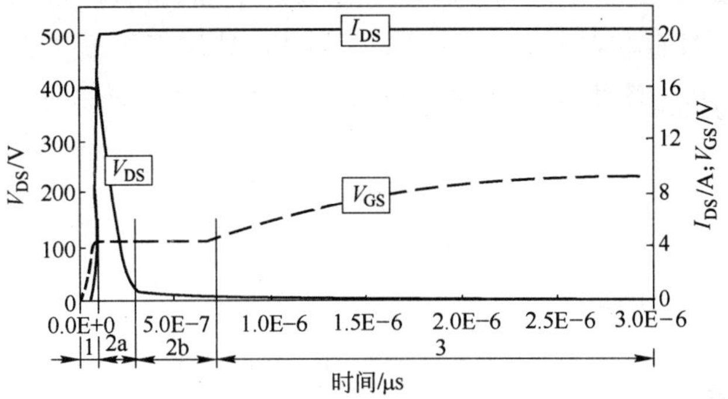

图 15.32 MOS 晶体管开启过程中的电压 V_{DS}、电流 I_{DS} 和栅极电压 V_{GS} 的波形

开启过程通常是从器件的阻断条件开始的，在这一条件下在器件的两端已经建立起电源电压 V_{CC}（在此图中为 400V）。由栅极电路电压 V_G 从零（或一负值）改变到正电位例如 $V_G = 10V$，可以触发器件的开启。

电容 C_{GS} 和 C_{GD}（见图 15.28）必须放电，直到正电位足够高，足以在栅极的 p 阱产生沟道。因为器件两端存在阻断电压，产生大约 100μm 的空间电荷区，空间电荷的电容 C_{GDsc}（见图 15.28）是小的（对于 $1cm^2$ 尺寸约为 0.1nF）。电容 C_{GS}（对于 $1cm^2$ 尺寸约为 5nF）占主导地位（图 15.32 中的时间阶段 1），因为大的氧化物电容 C_{GDox} 和空间电荷电容 C_{GDsc} 是串联的，所以最小的电容支配了 C_{GD}。

如果栅压大于域值电压 V_{th}，电流开始流动直到它被电路条件所限定（例如图 15.32 中 $I_{DS} \approx 20A$）。沟道中对这一电流所必须的最小栅压称为 Miller 电压 $V_{Gmiller}$，并对应着稳定的电压-电流特性；栅极不需要进一步充电。

但是如果器件的栅极电源电压 V_G 大于 Miller 电压 $V_{Gmiller}$，栅极电流 I_G 便继续流动，根据：

$$I_G = \frac{V_G - V_{Gmiller}}{R_G} \tag{15.25}$$

由于空间电荷区内的附加电子可以中和正施主，所以空间电荷区减少。空间电荷区减少是与器件两端电压减小同义的。栅极的进一步充电被延迟，因为现在栅电流用于提供电压的变化 dV/dt，根据：

$$I_G = C_{GD}(V)\frac{dV}{dt} \tag{15.26}$$

在栅极得到恒定电压——Miller 电压 $V_{Gmiller}$，漏-源电压 V_{DS} 以几乎恒定的速度减小到大约 20V。根据式 15.26，栅电流决定了电压下降的速率（图 15.32 中的时间阶段 2a）。

在电压小于 20V 时，dV/dt 变化减缓，空间电荷区宽度收缩到只有几个微米，因而电容 C_{GD} 值开始增大。MOS 晶体管的栅压仍是恒定的，因为现在栅极电流用于增大电容的充电（图 15.32 中的时间阶段 2b），即

$$I_G = \frac{D(C_{GD}(V))}{dt}V(t) \tag{15.27}$$

栅极继续以栅极电流：

$$I_G = \frac{V_G - V_{GS}(t)}{R_G} \tag{15.28}$$

进行充电，在电压和电容的时间有关的变化完成（图 15.32 中的时间阶段 3）后，栅极充电到栅极电源电压（例如电压 $V_G = 10V$）。

但是在时间阶段 3，电容（$C_{GS} + C_{GD}$）为 100nF 量级，因为存在着 p 阱的反型层和 n^- 区的积累层，只有栅极氧化物的厚度（大约 0.1μm）决定了电容，所以电容值增大约 10～100 倍。充电时间被大大延长，如图 15.32 中的时间阶段 3 所示。

在时间阶段 3 开始时，根据式 15.25，电容充电依赖于栅极电源电压 V_G 与 Miller 电压 $V_{Gmiller}$ 之差，而 Miller 电压本身由 p 阱的掺杂浓度所决定。如果 Miller 电压接近所加的栅极电源电压，在这一时间阶段的充电时间还要增长。

15.6.3.2　关断

关断过程的 I_{DS}、V_{DS} 和 V_{GS} 的典型波形如图 15.33 所示。初始条件是器件在导通态，栅极端相对于源极端的正电压 $V_{GE} = 10V$，p 区中的沟道可以有电流流过。如果栅极电源电压改变到零或负值，就可以触发关断过程。栅极电流从导通态时在器件栅极上建立的正电位流向源极电压的负电位，栅极放电直到最小栅极电压——Miller 电压 $V_{Gmiller}$，这是维持电流继续流动所必须的。虽然和图 15.32 中的时间阶段 3 一样的电容必须放电，但现在的放电时间较短，因为流过的栅极电流较大。在正的栅极电压 V_{GE}（在这一情况下为 10V 和后来的 Miller 电压 $V_{Gmiller} \approx 7V$）和栅极电路中的栅极电源电压 V_G（0V 或负值）之间有较大的电压差。

现在栅极电流方向与漏-源电流方向相反，因而沟道中的（电子）电流降低，所以沟道传递的电子数目也减少（图 15.33 中的时间阶段 1）。

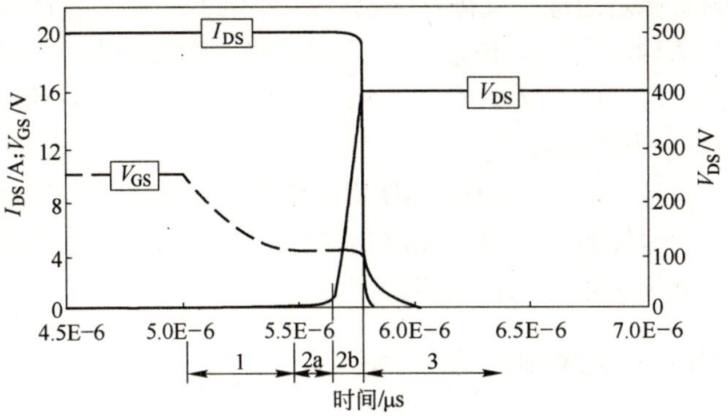

图 15.33　MOS 晶体管关断过程中的电压 V_{DS}、电流 I_{DS}和栅极电压 V_{GS}的波形

因为恒定电流继续流动，所以离开漏极端中间区电子比沟道传递来的电子要多。失掉的电子首先被来自 n^- 区表面下的积累层所替换，后来被来自轻掺中间区所替换，在此区内留下未补偿的施主。

在这一过程开始时，电子从 n^- 区表面的积累层中被移走，中间区开始耗尽并显著地降低了电容 C_{GD}值，因为相应的距离从 0.1μm（栅极氧化物厚度）变化到几个微米的空间电荷区厚度。栅极电流用于对逐渐减少的电容的放电，因而延迟了栅极的进一步放电（图 15.33 中的时间阶段 2a）。

随着空间电荷区的增大，电容变化降低，而电压建立在器件的两端。按照式 15.26，与开启的情况类似的方式（图 15.33 中的时间阶段 2b），栅极电流又决定了电压增大。

在未达到电源电压 V_{CC}之前，这些放电过程不会结束。在这一瞬间之后，栅极电流放电，栅极很快达到由栅极电源电压给定的值（图 15.33 中的时间阶段 3）。

15.6.4　发展趋势

如同对低压 MOS 晶体管所讨论的，对 R_{DSon}有贡献的所有部分必须降到最小。除了努力使沟道电阻降低到最小外，还引入为存储器所熟知的沟道工艺，该工艺由于可以使 p 阱面积减小和 p 阱之间的距离减小，明显地降低了电阻 R_{DSon}。

但是，截止电压能力和导通态的电导率之间强烈的相互关系已经限制了 MOS 晶体管大体上在电压小于 100V 的功率方面的应用。在这两个相互矛盾的要求之间进行突破的努力已经产生了一种交替掺杂 n 和 p 的重掺直列的结构。直列的掺杂必须这样选择，即使得最后净掺杂为零。这样的结构是可行的，例如英飞凌的称为 Cool-MOS™的一种结构，这将在本书第 16 章中进行叙述。

这一发明已将 MOS 晶体管的使用范围推广到截止电压为 800V 左右，以便利用这些器件的开关能力快速和开关损耗低的优点，在开关模式电源中允许开关频率在 100kHz 范围工作。

15.7　IGBT（绝缘栅双极晶体管）

15.7.1　基本特性

在 20 世纪 80 年代初，提出了一种十分类似于 MOS 晶体管的器件结构，唯一的区别是图 15.27 中的底部（漏极）的 n 区被改变为 p 区（见图 15.34）。因为上部基本相同，这一器件的功能与 MOS 晶体管相当。在这种情况下，必定又形成电子沟道，在正的栅极电位影响下可使得电子流流动。这些电子流向底部的 p 区，而底部的 p 区与 n^- 区构成一个 pn 结。这个 pn 结是处在正向偏置。虽然空穴是从这一 p 区发射的，但是按照双极晶体管的术语，它一直被称为“收集极”。

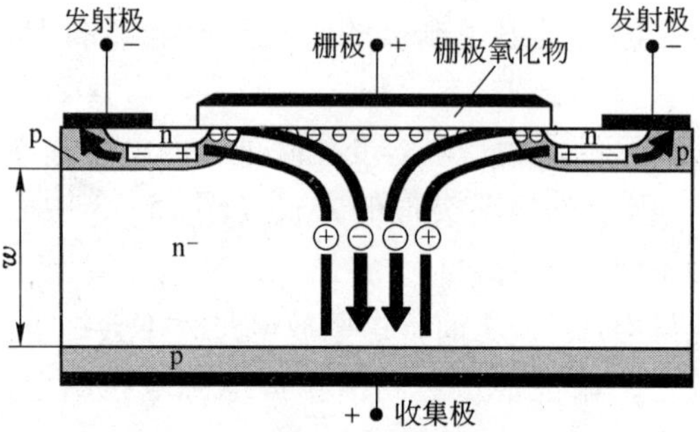

图 15.34　IGBT 的截面图和导通态时的电子和空穴流

在轻掺的 n^- 区中，可以建立起类似于二极管和晶闸管中的电子-空穴等离子体。载流子分布的形状可以用在发射极端的几何形状和收集极端的发射效率来调节。与 MOS 晶体管的情况相反，n^- 区的掺杂对正向压降不起任何作用（在图 15.35 中表示了两种情况的比较）。

n^- 区中的电中性对这样的事实负责，电子和空穴只要可能沿着同一路径流动，并在接近沟道时电流发生分裂（图 15.34）。电子使用沟道路径，而就在沟道下面的 p 区中的空穴旁路过 n 区，流向发射极端。

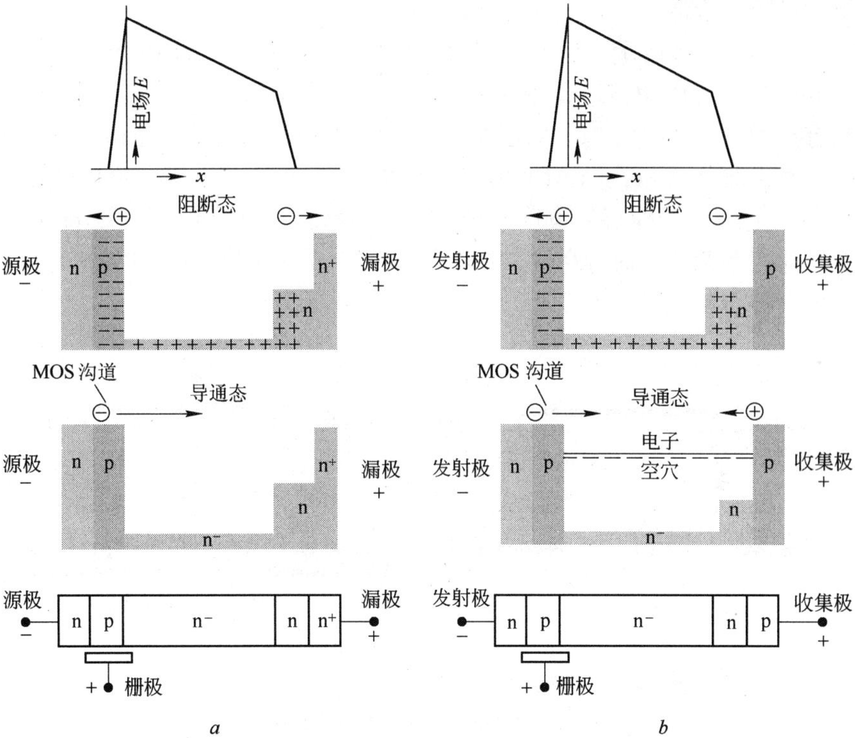

图 15.35　MOS 晶体管和 IGBT 在阻断态和导通态时的比较

a—MOS 晶体管；*b*—IGBT

因为这个上部的 p 区（p 阱）通常只有适当的电导率，电压降来自这一区中的空穴流动（表示在图 15.34 中），并产生现存的 pn 结的正向偏压，虽然两个区都与发射极相连接。

类似于晶闸管结构的情况，附加电子可以起到固有的 pnpn 结构的触发电流的作用。因为可能会损失栅极控制机制，必须将临界尺寸减小到几个微米来避免这种不希望行为的发生。此外，上部 p 阱之间的距离必须仔细设计，以便使得到的中间区载流子浓度在低正向压降 V_{CEsat} 时是最佳的。

在 MOS 晶体管结构中上部 pn 结的激活也是可能的。MOS 晶体管的 npn 结构没有像晶闸管 pnpn 结构那样的再生行为，但是，失去栅极控制是可能的。因为 IGBT 的电流密度通常明显较大，在设计 IGBT 结构时这一行为需要更加注意。

在器件上的电位反转时，与 MOS 晶体管的行为相反，IGBT 结构收集极端的 pn 结表示出阻断特性（虽然这一特性没有被开发），这就防止了二极管的激活。

如图 15.36 所示，IGBT 已开发出了两种结构。在图 15.36*a* 中表示出穿通概念（PT-IGBT），用一 n 缓冲层放置在重掺 p 收集极层前面，它具有高的发射效率[9~12]。为了获得可接受的开关特性，寿命掺杂是必须的。对于非穿通概念（NPT-IGBT，如图 15.36*b* 所示），为防止电场穿通[34]，轻掺 n 中间区的宽度必须足够大。载流子浓度由收集极 pn 结的低发射效率调节，而寿命掺杂是不需要的。PT-IGBT 和 NPT-IGBT 的典型载流子分布也在此图中表示出来。

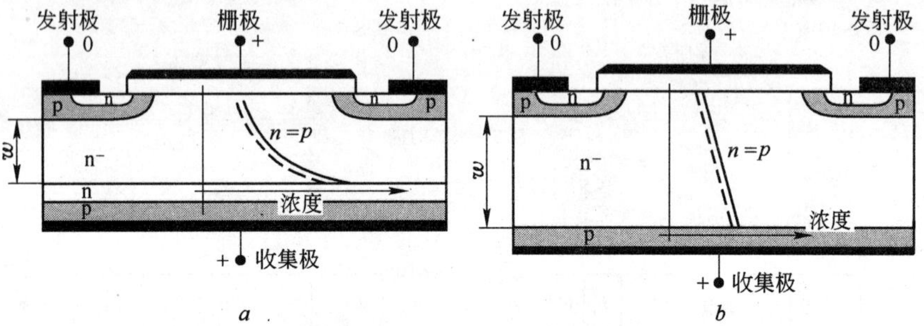

图 15.36　PT（穿通）概念和 NPT（非穿通）概念，以及导通态时中间区内载流子分布

a—穿通概念；*b*—非穿通概念

在过去，NPT 结构表示出更结实的性能，因为由温度升高引起的载流子寿命的改变对载流子分布的影响很不明显，而减小了的载流子迁移率使正向压降 V_{CEsat} 增大，如果芯片在并联下工作，稳定了电流分布（见图 15.38）。

15.7.2　导通态

IGBT 的 V_{CE}-I_{CE} 特性如果考虑到与栅压的依赖关系，在形状上与 MOS 晶体管的特性是差不多的（图 15.37）。但是由于在收集极多了一个正向偏置的 pn 结，IGBT 的特性像具有一域值电压的二极管特性，并且由于储存载流子的中间区，电导率随着电流密度的增加而不断改善（图 15.38）。图 15.37 和图 15.38 示出了属于图 15.3 中成模块结构的一个 1200V/1200A IGBT 特性，在这里，并排放置了 24 个 IGBT 芯片（此外，12 个单向二极管也放置在这样的模块中）。

图 15.37 中 *V-I* 饱和特性有如 MOS 晶体管所讨论的同样理由，但是，现在只有一部分负载电流——电子流（约为负载电流的 3/4）降低有效

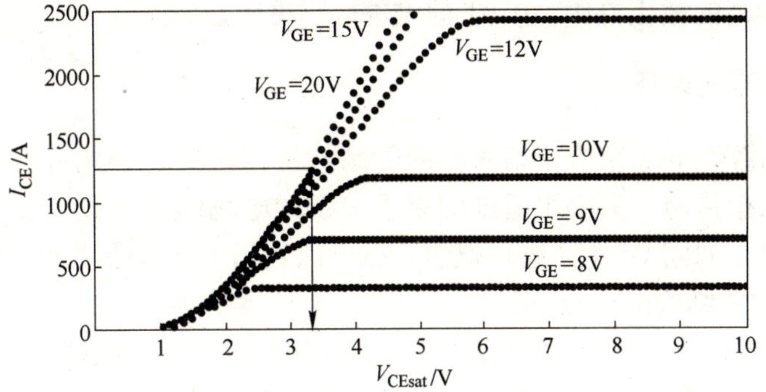

图 15.37　一个 1200V/1200A IGBT 模块在不同栅压 V_{GE} 下的 V_{CEsat}-I_{CE} 特性

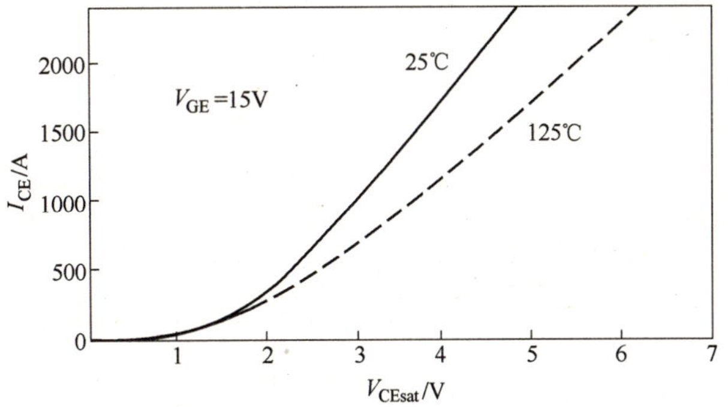

图 15.38　一个 1200V/1200A IGBT 模块在 25℃和 125℃下的 V_{CEsat}-I_{CE} 特性

栅压。

在图 15.39 中比较了 MOS 晶体管、Cool-MOS™ 和 IGBT 的正向电压降，所有器件都有 600V 截止电压并都有相同的有源芯片面积（$20mm^2$）。IGBT 的先进性是令人信服的，而 Cool-MOS™结构的优越性只在低电流范

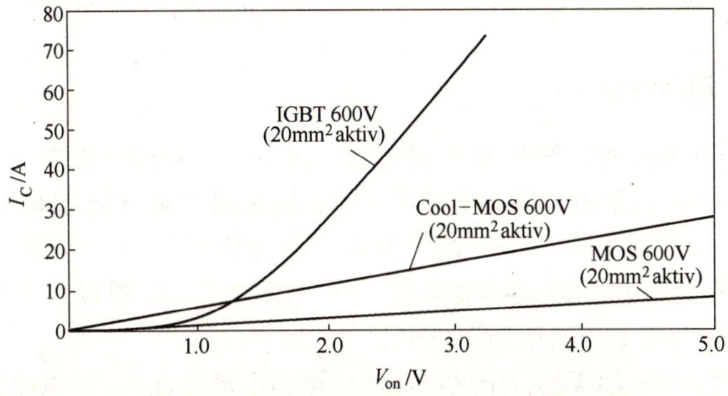

图 15.39　以导通态正向压降 V_{on} 为横坐标画出 600V 器件（MOS 晶体管、Cool-MOS™和 IGBT）之间的比较

围。对较高的截止电压，IGBT 的先进性仍更明显。

15.7.3　截止电压

因为存在 pnp 结构，如对晶闸管结构所讨论的，必须考虑有关电场穿通的保护措施。只要用适度的更重掺杂的电场阻挡层放置在 p 收集极层的前面，如同 PT（穿通）概念，就可以利用中间区厚度减小的优点而不失去 NPT 结构的优点。

在图 15.40 中表示了当今已实现的 IGBT 的轻掺中间区中电场分布、截止电压能力、所需的芯片厚度和硅原料的掺杂值。

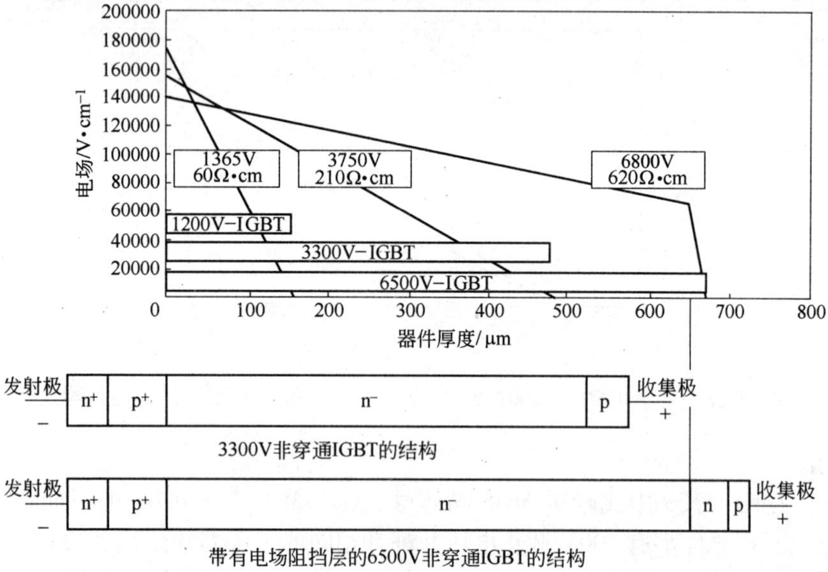

图 15.40　IGBT 中间区的电场、芯片厚度和掺杂程度及不同截止电压能力

15.7.4　动态性能

对于开关性能，如对 MOS 晶体管所讨论的，同样电容参与开关过程（图 15.41），只是电容的数值是不同的，这是由于对 MOS 晶体管和 IGBT 所用的设计规则不同。IGBT 的关断和开启时的电压 V_{CE}、电流 I_C 和栅压 V_{GE} 的波形类似于 MOS 晶体管波形。在关断和开启时栅极电流也分别控制着 IGBT 两端电压的增加和减小。

在关断时，如果器件上的电压等于电路电源电压 V_{CC}，电流则快速减小，因为电流密度大于 MOS 晶体管的密度，可能出现较高的脉冲，特别是用 IGBT 芯片并联放置作大电流开关时。

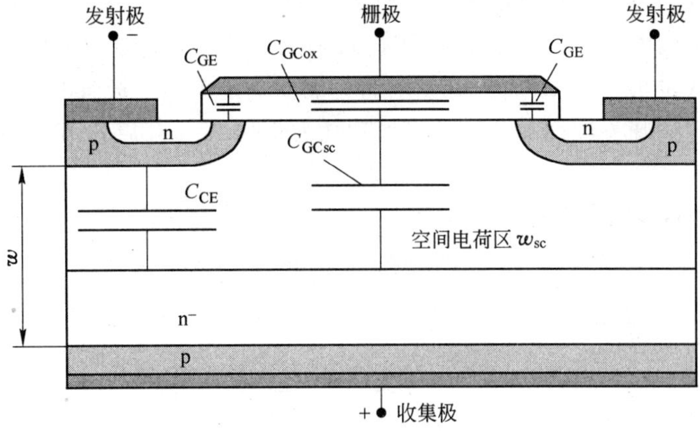

图 15.41 IGBT 在阻断态时的电容

在图 15.42 中表示一个 3300V/1200A IGBT 模块的关断特性。当关断被负的栅极电源电压触发时，IGBT 的栅极放电，栅极电压降低。约 2μs 后，栅极电流在小于 1μs 内从 1200A 降低到 200A，但是，以后的几微秒其下降速度要慢得多，IGBT 的电流拖尾达几微秒。

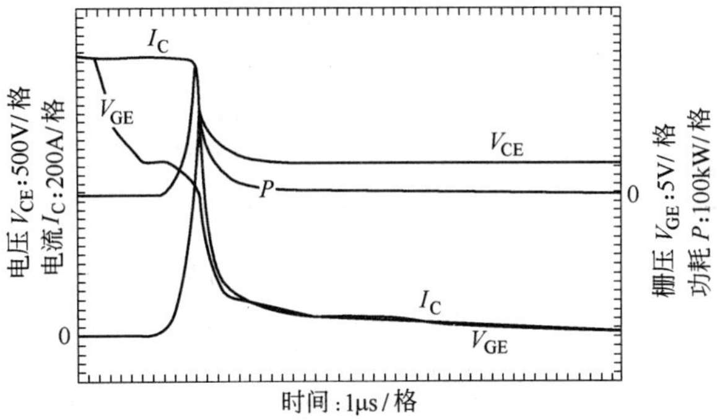

图 15.42 一个 3300V/1200A IGBT 模块在关断时测得的电压 V_{CE}、电流 I_C 和栅压 V_{GE} 的波形

与图 15.32 所示的 MOS 晶体管特性不同，IGBT 在关断过程中有电流拖尾，这是由电压建立起以后仍有储存的电荷所引起的。电流拖尾影响这些存留电荷的移去。IGBT 的这一关断特性导致较大的开关损耗，如果所用的开关频率高于 10kHz，开关损耗是明显的。

在图 15.43 中画出在额定条件下一个 3300V/1200A IGBT 模块测量得的开启特性，这里器件从 1800V 的截止电压开启到 1200A 的电流水平。经过大约 2μs 的延迟时间后，栅极电流将栅极充电到大约 11V 的 Miller

电压，从而负载电流开始增大。电流增大和电压降低发生在 1μs 内。电流增大开始以后栅极最后充电继续约 4μs。在电流波形中可以看到过冲到 2240A 的波形；如对图 15.4 所讨论的，这是单向二极管的反向恢复电流。在这些开关过程中产生的峰值功耗为 350kW（开启）和 220kW（关断）。

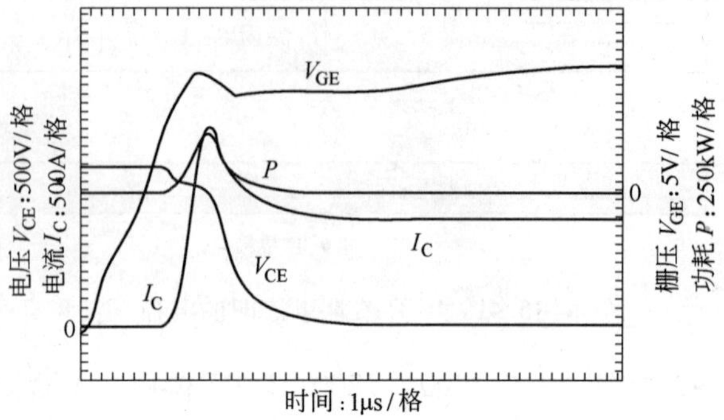

图 15.43　一个 3300V/1200A IGBT 模块在开启时测得的电压 V_{CE}、电流 I_C 和栅压 V_{GE} 的波形

15.7.5　发展趋势

现在 IGBT 得到广泛使用，在中低功率范围代替了双极晶体管，并且也开始进入由晶闸管和 GTO 仍占主导地位的大功率领域。由于引入沟道技术和场阻挡结构，NPT-IGBT 芯片缩小取得进展，对一个 1200V/75A 的 IGBT 芯片的开发进展表示在图 15.44 中；这使得制造成本明显降低[35]。今天这样一个芯片成本费用不到十年前所需的一半，并且具有更低的 V_{CEsat} 以及减少了的开关损耗。

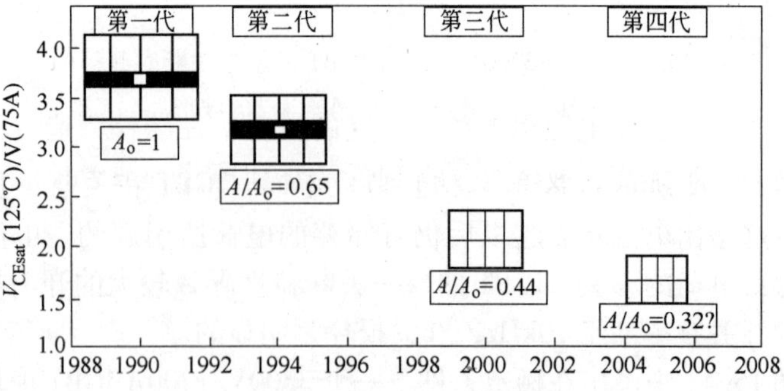

图 15.44　对一个 1200V/75A 的 IGBT 芯片考虑了 V_{CEsat} 和芯片尺寸的 IGBT 开发的进展情况

虽然几年前推测 IGBT 截止电压的限度大约为 2000V，但是原则上是没有物理限制的。然而在高压应用方面，对器件的要求必须降低，要考虑到开关过程中的电流密度和 dV/dt 值，如同对其他器件也必须要做的一样，因为容易控制是可能的，例如在栅极电路中用一个电阻，在高压电路中进行切换也是可能的。

作为 IGBT 耐用性的一个例子，图 15.45 画出一 6500V/600A IGBT 模块的短路能力[36]。采用 4500V 的电源电压，得到 2700A 的短路电流，IGBT 在 8μs 后关断而不损坏器件。今天 6500V/600A 的 IGBT 模块已成功地被制造出来，在文献［37］中报道了更高的截止能力。

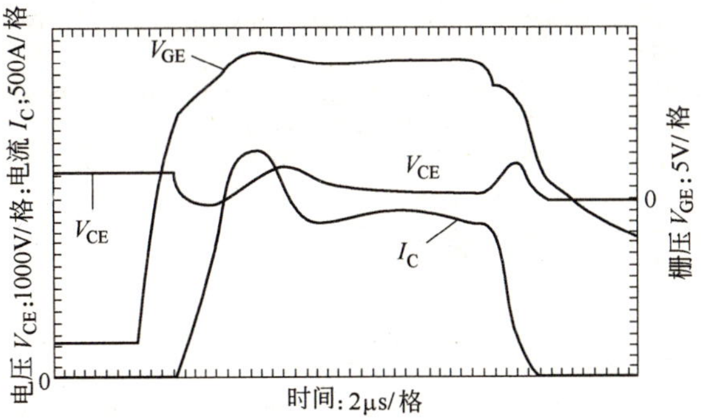

图 15.45 短路条件下的电压 V_{CE}、电流 I_C 和栅压 V_{GE} 的波形

15.8 结论

正如引言中所说的，硅功率半导体器件的开发要求有合适的材料。在 20 世纪 50 年代，这种材料以及器件本身必须同时进行开发和制造。硅材料开发的第一个重要步骤是制备杂质含量尽可能低的硅单晶。为 npn 和 npnp 结构所必须的大直径硅棒的制备与这种硅的确定掺杂也是必须要解决的问题。

对于具有高截止电压和大基极宽度的器件，在器件制造过程中载流子寿命必须尽可能高，或者为了得到低的正向压降，或者使载流子寿命显著降低，满足器件动态特性所需的要求。

在过去 50 年中，提出了许多功率半导体器件的方案，但是只有小数几种（在本章所叙述的）是今天实际上大规模生产的并在功率电子领域中大量使用的。

集成电路继续向更高集成度发展背后的驱动力不适用于双极器件，因为全部体积都储存了载流子，并且该芯片附加结构的功能受这一条件限制。有时已经实现了开关与其逆平行二极管在一起的集成，但是这种集成经常失败，因为对这两种器件的要求太困难了。

对 MOS 功率器件的集成是可能的（例如与 MOS 晶体管一起集成），它具有单极性电导率并且通常不储存载流子。这些器件使用在低压范围的机车应用中，但是必须注意到，附加功能经常导致更复杂的工艺步骤，使制造成本更昂贵。

（朱悟新译，邓志杰校）

参考文献

1. J. Bardeen, W.H. Brattain: The transistor, a semiconductor triode. Phys. Rev. **74**, 230 (1948)
2. W. Shockley: The theory of p–n junctions in semiconductors and p–n junction transistors. Bell Syst. Tech. J. **28**, 435 (1949)
3. R.N. Hall: Power rectifiers and transistors. Proc. IRE **40**, 1512 (1952)
4. J.L. Moll, M. Tanenbaum, J.M. Goldey, N. Holonyak: PNPN-transistor switches. Proc. IRE **44**, 1174 (1956)
5. T. Nagano, M. Okamura, T. Ogawa: A high-power, low-forward-drop gate turn-off thyristor. Conf. Rec. IEEE-IAS, 1003 (1978)
6. M. Azuma, A. Nakagawa, K. Takigama: High power gate turn-off thyristors. Japan. J. Appl. Phys. **17-1**, 275 (1978)
7. J. Tihanyi, P. Huber, J.P. Stengl: Switching performance of vertical Siemens power MOSFETs. IEDM Tech. Digest, 692 (1979)
8. V.A.K. Temple, P. V. Gray: Theoretical comparison of DMOS and VMOS structures for voltage and on-resistance. IEDM Tech. Digest, 88 (1979)
9. H.W. Becke, C.F. Wheatley: Power MOSFET with an anode region. U.S. Patent 4,634,073, issued Dec. 1982
10. J.P. Russell, A.M. Goodman, L.A. Goodman, J.M. Neilson: The COMFET – a new high conductance MOS-gated device. IEEE Electron Device Lett. **EDL-4**, 63 (1983)
11. B.J. Baliga, M.S. Adler, P.V. Gray, R.P. Love, N. Zommer: The insulated gate rectifier (IGR): a new power switching device. IEDM Tech. Digest, 264 (1982)
12. A. Nakagawa, T. Tsukakoshi, H. Ohashi: High voltage bipolar-mode MOSFET's with high current capability. Ext. Abstr. 16th Conf. Solid State Devices and Materials (1984) pp. 309–312
13. S. Sze: *Physics of Semiconductor Devices* (Wiley, New York 1981)
14. H. Benda, E. Spenke: Reverse recovery processes in silicon power rectifiers. Proc. IEEE **55**, 1331 (1967)
15. G. Deboy, G. Sölkner, E. Wolfgang, W. Claeys: Absolute measurement of transient carrier concentration and temperature gradients in power semiconductor devices by internal IR-laser deflection. Microelectron Eng. **31**, 299 (1996)
16. A. Herlet: Maximum blocking capability of silicon thyristors. Solid State Electron. **8**, 655 (1965)
17. M. Schnöller: Breakdown behavior of rectifiers and thyristors made from striation-free silicon. IEEE Trans. Electron Devices **ED-21**, 313 (1974)
18. K. Platzöder, K. Loch: High-voltage thyristors and diodes made of neutron-

irradiated silicon. IEEE Trans. Electron Devices **ED-23**, 805 (1976)
19. A. Herlet, K. Raithel: Forward characteristics of thyristors in the fired state. Solid State Electronics **9**, 1089 (1966)
20. W.H. Dodson, R.L. Longini: Probed determination of turn-on spread of large area thyristors. IEEE Trans. Electron Devices **ED-13**, 478 (1966)
21. I. Somos, D.E. Piccone: Some observations of static and dynamic plasma spread in conventional and new power thyristors. IEE Conf. Rec. **53**, 1 (1969)
22. F.E. Gentry, J. Moyson: The amplifying gate thyristor. Proc. IEDM (1968) p. 110
23. A. Herlet, P. Voss: State of the art in power semiconductor design. Conf. Rec. IEEE-IAS Int. Semicond. Power Conv. Conf. (1977) pp. 7–23
24. P. Leturcq: Power devices: specific problems. ESSDERC Conf. Rec. (1975) pp. 119–153
25. H.-J. Schulze, M. Ruff, B. Baur: Light triggered 8kV thyristor with a novel integrated breakover diode. Proc. ISPSD (1996) p. 197
26. H. Gruening, B. Oedegard, A. Weber, E. Carroll, S. Eicher: High-power hard-driven GTO Module for 4,5kV/3kA snubberless operation. Proc. PCIM (1996) pp. 169–183
27. H.A. Schafft: Second breakdown – a comprehensive review. Proc. IEEE **55**, 1272 (1967)
28. P.L. Hower: Optimum design of power transistor switches. IEEE Trans. Electron Devices **ED-20**, 426 (1973)
29. C. Hu, M.J. Model: A model of power transistor turn-off dynamic. IEEE Power Electronics Specialists Conf. (1980) pp. 91–96
30. P.L. Hower: A model for turn-off in bipolar transistors. IEDM Tech. Digest (1980) pp. 289–292
31. G. Miller, A. Porst, H. Strack: An advanced high voltage bipolar power transistor with extended RBSOA using 5µm small emitter structures. Proc. IEDM (1985) pp. 142–145
32. D. Ueda, T. Takagi, G. Kano: A new vertical power MOS-FET structure with extremely reduced on-resistance. IEEE Trans. Electron Devices **ED-32**, 2 (1985)
33. H.R. Chang, B.J. Baliga, J.W. Kretchmer, P.A. Piacente: Insulated gate bipolar transistor (IGBT) with a trench gate structure. Proc. IEDM (1987) pp. 674–677
34. G. Miller, J. Sack: A new concept for non-punch-through IGBT with MOSFET-like switching characteristics. IEEE Power Electronics Specialists Conf. (1989) pp. 21–25
35. T. Laska, G. Miller, M. Pfaffenlehner, P. Türkes, D. Berger, B. Gutsmann, P. Kanschat, M. Münzer: Short circuit properties of trench-/field-stop-IGBTs – design aspects for a superior robustness. Proc. ISPSD (2003) pp. 152–155
36. J.G. Bauer, F. Auerbach, A. Porst, R. Roth, H. Ruething, O. Schilling: 6,5 kV-modules using IGBTs with field stop technology. Proc. ISPSD (2001) pp. 121–124
37. M. Rahimo, A. Kopta, S. Eicher, N. Kaminski, F. Bauer, U. Schlapbach, S. Linder: Extending the boundary limits of high voltage IGBTs and diodes to above 8 kV. Proc. ISPSD (2002) pp. 41–44

16 补偿器件突破硅的极限

G. Deboy

16.1 引言

如果没有电能的产生、分配和转换，今天的生活方式将难以想象。我们每天使用大量的电力驱动的机械，它们从直流干线或交流干线或电池获得能量。所有这些应用场合都需要一个从输入线端到期望输出电压之间的功率变换，过去通常采用线性调压器来完成这个转换，对于AC/DC转换，会用到大量笨重的扼流圈。在移动通讯和商业全球化时代，产品开发不再是仅为当地市场服务，而是在全球范围内销售，人们已不再满足于这种变换。从制造商的角度而言，由于需求量的增加，“平台战略”（platform strategies）具有降低生产复杂程度和提供良好交易条件的优势。另外一个驱动力是移动设备在不同直流电源制式的国家的应用：一个移动电话的电池可能今天在德国充电，明天在美国充电，下周则在日本充电。在完全不同的输入线端，充电器必须提供相同的输出电压和电流。现在，开关式电源（SMPS）能够很好地满足这个要求。这些整流功率转换器典型的工作频率在 70 ~ 100kHz 之间，而不是 50Hz，因而可以采用一个小型轻质的变压器。与线性调压器相比，开关式电源在重量上的优势显而易见。高压开关是 SMPS 的一个关键部件，它通常可以承受 500 ~ 800V 范围的截止电压，电压的大小取决于电路的布局。对于不高于 200W 的低端功率使用范围，普遍采用的布局技术是使用回扫变流器，它可以在开关处于截止状态时进行能量转换。这种布局需要用到截止容量为 500 ~ 600V 的晶体管。

成本是 AC/DC 变流器占有巨大和快速成长的市场份额的主要推动力，这意味着高压开关产品和系统的成本至关重要，其中系统成本又可转变为晶体管的性价比。例如，对低驱动功率/栅负荷的需求可以节约控制集成电路的成本；高效率意味着不需要或仅仅配备一个小型的热沉；小尺寸封装可以节省印刷线路的空间；最后，同样重要的是低的电磁干扰（EMI）噪声，它可以帮助我们节省在滤波段上的成本。采用开关式电源替代线性调压器的另外一个重要因素来自于对功率因素的强制性要求，对系统和器件过于苛求的价格压力，迫使半导体器件制造商开始寻求具有创新性的解决方案，以生产出具有竞争力的产品，满足未来的市场需求。

16.2 当今的高压器件概念和实现补偿原理的方法

在低的传导损耗下，具有同时控制高截止电压和大正向电流的能力是高压开关面临的一个挑战。此外，开关还应该很容易进行控制，并能快速开关且在适度过载条件下不能停止工作，所有这些要求都应该在一个低成本条件下得到实现。在我们的方案中，如果排除机械式继电器（在 kHz 范围内开关时，其寿命仅为几分钟），我们的目光会聚焦到半导体解决方案。从设计的角度来说，高截止电压的目标意味着低掺杂和一个较厚的电压维持区间，然而，要求低的传导损耗则与此相反。历史上，采用双极晶体管首次解决了这个根本性的矛盾，其低掺杂电压维持区间导电性是通过注入几个数量级的高导电电子-空穴等离子进行调制的。不幸的是，这些器件在导通时需要一个连续的基极电流，其大小仅比负载电流小一或两个数量级，从而增加了驱动电路的复杂性。加之其相对较大的参数变化，这个缺点意味着这些器件在今天只能应用于为数不多的特定场合，如彩色电视机（CTV）的行偏转件和冷荧光灯（CFLs）的镇流器等价格低廉的部件。

双极导电性的调制与 MOS 栅电流控制的结合产生了绝缘栅双极晶体管，即 IGBT。晶体管的控制不是通过基极电流来实现的，控制电子在晶体管单元横向或垂直方向形成的 MOS 沟道中流动。电压维持区间也按照横向（平行于器件表面）或垂直方向（从器件的正面到背面）进行排列。当电子流到达器件的背面时，将使此处的 pn 结处于正向偏置，导致空穴的注入。这种固有的二极管结构对所有 IGBT 设计造成最小 0.7V（至少在硅材料中）的正向压降。

由于电中性条件，电子、空穴和离化杂质的局部数量保持不变，这种载流子双极性的平衡是 IGBT 保持稳定的关键。依照电场分布，我们可以区分两个主要概念，即穿通概念（PT）和非穿通概念（NPT）。图 16.1 显示了两种类型器件的截面图，该器件具有横向 MOS 沟道和垂直漂移区间。

研究人员于 20 世纪 80 年代早期首次提出 PT 概念，而 NPT 概念在 20 世纪 80 年代后期才出现。由于其在截止态时的梯形场特征，这些器件具有相对薄的电压维持层的优点。电场阻断于高掺杂 n 型缓冲层。在导通时，一个充斥着电子-空穴等离子的薄层意味着在关闭过程中所需迁移的电荷很少，因而，PT-IGBT 的主要优点在于很好地兼顾了传导性和

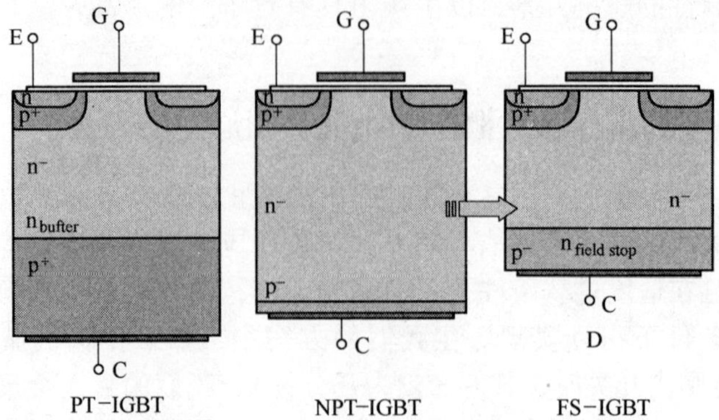

图 16.1 PT-IGBT 和 NPT-IGBT 以及下一步开发的 FS-IGBT 的截面图

开关损耗这两个参数。然而，它也存在两个缺点：一是由于较厚的背 p^+ 层具有高的发射效率，在 n^- 掺杂有源区需要缩短自由载流子的寿命，使得 IGBT 更能适合于高频工作和 SMPS 应用。这个工艺涉及通过电子或重离子辐照或 Pt、Au 等的扩散而在禁带中部产生中心，不幸的是，这些复合中心在较高的器件温度条件下将产生失效，导致随温度升高产生额外的关闭损耗。二是 PT 概念本身是基于外延硅材料，因而成本也是一个需要关注的问题。

NPT 概念的主要优点在于，对于电压维持区间它只需要一种掺杂类型和一定浓度的硅片。对于 n 型掺杂的衬底材料，位于背面的 p 区发射极采用注入并进行退火而形成，因而很容易控制其效率。然而，其电场具有的三角形分布使其对传导性和关闭损耗这两个参数的兼顾不如 PT 概念，它需要一个更厚的有源区以维持相同的截止电压，甚至在最高电压下，空间电荷区间也不能达到背面的 p 发射极。

理想的解决方案应该是将低成本的基体材料和 NPT-IGBT 的浅发射极与 PT-IGBT 的梯形场相结合，也就是电场终止层 IGBT，即 FS-IGBT，因而这个概念具有以上所述的主要优点，而避免了有关的缺点[1]。然而，正如天下没有免费的午餐一样，这个概念要求生产线上配备精确的测量仪器以检测大部分生产过程中的超薄硅片[2]。对于 600V 的 IGBT 而言，需要的硅片厚度在 45 ~ 70μm 之间，与常规大量使用的硅片厚度不同，这更像是一个剃刀刀片。图 16.2 显示了对应 600V 器件的所有上述概念的折中曲线。

如今，IGBTs 已经应用在相当广的领域，从低频驱动器（如用于洗衣机）和大规模牵引设备，到开关式电源的高频应用。然而，在高频应用条件下，IGBT 的开关损耗可能变成一个障碍。另外一个问题来自于固

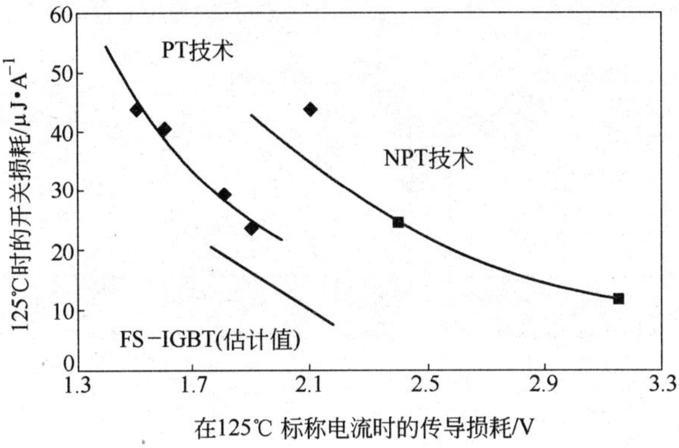

图 16.2　现代 600V IGBTs 开关损耗与传导损耗的比较

有的二极管结构的阈值，它会造成最小 1W/A 的传导功率损耗。

在这种情况下，使用单极器件是明智的选择。此时，电流是通过一种载流子，如电子进行传导的。不存在电压维持区间的电导调制。这种器件概念的主要代表是功率 MOSFET，其研发历史可以追溯到 20 世纪 70 年代中期到 80 年代早期。通过一个横向或纵向的 MOS 沟道结构进行电流控制，对应的电压维持漂移区也呈横向或垂直方向。对于高截止电压需要漂移区间较低的掺杂水平。电场在阻挡 pn 结处具有最大值，并对应于泊松法则描述的空间电荷的位置而下降。由于注入载流子的漂移区不存在电导调制效应，造成比电阻（单位面积）会非常高，它与电压呈大约 2.5 倍指数关系而增大。这主要是由于当电压增加时，需要同时增大电压维持区的厚度和降低掺杂水平所致。另外，在较低掺杂浓度时临界击穿电场值会出现下降。这个主要缺点可以有效地应用在具有较低击穿电压的器件中，如用于灯镇流器中 500V 晶体管的半桥。

20 世纪 80 年代和 90 年代对功率 MOSFET 的持续改进也没能解决这个主要问题，文献［3］提出一种掺杂分布，可在电压维持区间获得漂移区的更佳的 RDSon 值或是通过增大 p 阱之间的掺杂浓度来尽可能减小这种固有的 JFET 结构。最新的研究进展和当今技术发展水平是在 p 阱之间使用非常窄的 n 区，并在器件的边缘构造上下工夫以尽可能接近一维一侧突变 pn 结的击穿电压。采用该工艺的研究小组在一定的结构条件下获得了最大击穿电压的 97%，因而达到了所谓硅极限的 110%[4]。该极限是优化一个具有一种 n 掺杂分布的突变 p^+n^- 结的截止电压和优化 RDSon 问题的数学解，图 16.3 显示了对应的设计图。

功率半导体器件的制造商同时生产 MOSFETs 和 IGBTs 以适应 SMPS

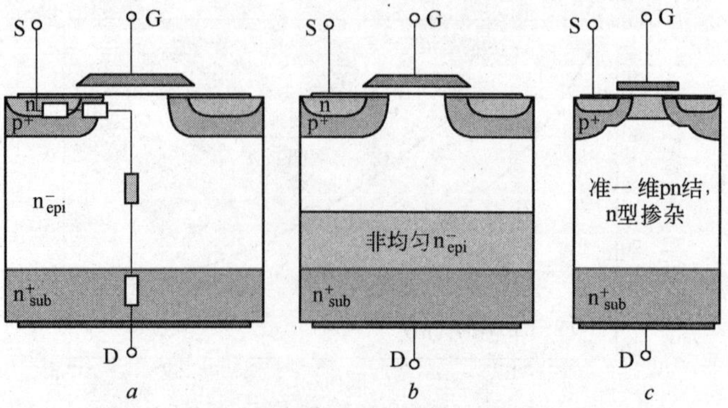

图 16.3　传统功率 MOSFETs 的发展历史

a—第一代 MOSFET，1978 年；*b*—第二代 MOSFET，1988 年；

c—第三代 MOSFET，2001 年

应用要求，然而，正如上面所指出的那样，当今两种器件概念都已达到各自的物理极限，对于理想的开关均需要进行一定的优化。IGBT 中的注入离子-空穴等离子体限制了开关损耗的降低，而 MOSFET 由于其有限的 RDSon 值，在传导损耗上存在问题。

因此，对于功率 MOSFETs 来说，采用“渐进式”的过程不能实现进一步的优化，只有采用一种全新的理论才有可能实现这个目标。这种革命性的解决方案是采用两种掺杂分布来替代一种掺杂分布以实现对器件性能的优化。在器件中两种载流子被局部分开：在导通状态下，多数载流子，如电子，产生一个比传统 MOSFET 更低的 RDSon 值，而在截止状态，两种载流子相互湮没，达到一个接近于 0 的净掺杂水平，这正是高截止电压所需要的条件。基于低导电性时所需电荷并非是注入的而是内建的这一事实，器件开关的速度至少与 MOSFET 相当，并具有更佳的 RDSon * A 值。这种器件概念轻易地突破了硅的极限线宽，从而不存在使用一种掺杂分布同时优化击穿电压和 RDSon 值的问题[5]。我们依据截止态时 p 电荷和 n 电荷的补偿性称这种原理为补偿原理。另外一个名称叫“超结器件”，缘于深 p 柱形成了较大的 pn 结[6]，这个概念来自于横向晶体管的场，其发展可追溯到 20 世纪 70 年代，其原理被称之为 RESURF 概念（简化的表面场）[7]。菲利浦的工程师在横向晶体管中发现，在一个非常薄的有源 n 层内进行结构制备时，截止电压会出现增大，这个 n 层位于一 p 基层或一绝缘层之上。少数载流子从远离 p 阱的地方到下层的 p 层的重新“定位”，使得表面的最大电场出现下降，换句话说，与漂移区 n 掺杂相关的电荷与平行于电流方向的场分布无关，这种电荷

仅仅产生了一个垂直于电流方向的场分量。随后，Coe 将这种概念应用到叠层 p 层和 n 层上，在导电的 n 层中可允许更高的掺杂浓度[8]。Coe 还对叠层电荷及其厚度维度的基本补偿原则进行了描述。由于叠层形成另外一个 pn 结，垂直于界面的电荷群必须位于材料比击穿电荷以下，对于硅材料该值为 $2\times10^{12}cm^{-2}$。因此，1μm 厚的层可以达到 $2\times10^{16}cm^{-3}$ 的掺杂水平，这比一个 600V 晶体管中的平均掺杂水平高出 2 个数量级。这种简单的计算显示出电荷补偿或 RESURF 原理的潜力。今天，在横向晶体管中，RESURF 原理被普遍使用，然而，横向电流的特征使得硅的用量保持在一个较低的水平。因此，横向晶体管主要用于低功率场合，如充电器或备用电源，中型到高功率的应用场合则需要垂直的晶体管结构。因此，将电荷补偿概念用于垂直器件并开发出相应的制备技术是一个挑战性的任务。尽管研究人员很早就提出了基本的器件结构[9]，但是直到 1998 年 CoolMOS™的出现才在技术上得到了实现[5]。图 16.4 给出了基本的器件结构。

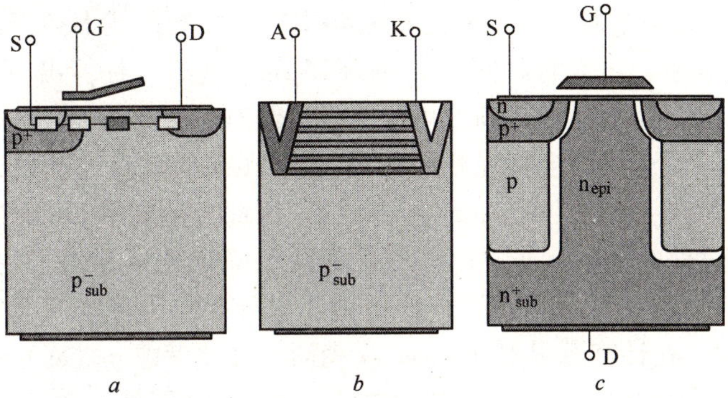

图 16.4 补偿器件的发展历史

a—RESURF 概念，1972 年，1p/n 对；*b*—多个 RESURF，1988 年，>2p/n 对；

c—CoolMOS™，1998 年，>100000p 柱

16.3 制备技术与挑战

难点在于 p 柱的形成，它可以深达漂移区，在 600V 器件中深度约为 40μm。今天，补偿器件供应商采用一种基于堆垛 n 掺杂外延层与掩模 p 掺杂区的中间注入相互叠加的方法，这些单个的 p 区最终通过扩散形成一个 p 柱结构。图 16.5 显示了这种被称为多重外延技术的流程图。

除了这种相对昂贵和耗时的方法外，还有人提出了槽腐蚀结合外延填充或倾斜侧壁注入的方法[11]。最近，研究人员还提出了超高能离子束

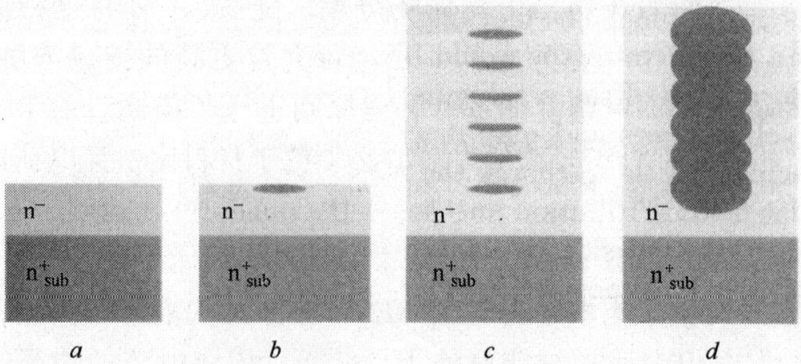

图 16.5　采用多重外延方法在补偿器件中形成 p 柱所需的每个加工步骤

a—具有 n^+ 掺杂接触层和 n^- 掺杂电压维持层的硅片；*b*—掩模硼注入 n^- 掺杂电压维持层；*c*—随后的 n^- 掺杂外延层沉积和掩模硼注入步骤；*d*—扩散与晶体管单元的形成

发射技术[12]。

如上所述，由于击穿电荷产生的限制在 p 柱的横向间隔和 n 区的掺杂浓度之间起到连接作用。假定我们期望得到比当前技术高一个数量级的 n 掺杂水平，单元管脚间距大约为 15μm，这给 p 柱留出 10μm 的距离，因而在 4μm 宽的注入窗口可使每个边缘有最大 3μm 的横向外扩散。在这种条件下，我们也将在两个方向得到 3μm 的垂直外扩散，换句话说，可以得到垂直深度为 7μm 的注入区。因此，形成 40μm 深的 p 柱将需要 6 个这样的注入区，在生产线上对应于 6 次外延和离子注入周期。另外，在相同的截止条件下，n 导电路径电导率将为传统 MOSFET 电导率的 10 倍。在计算面积-比 RDSon * A 值时，必须考虑 p 柱对正向导电并没有贡献；我们因而得到了 5 倍改善的 RDSon * A 值。

与制备技术相关的另外一个重要方面是电荷平衡问题[13]。让我们继续使用上述举例。假定一个比 600V MOSFET 掺杂高 10 倍的 n 掺杂水平，并具有 pn^-n 层结构。我们的目标是在漂移区厚度不变时获得至少相同的截止电压。因而，包含 n 区和 p 柱的净掺杂的绝对值应保持在原始 n^- 掺杂的限度内；然而，这种净掺杂也许是 n 型或 p 型，图 16.6 为其示意图。

截止电压可以表征为垂直场分布所包含的面积，根据泊松法则，其斜率可表示为净掺杂。比 600V 晶体管掺杂高 10 倍的晶体管的截止电压只有 100V（图 16.6 中点划线所示）；随着 p 柱的形成，净掺杂水平降低，截止电压上升，可达到 600V（图 16.6 中实线所示）。随着 p 电荷的进一步增加，净掺杂水平接近零，导致产生平坦的场分布，从而获得最大截止电压。在过补偿一侧，截止能力开始出现下降，伴随着场分布朝

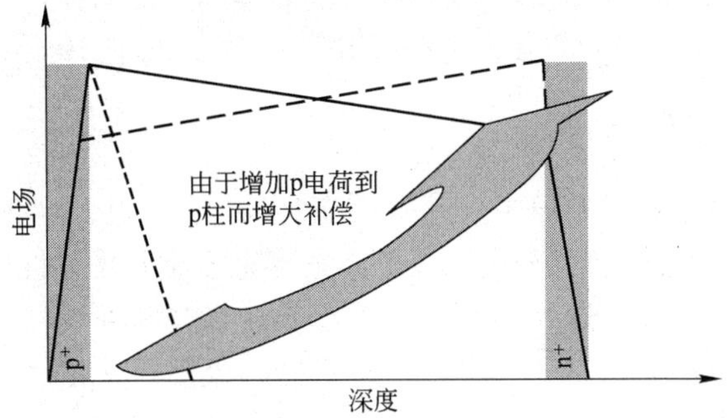

图 16.6　理想补偿器件中垂直电场与由于 p 柱而使 n 柱补偿度增大的关系
p^+ 和 n^+ 接触面积如图中灰色区域所示，图中实线为最小电荷平衡时的场分布（p 欠补偿 n），虚线为最大电荷平衡时的场（p 过补偿 n），点划线为 p 区无补偿时的场分布

p 阱而不是 n^+ 接触区倾斜（图 16.6 中虚线所示）。电荷补偿器件的截止电压与绝对电荷补偿总是密切相关。如果我们将(n 掺杂 - p 掺杂)/(n 掺杂水平)定义为电荷补偿度 κ，当 n 掺杂水平为 10 倍（±10%）时，在上述例子中我们可以获得所需的击穿电压。换句话说，对于传统晶体管 RDSon*A 的增益 G（约为掺杂水平增加的一半）和整个工艺容差窗口可用简单的公式表示，$GW = 1$，在此 W 为 0.2。图 16.7 描述了截止电压和补偿度 κ 之间的关系。

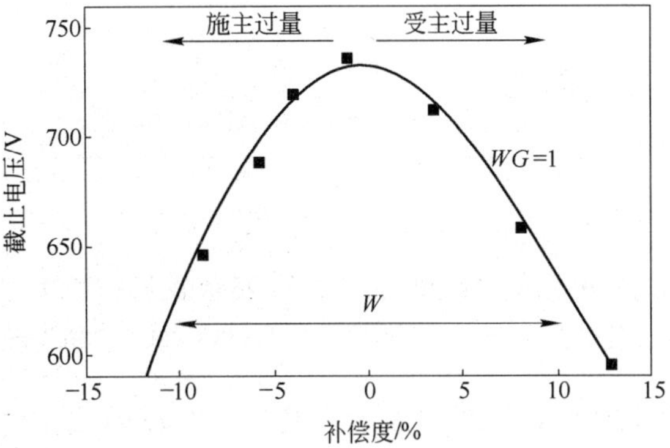

图 16.7　补偿抛物线表明截止电压和补偿度 κ 的关系

与传统功率 MOSFET 受硅“障碍”限制不同，补偿器件在较低 RDSon*A上的应用潜力并不受到物理“边界”的限制，它仅仅取决于每个生产商的工艺控制能力。半导体技术的持续改进可望推动补偿器件沿

着不断降低 RDSon * A 值的方向前进，这正是希望之所在。今天，实验室规模的样品显示出 600V 截止电压时 RDSon * A 值可有 10 倍改进的潜力。

16.4 补偿器件特征

补偿器件的主要特征在于它们突破了硅的极限，这正是传统功率 MOSFETs 的物理障碍。RDSon * A 值与击穿电压呈几乎线性的关系，而不是传统的平方关系。图 16.8 显示了当今传统工艺和补偿器件的最佳技术水平。Kobayashi 等人[4]声称已几乎达到硅的极限；其竞争者可提供的商用产品离硅的极限还有一定的“距离”[14]。然而，最近基于 Kobayashi 等人发表的技术所研发的产品显示其 RDSon * A 值最大可能接近其竞争对手，而不是硅的极限[15]，这些数值清晰地表明它们受到了硅极限的限制，并通过不断的努力得到了一个渐进式达到目标的方法。一种样式的变化需要采用一种全新的构造方法，正如图中补偿器件的典型代表 CoolMOS™所示，这些点分别对应于 500V、600V 和 800V 产品“家族”最小截止电压的比 RDSon 的最大额定值。

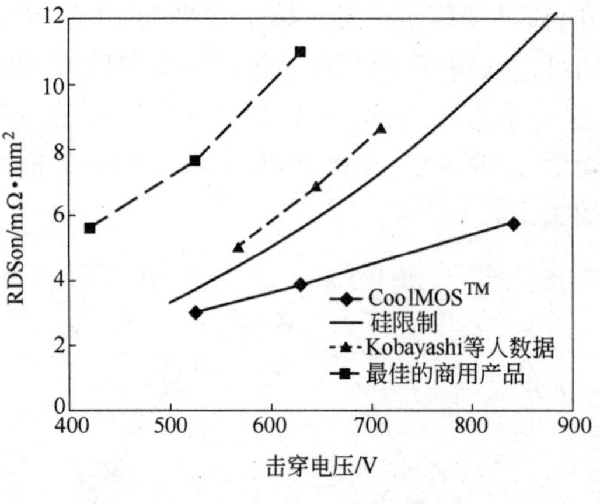

图 16.8 导通态比电阻与截止能力的关系，显示出传统 MOSFETs 的硅限制，目前最佳的商用产品和文献报道数据与 CoolMOS™ 晶体管对比

这种新的原理开辟了新的天地，尤其是在较高截止电压应用方面。其器件内部与传统 MOSFET 仅仅存在一个主要的区别，即深 p 柱产生于晶体管的有源区或漂移区。在导通过程中，电流从 n^+ 源区通过 MOS 沟道（它可在横向或垂直方向调整）在相当高掺杂的 n 区内垂直流向背面的 n^+ 接触区。在导通状态下，穿过漂移区会出现小的电压降（几伏数量级），该电压降与内建电压一道对 pn 结产生一个反偏压，这种反偏压是

p 柱与 n 漂移区共同形成的。因此，总可在深 p 柱附近发现一个浅耗尽区（如图 16.9 所示）。

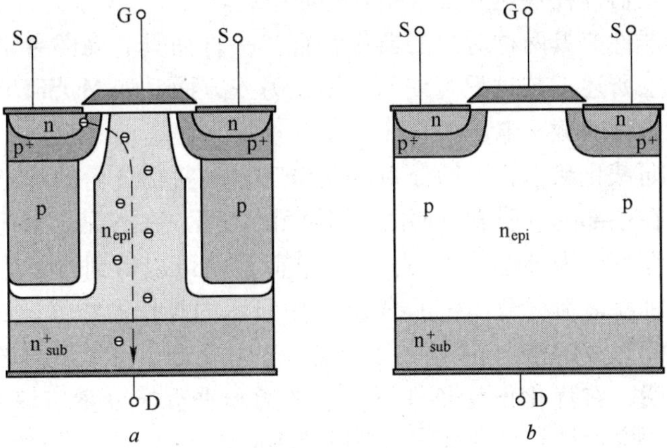

图 16.9　补偿器件接通和截止状态的示意图

a—导通状态；*b*—截止状态

在关断过程中，电流被 MOS 沟道所切断；深 p 柱附近的浅耗尽区开始扩展，并从底部到顶部耗尽 p 柱，从顶部到底部耗尽 n 柱。这种特征行为与传统 MOSFET 不同，其耗尽区只在 n 漂移区内进行从顶部到底部的单向扩展。在 50V 左右（电压值取决于掺杂浓度和补偿度），p 柱和 n 柱结构被完全耗尽。

现在，器件已经可以承受高的截止电压。需要指出的是，在传统 MOSFET 中，在 50V 时漂移区仅仅出现很小的扩展，它可能小于整个漂移区的 20%（见图 16.10）。位于空间电荷区以下的漂移区中剩余的移动载流子受到较高 d*v*/d*t* 斜率的触发，可能产生二次击穿效应。漂移区中耗尽部分高电场的“堆积”可能造成更多自由载流子发生碰撞电离，这

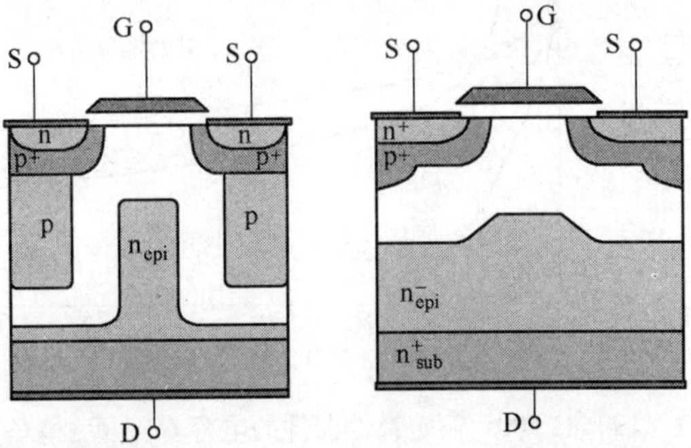

图 16.10　关断过程中漂移区的动态耗尽：补偿器件与传统 MOSFET 对比

反过来会激发功率 MOSFETs 中常见的寄生 npn 双极晶体管。在总截止能力 10% 左右的电压条件下，从漂移区中及早并完全除去所有移动载流子会使得补偿器件在快速开关瞬变时更加稳定。

补偿器件兼具两种对立的器件特征：一方面具有高的导电性，这仅仅受到如上所述工艺过程容差的限制；另一方面，如 MOSFET 一样具有快速关断特性的截止电压。

在反向截止状态，电场分布表现出三个主要场分量的特点。垂直场主要建立在顶部的 p 阱和背面的 n^+ 接触区之间。在不完全电荷平衡条件下，通过漂移区未补偿的 n^- 或 p^- 净电荷我们可以得到修正后的垂直场分量。这种净电荷导致产生了图 16.7 中所示的补偿抛物线。深 p 柱和 n 漂移区之间形成的横向 pn 结在垂直场分布上叠加了一个横向场分量。理论研究表明，在优化设计条件下，水平场和垂直场分量应该是相等的，换句话说，穿过柱结构的全部横向电荷不应该超过击穿电荷的 50%[6]。

让我们重新回到补偿器件耗尽区的扩展特性上：随着电压增高，在传统 MOSFETs 中会出现空间电荷宽度的增大，但在未耗尽的 p 柱和 n 柱会出现额外的表面积减小。因为 p 柱通过 p 阱与源区相连，而且 n 柱与漏极电位相关，所以器件表现出强烈的非线性漏-源电容或者输出电容。由于大的三维 p 柱结构，在较低电压下可以达到很大的电容值。

在栅-漏或者说反馈电容中可以观察到同样的效应。此时，位于 n 柱下的空间电荷层的快速扩展变成了主要影响因素，这种快速扩展是造成强烈的非线性行为的主要原因。与传统晶体管相比，由于补偿器件面积的不断减小所形成的电位，导致栅-源电容或者说输入电容出现下降。图 16.11 显

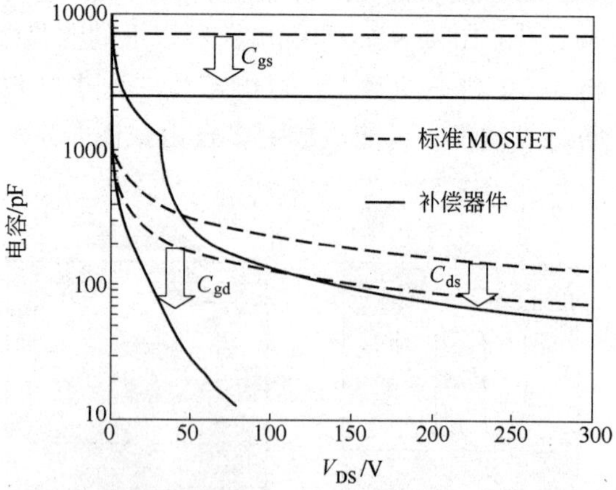

图 16.11 190mΩ 600V 额定补偿器件的电容 C_{gs}、C_{gd} 和 C_{ds}（实线）与传统功率 MOSFET 电容（虚线）的比较

示了这种对比结果。

如果不采取措施以确保谐振开关变换，输出电容储存的能量在导通过程中通常会转化成热，因而这种能量在计算开关损耗时变成了一个重要的品质因子。图 16.12 显示了相应的数值，它由下面的积分表达式得出：

$$E_{oss} = \int_0^{V_{DS}} C_{oss} U \mathrm{d}U$$

式中：

$$C_{oss} = C_{ds} + C_{gd}$$

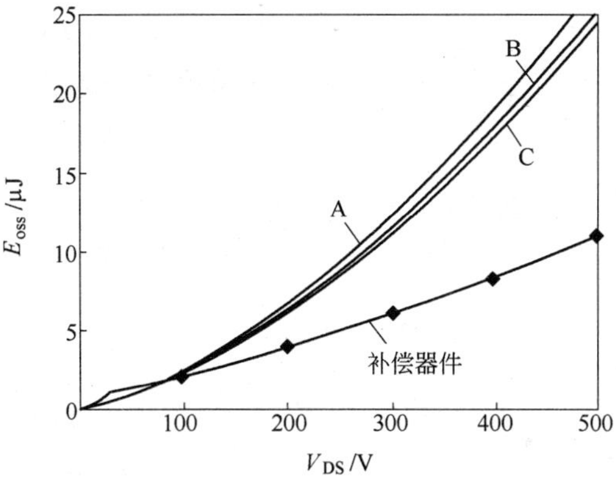

图 16.12　190mΩ 600V 额定补偿器件输出电容储存的能量（菱形标记）与三种传统功率 MOSFETs（实线 A、B、C）的对比

因此，在高电压下相对较低的 C_{gd} 和 C_{ds} 值与其在低电压下的较高值相比显得更为重要。与传统功率 MOSFETs 相比（如图中 A、B、C 所示），在典型标称电压 350 ~ 400V 之间，补偿器件的能量损耗下降约 50%。

在谐振应用上，尤其是对于移相零电压开关（ZVS）全桥而言，储存于输出电容中的能量是通过其他感应元件的负载电流的流动来提供的。当补偿器件的能量值较低时，桥可以在更低的负载电流值时保持其 ZVS 特性，在应用这些器件时，这是一个非常重要的设计思想。而且，强烈的非线性输出电容有助于电流从一个脚转向另一个脚[16]。

补偿器件可以提供无法匹敌的低导通状态损耗和低输出能量，但在导通和关断过程中的焦耳损耗又如何呢？在导通过程中，贯穿整个 p 柱和 n 柱结构的空间电荷通过扩展必将被移动载流子所充满，电子电荷由来自 n^+ 源区经 MOS 沟道流过的负载电流来提供，这种电流贡献非常迅速而且仅仅决定于电荷充满 MOS 栅的时间。然而，p 电荷必须从 p 阱流向 p 柱，这种电流贡献也是一种漂移电流，这正如导通过程中 p 柱倾向于浮动到负电势一样。这种负电势来自于非补偿受主的负电荷，而且会被来自 p 阱的空穴流所中和。这种电流贡献也非常迅速，如果补偿器件能够提供一个沿 p 柱的低电阻欧姆电流，这种贡献将在几纳秒内发生。因此，在制造过程中，以适当的方式校直单个 p 离子注入岛区并通过热扩散将它们充分融合，显得至关重要。

在关断过程中，两种类型的载流子通过扩展的空间电荷区移动到各自的多子储层，载流子不必穿过耗尽区，换句话说，器件内部的电流和电压并不处在同相位。电压上升通过低于 70V 的漏电压的软曲率来表征，这与较大的漏-源电容有关，该漏-源电容与电压密切相关。一旦柱完全相互耗尽，电压上升将更加迅速，并在无损耗情况下达到 80V/ns 的值。

图 16. 13 显示了采用 TMA's MEDICI 软件模拟的 500V CoolMOS™ 器

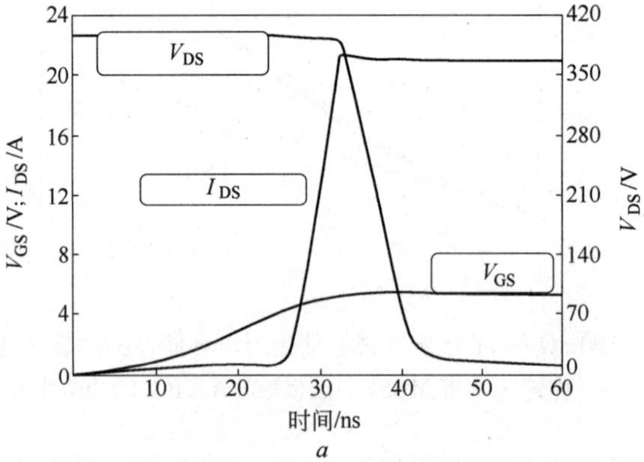

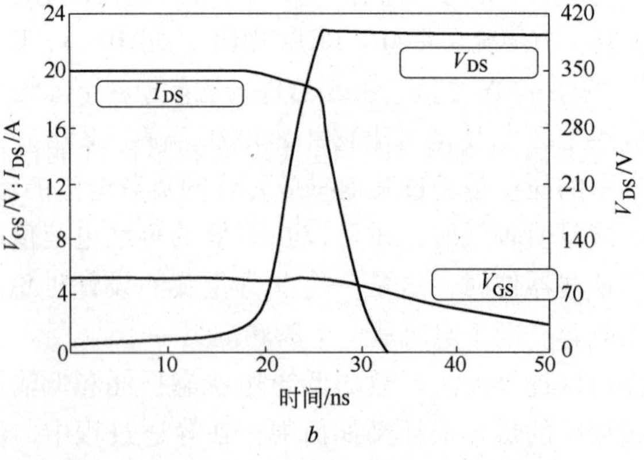

图 16. 13　500V CoolMOS™ 晶体管单元的模拟导通特征（a）和 500V CoolMOS™ 晶体管单元的模拟关断特征（b）

件的导通和关断特征，在不考虑测量装置或其他外部电路影响时，这些模拟的瞬变现象具有显示实际期间性能的优点。

正如所有的 MOSFETs 一样，补偿器件具有一个内部的体二极管，它由一侧的 p 阱与 p 柱和另一侧的 n 柱与 n^+ 背接触所形成（如图 16.9 所示），因而这种器件具有反向传导电流的能力。由于深 p 柱的存在，这种体二极管的正向电压降仅仅略高于结的阈值电压，低于具有低掺杂的大 n 漂移区的传统 MOSFET 中的相应值。然而，最重要的还是器件的整流行为，它表示器件对穿过“溢流”体二极管反向截止电压的动态响应，其特征参数包括反向恢复时间 t_{rr}；二极管中储存的电荷，通常称为反向恢复电荷 Q_{rr}；反向恢复电流峰值 I_{rr}；柔度因子 S，可表示为到达最大反向恢复峰值（理想状态为 1）前后电荷之比。不幸的是，与传统器件相比，补偿器件的这些特征参数并不是最好的。补偿器件向最低 RDSon * A 值和快速开关速度方面的优化与体二极管行为的优化是相互矛盾的。在正向偏压条件下，pn 柱结构将被电子-空穴等离子体完全溢流，由于 pn 结较大的表面和相对较高的掺杂水平，我们可以得到一个比传统 MOSFETs 更高的等离子体浓度，因而获得一个更大的 Q_{rr} 值。当器件反向偏压时，在 pn 柱开始重现前，等离子体必须完全离开激活区并开始自行耗尽。如前所述，耗尽在 p 柱的底部开始发生并沿着柱结构的侧面进行，因而在等离子体几乎彻底移去前，器件不可能承受较高的截止电压，这反过来将造成反向恢复电流出现不可抑制的累积，并产生极高的反向恢复电流 I_{rr}；必须指出的是，在传统 MOSFET 中，器件可以在整流的初期阶段截止电压，因而可以迅速延缓反向恢复电流的上升。当补偿器件开始施加电压时，几乎所有的移动载流子都会消失，从而导致反向恢复电流产生快速的间断，造成柔度因子 S 接近零。

通过电子辐照可以改善二极管的性能，反向恢复时间 t_{rr} 和反向恢复电流可分别降低到 1/3 和 1/10，但其柔度和整体性能保持不变[17]。图 16.14 对比了受辐照补偿器件和未受辐照补偿器件的整流性能，整流速度为 100A/μs，该速度通常用于数据表分级。

然而，二极管在较高整流速度时是耐用的，并在移相 ZVS 桥应用中显示出优异的性能[18]，这主要也是由电压升高过程中移动载流子的缺失造成的。另外，也与激活区深部由于水平电场的作用造成的电荷分离有关。因此，器件并没有显示出二次击穿效应的倾向或触发寄生双极性晶体管结构。测量结果表明：整流速度高达 3000A/μs。图 16.15 对比了未辐照 600mΩ 晶体管在 1000A/μs 整流速度时的整流行

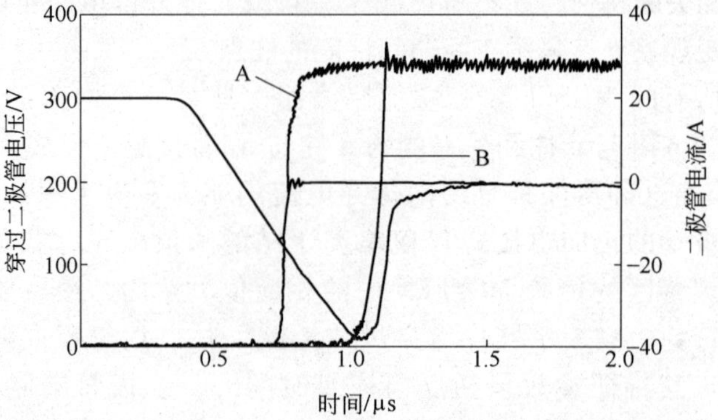

图 16.14 受辐照补偿器件 A 和未受辐照补偿器件 B 整流性能的对比

整流速度为 100A/μs（600V，190mΩ 型）；A、B 漏偏压

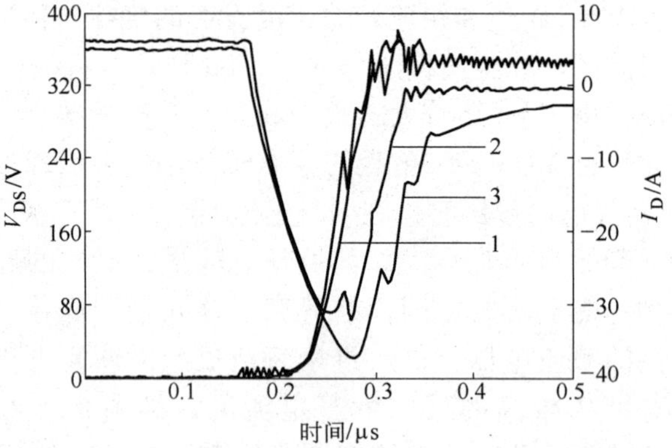

图 16.15 补偿器件与传统晶体管在超高速整流速度 1000A/μs 时（500V，600mΩ 型）的整流性能对比

1—偏压，V_{DS}；2—补偿器件电流；3—传统器件电流

为。目前，整流可在 200ns 内完成，而从图中可以看出，传统器件在达到 350V 干线电压后，会出现一个较大的尾电流，这清晰地表明空间电荷区尚未到达背部 n^+ 接触区，因而漂移区内的剩余电荷将会触发寄生 npn 晶体管。而补偿器件没有显示任何的尾电流，电荷在整流的初期阶段就被移除。

另外，我们还要关注在非常高整流速度时的接近理想状态的柔度因子 S。可以采用第一原理方法来解释这种现象：电流间断与整流速度无关而保持不变，与传统 MOSFET 不同，它不依赖于反向恢复电荷 Q_{rr}，而仅仅与器件结构相关。然而，在反向恢复电流到达其最大值前，器件的性能仅仅与整流速度相关，因而补偿器件的柔度因子 S 可以通过快速开关加以改善。

16.5 对典型功率 MOSFET 应用的影响

目前，应用朝着同时具有较小的系统封装和更高的输出功率方向发展，这意味着更高的功率密度需求，它同时要求器件提高其系统效率。而且，高功率密度要求减小无源元件的尺寸，因而可以得到更高的开关频率。这种需求强调了低开关损耗的重要性。补偿器件以接近理想的方式实现了上述两个目标，因而这种新型的器件概念拓宽了系统设计和集成的新视野。例如，移动电话充电器和输出功率为 120W 或更高的小型笔记本适配器。而且，整个系统可以在成套水平上进行集成。图 16.16 对比了一个组合控制器和采用传统技术制备的功率 MOSFET 的性能，这种功率器件也使用了补偿器件中采用的类似组合方式。

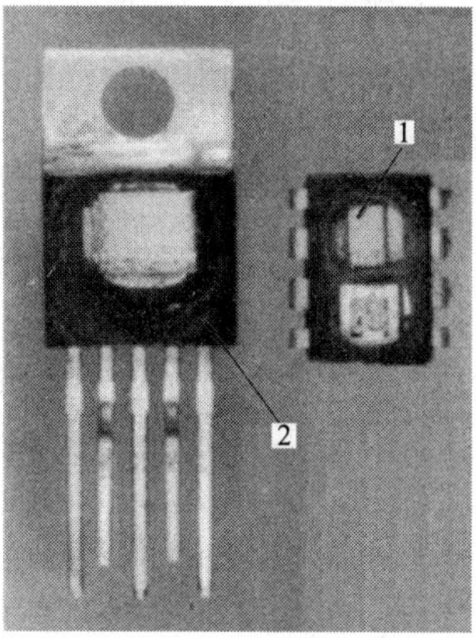

图 16.16 两种系统解决方案的对比
传统解决方案整个系统损耗为 3W，因而需要配置一个热沉；基于补偿器件的解决方案其整体功率损耗仅为 1W，不需要进行冷却
1—补偿器件，1mΩ，无需冷却；
2—传统方案，3mΩ，需要冷却

最后，让我们看一下一个典型的应用事例，即现今广泛用于 SMPS 和发光应用的功率因子校准级。图 16.17 显示了一个典型的 SMPS 布局，包括一个整流器电桥、一个功率因子校准（PFC）级和一个脉冲宽度调制级，在此采用了一个逆向变换器布局。使用 PFC 级的优点在于可以在接近理想功率因子为 1 的状态下从线路获得连续的电流。PFC 级可以在连续模式（CCM）或间断模式（DCM）下工作，这取决于电流是否穿过位于两个开关周期之间的感应中止区。CCM 模式要求一个较小的峰值电流，因而可以采用较小的 MOSFETs，但同时要求一个极快的反向恢复二极管进行整流。结合良好的 EMI 特性，在高功率密度应用中采用 CCM 模式是明智之举。

最近，有些研发人员开始研究与超快 SiC 肖特基二极管组合的 Cool MOS™晶体管的性能[19~21]。SiC 肖特基二极管中反向恢复电荷的缺失有效地降低了关联的功率 MOSFET 的损耗，因而大大提高了 PFC 级的效

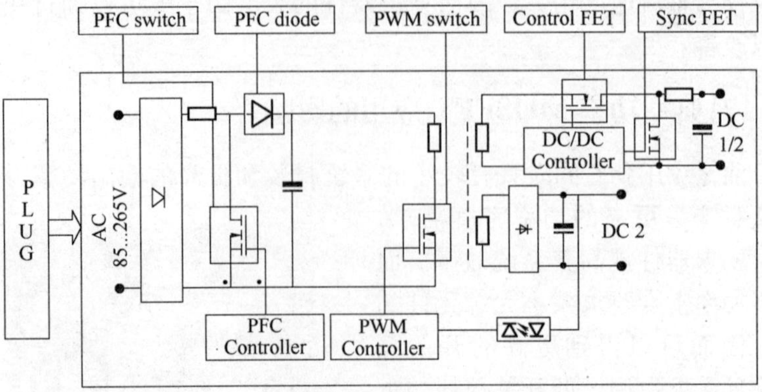

图 16.17　典型的用于 AC/DC 功率变换的开关式电源的方框图，
包括线整流、一个初级端功率因子校准级、一个初级
端脉冲宽度调制级和一个次级 DC 控制级

率。对于功率 MOSFET 而言，快速开关和输出电容中储存的较低能量非常重要。补偿器件在这两个方面显示出优异的性能，因而它们在硬开关 CCM PFC 应用中成为首选。图 16.18 对比了两种不同的补偿器件（190mΩ 型和 380mΩ 型）与传统功率 MOSFET（230mΩ）的性能，所有的器件均在具有同等驱动和冷却条件的 PFC 板上相同的管座中进行测试。随着频率的增加，由于开关损耗和 SiC 肖特基二极管电容充放电中的损耗造成整体损耗增加，只有 190mΩ 型器件可在 500Hz 频率下工作，所有其他器件由于过多的功耗出现热损毁的趋势。

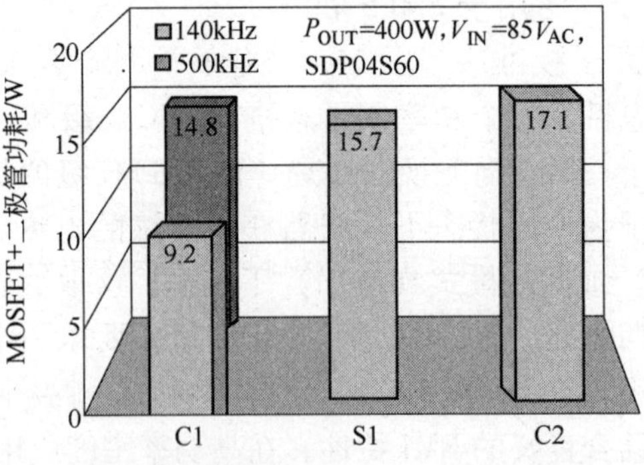

图 16.18　400W CCM PFC 变换器中两种补偿器件（C1：600V，190mΩ 型；C2：600V，380mΩ 型）与传统功率 MOSFET(S1:500V,230mΩ) 总功耗的对比
为了更好地表征功率 MOSFET 的性能，在所有测试中均使用 SiC
肖特基二极管作为单向传动二极管

16.6 结论和展望

补偿器件是功率 MOSFETs 当今的代表，它也是功率 MOSFETs 经过长期的研发后达到的一个顶峰。由于电荷补偿原理的新型应用，在 RDSon * A 和截止电压之间长期的依存关系，即所谓的硅极限不复存在，对于低欧姆功率 MOSFETs 而言，在给定封装结构或在给定的 RDSon 值时，可以显著减小开关尺寸。补偿器件显著地减少了开关损耗，同时在高开关瞬变态具有良好的耐用性。正是由于这些特征，补偿器件成为电源管理和动力供应领域高端产品的理想之选。

对于进一步减小比面积 RDSon 是否存在另一个“物理边界”？我们讨论了电荷补偿和严格的要求对工艺控制的影响。迄今为止，在功率半导体器件的制造中对这些影响知之甚少，这已成为一个主要问题。但对于电流密度或 p 柱和 n 柱过早耗尽的情况又如何呢？

进一步减小比面积 RDSon 要求电流传导的 n 柱具有更高的掺杂浓度，这缘自于击穿电荷产生的限制所造成的。同时，在相邻的 n 柱或 p 柱之间还要求一个更小的横向距离或管脚间距。与具有相同 RDSon 值的早期器件相比，当一新型器件通过相同的电流时，其电流密度随 n 柱掺杂水平的增大而保持相同速度的增大。在这种情况下，我们总可把与电流相关的电荷和 n 掺杂浓度保持相同的比例，如设计得当，这一比例不应超过 10%，这缘自于电场总是由杂质浓度而不是由移动载流子所主导。因此，这种所谓的 Kirk 极限看起来在未来的发展道路上并不是一个障碍。对于 p 柱和 n 柱的过早耗尽又如何呢？随着管脚间距和管芯尺寸的减小，耗尽电压将不可避免地出现下降。当前，柱在 50V 左右耗尽，这与功率 MOSFETs 在导通状态条件下的电压降相差甚远。如果采用目前工艺技术使得比面积 RDSon 再减小一个数量级，这个“边界”将变得非常重要。在这种情形下，我期望某些应用需求将朝着在特定 RDSon 时向更低电流水平方向发展。这些应用将采用未来器件可能提供的超低 RDSon，因而将整体功耗降低到一个当前无法预测的水平。其他的应用将更多地保持对传统峰值电流的要求，因而可以更多地使用传统功率 MOSFETs，或许可称为第一代补偿器件。毫无疑问，对于未使用补偿原理的标准功率 MOSFETs 市场，在未来 10 年内将是非常小的。面向最佳补偿器件的竞争已经开始了[22~24]。

致　谢

作者对 H. Weber、J-P. Stengl、H. Strack、J. Tihanyi 和整个 CoolMOS™ 研发团队表示感谢，没有他们不知疲倦的努力，补偿器件技术不会变成现实。同时，我们对英飞凌专有 IGBT 和 CoolMOS™技术被授予2001年德国产业创新奖感到自豪。

（黄 倬译，邓志杰校）

参考文献

1. T. Laska, M. Münzer, F. Pfirsch, C. Schaeffer, T. Schmidt: The field stop IGBT (FS-IGBT) – a new power device concept with a great improvement potential. Proc. ISPSD (2000) pp. 355–358
2. T. Laska, M. Matschitsch, W. Scholz: Ultrathin-wafer technology for a new 600V-NPT-IGBT. Proc. ISPSD (1997) pp. 361–364
3. X.B. Chen, C. Hu: Optimum doping profile of power MOSFET's epitaxial layer. IEEE Trans. Electron Devices **ED-29**, 985 (1982)
4. T. Kobayashi et al.: High-voltage power MOSFETs reached almost to the Si limit. Proc. ISPSD (2001) pp. 99–102
5. G. Deboy, M. März, J.-P. Stengl, H. Strack, J. Tihanyi, H. Weber: A new generation of high voltage MOSFETs breaks the limit line of silicon. Tech. Digest IEDM (1998) pp. 683–685
6. T. Fujihira: Theory of semiconductor superjunction devices. Jpn. J. Appl. Phys. **36**, 6254 (1997)
7. A.W. Ludikhuize: A review of the RESURF technology. Proc. ISPSD (2000) pp. 11–18
8. David J. Coe: US patent 4,754,310 (1988)
9. J. Tihanyi: A qualitative study of the DC performance of SIPMOS transistors. Siemens Forsch.- u. Entwickl.-Ber. **9**, Nr. 4, (1980) pp. 181–189
10. M. Rüb, D. Ahlers, J. Baumgartl, G. Deboy, W. Friza, O. Häberlen, I. Steinigke: A novel trench concept for the fabrication of compensation devices. Proc. ISPSD (2003) pp. 203–206
11. T. Nitta, T. Minato, M. Yano, A. Uenishi, M. Harada, S. Hine: Experimental results and simulation analysis of 250 V super trench MOSFET. Proc. ISPSD (2000) pp. 77–80
12. J. Meijer, B. Burchard, K. Ivanova, B.E. Volland, I.W. Rangelow, M. Rüb, G. Deboy: High energy ion projection for deep ion implantation as a low cost, high throughput alternative for subsequent epitaxy processes. Proc. EIPBN (2003)
13. P.M. Shenoy, G. Dolny: Analysis of the effect of charge imbalance on the static and dynamic characteristics of the super junction MOSFET. Proc. ISPSD (1999) pp. 99–102
14. ST Supermesh product family, values calculated from best-of-class type 600 V, 550 Ω max. rating
15. Fuji FAP-G product family, values calculated from best-of-class type 600 V, 540 Ω max. rating
16. M. Schutten: General Electric, Schenectady, personal discussion
17. M. Schmitt, H.-J. Schulze, A. Schlögl, M. Vossebürger, A. Willmeroth, G. Deboy, G. Wachutka: A comparison of electron, proton and helium ion irradiation for the optimization of the CoolMOS™ body diode. Proc. ISPSD (2002) pp. 229–232
18. G. Deboy, J. Hancock, M. Pürschel, U. Wahl, A. Willmeroth: Compensation

devices solve failure mode of the phase shift ZVS bridge during light load operation. Proc. APEC (2002)
19. L. Lorenz, G. Deboy, I. Zverev: Matched pair of CoolMOS™ transistor with SiC Schottky diode – advantages in the application. IEEE IAS Conf. Rec. (2000) pp. 376–383
20. I. Zverev: Frequency related trade off's in a hard switching CCM PFC boost converter. Proc. APEC (2003)
21. B. Lu, W. Dong, Q. Zhao, F.C. Lee: Performance evaluation of CoolMOS™ and SiC diode for single-phase
22. M. Saggio, D. Fagone, S. Musumeci: Mdmesh™ – innovative technology for high voltage power MOSFETs. Proc. ISPSD (2000) pp. 65–68
23. Y. Onishi, S. Iwamoto, T. Sato, T. Nagaoka, K. Ueno, T. Fujihira: 24 mOhmcm^2 680 V silicon superjunction MOSFET. Proc. ISPSD (2002) pp. 241–244
24. W. Saito, I. Omura, S. Aida, S. Koduki, M. Izumisawa, T. Ogura: 600 V Semi-superjunction MOSFET. Proc. ISPSD (2003) pp. 45–48

17 集成电路

J. Borel

17.1 引言

20 世纪 60 年代早期，随着双极晶体管 NAND 栅小规模集成的出现，集成电路（ICs）开始变成现实。这个“接力棒”很快传递到 CMOS 技术，它具有更简单的工艺，更低的成本，并可望实现更高的集成度。现在，以往那种耗时、电路功能简单、设计成本也相对较低的情况完全改变了。

硅的应用需要理解成市场需求的推动，但是市场的成功依赖于其他一些因素，以至我们在提及这些产品和市场之前必须对这些因素予以描述。

17.2 历史回顾

20 世纪 60 ~ 70 年代是硅应用历史上的关键过渡时期，其间市场上出现了小规模双极性产品（10 ~ 20 个栅），而 CMOS，即互补 MOS 工艺则处在早期设计阶段。工程师们在他们的设计中面临一个挑战：从具有物理限定参数（双极性晶体管的输入二极管）的器件到与工艺相关参数（CMOS 器件的漂移氧化物阈值）的器件。相对于双极性器件来说，采用 CMOS 器件的设计方法由于更为简单的布局限制而更容易得到实现。

图 17.1 给出了一个采用这种布局的示例[1]。随着生产的开始，工艺

自动布图合成示例
(I'Espalier 1975)

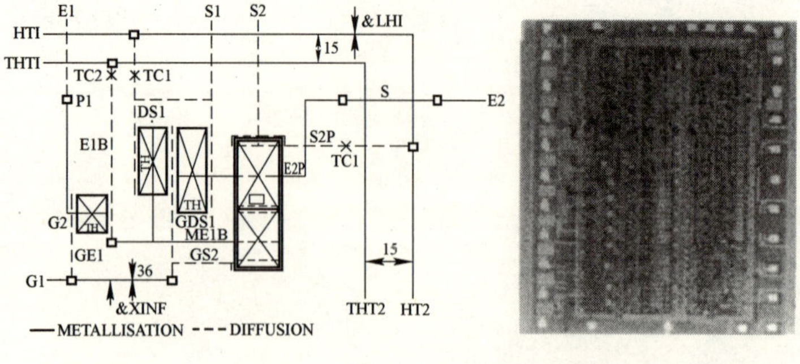

图 17.1 一种产品及其布局示例

得到稳步提高，伴随这种新产品的诞生所面临的挑战在于：采用这种成本较低的新技术生产更复杂的产品。

在这个过程的早期阶段，对 CMOS 具有同样的驱动力。结果表现为，随着时间的推移，器件的临界尺寸出现令人难以置信的不断下降（正如 ITRS——半导体国际技术路线图所预测的那样），与此同时伴随着硅片尺寸的不断增大，如图 17.2 所示。

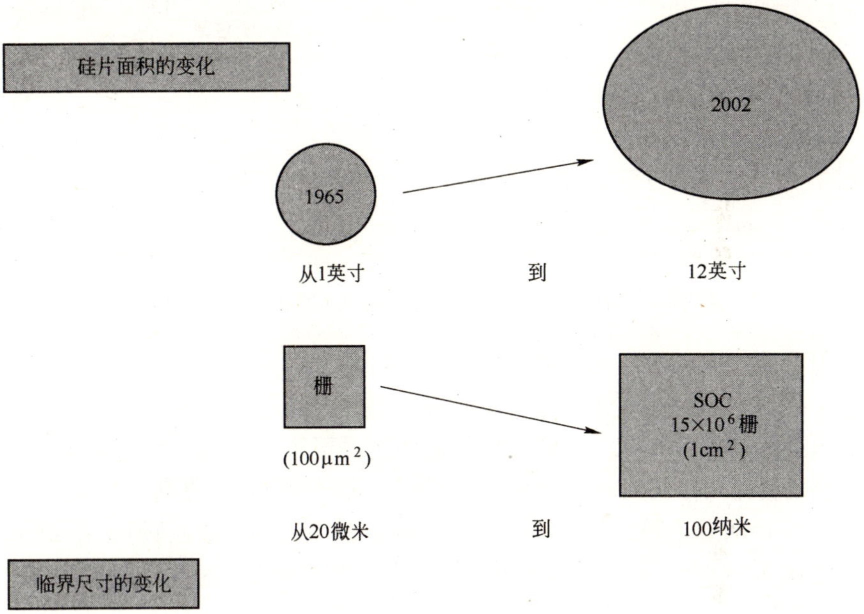

图 17.2　临界尺寸的不断下降和硅片面积的增大

对降低最终产品成本的预期得到了很好的满足，甚至超过了早先的预测。作为一种印证，以存储器为例我们可以说，对所加工的硅片每平方毫米的成本在很长一段时间内几乎保持不变，而每比特的成本下降则与对应的密度增加倍数相等（30 年 60 倍）。

17.3　集成电路在全球经济中的重要性

集成电路一直向其所有应用领域不断“渗透”，从这一点上说，它是全球经济发展的动力（见图 17.3）：

（1）20 世纪 60 年代，集成电路大部分应用于国防和工业界的商品市场（主机和中型计算机），当时采用的是双极技术。

（2）20 世纪 60 年代转移到 CMOS，使其具有更高的集成能力，可以

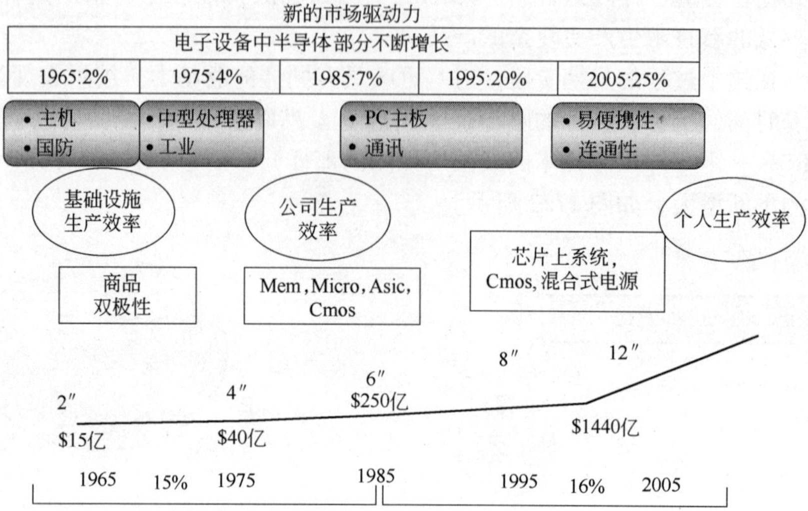

图 17.3　集成电路向各领域"渗透"示意图（来源：ST）

获得存储能力和磁芯（微处理器），并在 ASIC（专用集成电路）设计方法中得到应用。标准元件和大量的栅电路开始用于加速整个工艺过程以获得最终产品（ASICs 中采用标准元件获得更高的密度，而随着大量栅电路的使用可以得到速度更快的原型机，其硬件成本也更高）。

（3）随着工艺的改进（尺寸不断减小，并采用多层互联），在 21 世纪之初（2000 年），向所谓的 SoC（芯片上的系统）[2] 的技术转移并得到实际应用。

这种转移的原因主要来自于人们对舒适度和生产效率的要求（用户希望以可接受的成本在任何时候、任何地方能够随意与外界联络）。这种倾向持续保持并伴随技术的新突破，在其应用中取得了新的进展。这些技术突破包括低功率集成射频器件和微机电（MEMs）器件。这种技术的目标在于给每个用户在低成本条件下，提供充分的可联络性、帮助、安全和保密性，它必将对我们的生活产生深远的影响。

17.4　市场约束

每个功能在其开始阶段就具有较低的成本，并保持至今，这是技术发展的主要动力，它也得益于集合制造工艺的产生（若干器件和加工程序可以集成在相同的硅片上）。这种趋势的其他好处包括其可靠性、在便携式要求下的轻量特性，以及较小的尺寸和随之带来的更低的寄生电容而获得的更高速度或更低的功耗。

这种成本下降的一个典型例子是大家所熟知的 DRAM，对于动态随机访问存储器市场，管芯尺寸每 18 个月下降 1/2，每比特成本也出现对应的下降；过去的数十年，正是由于每比特价格的显著下降，才使得所加工的每平方毫米硅片价格保持稳定。

集成电路在其他领域（数字、模拟和混合电路）的应用也得益于存储处理技术的发展，但是技术本身及其设计和测试等方面的更高的复杂性使其应用受到某些限制。

这些正是当今“数字革命”的基础，几乎所有的信息都可以数字形式进行处理和传递，这导致在我们的模拟世界中出现了性价比最佳的系统（对模拟世界这种系统之间需要相互连接）。

对于用户来说，可以通过“时间与市场”（TTM）的关系参数来理解成本的特性，这对于半导体供应商的竞争力来说是一个重要的“示差器”[2]。如图 17.4 所示，在同一个市场中有两个竞争者 A 和 B：

（1）一个与市场同步（曲线 A）。

（2）另外一个进入市场的时间有一个滞后 D（曲线 B）。

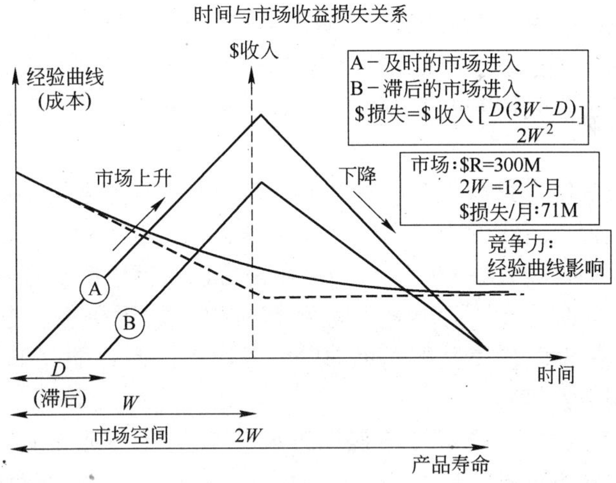

图 17.4 “时间与市场”关系对竞争力的影响

图中同时给出了经验曲线，即 A 供应商由于产品制造成本的下降所具有的额外优势（作为经验法则，生产成本除以 2，每次生产量乘以 10）。

图中曲线清晰地表明，采用短期 TTM 方法可以实现对市场的控制，但在这种情况下通常需要更大的研发投入：

（1）现实市场（SAM）非常大。

（2）由于制造成本的下降毛利润较高。

这将造成能实现短期 TTM 的公司控制市场（例如，Intel 公司在微处理器产品方面）。

17.5 产品“功能”（Enablers）

制造具有竞争力的产品必须具备一些特定的“功能”（在此，“enabler”被定义为一种技术，例如，制造产品所必需的工艺或者设计自动化）：

（1）半导体工艺：它必须处于竞争力的最前列，确保以较低的价格（高密度）提供性价比最高的产品。

（2）正如 IBS 最近的研究所表明的那样，设计自动化正在成为决定半导体公司竞争力的关键因素[3]，对此经过了长时间的争论，但现在随着 90nm 技术的出现已完全被大家所接受。如果没有强有力的电子设计自动化（EDA）工具的帮助（用于缺陷观察、设计集中、可制造性设计、耐用性设计等），甚至连工艺过程本身都无法工程化。

（3）知识产权（IPs）程序库对于基于平台的设计方法至关重要[4]，我们尽可能地去重复使用在以前的工艺过程中已经设计好的功能。在此领域，尽管最近我们取得了一些明显的进展，但还远没有形成统一的标准[5]。

这些进展使得我们可以在一单个的芯片上集成越来越多的功能，而且混合的模拟-数字功能可以进入 SoC。尽管工艺过程和设计的复杂程度越来越高，但这种方法的广泛应用使用户可以获得以前从未有过的产品（数字式多用途磁盘、随身听、电视摄影机、数码摄像、电子记事本等）。甚至在 SoC 芯片上出现了 MEMs 以改善产品性能（开关、电感、传感器、调节器等）。

图 17.5 列举了一个用于多媒体的 SoC 产品，并显示了其部分功能。

最后，同样重要的是，对于下一代产品可以预见的主要瓶颈在于其技术要求本身，这种要求变得越来越复杂，而且在一个高级语言环境中需要进行格式化处理并能得到有效执行。在最终确定这些技术要求之前，这种语言必须允许我们在一个虚拟的模型上研究最终用户的“用法”，它将在设计流程上合成并提出一个正式的系统技术要求。

在 90nm 技术设计中，由于“时间与市场关系”和成本的原因，这种方法已成为强制性要求（一个掩模组的成本就超过 100 万美元）。

芯片上系统的挑战

图 17.5　SoC 产品举例

17.6　集成能力

在近期，技术集成能力将持续增强到包括与模拟世界相关联的多处理器系统、大量信息存储和混合信号功能等。以合理的功耗获得这些性能推动了新的应用或者可以实现越来越多的功能集成。

表 17.1 给出了几代技术的性能评价。

表 17.1　技术能力（估计值）

年　份	2000	2004	2011
技术节点特征（数字模块）	0.18μm	0.09μm	0.05μm
栅 /cm^2	5×10^6	30×10^6	200×10^6
GOPS/cm^2	70	370	2550
MIPS/W	1000	2200	4000
SRAM Mbit/cm^2	60	120	240
FMAX①	< 720MHz	< 1300MHz	< 2GHz

①FMAX = 1/18 τ_p（最佳的硅性能）。GOPS—千兆运算/s；MIPS—百万指令/s；SRAM—静态随机存取存储器；FMAX—最高频率；τ_p —传播时间/栅。

2004 年，作为一个应用的例子，90nm 技术应用于多媒体市场，它在一个单个的芯片上集成了一个家用网关，一套机顶盒将包含以下的功能：

（1）网络接口（XDSL、不确定（数字或模拟）的数字用户线、电缆、PON、无源光学网络等）。

（2）卫星电视接收（DVB）、数字可视广播。

表 17.2 给出了对上述芯片所包含内容的评价[6]。

存储器将成为芯片上的主要元件（70%的面积），其功耗作为一个敏感的参数必须尽可能小，而且多核集成将变得越来越普遍（部分商业化产品已经具有 10 多个处理器）。

表 17.2　家用网关举例（估计值）

技术节点		模拟	逻辑	IP 重复利用		存储	注解
				DSP + Copro	MICROP		
2004 年	面积/mm^2	1	3	15	10	71	10
	栅数		1×10^6	2.5×10^6	1.7×10^6		
	GOPS			55 GOPS			
	GIPS				37GIPS	•	
	Mbits RAM					85MEG	8 SRAM + 64 NV + 245 DRAM
	Watts	≪	1#	5.1*	3.7*	<1watt	<12W

注：平均值：#：有源逻辑的 -25%（部分功率下降）；
*：使用 -10% 处理器（最高频率）；
•：与纯 SRAM 具有相同的复杂性；
GIPS：千兆指令/s
DSP：数字信号处理器；
MICROP：微处理器；
NV：非易失性存储器。

表中没有列出开发如此复杂的应用所需的潜在的嵌入式软件的巨额开发成本，在这方面还有许多工作需要开展，以提高程序编制效率。

17.7　设计瓶颈

2011 年设计集成能力将达到每平方厘米 2 亿栅（或 SRAM 比特）。即使在特定的设计中产品的技术指标已非常明确，仍需要处理巨量的数据，还需要对每一层级进行确认（当前这需要花费 70% 的设计时间），而且第一台样机的设计就必须与市场目标相适应。图 17.6 归纳了影响整个过程和细节的相互制约情况。

在建立一个 SoC 设计流程时需要优先考虑的因素包括：

（1）高级设计语言的标准化（使用的有效性和格式说明）；

（2）完全自上而下的系统设计流程编成，具有约束的传播[6]和互连

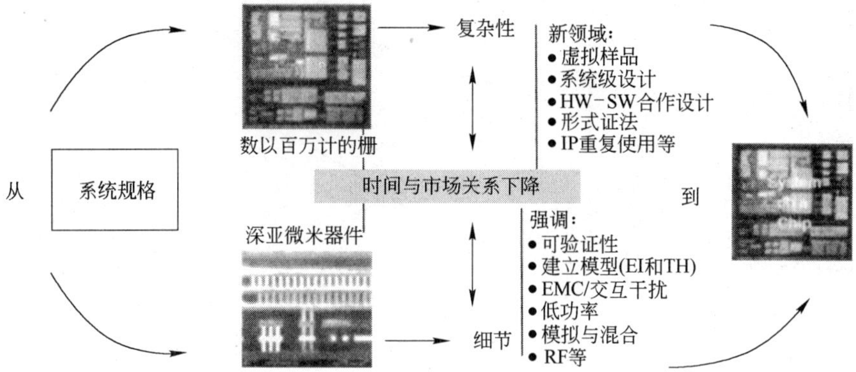

图 17.6　设计集成中的约束条件

中心设计；

（3）开发 IPs 库以尽可能重复使用已集成的功能；

（4）提高软件设计效率，这是当前增长最快的资源需求；

（5）开发用于确保信号完整的全部设计环境，这是设计集成中新的瓶颈。

半导体公司将不得不在新型设计方法和设计自动化工具的开发方面进行大量投入，如前所述（见文献［3］），那些预先考虑市场对新设计方案和设计师培训需求的公司取得了成功（比实际需求要超前 5 年）。

面对开发任务和工具的复杂性，设计团队越来越倾向于组织成立本地的竞争小组以承接较大的项目。他们的能力主要体现在以下几个方面：

（1）系统结构和软件/硬件合作设计；

（2）验证；

（3）IP 编成；

（4）混合 A/D 和 RF 设计；

（5）信号完整性；

（6）低功率。

上述 IBS 的研究结果表明，IDM 性能、独立的器件制造商与 ASIC（专用集成电路）和公司过去在 EDA 中的投入存在明显的关联（见图 17.7）（这种情况在未来的几年将变得更为关键）。

从图 17.7 可以看出，1998 年公司的设计执行能力（一个 ASIC 公司在 EDA 的投入所带来的产品占总收入的百分数，以 0 ~ 10 表示客户对 EDA 服务组织的评价）与 2002 年公司相关的市场位置存在很好的对应关系。因此，提前预测 EDA 的需求对于在竞争中保持领先地位至关重

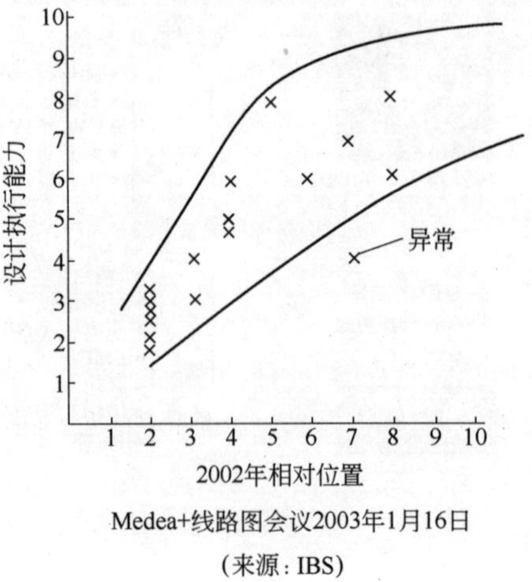

图 17.7　在设计能力上的投入与性能的关系
（ASIC 公司 1998 年设计执行能力用户
排名与 2002 年相对位置的关系）

要，这一点在高层管理人员中还没有得到完全的认同。

17.8　应用范围和产品系列

17.8.1　应用范围

2002 年的主要应用范围可以简要概括如下（见图 17.8）：

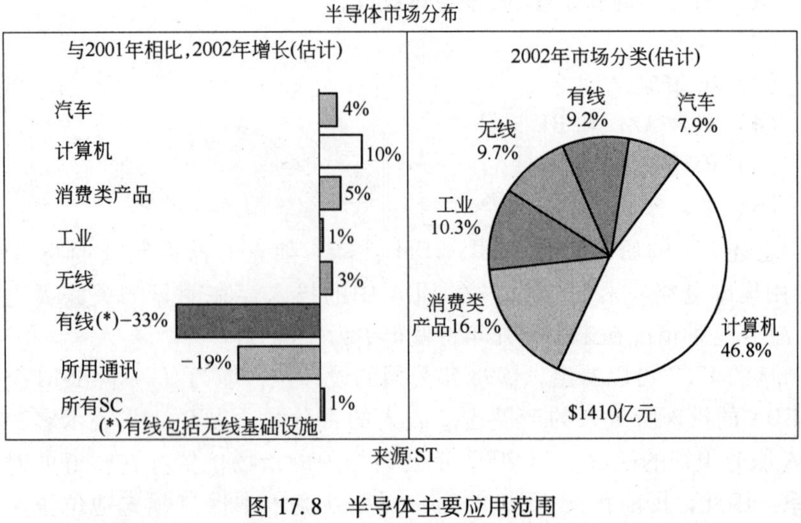

图 17.8　半导体主要应用范围

（1）数据处理：包括桌上型计算机、服务器和笔记本，占有最大的市场份额，并保持接近10%的增长速度；

（2）通讯：包括蜂窝电话基站和开关、移动电话和其他通讯器件，主要驱动力来自于互联网和对轻便性的需求；

（3）消费类产品：包括带有DVD的数字音频/视频系统、数字可视面板或数字多用途面板、数字机顶盒、彩色电视、VCRs、便携式摄像机和数字静止照相机；

（4）汽车：包括车身系统、动力传动和底盘；

（5）工业：涉及到大多数电源管理系统；

（6）军事和民用航空：维持较低份额。

17.8.2 产品系列变化

半导体市场主要包括4大产品类别：

（1）分离器件、标准和光电子器件；

（2）存储器；

（3）微处理器单元（MPUs）和外围设备；

（4）适应个别差异的ICs（专用标准产品，或称为ASSP，以及专用ICs，或称为ASICs）和微型计算机单元（MCUs）。

我们对集成电路更为关注，因为它占有大约75%的半导体市场。

随着SoC的发展，它覆盖了差异化的ICs的大部分应用领域，对应的市场变化如下（见图17.9）：

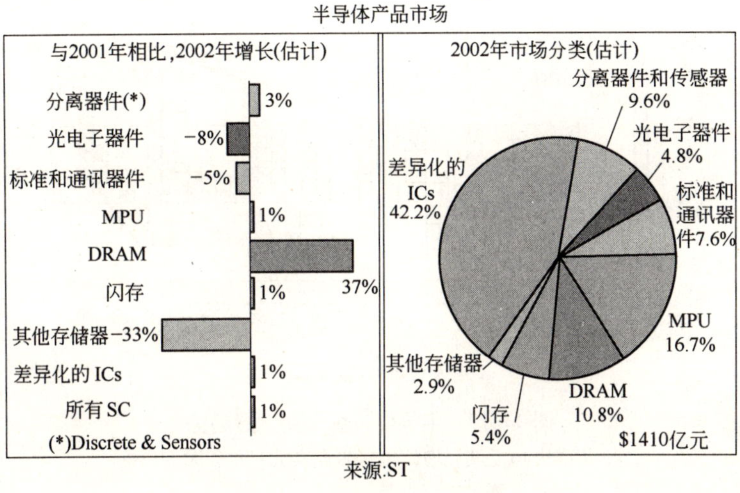

图17.9 半导体产品市场分类

（1）越来越多的存储器被预置在芯片中；

（2）越来越多的处理器被预置在芯片中；

（3）模拟功能将置于数字芯片的周边。

我们可以预测未来的 SoC 市场会有明显的增长潜力，其对应的其他传统部件将保持相对稳定的市场份额。

17.9　结论

现在，我们已熟知半导体行业的上下波动发展周期，它是由半导体生产厂家的生产能力过剩而造成的。由于激烈的竞争，这种上升和下降变化还将出现，但其变化幅度倾向于减小，同时伴随着世界范围内制备代工能力的提高。

系统中潜在的瓶颈是在适当的时候提供新产品的能力，而且这种新产品能够为市场所接受。这将需要更多的设计工程师，以及性能更加优异的自动化设计工具。

除了上述市场变化周期以外，我们还必须注意到这种产业发展的大趋势，如图 17.10 所示，从 19 世纪 60 年代的 10 亿美元到 21 世纪初的 1400 亿美元。

还要指出的是，从图中可以发现某些产品的巨大市场推动了产业的发展，它提示我们在研制新产品以前，要通过开发对未来用户更实用的产品来把握新的市场。

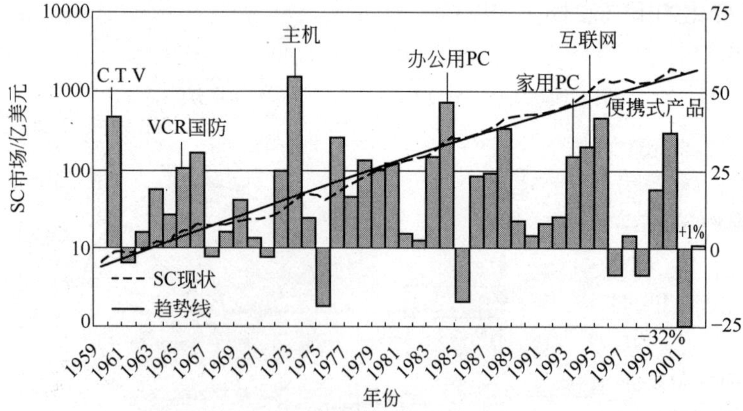

来源:WSTS, Dataquest

图 17.10　半导体市场长期发展趋势

40 年中从 10 亿美元增长到 1400 亿美元；每年增长 13%

（黄　倬译，邓志杰校）

参考文献

1. Proceedings of Date 2002, Paris, March 4–8 (2002) at www.date-conference.com
2. J. Borel: System on silicon, where are we?, Keynote speech. Proceedings of the 14th VLSI Test Symposium (1996)
3. Analysis of the relationship between EDA expenditures and competitive positioning of IC vendors (International Business Strategies, Inc., 632 Industrial Way, Los Gatos, CA 95030, USA)
4. J. Borel: Technologies for multimedia systems on a chip, Keynote speech. Proceedings of the IEEE Solid State Circuits Conference (1997) pp. 18–21
5. IP, MEDEA+ application program at www.medeaplus.org
6. The MEDEA Design Automation Roadmap, 3rd release (2002), Design Automation Solutions for Europe, at www.medeaplus.org

18 硅纳电子学：下一个20年

L. Risch

18.1 引言

根据莫尔定律，芯片的特征线宽每3年降低70%。为了达到高集成度、高速、低功耗和低成本，硅晶体管变得越来越小。过去20年以来我们在这方面取得了成功，但未来20年中这种趋势还会延续吗？最近发布的国际半导体技术路线图（ITRS-2001）在结构和电路制造方面详细描述了CMOS规模扩展至22nm节点的技术路线。毫无疑问，CMOS还将是逻辑电路和存储器制造的主流技术。未来若干代的CMOS技术将面临着多方面的挑战，包括光刻、金属化、功耗和电路设计等。以器件为重点，提高性能以进一步降低尺寸将成为大势所趋的重要努力方向。只有在10nm以下，基本物理定律对于技术进步的限制才显得重要，这一点离我们目前还有很远的距离。

为进一步提高集成电路的电性能，同时也为制造出比过去我们所期望的小得多的晶体管铺平道路，我们需要新的MOSFET结构设计。在传统的体硅MOSFET之外最有潜力的是纵向晶体管和SOI，也就是绝缘体上硅，特别是超薄硅衬底的全耗尽器件。再下一步到10nm及其以下的技术进步很有可能使用双栅或多栅控制电荷载子。电荷迁移率可通过使用SiGe半导体和应变硅材料得以提高。相比于单电子晶体管和分子或碳纳米管等全新的器件，上述技术的实现要现实得多。因此可以预计，硅材料将在2016年实现线宽22nm、栅长9nm的下一代CMOS，甚至更远。

18.2 CMOS规模扩展

CMOS规模扩展技术已经将电子学的重要应用领域推广到我们的日常生活中，如个人电脑、移动通讯、微处理器、网络以及我们的车上和住房中的各种控制器件等。但由于电路光刻技术、晶体管性能以及互联延迟和功耗等问题的限制，当我们在100nm以下区间进一步降低尺寸时，可能会遇到许多障碍，因而不难想象半导体技术在更小尺寸上的技术进步将会迟缓下来。然而，事实却似乎与此相反。过去几年中，规模扩展进度还在加速。这是由于一方面开关速度得以提高，另一方面芯片尺寸的减小也降低了芯片的制造成本。现在，最先进的半导体生产线上已经开始了 90nm CMOS 的批量生产。根据国际半导体技术路线图（ITRS-2001）[1]，2016 年可望实现下一代 22nm CMOS 的生产，其栅长可达 9nm，相应于（100）面上 40 个硅原子。

从器件方面来看，除极少数应用领域以外，体硅现在是用掺杂沟道来获得不同的晶体管阈值电压，n^+/p^+ 多晶硅用作典型的栅极材料，而硅化物材料和 SiO_2 用作典型的栅极介电材料。在栅极上沉积隔离墙，下面带有浅源漏区以降低短沟道效应。最后，通过砷或硼的深溅射区分别形成 n 沟或 p 沟。

图 18.1 所示为栅长 100nm 的硅晶体管的截面扫描电镜照片。这里采用的是硅厚度为 45nm 的绝缘体上硅材料，但由于硅层相对较厚，其加工和电学特性仍与体硅器件相似。

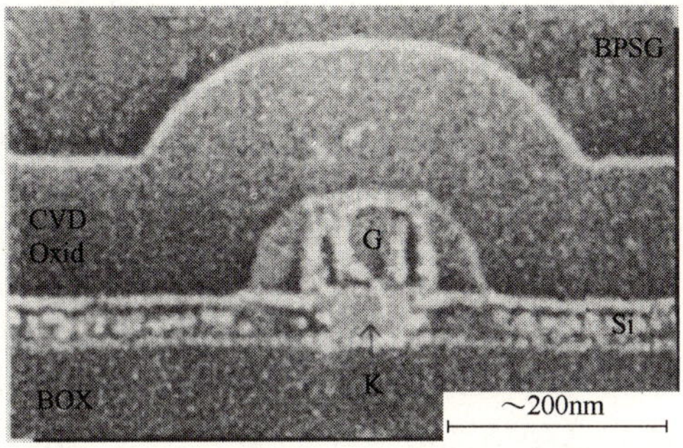

图 18.1 试验型 SOI 上的 100nm n-MOSFET

$t_{ox} = 2.5\text{nm}$

一般来说，MOSFET 器件的作用就像一个开关，其关态电流应在每毫米沟道宽度 pA 至 nA 范围之内，开态电流应达到 1mA/μm 左右。而且，在基本的 CMOS 电路中，n 沟和 p 沟器件通常是串联的，只在开关过程中才有开态电流通过，因此具有较低的待机功率。另外一个重要的方面就是 CMOS 总是能够提供全信号水平的电压，也就是 0V 或供电电压。

对于 MOSFET 的下一步规模扩展，ITRS 路线图中用红色砖墙形式表示了器件方面的许多严重挑战，如栅极氧化物厚度和结深等[1]。以 32nm MOSFET 为例，其晶体管的氧化物厚度应该只有 0.5nm，结深 7nm，掺杂浓度 $13 \times 10^{19}\text{cm}^{-3}$，电源电压 0.5V（见表 18.1）。

表 18.1　ITRS-2001 高性能器件参数要求

年　份	2001	2004	2007	2010	2013	2016	2019	2022	2025
节距/nm	130	90	65	45	32	22	18	13	10
L_{gp}/nm	65	37	25	18	13	9	6	4	3
t_{ox}/nm	1.5	1.2	0.9	0.7	0.5	0.4	? CMOS?		
x_j/nm	35	20	15	10	7	5			
N/cm^{-3}	0.4×10^{19}	1.1×10^{19}	2.3×10^{19}	5.0×10^{19}	13×10^{19}	50×10^{19}			
V_{dd}/V	1.2	1.0	0.7	0.6	0.5	0.4			
$I_{off}/\mu A\cdot\mu m^{-1}$	0.01	0.1	1	3	7	10			
$I_{on}/mA\cdot\mu m^{-1}$	0.9	0.9	0.9	1.2	1.5	1.5			
T_{dn}(CV/I)/ps	1.6	1	0.7	0.4	0.22	0.15			

上述数值似乎很难达到，但还不能认为是理论极限。事实上，上述论断更应该是对半导体制造商的重要建议，提醒他们更加重视在这些技术方面的研发。否则，开关电流的降低将最终导致内禀开关速度 T_{dn} 的下降，使得进一步的规模扩展也无益于性能的提高。内禀开关速度非常快，通常在皮秒级，可以将它的值简化表示为栅极电容乘以电源电压再除以开态电流。

由于量子效应等方面的原因导致的理论极限[2,3]还差得很远。其中的一个极限就是电子的波性质，对于硅材料其波长在 5nm 左右；还有就是能量的量子化，对于 10nm 的波长为几个 meV；最后就是规模扩展的原子极限，也就是晶体结构中的硅原子间距，对于（100）晶面在 0.3nm 左右。现在这些效应的影响还很小，而且对于未来的 10～20 年还不会形成真正的限制。因此，未来还将开发出比传统的体硅晶体管性能高得多的新型硅基 MOSFET。

18.3　50nm 以下的新型 MOSFET

18.3.1　应变 SiGe

MOSFET 器件的关键参数是低关态电流和高开态电流。为了在较低的电源电压下获得理想的高开态电流（见 ITRS 路线图，表 18.1），使用 SiGe 异质结构提高载流子的迁移率已经成为一个重要的研究课题。在硅材料中，空穴的迁移率远低于电子的迁移率。在现代的高掺杂浓度、薄栅极介电层的晶体管中，电子和空穴的典型低场迁移率一般在 $300cm^2/(Vs)$ 和 $100cm^2/(Vs)$ 量级。要想提高沟道的迁移率，第一步就是提高 p 沟晶体管中的空穴迁移率，这可以通过外延生长一层厚度为 5 ~ 10nm 的薄 $Si_{1-x}Ge_x$（x 为锗浓度）层沟道区来达到，见图 18.2。对于 p 沟晶体管[4]，可以在 700 ~ 800℃下采用低压 CVD 外延直接在体硅上生长 SiGe 层。此外，在 SiGe 层的上面再生长一层厚度为 3 ~ 5nm 的硅表面薄层。由于 Si/SiGe/Si 的异质结构，这样就形成了空穴的量子阱。在 SiGe 层中锗含量为 0.2 时，其价带中能级深为 150mV（见图 18.3）。

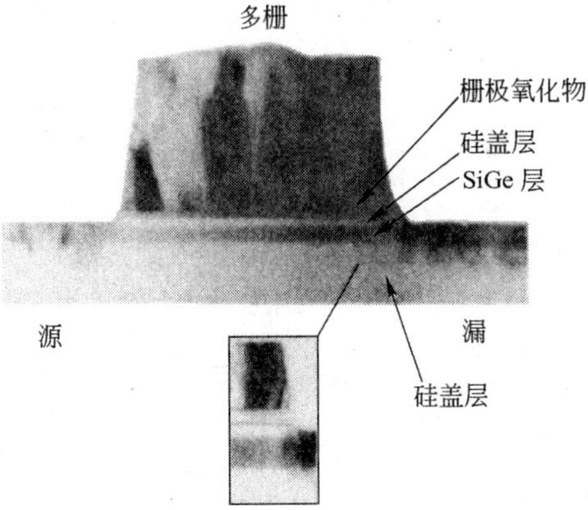

图 18.2　SiGe p 沟 MOSFET 的截面透射电镜图

SiGe 层（0.25Ge）厚度 10nm，硅表层厚度 5nm

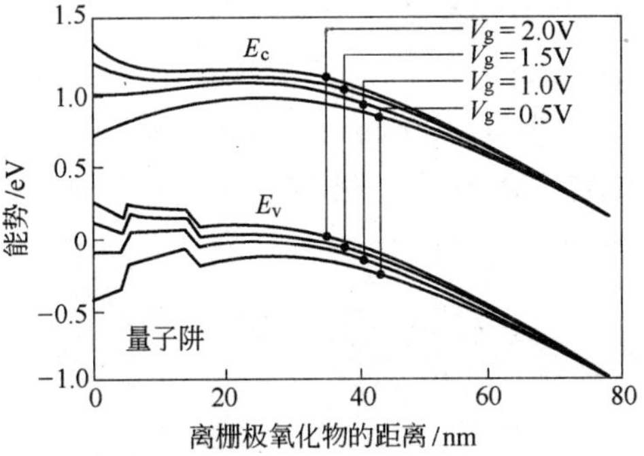

图 18.3　SiGe p 沟晶体管的价带结构

锗含量 0.2，n^+ 多晶硅栅极

由于硅的点阵常数小于 SiGe，因此 SiGe 量子阱中呈拉应力状态。在施加栅极电压时，空穴就聚集在 SiGe 量子阱中。空穴在 SiGe 层中的有效质量更小，而且由于它的三重简并价带的分裂减小了谷间散射，这样就提高了迁移率。此外，空穴沿着外延生长界面运动，这一界面比 Si/SiO_2

界面更平整，这样也减小了表面散射。

图 18.4 所示为含 SiGe 和不含 SiGe 时测得的低场迁移率。与空穴的峰值迁移率为 110cm²/(Vs)左右的纯硅材料相比，这里对于含 0.25Ge 和 0.5Ge 的最佳值分别达到 210cm²/(Vs)和 230cm²/(Vs)。

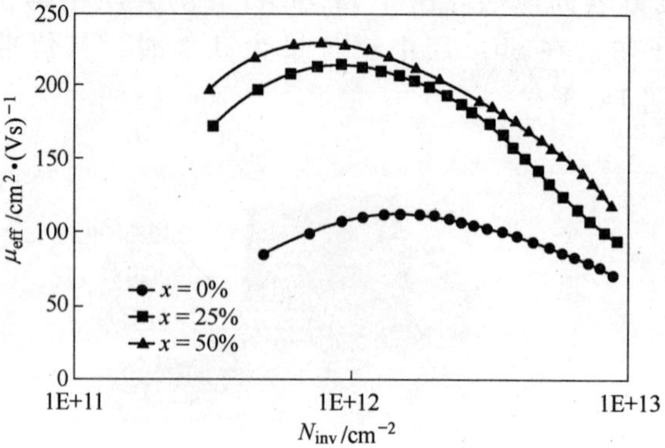

图 18.4　p 沟晶体管中测得的低场迁移率。
锗含量分别为 0、0.25 和 0.5，t_{ox} = 2.8nm

锗含量高于 0.5 的 SiGe 层难以制备，这是因为在外延生长和随后的高温处理过程中出现的位错弛豫。

虽然低场迁移率是 SiGe 层质量的一个重要衡量指标，但晶体管往往工作在更高的栅极和漏极电压，因此就实际应用来说饱和电流更有意义。由于纵向和横向电场很高，迁移率会大大降低。图 18.5 示出了锗含量为 0.5、栅长 300nm 的 SiGe p 沟晶体管的饱和电流特性并与纯硅器件作了比较。在相同的关态电流下使用 SiGe 将饱和电流提高了 20% ~30%。

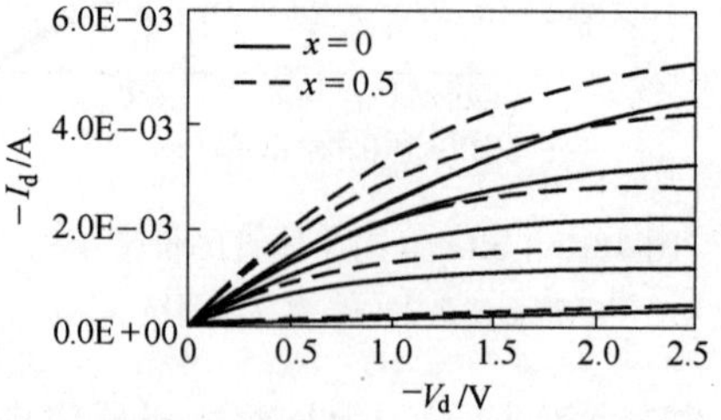

图 18.5　对于 SiGe（锗含量 0.5）和硅 p 沟晶体管测得的 I-V 特性图
L = 300nm，t_{ox} = 2.8nm，V_g = 1.5V，1.3V，1.1V…

18.3.2 应变硅

对于晶体管沟道来说，最好是不仅提高空穴迁移率，同时还要提高电子的迁移率。这可以通过采用更加复杂的 SiGe 层叠和电子空穴的双沟道来获得[5]。与 CMOS 非常兼容的一个途径就是使用表面沟道的应变硅材料。空穴和电子的迁移率都能够提高，具体程度与硅层中的应变有关。根据理论计算[6]，在高应变水平下，空穴和电子的迁移率分别可以提高到原来的 2.5 倍和 2 倍。应变通过 SiGe 梯度缓冲层产生，通常厚度在 3μm 左右，锗含量在 20% ~30%。SiGe 层中约有一半的厚度上呈锗含量不断升高的梯度，另一半则含有固定浓度的锗。由于点阵失配，在梯度 SiGe 层中形成了大量的位错以弛豫应力。在锗含量固定的 SiGe 缓冲层上部，位错密度越低越好。最后，再在上面生长出厚度为 10 ~20nm 的硅薄层。由于 SiGe 基体具有更大的晶格点阵，硅层处于拉应力状态。现在我们能够达到的硅层位错密度在 $10^5 cm^{-2}$ 左右，而通过采用先进技术制备出具有更低缺陷密度的应变硅的工艺正在开发中。

图 18.6 为带 15% Ge 弛豫 SiGe 缓冲层的 70nm 应变硅 MOSFET 的截面透射电镜照片[7]。在这一材料中，电流沿着 SiO_2/应变硅界面流动。对于缓冲层中锗含量在 20% 以下的 n 沟晶体管，测得其低场迁移率比普通硅高 70% （图 18.7）。对于 n 沟晶体管来说，这相当于饱和电流提高了 35%[7]。

对于 p 沟晶体管，在这样的锗浓度下没有观测到空穴迁移率有明显的提高。但对于更高锗含量的缓冲层，其空穴迁移率有望提高[8]。

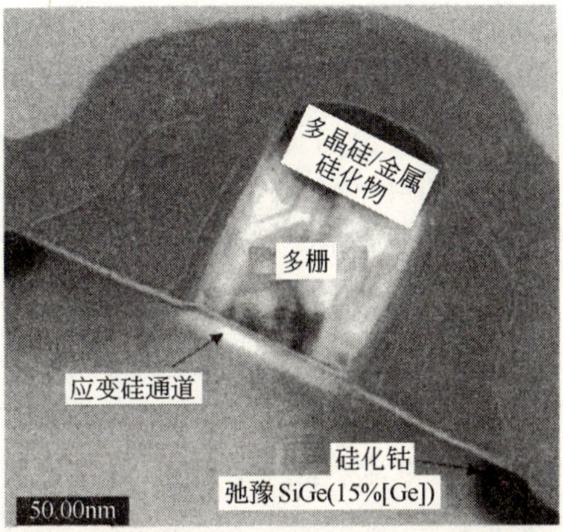

图 18.6 70nm 应变硅 MOSFET 的截面透射电镜照片[7]

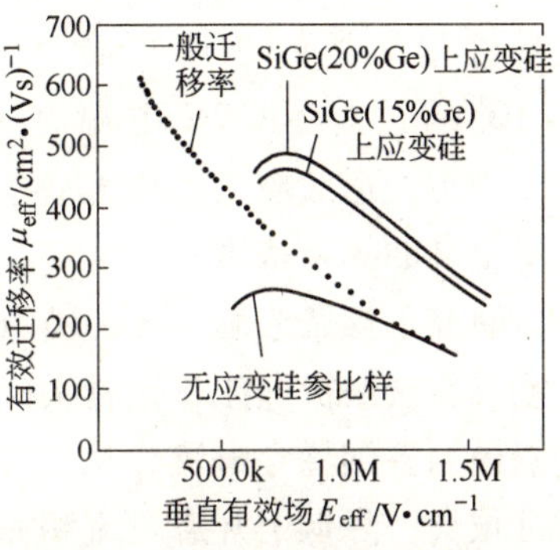

图 18.7 应变硅和无应变硅的有效电子迁移率[7]

18.3.3　纵向晶体管

正如 ITRS 路线图（见表 18.1）所示，晶体管栅长远小于相应的技术节点，后者被定义为临界栅极层节距的一半。因此，光刻技术无法解决这样的特征尺寸，需要特殊的栅极削减工艺，如栅极的各向同性过腐蚀、栅极掩模去胶等。

与此不同的方法就是采用纵向晶体管，对其短沟道的处理无需光刻。图 18.8 所示为纵向晶体管的三种主要思路[9~11]。

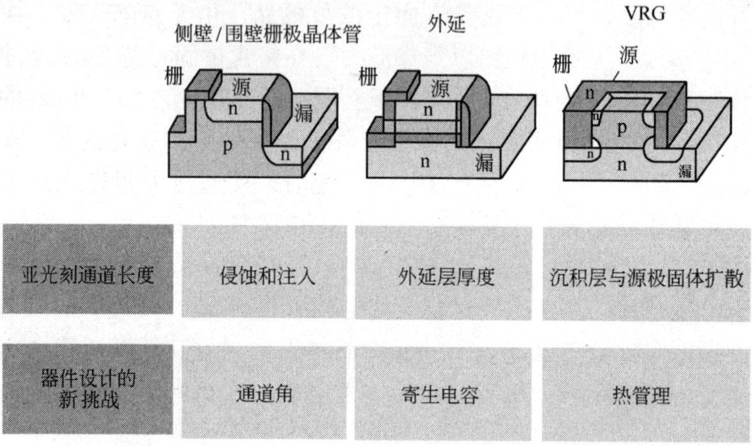

图 18.8　纵向晶体管的不同结构及其技术挑战

技术上最简单的方案就是侧墙晶体管。其中，电流流经浅槽刻蚀形成的硅侧墙，侧墙的控制采用多晶硅隔离栅极。其源极、漏极和互连线的溅射非常类似于片式器件。图 18.9 所示的晶体管体掺杂浓度为 $2\times10^{18}\text{cm}^{-3}$。在 1.2V 电源电压下，测得的开态电流高达 700μA/μm，但由于短沟道效应，器件无法正常关到 nA 的电流状态。因此，这一沟道需要更高的掺杂浓度。

研究了掺杂浓度达 $1\times10^{19}\text{cm}^{-3}$ 的晶体管[9]（图 18.10）。现在，器件能够在低漏极电压下正常关闭，但在更高的漏极电压下出现了由沟道到漏极的齐纳隧穿电流，从而又提高了关态电流。此外，由于沟道掺杂浓度很高，降低了开态电流和亚阈值斜率。

因此，为了克服这些障碍，需要不用掺杂或使用低掺杂浓度开发新的 MOSFET 器件。

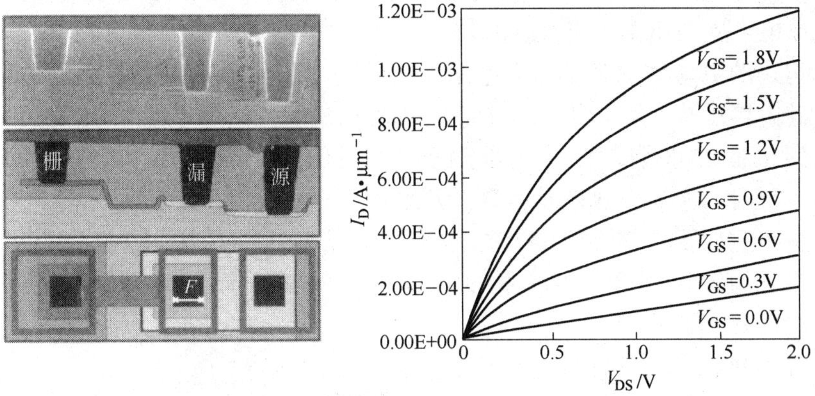

图 18.9　50nm 纵向晶体管的截面图和结构图

以及 n 沟 MOSFET 测得的 *I-V* 特征曲线

$t_{ox}=3\text{nm}$，$N=2\times10^{18}\text{cm}^{-3}$

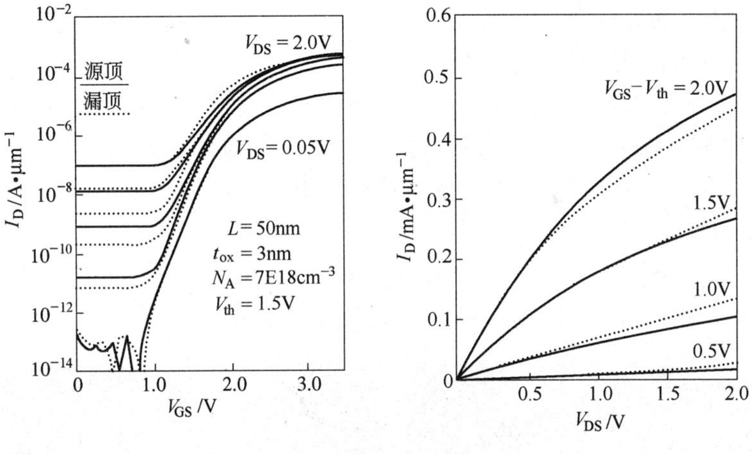

图 18.10　高沟道掺杂浓度的 50nm 纵向 MOSFET 的转换和输出特性

18.3.4　部分耗尽和全耗尽 SOI

为解决由于短沟道效应、浅结、高掺杂浓度和高结电容带来的诸多器件问题，一种具有发展潜力的途径就是采用绝缘体上硅（SOI）[12]。有关具体信息参见第 8 章。现在这一材料的优质硅片已经上市，而且价格越来越低。有几家半导体公司可以提供 SOI 产品，主要是用于高性能微处理器或低功耗器件等方面。这些 SOI 的硅层在 50 ~ 100nm，掺杂浓度与体硅器件类似。因为其空间电荷层宽度小于硅层厚度，所以这一技术被划分为部分耗尽 SOI。虽然它有多方面的优势，但由于雪崩倍增浮体硅放电产生的翘曲效应及迟滞效应，这一技术也有其缺点。因此，全耗尽沟道的更薄硅层值得关注，特别是对于短沟道晶体管尤其如此。如果硅的厚度降至 5 ~ 10nm，即使是无掺或低掺沟道，其关态电流也能达到很低的水平，且其亚阈值斜率可以达到接近理想值 $kT\ln 10$ = 60mV/度（k 为玻耳兹曼常数，T 为温度）。由于源-漏穿透问题，无掺沟道不适用于体硅器件。在沟道无掺情况下，齐纳隧穿电流和由于掺杂原子的统计波动产生的电参数波动都得以降低，且沟道中载流子的迁移率也更高。

图 18.11 是全耗尽 SOI 晶体管的截面示意图[13]。通过器件模拟发现，为了获得良好的器件特性，硅层厚度应是栅长的四分之一左右。因此，栅长小于 25nm 的晶体管需要有超薄硅层。为了制作源极、漏极区的接触和生长硅化物，需要使用硅外延生长更高的源-漏区。此外，需要通过栅极的功函数调整阈值电压。因此，对于 n 沟和 p 沟需要用适当的金属栅极代替多晶硅，以达到 200 ~ 300mV 的阈值电压。

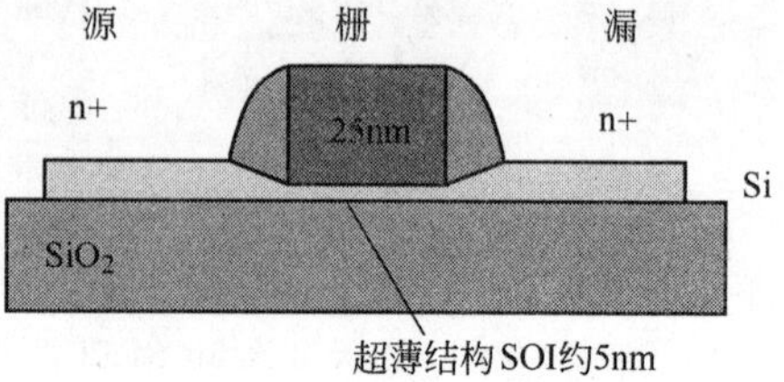

图 18.11　全耗尽 SOI 晶体管及其抬高源-漏区的截面示意图

图 18.12 示出了栅长 27nm、硅厚度 30nm、埋氧层厚度 100nm 及带有传统多晶硅栅极的薄体 SOI 晶体管实验模型。栅极由电子束光

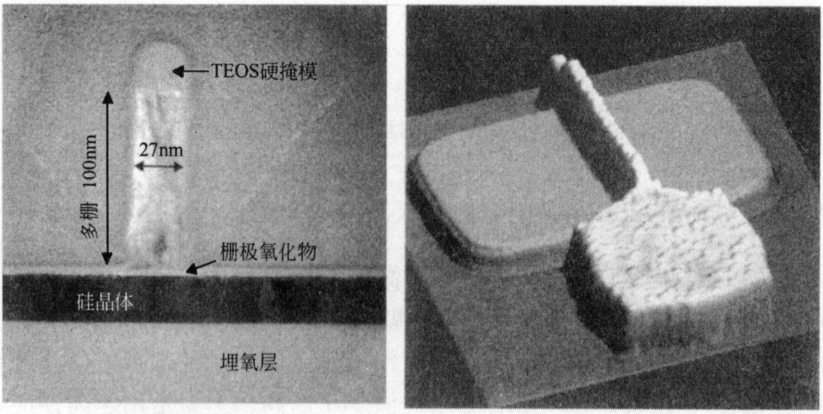

图 18.12　SOI MOSFET（27nm 多栅、2.5nm SiO_2、30nmSi）截面透射电镜照片（左图）和栅极刻蚀后的 SOI MOSFET 原子力电镜照片（右图）

刻，优化隔离层的台面隔离用于有源区。图 18.13 所示为栅长 25nm 以上、硅层厚度 25nm 的 n 沟 SOI 晶体管的 *I-V* 特性图。这些器件通过剂量为$10^{18}cm^{-3}$的硼注入来调整其关态电流。对于栅长为 50nm 的器件，当 $V_g=0V$ 时，其关态电流达到 5nA/μm。对于 25nm 的栅长，由于其 25nm 的硅层相对较厚，短沟道效应增加，但它在 $V_g=0V$ 时的关态电流仍然低于 ITRS-2001 路线图中 1μA/μm 的高性能标准。要获得更佳的亚阈值斜率和更低的关态电流，需要更薄的硅层以在底部区关闭沟道。

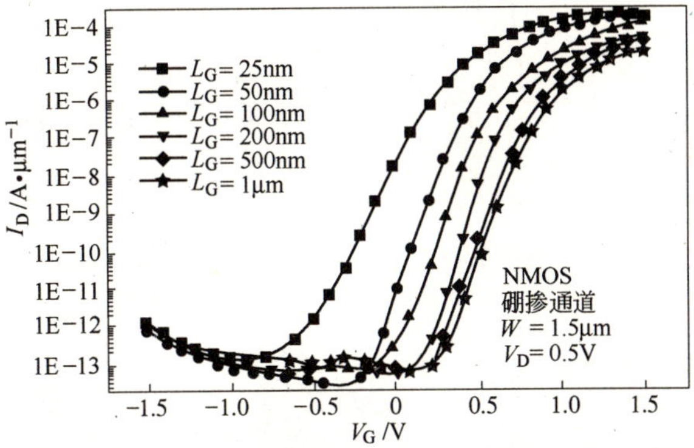

图 18.13 栅长 25nm 以上、硅层厚度 25nm 的 n 沟 SOI MOSFET 测得的 *I-V* 特性图

$t_{ox}=2.5nm$

对于硅层厚度为 5nm、等效氧化物厚度 1nm，重氮化的栅极氧化物或高 *k* 电介质的 SOI 晶体管，使用 ATLAS 进行了器件预期性能模拟。对于栅长为 50nm、35nm 和 25nm 的情况，结果能够满足 ITRS-2001 的高性能、低功耗指标要求，但 18nm 栅长将成为关键问题[14]（见图 18.14）。

18.3.5 双栅晶体管

如果沟道长度进一步缩小，将需要两个或多个超薄硅层的栅极来控制沟道，而不是仅仅单个栅极。

双栅的优势在于它能更为有效地抑制漏场，其硅厚度层能够进行应变弛豫。此外，由于两个晶体管并联，其开态电流也成倍增加。双栅晶体管的挑战在于开发一种能够实现栅极自对准的可靠工艺，而这有较大的难度（见图 18.15）。对于平面双栅技术，难点在于刻蚀出

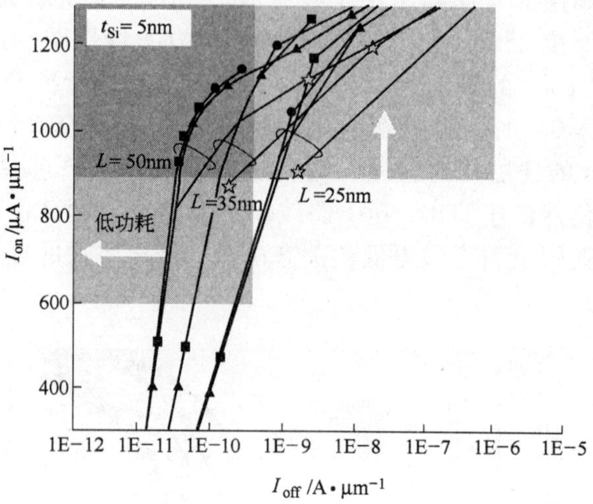

图 18.14　超薄 SOI 晶体管（硅层厚度 5nm、t_{eq} = 1nm）模拟 I_{off}、I_{on} 曲线

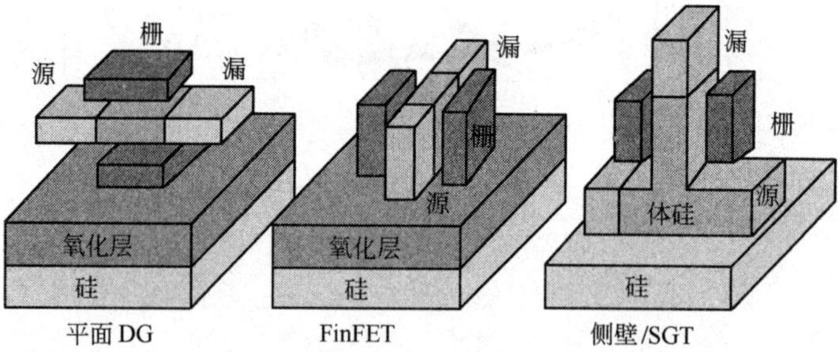

图 18.15　双栅晶体管的不同结构形式

底部栅极的洞穴。在这一点上，晶片键合[15]和 SON[16]是具有发展潜力的新技术。

双栅晶体管的另一种形式基于 18.3.3 节中讨论过的纵向侧墙晶体管，它使用另外的隔层作为自对准掩模，大部分源区硅通过刻蚀去除，只留下一薄层硅脊，形成纵向电流走向的双栅晶体管[9]。电流在上部漏极区和下部源极区之间流动。

最近有人提出了可以相对简单工艺实现这种结构的 FinFET[17]，其中，双栅在薄硅沟道侧墙上纵向布置，而电流侧向通过。

图 18.16 是小型 FinFET 的离子集束截面图。鳍部和栅极层用电子束刻蚀加工。鳍高 50nm，宽 15 ~ 25nm，埋氧层厚度 100nm。

图 18.17 是光刻放大型 FinFET 截面扫描电镜照片[18]。通过使用选

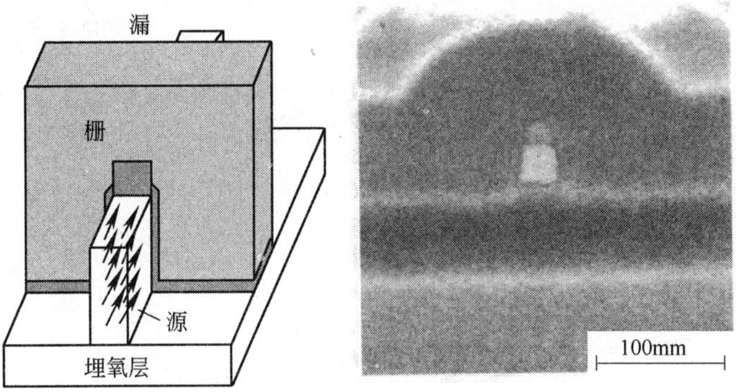

图 18.16 SOI 层中含两个沟道的 FinFET 型双栅晶体管[9]，
以及一个刻蚀出 50nm 高硅活性区
（晶体管宽度）的在加工器件

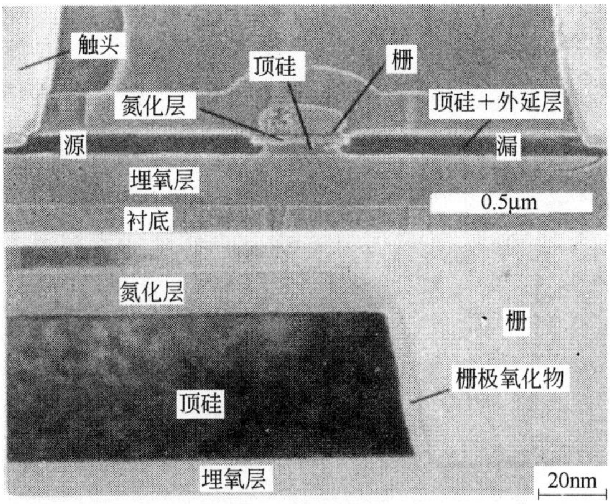

图 18.17 具有抬高源漏区的 FinFET 截面透射电镜照片

择性硅外延降低片层电阻提高了源-漏极区，顶部硅散热鳍的保护层为 TEOS，即四乙氧基硅烷/氮化物层。

图 18.18 为小型 n 沟和 p 沟 FinFET 测得的 *I-V* 特性曲线。n 沟 FinFET 的栅长为 20nm，散热鳍宽度为 15nm，鳍高 50nm。尽管弛豫栅极氧化物厚度为 3nm，但对于无掺沟道在 $V_g - V_t = 1.1$V 时达到了 1.1mA/μm 的开态电流。由于掺硼源漏区的强扩散，p 沟栅长的最小值为 80nm，这相当于 40nm 的有效栅长。其关态电流在 pA/μm 量级，开态电流达到 500μA/μm。

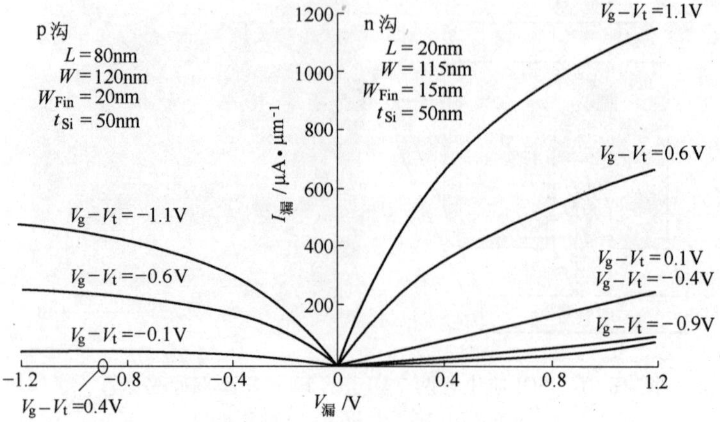

图 18.18　n 沟和 p 沟 FinFET 测得的 *I-V* 特性曲线
栅长分别为 20nm 和 80nm，$t_{ox}=3nm$

图 18.19 给出了亚阈值斜率的模拟结果，以衡量单栅极或双栅极 SOI MOSFET 短沟道效应的大小。当沟道长度大于 50nm 时，两种晶体管都达到理想的 60mV/度。如果两种器件的硅层厚度都是 5nm，单栅极 SOI 晶体管在栅长降到 25nm 时性能开始下降，而双栅晶体管在栅长降到 10nm 时仍然表现良好。

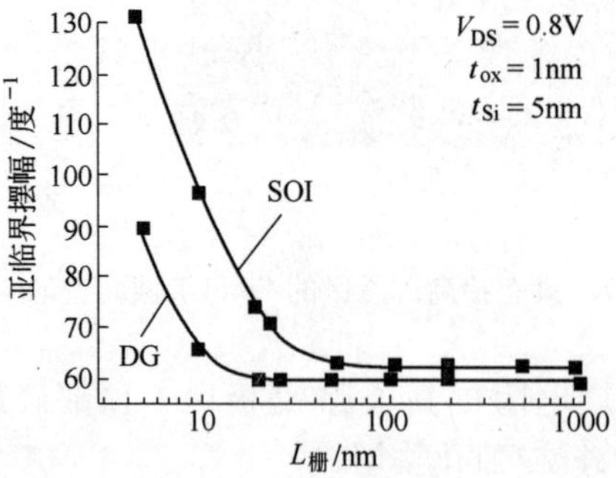

图 18.19　双栅和单栅 SOI n-MOS 晶体管的 ATLAS 模拟结果
$t_{ox}=1nm$，硅层厚度 5nm

18.4　FinFET 存储单元

现在的集成存储单元如 DRAM（动态随机存储器）[19] 和非易失性闪

存如 EEPROM（可电擦可编程只读存储器）[20] 的存储量在 256M ~ 1G 的范围。对于许多易失性数据存储和密码存储应用领域，需要更高存储密度的存储介质。现在在 EEPROM 闪存中应用最广的存储单元是带浮置栅极或是在栅极区和沟道区之间夹置存储介电层的晶体管[21]。在这种器件中，少量电荷转移到存储电极上并长期保持，通过晶体管 *I-V* 特性图上的变化很容易读出。

就晶体管来说，在过去这段时间内器件的规模扩展性能良好，但未来将会遇到更加严重的挑战。然而，即使对于更小的晶体管器件，FinFET 存储单元仍将是很有发展前景的类型，因为其阈值漂移随着栅电容的降低而提高。在约 20nm 的很小的尺寸，存储区作为量子点开始发挥有效作用。根据 $\Delta V_t = ne/C$（其中 n 为电子数），几个电子就足以诱发 1V 的阈值漂移。原则上，即使是单个电子也能够在室温下探测到。对于这些小型器件真正的挑战将是保持时间，因为存储只有几个电子的信息需要非常可靠的隔离电介质。此外，还需要诸如双栅之类的新的器件结构以达到对静电沟道的更佳控制并将存储电荷从寄生电压中甄别出来。

图 18.20 的左图是一只 FinFET 双栅晶体管的截面示意图，其侧墙上的多层栅极电介质用作存储元件，散热鳍的上部平面上覆盖着氧化物层。右图是一种用电子束刻蚀制备的存储结构的截面投射电镜图，其硅鳍宽 32nm、高 38nm。多层电介质由 5nm SiO_2、5nm Si_3N_4 和 5nm SiO_2 构成，栅极是栅长为 50nm 的多晶硅。由于其双栅和薄鳍层结构，短沟道效应比平面单栅晶体管更小。

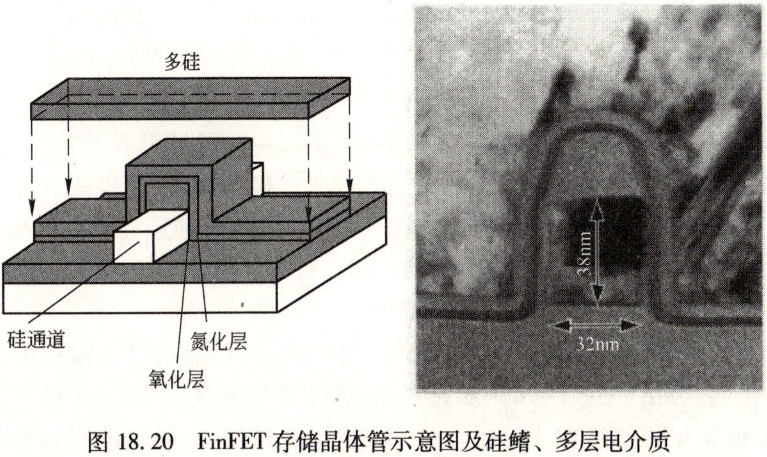

图 18.20　FinFET 存储晶体管示意图及硅鳍、多层电介质和多晶硅栅极的实验型结构

使用光刻制备的带氮化物阻挡层的放大型 FinFET 对其电学原理进行了实验验证。当栅极电压为 +4.5V（“写”状态）时，电子注入到氮化物阻挡层中，因而其 *I-V* 特性曲线向正压方向漂移。而 -45V的栅极电压（“擦”状态）将电子激出氮化物阻挡层并使其 *I-V* 特性曲线回到负压区。在栅长为 300nm、鳍高为 50nm 时，漂移值在 1V 左右（见图 18.21）。

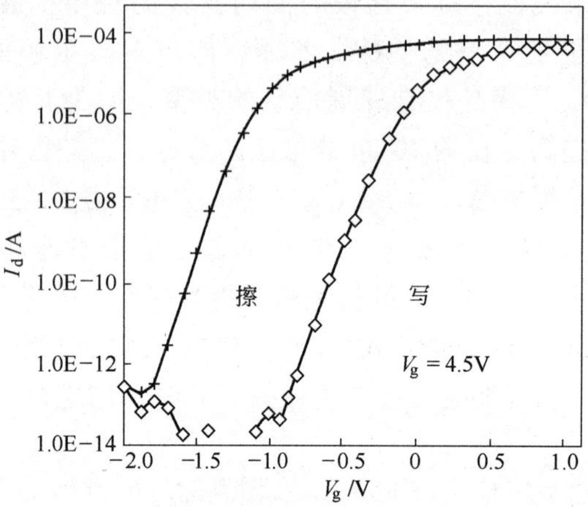

图 18.21　带氮化物阻挡层的 FinFET 量子点存储器件测得的 *I-V* 曲线漂移

18.5　Si MOSFET 的极限

1972 年，线宽 5μm、内含 4000 只晶体管的第一代微处理器实现了批量生产。其后，集成密度快速提高[22]。有关集成度的极限和微电子规模扩展结果的热烈讨论在很早的时候就开始了。1984 年，这一极限被认为是 0.2 ~0.4μm[23]。今天，栅长 70nm 的 CMOS 已经进入了生产，而在实验室里甚至展示了 14nm 体硅晶体管[24]和 6nm 栅长超薄 SOI 晶体管[25]。然而，要想达到规模扩展效果，在实现生产前还需要提高这些器件的电性能。正如我们以前讨论的，这些提高还将有赖于从高 *k* 电介质、金属栅、应变硅和多栅结构等方面获得。

图 18.22 是使用器件模拟软件 ATLAS 进行漂移-扩散模拟的简化结果，它给出了对于 6nm 双栅晶体管可能达到的性能。这里，我们取栅极氧化物厚度为 1nm，对于硅层厚度我们只取了 2nm。在电源电压为 0.6V 时，看起来可以达到 1.2mA/μm 的开态电流，而且器件可

以很好地关闭。

但是，在这样的尺度下，需要考虑量子力学效应。其中，最为重要的有穿过薄栅极介电层的直接隧穿电流、从沟道价带直接到漏极区的隧穿电流以及从源极通过沟道势垒到漏极的由导带电子构成的隧穿电流等。而且，由于电子的波性质，密度的最大值不在硅层和介电层的界面位置，在翻转层能态的量子化对晶体管电流有修正作用。此外，在亚 50nm 区，还必须考虑弹道载流子输运方式。

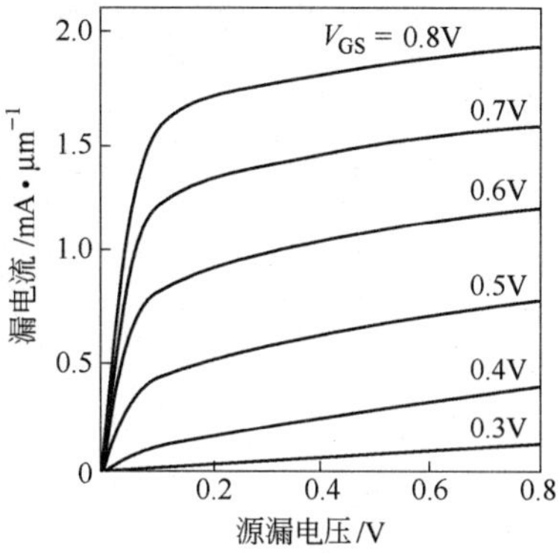

图 18.22 使用漂移-扩散模型对 6nm 双栅晶体管器件进行 ATLAS 模拟的简化结果

t_{ox} = 1nm，t_{Si} = 2nm

假定随着栅长的降低源漏隧穿是 MOSFET 的最终限制，使用了基于紧束缚模型的原子模拟方法进行了模拟[26]。图 18.23 就是厚度为 2.5nm（相当于硅晶格常数的 5 倍）的双栅 FinFET 的原子视图。其中，1nm 厚的介电层由两个侧墙上的 6 个 Si-O 键长度构成，它被栅电极覆盖。电流要么是通过源极附近的势垒热激活，要么是直接隧穿通过势垒由源极流向漏极。对于不同的栅长，其模拟电流在存在或不存在源漏隧穿下从源极流向漏极的情况见图 18.24。图中亚阈值斜率曲线外延后示于图右侧。

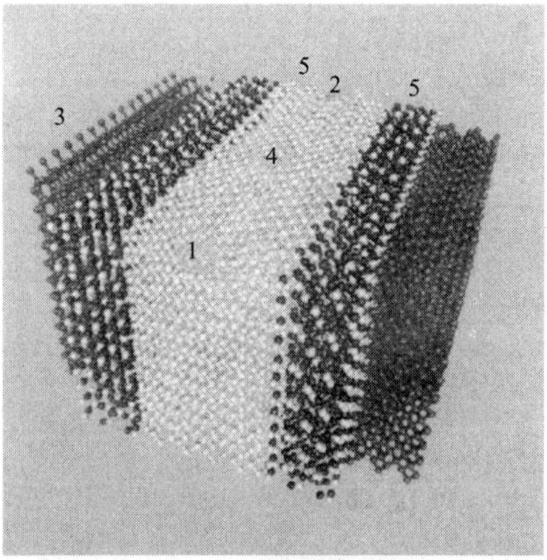

图 18.23 纳米级 FinFET 双栅晶体管的原子视图

1—源极；2—漏极；3—栅极；4—硅；5—SiO_2

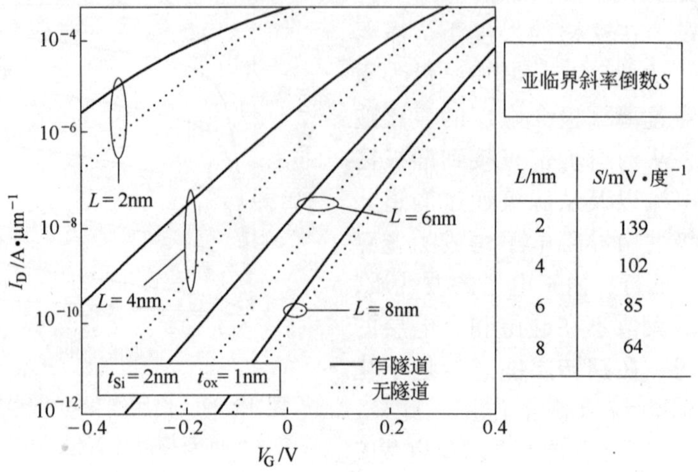

图 18.24　基于紧束缚模型对硅层厚度为 2nm、SiO_2
介电层厚度为 1nm 的双栅 MOSFET 的模拟
漂移-扩散和隧穿电流

在 6nm 以上，隧穿电流对晶体管性能的影响并不是很大，甚至对 2～4nm的栅长其电流仍然可以随栅极调制。但是，MOSFET 小型化的极限也就在这一范围，相当于硅晶格常数的 4 倍。值得注意的是，这也是碳纳米管直径（1.2nm）的大致范围，或者是一个小分子长度。

18.6　新器件

18.6.1　单电子晶体管

对于纳米级的 MOSFET 来说，pn 结用于源漏极分离，沟道中有很多载流子通过，与之类似的器件结构可以形成单电子器件[27]。这种器件也是由源极、漏极和栅极构成的三极结构。就像 MOSFET 一样，其中的栅极起静电控制的作用。基体材料可以是硅或绝缘体上硅，但其中的 pn 结由高电阻隧道结所替代（见图 18.25）。其沟道区必须做得很小，对于室温应用情况需要的长度和宽度为 1～2nm。相应的电容在 0.1aF 左右，对应于一

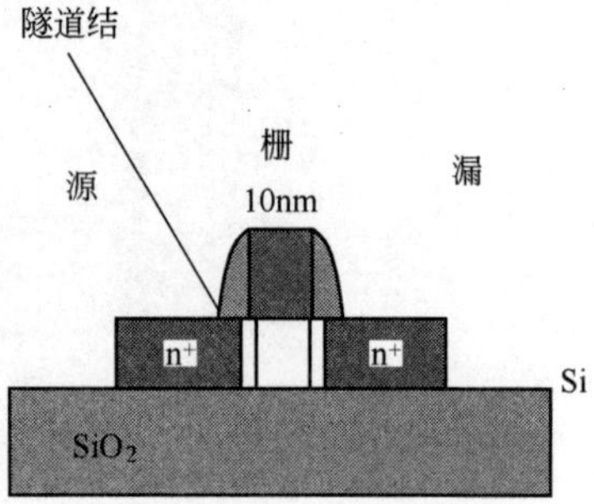

图 18.25　SOI 上有隧道结的
单电子晶体管

个电子进到沟道的库仑电能约为1eV。对于给定的栅极电压，如果沟道中已经有一个额外的电子，由于负压的影响，只有当第一个电子隧穿到漏极以后，下一个电子才能从源极进入到沟道。

这样，在任何时候，沟道中总是有一个额外的电子。如 *I-V* 模拟特性图 18.26[28] 所示，当漏极电压低于 $e/C-s=1\text{V}$ 时电流较低，可以根据传统理论随栅极电压开启。当栅极电压为 $e/2C_g$ 时开态电流达到最大值。此时，C_g 相应于栅极/沟道电容，而 C_s 则等于 C_t 和 C_g 两个结的电容之和。

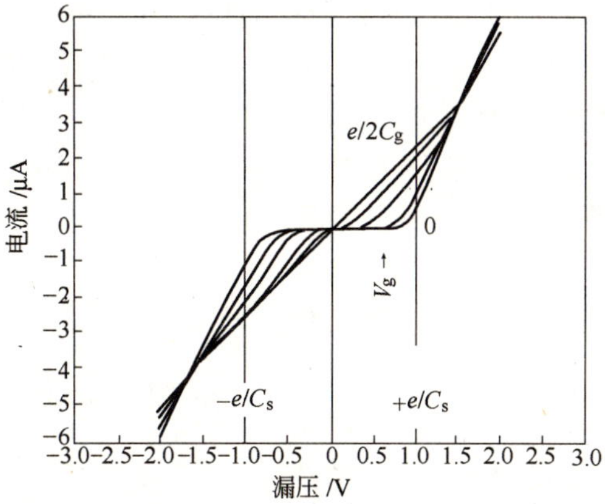

图 18.26 单电子晶体管在 385K 时的模拟输出特性

$R_t=100\text{k}\Omega$，$C_g=0.032\text{aF}$，$C_t=0.064\text{aF}$

最大电流与隧穿电阻有关，而后者又必然大于 Klizing 电阻 $h/e^2=26\text{k}\Omega$。在模拟时假定隧穿电阻为 $100\text{k}\Omega$，此时电流在几个 μA。

与 MOSFET 不同，这种器件的转换特性随栅极电压的变化呈周期性，但对于栅极电压变化的半个周期其性能类似。对于优化的单电子晶体管，模拟获得的亚阈值斜率在 80mV/ 度左右，这一数值与 MOSFET 接近。它与载流子的能量分布有关，只受温度影响。

对于单电子晶体管（SET）来说，由于优化栅极/沟道电容与漏极/沟道电容相比要难得多，因此表现出对漏极电压的依赖程度比 MOSFET 更高。值得注意的是，模拟中采用的电容值 0.032aF 很小。由于沟道中只有一个电子流过，这些器件对于失调电荷很敏感，其开关速度比 CMOS 器件要低得多。此外，要实现 1nm 尺度以下的可重复性，其对技术的苛刻要求远不是今天的加工能力所能达到的。尽管如此，单电子沟道器件的应用将会非常有意义，而对于沟道中不是一个电子、而是只有几个电子且存储器中也只存储几个电子的纳米级 MOSFET 来说，其库仑阻塞也将是一个重要问题。

18.6.2 分子器件

另外一个达到纳米尺度的方法就是使用分子作为电子器件。分子器件的好处在于其特征尺寸为 1～10nm 的电活性结构无需苛刻的光刻和刻蚀技术。分子的形成和沉积将通过化学方法完成，很有可能会消除制造公差。据报道[29]，在 64 位阻式正交存储单元阵列中使用了用轮烷（Rotaxane）类分子（缠绕在一个中心轴上的一个分子环，中心轴上有这个分子环可以附着的结合点）和索烃（Catenane）类分子（环连体）制成的电阻，这些电阻在施加电压脉冲后表现出不同的导电性能。此外，采用栅极调制流经分子的电流的晶体管似乎也成为可能。图 18.27 示出了制造复合型分子-Si-CMOS 存储器阵列的第一步[30]。阵列的 x 线和 y 线采用传统的 CMOS 互连技术制造，只是部分工艺有所改变，如使用金电极等。其地址、传感和输入/输出电路也用 CMOS 技术制造。但它的存储器却是基于分子类型的，位于字节/位元线交叉处的单分子膜上。分子的电阻，也就是信息的储存是非易失性的，可以通过字节/位元线上的电压来改变。与电阻相应的电流将被 CMOS 传感放大器感知。通过这种方式将生产出价格低廉、集成度很高的非易失性存储元件，非常有利于 CMOS 存储器规模的进一步扩展。

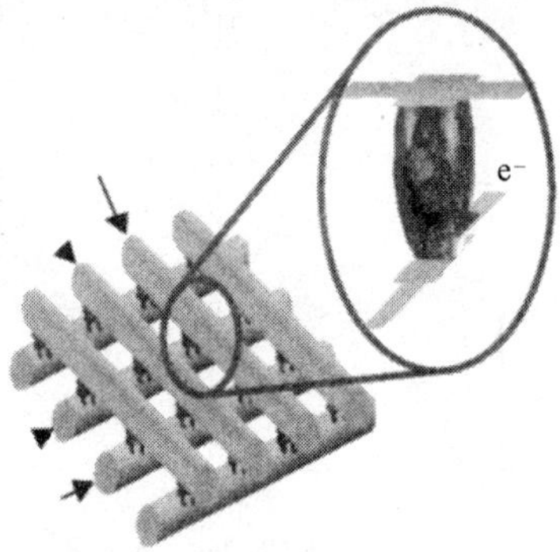

图 18.27 分子存储阵列与 CMOS 复合技术示意图

18.6.3 碳纳米管

过去几年来在新器件方面取得的最大进展来自于碳纳米管。碳纳米管是由碳原子组成的叠层六方完美晶格点阵结构。依据取向的不同，纳米管可以是金属导体或半导体。单壁碳纳米管的直径为 1.4nm，长度一般为几个微米。此外，还可以生长更厚的多壁碳纳米管。与 Si MOSFET 类似，碳纳米管也可以制成晶体管，具有金属的源极、漏极以及栅极电介质和栅极。不同的是，其沟道区由碳纳米管而不是由硅形成。在文献［31］中，晶体管的开态电流和关态电流之比达到了十万级，亚阈值斜率达到170mV/度，与Si MOSFET中达到的水平近似。由于碳纳米管的宽度较小，其开态电流在微安量级。但如果以Si MOSFET的微米宽度来推算的话，由于其完美的碳晶格，其开态电流将达到几个mA/μm，是Si MOSFET的2~3倍。现在的挑战在于如何以一种可复制的技术在源极和漏极区通过自组装方式生长单壁或多壁碳纳米管。有关碳纳米管的最新进展、基本技术以及物理学原理将在本书另处详述（见第23章）。

18.7 展望

根据ITRS路线图，聚焦于Si MOSFET的Si CMOS扩展技术很有可能在2016年达到22nm的技术结点。仅考虑器件性能，CMOSFET可以在10nm栅长以下工作良好，达到沟道长度2~4nm时源漏隧穿将导致晶体管关态电流升高到无法接受的水平，从而使得进一步的小型化进程停止。但我们离这一步还相当遥远，因此可以预见，规模扩展带来的微电子技术进步还将在纳电子时代继续。

在这样一幅乐观的景象中，我们可以假定像极紫外、平行电子束或离子束等光刻技术还将在这些更小的特征尺寸领域继续发挥作用。除此以外，我们也没有把器件互连线这一关键问题当作实际限制技术来讨论，这是因为设计者们可以使用不同连线尺寸和长度的多层金属化工艺。只要细径互连线的长度不超过几个微米，那么时延的问题将主要来自于晶体管。再者，我们也没有讨论另外一个可能的技术障碍，那就是功耗的增长问题。这一问题需要从电路和系统方面来解决，而可能的技术手段似乎也很有限。

让我们回到器件问题上来。在45nm CMOS以下，体硅CMOS的性能可能会受到限制，此时薄膜SOI很可能会取而代之，从而持续其规模扩展。此外，就关态电流、开态电流、开关速度和集成密度等指标而言，低掺沟道的双栅或多栅晶体管被认为是最好的纳米器件，它们可以达到1nm（室温工作）的单电子晶体管和直径1.2nm的单壁碳纳米管的水平。对于极大规模集成逻辑电路和存储电路来说，Si CMOS是目前唯一现实的技术，现在还看不到性能更高、制造性能更好的其他什么器件。以此说来，这一路线图的终点似乎不应该在未来的25年之内。

致　谢

作者要感谢纳米器件系的同事 M. Alba，D. Alvarez，L. Dreeskornfeld，J. Hartwich，F. Hofmann，G. Ilicali，J. Kretz，E. Landgraf，R. J. Luyken，E. Rutkowski，W. Rosner，T. Schulz，M. Specht 和 M. Staedele 对本章的贡献，特别是 K. Rim 对图 18.6 和图 18.7 的帮助。

（米绪军译，屠海令校）

参考文献

1. *International Technology Roadmap for Semiconductors 2001*, SEMATEC, Austin, TX (2001)
2. J.T. Wallmark: Fundamental physical limitations in integrated electronic circuits. Solid State Devices, 1974 Conference Series **25**, 133 (1975)
3. R.W. Keyes: Physical limits in digital electronics. Proceedings of the IEEE 63 (1975) No. 5, p. 740
4. L. Risch, H. Fischer, F. Hofmann, H. Schäfer, M. Eller, T. Aeugle: Fabrication and electrical characterisation of Si/SiGe p-channel MOSFETs with a delta doped boron layer. Proceedings of the 26th European Solid State Device Research Conference (ESSDERC) (1996) p. 465
5. T. Mizuno, N. Sugiyama, T. Tezuka, T. Numata, T. Maeda, S. Takagi: Design for scaled thin film strained-SOI CMOS devices with higher carrier mobility. International Electron Devices Meeting, Technical Digest (2002) p. 31
6. R. Oberhuber, G. Zandler, P. Vogl: Subband structure and mobility of two-dimensional holes in strained Si/SiGe MOSFET's. Physical Review B **58** (15), 9941 (1998)
7. K. Rim, S. Koester, M. Hargrove, J. Chu, P.M. Mooney, J. Ott, T. Kanarsky, P. Ronsheim, M. Ieong, A. Grill, H.-S.P. Wong: Strained Si NMOSFETs for high performance CMOS technology. Symposium on VLSI Technology (2001) p. 59
8. J.L. Hoyt, H.M. Nayfeh, S. Eguchi, I. Aberg, G. Xia, T. Drake, E.A. Fitzgerald, D.A. Antoniadis: Strained silicon MOSFET technology. International Electron Devices Meeting, Technical Digest (2002) p. 23
9. T. Schulz, W. Rösner, L. Risch, U. Langmann: 50 nm vertical sidewall transistors with high doping concentrations. International Electron Devices Meeting, Technical Digest (2000) p. 61
10. L. Risch, W.H. Krautschneider, F. Hofmann, H. Schäfer: Vertical MOS transistors with 70nm channel length. Proceedings of the 25th European Solid State Device Research Conference (ESSDERC) (1995) p. 101
11. J.M. Hergenrother, D. Monroe, F.P. Klemens, A. Kornblit, G.R. Weber, W.M. Mansfield, M.R. Baker, F.H. Baumann, K.J. Bolan, J.E. Bower, N.A. Ciampa, R.A. Cirelli, J.I. Colonell, D.J. Eaglesham, J. Frackoviak, H.J. Gossmann, M.L. Green, S.J. Hillenius, C.A. King, R.N. Kleinman, W.Y.-C. Lai, J.T.-C. Lee, R.C. Liu, H.L. Maynard, M.D. Morris, S.-H. Oh, C.-S. Pai, C.S. Rafferty, J.M. Rosamilia, T.W. Sorch, H.-H. Vuong: The ver-

tical replacement-gate (VRG) MOSFET: a 50 nm vertical MOSFET with lithography-independent gate length. International Electron Devices Meeting, Technical Digest (2000) p. 75

12. J.P. Colinge: *SOI Technology: Materials to VLSI*, 2nd edn (Kluwer, Boston, MA 1997)
13. L. Dreeskornfeld, J. Hartwich, E. Landgraf, R.J. Luyken, W. Rösner, T. Schulz, M. Städele, D. Schmitt-Landsiedel, L. Risch: Comparison of partially and fully depleted SOI transistors down to the sub-50nm gate length regime. The Electrochem. Soc. Proc.: SOI Technology and Devices XI, vol. 2003-05 (2003), p. 361
14. R.J. Luyken, M. Städele, W. Rösner, T. Schulz, J. Hartwich, L. Dreeskornfeld, L. Risch: Perspectives of fully-depleted SOI transistors down to 20 nm gate length. Proceedings of 2002 IEEE International SOI Conference 10/02, p. 137
15. H.S.P. Wong: Beyond the conventional MOSFET. Proceedings of ESSDERC (2001) p. 69
16. S. Monfray, T. Skotnicki, B. Tavel, Y. Morand, S. Descombes, A. Talbot, D. Dutartre, C. Jenny, P. Mazoyer, R. Palla, F. Leverd, Y. Le Friec, R. Pantel, M. Haond, C. Charbuillet, C. Vizioz, D. Louis, N. Buffet: SON (silicon-on-nothing) P-MOSFETs with totally silicided ($CoSi_2$) polysilicon on 5 nm-thick Si-films: the simplest way to integration of metal gates on thin FD channels. International Electron Devices Meeting, Technical Digest (2002) p. 263
17. X. Huang, W.-C. Lee, C. Kuo, D. Hisamoto, L. Chang, J. Kedzierski, E. Anderson, H. Takeuchi, Y.-K. Choi, K. Asano, V. Subramanian, T.-J. King, J. Bokor, C. Hu: Sub 50 nm FinFET: PMOS. International Electron Devices Meeting, Technical Digest (1999) p. 67
18. E. Landgraf, W. Rösner, R.J. Luyken: High on current in quasi double gate transistors with undoped channel region. Proceedings of the 31th European Solid State Device Research Conference (ESSDERC) (2001) p. 271
19. H. Seidl, M. Gutsche, U. Schroeder, A. Birner, T. Hecht, S. Jakschik, J. Luetzen, M. Kerber, S. Kudelka, T. Popp, A. Orth, H. Reisinger, A. Saenger, K. Schupke, B. Sell: "A fully integrated Al_2O_3 trench capacitor DRAM for sub-100 nm technology. International Electron Devices Meeting, Technical Digest (2002) p. 839
20. J.D. Choi, S.-S. Cho, Y.-S. Yim, J.-D. Lee, H.-S. Kim, K.-J. Joo, S.-H. Hur, H.-S. Im, J. Kim, J.-W. Lee, K. Ill Seo, M.-S. Kang, K.-H. Kim, J.-L. Nam, K.-C. Park, M.-Y. Lee: Highly manufacturable 1 Gb Nand Flash using 0.12-µm process technology. International Electron Devices Meeting, Technical Digest (2001) p. 211
21. B. Eitan, P. Pavan, I. Bloom, E. Aloni, A. Frommer, D. Finzi: NROM: A novel localized trapping, 2-bit nonvolatile memory cell. IEEE Electron Device Letters **21**, 543 (2000)
22. G.E. Moore: Progres in Digital Integrated Electronics. International Electron Devices Meeting, Technical Digest (1975) p. 11
23. J.D. Meindl: "Ultra large scale integration. IEEE Transactions in Electron Devices **ED-31**, No. 11, 1555 (1984)
24. A. Hokazono, K. Ohuchi, M. Takayanagi, Y. Watanabe, S. Magoshi, Y. Kato, T. Shimizu, S. Mori, H. Oguma, T. Sasaki, H. Yoshimura, K. Miyano, N. Yasutake, H. Suto, K. Adachi, H. Fukui, T. Watanabe, N. Tamaoki, Y. Toyoshima, H. Ishiuchi: 14 nm gate length CMOSFETs utilizing low thermal budget pro-

cess with poly-SiGe and Ni salicide. International Electron Devices Meeting, Tecnical Digest (2002) p. 639
25. B. Doris, M. Ieong, T. Kanarsky, Y. Zhang, R.A. Roy, O. Dokumaci, Z. Ren, F.-F. Jamin, L. Shi, W. Natzle, H.-J. Huang, J. Mezzapelle, A. Mocuta, S. Womack, M. Gribelyuk, E.C. Jones, R.J. Miller, H.-S.P. Wong, W. Haensch: Extreme scaling with ultra-thin Si channel MOSFETs. International Electron Devices Meeting, Technical Digest (2002) p. 267
26. M. Staedele: Influence of source–drain tunneling on the subthreshold behavior of sub-10 nm double-gate MOSFETs. Proceedings of ESSDERC (2002) p. 135
27. Y. Takahashi, H. Namatsu, K. Kurihara, K. Iwdate, M. Nagase, K. Murase: Size dependence of the characteristics of Si single electron transistors on SIMOX substrates. IEEE Transactions on Electron Devices **43**, No. 8, 1213 (1996)
28. W. Rösner, F. Hofmann, T. Vogelsang, L. Risch: Simulation of single electron circuits. Microelectronic Engineering **27** (1–4), 55 (1995)
29. C.P. Collier, E.W. Wong, M. Belohradský, F.M. Raymo, J.F. Stoddart, P.J. Kuekes, R.S. Williams, J.R. Heath: Electronically configurable molecular-based logic gates. Science **285**, 391 (1999)
30. R.J. Luyken, F. Hofmann: Concepts for hybrid CMOS–molecular non-volatile memories. Nanotechnology **14** (2), 273 (2003)
31. P. Avouris, J. Appenzeller, V. Derycke, R. Martel, S. Wind: Carbon nanotube electronics. International Electron Devices Meeting, Technical Digest (2002) p. 281

19 硅纳米光刻技术

J. Kretz

19.1 引言

光刻是硅器件技术关键环节之一，它确定了硅器件的结构。同时，光刻也是一项要求极高的技术，因为等比缩小是硅器件发展的主流，它支撑了过去30年来器件性能的快速提高（图19.1）。在光刻过程中，结构被“印”在称做光刻胶的辅助层上，光刻胶作为底版进一步结构制造的掩模层并在用后去除。在工业制造中广泛使用的光刻技术是将印刷结构写到一块玻璃白板上，然后通过投影转移到光敏的胶版上。尽管人们预计光刻在未来十多年间会走到尽头，但随着这一技术的持续改进，现在它还在很好地发挥作用。有关光刻技术的最新进展我们将在下面描述。

随着光刻技术逐渐走到尽头，越来越多的研究开始集中在后光刻时

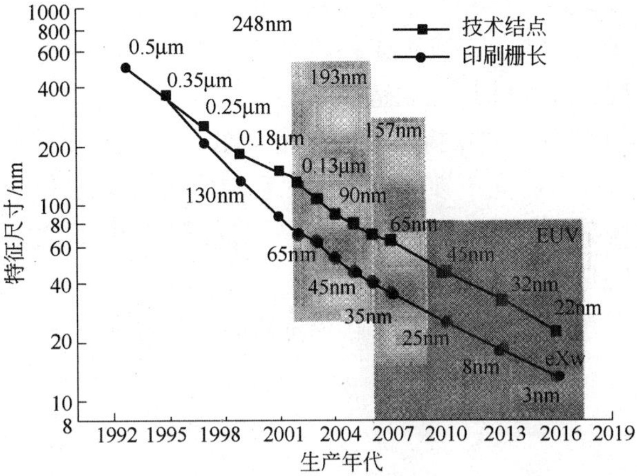

图 19.1 ITRS 光刻路线图

图中标示了最小特征尺寸和相应的光刻技术。正方形黑点为技术结点（印刷密度的半宽），圆形黑点为光刻后胶版上的印刷栅长（单线）。自2000年以来，晶体管的物理栅长，即刻蚀后的栅长，一般要比印刷栅长低40%

代新的光刻技术，这些技术称为下一代光刻技术（NGL）。我们的研究目标开始从几年之前为数众多的备选技术中逐渐缩小，目前只有极紫外（EUV）光刻技术胜出，成为能够确保生产规模的光刻技术的后继代表。电子束工艺是一种串行、直写的技术，已用于光学和极紫外光刻的掩模版生产。随着对这一技术的不断掌握，它已经被用于专用集成电路（ASIC）的小批量生产、特殊电路制作以及试制和研究等方面。使用多束电子束的并行写入方法也在讨论之中，并正在接受是否适于作为下一代光刻技术的检验。此外，纳米压印技术（Nanoimprint）和“接近式探针”光刻（proximal-probe）等结构制造技术的研究结果也令人鼓舞（主要是在超高分辨率方面）。尽管这些技术中大部分都面临基本性的问题，特别是在涂覆层和生产量等方面，但这些自下而上的方法（而不是传统的自上而下的标准光刻技术）有可能形成甚至到原子级的最细微的结构。下面对所有这些光刻技术进行描述，并根据它们在纳米结构制造中可能发挥的作用进行分析。

19.2　光学光刻

光学光刻是现在主要的曝光工艺。除了存在用于研究开发的掩模对准曝光机（其中掩模底板位置接近覆有胶版的衬底或与之直接接触，掩模结构则直接暴露于硅片）以外，在大批量生产中还使用了步进式光刻机。在步进式光刻机中，投影光将单个芯片的空间像缩小投影到衬底上并以步进扫描方式在硅片上制造多个芯片。投影透镜的缩小倍数一般为4～5倍，这样就可以放松掩模板的规格要求。步进式光刻机的高精度步进动作是通过一个激光干涉仪完成的，它的位移精度优于50nm。由于现在空间成像套刻的精度要求为35nm以下且将在2016年达到10nm以下，上述位移精度是必须的。

对于步进光刻机的光学系统，很重要的两个公式是：

$$R = k_1 \frac{\lambda}{NA} \tag{19.1}$$

$$DOF = k_2 \frac{\lambda}{NA^2} \tag{19.2}$$

式中，R 为特征尺寸；DOF 为景深；λ 为所使用的光的波长；NA 为透镜系统的数值孔径（孔径角）；k_1 和 k_2 为工艺参数。公式19.1来自瑞利准则。对于一个 $k_1 = 0.5$ 的空间像，其确切数值还受光刻胶性能和显示方式等过程条件的影响。公式19.2也可以从瑞利准则得出，它给出的是景深。其中 k_2 和 k_1 类似，也受工艺过程影响。

为了达到更小的线宽，一个直接的办法就是降低光波的波长 λ。从图 19.1 中我们可以看出，光刻使用的波长分别是 248nm（KrF 受激激光）、197nm（ArF）和 157nm（F_2）。改变波长就意味着使用新一代设备，而设备换代的成本以 10 倍增长，其中主要的是根据所使用的波长需要更新光学系统。由于降低波长 20% 本身不足以达到目的，因此还要立足于增大数值孔径并减小 k_1 值。当增大数值孔径时还必须考虑平衡问题，因为景深与数值孔径的四次方相关。目前典型的数值孔径大小在 0.6 ~ 0.75 之间。此外，通过改进工艺，如优化光刻胶、开展掩模工程或离轴照明等，也可以降低 k_1 值。

通过在照明系统中引入环形或四极光圈，使更高级的衍射光进入物镜，从而提高分辨率，以实现离轴照明。理论上离轴照明可以将 k_1 值降低到 0.25，但一般情况下 k_1 值远远大于这一最低值。

掩模本身就是一块表覆电子束处理的铬吸收层的石英板。一般由铬吸收光子，并在结构边沿产生强度梯度。所谓掩模工程就是通过玻璃上铬模板的改性在空间成像结构边沿形成更陡的强度梯度。相位模板有减薄（ATN）、间隔（ALT）或无铬（CRL）等形式，但在所有这些情况下，在结构界面都能实现额外的光波相移。一种方式是使用 180°移相材料代替铬（ATN），另一种方式就是在已经除去铬的地方通过减薄玻璃基体来实现相移（ALT）。另外还有一种制作 CRL 模板的方式，就是通过直接刻蚀玻璃板来产生相移。

此外还有光学临近效应（CD，现在的目标值是 $3\sigma < 5$nm），包括与周边结构相关的临界尺寸差异、与特征尺寸相关的线端缩短以及方角钝化等。所有这些效应都可以通过不同的光学临近效应校正技术（OPC）来解决，如尺寸补偿（孤线减薄）、附加亚分辨率特征（散射条纹模式）、线长补充（线缩补偿，即线模式）以及对结构的角区附加锤头线、衬线或线段等（见图 19.2）。尽管在第一次曝光之前使用了模拟方式校正底板数据，但为了获得合适的底板曝光，一般还需要多次反复过程。

所有这些技术的采用都是为了将 k_1 值进一步降低一半左右。从图 19.1 中方形黑点和圆形黑点各自的曲线分离中可以看到这些技术的实施效果。在实际工作中，现在可以将 k_1 值降低到 0.3。从另一方面来说，这些底板校正措施又大大加重了掩模 的制造难度：需要可控的铬和玻璃的刻蚀；对于光学邻近校正需要更小的线宽等。这样就增加了底板的制造成本，而一套底板的制备往往需要数周的时间。

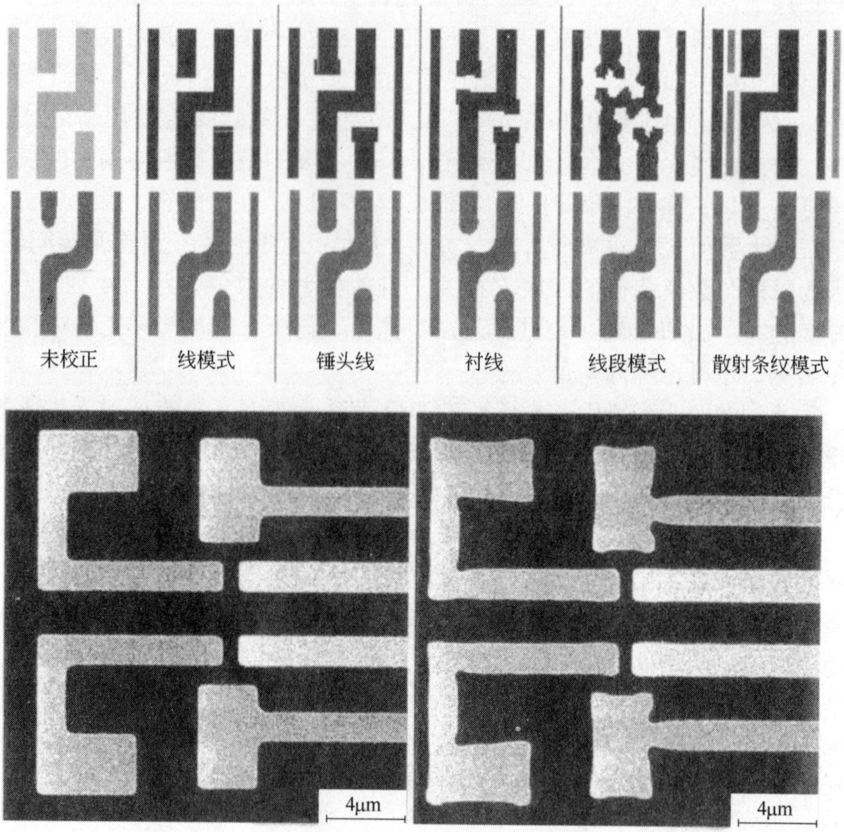

图 19.2 现代光学标线中使用的光学邻近校正技术
上图中可以看到结构中的标线（浅灰：未校正；深灰：已校正）。
下图是曝光以后结构的电镜图，图中可见未校正底板
和采用线段模式校正后底板的对比[19]

19.3 下一代光刻技术

由于我们不曾预料随着波长的不断减小，k 因子的改进如此的迅速，因此一段时间以来人们一直在预测光刻作为结构制造方法该走到尽头了，所有其他的光刻技术，即下一代光刻技术，均朝着大幅降低波长的方向发展。除了可以考虑使用硬 X 射线和软 X 射线的光子以外，其他如离子和电子束等粒子也适于光刻。过去 20 年以来，人们对各种光刻技术进行了大量的研究，其中适于量产的备选技术被锁定为极紫外光刻，也称为软 X 射线光刻。电子束光刻，这一广为人知的古老的底板制备技术，则

一般用于快速制样或小批量生产，以规避庞大的底板制造成本。对于其他的光刻技术，其主要障碍包括直接（接近式）曝光（需要1∶1，即1×的底板）以及荷电离子的库仑互作用，后者在粒子密度较高或电流较大时会降低分辨率并限制量产。

光子波长约为1nm的X光光刻迄今也有近20年的研究历史了。对于这一波长区还没有合适的透镜，因此需要采用1∶1的接近式曝光。对于这一技术，较高的制造成本和工时以及1×模具较短的耗损周期是其主要障碍。此外，我们还应清醒地注意到该技术通常需要采用同步辐射光源的问题。

近几十年来还研究开发了带电粒子投影光刻技术。虽然研究结果不无前景，但多数半导体公司和供应商还是摒弃了这一技术，转而选择极紫外光刻。带电粒子投影光刻的主要问题是库仑作用产生的粒子间相互排斥，从而导致束流（垂直于传播方向的Loeffler效应）以及能量展宽（传播方向上的Boersch效应），从而降低分辨率和透镜性能。对于电子束和离子束光刻系统，考虑过丝网掩模：粒子要么通过掩模中的自由空间（孔洞），要么被吸收材料阻挡。这就产生了圆环问题，禁止了嵌入式吸收空间的存在。可以使用双掩模或带支柱的掩模解决这一问题，但需要掩模扫描。另外一个办法就是在粒子能够穿过的薄膜上安装吸收结构，但会由于存在散射而降低分辨率。

离子束投影光刻曾是维也纳IMS和Infineon技术公司合作的欧洲研究项目，虽然该项目不无成就，但还是在2001年终止了。朗讯贝尔实验室[5]开发研究了采用散射掩模的电子束投影技术（SCALPEL，限制角度散射投影电子束光刻），但研究计划也于2001年停止了。现在，IBM正在研究PREVAIL（变轴浸入镜头投影电子）电子投影系统，日本的一家财团也在实施LEEPL计划（低能电子投影光刻）。这些技术将在下一节简要介绍。

极紫外光刻将是未来的主流技术，因为Intel以及几乎所有美国和欧洲的半导体公司都决定支持这一领域的研究活动。他们组织了一个称做EUV LLC（极紫外有限责任公司）的集团以求实现该下一代的光刻技术。虽然付出了巨大的努力，但距这一技术真正试水还有不少障碍。图19.3是一种极紫外步进曝光机的原理图。一种可能的光源是波长为13.4nm的激光等离子体源，它是通过用激光照射氙原子获得的。其中的氙源可以是多种形式的，如氙滴和氙细流等。辐照激光功率到极紫外输出的转换效率约为1%。由于不可能存在透射光，因此采用反射光学，就像在射频望远镜中一样。一个透镜大致由10组由钼和硅组成的双层构成，每个

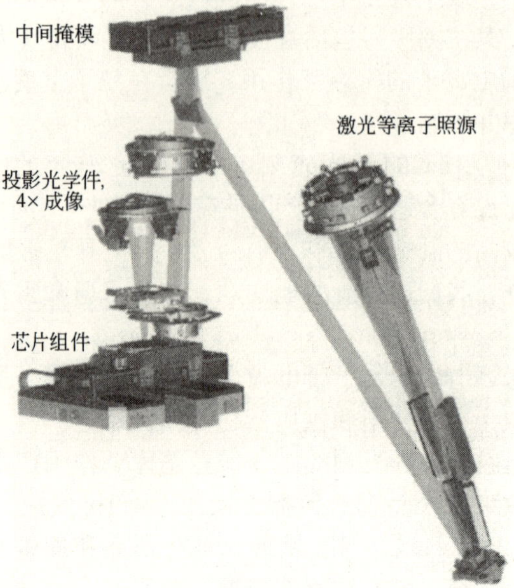

图 19.3 EUV LLC 开发的极紫外曝光工具的原型示意图
其中包括两套组件，主组件由中间掩模、芯片组件和投影光学系统组成，另外一套是含有光源的分离式辐照组件

双层的厚度为 6.9nm。在透镜区每个双层的厚度均匀性要求很高，其界面粗糙度要严格控制。反射率主要受硅、钼原子的互扩散和表面氧化的限制。表面氧化问题可以采用表面涂层（如钌）解决，通过层间加入扩散阻挡层可以降低互扩散。理想的反射率是 74%，已经达到的反射率接近 70%。通过在光学系统中使用 8 组镜头，可以使硅片的光子产率达到 5.8%。

掩模的工作原理类似光学透镜：结构化的 Mo/Si 双层要么局部反射，要么吸收。掩模是采用传统的半导体技术在硅片上制备的。中间掩模的问题包括热耗以及由此产生的掩模变形导致的图像畸变。由于掩模和硅片的平整度要求高，需要使用静电式的硅片卡盘，使平整度达到 200nm 以上。

一方面需要的新元件种类较多，另一方面对新元件的规范要求高，因此需要付出极大的开发努力。现在正致力于提高光源效率的工作，因此这一技术真正用于生产可能会被推迟。如前所述，这一技术不适宜用于大批量生产，但对于小批量生产或原型制作可能还是合适的。

19.4 电子束光刻

电子束光刻是仅次于光学光刻的最古老的光刻方法。早在 1973 年，基于扫描电镜的第一套电子束光刻系统就被用来制备出栅长为 1μm 的晶体管[2]。仅 4 年之后，ETEC 就开发了第一台商用掩模写入器 MEBES。从那以后，电子束光刻就被用做光掩模制备工具。特别是随着技术进步和 k 因子的降低（见 19.2 光学光刻），对具有良好边沿清晰度和特征尺寸稳定性的“亚”光刻高分辨率提出了更高的要求。

产生电子有多种办法。就满足光刻的目的而言，经常使用热场发射（TFE）阴极，也就是通过一个强电场从尖端激发电子，并采用尖端加热的办法提高发射率。与冷场发射相比，热场发射方法产生的电流更高，且电流能够保持长期稳定，但热场发射的能量区间稍宽于冷场发射。

电子波长可通过德布罗意公式计算：

$$\lambda = \frac{h}{p} = \frac{h}{\sqrt{2mE}} \tag{19.3}$$

对于几十个 keV 的电子能量，其波长在皮米量级。然而，高斯电子束的斑点尺寸受到电子透镜像差的限制。现代的扫描电镜可以达到 1nm 左右的电子斑点尺寸。洛仑兹力 $\vec{F} = e(\vec{E} + \vec{v} \times \vec{B})$ 能够使电子偏转，因此可以采用静电或电磁透镜实现电子束成像。就像光学镜头一样，电磁透镜也存在球差、像散、彗散、色散和衍射等各种误差。其中，有些误差可以校正，如各项同性像散和畸变；另外一些可以通过各种措施降低到最低限度，但这些措施同时也限制了分辨率和产量。这一矛盾是所有荷电粒子光刻的主要制约：将孔径角降低到衍射极限可以最大限度地减小球差，但这又同时减小了电子的数量，从而限制了产量；而增大孔径在增加产量的同时却又牺牲了分辨率。此外，当粒子密度很高时电子间的库仑互作用又成了问题，它会导致束流宽泛（垂直于传播方向的 Loeffler 效应）以及能量展宽（传播方向上的 Boersch 效应），从而加剧色差。

电子束写入器的另外一个重要问题是偏转问题。偏转动作必须快速精确，因此应使用静电偏转器。磁偏转器的缺点是滞后和速度问题。这就是为什么带磁偏转系统的电镜改装后也只有几十个 MHz 的写入速度，因而只适宜于研究开发。其次，由于物镜前的电子束偏转部件将电子转向偏离光轴方向，因此还产生了额外的透镜像差，需要采取补偿措施，其中一个办法就是增加一个透镜内的偏移系统。此外，还需要一个快速电子束快门，以实现电子束的快速开闭。

如图 19.4 所示，可以采用两种办法进行曝光，即使用高斯射束或定形射束实现图形曝光。采用高斯射束时图形是通过聚焦电子束逐点顺序写入的，就像使用绘图笔一样。此时的分辨率由射束的直径决定。这种方法的写入速度远低于定形射束方法，但它的分辨率最高，因此主要用于在研究开发中制备单个纳米器件。采用高斯射束和分辨率为几个纳米的光刻胶曾经制备出栅长 8nm 的硅晶体管。这种基于光刻胶的方法的另一个优点就是可以将它整合到生产工艺中。

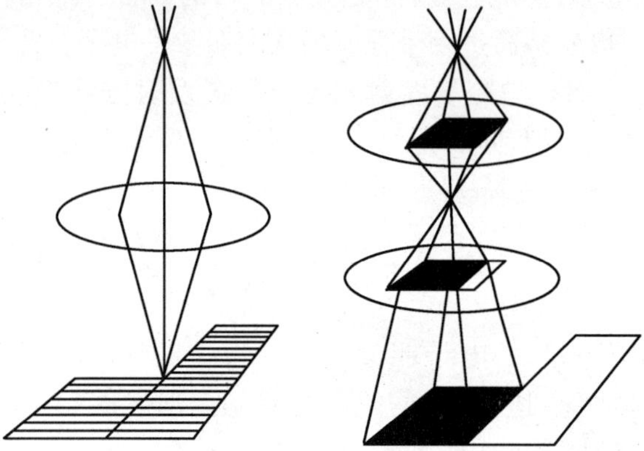

图 19.4 高斯射束和可变定形电子束光刻原理图
采用高斯射束（左图）时，结构是通过聚焦射束逐行顺序写入的；采用定形射束（右图）时，通过基体上的双孔投影形成一个电子束“模板”

定形射束是制备底版的最新方法，它通过两个方形孔径或一个有图孔板形成束流密度均匀的扩展射流，由此形成的几何结构经缩小后投影到芯片上。通过这种方法，可以在胶版上印出更大的结构，提高了曝光效率。此时的分辨率不是由射流的直径，而是由射流的边角锐度决定的，而后者又取决于透镜和孔径像差。

电子束光刻的另一个问题是电子与光刻胶和样品间的相互作用。由于存在散射，射入光刻胶层的一次电子被分散，从而导致胶版图形的宽化。此外，由于电子射程较大，一次电子射入衬底后还会产生二次电子，二次电子进入胶版后也会产生曝光效应。电子进入胶版的正散射范围为几个纳米，而背散射二次电子则根据一次能量的不同，可以覆盖面积数十平方微米的范围。这种效应也称为临近效应，但不要与前面讲到的光学临近效应相混淆。考虑到临近效应，在曝光时可使散射电子具有一定的分布函数，从而改变写入结构的电子剂量以达到电子产率在结构中均匀分布的目的。为此，需要将原始结构分割成更小的元结构，使用临近效应校正软件分配元结构的剂量。

目前底版写入机器朝着更高能量的方向发展，这样做的优势是可以最大限度地减小色差，但更重要的是能够使胶版中的一次射流具有最小的散射角，从而达到更高的分辨率。背散射电子的贡献还是采用临近效应校正程序的通用方法。

随着对底版制备要求的提高，电子束光刻技术也在进一步发展。k 因子的降低为电子束光刻系统开发带来了飞跃式的发展。由于在高技术中间掩模的写入过程中也有需要采用直写技术的，因此即使是直写技术也从这一技术进步中获益匪浅，成为可能用于原型制造甚至是生产中的技术。对于下一代光刻技术来说，除了极紫外方法以外，目前只有电子束依然作为一项备选技术存在，这一点也很能说明问题。就这一技术而言，PREVAIL（变轴浸入镜头投影电子）和 LEEPL（低能电子投影光刻）是可能的选择方案。PREVAIL 是对定形射流系统的进一步发展，它投影的不是预定孔板图案，而是中间掩模的一部分。偏转系统在浸入式电子镜头内工作。这种镜头是 IBM 发明的，称为变轴浸入镜头。要投影一块 4 × 的中间掩模部分，需使用三个这种类型的镜头：其中两个用于将电子束在需要的模板部分内偏转，一个用于投影到芯片上（见图 19.5）。根据计算，这种方法的产量为 20 个芯片 /h(200mm)，因此很有发展前途。IBM 与 Nikon 合作，已经展示了用于 70nm 技术节点的研发型

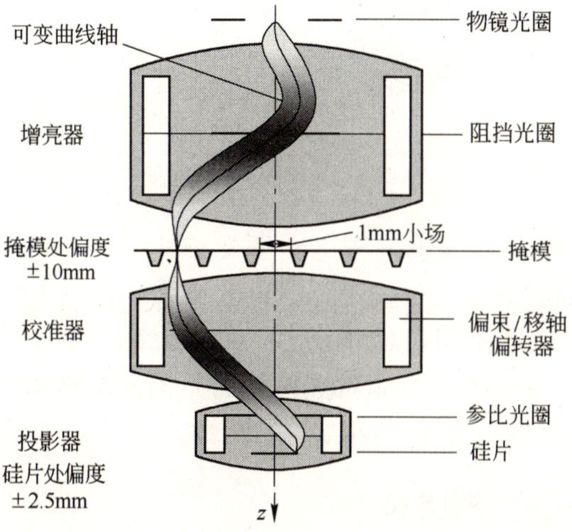

图 19.5　PREVAIL 方法的原理图[21]

曝光工具。

另外一种方法由日本一家研究团体提出，称为 LEEPL 技术[16]。这一技术采用的是 2keV 的低能电子将 1×的中间掩模接近式曝光到基体上（图 19.6）。该研究团体的成员单位得益于有关接近式 X 光曝光的大量研发试验成果。电子被集中到一个尽量小的电子束柱流中。为了提高产量，这些电子束柱流平行布置。低能电子可以将临近效应降低到最小，但由于正散射效应增大，因此限制了它的分辨率。通过使用较薄的光刻胶膜，可以减轻这一影响。据生产商称，这一技术不存在限制产量的空间电荷效应。它的一个曝光问题就是需要一块类似于以前用于 X 光接近式光刻技术的 1×掩模。X 光光刻就是基于同样的理由被迫停止的，因为生产中间掩模技术难度大、成本高。尽管如此，由于高斯射流电子光刻技术的提高，现在要生产这种掩模，看来也不是不可能的事了。

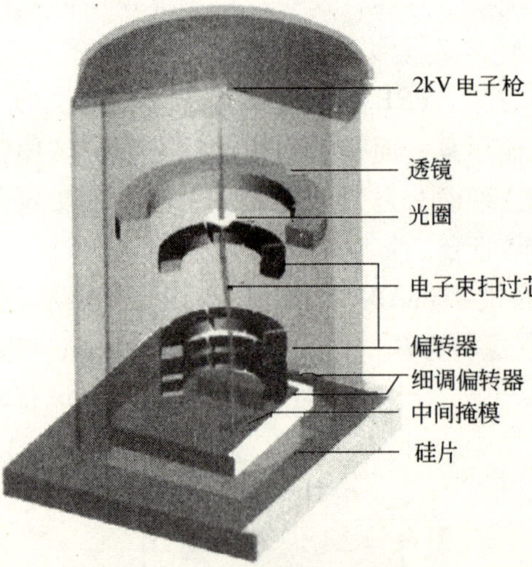

图 19.6　LEEPL 技术原理图[20]

对于更远的将来，也有一种电子束光刻的概念。这种光刻技术不需要掩模，称做 ML2（无掩模光刻）。Leica 与维也纳的 IMS 宣称，他们将合作进行可编程孔板的可行性研究。“编程”后的芯片图像通过聚焦投影光学系统缩小 200 倍[15]。这种无掩模的光刻方法将解决掩模成本快速增长的问题，并缩短新元件的原型制造周期。

19.5　纳米压印光刻技术

纳米压印光刻技术指的是将图案从掩模直接压印到基体上。这里包括三种技术（图 19.7）。第一种称为压印光刻[23]，它类似于 CD 和 DVD 的生产技术，是先通过电子束和蚀刻技术制备出纳米母模（掩模），然后压印到聚合物胶版层上。为此，需要在压印过程前将聚合物层加热到玻璃化转变温度以上，压印过程在几个大气压下进行。压模和基体接触后，将胶版层冷却到玻璃化转变温度以下并去掉压模。此后还可以进行图形转移的其他工艺过程。据报道，已经应用该技术在实验室规模上制备出线宽 10nm 以下的产品[24]。这一技术的一个难点就是压印过程中移位的聚合物需要有地方流入，不管是流入压模还是流入样品内。当生产高密度结构时，工装布置会更加复杂化。其他的问题还有在压模和聚合物之间需要有不粘层、压印过程中的温度梯度容易引起变形和对位误差等。在这种技术基础上还有两种改进技术可以克服这些困难，它们分别是“墨印技术”和“分步光照压印光刻技术”（SFIL）。墨印类似于压印过程：通常是一种自组装单层的印墨选择性地加到压模上，然后再转移到衬底上。由于不管是压模还是样品都需要具备功能性特征，而且很薄的转移层也使得后续的转移过程更加复杂化，因此这一技术不太可能在不远的将来得到应用。SFIL 工艺在胶版和透明的压模（如石英）之间使用了额外的一层主要由光聚合物组成的蚀刻阻挡层。

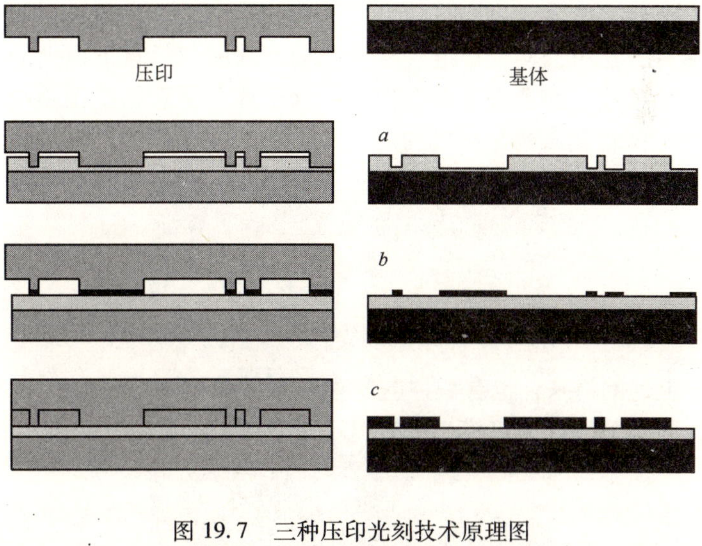

图 19.7　三种压印光刻技术原理图

a—纳米压印：在高温高压条件下掩模被压印到涂有聚合物的基体上，在胶版上形成了掩模图案；*b*—墨印：印墨从压模转移到基体上；*c*—分布光照压印：掩模与涂有液体光聚合物的样品接触，在压印过程中使用紫外光使光聚合物快速曝光，固化后的聚合物留在基体上

压印过程在低压和室温条件下进行，蚀刻阻挡层的固化由紫外光透过石英进行快速曝光完成。这一技术克服了温度问题和需要处理移位聚合物的问题。

对于纳米压印光刻技术普遍存在的问题就是需要一个 1×的掩模，而且还是耗损件。此外，我们也还没有找到达 10nm 套刻精度的可靠的对准技术。再者，掩模误差和变形被直接转移到衬底上，不可能进行中间校正。而这一点对于 PREVAIL 和 LEEPL 是可行的。在后两种技术中，可以在投影过程中对掩模层的已知误差进行校正。尽管如此，由于压印原理能够提供已知的最高产量，因此成为广泛研究的对象。通过提高 1×掩模的制备精度（在 LEEPL 中也需要 1×掩模），这些压印技术将在未来的生产中将得到实用。

19.6　接近式探针光刻技术

在所有的光刻技术中，接近式探针光刻技术，或称扫描探针技术，能够提供最高的分辨率。在隧道扫描电镜、原子力扫描电镜或近场扫描电镜中的扫描探针与样品表面很小的面积相互作用，因此能够作用到甚至是单个原子的区域。这一技术的最著名成果是由 Eigler 和 Schweizer 取得的，他们运用超低温隧道扫描电镜将单个氙原子布置到镍的表面（图 19.8）[3]。

有多种方法可以实现接近式探针光刻，其中包括自下而上的模式和自上而下的模式。前者是从单个原子、分子或分子簇构造出结构，后者则借助扫描探针侧向构造出结构层。除了单个原子以外，自下而上的模

图 19.8　IBM 研究的将氙原子布置到镍表面的原子光刻[22]

式还可以通过尖端位置材料[6]或通过吸收气体分子的分解（类似于 CVD 过程）[7]构造结构。自上而下的方法包括光刻胶层的构造[8]、预沉积层（如作为自显影正片的碳[9]和用于直接制备单电子晶体管的钛）的氧化[14]等。最近甚至出现了将扫描探针方法和压印或墨印技术相结合的方法。通过构造隧道扫描电镜的材料钝角尖端，可以将预先设定的一个结构通过诸如碳层氧化的方法数次压印到基体上[10]。将墨印技术与原子力扫描电镜相结合的办法称为"蘸笔光刻技术"[11]，其中的尖端是通过弯月形水面转移到样品上去的单分子源，而弯月形水面是在环境条件下在尖端和样品之间成形的。

所有接近式探针光刻技术都已经在实验室里用于各种器件的生产并取得了很好的成功。但是，由于这些技术比起高斯电子束光刻技术要慢大约 1000 倍，因此它们目前应用于开发研究方面还不太现实，更不用说用于实际生产了。为了使这一工艺过程并行开展，可以采用并列悬臂和并列尖端的办法，但数千个悬臂的制造和同时控制又是一个很大的问题：一方面是制造难度问题；另一方面是需要处理庞大的数据流的问题。而且，目前虽然还没有考虑冗余问题，但如果单个悬臂失效，这一问题还必须考虑。尽管如此，斯坦福大学 Quate 研究组还是制备出了并列悬臂以测试其光刻过程[13]。并列悬臂的最著名应用当属 IBM Rüschlikon 的"千足"项目[12]：他们应用 1024 个在纵向和横向都能同时单个控制的悬臂组，通过聚合物层中的印痕来储存一组位元信息，各位元信息的读出和擦写都是用相同的悬臂进行的。该设备演示的数据密度达到 $31GB/cm^2$，相当于两个位元之间的距离在 60nm 左右。

19.7 结论

光刻是硅器件制备的关键技术。尽管过去几十年来一直预言光刻已走到尽头，但自从有器件以来，光刻技术就一直在器件制造中占主导地位。光刻技术之后，紧接着将是极紫外技术。但是，由于该技术本身及其掩模费用导致了极紫外技术的昂贵成本，因此还需要研究其他的制备技术。电子束光刻技术就其目前的技术成熟度和现有的技术状态而言，注定了这一技术只能用于快速原型制造和小批量生产。能够用于大批量生产的先进电子束光刻技术成为目前广泛研究的课题。虽然由于带电粒子的库仑互作用限制了电子束光刻技术的产量，但这些技术仍有可能成为极紫外光刻的替代技术。需要 1 × 掩模的技术极富挑战性，以前 X 射线光刻技术就是由于这些掩模制造的困难而被迫停止的。尽管如此，1 × 掩模的压印光刻技术由于具有很高的产量潜力仍然很有吸引力。最后，接近式探针光刻技术对于纳米器件的研究制备非常重要，但就目前的技术成熟度而言，在最近的将来还没有应用的可能。

（米绪军译，屠海令校）

参 考 文 献

1. ITRS, *International Technology Roadmap for Semiconductors*, update (2002), http://public.itrs.net
2. F. Fang, M. Hatzakis, C.H. Ting: J. Vac. Sci. Technol. **10(6)**, 1082 (1973)
3. D.M. Eigler, E.K. Schweizer: Nature **344**, 524 (1990)
4. C.R. Marrian (ed.): *Technology of Proximal Probe Lithography* (SPIE Press, Bellingham 1993)
5. S. Berger, C. Biddick, M. Blakey, K. Bolan, S. Bowler, K. Brady, R. Camarda, W. Connelly, R. Farrow, J. Felker, L. Fetter, L. Harriott, H. Huggins, J. Kraus, A. Liddle, M. Mkrtychan, A. Novembre, M. Peabody, T. Russell, W. Simpson, R. Tarascon, H. Wade, W. Waskiewicz, P. Watson: Proc. SPIE **2322**, 434 (1994)
6. H.J. Mamin, P.H. Guethner, D. Rugar: Phys. Rev. Lett. **65(19)**, 2418 (1990)
7. E.E. Ehrichs, W.F. Smith, A.L. de Lozanne: Ultramicroscopy **42-44**, 1438 (1992)
8. M.A. McCord, R.F.W. Pease: J. Vac. Sci. Technol. B **619**, 293 (1988)
9. T. Mühl, H. Brückl, G. Weise, G. Reiss: J. Appl. Phys. **82(10)**, 5255 (1997)
10. T. Mühl, J. Kretz, I. Mönch, C.M. Schneider: Appl. Phys. Lett. **76(6)**, 786 (2000)
11. R.D Piner, J. Zhu, F. Xu, S. Hong, C.A. Mirkin: Science **283**, 661 (1999)
12. P. Vettiger, M. Despont, U. Drechsler, U. Durig, W. Haberle, M.I. Lutwyche, H.E. Rothuizen, R. Stutz, R. Widmer, G.K. Binnig: IBM J. Res. Devel. **44** (3), 323 (2000)
13. S.C. Minne, P. Flueckiger, H.T. Soh, C.F. Quate: J. Vac. Sci. Technol. B **13** (3), 1380 (1995)
14. K. Matsumoto, M. Ishii, K. Segawa: J. Vac. Sci. Technol. B **14** (2), 1331 (1996)
15. H. Loeschner, G. Stengl, H. Buschbeck, A. Chalupka, G. Lammer, E. Platzgummer, H. Vonach, P.W. de Jager, R. Kaesmaier, A. Ehrmann, S. Hirscher, A. Wolter, A. Dietzel, R. Berger, H. Grimm, B.D. Terris, W.H. Bruenger, D. Adam, M. Boehm, H. Eichhorn, R. Springer, J. Butschke, F. Letzkus, P. Ruchhoeft, J.C. Wolfe: Proc. SPIE **4688**, 595 (2002)
16. T. Utsumi: Jpn. J. Appl. Phys. **38**, 7046 (1999)
17. D. Wang, S.G. Thomas, K.L. Wang, Y. Xia, G.M. Whitesides: Appl. Phys. Lett. **70(12)**, 1593 (1997)
18. M. Colburn, S. Johnson, M. Stewart, S. Damle, T. Bailey, B. Choi, M. Wedlake, T. Michaelson, S.V. Sreenivasan, J. Ekerdt, C.G. Willson: Proc. SPIE **3676**, 379 (1999)
19. Courtesy of Infineon Technologies: A. Eckardt, L. Tarek
20. Reproduced from LEEPL website (www.leepl.com)
21. Reproduced from IBM Research website (www.research.ibm.com)
22. Reproduced from IBM Research website (www.almaden.ibm.com)
23. S.Y. Chou, P.R. Krauss, P.J. Renstrom: Science **272**, 85 (1996)

24. S.Y. Chou, P.R. Krauss, W. Zhang, L. Guo, L. Zhuang: J. Vac. Sci. Technol. B **15(6)**, 2897 (1997)

Further reading and overview articles:

25. P. Rai-Choudhury (ed.): *Handbook of Microlithography, Micromachining and Microfabrication* (SPIE Optical Engineering Press, Bellingham 1997)
26. D. Widmann, H. Mader, H. Friedrich: *Technology of Integrated Circuits*, Springer Series in Advanced Microelectronics vol. 2 (Springer, Berlin, Heidelberg 2000)

20 硅传感器

E. F. Krimmel

20.1 引言

传感器用于监控一些重要参数。传感器使用在生物化学、生物物理、医学、遗传诊断、哮喘病诊断、污染控制（例如，除草剂、杀菌剂、农药）和火灾预防等领域，控制加工条件，保证安全生产，监控毒物散射甚至监控橄榄油的香味。可将传感器分为两类："化学"传感器和"物理"传感器。硅基传感器所以受到特别重视是由于：它可与微电子电路单片集成，从而能制成多功能器件，这种器件甚至可植入人体。氮化硅具有良好的化学和物理性质，使其在传感器制造和使用中都具有重要作用。我们会看到，氮化硅是器件的核心。因此，我们将重点描述氮化硅在传感器中的应用。

首次公布的一项相关工作是1964年公开的一项专利[1]。随后，1965年和1966年间很快发表了一些论文[2~4]。氮化硅（可表示为 Si_3N_4，或许用 Si_xN_y 表示更好）应用的"繁荣"是从20世纪70年代末和80年代初期开始的。特别在日本，这方面做了大量工作，取得了许多发明。

20.2 "化学"传感器

监控离子的传感器通常属于 FET 型器件类——离子敏 FET（IS-FET）。这种传感器的栅极是 SiO_2 或 Si_3N_4，栅极用做敏感元件。然而，传统的栅金属可用一种电解质代替，电解质必须是无干扰（进行 pH 值测量时）的阳离子，如 Na^+、K^+ 和 Ca^{2+}（请参看图 20.1）。栅极上覆盖一种特定的粒子选择性膜，用以识别气相或液相环境中的离子、原子和分子。被监测的粒子选择性地被吸收在栅电介质上。电化学势，也就是介质和栅电介质之间界面上的栅电势，可按溶液的离子活性通过极化自我调整（取决于所吸收的粒子）。然而，由于不可逆的中毒，这样的传感器寿命不长。而且，由于 Si_3N_4 层中离子贯穿深度的变化，引起显著的滞后效应[5]。有些膜可显示出 0.02 ~ 0.06pH 单位的滞后。还有一个很基本的问题是这种传感器在不使用时如何保存，似乎可以保存在硅酸钠的水溶液中。

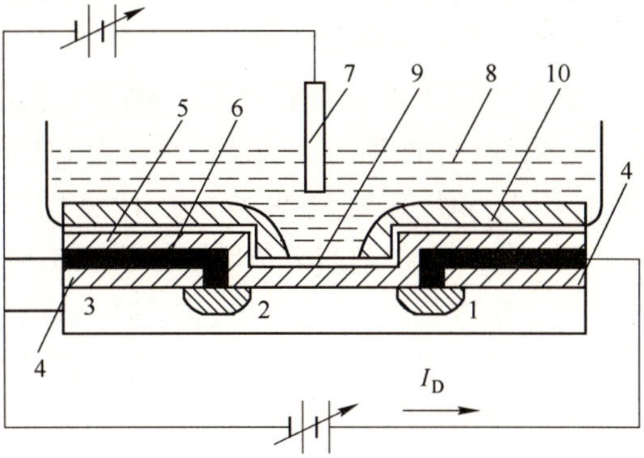

图 20.1 Si_3N_4 ISFET pH 传感器结构图

1—漏极；2—源极；3—硅衬底；4—绝缘层；5—SiO_2 内栅绝缘层；
6—金属接触；7—参考电极；8—所研究的水溶液；
9—栅绝缘层上的薄 Si_3N_4 层；10—封闭层

ISFET 可由玻璃衬底、铝电极、SiO_2 和/或 Si_3N_4 层和 a-Si 层（用等离子体化学气相沉积，PECVD）所构成。用 Si_3N_4/SiO_2 栅电介质涂覆的 ISFET 在电解质溶液中有很好的离子选择性。在带 V 形槽的硅衬底上制备的 ISFET 也是一种熟知的传感器件。在重掺硼的硅衬底上制备的气体传感器涂覆了 Si_3N_4 层并涂覆一层敏感膜。气体传感器也可包含有肖特基势垒二极管。

ISFET 中的绝缘 Si_3N_4 层可以掺杂，例如，可用离子注入法掺铝和钾，再进行退火（参阅第 11 章）以制备碱离子选择膜。Na^+-敏 ISFET 的敏感层是将 Na^+ 通过铝缓冲层注入到经氧化的氮化硅层表面而制成的。该缓冲层可减小对栅绝缘体的辐射损伤。它的灵敏度接近“能斯脱”(Nernstian)，也就是在 22℃时斜率为 58.6mV/pH 单位[22]，并且在 7～10 范围内与 pH 值无关。已测定它的长期稳定性为 1300h[6]。

K^+ 传感器的栅绝缘体有一 60nm 厚的氮化硅顶层并用聚氯乙烯膜包覆。此聚氯乙烯层利用液态离子交换器装载。然而，已观察到有些“粒子”例如 CO_2、苯甲酸和苯甲酸盐会渗入（聚氯乙烯）膜中而造成干扰[7]。

关于 Ca^{2+} 传感器也报道过用液态离子交换器装载顶层[8]。Ag^+ 离子选择膜已由 AgCl-AgBr 混合物薄膜制得[9]。

带 LaF_3 层的 F^- 传感器的量程为 $10^{-1}\sim10^{-5}$M[10]。Cl^- 和 Br^- 传感器中的 Cl^- 和 Br^- 离子选择层由 AgCl-AgBr 混合物薄膜构成[9]。甚至也制出

用于生物环境中的由含季铵氮化物的聚合物和十二烷基苯磺酸所构成的离子敏膜。未发现触媒、白蛋白等的干扰[11]。

研究了氢离子敏感 ISFET 的选择性机理。例如，关于 Si/SiO_2/电解质系统和 $Si/SiO_2/Si_3N_4$/电解质系统的研究表明：当 pH 值在 2 ~ 10 范围内变化时，平带电压与 pH 值呈线性关系，其灵敏度分别为 30 ~ 40mV/pH 和 45 ~ 55mV/pH。复杂的离子敏感性机理主要归因于绝缘体/电解质界面上的离子交换过程[21]。含 Si_3N_4 层的传感器 pH 灵敏度取决于表面性质，即膜表面格点的性质，包括膜中存在的 NH 团和 SiH 团。Si_3N_4 表面上的活性格点包括有 OH 团和 NH_2 团[23]。

隧道 MIS（金属—绝缘体—半导体）二极管型氢气传感器和 pH 传感器有一 Si_3N_4 隧道层，并且可以由 $Pd/Si_3N_4/Si$ 结构组成[12]。无论是高阻抗关断态还是低阻抗导通态都取决于氢浓度。这种 MIS 二极管的正比于氢浓度（ppm）的电容可用于氢的控制。

进一步的开发工作以 CMOS 集成化学传感器为代表，该传感器包含带掺硼的 Si_3N_4 层的 pH-敏感 ISFET，以便调控离子灵敏性或获得微分传感能力[15,16]。已报道了一种用于监控 pH、Na^+、K^+ 和 Cl^- 的集成化学传感器，它由 4 个 Si_3N_4 栅 ISFET、1 个 Clark 型气体传感器和 1 个 Severinghaus 型气体传感器（利用 pH ISFET）构成。ISFET 传感器灵敏度为 50mV/10pH(原文为 50mV/decade)，线性范围在 10^{-4} ~ 5×10^{-1}mol/L 内。Clark 型气体传感器灵敏度为 0.35nA/mmHg，Severinghaus 型气体传感器灵敏度为 42mV/decade，它们的响应时间分别为 30s 和 1min[24]。

其他已知的传感器可用于监控氧浓度、湿度、血液中的 CO_2 浓度，以及电子工业中所用 B_2H_6、SiH_4、PH_3 和 AsH_3 等气体浓度。

通过对 $Pd/Si_3N_4/SiO_2/Si$ MIS 结构的平带电压漂移的测量，证实了理论上的“感应偶极子模型”[13]。文献 [14] 中讨论了 H^+ 和 OH^- 离子敏 ISFET 的机理。文献 [17] 中则介绍了一种相关的“两侧理论”。

20.3 生物传感器

生物传感器敏感于热和化学应力，因此并非总能直接用于监控例如发酵的过程。问题在于：所用酶的寿命短，并只能处于低温，比如说 37℃。通过确定葡萄糖和乙醇浓度（使用一种脱氢剂，它与 NAD^+——烟酸胺腺嘌呤，二核苷酸有关）以控制发酵过程的系统含有探测部件，即固定化的酶和用于 NADH（$+H^+$）的传感头，对被分析物质有非常复杂的传输系统。由溶液提供的酶储存在膜中（膜内有激活中心以键合酶从而将其固定）。生物化学传感器中所用膜含有固定化的酶，可用于分解复杂的分子，例如，像 H_2O_2 那样监控葡萄糖。

复杂分子的浓度与被分解后形成的较简单的“物质”浓度有关。例如，ISFET 可涂覆聚乙烯丁缩醛膜以测量三磷酸腺苷（ATP）。还有用于监控血浆中苏氨酸和尿素的传感器。（生物体内）植入传感器以便长期控制生理学参数，在医学界和工业界都受到极大关注。

压阻效应和弹性悬臂（其厚度为 μm 量级）也在生物传感中得到应用，其基本原理是探测生物分子由于键合和杂化所引起的表面应力的变化。

20.4 “物理”传感器

用物理传感器测定的参数千差万别，从压力到辐射都有。因此就要用到各种不同类型的传感器。

例如，用于测量振动或压力的传感器一般是根据规或膜的工作原理。可在硅衬底上制备一种振动片：在硅衬底正面沉积一层 Si_3N_4 膜，在硅衬底背面选择性地腐蚀出一个窗口露出 Si_3N_4 膜，这就制成了一个振动片（请参阅文献［18］）。压力传感器可由压阻硅衬底上沉积的抗腐蚀 Si_3N_4 膜组成[19]。

气流型微传感器既可基于薄膜振动片压力传感器也可基于温度敏感的电阻值测量。在重掺硼的硅衬底上沉积一层 Si_3N_4 膜再涂覆一传感器膜就可制成温度和红外传感器。这类传感器也可用薄的硅电阻器“印刷线”（track）构成；它们的一个应用实例是在 MBE 过程中记录加热样品的温度。

辐射敏感 FET（RADFET）可用硅衬底上涂以厚的 Si_3N_4 层和一高质量热（氧化）SiO_2 层构成。Si_3N_4/SiO_2 界面上的陷阱层可储存辐射所产生的正电荷。这种 RADFET 是稳定的，室温时，其灵敏度为 86μV/拉德[20]。利用包含钽和铝的复合多层系统可制备 γ 射线探测器、γ/n 辐射探测器和 α 粒子探测器。在掺铬的 GaAs 衬底上所制备的霍尔传感器是用 Si_3N_4 层钝化的。

20.5 新思路和发展趋势

以上几节所描述的器件不是传感器发展的终结。硅向我们提供自然的 SiO_2，这是从一开始就能成功的原因之一。现在，我们正实现跨越式发展。硅也向我们提供多孔态硅，它是容易得到的，例如，对（110）硅片进行各向异性电化学腐蚀而制得。自“发现”多孔硅以来，它作为一种“经济”的基础材料受到极大重视，请参看本书第 8 章和文献 [25]。将来的主要目标是大大增加活性传感器表面积，每 $1cm^3$ 多孔硅其活性传感器表面积达几百平方米，以获得更高的灵敏度并减小样品的体积。这方面的研究开发能否发展到批量生产现在还难以预料，但多孔硅将在这方面发挥主要作用已成为共识。

多孔硅表面布满 $Si:H_x$“微粒”，在低温下也会缓慢氧化。为此，表面可用某种分子进行处理，这些分子既可阻止表面的进一步退化，同时还可用做功能性敏感介质。对多孔硅样品经选定的纳米级区域，用氢进行表面钝化，使它们能检测各种参数；这种方法还有利于单片集成。通过对适当分子的化学吸附而使这种区域的活化得到改善；这类分子可能是生物源分子或有机分子，比如不饱和的碳氢化合物。对乙醇、酸和脂肪族 n-乙醇敏感的气相或液相传感器受到关注。这种传感器是根据 FET 原理工作的，这里，在多孔硅下的单晶硅沟道中的电导率受所吸附分子的影响。

利用多孔硅的光致发光是获取信号的另一种方法，其光致发光谱与所吸附粒子的种类和浓度有关。但目前对这一效应还没有充分理解。硅纳米晶与孔隙之间的相互作用可引起双折射现象，这种现象还会因孔隙内的分子而改变，因此可利用这一现象来检测某种原子或分子。已提出了解释这些现象的理论模型。

无论现在还是将来，在传感器领域内的研究、开发和生产中，多孔硅显然不是唯一的关注对象。还有其他一些重要的技术和材料。然而，多孔硅确实有着特别的吸引力，值得高度重视。

（邓志杰译，朱悟新校）

参考文献

1. Telegraph Condenser Co., Ltd., UK Patent 947 271 (1964); Chem. Abstr. **60**, No. 11490 (1964)
2. H.F. Sterling, R.C.G. Swann: Sol. State Electron. **8**, 653 (1965)
3. V.Y. Doo: IEEE Trans. Electron Devices **ED-13**, 561 (1966)
4. V.Y. Doo, D.R. Nichols, G.A. Silvey: J. Electrochem. Soc. **113**, 1279 (1966)
5. I.R. Lauks, J.N. Zemel: IEEE Trans. Electron Devices **ED-26**, 1959 (1979)
6. T. Ito, H. Inagaki, I. Igarashi: IEEE Trans. Electron Devices **ED-35**, 56 (1988)
7. X. Li, E.M.J. Verpoorte, D.J. Harrison: Anal. Chem. **60**, 493 (1988)
8. S.D. Moss, C.C. Johnson, J. Janata: IEEE Trans. Biomed. Eng. **BME-25**, 49 (1978)
9. R.P. Bak, Yu. Vlasov, D.E. Khekleman: J. Appl. Chem. (USSR) **52**, 2465 (1979)
10. J. Salardenne, J.P. Couput, C. Quet: Fr. Demande 2 600 822 (1987); Chem. Abstr. **109**, No. 47518 (1988)

11. Hitachi Ltd., Kokai Tokkyo Koho 58-167 951 (1982/83); Chem. Abstr. **100**, No. 99 455 (1984)
12. K. Murakami, T. Yamamoto, K. Doshita: Proc. Electrochem. Soc. **87-9**, 81 (1987)
13. A. Nannini, P.E. Bagnoli, A. Diligenti, V. Ciuti: Solid State Electron **28**, 867 (1985)
14. Yu.G. Vlasov, A.V. Bratov, Yu.A. Tarantov, M.P. Sidorova, I.B. Dimitrieva: J. Appl. Chem. (USSR) **61**, 2400 (1988)
15. T. Maruizumi, K. Tsukada, H. Miyagi: Japan. Kokai Tokkyo Koho 61-181 954 (1986); Chem. Abstr. **107**, No. 32273 (1987)
16. H.S. Wong, M.H. White: IEEE Trans. Electron Devices **36**, 479 (1989); H.S. Wong, Y. Hu, M.H. White: J. Electrochem. Soc. **136**, 2963 (1989)
17. D.L. Harame, L.J. Bousse, J.D. Shott, J.D. Meindl: IEEE Trans. Electron Devices **ED-34**, 1700 (1987)
18. Rohm Co., Ltd., Japan. Kokai Tokkyo Koho 60-84 821 (1985); Chem. Abstr. **103**, No. 187 971 (1985)
19. P.E. Stevenson: US Patent 4721938 (1988); Chem. Abstr. **108**, No. 159 931 (1988)
20. R.C. Hughes, W.R. Dawes Jr., W.J. Meyer, S.W. Yoon: J. Appl. Phys. **65**, 1972 (1989)
21. Yu.G. Vlasov, A.V. Bratov, V.P. Letavin: Anal. Chem. Symp. Series **8**, 387 (1981)
22. A. Sibbald: IEE Proc., Solid State Electron Devices **130**, No. 5, 233 (1983)
23. N. Jaffrezic-Renault, A. De, P. Clechet, A. Maaref: Colloids Surf. **36**, 59 (1989)
24. K. Tsukuda, Y. Miyahara, Y. Shibata, H. Miyagi: Sens. Actuators B **2**, 291 (1990)
25. E-MRS 2003 Spring Meeting, June 10–13, 2003, Strasbourg, France, Symposium N, New Materials and Technologies. In: Sensor Applications, Organizers M. Koudelka-Hep, P. Siciliano

第八部分

对硅的补充：化合物半导体

21 化合物半导体

M. Jurisch，H. Jacob，T. Flade

21.1 引言

在相当长时期内，曾认为化合物半导体，特别是 GaAs 将在硅达到其物理极限之后代替硅而成为固态电子学新一代的基础材料。事实证明：这一说法是不正确的。GaAs 和其他化合物半导体并没有代替硅，而是像硅一样得到了商业应用，在 20 世纪几十年中，对某些微电子和光电子器件已发展到工艺成熟和批量生产。所以，人们也不再把化合物半导体当做元素半导体硅（和锗）的竞争对手，而是对硅的必要的补充（由于它们具有某些独特的物理性质），尽管其生产规模在现在和将来都远小于硅的生产规模。器件消费者未必关心器件制造工艺，现在和将来都会有一些潜在的应用领域对两者是交叉的——硅器件和化合物半导体器件在性能、兼容性、成本（价格/芯片）等方面展开竞争。这一点在过去、现在和将来都造成它们在各自的市场份额方面发生变化。目前，一个很有力的实例是：锗合金化硅，即 $Si_{1-x}Ge_x$ 正在某些高频微电子学领域内替代 GaAs。

按照组成元素在周期表中的位置，与应用相关的无机化合物半导体可分为Ⅱ～Ⅵ族、Ⅲ～Ⅴ族和Ⅳ～Ⅳ族化合物，其代表分别为 ZnSe、GaAs 和 SiC。在这些化合物中，Ⅲ～Ⅴ族化合物，尤其是 GaAs 和 GaN 是目前微电子和光电子器件生产中使用最广泛的材料。

GaAs 在化合物半导体中具有重要作用，一直作为化合物半导体的“样板”，以下几节中也将对它进行较详细的描述。

21.2 走向成功的艰难历程

尽管早期有某些关于Ⅲ～Ⅴ族化合物及其性质（包括半导体性质）的出版物，但人们还普遍认为 H. Welker（威克尔）是“Ⅲ～Ⅴ族之父”。从 1951～1953 年间，他提出 GaAs 与其他一些Ⅲ～Ⅴ族化合物是同一类材料，它们是硅的竞争者和/或补充者。其后，对 GaAs 的电学性质和结构性质进行了广泛而深入的研究，绝大多数主要的半导体制造厂家也开展了这方面的研究，并陆续开发和生产出（化合物半导体）微电子和光电子器件。1961 年首次观察到 pn 结的激光发射，由此诞生了半导体激光二极管。此后，一个重大进展是 Krömer 和 Alferov 提出的基于 GaAs/GaAlAs 的异质结原理。加之外延技术（主要是 MBE 和 MOCVD）的不断发展，从而研制出一系列新一代光电子器件（如双异质结激光二极管）和微电子器件（如 HBT，异质结双极晶体管和 HEMT，高电子迁移率晶体管），这些器件现在均已大批量生产。

在上述发展的同时，也在努力进行材料的研究开发，也就是合成和生长 GaAs 单晶并使其具有作为衬底使用所要求的性质。

本章作者之一，H. Jacob（主要工作是在位于 Burghausen 的瓦克公司完成的）对早期和某些时期的一些先驱性工作进行了归纳、整理，内容如下：

乍看起来，GaAs 的合成似乎像合成 InSb 那么简单：把铟和锑在一起熔化即可，InSb 是工艺上基于霍尔效应用在磁器件方面的第一个Ⅲ～Ⅴ族化合物。但对镓和砷却没有那么容易。把等量的镓和砷装入石英管内抽真空、密封后加热，它会发生爆炸。镓约在 30℃熔化，随着温度上升，它被一薄层 GaAs 所覆盖并阻止了进一步的合成反应；而砷则蒸发，在 700℃以上它产生足以使石英反应管爆裂的压力。GaAs 的熔点约为 1240℃，如果在（熔体）上方没有足够的砷蒸气压力，GaAs 熔体就会发生离解。为此，必须利用更复杂一些的装置来合成它。把盛镓的石墨舟置于石英管内一端，另一端放有适当过量的砷（见图 21.6），将石英管抽真空后密封，将镓端加热到略高于 1240℃，砷端则加热到 600℃，此时，砷的蒸气压约为 0.1MPa，奇怪的是，反应管也会爆炸。

为什么？那时市场上买来的砷总含有氧化物，加热时，氧化物蒸发并与舟中的碳发生反应，形成氧化碳。一个 As_2O_3 分子可形成三个 CO 分子，它会产生足以使石英管爆炸的压力。所以，在得不到密封包装的无氧超纯砷之前，必须在氢气氛中进行砷的升华以排除氧化物。这样合成虽不再爆炸，但是，所得到的多晶锭看起来却像瑞士的奶酪或含有镓的气泡。显然，必须更仔细地调整砷的蒸气压，为此，在不同砷端温度下进行了一系列实验，并仔细分析所合成的锭条，确定在必须保持的余砷量下的准确温度值。当然，也需要使用较精密的温度控制和高质量的加热管。

又出现了另外的问题：石墨舟太“脏”，于是采用高纯石英舟，但 GaAs 结晶时容易黏附到石英舟上，这对于通过缓慢拉动（从高温区）舟生长单晶造成了很大的麻烦。在相当长的时期内，解决这一问题的办法是：将舟内表面进行涂层或对石英舟内表面吹砂（打磨），直到人们发现 GaAs 与石英反应生成低价气相氧化物，必须防止它们在反应管较冷端的沉积。

一旦 GaAs 合成好后，必须立即进行单晶生长。在石英舟中合成 GaAs 所带来的麻烦，促使人们提出许多避免与坩埚接触的新想法：最明显的是像采用无坩埚悬浮区熔法拉制硅单晶那样来拉制（GaAs）单晶。硅可在真空中或惰性气氛中熔化，而 GaAs 须在砷气氛中熔化，从而所用设备就复杂得多。将舟生长的 GaAs 多晶锭切成截面8mm × 8mm 的多晶棒，并把它装入石英反应管内，棒的下方是 GaAs 单晶籽晶，反应管底部还装有少量余砷。反应管装载完毕后抽真空，密封后放入炉中，在一个 Keck 装置内（当时用于硅在氩气氛中的悬浮区熔生长）进行感应加热，多晶棒下端熔化，让其与籽晶有良好的接触（熔接），同时，控制好炉子的温度，使熔区所产生的砷蒸气压与底部余砷由于升华所产生的砷蒸气压相平衡。通过下降反应管使熔区向上移动。这件事说易做难！熔融 GaAs 的密度明显大于熔硅，因而表面张力较小，因此，要防止熔区掉下来需要很高的"技巧"。用此法所生长单晶的最好结果是：单晶（还常常是孪晶）长度在 100mm 以下，直径最大 8mm。这与当时用此方法所生长的硅单晶相比，难免遭到"嘲笑"——当时，可以生长出长 500mm、直径 20 ~ 30mm 的硅单晶。

Gremmelmaier 首先将切克劳斯基法（CZ 法、直拉法）成功用于生长 GaAs 单晶[3]。又再次利用气密石英容器的热壁工艺以防止熔体中砷的挥发及在较冷处的冷凝。籽晶和坩埚的移动、旋转是通过一磁悬浮系统实现的，而无需任何引线穿过。后来，Steinemann 和 Zimmerli 对这一系统进行了改进并首次生长出无位错 GaAs 单晶（直径小于 15mm）[4]。

然而，在 20 世纪 60 年代，水平舟中定向结晶工艺是生产有着可接受截面积的唯一实用的工艺（所生长单晶截面为 D 形）。

1965 年 Mullin 等人用液态 B_2O_3 覆盖熔体以生长 GaAs 单晶是 GaAs 单晶生长技术上的一个突破，这种技术最初是 Metz 等人用于生长 PbTe 和 PbSe 晶体[5,6]。这项液体覆盖直拉（LEC）技术可以重复地生长具有圆形截面（更适于晶片生产）的 GaAs 单晶。由于热应力较大，LEC 法生长 GaAs 单晶中位错密度比水平舟法生长 GaAs 晶体高一些。为此，人们又致力于开发低热梯度 LEC 技术，例如蒸气压控制 CZ（VCZ）技术[7]和全液封 CZ（FEC）技术[8]，以降低晶体中的位错密度，另外，Beljackaja 和 Grishina 于 1967 年，首先应用垂直 Bridgman（VB）技术制备Ⅲ ~ V族材料[9]，而 Gault 等人于 1986 年再次将其用于生长低位错 GaAs 单晶[10]，在此期间，GaAs 单晶生长工艺已成熟到可批量生产。

一般说来，GaAs（和其他Ⅲ～Ⅴ族化合物）单晶生长比硅单晶生长更具挑战性，这与它们某些基本性质不同有关，下节将对此作详细介绍。

在德国，Ⅲ～Ⅴ族化合物从实验室研发到商业生产用了将近25年的时间，主要由前Wacker Chemitronic股份有限公司（位于Burghausen）和前VEB Spurenmetalle Freiberg（在长达15年时间内是与VEB Halbleiterwerk Stahnsdorf合在一起的）完成的，他们与若干所大学和科研院所进行了密切合作，这对于成功研发起了关键作用。随着1990年德国的统一，与Ⅲ～Ⅴ族材料相关的研发、生产集中在Freiberg，并由Freiberg化合物材料股份有限公司（FCM）成功地承担了这方面的工作，该公司目前已成为世界上主要的GaAs晶片生产厂家之一。

21.3　Ⅲ～Ⅴ族化合物的性质

除了在热力学平衡状态下，其晶格为六角纤锌矿结构的Ⅲ族氮化物外，其余的Ⅲ～Ⅴ族化合物，如GaAs、InP和GaSb均结晶为立方闪锌矿结构。在这两类结构中，每个原子都是四边形配位的。表21.1中列出了有代表性的Ⅲ～Ⅴ族化合物的晶格常数。由于组成元素的负电性不同，这些化合物有着不同的离子性（“异极性”），因而具有不同的带隙。闪锌矿结构的［111］方向和纤锌矿结构的［0001］轴是极性轴，也就是说，沿这个轴的正、反两个方向不是等同的。这些结构（的材料）的其他性质，如压电极化，如果晶体存在应变，则在其内部会产生电场，而这对器件（如晶体管、二极管）设计有很大影响。

表21.1　Ⅲ～Ⅴ族化合物的晶格常数和线膨胀系数[11~27]

性　质	Si	GaAs	InP	GaP	AlN	GaN	InN
晶体结构	金刚石	闪锌矿	闪锌矿	闪锌矿	纤锌矿	纤锌矿	纤锌矿
空间群	Fd3m	F4-3m	F4-3m	F4-3m	$P6_3mc$	$P6_3mc$	$P6_3mc$
晶格常数 a/m	5.431×10^{-10}	5.65325×10^{-10}	5.86930×10^{-10}	5.45117×10^{-10}	3.1106×10^{-10}	3.1892×10^{-10}	3.548×10^{-10}
晶格常数 c/m					4.9795×10^{-10}	5.1850×10^{-10}	5.760×10^{-10}
线膨胀系数 α/K^{-1}	2.59×10^{-6}	5.93×10^{-6}	4.75×10^{-6}	4.65×10^{-6}	2.9×10^{-6}	3.5×10^{-6}	3.6×10^{-6}
300K时的热导率 /W·(cm·K)$^{-1}$	1.41	0.46	0.7	0.77	2.85	1.3	0.45

与硅相比，GaAs与相关化合物有较低的热导率，这就使得用它们所

制器件在工作过程中所产生的热量不易耗散和“取”出，并限制了由熔体生长单晶时的生长速度。表 21.1 中给出了这些化合物的线膨胀系数和热导率。

表 21.2 中列出了某些Ⅲ～Ⅴ族二元化合物的电学性质。与硅不同，除 GaP 外的一些重要的Ⅲ～Ⅴ族化合物是直接（跃迁）半导体，也就是说，其导带极小值和价带极大值处于同一波矢（k）上。这一点对电能到光能的有效转换是非常关键的。GaAs、InP 尤其是Ⅲ族氮化合物，其带隙都比硅大，这使它们可以制出耐高温、抗辐射的电子器件、光电器件和机械传感器以及高压整流器等。GaAs 和 InP 的导带极小处曲率较大，使其电子有效质量较小，因而其电子迁移率比硅高得多。所制器件可在更高频率下工作。

表 21.2 Ⅲ～Ⅴ族化合物的电学性质及与硅的比较[11~27]

性　质	Si	GaAs	InP	GaP	AlN	GaN	InN
能带结构	间接	直接	直接	间接	直接	直接	直接
300K 时的带隙 E_G/eV	1.12	1.42	1.35	2.35	6.1	3.452	1.89
电子有效质量		0.072	0.073	0.254	0.3	0.22	0.12
空穴有效质量		0.66	0.2	0.67	1.14	0.8	1.63
300K 时的电子迁移率 /$cm^2 \cdot (V \cdot s)^{-1}$	1450	8500	5370	160		950～440	250
击穿电场 /$kV \cdot cm^{-1}$	300	600				5000	
静态介电常数	11.8	12.5	10.7	11.1	9.1	9.5	9.3

Ⅲ～Ⅴ族化合物容易通过掺杂制备出 n 型和 p 型导电材料（室温下电阻率为 10^{-3} ～ $10^{-1}\Omega \cdot cm$），这对于制备相应的光电子和微电子器件是必须的❶。Ⅲ～Ⅴ族化合物中，Ⅱ族和Ⅵ族元素分别起受主和施主作用，而Ⅳ族元素则是两性杂质。金属接触和肖特基接触也容易制作。通过在带隙中部使费米能级钉扎在施主或受主上还可以制出电阻率在 $10^6\Omega \cdot cm$（比本征硅的电阻率高得多）以上的半绝缘材料。GaAs 带隙中部固有的双施主 EL2，InP 和 GaN 中掺入适当浓度的铁，在某种附加条件下引起费米能级的钉扎均可获得半绝缘性能。这样，可以在衬底上直接制备器件，而不必顾及器件之间的绝缘问题，从而减少了器件制造工序。

Ⅲ～Ⅴ族化合物的另一个重要的基本性质是它们之间可以互溶，因而可制成三元、四元（甚至多元）化合物，这些化合物的电学性质及其

❶ 微电子器件一般采用半绝缘（高阻）材料。——译者注

他物理性质大体上遵守 Vegard 定律，从而易于制备各种异质结，其能带结构可按需调整，以制备相应的双极光电子和微电子器件。这些三元、四元化合物的结构是有序的。

与制备工艺相关的性质列于表21.1～表21.3中，Ⅲ族氮化物的熔点尚未确认。Ⅲ～Ⅴ族化合物在熔点温度下，一般会离解为其组成元素，熔点温度下Ⅴ族元素的离解压确定了它们在该温度下的蒸气压。而Ⅲ族元素的蒸气压要比Ⅴ族元素的低几个数量级。所以，由熔体生长磷化合物和砷化合物单晶时应在压力室中进行。

表 21.3　Ⅲ～Ⅴ族化合物的热学、力学性质及与硅的比较[11～27]

性　质	Si	GaAs	InP	GaP	AlN	GaN	InN
熔点 T_m/℃	1410	1239	1062	1467	约 3000	约 1700	约 1100
熔点时的离解压强/Pa	10^{-2}	2.2×10^5 (As)	27.5×10^5 (P)	32×10^5 (P)	30×10^5	2000×10^5	
熔化潜热 /kJ · mol^{-1}	12.1	96.7	62.7				
临界剪切应力/MPa	3.61 (T_m =200K)	0.62 (T_m =200K)	0.92 (728℃)	4.08 (783℃)			
堆垛层错能 /mJ · m^{-2}		55	18	41			
断裂韧性/MPa · m$^{1/2}$	0.82～0.95	0.458	0.441				
密度/g · cm^{-3}	2.33	5.307	4.787	4.138	3.255	6.10	6.81

熔点温度附近的临界剪切应力表征了热感生应力的热弹性弛豫趋向，弛豫是通过生长及其后热处理过程中位错的产生和增殖进行的。磷化合物和砷化合物的临界剪切应力比硅低得多，所以，到目前为止，还没有生长出大直径无位错的Ⅲ～Ⅴ族化合物单晶，而硅的无位错大单晶生长已是一件普通的事情了。通过掺杂可以提高Ⅲ～Ⅴ族化合物的临界剪切应力，例如在 GaAs 中掺硅（溶解硬化），如果这种掺杂与所要求的电学性质兼容，就可以利用这一方法生长低位错单晶。另外，从表21.3中所给出的堆垛层错能数据可以看到，InP 的孪生倾向特别严重，这与实际经验是一致的。

断裂韧性表征了脆性材料抗裂纹传播的能力。GaAs 和 InP 的断裂韧性都低于硅，因而影响了其器件加工的成品率。目前还没有见到Ⅲ族氮化物的相关资料。

21.4　Ⅲ～Ⅴ族基器件、器件工艺及对衬底的要求

Ⅲ～Ⅴ族基器件或在Ⅲ～Ⅴ族化合物衬底上制备的器件可分为两大

类[28]：光电子器件和微电子器件。光发射器件，如 LED（发光二极管）和 LD（激光二极管），工作波长从可见光到近红外光；探测器，如 PIN 二极管都是光电子器件。这些器件应用于内部/外部光源（照明）、光数据转换系统的发射器、袖珍光盘的读和写、探测器和数量更少一些的卫星太阳电池等方面。光电子器件一般是利用半导电（SC，区别于半绝缘）p 型或 n 型衬底（其室温电阻率为 $10^{-3} \sim 10^{-1}\Omega \cdot cm$）制造的。所有光电子器件都是双极器件。在 SiC 或蓝宝石衬底上生长的 SC GaN 一般用于制备蓝光器件的衬底，而 GaAs 和 InP 则用于从绿到近红外光器件的衬底（译者注：此处有误，实用化的 GaAs 基光电器件发射波长只能“红到近红外”，InP 则只能是“近红外”）。这些器件的有源层利用其三元或四元化合物，如 GaAsP、AlGaAs、InGaAsP、InGaAlP 和 GaAsN。与此相反，硅的应用只限于象素探测器和太阳电池。

微电子器件是用半绝缘衬底制造的，目前，主要使用半绝缘 GaAs（SI GaAs）。这些器件包括移动通信（手机）中的功率放大器和开关、激光的驱动器、光纤通信中的调制器、无线宽带通信中毫米波低相噪声振荡器，以及汽车应用中的防撞雷达、全球卫星定位系统（GPS）和道路收费系统等。这些器件典型地采用 MESFET（金属-半导体场效应晶体管）、HEMT（高电子迁移率晶体管）或 HBT（异质结双极晶体管）结构。MESFET 和 HEMT 是单极器件，不存在少数载流子及其复合问题。HBT 含多个 pn 结，复合是其重要的退化机理（见以下描述）。HBT 的有源层由 AlGaAs/GaAs、AlGaAs/InGaAs 和 InGaP/GaAs 等构成。器件的基本结构示于图 21.1 中。由于在微波应用方面 HEMT 和 HBT 的性能优于 MESFET，预计 HEMT 和 HBT 器件将会占去 MESFET 的部分市场。

器件的Ⅲ～Ⅴ族有源层是在衬底上或衬底内制造的。目前，大约有一半的 SI GaAs 用于离子注入法制造 MESFET 器件，其余则是用各种外延技术（以 MBE 和 MOCVD 为主）在 SI GaAs 衬底上制造 HEMT 和 HBT。光电子器件全都用外延工艺（主要用 MOCVD）生产。

有源层或多层系统的性能不同程度地受到衬底质量的影响。例如，由于 MESFET 是离子注入到衬底内部所制器件，所以整个晶片上和一批次晶片间的电阻率及其均匀性对保证所要求的沟道载流子浓度（它又确定了导通阈值电压 V_{th}，这是该器件的关键参数）是至关重要的。另外，作为外延器件的 HEMT 和 HBT，要求衬底表面达到“开盒即用”的水平，即表面无颗粒，“轮廓”分明，有一致的表面氧化物层，以保证使用前无需作另外的处理（如腐蚀）和制备出高质量的沉积层。此外，对 HEMT 器件，衬底的电阻率影响其导通电压，无论是宏观还是微观尺度

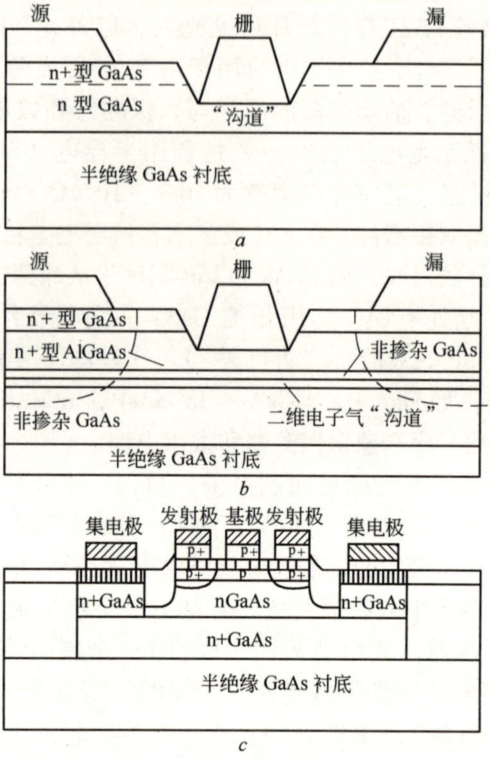

图 21.1 MESFET（a）、HEMT（b）和 HBT（c）

上，对电阻率及其均匀性都要进行良好的控制，以防止所制器件性能变化。对 HBT 用衬底最重要的要求是：不同台面隔离器件之间通过衬底的漏电必须极少，为此，需使用电阻率非常高的衬底。最后，对任何双极器件，无论是光电子还是微电子器件，不允许衬底对外延结构有任何“贡献”，否则会因不希望的载流子复合而造成器件退化。

因为两种二极管（LED 和 LD）以及 HBT 的工作是靠从 n 型区向 p 型区注入电子，其退化机理是类似的。对光电子器件，所有的载流子复合都被设计成辐射的，即产生光。任何非辐射复合都伴随着能量向晶格的传递，这会引起结构缺陷的产生或增长，从而导致产生新的缺陷，这些新缺陷又起着非辐射复合中心的作用。退化以雪崩式持续进行，直到器件完全失效。衬底中的位错会在外延过程中延伸到外延层中（穿通位错），而穿通位错是熟知的非辐射复合中心，它会降低器件的使用寿命。虽然可以通过生长缓冲层或特殊的生长方法（如 ELOG——外延横向过生长）来减少穿通位错的延伸，但不能完全防止。因此，制备 GaAs 和

InP 基光结构器件要使用低位错衬底。随着载流子注入密度的提高，器件退化加重，LD 对低位错衬底的要求比 LED 更严格。

目前还不能得到低位错密度的 GaN，这就延误了具有足够长寿命的实用化紫光 GaN 基 LD 的研制。但令人惊奇的是，尽管材料中缺陷密度高达 $10^{10}cm^{-2}$，GaN-LED 几乎与在低位错 GaAs 衬底上所制无缺陷AlGaInP LED 一样“有效”，且得到广泛应用。对此，尚未得到深入理解。

HBT 的退化有些不同，发射极-基极结上的非辐射复合会产生缺陷并造成器件老化，但这只使晶体管增益逐渐衰退而不会像 LD 那样突然失效。这一过程会随电流注入的增大而加剧，但似乎与衬底中的位错无关。这一现象目前也未得到很好理解。迄今，低位错和高位错衬底都用于 HBT 研制，如果进行大电流注入，还是以用低位错衬底为好。

对于单极器件，如 MESFET 和 HEMT，在位错和其他缺陷上的复合没有造成什么有害影响，所以，衬底的类型是由如上已述的标准决定的。

除与器件相关的要求外，降低成本是所有衬底的永恒目标，只有不断降低成本才能提高化合物半导体的竞争力，最近，Bindemann 在文献［29］中探讨了降低衬底成本的可能性。

21.5 GaAs：从材料合成到晶片加工

21.5.1 基本考虑

图 21.2 给出了 GaAs 晶片生产的流程简图。除“合成”以外，与硅片生产流程没有什么区别。在逐一详细介绍各个工序之前，先描述一些相关的基本概念。

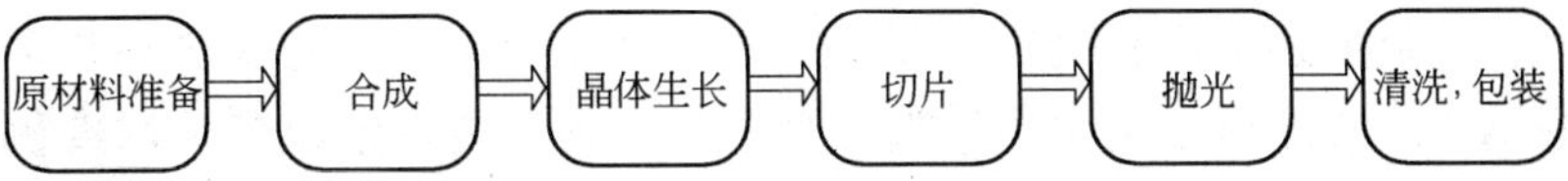

图 21.2 GaAs 晶片生产流程图

21.5.1.1 相图

GaAs 的合成、晶体生长和热处理都是在接近其热力学平衡状态下进行的。这些工艺步骤的基本原理可用 Ga-As 平衡相图（图 21.3）来说明。

GaAs 是同成分熔化的化合物，可以把此相图分为两个低共熔点的分系统，其共熔温度分别接近纯砷和纯镓的熔点，即分别为 810℃ 和 30℃[30]。固态 GaAs 的均相区较窄，溶解度线（固相线）的走向及与温

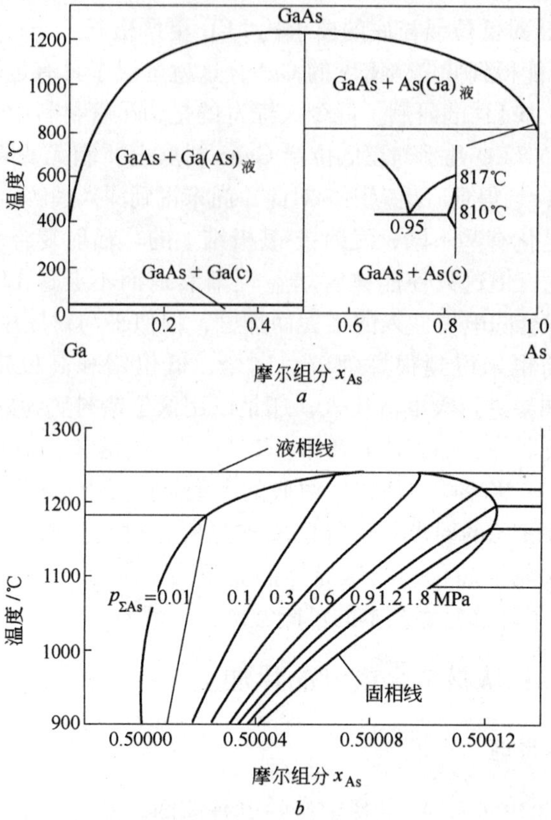

图 21.3　Ga-As 平衡相图

a—相图；*b*—砷的摩尔组分接近 0.5 时的局部放大图

度的关系目前还未精确测定，图 21.3*b* 是目前所能得到的有关均相区的最好结果。它相对于化学计量组分是不对称的，更多地向富砷浓度侧延伸。固态 GaAs 中，砷的溶解度随温度下降而减小。提出了各种（原子级）模型（包括二元化合物中各种可能的本征缺陷，如 V_{Ga}、V_{As}、Ga_i、As_i、As_{Ga}和 Ga_{As}；具有不同浓度）来解释上述均相区。Wenzl 等人对此作了较深入的评述[30]。

图 21.3*b* 中的等压线表示了沿液相线和固态 GsAs 均相区内砷的离解压（为 As、As_2、As_4 的各分压之和，气相砷含 As、As_2 和 As_4）。镓的分压（比砷）低几个数量级，可忽略不计。对同成分熔化 GaAs，一般认为蒸气压为 0.2MPa，随着熔体中过量砷的增多，蒸气压急剧升高。

为防止在合成和单晶生长过程中离解，要用两个办法：“热壁”法和“覆盖”法，在 21.2 节中已介绍了这两个方法。在第一种情况中，在 GaAs 液相线温度（在某一给定的非化学计量比时）时的三相平衡的离解压要等于在适当温度下保持的固态砷的蒸气压。同时，为防止砷在容器内壁上冷凝，整个封闭容器的温度要高于砷源温度。“热壁”法因此而得名。显然，改变容器中砷的压力（脱离系统的自由度）就能够调整熔体和固体的组分。所以，利用这个方法，就可在容器内最大可能的砷压范围内通过调整砷源温度来控制化学计量比。

在第二种情况中，熔体被一种“理想”的不与熔体起反应的覆盖剂所覆盖，覆盖剂周围再充入压力大于离解压的惰性气体，这就抑制了熔体中砷气泡的成核，从而防止了熔体的离解。所以，在某一固定的惰性气体压力下，可确定熔体中最高砷含量。如果局部砷浓度高于这一限度（比如，由于“前进着”的固/液界面上的分凝），会导致气泡形成并干扰固化过程。在不断露出（液封剂）的 GaAs 晶体表面上，其表面组分是由温度和离解压决定的。如果不考虑 LEC 中的砷的蒸气压，（表面上）选择性的砷挥发会使表面组分不断变化，甚至可能形成小的镓滴（“镓泪”），这也必须加以防止，例如，沿晶体生长轴向选择合适的温度分布有助于防止镓滴的形成。

应当指出，用做 GaAs 覆盖剂的液态 B_2O_3 并非完全惰性的，应把它看成复杂反应系统的一部分：熔体中的镓和砷可能被氧化，进入覆盖剂内并部分蒸发到周围的气氛中，从而使熔体组分发生变化。这些反应受系统中氧的化学势所控制[32]，因此，掺杂剂和杂质也受覆盖剂的影响，例如掺碳，这将在 21.5.1.3 节中描述。

从相图可以看到，GaAs 晶体可以从富砷熔体也可以从富镓熔体中生长。优先采用富砷熔体生长单晶是由于：可形成带隙中部的施主 EL2[32]，这是得到半绝缘单晶的先决条件，在生长过程中可避免孪晶形成[33]，单晶的电学性质均匀性更好[34]。

如果熔体的组分偏离同成分熔化组分，固化过程中就会发生宏观分凝。如果熔体组分总是接近同成分熔化组分，则在 GaAs 晶体生长过程中，由主要组元分凝所造成的组分过冷不会发生，除固化到最后的那一小部分外，晶体的化学计量比也不会有明显变化[30]。在相同条件下，由于固化参数的起伏（例如自然对流和强制对流所引起）而造成的微观分凝，会在晶体中形成偏离化学计量比条纹（由于扩散这些条纹部分地“轮廓模糊”），但还不致造成可检测到的本征缺陷的变化。当然，掺杂熔体结晶时，则既要考虑微观分凝也要考虑宏观分凝。

在固/液界面上由熔体组分所确定的 GaAs 单晶中化学计量比偏离值在均相区内是不变的。在这一区域内本征缺陷的浓度和类型由化学计量比偏离度和温度确定，文献［30］中，用热力学方法对此作了推断。在冷却过程中，只要（反向）达到图 21.3*b* 中的溶解度线，就会有砷沉淀成核和长大（图 21.4）。其密度和尺寸分布遵从非稳态成核理论和 Ostwald“熟化”（Ostwald ripening）关系，也就是说，砷沉淀的行为与下述因素密切相关：已有的成核位置的数量（均匀成核和非均匀成核）、造成的过饱和（过冷）现象，以及在溶解度限以下保持时间和温度（这确定了它们的平均扩散长度）。砷沉淀的产生，使固溶体（GaAs）的偏离化学计量比达到接近于化学计量比组分，这会引起结构性本征缺陷的浓度和类型发生变化。

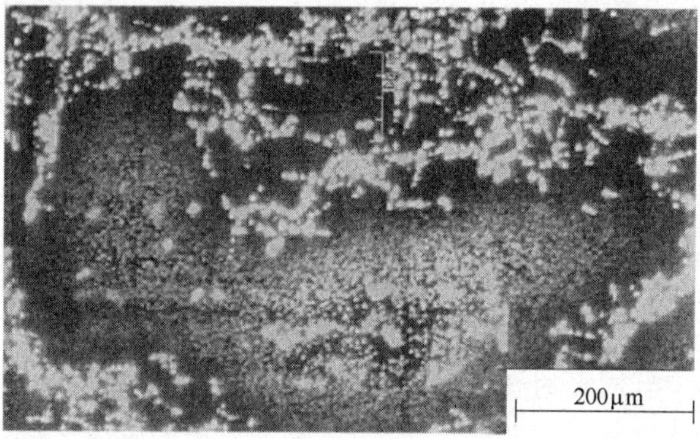

图 21.4　位错上和无位错网格内的砷沉淀

砷沉淀和“其余”固态 GaAs 的偏离化学计量比的相互关系是通过晶锭在质量守恒条件下退火以控制本征缺陷浓度及其分布的基础（缺陷工程[35~38]）。

21.5.1.2　半绝缘 GaAs 和半导电 GaAs

GaAs 的半绝缘行为基本上与带隙中部本征双施主 EL2 有关，EL2 极可能是一单个砷反位原子 As_{Ga}[39]。如果满足以下条件：$N_{EL2^o} > N_{\Sigma A} > N_{\Sigma SD}$，这里，$N_{EL2^o}$、$N_{\Sigma A}$、$N_{\Sigma SD}$分别是占位 EL2、受主和能级浅于 EL2 的施主的浓度，则费米能级钉扎在 EL2 的局域态上。SI GaAs 是 n 型的。导带中的载流子浓度由下式给出：$n = 4.7 \times 10^{17} [N_{EL2^o}/(N_{\Sigma A} - N_{\Sigma SD})] \exp[-E_{EL2}/(kT)]$，此处：$E_{EL2}(T) = 0.75\text{eV} + 2.4 \times 10^{-4} T$。在目前高质量 SI GaAs中，剩余杂质极少，碳是有意掺入的浅受主，上述条件也可写为：$N_{EL2^o} > |C| + (N_{\Sigma A} - N_{\Sigma SD}) > 0$，其中$(N_{\Sigma A} - N_{\Sigma SD}) < 10^{14}\text{cm}^{-3}$。在剩

余杂质浓度极低且恒定不变的情况下，SI GaAs 的载流子浓度和电阻率由两个参数确定：EL2 和碳浓度，见图 21.5。在单晶批量生产中其电阻率为$10^6 \sim 10^9 \Omega \cdot cm$，有很好的重复性。与硅相比，SI GaAs 中剩余杂质的含量仍然要高几个数量级。费米能级钉扎在深受主（如铬）上也可得到 SI GaAs，但现在已不使用这种材料。

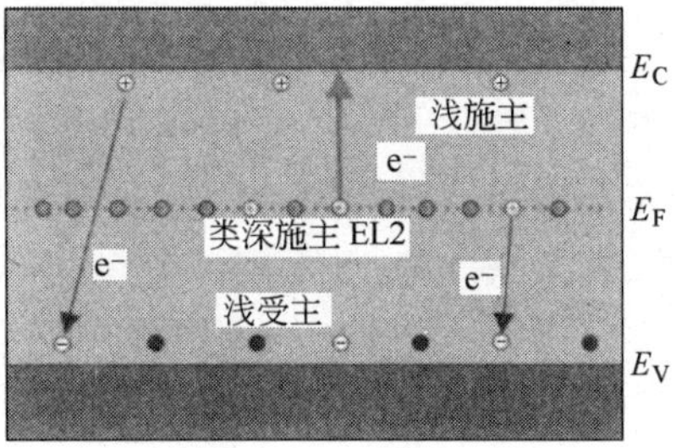

图 21.5　SI GaAs 中的补偿

EL2 浓度随超过化学计量比的砷浓度的增加而增加[40]。因此，可以通过控制熔体的组分来控制 EL2 浓度，也可通过生长后退火[36]来控制，退火利用了上述的固相反应——它是当反向交割 GaAs 的固相线时发生的。利用这些技术，EL2 浓度最多有两倍的变化，EL2 典型的浓度约为 $1.4 \times 10^{16} cm^{-3}$。

p 型和 n 型半导电 GaAs（SC GaAs）是分别掺入浅受主（主要是锌、铍和碳）和浅施主（主要用硅和碲）制备的，可在熔体直接掺入（杂质元素），浓度约为 $10^{18} cm^{-3}$。其费米能级分别钉扎在导带底和价带顶附近。与碳不同，硅在 GaAs 中是一种两性杂质，也就是说，它既可占砷格点，也可占镓格点，$[Si_{Ga}] \approx 0.8[Si]$。而且还观察到本征（偏离化学计量比）缺陷与杂质的相互作用，这会形成影响 SC GaAs 中补偿行为的电活性复合体，所以，这一点必须加以考虑。当然，在热力学的缺陷平衡情况下，这种复合体对生长后的热处理是敏感的。

最后，本征点缺陷和掺杂剂会与结构缺陷发生互作用（“吸除”）例如，单个位错和亚晶粒间界，而导致平衡分凝和电学性质的局部变化，这种变化可用位错结构的特征性尺寸来“标定”。一个例子是：按照 Petroff-Kimerling 机理[41]，间隙砷原子 As_i 是偏离化学计量比 GaAs 中的主要本征点缺陷，它可被一位错所吸收而形成一个攀移台阶，产生一个镓空位，这个镓空位再被另一个 As_i 所占据，于是在位错上产生一个 EL2：$As_i + Ga_{Ga} = GaAs_{单元攀移} + V_{Ga}$，因此，可以预期位错周围的 EL2 浓度提高了，这与实验观察结果是一致的。

除 SI GaAs 和 SC GaAs 外，具有中等电阻率的 GaAs 也用于制备某些器件，这种材料是掺氧制备的，其氧浓度大于 EL2 浓度，也大于浅施主浓度，即$[EL2] < [O] > N_{\Sigma SD}$，使费米能级钉扎在（氧）这个深施主上。其电阻率 ρ 在 $10^3 \sim 10^4 \Omega \cdot cm$ 之间。

21.5.1.3　碳控制

为满足用户对 SI GaAs 衬底电阻率规格的要求，在晶体生长过程中，基本上不改变 EL2 浓度的情况下，碳浓度必须仔细控制。这可通过控制生长系统中的氧和碳的化学势来实现。从热化学的观点看，这是一个包括工作气氛、B_2O_3 熔体、GaAs 熔体、坩埚和石墨加热组件的一个复杂的反应系统。控制方法是基于实现反应系统中的氧化还原平衡，这一平衡是通过计算“优势区域图”（Predominance area diagrams，是 Oates 和 Wenzl 提出的[42]）达到的，而不必考虑一组复杂的描述系统的反应方程。优势区域图以 $\log a_C$ 与 $\log p_{O_2}$ 的关系图表示 GaAs 和 B_2O_3 熔体的稳定区域，取 a_C 与 p_{O_2} 作为两个关键性的热力学参数。已使用 Chem Sage 规则[43]使系统的总吉布斯自由能最小。简单的说，把包含有 Ga、As、B、O、C、H、N 和 Si 的 GaAs 熔体和 B_2O_3 熔体作为（非对称）的标准溶液，坩埚当做化学计量化合物而认为气相是理想的混合物。固态 GaAs 中的浓度大体上是用各组元的分布系数确定的。这方面的详细介绍请参阅相关文献，如文献［31，44，45］。

平衡模型中没有考虑反应产物在凝聚相中的输运和相边界上的反应动力学，因此没有描述晶体生长过程中的瞬时现象，例如，对 CO 分压突然增高的响应。为解决这一问题，Eichler 等人已提出了一个先进的分凝模型[46]。

21.5.1.4　热应力和位错

熔体生长的晶体中的位错密度及其分布主要由热应力的热弹性弛豫所决定，在很小程度上与组分感生应力（与本征点缺陷的发射和吸收相关的高温攀移过程所引起）有关，也与约 400℃以上温度下的滑移有关。这是实验和理论上均已得的结果。

基于表示整个晶体生长过程热历史的某一给定的时间有关温度场关系以计算位错密度及其分布的详细理论描述尚未提出（文献［47］中对此作了较深入的评述）。而对不同生长阶段热弹性应力场的计算绝大多数都符合下述定性理论：热弹性应力与临界可分解剪切应力（CRSS）之差越大，则在一给定的单晶体积元中相应的位错密度越高。这一重要概念已被成功地用于单晶炉中热场的优化。

鉴于单晶炉热场内温度场的测量是复杂的、耗时的任务，且不足以作为炉子优化的基础，于是，从晶体生长研究一开始就不断开发有关热传递、质量输运和（热）冲击的数值模型。现在，二维（2D）和三维（3D）数值模型已达到相当高的水平：它们已成为调整炉内温度场的有力工具，并能判定所生长晶体的质量与所用加热器、保温系统的配置和尺寸的关系。

流体相中的非稳态对流意味着温度的起伏，这会导致生长速率和应力的变化。按 Hurle[33] 所提出的Ⅲ ~ Ⅴ族化合物晶体生长过程中孪生的理论，在固/液/气三相点上温度起伏可由于与堆垛层错能（它又与孪生边界能有关）相关的某些临界值的提高而促进孪生。孪生通常与As(Ⅴ)小面相一致。堆垛层错能越低，越应减小温度起伏（以减少或防止孪生）。这与实验结果是一致的：InP 单晶生长时就比 GaAs 容易孪生。计算机模拟有助于找到合适的生长条件。

21.5.2 GaAs 合成

化合物半导体加工开始阶段与元素半导体硅不同。从市场上买来的超纯镓、砷（充纯 N_2 密封于瓶中以防氧化）无需进一步提纯而可直接作为原材料使用。实践中由其组成元素合成化合物有两个方法：低压法和高压法。

21.2 节中对低压法已有初步介绍。组成元素置于石英舟中并密封于石英反应管内，反应管在两温区加热炉中的位置是这样确定的：砷端保持在约 620℃ 的恒定温度下（使其升华压力大于 0.1MPa），镓则处于一小的温度梯度中，或镓舟的一端起始温度略高于化合物的熔点（图 21.6）。然后沿镓舟“移动”温度梯度，使（合成的多晶料）定向凝固，并要精确控制温度以防（熔体中）起泡。锭的组分由砷蒸气压确定并可控制。在“移动”的温度场中，也可用射频（rf）感应加热的石墨舟代替固定的石英舟（似乎早已不用石墨舟——译者注）。

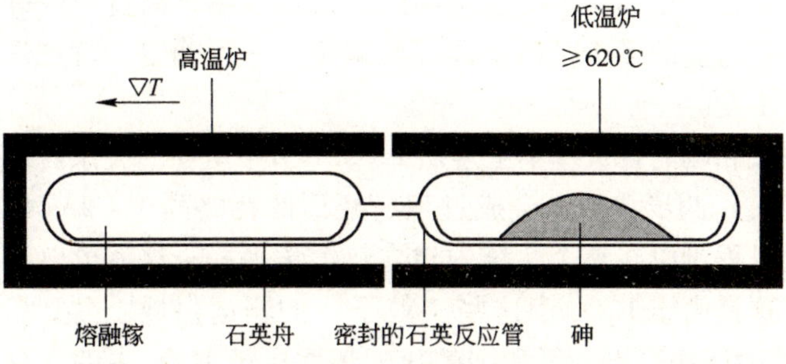

图 21.6 水平梯度凝固法合成 GaAs[48]

熔体中的镓可与石英壁的 SiO_2 反应生成挥发性的亚氧化物 Ga_2O 和 SiO 而使硅并入熔体中。如果这些亚氧化物扩散到较“冷”的地方，SiO 将冷凝，Ga_2O 则与气相砷发生反应形成固态 Ga_2O_3：$3Ga_2O + As_4 ==$

$Ga_2O_3+4GaAs$。所以，熔体/壁接触处的反应将继续进行，这就增加了硅对熔体的污染并使合成料浸润石英（舟）而发生粘结。为防止这一现象的发生，必须避免亚氧化物的扩散和冷凝，为此，可在两温区之间放一防扩散阻挡物并使热场的温度足够高[27]（这种两温区法很难抑制硅玷污，目前普遍的方法是采用三温区并适当提高中温区的温度以抑制硅玷污。——译者注）。

使用石英舟不可能完全防止硅玷污，因此，这一方法主要用于合成掺硅的 GaAs。在用碳控制法生长 SI GaAs 单晶之前，用 PBN（热解 BN）舟和 HGF（水平梯度凝固）法来合成并生长掺 Cr-O SI GaAs 及掺 O_2 中阻 GaAs，合成料中硼含量极低。典型合成锭重量在 5kg 左右。

组成元素的高压合成可以用另外的设备进行（异位合成），也可以在同一单晶炉内合成后进行单晶生长（直接合成）。将按化学计量比称量好的组元（原料）装入 PBN 坩埚中，上面放入 B_2O_3 片（块），将此坩埚放进高压、高温容器（炉）内。工作气体用氩或 N_2。在加热升温过程中，B_2O_3 在大约 450℃时熔化为黏稠熔体并将镓、砷覆盖，以防过量砷挥发造成损失。组元镓、砷在约 800℃时开始发生放热反应并伴随着温度升高。在 GaAs 熔点温度（容器内）压力达到 7～8MPa。为防止反应开始前形成砷气泡，须使工作气体压力高于砷的临界压力。在略高于熔点的温度下使熔体均匀化，将其冷却到室温（就得到合成好的 GaAs 多晶），或设定在“起始”温度（熔点），然后减小生长室压力，就可下降籽晶进行“引晶”和单晶生长。

高压法的组分控制比 HGF 法更困难。为保持接近化学计量比或略为富砷的熔体，应添加少量的过量砷以补偿在加热升温过程中砷的不可控性损失。砷过量的多少，由实践经验确定，一旦确定，就在例行生产工艺中保持不变。

碳、氧和硼的含量基本上遵从 21.5.1 节中所述的关系。但在（合成和晶体生长）两步法中，合成过程所经历的在略高于 GaAs 熔点温度下的均匀化过程难以在整个系统中建立热力学平衡，这就可以得到良好的碳控制。这是由于 B_2O_3 中这些“粒子”的输运很慢，主要靠扩散和从 GaAs 熔体中气相逸出。氧和碳的化学势取决于 B_2O_3 中的水含量和熔体中的碳含量（砷可能引入碳玷污）。这样，实现了碳含量相对于初始值的下降，而该初始值又取决于 B_2O_3 中的水含量。在其后的单晶生长过程中，就可使碳得到良好的控制。而且，B_2O_3 中的水含量还可起到杂质“吸除”的作用。

21.5.3 晶体生长

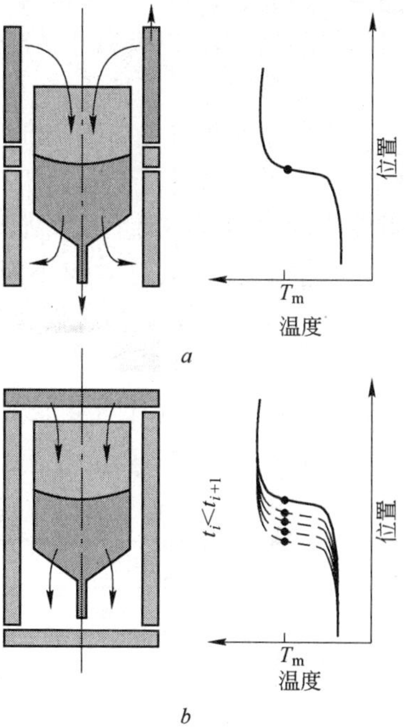

图 21.7 VB（a）和 VGF（b）（Stöber/Tammann 型）法示意图

商业上受到重视的 GaAs 晶体生长方法可分为两类：直拉技术和坩埚生长技术。LEC 和 VCz（蒸气压控制直拉）方法是作了某些改进以适用于 GaAs 的 Cz 方法，其基本特点与 Cz Si 的生长相同，都属于第一类生长技术。第二类生长技术包括垂直布里支曼（VB）和水平布里支曼（HB）法以及垂直梯度凝固（VGF）和水平梯度凝固（HGF）法，这类技术不能用于生长硅单晶。在布里支曼法中，装料（熔体）的定向凝固是通过移动坩埚和/或炉子（沿相反方向）实现的。而在 HGF 和 VGF 法中，是通过控制加热功率使温度场沿原料移动来实现定向凝固。图 21.7 是第二类生长方法中的两种垂直生长的示意图。

直拉（Cz）生长的晶体直径是由稳定弯月面来控制的，这意味着存在径向温度梯度。在坩埚生长中无需进行直径控制。所以，Cz 技术的“特点”是熔体和晶体中有较高的温度梯度，从而导致晶体中有较高的热应力。

而且，在 VB 法和 VGF 法中，轴向温度梯度与重力矢量是反平行的，而在 LEC 法和 VCz 法中，两者是平行的，因而促进了 LEC 生长时熔体中的自然对流。加上（LEC）生长时温度梯度较高，造成熔体中发生更强烈（非稳态）对流，这对固/液界面形状、瞬时生长速率和弯月面上的三相点都有影响。因为所有这些因素都会影响晶体的结构质量，所以人们作出了极大努力来控制 Cz 生长时熔体中的对流，例如旋转坩埚和/或晶体产生强制对流。基于同样的原因，气相中也存在非常强烈的非稳态对流，从而引起晶体表面温度起伏。在 HB 法和 HGF 法中，温度梯度大体上与浮力垂直，发生对流没有任何“阈值”（threshold）。

在 21.5.2 节中已讲到，在所有坩埚生长法中，装料与坩埚壁相接触都是需要考虑的问题。它不仅可能降低原料的纯度（Cz 生长中也有这个问题），还可能因为在浸润点上发生异质成核而破坏单晶生长，从而降低成晶率。因此，目前在 VB 法和 VGF 法中也广泛使用 PBN 坩埚和 B_2O_3 液封剂，使用 PBN 坩埚和液封剂还可简化工艺。

尽管显著地减小了熔化熵（杰克逊因子，$\alpha \approx 6$），{100} 固/液界面被认为是原子级粗糙的，而 {111} 是平的，这就要求在给定生长速率下有较大的动力学过冷度[49]。所以，即使按 {100} 晶向生长，也在界面的严重偏离区观察到小面生长，尤其是在三相点上和晶体的（放肩）锥形部位，在晶体表面出现“镓小面和砷小面”。由于 {111} 方向有极性，小面的宽度（小面与晶体表面交线）是不同的。还应提及的是，孪生与 {111} 小面的出现有关。

表 21.4[48]给出了上述生长方法的比较，显然，目前还没有一项通用的晶体生长技术。

表 21.4 GaAs 晶体生长方法比较[31]

项　目	HB/HGF	VB/VGF	LEC	VCz
温度梯度	低	低	高	中
固/液界面控制	差	好	好	好
直径控制	D 形	好	较好	较好
原位观察	好	差	好	好
对　流	弱	弱	强	中等
工艺成熟性	好	好	好	中等

关于各种晶体生长方法在整个晶体生产量中所占的份额，2001 年（这一年，GaAs 晶片产量大幅度下降）有如下统计数字（百分比）[50]：LEC 法生产的 SI GaAs 晶片占 56%，其余的是用 VGF 法和 VB 法生产的，但在今后几年中，VGF 法和 VB 法的生产量所占比重可望继续增加。按晶体直径分：100mm 占 61%，150mm 占 34%，其余 5% 为直径 76.2mm(3in) 和 50.8mm(2in) 晶片。150mm 晶片所占比重预计不断扩大。市场主要由 5 家公司所垄断。

SC GaAs 的情况与此有些不同：LEC 晶体占 4%，VGF 和 VB 晶体占 47%，HB 晶体占 49%；按直径分：80% 为 50.8mm (2in)，10% 为 76.2mm(3in)，7% 为 100mm。将来，仍将以 50.8mm(2in) 晶体为主（此预言未必准确——译者注）。目前生产厂家主要有 4 家。

工业用拉晶炉的技术和工艺细节很少见诸文献，以下将介绍某些一般性特点。

21.5.3.1 直接（Cz）法

为满足较长和较大晶体的需求，降低生产成本，已开发出新一代高压单晶炉，并已用于“Ⅲ～Ⅴ族”工业中（图 21.8），1994 年前的相关技术开发综述可参见文献［51］。

图 21.8　新一代 LEC 炉

高压生长室（可充压至 10MPa，适用于直接合成）、用于晶体和坩埚的升降及旋转的压力密封馈入装置和用石墨制作的多段加热器（一般为三段加热器）系统是高压单晶炉的特征性组成部件。如配置三段加热器，则中间加热器用于控制晶体直径，下部加热器用于确定坩埚底部的轴向温度梯度，上部加热器控制晶体表面的温度以防止砷离解。这种单晶炉可放置直径 406.4mm（16in）的坩埚，能装 GaAs（多晶料）50kg[52]。PBN 是专用的坩埚材料。（生长室内）环境气体压力一般为 0.2～2MPa，使用 N_2 或氩。可用气体（净化）处理系统以控制其中的碳、硼和氧含量。该种单晶炉装备了全计算机化生长过程控制系统和直径控制系统。

与硅做法不同，GaAs 直拉生长的直径控制是通过连续测量晶体重量及重量对时间的微分值（籽晶杆上部的“拉晶头”中装有称重传感装置执行这些测量）来实现的。为了防止熔体中由浮力引起的不可控的温度起伏，熔体高度不能超过与坩埚直径相比较的高度。采取晶体与坩埚反向旋转、优化下部加热器的温度控制；这些措施可部分阻止湍流对流。

已成功生长出直径200mm晶体[53]和直径150mm、长350mm的GaAs晶体[54]。

LEC的生长速率一般为5～14mm/h（在〈100〉晶向生长时）。可以利用“缩颈”技术，但由于其CRSS值低，不大适合于生长大直径单晶。轴向温度梯度在80～150K/cm范围内。LEC生长中的固/液界面是凸向熔体的。按文献［55］，防止界面出现凹的部分非常关键，因为在凹界面上会发生位错附聚，并可能转为多晶生长。

文献［56］对VCz生长做了详细评论，该方法在工业生产上已用于InP[57]，但至今未用于GaAs。

21.5.3.2　VB/VGF法

与LEC法不同，实际上没有关于商用单晶炉结构和生长工艺的信息。熔体似乎全部或部分被（覆盖剂）覆盖，这样，可以较精确地控制其化学计量比，因为可以事先“预定”[58]。

带加热器系统的一种Tammann-Stroeber型单晶炉与文献［59］中Ramsperger和Melvin首先描述的单晶炉类似（见图21.7*b*），并可按文献［60］中所给出的设计加以放大，现已被FCM（Freiberger化合物材料股份有限公司）用于生产。通过对加热器非常稳定的功率控制可得到合适的温度场并以给定的速率向上移动。炉子四周包裹热绝缘体，压力室（可耐压1MPa）置于炉中，采用计算机化的过程控制系统以及气体处理系统以便控制总压力和分压力。因此，在GaAs的VB/VGF生长中可对碳进行控制[45]。

可在全液封的情况下生长晶体，采用锥形布里支曼PBN坩埚（坩埚在使用前须进行热处理）[61]。可用上述高压合成法制备出尺寸与坩埚相当的多晶锭。PBN（坩埚）为层状结构，并被液态B_2O_3所浸润，所形成的薄膜防止了GaAs的离解及与坩埚材料的反应。B_2O_3凝固时会黏附到GaAs上，而在PBN坩埚内壁与GaAs之间形成一环状“空间”（由于PBN的层状结构），这一“空间”防止了GaAs中产生应力[62]。

将固/液界面附近晶体中的温度梯度调整到3～5K/cm，生长速率为2～4mm/h，即明显低于LEC生长中的生长速率。晶体内的应力计算揭示：晶体的锥形部分和圆柱形部分内的剩余应力分别为2MPa和1MPa以下。

已用该项技术批量生产了直径150mm的单晶。只在最近，已生长出直径200mm的SI GaAs单晶，表明生长更大直径的单晶是可能的[63]。

VB/VGF技术的缺点是难以控制引晶过程。利用稳定的、重复性好的温度分布，已经克服这一缺点。

21.5.3.3　HB/HGF 法

最近，Tatsumi 和 Fujita 发表了对这一方法的综述[27]，包括与技术及工艺相关的信息。这一方法只用于生长掺硅 GaAs。

按文献［27］所述，现已开发出一种相当复杂的炉子，有三个温区；每个温区在纵向和径向上又都分为几个小“段”。三个温区的温度范围分别是 1240～1247℃、1120～1220℃和 600～620℃（此温区为砷源加热区）。引晶后，最热区的温度场移向舟的一端，使已生长出的晶体保持在第二个温区内。一般均用石英作舟材料。这一温度分布及砷与晶体区之间的扩散壁垒可防止晶体与舟黏结，这已在上面介绍过。

应当指出，为生长低位错 GaAs 晶体，纵向温度梯度必须控制在 1～3K/cm 之间，生长速率在 3～6mm/h 之间。

一般采用〈111〉晶向的籽晶，所以，(100) 晶片一般是 D 形的，除非将这种晶片磨成圆形，这将造成材料的重大损失。这是该方法的一个缺点。可以生长出长 1000mm 的晶体，能切出约 500 片直径 50.8mm (2in) 晶片。用这个方法能够生长出“肩”长（截面 D 形的弦长度）85mm 甚至 110mm 的晶体，适用于加工直径 76.2mm(3in) 和 100mm 晶片。

21.5.4　热处理

生长完成后，一般要对晶体进行热处理。根据所要达到的主要目的不同，已开发和使用各种不同的热处理工艺，即一步热处理和多步热处理。图 21.9 是一种热处理过程示意图。在加热（升温）阶段，通过局部位错湮灭和重排，使应力得以释放。在均匀的温度/组分区内，砷沉淀溶解，当固相线与冷却过程中的“冷却曲线”相交时，砷再沉淀而使局部

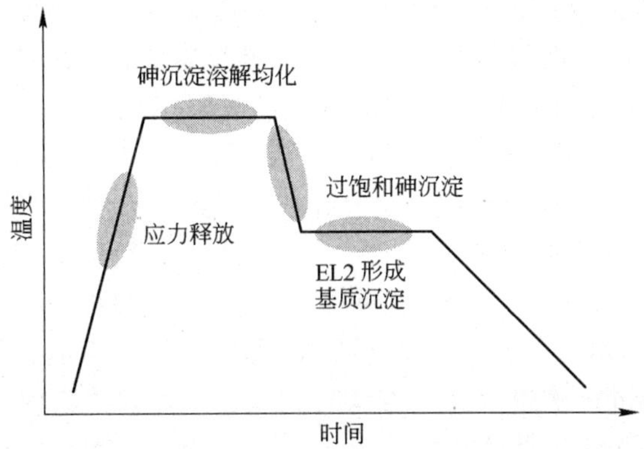

图 21.9　晶锭退火过程

均匀化。在最终冷却到室温以前的某一段恒温过程中，本征点缺陷达到一个新的接近于平衡的状态。利用这些工艺可实施缺陷工程。

为避免 LEC 晶体在机械切片加工过程中破裂，必须释放晶体中的应力。在低温度梯度下所生长的低位错单晶并不要求进行应力释放。相反，如需要对这样的晶体进行退火，就要选择合适的加热和冷却速率以避免增加晶体中的位错密度，因为 GaAs 的热导率比较低。

需退火的晶锭应放在经预处理的、抽空的石英反应管内，在砷过压下进行退火以防晶锭表面离解。

FCM 公司对 SI LEC 晶体的热处理程序是多步处理，包括在高温下的溶解和均（匀）化阶段，这是针对其特定的要求：晶体电学性质介观均匀性要好，应力小。对 SI VB/VGF 晶体则采用中温匀化处理，以改善和稳定本征点缺陷结构。对 SC VB/VGF 晶体不进行生长后的退火处理。

由于砷沉淀溶解，在确定的砷分压下的晶片退火会影响近表面层中与化学计量比相关的本征缺陷的浓度[64]。实际生产中是否采用晶片退火程序目前没有确定的信息。

21.5.5 晶体评价

原生晶体都要进行必要的检测。通常是每个晶锭的头部（籽晶端）、尾部各切一片试验片作为进行检测的样品。常规检测包括 KOH 腐蚀后进行结构检测和电阻率、载流子浓度和迁移率的测量。按 ASTM（美国测试材料标准）的 F1404，对 LEC 晶体的 EPD（腐蚀坑密度）进行测量以评价其位错密度。但对低位错密度晶体，FCM 公司用自己专门开发的高效设备在整个晶片上进行 100% 测绘（mapping），以得到可靠的和可比较的 EPD 数据。此外，用 TDCM（与时间相关的电荷测量）形貌术测量 SI 材料电阻率的径向分布[65]，用近红外吸收测量其 EL2 浓度，SI 材料中的碳和碳含量则是用傅里叶变换红外光谱（FTIR）测量的。

用高分辨率 TDCM、EL2 分布图和 PCT（点接触电流）测量对 SI GaAs晶体进行抽样检查以测定其介观电阻率分布[66]。用 LST（激光散射形貌术）研究 SI GaAs 中的砷沉淀。杂质含量是用 GDMS（辉光放电质谱）分析测定的。掺杂剂浓度用 ICPMS（感应耦合等离子体质谱）和 ICP AES（感应耦合等离子体原子发射光谱）分析测定。最后，晶体的结构质量另外进行测量，常用方法有：双晶（X 射线衍射）摇摆曲线以及用红外偏振光测量晶体中的剩余应力[67]。用文献［68］中所描述的双轴试验法研究了（晶体中的）破裂问题。

21.5.5.1　结构性质

一般说来，LEC 晶体中位错形成很明显的网格结构，在晶体中心区和周边区呈圆形网格，在这两区域之间是伸长的网格，腐蚀坑分布为弱的 W 形。SI LEC GaAs 晶体中平均 EPD 约为 $5\times10^4cm^{-2}$（直径 100mm 晶体）和 $1\times10^5cm^{-2}$（直径 150mm 晶体）。沿〈100〉晶向上的 EPD 略高于沿〈110〉晶向的 EPD，这与晶向相关的 Schmid 因子（它控制着滑移系统中的剪切应力）有关。网格尺寸为 0.2 ~ 0.4mm，随着 EPD 提高（晶体直径增大）网格尺寸变小。掺碲可使 EPD 略有下降。

由于生长和冷却过程中所产生的热应力较小，VB/VGF 晶体中 EPD 比 LEC 晶体低一个数量级（含）以上。位错网格也大得多（大于 1 ~ 2mm），网格壁中的位错密度也较低。在晶体中心与周边之间的环形区域中，网格壁或多或少是分裂成“碎片”的。

由于溶解硬化，掺硅的 VB/VGF GaAs 晶体中位错密度明显低于 VB/VGF SI GaAs 晶体，并与掺硅浓度有关。观察不到位错形成的网格。平均 EPD 小于 $100cm^{-2}$，绝大多数剩余位错集中分布在晶片的中心区并沿〈110〉方向，这可能是较高温度下单一滑移过程起主导作用而形成的。

SI GaAs 晶体中的位错可由砷沉淀所缀饰，随着位错密度下降，其尺寸变大。在原生晶体中位错沉淀的出现遵循这样的规律：沉淀开始发生时，位错的形成和重新排列就已结束了。相反的，在滑移线上产生的位错不能被砷沉淀所缀饰或只能部分地被缀饰。生长后一般没有基质沉淀，对 LEC 晶体可通过适当的晶锭退火（包括均匀化后快速冷却）产生这种沉淀[69]。在掺硅晶体中没有观察到这种沉淀。

用高分辨率 X 射线摇摆曲线图（1mm × 1mm，覆盖区 0.5mm × 2mm，CuK_α，〈110〉摇摆轴和{004}反射）评价与位错结构相关联的局部和全部晶格错取向。对 VGF SI GaAs 材料，其 FWHM（半峰宽）分别为 10.0 ±0.2 弧秒（直径 100mm）和 10.5 ±0.3 弧秒（直径 150mm），明显小于 LEC 晶片（分别为：13.5 ±1 弧秒，16 ±2 弧秒）。这说明 VGF 晶体平均位错密度较低，结构完整性较好。

已经用应力分析仪 SIRD™[67]（是利用应力感生双折射效应）来估计晶片中局部和全部的剩余应力，晶片平面内主应力之间的差值作为剩余应力的度量，对直径 150mm 的 SI VGF GaAs 其值为 0.1 ~ 0.4MPa，而对 LEC 晶片，这一数值高一些，为 0.3 ~ 0.7MPa。对 VGF 晶体退火（是为了提高其电学性质均匀性）并未降低其应力水平。随着晶体直径增大，应力水平略有提高，对 VGF 和 LEC 晶体都是如此。

在器件制造过程（例如，外延生长，离子注入后的激活退火）中所采用的温度下，晶片中平均剩余应力水平低于发生塑性形变时的临界剪切应力。由于 VB/VGF 及经良好退火的 LEC 材料的剩余应力水平有一定范围的“重叠”，人们常设想的 LEC 晶片在热处理过程中对滑移线的产生更为敏感这一观点并未被证实。

21.5.5.2　电学性质

对 LEC 和 VGF 两种技术生长的 SI GaAs 晶体，原材料纯度不断提高、材料处理的现代化超净环境、对合成和生长过程中的热化学和粒子输运现象的理解不断深入已导致非本征缺陷（杂质）含量大幅下降，且从所谓“标称非掺杂”生长变为碳可控半绝缘 GaAs 单晶生长。

图 21.10 给出了 150mm LEC 晶体和 VB/VGF 晶体的电阻率与碳浓度的关系。可以区分出两个电阻率值范围：对碳浓度［C］$>\approx 2\times10^{14}\mathrm{cm^{-3}}$ 的半绝缘 GaAs，电阻率 $\rho\propto$［C］（见 21.5.1 节）；对［C］$<\approx 1\times10^{14}\mathrm{cm^{-3}}$ 的中阻 GaAs，ρ 与［C］无关。已如上述，在 SI GaAs 中，费米能级被 EL2 钉扎，而在中阻 GaAs 中，费米能级被 O_{As}所钉扎。从图 21.10 可以看到，VB/VGF GaAs 的电阻率略高于 LEC 材料，尤其是当［C］$<1\times10^{15}\mathrm{cm^{-3}}$ 时；这可能与 VB/VGF GaAs 中平均 EL2 浓度较低有关（见下述），此外也可能与本征受主如镓空位有关。对其他直径的晶体，也有这样的 ρ/［C］关系。图 21.10 中的实线是利用电中性条件计算得到的。当［C］$>5\times10^{15}\mathrm{cm^{-3}}$ 时，观察到 ρ/［C］关系曲线的斜率略有增大，利用 EL2 浓度随碳含量增加而增加已解释了这一现象[70]。

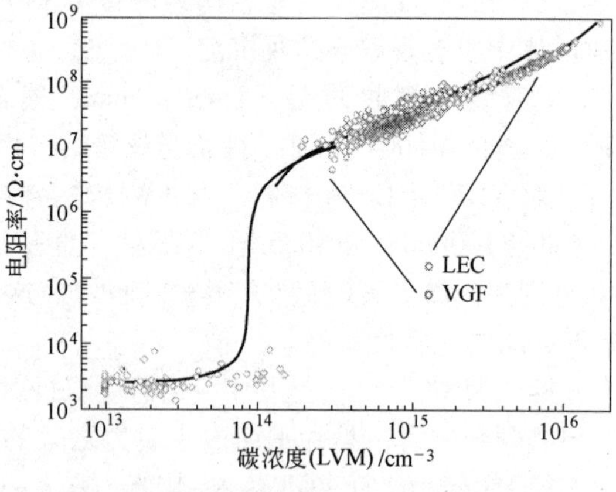

图 21.10　150mm 晶体的电阻率与碳浓度的关系

在图 21.11 中给出了霍尔迁移率作为电阻率的函数关系，其电阻率范围表示在图 21.10 中。电阻率在约 $2\times10^{7}\Omega\cdot\mathrm{cm}$ 处扩宽的最大值之后，迁移率随碳浓度增加而下降是由于离化施主（主要是 $EL2^{+/++}$ 和 C_{As}^{-}）浓度

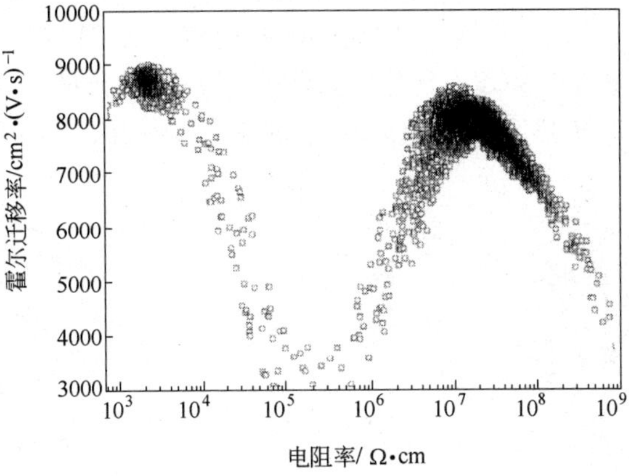

图 21.11　100mm LEC GaAs 晶体的迁移率与电阻率的关系

增加导致电子散射增强所致。而当电阻率 $\rho \approx 1\times10^6 \sim 1\times10^4\Omega\cdot cm$ 时，“深耗尽”的迁移率与介观不均匀性有关，并在网格边界上开始由半绝缘逐渐转变为中阻[71]。

低碳含量的并经晶锭退火的 LEC 和 VB/VGF SI 晶体中平均 $EL2^o$ 浓度分别约为 $1.5\times10^{16}cm^{-3}$ 和 $1.2\times10^{16}cm^{-3}$。晶体直径对平均 EL2 浓度没有影响，但这一晶体与那一晶体之间 EL2 浓度不同则与其位错密度和网格大小有关。最后，对掺硅 VGF GaAs，当硅浓度 [Si] $< 2\times10^{18}cm^{-3}$ 时，载流子浓度与硅含量呈线性关系，这与现有文献 [72] 的结果是一致的。当 [Si] $> 2\times10^{18}cm^{-3}$ 时，偏离线性关系是由于施主 Si_{Ga} 被 Si_{As} 和 Si_{Ga}-V_{Ga} 复合体所补偿造成的[73]，后两者均起受主作用；随着硅含量增加，这一补偿作用增强。对掺碲 GaAs 也有类似关系。

21.5.5.3　均匀性

在讨论 GaAs 晶体的均匀性时，要区分几种不同的“尺度”概念。宏观均匀性、介观均匀性和微观均匀性，被定义为不同类型的均匀性，其“尺度”大小分别对应于晶体长度/晶体直径比、网格尺寸和单个位错之间的距离。造成这些“不均匀性”的主要机理是固/液界面上的宏观分凝和微观分凝以及固态中的平衡分凝。为提高宏观均匀性必须控制好界面下熔体的组分。相应的措施是：根据杂质分布系数将杂质浓度下降到这样的水平，使所并入的杂质浓度保持在某一阈值之下；在气相中保持适当的碳、氧含量比以控制晶体中的碳浓度；以及使熔体组分接近固、液同成分共熔点。此外，平坦的固/液界面有助于提高碳浓度的径向均匀性。另外，晶锭退火过程中的固态扩散会影响晶体的介观均匀性。

TDCM 图形可用于评价整个晶片的宏观均匀性，它的横向分辨率为几毫米，所以，可得出单个网格上的平均值。图 21.12 给出一个取自 LEC（上左）和 VB/VGF（上右）晶体的 150mm 晶片的典型 TDCM 图形，LEC 晶体和 VB/VGF 晶体的电阻率标准偏差分别为小于 20% 和约 30%。

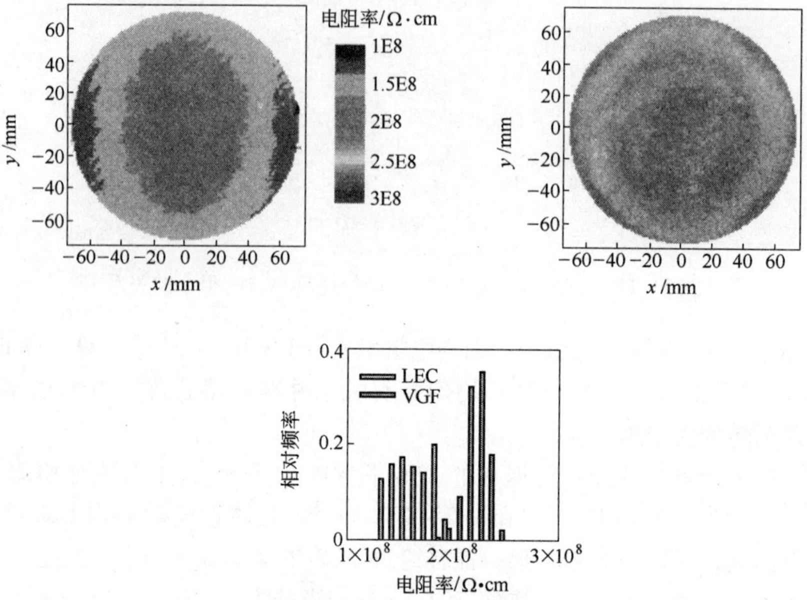

图 21.12　150mm LEC（上左）和 VGF（上右）晶片的 TDCM 图

150mm LEC 晶体典型的径向 EL2° 浓度标准偏差约为 3%，100mm 材料约为 4.5%。150mm SI GaAs 中电活性碳的轴向均匀性可控制到小于 20%，对 LEC 和 VGF 晶体都是如此。

在 LEC 和 VB/VGF 法生长 SI GaAs 晶体时，由于生长速率和动量边界层的起伏而引起的杂质、碳的微观分凝以及偏离化学计量比不是十分的重要。

掺硅 SC GaAs 晶体中轴向载流子浓度主要由硅的宏观分凝所控制，这种分凝不会受别的因素影响，因为生长是在质量守恒的条件下进行的，这与掺碳晶体生长不同。

为了评价晶体的介观均匀性，可作出 EL2°、TDCM 和 PCT（分布）图，用横向分辨率分辨单个网格。典型地，发现网格壁的区域内电导率提高了，这与其 EL2° 浓度提高有关。对原生晶锭进行退火可以提高介观均匀性，改进了（或至少有些改变）晶体的整体性能。所以，不管是 LEC 晶体还是 VB/VGF 晶体，介观均匀性的提高将伴随着霍尔迁移率的提高。

21.5.5.4 晶片破损

晶片破损是又一个重要问题。有时把这个问题与由位错径向分布不均匀所引起的总剩余应力一起讨论[74]。为说明这一问题及其对晶片表面质量可能造成的影响，需进行断裂强度测试。按德国标准化组织制订的DIN 52292[68]进行“环上环”（ring on ring）双轴强度试验，对 GaAs 测试作了一些“更改”，即用一小直径球（3.175mm（1/8in），钢质）在晶片中心加载，记录下负载-位移曲线，评估的关键参数是最大载荷量和断裂时的弯曲量。因为在断裂时的最大弯曲量比晶片厚度大得多，Von Karman 理论的数值解已被用于计算断裂强度[75]（考虑了 Hertz 型负载）。已利用 Weibull 分布分析法求出了这些数据的统计值。

作为一个实例，图 21.13 给出了 150mm 的 LEC 和 VGF 晶片断裂时负载的 Weibull 图。测试是在最终抛光的和清洗过的晶片表面进行的，测试时晶片处于拉伸状态。图中插入小方框中给出的是：F_o—阈值负载，F_c—Weibull 断裂概率为 63.2% 时的负载，k—Weibull 系数。观察到 LEC 晶片断裂负载略大一些。由于 LEC 晶片中平均剩余应力较大，所以，剩余应力显然不是影响断裂强度的主要因素。

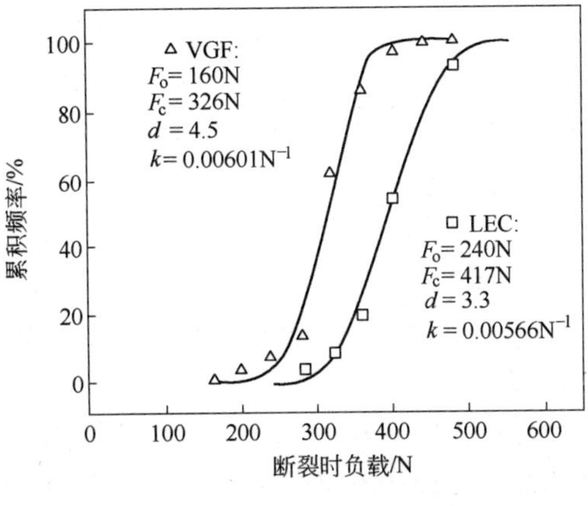

图 21.13 150mm LEC 和 VGF 晶片断裂时负载的 Weibull 图

研究了不同腐蚀、抛光工艺对晶片破损的影响，得到这样的结论：表面缺陷是造成晶片早期破损的主要原因。如所预料的，激光刻号会大幅度减小断裂负载，为此采用软激光刻号可能是最好的选择[76]。

21.5.6 晶片加工

晶片加工包括一系列精密的机械和化学加工步骤，经过这样的加工使单晶锭段转变成功能性晶片。这些加工步骤是：截断晶锭的头和尾，取样作材料测试，滚圆到符合要求的直径，磨出参考面或切口，定向切片、倒角、研磨，激光刻号，去损伤腐蚀，抛光和表面精整，最后清洗、包装。每一步都应符合用户规格的要求。VB/VGF GaAs 和 LEC GaAs 的晶片加工步骤、要求没有区别。

一般说来,此处所进行的加工步骤和所用设备与硅晶片加工是类似的。但由于 GaAs 材料的物理、化学和机械性质与硅不同以及与晶体生长相关的特殊性,必须对(硅加工)所用设备进行必要的改造,加工工艺也略有不同。

基于离子注入和外延的器件制造工艺对晶片规格要求不完全相同，对 SI GaAs 和 SC GaAs 的晶片加工不是按“批次”组织生产而是按“晶体”进行；另外，加工过程中需注意分清每个晶片在晶锭中的具体位置，按晶片正面朝向晶锭的头部依次排列；从切片到最后包装都要严格做到这一点，因而在每个加工步骤中都可能追踪晶片。

参考面定向有两个标准：美国 /SEMI 标准和欧洲/日本标准，但与电导类型和晶片的晶向无关。用于激光器生产的 SC 衬底其主参考面晶向的确定要求精度极高：{110} 方向的误差小于 ±0.1°，在制造边缘发射激光器时便于解理以构成其光学限制。直径 150mm（或更大）GaAs 晶片要用“切口”代替参考面，这样在其后的旋转工序中可以减弱它的动力学不平衡状态；由于 GaAs 密度较大，这种不平衡状态更为显著。另外，为便于外延过生长，希望有多种偏晶向（0.4°~15°）规格，这要求在晶片加工过程中有一定的灵活性。

对直径 100mm 及更大的晶片几乎都要进行双面抛光以减小在器件加工过程中晶片的破损率。最后晶片表面应精整到“开盒即用”状态，即装入外延炉之前无需做湿化学处理，这又要求对相应的加工步骤进行严格控制。

21.5.6.1　机械切片

GaAs 晶锭的切片用内圆（ID）切割机进行。近来，用线锯来切割直径不小于 150mm 的晶锭。由于 GaAs 晶片较易破损，ID 切割时的进刀速度比切硅单晶时低（8 ~ 25mm/min），一般切硅片时的进刀速度为 60mm/min。切片发生的翘曲和波纹，主要是由于切割过程中刀锯或切割线发生偏斜所致。因此，为改善晶片质量经常采用研磨和表面磨削，虽然这又会造成材料损耗和增加一些生产成本。这一问题已激发了对加在刀锯或线上的力的深入研究，过去总认为只有外部加工条件所引起的“工艺”力，实际上还有主要由被切割的半导体材料性质所决定的固有作用力[77]。业已认识到，脆性材料的切割和研磨过程及裂纹的形成，位错起着助推作用，因而与晶向有关，因为不管是原生的还是经退火处理的

GaAs 晶体，存在着两类位错，即 α 位错和 β-60°位错。已开发出一种新的线切割和抛光工艺，它不仅可将进刀速度提高到（内圆）标准切割速度的 400%，而且还可以减小晶片的弯曲和波纹，因而不再需要磨片工序。

线切割晶片表面的损伤深度明显小于 ID 切割的晶片，因而在其后的去损伤腐蚀中，也减少了材料的损耗。

切割片边缘锐利，需按预定方式“整形”，这就是进行倒角，所用倒轮的外形由目标晶片确定。倒轮上磨料粒度大小与所要求的边缘轮廓或粗糙度有关。在这项加工中所出现的问题则需通过另外的边缘整形方法解决。

21.5.6.2　抛光和清洗

与硅抛光相比，GaAs 的机械-化学抛光要使用活性更强的抛光液，因此被除去的厚度会更大并易于造成晶片中心部位与边缘的厚度差。这是由于抛光过程中晶片运动是个复杂的动力学过程，必须采用专门的措施加以弥补。这些专门的措施是生产厂家的技术诀窍，通常不肯轻易示人。对 150mm 晶片，其总厚度变化可达 2μm 以下。由于 GaAs 基器件的特征尺寸比硅大一些，因此对局部平整度和表面所允许的颗粒数的要求不像硅片那样严格。

SI GaAs 晶片表面上的颗粒用光点缺陷（LPD）来表征，它来源于两个方面：一方面是来自周围环境的“经典”颗粒，在激光束下显示出各向同性的散射行为；另一方面是晶体中的原生颗粒（COP），它呈各向异性散射。COP 是由砷沉淀引起的，由于沉淀砷与基质砷化学势的差别，表面上的砷沉淀形成坑或小丘。随着位错密度降低，砷沉淀的尺寸增大。VB/VGF 材料中，COP 的尺寸分布转向较大的颗粒，这可能与用户的要求不一致，解决这一问题尚需专门的方法。

各生产厂按其特定的加工步骤生产“开盒即用”晶片，表面仍会形成具有一定组分、厚度和均匀性的混合氧化物层，在外延生长之前，要通过脱附步骤将其除去。将晶片进行良好的包装以防止储存期内表面质量退化。光辅助化学反应可影响“开盒即用”表面层的稳定性，一般在 N_2 气氛中包装晶片。不同生产厂家可能采用不同的“开盒即用”晶片加工工艺，其保护层的脱附也需“因厂而异”。“开盒即用”晶片表面都是亲水性的。GaAs 晶片表面的微粗糙度用其均方根值表示，为 0.1 ~ 0.2nm，硅片的相应值是 0.1nm。

21.6　GaAs 和Ⅲ ~ Ⅴ族化合物的发展前景

毫无疑问，Ⅲ ~ Ⅴ族化合物半导体在光电应用方面不仅会保持它目前的“地位”，还会继续发展。除了覆盖整个可见光波段的高亮度发光二极管（LED）外，白光LED继续发展并将最终取代白炽灯。激光器仍将是光纤通信网络和数据存储系统中的基本元件。光电器件所用衬底主要是：GaAs用于红光到琥珀色光高亮度LED，层结构为InGaAlP/GaAsP；GaN用于绿光到蓝光高亮度LED，层结构为GaN/GaAlN；激光二极管所用衬底为GaAs、InP和GaN。

在微电子器件方面，无线通信系统和其他rf应用中的大功率放大器和开关以及高温器件将来仍需采用GaAs、InP和GaN及其合金。对微电子应用，外延也是一种关键性器件制造工艺，例如在SI GaAs衬底上制作改性（meta-morphic）HEMT（MHEMT）、赝HEMT（PHEMT）和HBT，InP衬底上制作HBT以及在GaN上制作PHEMT都是利用外延技术。

与GaAs和其他Ⅲ～Ⅴ族化合物（如GaP、InP和GaSb）不同，目前还不能制取体GaN材料，而前者是可以制成单晶并加工为晶片的。受热化学性质的限制，不能从熔体中生长GaN及其他Ⅲ族氮化物晶体。关于其他生长方法的研究，例如在高压、高温下由氮饱和的镓溶液或Ga-Na溶液中生长GaN（可参看文献［78］）以及氨热合成[79]和升华法生长，尽管取得了长足的进步，但还没有制备出数量和尺寸（小于$1cm^3$）上实用的体单晶，因而尚未建立基于这些工艺的成本合适的商业化GaN工艺。由于GaN衬底长期缺乏，就开发了在其他一些衬底上的异质外延生长工艺，这些衬底主要有：蓝宝石（Al_2O_3）、6H-SiC、Si、GaAs、ZnO和$LiAlO_2$。其中以蓝宝石使用最为普遍，SiC次之。使用这种衬底时，虽然溶液生长（GaN）晶体尚未达到最终使GaN基器件工业化的水平，但通过外延过生长和采用其他一些“诀窍”，已大幅度降低了材料中的缺陷密度（尤其是位错）。作为这方面最前沿的进展，最近已在蓝宝石模板上用氢化物气相外延（HVPE）技术首次生长出“无支撑”的GaN晶片。

（邓志杰译，朱悟新校）

参 考 文 献

1. A. Seidl: 50 Jahre III-V-Halbleiter: ein Blick in die Originalliteratur. dgkk-Mitteilungsblatt **75**, 19 (2002)
2. K. Jacobs: Einige Ergänzungen zur Geschichte der III–V-Halbleiter. dgkk-Mitteilungsblatt **76**, 17 (2002)
3. R. Gremmelmaier: Herstellung von InAs- und GaAs-Einkristallen. Z. Naturfor. **11a**, 511 (1956)
4. A. Steinemann, U. Zimmerli: Dislocation-free gallium arsenide single crystals. In: H.S. Peiser (ed.): *Crystal Growth* (Pergamon Press, Oxford 1967) pp. 81–87

5. J.P. Mullin, B.W. Straughan, W.S. Brickell: Liquid encapsulation crystal pulling at high pressure. Phys. Chem. Solids **26**, 782 (1965)
6. E.P.A. Metz, R.C. Miller, R. Mazelsky: A technique for pulling single crystals of volatile materials. J. Appl. Phys. **33**, 2016 (1962)
7. A. Azuma: Method and device for producing compound single crystal with high dissociation. Japan. Patent 60-11299 (1983)
8. H. Kohda, K. Yamada, H. Nakanishi, T. Kobayashi, J. Osaka, K. Hoshikawa: Crystal growth of completely dislocation-free and striation-free GaAs. J. Cryst. Growth **71**, 813 (1985)
9. N.S. Beljackaja, S.P. Grishina: Study of the dislocation structure in GaAs single crystals (in Russian). Izvest. AN Neorg. Mater. **3**, 1347 (1967)
10. W.A. Gault, E.M. Monberg, J.E. Clemans: A novel application of the vertical gradient freeze method to the growth of high quality III–V crystals. J. Cryst. Growth **74**, 491 (1986)
11. R. Hull (ed.): *Properties of Crystalline Silicon*, EMIS Datareviews Series No. 20, (INSPEC IEE, London 1999)
12. M.R. Brozel, G.E. Stillman (eds.): *Properties of Gallium Arsenide*, Emis Datareview Series No. 16, (INSPEC IEE, London 1996)
13. T.P. Pearsall (ed.): *Properties, processing and applications of Indium Phoshide*, Emis Datareviews Series No. 21, (INSPEC IEE, London 2000)
14. O. Madelung (ed.): *Semiconductors – Group IV elements and III-V compounds* (Springer, Berlin, Heidelberg, New York 1991)
15. J.H. Edgar, S. Strite, I. Akasaki, H. Amano, C. Wetzel (eds.): *Properties, processing and applications of gallium nitride and related semiconductors*, Emis Datareviews Series No. 23, (INSPEC IEE 1999)
16. Landolt-Börnstein. In: *Semiconductors*, ed. by O. Madelung, M. Schulz, H. Weiss (Springer-Verlag, Berlin, 1984) pp. 12–34
17. J. Wu, W. Walukiewicz, K.M. Yu, J.W. Ager III, H. Lu, W.J. Schaff, Y. Saito, Y. Nanishi: Unusual properties of the fundamental band gap of InN. Appl. Phys. Lett. **80**, 3967–3969 (2003)
18. S.M. Sze: *High Speed Semiconductor Devices* (John Wiley & Sons, New York Chichester Brisbane Toronto Singapore 1990), p. 543
19. http://www.ioffe.rssi.ru/SVA/NSM
20. A.S. Jordan, A.R. von Neida, R. Caruso: The theoretical and experimental fundamentals of decreasing dislocations in melt grown GaAs and InP. J. Crystal Growth **76**, 243–262 (1986)
21. G.O. Meduoye, D.J. Bacon, K.E. Evans: Computer modelling of temperature and stress distribution in LEC-grown GaAs crystals. J. Crystal Growth **108**, 627–636 (1991)
22. A.S. Jordan: Some thermal and mechanical properties of InP essential to crystal growth modeling. J. Crystal Growth **71**, 559–565 (1985)
23. H. Gottschalk, G. Patzer, H. Alexander: Stacking fault energy and ionicity of cubic III V compounds. phys. stat. sol. (a) **45**, 207–217 (1978)
24. F. Berger, U. Bergmann, M. Schaper, R. Hammer, M. Jurisch: Microhardness testing of GaAs single crystals. Materialprüfung **4**, 117–122 (2001)
25. K. Yasutake, Y. Konishi, K. Adachi, K. Yoshii, M. Umeno, H. Kawabe: Fracture of GaAs wafers. Jpn. J. Appl. Phys. **27**, 2238–2246 (1988)

26. I. Yoneanga, T. Hoshi, A. Usui: High temperature hardness of bulk single crystal GaN. MRS Internet J. Nitride Semicond. Res **5S1**, W3.90 (2000)
27. M. Tatsumi, K. Fujita: Melt growth of GaAs single crystals. In: *Recent Development of Bulk Crystal Growth*, ed. by M. Isshiki (Research Signpost, Trivandrum, India, 1998) pp. 47–95
28. R.E. Kremer, R. Bindemann, S. Teichert: GaAs substrate production: optimization for cost and device type. In: Compound Semiconductor Manufacturing Expo, November 11–13, 2002, San Jose, CA
29. R. Bindemann: Volume production of GaAs substrates optimized with respect to characteristics and costs of device type and process technology. In: Gorham Conference Europe, June 17–19, 2002, Copenhagen
30. H. Wenzl, W.A. Oates, K. Mika: Defect thermodynamics and phase diagrams in compound crystal growth processes. In: D.T.J. Hurle (ed.): *Handbook of Crystal Growth*, vol. 1A (North-Holland, Amsterdam 1993) pp. 103–186
31. J. Korb, T. Flade, M. Jurisch, A. Köhler, T. Reinhold, B. Weinert: Carbon, oxygen, boron, hydrogen and nitrogen in the LEC growth of SI GaAs: a thermochemical approach. J. Cryst. Growth **198/199**, 343 (1999)
32. C.G. Kirkpatrick, R.T. Chen, D.E. Holmes, P.M. Asbeck, K.R. Elliott, R.D. Fairman, J.R. Oliver: LEC GaAs for integrated circuit application. In: R.K. Willardson, A.C. Beer (eds.): *Semiconductors and Semimetals*, Vol. 20 (Academic Press, New York 1984) pp. 159–231
33. D.T.J. Hurle: A mechanism for twin formation during Czochralski and encapsulated vertical Bridgman growth of III–V compound semiconductor. J. Cryst. Growth **147**, 239 (1995)
34. K. Terashima: Control of growth parameters for obtaining highly uniform large diameter LEC GaAs. In: *Semi-Insulating III–V Materials*, ed. by G. Grossmann, L. Ledebo (IOP Publishing, Bristol 1988) pp. 413–422
35. E. Molva, P. Bunod, A. Chabli, A. Lombardot, S. Dubois, F. Bertin: Origin of microscopic inhomogeneities in bulk gallium arsenide. J. Cryst. Growth **103**, 91 (1990)
36. O. Oda, H. Yamamoto, K. Kainosho, T. Imaizumi, H. Okazak: Recent developments of bulk III–V materials: annealing and defect control. In: J. Jimenez (ed.): *Defect Recognition and Image Processing in Semiconductors and Devices*, Vol. 135 (IOP Publishing, Bristol 1994) pp. 285–294
37. B. Hoffmann: Ein Beitrag zur thermischen Nachbehandlung von semiisokierenden LEC-GaAs-Einkristallen und -Scheiben. PhD Thesis, Universität Erlangen-Nürnberg (1996)
38. T. Steinegger: Defect engineering. PhD Thesis, TU Bergakademie Freiberg (2001)
39. F. Wirbeleit: The atomic structure of point defects in semiconductors by improved EPR/ENDIR data analysis. PhD Thesis, TU Bergakademie Freiberg (1998)
40. D.E. Holmes, R.T. Chen, K.R. Elliott, C.G. Kirkpatrick: Stoichiometry-controlled compensation in liquid encapsuled Czochralski GaAs. Appl. Phys. Lett. **40**, 46 (1982)
41. P.M. Petroff, L.C. Kimerling: Dislocation climb model in compound semiconductors with zinc blende structures. Appl. Phys. Lett. **29**, 461 (1976)
42. W.A. Oates, H. Wenzl: Foreign atom thermodynamics in liquid gallium arsenide. J. Cryst. Growth **191**, 303 (1998)

43. http://gttserv.lth.rwth-aachen.de/gtt/
44. M. Jurisch, D. Behr, R. Bindemann, T. Bünger, T. Flade, W. Fliegel, R. Hammer, S. Hölzig, A. Kiesel, A. Kleinwechter, A. Köhler, U. Kretzer, A. Seidl, B. Weinert: State-of-the-art semi-insulating GaAs substrates. In: K.H. Ploog, G. Tränkle, G. Weimann (eds.): *Compound Semiconductors 1999*, Vol. 166 (IOP Publishing, Bristol 2000) pp. 13–22
45. T. Bünger, J. Stenzenberger, F. Börner, U. Kretzer, S. Eichler, M. Jurisch, R. Bindemann, B. Weinert, S. Teichert, T. Flade: Active carbon control during the VGF growth of semiinsulating GaAs. In: GaAs ManTech2003, May 19–22, 2003, Scottsdale, AZ
46. S. Eichler, A. Seidl, F. Börner, U. Kretzer, B. Weinert: A combined carbon and oxygen segregation model for the LCE growth of SI GaAs. J. Cryst. Growth **247**, 69 (2003)
47. J. Völkl: Stress in the cooling crystal. In: D.T.J. Hurle (ed.): *Handbook of Crystal Growth*, Vol. 2B (North-Holland, Amsterdam 1994) pp. 821–874
48. http://www.wafertech.co.uk
49. P. Bennema: Growth and morphology of crystals. Integration of theories of roughening and Hartman–Perdock theory. In: D.T.J. Hurle (ed.): *Handbook of Crystal Growth*, Vol. 1A (North-Holland, Amsterdam 1993) pp. 477–581
50. A. Anwar: GaAs Bulk & Epitaxial Wafers Markets & Trends. Strategy Analytics, www.strategyanalytics.com (2002)
51. D.T.J. Hurle, B. Cockayne: Czochralski growth. In: D.T.J. Hurle (ed.): *Handbook of Crystal Growth*, Vol. 2A (North-Holland, Amsterdam 1994) pp. 99–211
52. T. Flade, M. Jurisch, A. Kleinwechter, A. Köhler, U. Kretzer, J. Prause, T. Reinhold, B. Weinert: State of the art 6″ SI GaAs wafers made of conventionally grown LEC-crystals. J. Cryst. Growth **198/199**, 336 (1999)
53. A. Seidl, S. Eichler, T. Flade, M. Jurisch, A. Köhler, U. Kretzer, B. Weinert: 200 mm GaAs crystal growth by the temperature gradient controlled LEC method. J. Cryst. Growth **225**, 561 (2001)
54. T. Inada, S. Komata, M. Ohnishi, M. Wachi, H. Akiyama, Y. Otoki: Development of mass production line for 150 mm GaAs wafers. In: GaAs ManTech1999, April 19–22, 1999, Vancouver, British Columbia, Canada, pp. 205–208
55. M. Shibata, T. Inada, S. Kuma: Huge single crystals of GaAs grown by LEC method. Denshi Tokyo **32**, 119 (1993)
56. M. Neubert, P. Rudolph: Growth of semi-insulating GaAs crystals in low temperature gradients by using the vapour pressure controlled Czochralski method (VCz). Progress in Crystal Growth and Characterization of Materials **43**, 119 (2001)
57. K. Kohiro, K. Kainosho, O. Oda: Growth of low dislocation density InP single crystals by the phosphorus vapor controlled LEC method. J. Electron. Mater. **20**, 1013 (1991)
58. http://www.axt.com
59. H.C. Rampsperger, E.H. Melvin: The preparation of large single crystals. J. Opt. Soc. Am. **15**, 359 (1927)
60. K. Sonnenberg, E. Küssel: Developments in vertical Bridgman growth of large diameter GaAs. III–Vs Rev. **10**, 30 (1997)
61. J.E. Clemans, E.M. Monberg: Crystal growth method. US Patent 4,923,561 (1990)

62. E. Monberg: Bridgman and related growth techniques. In: D.T.J. Hurle (ed.): *Handbook of Crystal Growth*, Vol. 2A (North-Holland, Amsterdam 1994) pp. 51–97
63. J. Stenzenberger, T. Bünger, F. Börner, S. Eichler, T. Flade, R. Hammer, M. Jurisch, U. Kretzer, S. Teichert, B. Weinert: Growth and characterization of 200 mm SI GaAs single crystals grown by the VGF method. J. Cryst. Growth **250**, 57 (2003)
64. H. Yamamoto, O. Oda, M. Seiwa, M. Taniguchi, H. Nakata, M. Ejima: Microscopic defects in Semi-insulating GaAs and their effect on the FET device performance. J. Electrochem. Soc. **136**, 3089 (1989)
65. R. Stibal, J. Windscheif, W. Jantz: Contactless evaluation of semi-insulating GaAs wafer resistivity using the time-dependent charge measurement. Semicond. Sci. Technol. **6**, 995 (1991)
66. W. Siegel, G. Kühnel, C. Reichel, M. Jurisch, B. Hoffmann: High-resolution resistivity mapping of bulk semi-insulating GaAs by point-contact technique. Mater. Sci. Eng. B **44**, 238 (1997)
67. H.D. Geiler, M. Wagner, H. Karge, M. Paulsen, R. Schmolke: Photoelastic stress evaluation and defect monitoring in 300-mm-wafer manufacturing. Mater. Sci. in Semiconductor Processing **5**, 445 (2003)
68. M. Schaper, M. Jurisch, H.J. Klauß, H. Balke, F. Bergner, R. Hammer, M. Winkler: Fracture strength of GaAs wafers. In: B. Michel, T. Winkler, M. Werner, H. Fecht (eds.): *Proceedings Micro Materials* (Verlag ddp goldenbogen, Dresden 2000) pp. 570–573
69. S. Kuma, Y. Otoki: Usefulness of light scattering tomography for GaAs industry. In: J. Jimenez (ed): *Defect Recognition and Image Processing in Semiconductors and Devices* Vol. 135 (IOP Publishing, Bristol 1994) pp. 117–126
70. H.C. Alt, Y. Gomeniuk, U. Kretzer: Far-infrared spectroscopy of shallow acceptors in semi-insulating GaAs: evidence for defect interactions with EL2. Phys. Stat. Sol. (b) **235**, 58 (2002)
71. W. Siegel, S. Schulte, G. Kühnel, J. Monecke: Hall mobility lowering in undoped n-type bulk GaAs due to cellular-structure related nonuniformities. J. Appl. Phys. **81**, 3155 (1997)
72. P.D. Green: Growth of GaAs ingots with high free electron concentrations. J. Cryst. Growth **50**, 612 (1980)
73. R.C. Newman: The lattice location of silicon impurities in GaAs: effects due to stoichiometry, the Fermi energy, the solubility limit and DX behaviour. Semicond. Sci. Technol. **9**, 1749 (1994)
74. T. Kawase, H. Yoshida, T. Sakurada, Y. Hagi, K. Kaminaka, H. Miyajima, S. Kawarabayahi, N. Toyoda, M. Kiyama, S. Sawada, R. Nakai: Properties of 6-inch semi-insulating GaAs substrates manufactured by vertical boat method. In: GaAs ManTech1999, April 19–22, 1999, Vancouver, British Columbia, Canada, pp. 125–128
75. F. Duderstadt: Anwendung der von Karman'schen Plattentheorie und der Hertz'schen Pressung für die Spannungsanalyse zur Biegung von GaAs Wafern im modifizierten Doppelringtest. PhD Thesis, Technische Universität Berlin (2003)
76. A. Kleinwechter, T. Bünger, T. Flade, M. Jurisch, A. Köhler, U. Kretzer, A. Seidl, B. Weinert: Mass production of large-size GaAs wafers at FREIBERGER. In: GaAs ManTech2001, May 21–24, 2001, Las Vegas, NV, pp. 57–60

77. R. Hammer: Mikrorissbildung im GaAs und deren Nutzung beim Draht- und Innenlochtrennen in der Halbleiterwafer-Herstellung. PhD Thesis, Universität Erlangen-Nürnberg (2002)
78. S. Porowski: High pressure growth of GaN – new prospects for blue lasers. J. Cryst. Growth **166**, 583 (1996)
79. R.K. Douglas, J.W. Kolis: Crystal growth of gallium nitride in supercritical ammonia. J. Cryst. Growth **222**, 431 (2001)
80. http://www.sei.co.jp/news_e/press/02/02_16.html
81. Y. Oshima, T. Eri, M. Shibata, H. Sunakawa, K. Kobayashi, T. Ichihashi, A. Usui: Preparation of freestanding GaN wafers by hydride vapor phase epitaxy with void-assisted separation. Jpn. J. Appl. Phys. **42**, L1 (2003)

第九部分

新的研究领域

22 SiGe 异质结电子自旋量子计算机

F. A. Baron，K. L . Wang

22.1 引言

本章综述了以电子自旋为量子存储单元（量子比特）的量子计算机（QC）的最新进展。由于传统固态器件受 CMOS 工艺的物理局限在不久将面临严重问题,因此 QC 被视为是其有力的替代方式。我们将讨论 QC 的性能,实现 QC 必须满足的物理条件以及需要克服的实验方面的困难。我们主要聚焦于 SiGe QC 并叙述诸如以 g 因子工程写程序、控制量子比特纠缠及量子信息淡出等工作原理;同时还专门阐述近期应用 $\boldsymbol{k}^*\boldsymbol{p}$ 干扰理论对 SiGe 中电子 g 因子所做的某些理论计算,这些计算表明在富锗的 SiGe 异质结中可成功开展 g 因子工程。最后,经与纯硅、GaAs 和 CdTe 量子点的其他固态 QC 方案进行比较,得出的结论是目前 SiGe 方案在实际运行方面最具潜力。

自 20 世纪 60 年代初期，硅 CMOS 技术在缩小器件特征尺寸方面已经历了巨大的发展，致使封装密度增加，高开关速度和低功耗等器件性能得以改善。图 22.1 给出了 MOS 器件沟道中的电子数，数据摘自前面

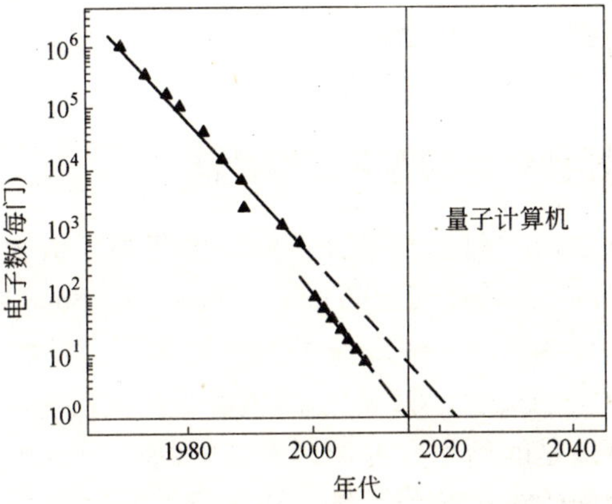

图 22.1 国际半导体技术发展路线图（ITRS）表明线宽缩小的趋势使每个器件沟道中的电子数可外推到一个电子，该图可作为对诸如使用量子比特的单电子器件研发领域的一种激励。其中，数据来自文献[1]和 ITRS 给出的预期值

的报告并根据ITRS路线图推算。该推算显示未来几年每个器件沟道中将仅有几个电子。因此我们可以直观地预想到当临近单电子极限时会碰到大量问题，诸如稳定性差、噪声、互连寄生电容导致低速、传输中界面和其他缺陷引起电子丢失等。器件的尺寸将随电子数的减少而缩小，硅中靠近施主的局域化电子的玻尔半径（磷施主在硅中约为2.5nm，在锗中约为6.5nm）已接近器件的沟道宽度，致使源/漏间隧道漏电流增加并成为传统CMOS技术的主要问题。电子隧穿时间和电流均与势垒高度和宽度呈指数关系，预计大量的工作将集中在保持对器件两端静电势的非常严格的控制。要完成这一任务，需要对源/漏掺杂分布进行准原子级的精确控制，这对目前的离子注入和横向热扩散技术是一次挑战。由于上述工艺会产生掺杂的统计分布，因此不能保证均匀、突变的掺杂分布。

前面提到的问题表明技术复杂性的显著增加并不是偶然的，而是试图用介观尺度的经典物理处理CMOS器件，将正统的量子现象（如隧穿）作为寄生效应看待的结果。这就像不顾人们抱怨把一个高尔夫球场压缩进住宅区是一样的。其实，全部晶体管和输运的概念都需要真正地重新思考或放弃转而支持发展量子计算器件。这些器件按其内在本质运行并遵循量子力学定律，由此建立器件的简洁性与高品质执行复杂任务之间的和谐关系。

一个量子电路应有起始态和最终态，而且在过渡阶段观察不到。计算将通过相邻量子比特波函数重叠（纠缠）“盲目”地执行，所以可排除任何远距离传输和互连等问题。另一预期的量子器件的优点是无功耗运行，因为薛定锷方程是无功耗的，即势能对“摩擦”力无贡献。这些都激励我们使用量子计算概念和制造QC。

22.2 QC的器件物理问题和预期性能

费曼[2]首次提出“量子力学计算机”的思想，引起了而后Deutsch、Bernstein、Vazirani、Jozsa、Berthiaume、Brassard、Shor、Simon和Grover等人（见参考文献中Ekert和Jozsa的综述文章[3]）发展出有关“量子图灵机”和量子算法的概念。QC包括两级量子机械系统，它可产生量子比特，其优良的特性是能利用允许物理能态间的相干叠加，同时可控制两个任意量子比特间的波函数的纠缠。Shor等人的文章[4]指出，依据所有量子比特波函数的纠缠能力，N个量子比特的Hilbert空间至少有$2^{2N}-1$个存储单元。如果利用十分之一这样的纠缠态，则一部简单的1000量子比特的计算机可拥有与目前同时工作的几百万部计算机相同的存储空间。此外，量子平行现象可使因数分解为素数的计算大幅提速，并可提高其他[5]一些问题的计算效率。尽管一般来说量子算法不一定在效率方面超过传统的竞争对手[6,7]，但 QC 的量子比特仅相隔几个玻尔半径而具有非常高的封装密度，这样将提供超强的计算能力。

虽然跨越到量子计算在技术上有相当大的困难，但由于小于 20nm 的 QC 性能应会改进，而传统的 CMOS 器件将面临更多的问题，因此量子计算是值得我们努力的方向。在实施 QC 的过程中，仍有许多障碍需要克服。QC 是模拟机器，所以与量子比特环境互作用的损耗（消相干）引起的误差不可避免。幸好人们发明了有效误差纠错码可缓解这一问题。但这些纠错码会减小有用量子比特的数量，正如为了备份的目的会浪费许多量子比特。根据 Preskill，每一个"计算"量子比特[8]需 125 个量子比特作为一个有效的误差纠错码运行。另一个关于容错的要求是消相干时间必须比一个计算周期的间隔长 10^4 倍[9]。由于有庞大的 Hilbert 空间和巨大的计算能力，这些问题将不会成为制造 QC 的障碍。

以工程的观点来看，实现从观察量子效应到真正使用这些器件的跨越，还要满足如下几个要求。根据 DiVincenzo 等人[10]的工作，可以将这些基本要求归纳为以下 4 项：

（1）执行单一量子比特任意变化（旋转）的能力；

（2）精确控制相邻量子比特的纠缠；

（3）消相干时间超过 10^4 的计算周期；

（4）读出过程量子比特的投影测量。

22.3 采用 SiGe 电子自旋运行的 QC

目前有许多可被开发为量子比特的两级系统，但此处仅重点讨论有关 SiGe 电子自旋的方式，该方式在固态电子学方面具有极大的潜力。操纵 SiGe 中电子自旋的能力将提供一个有活力的适合量子计算的两级系统。事实上，SiGe 体系与量子计算器件似乎有着天然友好的关系。从技术方面看，它为广泛利用现代 CMOS 工业技术，诸如优质材料、减少功耗以及易与传统器件集成（QC 仍需与外部连线）等方面提供了巨大的机会。由于自旋消相干时间较短，必须维持极快的运算速度，以保证所有计算在量子相干失效前结束。所以，传统的器件将用来维持对量子栅的高频控制。理想的情况是频率不要太高，所以消相干的时间应尽量长一些。依据这一观点，硅和锗均是最好的材料，因为它们的自旋退相干时间 T_2 在 10^{-3}s 的数量级[11~13]，而 GaAs 仅为 10^{-7}s[14]。

近来，我们已提出利用 SiGe 异质结单电子自旋作为量子比特的 QC 结构[15]。该文中我们用磷施主钉扎 SiGe 异质结中单电子，然而，以

SiGe 量子点或直接用静电形成量子点替代磷似乎也可以。我们还建议用栅控自旋共振来控制自旋方向，从而满足 DiVincenzo 等人提出的第一需求条件。该栅对附近的电子施加一局域电场，迫使其波函数在不同锗含量的 SiGe 层中发生偏移。由于 g 因子是锗含量的函数，因此，其有效（平均）值也随栅电位而改变。当器件置于球形的交流或直流磁场中时，电子的 g 因子完全取决于自旋共振频率，并依共振条件服从下式：

$$\hbar_{\omega_R} = \Delta E_{\text{Zeeman}} = -\mu_B \sum_{\alpha,\beta} g'_{\alpha\beta}\sigma_\beta B_\alpha \tag{22.1}$$

式中，ω_R为共振频率（一般在微波范围）；μ_B为电子的玻耳磁子；$\boldsymbol{\sigma}$ 为泡利矩阵；B 为磁场；$g_{\alpha\beta}$为 g 因子的张量（或称 g 张量）。

一个自旋的共振频率取决于所加的电场并由栅极来控制。假如通过一个空腔将外部辐射频率固定于某一数值，并与自旋共振频率仅有很小的偏差（失配），通过对栅极施加一合适电压，可获得与式 22.1 所示条件匹配的电子 g 因子，并以可控的方式测量电子自旋的顺磁共振。这使我们可以简单地在栅极上施加一段时间电脉冲即能获得任意自旋旋转，施加电脉冲时间相当于自旋振荡周期的适当分数。

这一做法的核心假设为电子 g 因子是 SiGe 合金中锗含量的敏感函数，其数值在体硅[16]（$g=1.998$）和体锗[17]（$g=1.57$）的数值之间。这里我们没有涉及 SiGe 异质结构中电子 g 因子的系统研究结果，仅基于 Roth[13]提出的三带 $\boldsymbol{k}^*\boldsymbol{p}$ 微扰理论来进行体 SiGe 的计算，计算中考虑了应变和锗含量的影响。

首先，我们知道硅和锗的导带底远离 k 空间的 Γ 点，因此对称可表示为一组在 k 空间中指向导带最小值的 $\boldsymbol{k}_0$ 矢量（对于硅为 X 点，对于锗为 L 点）。其次，根据 Roth 的文章，可将电子 g 因子作为对角张量：

$$g'_{\alpha\beta} = \begin{pmatrix} g_{xx} & 0 & 0 \\ 0 & g_{yy} & 0 \\ 0 & 0 & g_{zz} \end{pmatrix} = \begin{pmatrix} g_\perp & 0 & 0 \\ 0 & g_\perp & 0 \\ 0 & 0 & g_{/\!/} \end{pmatrix} \tag{22.2}$$

Roth 对这一张量的分量给出如下表达式：

$$g_{zz} = 2 - \frac{\Delta_{so}}{E'_c - E'_v}\left(\frac{m}{m_{xx}} - 1\right) \tag{22.3}$$

$$g_{xx} = 2 - \frac{\Delta_{so}}{E'_c - E'_v}\left(\frac{m}{m_{zz}} - 1\right) \tag{22.4}$$

式中，m_{zz}和m_{xx}是电子有效质量的张量分量；$E'_c-E'_v$是$\boldsymbol{k}_0$处的直接带隙；Δ_{so}是$\boldsymbol{k}_0$处自旋轨道耦合互作用，约为布里渊区中心价带自旋轨道分裂的2/3。式22.3和式22.4包括应变修饰的带隙和有效质量。对于SiGe异质结构，应变可视为衬底与外延层中锗含量差的线性函数，因此，如果已知能隙和有效质量对应变的依赖关系，则仅需了解异质结的组元情况就可以计算g因子。材料的带隙大致可认为是应变的线性函数。对于锗上硅、体硅、硅上锗和体锗等结构，可采用数据间的双线性外推得到结果。而有效质量可从理论数据获得[19]。

式22.3和式22.4中给出的g因子不依赖磁场的方向或其他任何外场参数，其分量坐标系中的z轴与$\boldsymbol{k}_0$重合，x、y轴相互垂直并同时与$\boldsymbol{k}_0$垂直。这也是有效质量能量的主坐标系。一般来说，体硅的带边是六重简并而体锗是八重简并，因此有效g因子（在实空间中测量）将是不同方向椭球的贡献的平均值。应变可部分提升硅的简并性，引导椭球中电子的再分布。图22.2显示这一原理符合硅中xy面上的双轴应变的情况。

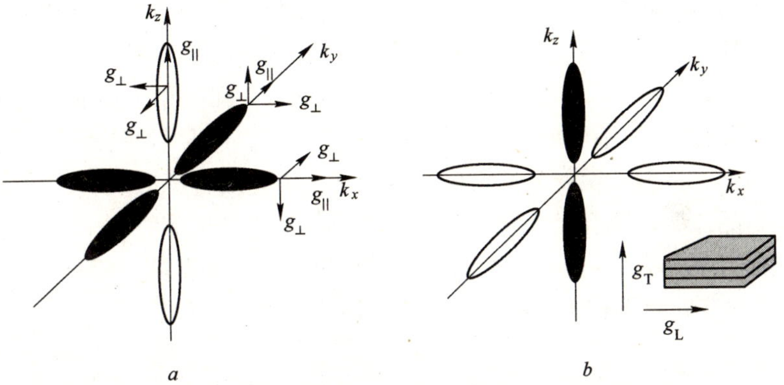

图22.2 k空间中硅导带最小值处等能面上的电子分布

a—Δ_{xy}极小值（压应变）；b—Δ_z极小值（张应变）

图中同时显示了a中g张量和b中有效g因子分量；图中也显示了单电子g张量和有效g因子分量间的区别

图22.3给出了在零度时所有可能的$Si_{1-x}Ge_x/Si_{1-y}Ge_y$组分的有效$g$因子分量的数值，其中$x$轴表示外延层中的锗含量，$y$轴表示衬底中的锗含量。$\Delta_z$和$\Delta_{xy}$分别对应了由张应变和压应变导致$z$方向和$xy$平面(Z和X谷)上的能量极小值。$N$代表在〈111〉方向有能量极小值的类锗应变合金的范围，其坐标系选择z轴垂直于两种合金的界面。我们的计算结果表明为获得较大范围g因子的可调性，需要靠近X和L谷间跃

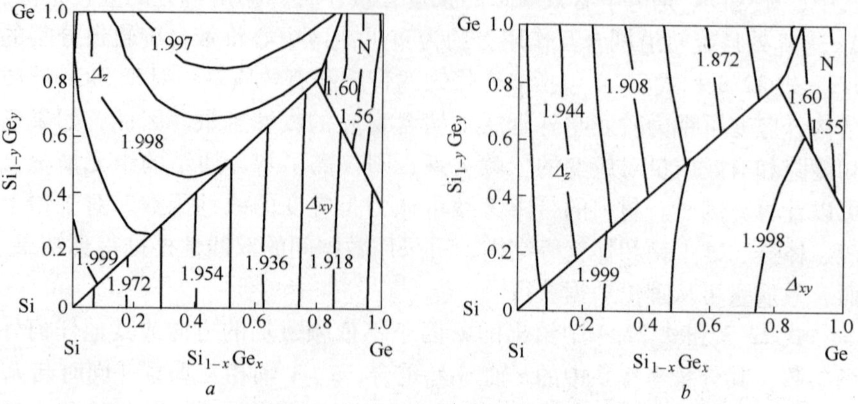

图 22.3　实空间中相对异质结构界面的有效 g 因子分量的数值

a—g_L（轴向）；b—g_T（横向）

迁的高锗含量的异质结构，其组分大约为 $x=85\%$。

图 22.4 给出了具有两层结构的量子阱实例：第一层在 X 谷中有导带的极小值（$x<85\%$），而第二层在 L 谷中有导带极小值（$x>85\%$）。根据我们的计算（图 22.3），g 因子可在 1.5 ~ 1.9 间变化。然而，为避免 L—X 谷间跃迁，不可能全范围调节 g 因子，所以速度不够快，除非采用光子辅助。一般来说，我们希望回避光子，因为当自旋通过自旋-轨道互作用与晶体振动耦合时，它们本质上会提高退相干速率[20]。所以，我们只能停留在具有 L 谷导带极小值的富锗 SiGe 合金的范围。根据图 22.3，g 因子的变化范围在 1.5 ~ 1.65 之间，即最大改变为 9%。

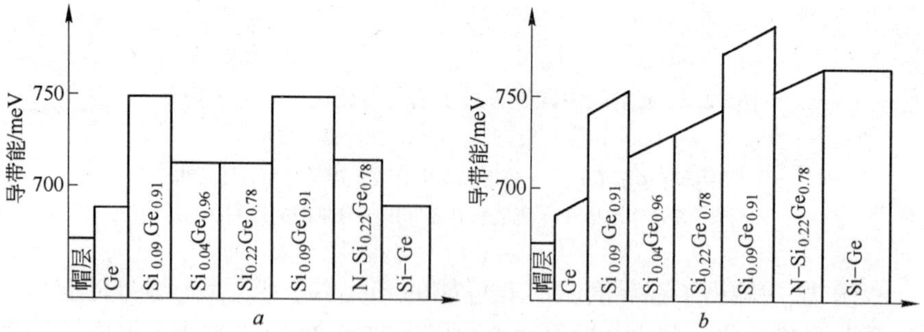

图 22.4　SiGe 量子比特的导带图

a—无电场条件；b—有电场条件

不同的 SiGe 组分层具有不同的功函数值，因此形成量子阱，

其中 g 因子可由电场进行工程化

图 22.5 显示一个器件和一个量子比特运行的断面图。当施加正偏压时，顶栅使电子波函数向更高锗含量层偏移，迫使自旋变化共振，继而进行前面描述过的么正旋转。施加更高的偏压后，电子最后脱离磷施主而与相邻原子纠缠，当占据 L 谷（类锗层）电子的玻耳半径比占据 X 谷的电子（类硅层）大 3 倍时，此纠缠可被即时激发，然后栅电压为零即终止。这就完成了 DiVincenzo 等人列举的第二个要求。足够长的退相干时间要求将限制极快的 QC 运算速度。体锗的退相干时间大约为 1ms，计算机的时钟周期应不超过 10ns，因此，QC 的运算频率大于 100MHz。该频率应很容易达到并远远低于传统的微处理器 2GHz 的速度，因此 DiVincenzo等人列举的第三个要求也可满足。

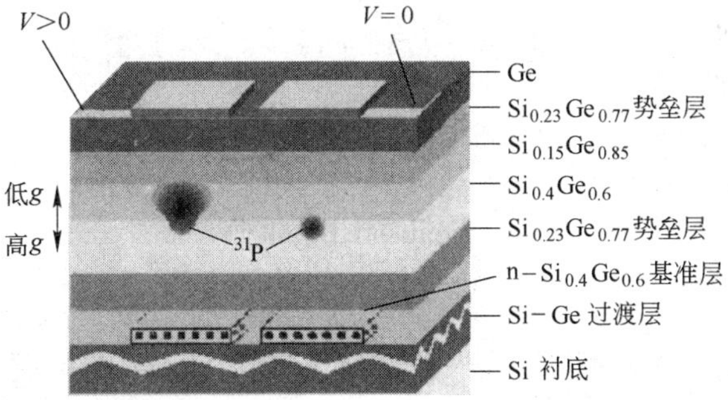

图 22.5　含有一个量子比特的器件横断面

该图表明锗含量高与低的两个 SiGe 层间的界面上磷原子的位置，
同时也显示出引力电场对波函数的作用，该效应缘于
富锗合金中较大的电子玻耳半径引起的横向扩散

最后，根据 Kane[21]，通过测量位于磷施主之下的沟道电导率，可执行淡出程序。沟道电导率取决于磷原子的荷电状态，该荷电状态又取决于经纠缠后的电子的最终自旋态：单态电子将占据一个施主态，而三重态则迫使电子分离以使系统的能量最小化。因此，测量量子比特最终的荷电状态可确定两个自旋的相对方向。如已知一个自旋的起始态（探针自旋），则可确定另一个自旋的状态，这也是淡出程序的宗旨。因此，DiVincenzo 等人列举的最后一个要求也得以满足。

22.4　其他方案

22.4.1　纯硅量子点

最近出现的另一个实现 QC 的固态方案是在硅量子阱上设置静电栅

形成纯硅量子点[22]（图 22.6）。这一方案将放弃 g 因子工程及自旋共振等全部内容以简化 QC 器件及其运行，仅利用 DiVincenzo 等人建议的交换互作用[23]。该想法将以三个一组的自旋来代表一个量子比特，其计算状态可编码为：

$$|0> = \sqrt{\frac{1}{2}}(|\uparrow\downarrow> - |\downarrow\uparrow>)\cdot|\uparrow> \tag{22.5}$$

$$|1> = \sqrt{\frac{2}{3}}|\uparrow\uparrow>|\uparrow> - \sqrt{\frac{1}{6}}(|\uparrow\downarrow> + |\downarrow\uparrow>)\cdot|\uparrow> \tag{22.6}$$

并精确控制交换互作用时间积分：

$$I_{j,\,j+1} = \int_0^{\tau} J[V_{\text{gate}}(t)]\cdot(s_j\cdot s_{j+1} + 1/2)\,\mathrm{d}t \tag{22.7}$$

每一自旋旋转的某个角度将由下列算符决定：

$$U_{j,\,j+1} = \exp\left(\frac{i}{\hbar}I_{j,\,j+1}\right) \tag{22.8}$$

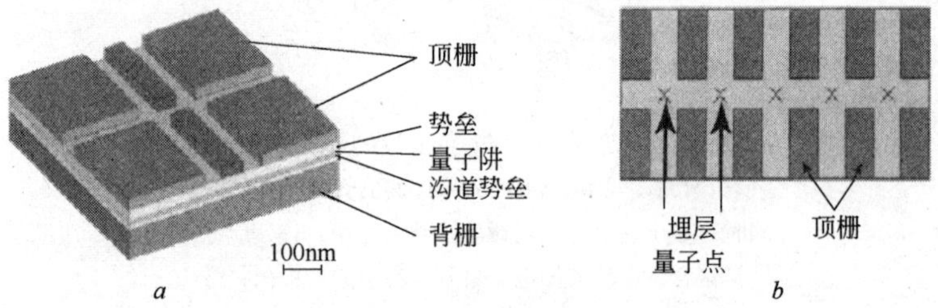

图 22.6　基于纯硅的 QC 的顶部和横断面图

负压偏置的顶部金属电极耗尽下面的硅量子阱区，形成静电量子点中的单电子作为量子比特。通过改变电极电势，可产生相邻量子点间的纠缠

于是，式 22.5 和式 22.6 中的编码以及式 22.7 中量子比特间的一组合适的交换互作用将可用作单个量子比特旋转问题的良好解决方案。

尽管该方案内容简单并可大幅降低 QC 器件的复杂性，但从实验的角度看，执行起来仍将面临挑战。根据文献［23］，在非常短的计算周期内实现交换耦合，需要维持 10^{-7} 的时间精确度。由于时钟周期必须比退相干时间短 10^5 倍，因此，即使对相干时间约为 1ms 的同位素 Si^{28} 来说，也要将栅开关时间精确地控制在 1fs 之内才能满足 7 位数精确度的要求。在交换互作用的量级中也需要保持同样的精确度。如在需要的精确度内不能维持重叠积分（式 22. 7），将导致由交换耦合不足或过度（源于不精确的自旋旋转）造成的计算误差。与 g 因子不同的是，单电子波函数及与其他波的叠加结果是不能直接测量的参数，因此即使实验工作者全力以赴核对每一对量子比特实际栅电压与叠合积分，也可能永远得不到7位数的精确度。从某种意义上说，QC 实施的整体复杂性并没有降低，而是更集中于实验部分。因此，实行单电子自旋的途径看来更有前景。目前人们还未找到其他的办法比 g 因子工程更能控制单电子自旋。

22. 4. 2 GaAs 和 CdTe 量子点

在 SiGe 方案中，自旋共振的起因是由于具有不同锗浓度的 SiGe 层中电子波函数的重置引起 g 因子调整而造成的。有人提出另一种方案[24]，建议在 GaAs 或 CdTe 量子点中，施用高电场改变自旋分裂能从而调谐共振频率。其中的物理原理是 Rashaba 效应[25,26]，我们将这一途径称为 Rashaba QC。该现象类似经典动力学中在一运动的参考系中电场变化为一个有效磁场的效应，这一有效磁场可提升自旋退化。因无外加磁场，因此 Rashaba QC 不使用 g 因子工程，而是采用电场的直接自旋分裂工程。对于 InGaAs/AlGaAs 量子阱的量子霍尔测量揭示，当施加 10^5V/cm 量级的电场时[27]，由于 Rashaba 效应自旋分裂能变化 5 ~ 6meV（10%）。这个在二维电子气系统上所做的实验表明绝对自旋分裂是费米动量的线性函数，$\boldsymbol{k}_{\mathrm{F}}\Delta_{\mathrm{R}} = E\uparrow - E\downarrow = 2\alpha \cdot k_{\mathrm{F}}$，其中 α 是关于材料的特定常数。然而，为降低退相干，一个实际的 QC 将使用限制在低维结构（如量子点或准量子线）中的单电子来运行，这些低维结构的电子动量和 Rashaba 分裂一般都较小。尽管在自旋分裂上具有有利的相对改变，但其绝对值还太小，不能提供可调谐自旋共振的有效频率带宽。有关 Rashaba QC 的其他课题还包括由极低的运行温度和Ⅲ-Ⅳ族化合物材料中较短的退相干时间引起的问题。

考虑到 GaAs/AlGaAs 量子阱中栅控自旋共振的成功实验（相信是波函数重置引起的 g 因子改变所导致）[28,29]，我们有理由认为对于自旋控制来说 SiGe 中的 Rashaba 机制不如 g 因子工程来得有效。

22. 5 结论

本章中我们讨论了以固态运行的量子计算，这也是 CMOS 技术向纳米领域的自然延伸；同时也综述了本领域中目前主要的进展。我们认为 SiGe 异质结是电子自旋量子比特的最佳候选材料，而电子 g 因子工程代表了实现电子自旋的最可行的实际途径。作为真实器件设计的基本指导，我们用三带 $\boldsymbol{k}^{*}\boldsymbol{p}$ 理论的公式，依据来自文献中的体硅和锗的数值作为输入参数外推出应变 SiGe 合金中的电子 g 因子。计算结果表明，富锗合金（Ge≥85%）是一个较好的选择。总而言之，SiGe 异质结似乎提供了固态 QC 的最优解决方案。

（屠海令译，米绪军校）

参考文献

1. H. Iwai: Microelectron. J. **29**, 671 (1998); Semiconductor Industry Association, International Technology Roadmap for Semiconductors (ITRS). See website http://public.itrs.net/
2. R.P. Feynman: Found. Phys. **16**, No. 6 (1986)
3. A. Ekert, R. Jozsa: Rev. Mod. Phys. **68**, 733 (1996)
4. P.W. Shor: Phys. Rev. A **52**, R2493 (1995)
5. D.P. DiVincenzo, D. Loss: J. Magn. Magn. Mater. **200**, 202 (1999)
6. Y. Ozhigov: quant-ph/9712051
7. Y. Ozhigov: quant-ph/9803064
8. Private communications with Prof. J. Preskill
9. J. Preskill: Proc. R. Soc. London A **454**, 385 (1998)
10. D.P. DiVincenzo: cond-mat/9911245
11. M. Chiba, A. Hirai: J. Phys. Soc. Japan **33**, 730 (1972)
12. H. Hasegawa: Phys. Rev. **118**, 1523 (1960)
13. L.M. Roth: Phys. Rev. **118**, 1534 (1960)
14. W.H. Lau, J.T. Olesberg, M.E. Flatte: Phys. Rev. B **64**, 161301 (2001)
15. R. Vrijen, E. Yablonovitch, K.L. Wang, H.W. Jiang, A. Baladin, V. Roychowdhury, T. Mor, D.P. DiVincenzo: Phys. Rev. **62**, 012306 (2000)
16. H. Vollmer, D. Geist: Phys. Status Solidi B **62**, 367 (1974)
17. G. Feher, D.K. Wilson, E.A. Gere: Phys. Rev. Lett. **3**, 25 (1959)
18. Q. Ma, K.L. Wang, J.N. Schulman: Phys. Rev. B **47**, 1936 (1993); C. Tserbak, H.M. Polatoglou, G. Theodorou: Phys. Rev. B **47**, 7104 (1997); J.R. Chelikowsky, M.L. Cohen: Phys. Rev. B **14**, 556 (1976); *Landolt-Börnstein, Zahlenwerte und Funktionen aus Naturwissenschaften und Technik*, ed. by K.H. Hellwege, New Series, Group III, vol. 17a, ed. by O. Madelung, M. Schulz, H. Weiss (Springer, Berlin 1982); L.D. Laude, F.H. Pollak: Phys. Rev. B **3**, 2623 (1971); A.R. Goni, K. Syassen, M. Cardona: Phys. Rev. B **39**, 12921 (1989); I. Balslev: Phys. Rev. **143**, 636 (1966); *Solids Under Pressure*, ed. by W. Paul, D.M. Warschauer (McGraw-Hill, New York 1963); M. Chandrasekhar, F.H. Pollak: Phys. Rev. B **15**, 2127 (1977); J. Weber, M.I. Alonso: Phys. Rev. B **40**, 5683 (1989)
19. M. Rieger, P. Vogl: Phys. Rev. B. **48** (19), 14276 (1993)
20. D. Mozyrsky, Sh. Kogan, V.N. Gorshkov, G.P. Berman: Phys. Rev. B **65**, 245213 (2002)
21. B.E. Kane: Nature **393**, 133 (1998)
22. M. Friesen, P. Rugheimer, D.E. Savage, M.G. Lagally, D.W. Weide, R. Joynt, M.A. Eriksson: cond-mat/0204035

23. D.P. DiVincenzo, D. Bacon, J. Kempe, G. Burkard, K.B. Whaley: Nature **408**, 339 (2000)
24. S. Bandyopadhyay: Phys. Rev. B **61**, 13813 (2000)
25. Y.A. Bychkov, E.I. Rashba: Sov. Phys. JETP Lett. **39**, 78 (1984)
26. E.L. Ivchenko, A.A. Kiselev, M. Willander: Solid State Commun. **102**, 375 (1997)
27. J. Nitta, T. Akazaki, H. Takayanagi, T. Enoki: Phys. Rev. Lett. **78**, 1335 (1997)
28. H.W. Jiang, E. Yablonovitch: Phys. Rev. B **64**, 041307 (2001)
29. G. Salis, Y. Kato, K. Ensslin, D.C. Driscoll, A.C. Gossard, D.D. Awschalom: Nature **414**, 619 (2001)

23　碳纳米管在微电子学中的应用

W. Hoenlein，F. Kreupl，G. S. Duesberg，A. P. Graham，
M. Liebau，R. Seidel，E. Unger

23.1　引言

碳纳米管的优异性能使其成为微电子领域应用中很有希望的候选对象。催化剂－媒 CVD 法非常适合于针对微电子技术要求的纳米管的选择性原位生长，这种沉积方法可用来生长碳纳米管通道。半导体单壁管可以像碳纳米管场效应晶体管（CNTFETs）那样成功地运行。研究人员对理想 CNTFET 进行了模拟并与 ITRS 线路图的要求进行了对比。最后，我们对比了改进的 CNTFET 和最先进的硅 MOSFETs 的性能。

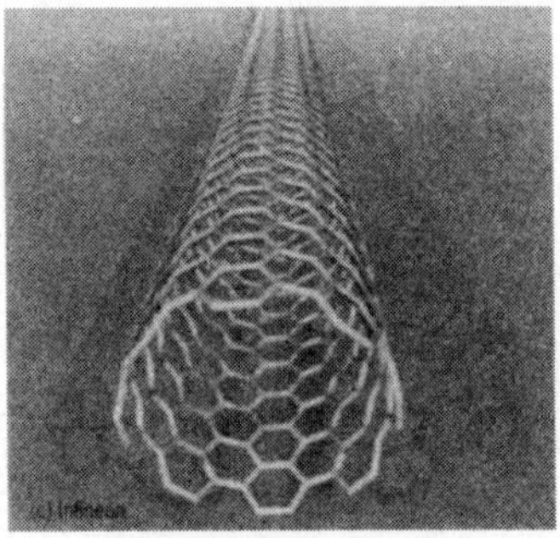

图 23.1　碳纳米管结构，其管状结构可认为由石墨层通过无缝卷绕而形成

碳纳米管是 Ijiima 于 1991 年在富勒烯实验中在检查烟灰残留时发现的一种新的碳形态。然而，与富勒烯由碳六边形和五边形组成的球形结构不同，碳纳米管呈现出完全六边形（石墨）结构的长管状（见图 23.1）。

事实上，碳纳米管可认为由一个单石墨层通过卷绕而形成，其直径大约为 1～100nm，长度可达毫米级。由于碳－碳键的超高强度、碳原子直径小以及石墨构造中自由 π-电子的存在，纳米管具有许多优异的电子和力学性能，见表 23.1。

表 23.1　碳纳米管具有的一些重要电学和机械特征

导电性	金属或半导体	热导率	6000W/(K·m)
电学输运	弹道式，无散射	直　径	1～100nm
能　隙	$E_g(\mathrm{eV}) \approx 1/d(\mathrm{nm})$	长　度	可达毫米级
最大电流密度	～10^{10} A/cm^2	比表面	> 1500m^2/g
最大应变	0.11%@1V	杨氏模量 E	1000GPa

对于在微电子中的应用，最重要的特征包括电子沿管方向的弹道（无散射）和自旋守恒输运、具有金属和半导体行为的能力以及取决于管直径的能隙。另外一个重要特征是还没有其他物质能比拟的热导率，其值大约为金刚石的两倍。文献［2］和文献［3］综述了碳纳米管的这些特性和其他一些重要性能以及其应用情况。纳米管的半导体和金属组态可以通过采取不同的卷绕方式来实现。图 23.2 显示了所谓的手椅构造的碳纳米管，它通常会显示出金属特性，而锯齿构造则具有半导体或金属特征。另外，也可以通过卷绕方式形成具有手征性的纳米管，其所有可能形成的构造中 2/3 都表现出半导体特性。

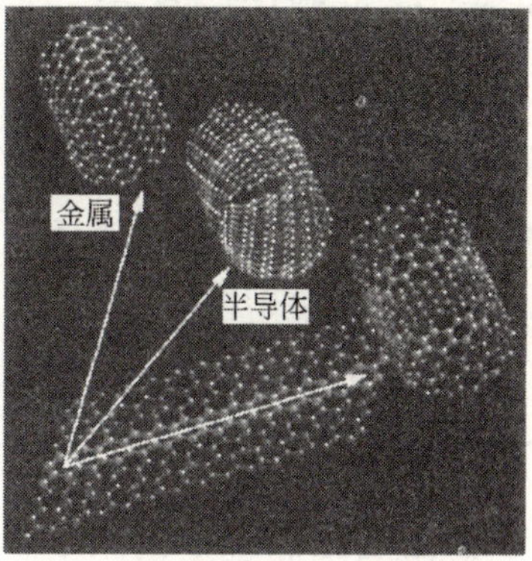

图 23.2　碳纳米管的不同形貌组态和电子传导类型[23]

左侧：手椅构造；右侧：锯齿构造；中间：位于中间的手征性

图 23.3 显示了金属纳米管和半导体纳米管态密度的计算值[4]，其中，整数 n、m 是描述管手征性的矢量参数，并对应于二维石墨片的卷绕轴。

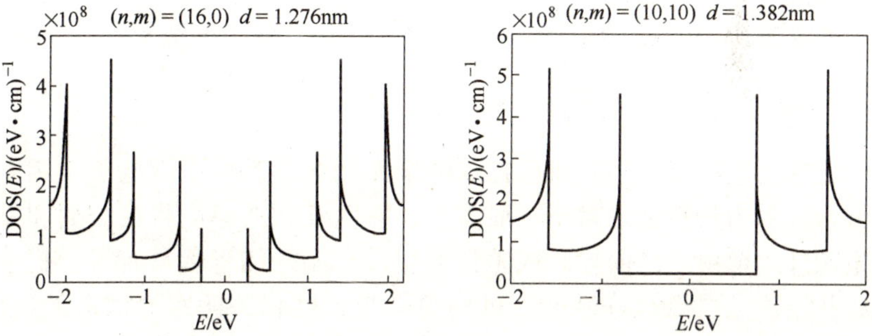

图 23.3　半导体碳纳米管（上部）和金属碳纳米管（下部）态密度的计算值

采用整数 n、m 表征管特性，n、m 也决定其手征性

垂直于管轴向的受限几何结构使得电子能级分裂为次能带。需要指出的是，与其他二维电子气系统不同，波函数并不能表示出器件边缘的不规则性，而造成势波动的增大以及额外的散射，但却代表了一类只受接触扰动的完美终端系统。据报道，对于金属构造的碳纳米管可以获得大于 10^{10} A/cm^2 的超高电流密度[5]。

23.2　纳米管的制备

文献中报道了许多纳米管的制备方法，其中包括石墨电极棒的电弧放电法和石墨靶的激光蒸发法，石墨靶中含有痕量的各类催化剂金属[6]。在沉积系统的冷却部分可收集得到纳米管，并在溶剂中进行分散。含有纳米管的液体经沉降并随之进行干燥处理后，可以得到随机分布的纳米管。其中，部分纳米管会出现相互接触（希望如此），从而可用于进行电学性能表征。在适合于微电子应用的不同方法中，我们选择 Dai 提出的 CVD 原位生长方法[7]，在 600 ~ 900℃温度范围内通过催化含碳气氛生长碳纳米管。在此温度区间的较低范围得到的纳米管具有多层同心结构，被称为多壁纳米管，而较高温度范围内则择优生长出小直径的单壁纳米管样品。微电子图像法可用来表征催化剂层的结构，从而可以确定选择生长的位置。图 23.4 显示了纳米管块的生长，每个块中包含数千个单独的多壁纳米管。

图 23.4　催化剂-媒选择 CVD 法生长纳米管块（100μm × 100μm 基面），每个块包含数千个独立的管

23.3　碳纳米管的互联

无缺陷碳纳米管中可能存在的电子无散射输运对于微电子应用而言是最具吸引力的特征。对于一般多晶，降低互联的厚度将在表面和晶界产生额外的散射，从而导致线阻性能变差[8]。碳纳米管具有无干扰准晶类线状结构，可以允许脉冲穿过而免受与长度相关的欧姆散射的阻碍。如图 23.5 所示，我们采用一个非常简单的模型来估算信号延迟，结果表明碳纳米管超过了传统的线，对于长线尤其如此[9]。

然而，必须强调的是，电路中的线延迟还受到线的相互作用和有源器件的控制。并且，对于碳纳米管，其量子电阻中还要考虑到接触电阻。

将极大的电流密度与可以在特定位置生长的纳米管相结合，我们提出了一个纳米管通路的概念。芯片上线路层间的通路是相互连通的，并会受到电流拥挤及随后的电迁移影响而产生恶化。我们采用碳纳米管替代金属插塞以解决这个问题[9]。图 23.6 显示了当前工艺现状尺度下，在

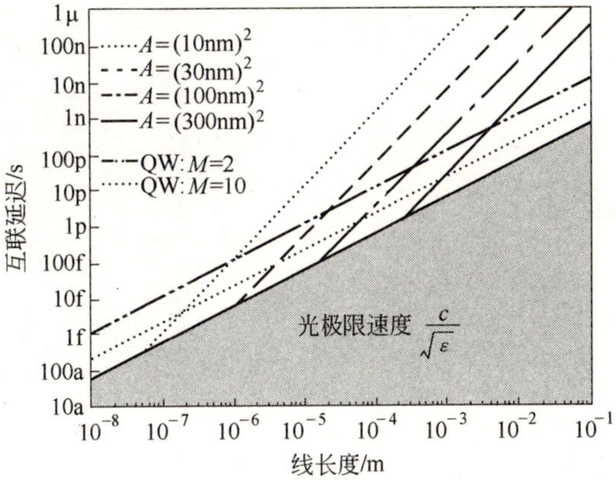

图 23.5　传统线和量子线中的信号传播

具有不同截面 A 的传统线的信号延迟由其 RC 时间常数所控制，量子线则仅取决于其容量，采用传导模型 M 作为参数

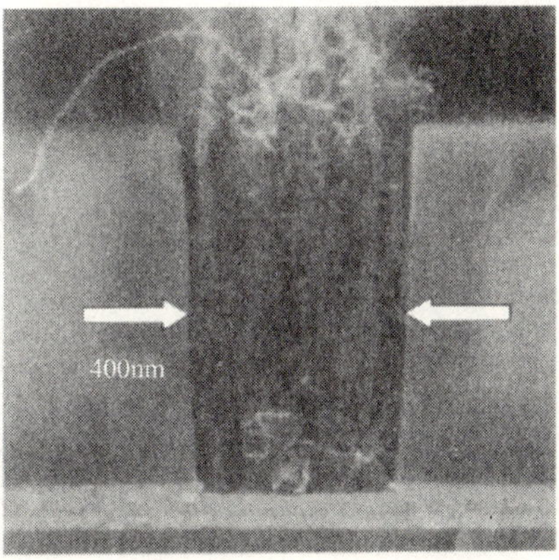

图 23.6　多壁碳纳米管在通路中的选择性生长，其顶部连接尚未形成

通路中大量纳米管的选择性生长。

图 23.7 举例说明了这种纳米管的电学特性，表明其存在绝大多数金属所具有的线性电流-电压关系特性。碳纳米管通路还具有在较大的纵横比时保持纳米尺度的优点。如图 23.8 所示，我们成功地在一个 20nm 的孔穴中生长出一根单个的多壁纳米管，必须指出，该孔穴是采用间隔物还原方法通过传统光刻技术而得到的[11]。

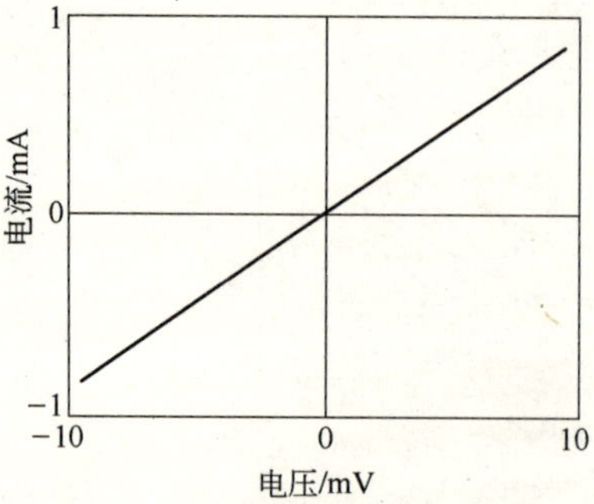

图 23.7　碳纳米管充填通路的电流-电压特征，显示出欧姆特性

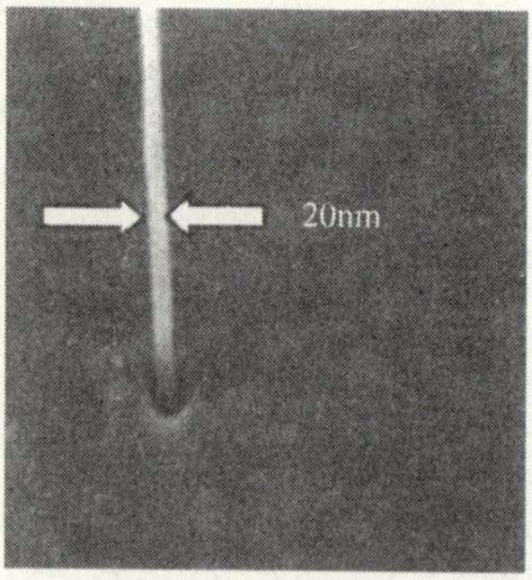

图 23.8　在 20nm 孔穴中生长出的单个多壁碳纳米管

23.4　碳纳米管晶体管和电路

半导体单壁碳纳米管于 1998 年首次从技术上被证实具有开关特性[12]。Tans 等人在纳米管上利用背栅施加一个电场，并可在 5 个数量级以上范围内调制其电导率（如图 23.9 所示）。

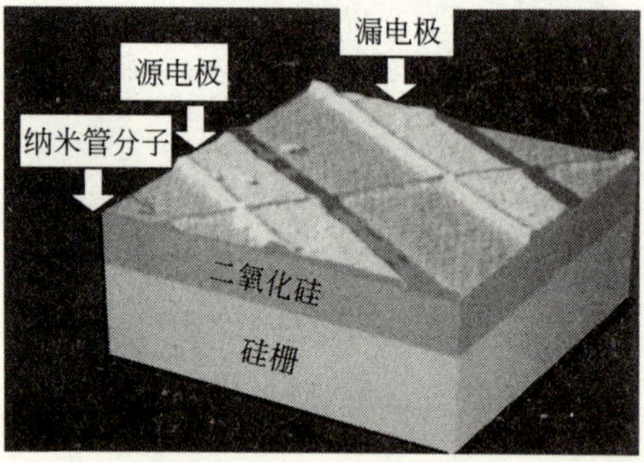

图 23.9　首个功能性的碳纳米管场效应晶体管（CNTFET）[12]
碳纳米管位于两个电极的顶部，在硅片上部的
二氧化硅层作为背栅电介质

自从碳纳米管场效应晶体管得到首次验证后，在改善 CNTFET 的电性能方面取得了巨大的进展。Tans 的试验的一个缺陷在于背栅电介质，它包含有一个较厚的二氧化硅层。Bachthold 等人[13]在图形化铝栅上部的本征 Al_2O_3薄层替代二氧化硅电介质，它能降低栅压，提高跨导。Wind 等人[14]通过引入顶栅器件对此作了进一步改进。通过改善栅电极的几何

形状可以提高纳米管中的电场，选用合适的接触材料可以降低接触电阻，从而进一步优化其性能。另外一个进展是首次制备出了类 CMOS 器件，其中，部分纳米管中掺入钾导致其导电类型发生反转[15]。该器件对应于一个增益大于单位值的互补型或非门。另外的 CNTFET 基电路包括简单的 SRAM 单元和环形振荡器[13]。然而，由于相关的片外线路的存在、非优化的器件设计以及仅能使用单个的纳米管等因素，使得这些器件的性能较差。但是，当与现代硅器件相比时，我们必须考虑改进的 CNT 器件，在该器件中合适数量的纳米管并行工作，并对应硅器件中的横向维度。在下一节，我们将对未来 CNT 器件的性能进行一些预测，并与当前性能最佳的硅 MOSFETs 进行对比。

23.5 CNTFET 模拟和垂直 CNTFET 概念

对于 CNTFET 中电流输运的物理描述还处在争论之中。然而，最近提出的一个一维静电学模型与所获得的试验数据相当吻合[17]，它将管中的电荷与 CNTFET 排列的电容和所施加的栅电压相关联。在这个理论基础上，可以认为得到最佳的性能，并将之与 ITRS 线路图中确定的 2016 年硅器件的性能相比。在此，我们提出一个垂直纳米管晶体管的概念，它由一个直径为 1nm、长度为 10nm 的单壁管组成，并具有同轴栅和氧化层厚度为 1nm 的栅电介质（如图 23.10*a* 所示）。

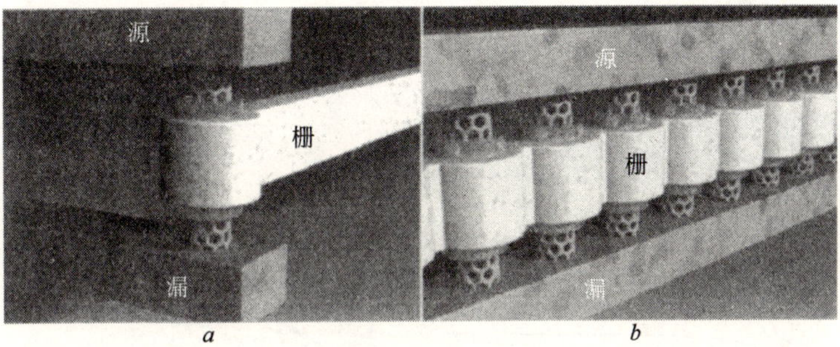

图 23.10　垂直 CNTFET（VCNTFET）概念（*a*）和多个 VCNTFETs 的并行工作（*b*）

为了将所提出的器件与相应的硅 MOSFET 进行对比，我们假定每微米有 250 个纳米管并行工作，如图 23.10*b* 所示。采用 Guo 等人的理论[16]，我们可以估算其性能，并将之与硅 MOSFET 相比较（见表 23.2），从中很容易发现 CNTFET 的性能远远优于硅 MOSFET。

表 23.2　2016 年 MOSFET（依据 ITRS 路线图）和 VCNTFET 最重要晶体管特征的对比

项　目	V_{dd} /V	驱动电流 /μA·μm^{-1}	跨　导 /μS·μm^{-1}	$t(C_{gate}V_{dd}/I_{dd})$ /ps	S /mV·dec^{-1}	漏电流 /μA·μm^{-1}	有效性 t_{ox} /nm
ITRS (2016 年)	0.4	1500	1000	0.15	70	10	0.4～0.5
CNTFET	0.4	2500	15000	0.08	65	2.5	1

现在的问题是：与非理想行为的偏离有什么影响，以及能否通过某些性能的“过度优化”（performance surplus）予以补偿。最有可能的是，金属接触时（三维到一维）的 ***k*** 矢量失配和其他的机理导致产生的接触电阻，我们假定其为管两边的欧姆串联电阻（R_s，R_d）。图 23.11 显示了 CNTFET 的跨导、驱动电流和输出特性等与串联电阻的关系。如果我们给每个接触电阻假定一个合理的值为 50kΩ，如图中圆圈所示那样，仍有达到 ITRS 值要求的改进余地。

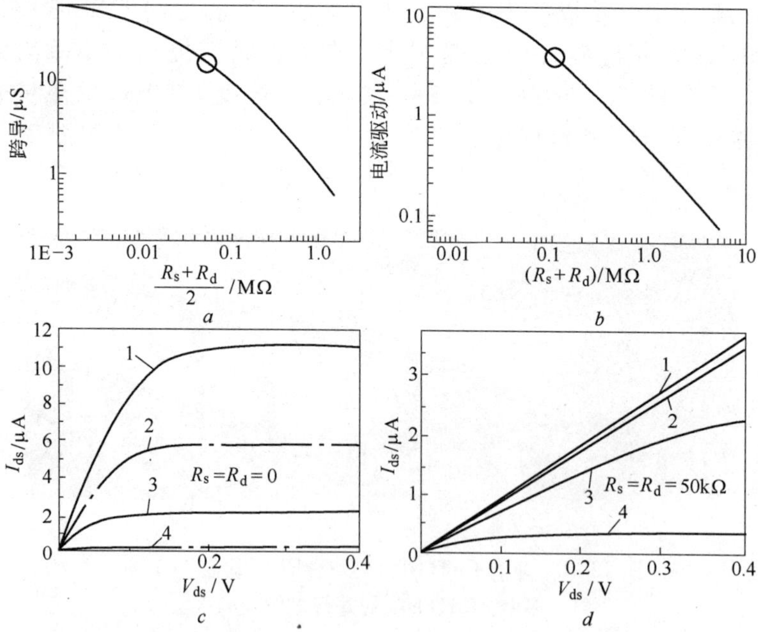

图 23.11　由于源和漏串联电阻（圆圈表示假定的值 $R_s=R_d=50$kΩ）的存在引起的理想跨导（*a*）和驱动电流（*b*）的退化，接触串联电阻的存在造成输出特性（*c*）也出现退化（*d*）

1—$V_{gate}=0.4$V；2—$V_{gate}=0.3$V；3—$V_{gate}=0.2$V；4—$V_{gate}=0.1$V

由于源区和漏区可以互相排列在其顶部，垂直晶体管概念可以获得更高的封装密度。而且，由于有源器件不再受限于单晶硅片的表面，因而可以实现真正的三维结构，如图 23.12 所示。

然而，对碳纳米管晶体管和硅基晶体管的比较不必限制在 2016 年所模拟的器件，而可以采用当今最先进的 CNTFETs 和硅 FETs 进行比对。表 23.3 中我们对比了两种 p 型 CNTFETs 和三种硅基 MOSFETs，其详细结果都是最近发表的。所有 CNTFETs 的数据都基于单个纳米管器件并归一化到器件宽度以进行比对。可以发现，CNTFETs 的所有性能均优于最好的 MOSFET 器件。必须指出的是，Rosenblatt 等人的 CNTFET 采用电解质制作栅极，在性能对比中没有包括非静态参数。目前，CNTFETs 仍比实际的 MOSFET 沟道长很多，但考虑到导通电阻（这是表征 RC 延迟性能的重要参数），CNTFETs 的性能远远优于硅 MOSFETs。开发 CNTFET 的一个备受关注的问题是在频域内使用“短管”的器件其性能是否也能超过硅器件。

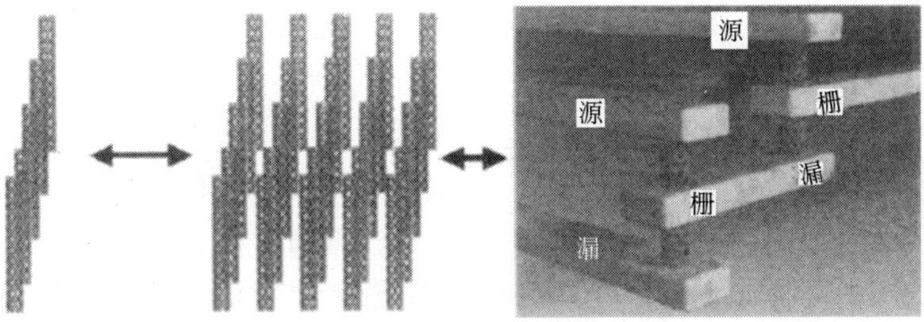

a *b* *c*

图 23.12　使用 VCNTFET 概念的三维构造

a——一维比例；*b*—二维比例；*c*—三维比例

表 23.3　CNTFETs 和硅 MOSFETs 某些重要实验特性的对比

项　目	p-CNTFET[19] 1.4μm（1V） Rosenblatt 等 (2002)	p-CNTFET[17] 3μm（1.2V） Javey 等 (2002)	MOSFET[20] 0.1μm（1.5V） Ghani 等 (1999)	FinFET[21] 10nm（1.2V） Yu 等 (2002)	MOSFET[22] 14nm（0.9V） Doris 等 (2002)
驱动电流 I_{ds} /mA·μm^{-1}	2.99	3.5	1.04nFET 0.46pFET	0.450nFET 0.360pFET	0.215pFET
跨　导 /μS·μm^{-1}	6666	6000	1000nFET 460pFET	500nFET 450pFET	360pFET
S/mV·dec^{-1}	80	70	90	125 101	71
接通电阻 /Ω·μm^{-1}	360	342	1442nFET 3260pFET	2653nFET 3333pFET	4186pFET

续表 23.3

项　目	p-CNTFET[19] 1.4μm (1V) Rosenblatt 等 (2002)	p-CNTFET[17] 3μm (1.2V) Javey 等 (2002)	MOSFET[20] 0.1μm (1.5V) Ghani 等 (1999)	FinFET[21] 10nm (1.2V) Yu 等 (2002)	MOSFET[22] 14nm (0.9V) Doris 等 (2002)
栅长度/nm	1400	2000	130	10	14
归一化的栅氧化物 /nm^{-1}	80/1 = 80	25/8 = 3.12	4/2 = 2	4/1.7 = 2.35	4/1.2 = 3.33
迁移率 /$cm^2 \cdot (V \cdot s)^{-1}$	1500	3000			
I_{off}/$nA \cdot \mu m^{-1}$		1	3	10	100

自从 1998 年首次出现后，CNTFETs 已取得了重大的进展。然而，必须指出的是，对并行工作所必需的并行和致密的纳米管网的制备技术尚未实现。而且，由于碳纳米管技术处在其初期阶段，还无法与成熟的硅技术相比。但是，工业界已对此表现出浓厚的兴趣，预期在技术上也将获得类似的进展。

23.6 结论

碳纳米管在微电子领域的应用具有一些显著的特点。无散射电流输运特性使其具有较高的电流密度，而且改善了长线的信号延迟特性。选择性催化剂-媒 CVD 方法是生长碳纳米管通路的最佳方法。具有半导体特性的纳米管制备的 CNTFETs 是很有希望的性能优于硅 MOSFETs 的晶体管器件。文中提出的垂直 CNTFETs 是无硅三维集成的关键元件。

（黄　倬译，邓志杰校）

参 考 文 献

1. S. Iijima: Helical microtubules of graphitic carbon. Nature **354**, 56 (1991)
2. R.H. Baughman, A.A. Zakhidov, W.A. de Heer: Carbon nanotubes-the route toward applications. Science **297**, 787 (2002)
3. P.G. Collins, P. Avouris: Nanotubes for electronics. Sci. Am. **12**, 62 (2000)
4. J.W. Mintmire, C.T. White: Universal density of states for carbon nanotubes. Phys. Rev. Lett. **81** (12), 2506 (1998)
5. B.Q. Wei, R. Vajtai, P.M. Ajayan: Reliability and current carrying capacity of carbon nanotubes. Appl. Phys. Lett. **79** (8), 1172 (2001)
6. R. Saito, G. Dresselhaus, M.S. Dresselhaus: *Physical Properties of Carbon Nanotubes* (Imperial College Press, London 1998)
7. H. Dai: Carbon nanotubes: synthesis, integration, and properties. Acc. Chem. Res. **35**, 1035 (2002)
8. W. Steinhoegl, G. Schindler, G. Steinlesberger, M. Engelhardt: Size-dependent resistivity of metallic wires in the mesoscopic range. Phys. Rev. B **66**, 075414 (2002)

9. W. Hoenlein: New prospects for microelectronics: carbon nanotubes. Jpn. J. Appl. Phys. **41**, 4370 (2002)
10. D.S. Duesberg, A.P. Graham, M. Liebau, R. Seidel, E. Unger, F. Kreupl, W. Hoenlein: Growth of isolated carbon nanotubes with lithographically defined diameter and location. Nano Lett. (2003), http://dx.doi.org/10.1021/nl025906c
11. M. Engelhardt, G. Schindler, K. Mosig, G. Steinlesberger, W. Steinhoegl, G. Gebara: Extending copper metallization technology for wiring to end-of-the-roadmap feature sizes. Conference Proceedings Advanced Metallization Conference, Montreal (2001) pp. 11–17
12. S.J. Tans, A.R.M. Verschueren, C. Dekker: Room-temperature transistor based on a single carbon nanotube. Nature **393**, 49 (1998)
13. A. Bachthold, P. Hadley, T. Nakanishi, C. Dekker: Logic circuits with carbon nanotube transistors. Science **294**, 1317 (2001)
14. S.J. Wind, J. Appenzeller, R. Martel, V. Derycke, P. Avouris: Fabrication and electrical characterization of top gate single-wall carbon nanotube field-effect transistors. Appl. Phys. Lett. **80**, 3817 (2002)
15. V. Derycke, L. Martel, J. Appenzeller, P. Avouris: Carbon nanotube inter- and intramolecular gates. Nano Lett. **9**, 453 (2001)
16. J. Guo, M. Lundstrom, S. Datta: Performance projections for ballistic carbon nanotube field-effect transistors. Appl. Phys. Lett. **80**, 3192 (2002)
17. A. Javey, H. Kim, M. Brink, Q. Wang, A. Ural, J. Guo, P. McIntyre, P. McEuen, M. Lundstrom, H. Dai: High-K dielectrics for advanced carbon nanotube transistors and logic gates. Nature Mater. **1**, 241 (2002)
18. German Patent DE 0010036897 C1 (2000)
19. S. Rosenblatt, Y. Yaish, J. Park, J. Gore, V. Sazonova, P. McEuen: High performance electrolyte gated carbon nanotube transistors. Nano Lett. **2**, 869 (2002)
20. T. Ghani, S. Ahmed, P. Aminzadeh, J. Bielefeld, P. Charvat, C. Chu, M. Harper, P. Jacob, C. Jan, J. Kavalieros, C. Kenyon, R. Nagisetty, P. Packan, J. Sebastian, M. Taylor, J. Tsai, S. Tyagi, S. Yang, M. Bohr: 100 nm gate length high performance / low power CMOS transistor structure. IEDM Technical Digest (1999) pp. 415–419
21. B. Yu, L. Chang, S. Ahmed, H. Wang, S. Bell, C. Yang, C. Tabery, C. Ho, Q. Xiang, T. King, J. Bokor, C. Hu, M. Lin, D. Kyser: FinFET scaling to 10 nm gate length. IEDM Technical Digest (2002) pp. 251–254
22. B. Doris, M. Ieong, T. Kanarsky, Y. Zhang, R.A. Roy, O. Dokumaci, Z. Ren, F. Jamin, L. Shi, W. Natzle, H. Huang, J. Mezzapelle, A. Mocuta, S. Womack, M. Gibelyuk, E.C. Jones, R.J. Miller, H.P. Wong, W. Haensch: Extreme scaling with ultra-thin Si channel MOSFETs. IEDM Technical Digest (2002) pp. 267–270
23. http://www.nas.nasa.gov/Groups/SciTech/nano/images/images.html

24　制造情境智能系统

K. Delaney, J. Barton, S. Bellis, B. Majeed, T. Healy, C. O'Mathuna, G. Crean

情境智能（AmI）的概念将驱动未来信息技术系统的发展。根据这一设想，情境智能系统将借助计算和网络技术平台以积极的界面无所不在地围绕着我们。例如，AmI 系统将嵌入我们的家具、衣服、汽车、公路甚至是涂料和壁纸等装饰材料这些日常用品中。它们将融入我们的生活，体贴入微，经常是不见踪影。它们将形成一个由计算、先进网络技术及其特殊界面组成的一个天衣无缝的环境。这一系统将感知人类的存在以及他们的个性并满足他们的需求。AmI 系统将能够对愿望的语言或体态表达作出智能反应，并且进行智能对话。与 AmI 系统的互动对广大公民来说将是一件轻松愉快的事，不需要特别的学习过程。这一系统的特性将来源于现有技术，特别是硅技术，因为这是建设智能系统的基本平台。然而，为了情境智能系统的到来，还需要在半导体材料、工艺和系统集成等多方面进行全新的研究开发。

24.1　引言

情境智能系统为未来的应用和市场化开辟了新的视野。这一系统将最终为我们的日常需求不断提供周到贴切的服务。它们将具备记住并逐渐学会预知用户需求的能力。欧洲信息社会技术（IST）顾问团这样描述："情境智能的概念为信息社会的发展模式提供了广阔的视野。情境智能的重点将在于用户友好、更有效的服务支撑、用户授权以及人机互动等方面。情境智能环境将能够感知不同个人的存在并做出相应反应。最为重要的是，情境智能将以全面、体贴并且常常是看不见的方式进行工作[1]。"现在，医疗监控、远程治疗、汽车、体育和娱乐等领域已经开始从一些富有创新性的应用中获益，这些应用正在构筑 AmI 系统的基石[2,3]。

情境智能是广域计算、全面网络和智能用户界面的技术融合，不同的研究领域驱动着上述技术领域的发展。正是因为如此，AmI 的实现面临着巨大的挑战，唯有高度多学科性的研究才能取得成功。在欧洲的研究中对这一点已经有了深刻的认识（现在第 6 框架计划的信息社会技术——IST——项目的研究重点就是 AmI 的构建）并进行了大量的描述性工作，这些工作以“前景图”的形式描述了技术进步的主要障碍。

从技术方面来看，情境智能的具体要求包括：（1）非常体贴（不鲁莽）的硬件；（2）全面的移动和固定宏观结构；（3）互助性动态器件的全分布网络；（4）具有直觉力、能培育信任感的可靠的人机界面。目前 AmI 研究的重点集中在软件开发，甚至是概念设计。但是，在硬件系统研究方面也面临着重大的挑战。例如，对体贴硬件的要求就带来了大量的研究挑战[1]：

（1）能量自给的能力和微功率水平下的性能；

（2）智能表面和全新的输入/输出显示；

（3）新型动态传感驱动元件及其子系统；

（4）用户界面和环境互动；

（5）能改变自身性能特征的智能材料；

（6）纳电子学：纳米微观器件的开发。

为了迎接这些挑战，需要在多个方面取得重大的技术进步，如材料和工艺开发、小型化、新型传感器件以及确保小型系统性能的集成新技术（包括计算能力和物理尺寸两方面）等。在这一领域的重要驱动力将来自于这些性能的模块化以及将这些模块有效、适当地集成到新产品上。就达到 AmI 系统目标而言，首先应体现在基础水平的智能系统和产品的开发和应用上。这些将构成 AmI 系统的“种子”。随着小型化硬件系统的不断应用，下一步将是连接这些技术的一个工艺集成过程，从而形成一致性好、适应能力强的用户服务能力。表 24.1 在技术层面和产品水平上举例说明了这一过程。

表 24.1 实现情境智能的技术挑战[1]

近期技术（2005 ~ 2007 年）：
微尺寸软件无线收发器
个人身份钥匙
20Mbps 无线带宽和无线协议互动能力
灵活的用户界面
系统的模块设计
增强对象（IP 地址和用户界面）
多功能身份识别器（生物测量技术或芯片植入）
带数据捕获和专用无线通讯的分离式微型器件
行为模式识别——信息上载为“知识”
互通讯主动器件（光等）和被动器件（标识等）
具备学习、推断和协议功能的智能系统
从客体到准主体的转换

续表 24.1

中期技术（2008~2010年）：
个域网络——无线、带宽、可规模化能力、小型化
低功率电源和自动电源供应
皮米级无线电技术——无线短跳网络技术
车载和持久通讯装置内置智能材料
高级标识系统和器件（射频身份标识，约一粒米大小）
远期技术（2010年~）：
触觉和传感界面
小型化技术和纳米技术——微型照相机、传感器和驱动器
小型化技术和纳米技术——与智能材料技术的结合
增强目标的寿终管理

24.2 硅的作用

情境智能的硬件系统将沿着现有的技术创新路线发展，并基于硅技术能力提供与摩尔定律设定的目标相关的性能。然而，随着小型化和无障碍技术的发展，要求硅的形式和功能通过与新的集成技术和纳米技术等新技术平台的结合来作出相应的适应性改变。事实上，这种结合是如此重要，以至于微纳米系统技术的结合被认为是将导致情境智能在全球范围内得以实现的三大主要突破之一（另外两个突破分别是未来公用标准软件界面的出现和实现人工智能应用的模糊配合技术的增长）[1]。系统的开发将在现有的信息系统技术的研究基础上发展，而硅则是现有系统研究的核心。诸如智能高分子之类的新材料将集成到我们的环境中并提高硬件的可扩展性和通用性，从而满足大幅降低成本的要求。然而，情境智能系统的核心还是系统智能的有效布局。这种能力需求来源于大范围硬件功能的强力计算软件的要求。在可以预见的将来，也只有硅才能满足有效情境智能平台布局的时间要求。

24.2.1 模块计算平台

近期无线技术和微传感技术的发展为有效模块系统的开发提供了基础平台（见图24.1）[5]，它们为未来的灵活应用和网络规模化能力提供了可能。现在的多数传感网络已经在很大程度上融入到其目标系统（如汽车、生产线装备和飞机）的装配过程中，因此在成本费用上与主体结构密切相关。新的自动形式包括用于收集数据并传输到中央主机或分布

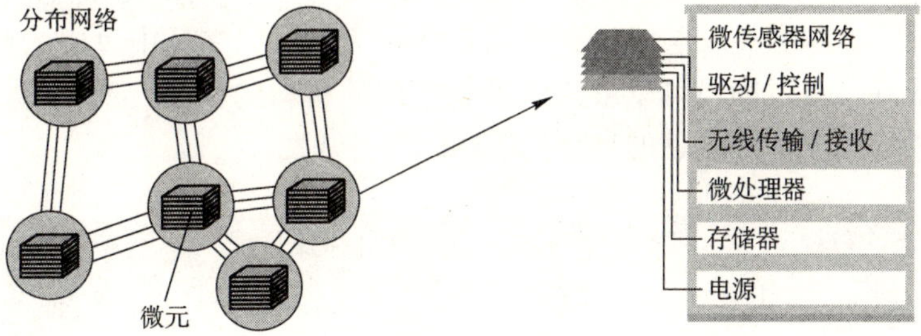

图 24.1 网络系统分布图（含单个模块示意图）

主机的无线单元设计，其中有趣的例子有加州大学洛杉矶分校正在研究的主动/被动标识、惰性测量单元（IMU）和 $1cm^2$ 无线集成微传感器等。

全球与此相关的一个最有意义的研究活动是加州伯克利大学的“智能尘埃”项目[8,9]，这一项目的目标是开发一个无线传感系统，其中每个单元与尘粒大小相当。该研究工作包括使用芯片焊、倒装和丝焊的顺序装配以及集成微传感器和计算等，其中还有一项在 $1mm^3$ 体内的无线通讯。一个关键的性能增益因子是为动态可编程场需求驱动的可重复设置芯片上系统。这些平台将通过新型基因算法技术和基于 ASIC 格式芯片的新型神经网络的应用为智能行为的引入提供方便。

24.2.2 微机电系统

根据 Cahners In-Stat Group 的预测，微机电系统（MEMS）消费电子销售额将从 2002 年的 39 亿美元迅速上升至 2007 年的 80 亿美元[10]。MEMS 将从汽车（用于气囊安装）、医疗（血压传感）等专业市场渗透到消费电子市场。速度计、镜头、继电器和其他 MEMS 器件正在进入生产，它们在提高便携式摄像机、个人数字助理（PDA）和 DVD 等产品的功能和品质等方面显示出潜在的能力。近期最有希望的应用包括硬盘驱动速度计、手机中的微继电器、电视中的数字微镜头以及家庭影院和投影仪等。此外，未来的应用还可能包括运动/振动传感、指纹识别、批存储以及信号中继等。现在对于 MEMS 与驱动、控制、信号处理电子器件的一体化制造过程研究具有浓厚的研究兴趣。集成技术通过将传感器件及其电子子系统与制造封装过程的统一有望提高 MEMS 的性能并降低这些器件的制造成本。

24.2.3 新型硅形状因子

通过使用非平面制造技术正在开发性能越来越高的硅器件，其中一个重要的例子就是 Ballsemi 研究开发的 1mm 球形集成电路（图 24.2）[11]。球形集成电路具有可用表面积大、可以在球中央嵌入微传感器等潜在优势，因而可以最大限度地提高硅材料的性能。现在研发的重点集中在用于医疗监控的自动传感球的制备开发。

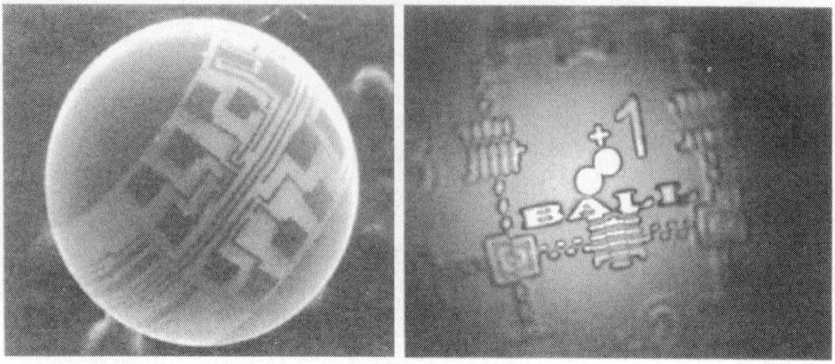

图 24.2 Ballsemi 生产的球形集成电路，显示出 1mm 的圆球以及金属化刻蚀图案的放大图

随着智能卡等市场对微型电子系统的需求，对薄硅器件的研究也在加强，由此产生的性能特征和超高密度集成制造方法的创新具有很好的发展前景。Fraunhofer-IZM 开发的低应力薄化技术（DbyT）成功展示了在减薄至 20μm 厚度级别时硅器件具有很高的机械柔韧度[12]。背抛至 50μm 之类的减薄技术已经变得非常普遍，在一些场合可以用于制造超薄三维叠层硅器件。Tru-Si 等公司已开发出气氛下游等离子体工艺（ADP），促进了这一技术的发展。该工艺可以用于薄硅中实现通孔硅工艺，从而在芯片的正面和背面之间制造出垂直互连接通孔，就像印刷电路板上的通孔一样。

这些方法的研究虽然目前主要是受 IT 的驱动，但终究将融入到 AmI 系统的制造技术。专注于 AmI 开发的技术除了利用硅材料的力学性能以外，还包括硅“纤维计算”技术[26]，即开发出能够最终嵌入到纤维材料中的柔性 IC（如用于可穿戴计算的织物）的制造方法。

24.3 情境智能：开发方法

目前的研究主要瞄准将计算机“消失”到我们周围环境的交织状态中去。未来我们的生存空间将充斥着成千上万的各种物体（这些物质常常称为“人工制品”），这些物体具有在自己的环境中感知和驱动的能力，它们能够进行局部的计算，并且具有相互通讯，甚至是彼此配合的能力。在智能系统和普适计算的研究中各种增强日常人工制品正在发挥越来越重要的作用。这方面的驱动力来自于两个方面：这些智能人工制品体积越小，它们在制造统一的 AmI 系统中就越有效；而系统和网络中这些物质的数目越大，网络的价值就越高。

要最大限度地提高这些网络的能力，要求有两个方面的主要特性：一个是规模化能力，也就是结点数能够增大；另一个是粒度，也就是分辨率要高。此外，它们还应该具有可重复设置性（具有自组织能力）、模块化特性（具有随意互连性和独立行为）和可移动性（其物理和数字特征能够允许便携）[14]。要实现真正的智能系统，要满足几方面的基本需求：系统必须能够感知自己的环境并对此做出反应。随着传感器数量的增加，系统需要的计算和通讯的复杂程度也随之提高。如果某一局部区域内传感器的数量极大，就有可能存在目前不可预知的规模化效应，其工程化实现有可能带来有益的潜在行为特征。这一目标的实现需要借助同时来自硬件和软件两方面的工程努力，软件创新必须伴有硬件方面的发明。

达到硬件方面的小型化目标有下列几个方面的关键要求：（1）关注功率的计算、通讯系统和创新的计算解决方案及其系统以及系统本身的规模化能力；（2）能够以一种低成本、可制造的方式达到小型化要求的新型先进互连和封装技术；（3）硅材料使用的新的形式和器件。新型硬件技术平台的应用非常重要，它将用于能够融三维堆叠、多片和微传感器集成、柔性薄 IC 基片、活性高分子材料、智能材料于一体以及最终将包括微纳复合体系在内的对象和系统开发。为此，需要研究新的硬件形状因子，以期在一个新的应用水平出现能够使得整体性能最优化的协同效应。从这个意义上来说，我们需要考虑的第一个关键问题就是硬件的互连和模块化。对于 AmI 系统，这是为了将电子器件嵌入到日常物品的首要问题。尽管如此，即使将独立的小型化模块直接嵌入到哪怕是还不协调的环境中也将具有很大的市场潜力。

24.4 新的计算方案和系统

在机器人研究领域[15]以及在“消失的计算机”计划[16]中正在进行分布协作系统的重要开发工作。利用神经网络和基因算法的人工智能方法是机器人研究的典型工具。在这里，由于尺寸限制不是主要问题，功率敏感的计算和通讯问题就不那么重要了。事实证明，这些系统的规模化问题相当复杂。对于分立型的人工制品，也就是嵌入了电子器件的日常用品，也正在应用类似的技术进行解决方案的开发研究。单个人工制品的性质依赖于移动计算单元，如移动电话，因此电源的智能使用和带宽问题成为关键。同样，规模化过程又是一个主要问题，对于那些要求有动态、移动服务和功能的分立式人工制品系统，情况尤为如此。为了解决这一问题，正在开发一种采用嵌入式部件软件融入到物品中并赋予其物理和数字特征的方法。事实上，创建具有统一标准的新型（自上而下）构造体系很可能就是现在对 AmI 和普适系统的研究的核心关键所在。

24.4.1 “消失的计算机”

在欧洲，这项研究的一个焦点就是“消失的计算机”计划[16]。这一计划的目的就是要探讨通过使用互作用的人工制品集合将怎样支撑和提高我们的日常生活。这一计划有下列三个相互联系的目标：

（1）开发新的方法将计算功能嵌入到日常物品之中；

（2）研究互作用的人工制品的应用将怎样影响新的功能特征的产生；

（3）确保人类经验的时空连贯和完整。

该计划由 17 个研究项目组成，每个项目分别针对上述目标的不同方面。其中就包括一项称为“外联件”的项目，其目的在于为组织和协助普通人群拥有具备计算功能的日常物品提供概念和技术框架。

24.4.2 “外联件”

该研究项目的目的是开发一种方法以将信息技术扩散到日常物品和环境中并协助普通人群拥有、设置和使用这些物品集群。为此，该项目已开发并验证了称为“具备小件意识的构造格式”（GAS）的一种软件框图。这是一个能够为小件设计者和使用者们共同享用的总框图，用于对增强对象（或称“电子小件”）家族进行统一的描述、使用和推理。一般说来，电子小件就是通过感知、动作、处理和通讯等各种能力增强了的日常可视（物理）对象。这种对象会带来“智能”行为并在各种层次上表现出来。事实上，“电子小件”是“GAS 型”的人工制品，可以作为“小件世界”的构造基石。而小件世界是呈现集体行为的电子小件的动态功能设置（相当于由相互作用的对象集合而成的软件应用）。

现有系统成功地演示了部件系统的动态重置概念，完全可以用于日常对象[18]。电子小件组可以“插接”在一起构成多种功能的小件世界（见图 24.3）。此外，系统还表现出诱人的行为寿命。从传感功能方面看，

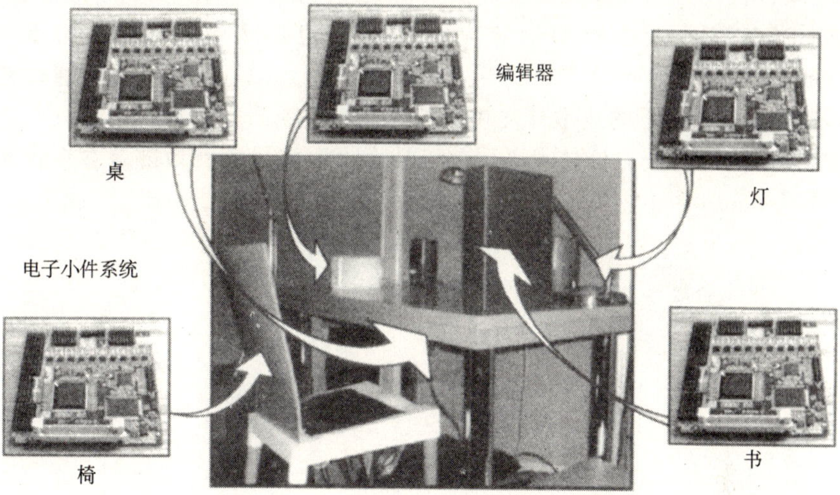

图 24.3 一种书房小件世界的结构。嵌入不同对象内的传感器系统可通过数字化形式“插接”在一起以完成用户指定的功能，如可以在书房使用期间自动控制照明条件

系统在设定景象范围内运行得令人满意。然而，在小件世界的应用环境和传感网络性质之间存在某种联系，这种联系还需要进一步研究[19]。

24.5 新颖先进的集成技术

组建无障碍型系统的一个必要方法就是小型化。总体来说，小件的体积越小，就越难以有效嵌入足够密的能确保良好性能的高分辨变送器。但是，问题大多不在于传感器的大小，而在于为采用传统手段处置、连接和安装这些器件所用的保护封装材料和互连（包括芯片上金属化）。器件和部件的小型化可以部分解决这一问题，但由于安装准备和涂层沉积也随之变得更加复杂，因此在器件大小和系统规模之间也存在某种平衡。现有的高密度互连方案难以用于在相对较大的面积上提供连接，而且更重要的是，很难进行有效布置。在创建 AmI 系统的背景条件下，这些问题变得尤其复杂，需要共同进行战略研究，其中一项专注于硬件的研究就是 NMRC 的“智能种子”计划。

24.5.1 智能种子计划

智能种子计划旨在为 AmI 系统的建立创建适当的功能结构模板并提供相应水平的小型化，以解决未来的制造和使用问题。相应于这些目标的首要硬件研究目的就是需要开发1mm³级别的超小型化无线微传感网络（见图24.4）。该计划的指导原则是一个包括25mm（见图24.5）、10mm、5mm和1mm立方模块开发的路线图，其中每一子项都要通过在选定的AmI图景下的技术开发和试验验证。这项研究的目标是建立一个规模化的高分辨全方位技术平台，该技术平台将易于有效部署在多种用户环境或嵌入用于这些环境的日常对象之中。

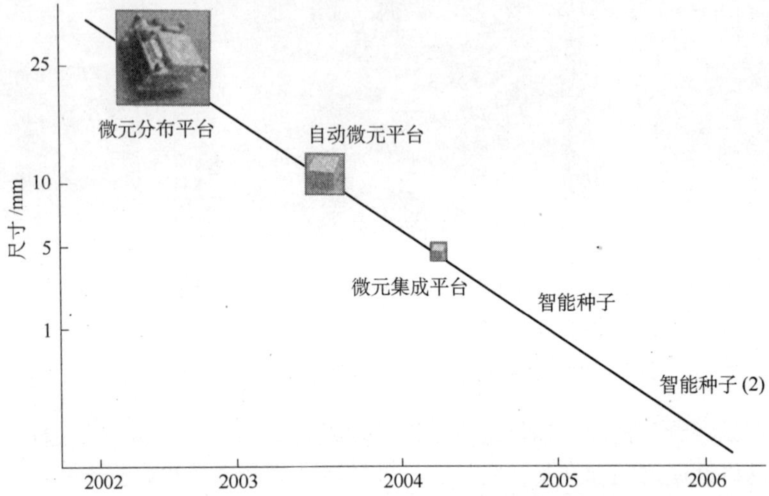

图24.4　智能种子研究计划设定小型化目标的硬件路线图[14]

a　　*b*

图24.5　25mm结点模块化立方设计自动传感器网络

a—模块化分割和三维堆叠之前；*b*—模块化分割和三维堆叠之后

较大型的25mm和10mm立方模型将为自动传感系统的快速部署提供技术原型，为融合硬件、软件和用户设计进行至关重要的研究。每一个模块形式都可以看作是小型化可重置实验室，是研究传感器构造（如为外联件的有效实施）、系统配置、专用网络、智能组合、电源产生与管理等问题的焦点应用研究。就纯硬件开发而言，这些都是需要确定的关键因素，至少可以作为创建适当的功能小型化目标的动态迭代过程的一部分。

形状因子为5mm和1mm的高度小型化智能种子计划则需要使用世界最新研究的各种高密度集成技术，尤其是多芯片模块（MCM）、三维集成、系统级芯片（SoC）开发以及系统级封装（SiP）技术[22~24]。为满足超高集成度分立系统的要求，还需要对材料系统和工艺作出适应性改进，包括开发超薄柔性多层衬底（每层约2~3μm）、薄硅IC片集成（每片50μm以下）和新型衬底材料（特别是硅纤维计算）以及发展智能种子模块的处理和组装新方法等。下面各节将详细描述这些集成技术和衬底材料开发方法。

24.5.2 三维封装技术

随着对尺寸小、性能高和功能强的低成本电子产品的需求增强，要求大幅提高封装技术以满足市场需求，与此相关的一项技术进展就是芯片级封装[22]。这些小型化的封装既有倒装晶片的优点（互连短、面阵列连接），又有其本身的突出优点（物理保护、易于实现大规模表面贴装（SMT）等）。这些方法已经发展为三维封装（即垂直堆叠），成为满足新一代电子产品市场需求的全新方法[27]。采用堆叠的办法有可能在提高散热和系统集成度的同时缩短片间连线长度从而达到降噪和提速的目的。三维封装最大的优点在于它能提高硅的面效率（堆内总基体面积与覆盖面积之比），使之有可能达到100%以上[28]。

事实上，堆叠芯片并不是什么全新的概念。夏普公司捷足先登，于1998年推出了用于手机裸模闪存和SRAM的第一只堆叠芯片级封装（S-CSP）[29]。今天，富士通、日立、NEC、ASE、东芝、Dense-Pac微系统公司和Amkor技术公司分别都生产用于手提设备的不同类型的S-CSP[27]。这种类型的封装一般是由两到三片存储芯片上下堆叠，中间由贴模材料薄层分开，并通过封装基体上的贴模片间的导线相连。有不少公司拥有真正的三维组装新技术。Tessera技术公司能够将存储芯片和ASIC固定到柔性衬底上并叠装起来构成小型堆叠[30]。瑞士的Valtronic SA公司已经将逻辑和存储元件叠装成独个封装用于助听器和其他体积小的高价值产品[31]。近期内还会出现一种装于方块内、基于不同芯片环氧模层的系统。这种超级堆由Irvine传感器公司[32]和3D-Plus[33]等公司主要针对军事和航天应用开发，目前已用于卫星的微型相机。

三维堆叠有以下三种基本方式，即晶片级、芯片级和封装级。晶片级封装技术是最有发展前景的一项技术，目前还在初始研究过程中。它是将晶片上下堆叠，通过晶片上的通孔进行互连，见图24.6。芯片级封装[35]是芯片上下堆装并通过丝焊或倒装技术进行互连。这是研究和报道最多的一项堆叠技术，已经在存储芯片和助听器上实现商用，见图24.7。在封装级堆叠[33]中将塑料封装堆叠起来，以提高硅片效率。该技术的优势是器件已经经过测试，因而具有较高的封装可靠性。封装堆叠技术已经可以用于小面积薄堆叠封装（TSOP）。图24.8是塑料封装的一个实例，图中称为纸薄封装的极薄封装被上下堆叠起来。

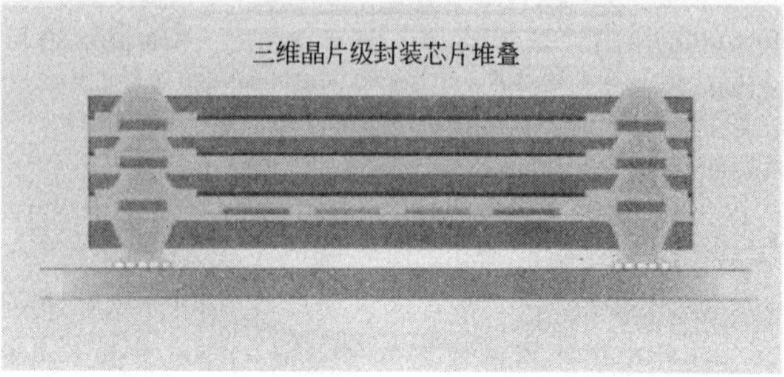

图24.6　晶片级封装示意图
不同的晶片上下堆叠并通过晶片中的通孔互连

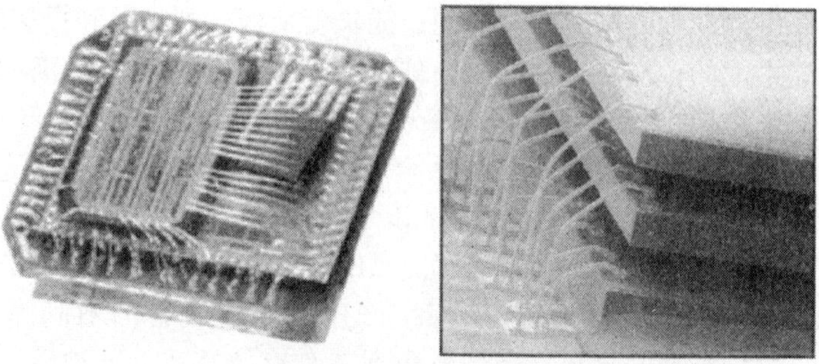

图24.7　芯片级封装
图中三块芯片堆叠在一起并通过焊线互连

24.5.3　智能种子的三维封装

从平面二维制造走向三维工艺是达到自动无线微型模块所需的小型化水平的关键部分。堆叠法的本质就是模块化，它使得我们可以开发出作为自动网络内分立结点的芯片上系统和封装内系统，借助它可以将无线自动传感器结点的所有功能汇集到一个堆叠封装之中，同时还能保留

图 24.8 使用刚性和柔性印刷电路板堆叠的
封装 IC 以及 3D-Plus 生产的三维封装

适于广阔应用领域的功能灵活性。

智能种子计划的硬件小型化过程应用了基本去除封装材料、最终采用方形形状因子的大量高密度集成技术，如倒装芯片、功能性薄硅电路组装、集成电路堆叠模块制造（包括微传感器和智能材料）和三维组装技术等。模块内集成电路间高密度互连的制造过程极难实现，但现在仍有一些有用的种子平台，如与穿硅金属化和能够包围在硅器件周围的超薄柔性多层相结合的硅薄化技术。我们借助这些技术可以实现全新的技术概念，达到所需要的互连形式和密度。

这一概念的一个实例就是将集成电路多重薄层的穿硅互连与聚酰亚胺柔性薄层基体上的组装及其折叠相结合。当芯片厚度降低到 50μm 以下时，互连的体积在三维封装总厚度中占据了主要部分。如果这一问题不予重视，就会影响自动模块的功能效率。因此，在降低硅材料体积的同时，还应减小互连材料体积。尽管透过多重硅层的穿硅互连具有能够大幅减少封装材料的优点，但在有效硅材料和三维穿硅互连之间仍需找到一个恰当的平衡，否则就会影响其计算能力。使用柔性薄膜材料有可能在大幅减少封装和集成材料的同时，还能使硅层的效率发挥到最佳。

在制造柔性薄膜基体时，一般首先是在晶片上形成一层聚酰亚胺，其次在聚酰亚胺上溅射沉积金属，接着是图案生成，然后又是第二层聚酰亚胺和金属。该工艺的一个主要难题就是如何将基体从晶片上去除而不在基体中残留过多的应力。一旦得到柔性薄膜后，薄硅芯片就通过多种技术倒装或连接到基体上。最后，将柔性薄膜折叠多次形成小型三维封装。

虽然这些方法的可行性已经得到验证，但要确定适当的功能集成自动无线模块的制造技术尚需大量的研究工作，要达到可规模化系统级组装则尤为如此。从制造工艺来看，薄硅（特别是100μm以下的晶片）和柔性薄膜的制备是主要问题。在集成电路工业我们有现成的低应力减薄和切片技术，但要弄清性能最优化的技术需求还需要更多的研究工作。在达到微传感器的最佳性能方面，我们的研究工作还相当少。研究表明，薄硅集成电路的器件特征受弯曲应力影响，而且这种影响规律还具有可重复性。

柔性薄膜互连有很好的开发前景。然而，这些柔性薄膜材料的处理难度至少不逊于薄硅晶片，特别是由于这些材料在处理过程中发生应力改变时易于伸展或皱叠。其次，要解决柔性层数量增加而随之产生的刚性增加问题，也需要对设计、材料和工艺需求进行研究。此外，要评价这一技术用于各种AmI系统的应用前景，还需要更好地理解柔性薄膜对模块电、热和力学性能的影响。

24.6 传感器和驱动器用新形式的硅材料

在新型分立传感系统的开发方面有多项研究计划[37]。这些研究计划集中在软件方面，主要针对信息管理、规模化系统可靠性和有效电源管理等问题。大多数研究采用模拟方法，或通过宏观硬件系统的实验室实施进行。要过渡到实际的可规模化水平，需要在物理网络本身的系统集成方面进行重要创新，特别是开发传感器件制备和集成的有效工艺和材料。

一个需要重点进行应用研究的领域是可穿戴计算。可穿戴计算的概念为许多领域开辟了全新的应用前景，如医疗监控和远程医疗、运动和体育、娱乐以及表现型音乐/舞蹈表演[38]。可穿戴计算为用户提供了高度应用功能处理能力，并通过在身体周围安放的无创传感器提供特别适宜方便的应用方式。然而，这种方法面临的一个关键问题就是有效传感器的无障碍部署。

“消失的计算机”计划中被称为“纤维计算”的一个项目就是开发将计算能力直接集成到纤维中的技术[39]，其目的就是将电子元件和电路制造到纤维中去，最终创造出能够相互作用或与环境作用的从布料到地毯的各种对象，而像衣服、家具和其他各种产品都能用这些功能性柔性纤维织成。

24.6.1 纤维计算技术

通过对硅微观结构强度的研究，发现硅材料达到足够薄时其结构具有很好的柔性[40,41]。这一特性的一种应用形式就是用作“纤维计算”的功能性硅纤维[26]，从而可能改变未来先进电路和系统的设计制造方式，跨出可穿戴计算的革命性一步。现在的研究目标就是通过构造带单晶硅晶体管的功能性纤维制造出适于可穿戴计算的大型柔性集成系统。

“纤维计算”研究项目已经开发出制备功能性柔性硅纤维的新技术[42]。这一技术概念是先在绝缘体硅材料（SOI）上制造出电路，让其呈线状并限制在晶片直径方向上，然后通过湿法蚀刻切除二氧化硅层以释放电路。这样就使得纤维完全能够自由移动，以便安放到支撑结构上。通过这一实验方法已经成功制备出功能 PN 结形式的功能器件。这一方法有潜力发展为能够制备功能极强的电路和系统的细长纤维的平面技术，这些纤维最后可以编制成为织物。

24.6.2 硅纤维的机械设计

为研究纤维形状对机械强度的影响，将 64 种不同结构的纤维放置在试验晶片上的独立模板上。用于评价纤维力学性能的基本实验设计有三种，即 S 形、C 形和摇椅形。

硅纤维的试验参数有长度 L(200 ~ 2000μm)、宽度 W(75 ~ 150μm) 和曲率半径 R(100 ~ 150μm)，见图 24.9。最终的纤维设计是这些形状连在一起组成的一个阵列，长度在 4 ~ 42mm 之间，试验实例见图 24.10。纤维的间距和迹宽分别都是 30 ~ 35μm。在纤维的周围留有 100μm 宽的框架，以便从晶片上移下时起到结构支撑的作用。试验完成后取下框架。

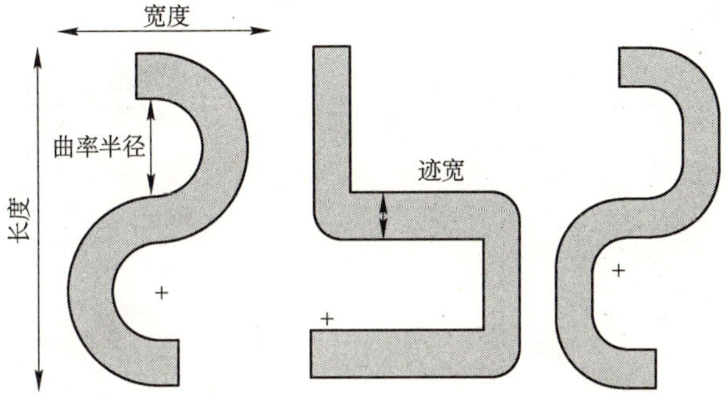

图 24.9　试验结构，从左至右依次是 C 形、摇椅形和 S 形

24.6.3 纤维的制备

为研究生产功能性硅纤维的可行性，制备了 SOI 型晶片[43]。首先采

图 24.10 纤维周边带 100μm 框架的试验结构

用 525μm 厚的〈100〉硅片，在 1μm 热生长 SiO_2层上沉积了 2μm 厚的多晶硅层。多晶硅制成需要的纤维图案形状，然后扩散掺杂磷（离子能量 100keV，浓度 $5\times10^{15}\ cm^{-2}$）和硼（离子能量 45keV，浓度 $5\times10^{13}\ cm^{-2}$），以产生必需的冶金结合。图 24.11 是制备过程的示例。芯片切片后采用 5∶1 缓冲氧化物化学湿浸切除二氧化硅牺牲层，将纤维从单个模

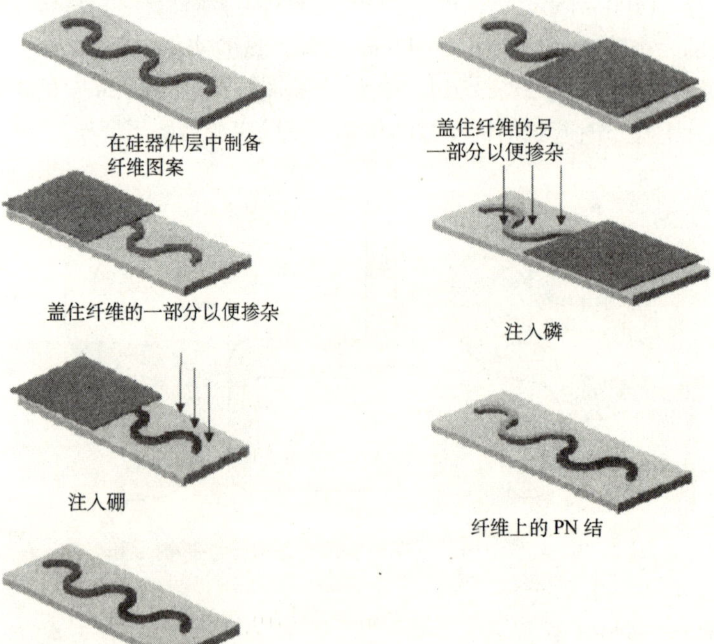

图 24.11 纤维试验结构制备过程

上释放下来。最后将纤维从侵蚀液中手动移去，然后储存在装满凝胶的容器中。

24.6.4 机电测试

试验表明，C 形结构是三种设计中结构最可靠的试验结构。虽然对独立纤维没有进行过任何传统的应力测量，但在纤维的释放和转移过程中观察了纤维的柔性和机械强度。然而，由于设计用来增加纤维机械稳定性的框架不容易从基体上取下，只得将纤维手动切离框架。现在还不知道这是由于腐蚀的问题还是黏着问题[44]。这样形成的大量单个纤维随机漂浮在腐蚀液中，必须手工分拣。手工分拣造成纤维的旋转，这样使得我们难以确定纤维的掺杂侧以便后面进行探针分析。然而，基于纤维两侧的均匀分布，这样的薄膜应该具有高斯掺杂分布。释离的纤维见图 24.12。

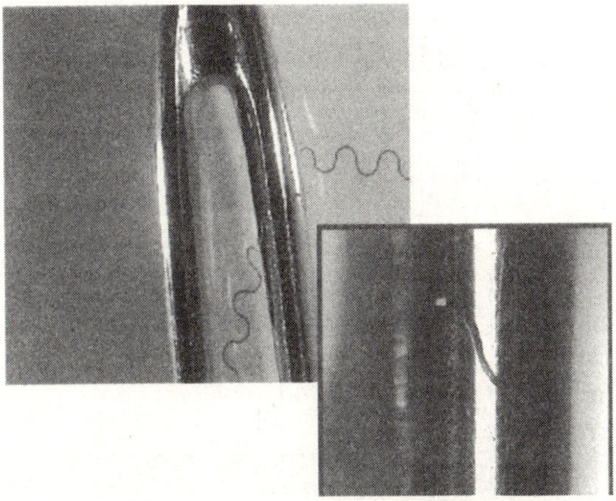

图 24.12　释离后的自由纤维穿过针眼

由于自由纤维具有的柔性，很难对器件进行电测试。此外，纤维与探针尖端的尺寸接近，使探测时的定位非常困难。尽管如此，已经使用半导体纤维制造出第一只电子器件，其释离前后的二极管特性见图 24.13。

释离过程前后特性曲线的差异可以归因于纤维在腐蚀液中的存放时间以及在从腐蚀液中取出时微观晶体结构的随机弯曲。在有源柔性器件的概念确立之后，还对复杂的功能展示进行了更多的研究，设计了有源器件电路并准备进行制备研究。基于 SOI 技术的接触链研究的有关结果将在下面各节介绍。

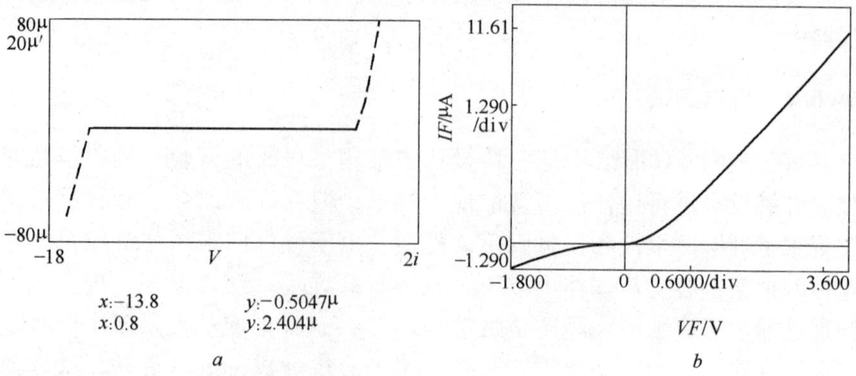

图 24.13　释离过程前后纤维二极管的特性曲线

a—释离前；*b*—释离后

24.6.5　有源器件电路设计

环形振荡器是标准的延迟测量电路，它是由奇数个倒相器（图 24.14）环形链状连接构成的。为本实验的目的，设计了 679 级环形振荡器。

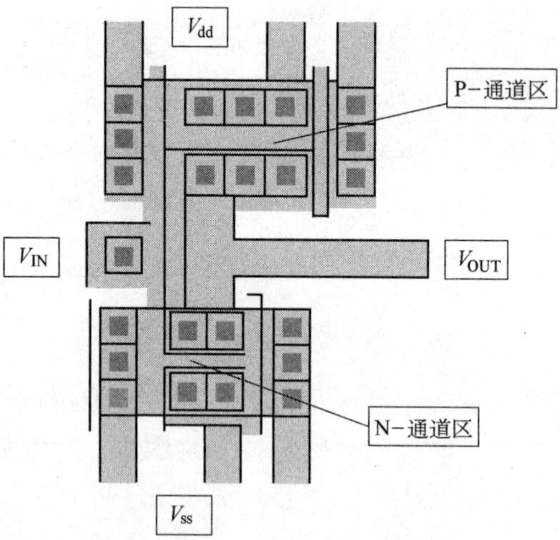

图 24.14　一个 SOI 倒相器的结构设计

如何保持电路足够的机械柔性以便将其集成到穿戴物中是一个关键问题。首先，在电路的中间介电层中使用了聚酰亚胺柔性材料以代替 BPSG 氧化物。其次，当使用聚酰亚胺作为覆盖电路的惰性层时，在单个硅岛从晶片上释离后聚酰亚胺就起到将它们沿电路固定的支撑结构的作用。总共设计了三种不同的环形振荡器，每种振荡器分别带有不同数量的由679级构成的倒相器链。图24.15是环形振荡器的一个设计实例。

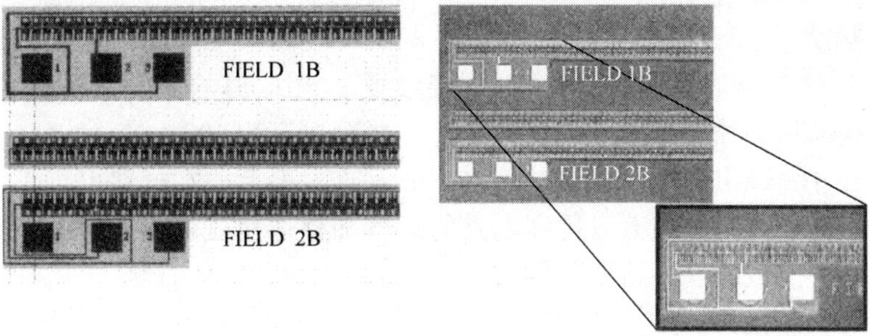

图24.15　环形振荡器的结构设计以及1.5μm CMOS处理后的最终电路

24.6.6　有源器件电路的制造

在单晶硅和多晶硅SOI晶片上制备了环形振荡器。晶片厚度525μm，隐埋氧化物400nm，硅器件层340nm。制备过程的简单描述见图24.16。首先，通过等离子体刻蚀制备硅岛，其次进行栅极氧化和阱离子注入。

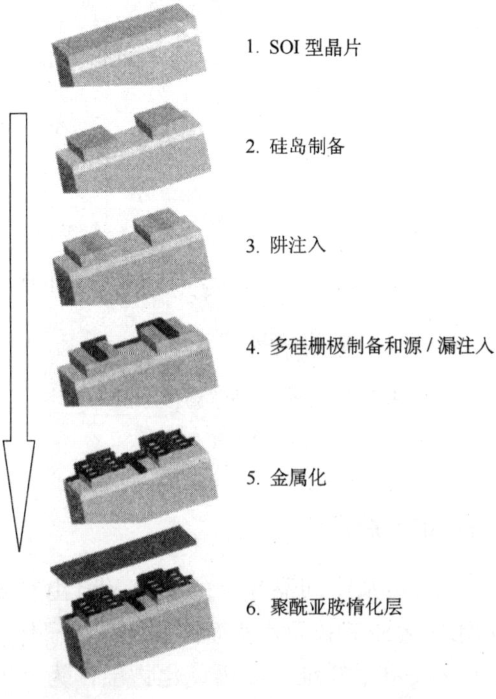

图24.16　有源器件电路制备流程图

N 型和 P 型离子注入阱都分为两部分。N 型阱深部为磷离子注入（190keV,3 × $10^{12}cm^{-2}$ P^+），表层为硼离子注入（20keV,2 × $10^{12}cm^{-2}$ B^+）；P 型阱深部为硼离子注入（70keV,2 × $10^{11}cm^{-2}$ B^+），表层也是硼离子注入（20keV,1.1 × $10^{12}cm^{-2}$ B^+）。然后沉积 350nm 的多晶硅层并刻蚀制成栅极。接着进行源漏区磷离子注入（60keV,5 × $10^{14}cm^{-2}$ P^+）和硼离子注入（70keV,2 × $10^{11}cm^{-2}$ B^+）。接触级是 3μm 厚的聚酰亚胺图案层，用以提高从晶片上释离后电路的柔性。然后再沉积 600nm 厚的 Al/Si1% 金属层并刻蚀出图案以提高硅岛之间的互连。最后，在电路上沉积聚酰亚胺惰性层并刻蚀图案以提高电路的柔性和整体机械强度。聚酰亚胺惰性化处理前最后的电路见图 24.16。

24.6.7　硅纤维电路的测试

为测试电性能，开发了基于 SOI 技术的由金属-多晶硅接触链阵列组成的一个短回路工艺，在器件电路的制备过程中使用了新型聚酰亚胺介电中间层。图 24.17 是 1359 级金属-多晶硅岛接触链的测试结果。从这一实验来看，对于环形振荡电路也应该有类似的结果。

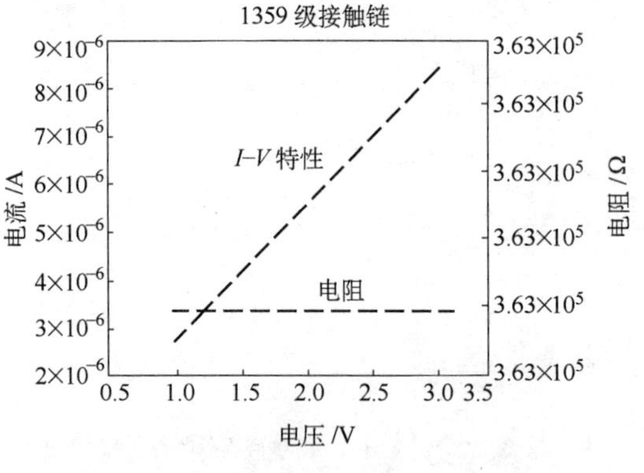

图 24.17　金属-多晶硅岛接触链的 *I-V* 特性曲线与电阻测量值

24.6.8　未来硅纤维的发展目标

未来将研究活性纤维从中间晶片上的分离及自由有源器件电路的测试方法。将采用 KOH 湿侵液和晶片背面体硅的等离子体干刻蚀相结合的办法从中间晶片上释放单根纤维，使用氧化物层作为刻蚀阻挡层（见图 24.18），使用聚焦离子束将纤维从氧化物上切除。

图 24.18 一种可能的电路释放工艺示意图

24.7 结论

情境智能系统是一个具备学习功能并利用电子为支撑和提高我们的日常生活主动提供无缝隙服务的系统。就这一方面来说，AmI 是一项极其专注用户的研究项目。从技术上看，创建 AmI 系统意味着将分布在物理世界中的大量分立器件集成为网络化连接，这些物理世界包括工作空间、医院、家庭、车内以及周围环境。这些进步将为开辟未来应用市场提供全新的可能。医疗监控、远程医疗以及运动和娱乐领域已经开始受益于试图为系统发展建立基石的一些研究。然而，这项高度复杂的技术仍面临着许多问题，只有加强多学科方法研究才能迎接这些挑战。因此，这一研究领域的专家对于技术进步持非常严格的态度。在日常物品中嵌入各种电子器件是实现这一系统的基本研究活动，在这一方面现在已有多种高密度互连（HDI）新技术。有关多片封装（MCP）、直装多片技术、三维电路、薄膜硅和多层柔性衬底方面的设计、材料和工艺开发研究都将促进这一领域的技术进步。然而，成功还将取决于用户中心研究，这些研究对多种现有材料和制造方式都将是一个挑战。

情境智能系统领域进行的大量硬件开发研究都使用了传统的批量生产技术。这种方式还会持续下去：许多基本问题的研究都可以通过使用这些技术方式取得成功。然而，从实验室水平的有效原型化技术过渡到真正规模化的装备技术面临着巨大的转变，而正确的硬件格式仍将是这一挑战的中心问题。传统的技术方式本身将不再有效，而即使是多片模块化、三维元件和柔性薄膜电路等最新技术也难以满足这一领域的技术要求。为规模化的需要，必须发展更新的解决方案，如新型微电子技术（例如硅纤维、活性聚合物甚至是三维硅）和纳电子技术。在满足这些需求方面的一个成功例子就是 NMRC 的智能种子计划的实施。它作为有效综合各种集成技术从而进行有效的 AmI 平台技术研究项目，通过发展高度创新性的制备技术，将为克服硬件开发的各种障碍提供真正的解决方案。其中的一项技术就是柔性硅纤维，这是为可穿戴计算应用提供的一个技术平台，在将功能性传感器集成到日常物品方面显示出巨大的应用前景。

AmI 系统对我们是一个严重的挑战。虽然目前我们对软件创新的专注是必须的，但有效硬件实施也需要很高的研究水平。硅基系统处在这一研究的核心位置，而最终实现 AmI 系统还需要发展新型硅衬底的量产技术。

（米绪军译，屠海令校）

参考文献

1. IST Advisory Group (ISTAG), Scenarios for Ambient Intelligence in 2010, http://www.cordis.lu/ist/istag-reports.htm
2. C. O'Mathuna, K. Delaney, J. Alderman: MEMS packaging for the intelligent environment. Invited presentation at the IMAPS Advanced Technology Workshop, San Jose, November 9–12, 2001
3. J. Paradiso, K. Hsiao, A. Benbasat, Z. Teegarden: Design and implementation of expressive footwear. IBM Systems Journal, Vol. 39, Nos. 3 & 4, October 2000, pp. 511–529
4. The Framework 6 Programme – European Research Area, www.cordis.lu
5. K. Delaney, J. Barton: The challenge of globally embedding functional electronics into everyday artefacts. Conference on Smart Packaging, November 14, 2001, Institute of Materials, London, UK
6. D. Estrin R. Govindan, J. Heidemann, S. Kumar: Next century challenges: scalable coordination in sensor networks. ACM Conference Proceedings on Mobile Computing (MOBICOM) (1999)
7. G. Pottie, W. Kaiser: Wireless integrated network sensors. Communications of the ACM, Vol. 43, May 2000, pp. 51–58
8. B. Warneke, M. Last, B. Leibowitz, K. Pister: Smart dust: communicating with a cubic-millimeter computer. Computer, Vol. 34, No. 1, January, 2001, pp. 43–51
9. J.M. Kahn, R. Katz, K. Pister: Mobile networking for smart dust. ACM/IEEE International Conference on Mobile Computing and Networking (Mobicom 99), Seattle, WA, August 17–19, 1999
10. Cahners In-Stat Group, Got MEMS? 2003 industry overview and forecast, Research Report, 2003
11. Ball Semiconductor, Inc., www.ballsemi.com
12. K. Bock, M. Feil, C. Landesberger: Thin chips for flexible and 3-D systems. In: *Foldable Flex and Thinned Silicon Multichip Packaging Technology: IMAPS Emerging Technology in Advanced Packaging Series*, ed. by J. Balde (2003), chap. 5
13. Tru-Si Technologies Inc., www.trusi.com
14. K. Delaney, S. Bellis, S.C. O'Mathuna: Applying packaging innovation to ambient intelligence systems platforms. Proceedings of the IMAPS Nordic Conference, 21–24 September 2003, Helsinki University of Technology, Espoo, Finland

15. H. Hagras, M. Colley, V. Callaghan, M. Carr-West: Online learning and adaptation of autonomous mobile robots for sustainable agriculture. International Journal of Autonomous Robots, Vol. 13, July 2002, pp. 37–52
16. The Disappearing Computer initiative, http://www.disappearing-computer.net/
17. Extrovert Gadgets (e-Gadgets) website, http://www.extrovert-gadgets.net
18. A. Kameas, S. Bellis, I. Mavrommati, K. Delaney, A. Pounds-Cornish, M. Colley: An architecture that treats everyday objects as communicating tangible components. IEEE International Conference on Pervasive Computing and Communications (PerCom2003), Dallas-Fort Worth, Texas, March 2003
19. K. Delaney, S. Bellis, C. O'Mathuna, A. Kameas, I. Mavrommati, M. Colley, A. Pounds-Cornish: Unobtrusive transducer augmentation of everyday objects for systems with dynamic interactivity. Sensors & Their Applications XII, 2–4 September 2003, University of Limerick, Ireland
20. J. Barton, K. Delaney, S.C. O'Mathuna, J.A. Paradiso: Miniaturised modular wireless sensor networks. IEEE Conference on Ubiquitous Computing (Ubicom) 2002, September 29–October 1, 2002, Göteborg, Sweden
21. J. Barton, K. Delaney, N. O'Mahony, S.C. O'Mathúna: Functional integration for embedded intelligence. International Centre of Excellence for Wearable Electronics and Smart Products Conference, (ICEWES), December 10–11, 2002, Cottbus, Germany
22. R. Tummala, E. Rymaszewski, A. Klopfenstein: *Microelectronics Packaging Handbook: Semiconductor Packaging* (Kluwer Academic, Dordrecht 1997)
23. G. Kelly, A. Morrissey, J. Alderman, H. Camon: 3D packaging methodologies for microsystems. IEEE Transactions on Advanced Packaging, Vol. 23, No. 4, November 2000, pp. 1–8
24. J. Barrett, C. Cahill, T. Compagno, M. O Flaherty, T. Hayes, W. Lawton, J. O Donavan, C. O'Mathuna, G. McCarthy, O. Slattery, F. Waldron: Performance and reliability of a three-dimensional plastic moulded vertical multichip module (MCM-V). Proceedings of IEEE Electronics Components and Technology Conference, Las Vegas, May 1995, pp. 656–663
25. B. Majeed, K. Delaney, J. Barton, J. O'Brien, A. Kelleher, S.C. O'Mathuna: Implementing ultra thin autonomous modules for ambient systems applications using 3-D packaging techniques. Proceedings of the IMAP Nordic Conference, 21–24 September 2003, Helsinki University of Technology, Espoo, Finland
26. A. Mathewson, J. Alderman: The snake–a novel high area utilisation approach for creating integrated circuits in fibre form. Irish Preliminary Patent P129447
27. S.F. Al-Sarawi, D. Abbott, P. Franzon: Review of 3D VLSI packaging technology. IEEE Transactions on Components, Packaging, and Manufacturing Technology Part B: Advanced Packaging, vol. 21, No. 1, February 2002, pp. 2–14
28. K. Delaney: Systems packaging issues for ambient intelligence systems platforms. IMAPS Nordic Tutorial, 21 September 2003, Helsinki University of Technology, Espoo, Finland
29. J. Lau, R. Lee: *Chip Scale Package, (CSP): Design, Materials, Processes, Reliability, and Applications* (McGraw-Hill, New York 1999)
30. Tessera's approach to stacked IC's packaging, www.Tessera.com
31. P. Clot, J.-F. Zeberl, J.-M. Chenuz, F. Ferrando, D. Styble: Flip-chip on flex for 3D packaging, Proceedings of the IEEE/CPMT Electronics Manufacturing Technology Symposium, Austin, Texas, October 18–19, 1999, pp. 36–41

32. Irvine Sensors Corporation, Neo stacking technology, www.Irvine-Sensors.com
33. 3D-Plus website, www.3d-plus.com
34. M. Sunohara, T. Fujii, M. Hosino, H. Yonemura, M. Tomisaka, K. Takahashi: Development of wafer-thinning and double-sided bumping technologies for 3-D stacked LSI. Proceeding of the IEEE 52nd Electronics Component and Technology Conference (ECTC 2002), San Diego, California, May 28–31, 2002, pp. 238–245
35. T. Kenji, T. Hiroshi, T. Yoshihiro: Current status of research and development of three dimensional chip stack technology. Japanese Journal of Applied Physics **40**, 3032 (2001)
36. Y. Yano, T. Sugiyama, S. Ishihara, Y. Fukui, H. Juso: Three-dimensional very thin stacked packaging technology for SiP. Proceedings of the IEEE 52nd Electronics Component and Technology Conference ECTC 2002, May 28–31, 2002, pp. 1329–1334
37. J. Barton, K. Delaney, S. Bellis, S.C. O'Mathuna, J.A. Paradiso, A. Benbasat: Development of distributed sensing systems of autonomous micro-modules. 53rd Electronic Components and Technology Conference ECTC 2003, May 27–30, 2003, New Orleans, USA
38. F. Gemperle, C. Kasabach, J. Stivoric, M. Bauer, R. Martin: Design for wearability. Proceedings of the Second International Symposium on Wearable Computers, Pittsburgh, PA, October 1998
39. The fibre computing project (FiCom), www.fibercomputing.net
40. T. Lisby: Mechanical characterisation of flexible silicon microstructures. Proceedings of the 14th European Conference on Solid-State Transducers, August 2000, Copenhagen, Denmark, pp. 279–281
41. F. Ericson, J. Schweitz: Micromechanical fracture strength of silicon. Journal of Applied Physics **68**, 5840 (1990)
42. T. Healy, A. Mathewson, J. Alderman, J. Donnelly: Development of a novel technology for building flexible and wearable integrated systems. 53rd Electronic Components and Technology Conference ECTC 2003, May 27–30, 2003, New Orleans, USA
43. J. Kou, K. Su: *CMOS VLSI Engineering Silicon on Insulator (SOI)* (Kluwer Academic, Boston 1998) pp. 15–59
44. K. Harsh: Dealing with MEMS stiction and other sticking problems (University of Colorado), http://mems.colorado.edu/c1.gen.intro/c2.notes/stiction.sht
45. T. Stieglitz, H. Beutel, M. Schuettler, J.-U. Meyer: *Micromachined, Polyimide-Based Devices for Flexible Neural Interfaces* (Kluwer Academic, Dordrecht 2000) pp. 283–284

25 大脑半导体

P. Fromherz

25.1 引言

计算机和大脑都是靠电工作的，只是二者的载流子不同——一个是固态粒子点阵中的电子，一个是极性流体中的离子，但要将这些不同系统在电子和离子信号水平上结合起来仍是一项对我们的智力和技术的挑战[1,2]。早在18世纪，L. 伽伐尼就发现了无机固体和可激发生物体内的电耦合现象。今天，经过50年来半导体微技术和细胞神经生物学的快速发展，我们可以期望在单个神经细胞和微电子器件水平上达到极为复杂的相互作用与融合。当然，我们首先得在纳米、微米、毫米尺度和界面上弄清生物电子的基本生理机制。如果我们的努力取得成功，我们就能够制备粒子-电子器件去解决分子生物学的问题，能够开发神经电子装置研究类大脑系统的物理问题，也能够为医药和信息技术制造微电子神经植入体和基于神经的离子处理器。

25.2 离子-电子界面

图25.1所示为带有鼠脑神经细胞和硅晶体管的混合芯片。神经细胞（直径约20μm）被一层中间为脂质电绝缘层的膜包围，这层厚度约5nm的脂质双层将氯化钠浓度为150mM（$10^{20}\,cm^{-3}$）的环境与氯化钾浓度为150mM的胞间细胞质分开。通过膜的离子电流由作为离子通道的蛋白分子调节。硅适于用作电子传导基体有以下三个理由：（1）硅表面有热生长的二氧化硅（厚度10～100nm），是培养神经细胞的理想惰性基体；（2）热生长二氧化硅抑制电子迁移及伴随的导致硅腐蚀和细胞破坏的电化学过程；（3）现有的半导体技术可以用来制备与细胞直接接触的微器件。

原则上，神经细胞中的离子信号耦合和半导体中的电子信号耦合都能够通过电子极化方法获得。如果绝缘脂质双层与绝缘的二氧化硅直接接触就形成了小型介电层。神经细胞活动在膜中产生的电场极化氧化物从而影响硅的电子价带结构。反之，施加到芯片上电压导致的氧化物中的电场也会极化膜从而影响膜蛋白的结构。然而，当芯片上生长出神经细胞时，我们不能指望脂质和氧化物能形成小型介电层。细胞黏着由沉

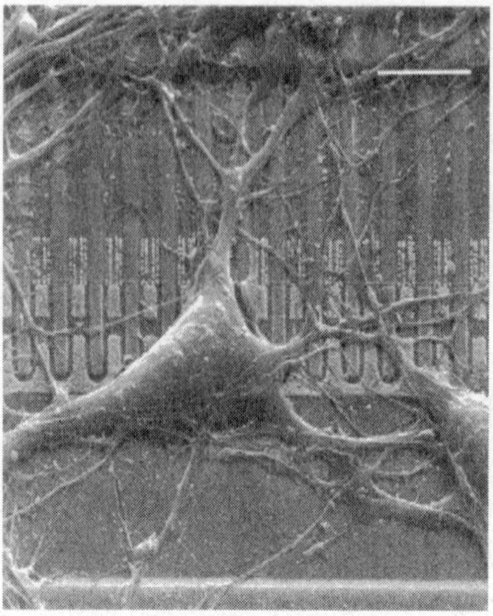

图 25.1　硅片上的鼠脑神经细胞电镜图（标尺 10μm）
芯片表面由热生长二氧化硅组成，图中可见黑色方块为场效应晶体管线形阵列的无金属栅极，神经细胞已在芯片上电解液中培养几天

积在基体上从膜中伸展出来的蛋白分子调节，这些蛋白质使膜中的脂质核心与基体保持一定距离，在细胞与泡满电解液的芯片之间维持一个狭隙。这一导电狭隙抑制了二氧化硅和细胞膜之间的相互极化。

25.2.1　中心-外膜平面导体

一个细胞-硅结就形成了中心-外膜的平面导体：细胞膜和二氧化硅将导电狭隙与细胞质和硅绝缘[3]。为描述其电流电压，我们使用二维面接触模型或零维的点接触模型，见图 25.2。细胞中的电信号在细胞膜中诱导出离子电流和迁移电流。同时，沿狭隙产生的电流在细胞和芯片之间形成细胞外电导势（TEP），由此在氧化物中产生的电场能够通过场效应晶体管探测到。另外，施加在芯片上的瞬时电压在氧化物中产生迁移电流。同样，沿狭隙同时产生的电流也会在芯片和细胞之间形成细胞外跨导电势（TEP）。这一 TEP 在细胞膜中产生的电场能够通过电压敏感的离子探针探测到。在中心-外膜导体两侧的细胞-芯片互作用可通过下列因素增强：（1）中心的高阻值，即宽度 d_J小而狭隙的电阻率 ρ_J高；（2）表面电流大，即相关细胞膜中的离子面电导率 g_{JM}^{i}大且氧化物的面比容 c_S也大。

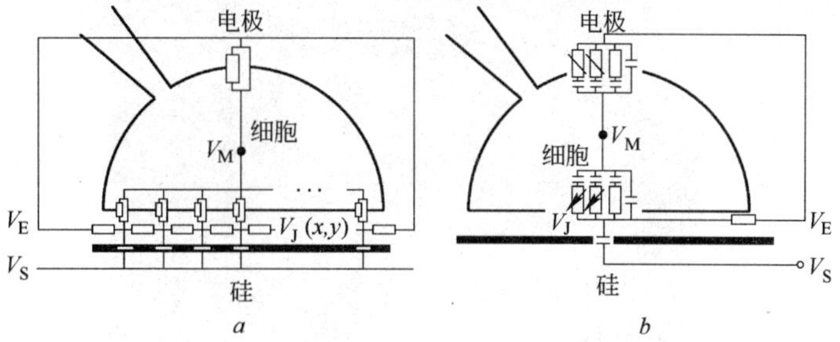

图 25.2 细胞-半导体结的中心-外膜导体

粗黑线为二氧化硅、细胞膜和微管。截面图未按比例图示：
膜和芯片之间相距为 10 ~ 100nm，细胞直径为 10 ~ 100μm
a—面接触交流电路模型，结中氧化物、细胞膜和电解液膜等无穷小元件
图示为电容器和欧姆阻；*b*—带电压控制离子电导的点接触直流电路模型，
氧化物、细胞膜和电解液膜等图示为球形电容器和电阻
V_M、V_S和 V_E分别是细胞、芯片和电解液中的电势，V_J为结中细胞外导电势（TEP）

25.2.2 细胞-硅结狭隙

由于硅对光的反射，在近表面形成常态电磁场和电场结。利用这一效应，我们可以通过使用荧光染色分子作为电磁天线来测量细胞和硅之间的距离（荧光干涉像差显微术）[4,5]。为此，先制备带氧化物微台阶（2.5μm × 2.5μm，台阶高 20nm）的芯片，培养神经细胞并通过荧光染料标识细胞膜的脂质中心。这样，台阶高度一定而狭隙宽度未知，这就使得细胞膜处于不同的常态位置，从而起到调节染料光吸收和光发射的作用。

带氧化物台阶的硅上细胞膜的荧光像见图 25.3*a*，这是鼠脑星形细胞位于涂有昆布氨酸的芯片上。该图的棋盘样式与氧化物台阶对应，各台阶均匀的强度以及相应 4 × 4 台阶单胞的周期性变化显示出膜和芯片之间存在固定的距离。该强度随台阶高度的变化规律见图 25.3*b*。奇怪的是，在最薄的氧化物处存在强度的最大值，接着强度下降，然后再次上升。为便于实验对照，我们用昆布氨酸增加了一个纯脂质双层，此时强度在最薄的氧化物处取最小值。如果把这些数据与双极辐射的电磁原理对照[4]，我们发现纯双层与氧化物直接接触（距离 1nm），而芯片与细胞膜脂核之间则有 109nm 的狭隙[5]。这一狭隙是由细胞膜中的蛋白质（腊梅糖）和芯片上的蛋白质（昆布氨酸）引起的。我们选择不同的神经细胞和不同的涂层，都无法使接触距离小于 40nm。要通过芯片的理化改性和细胞膜的基因改造减小这一距离而又不影响细胞活性是一项重要的研究课题。

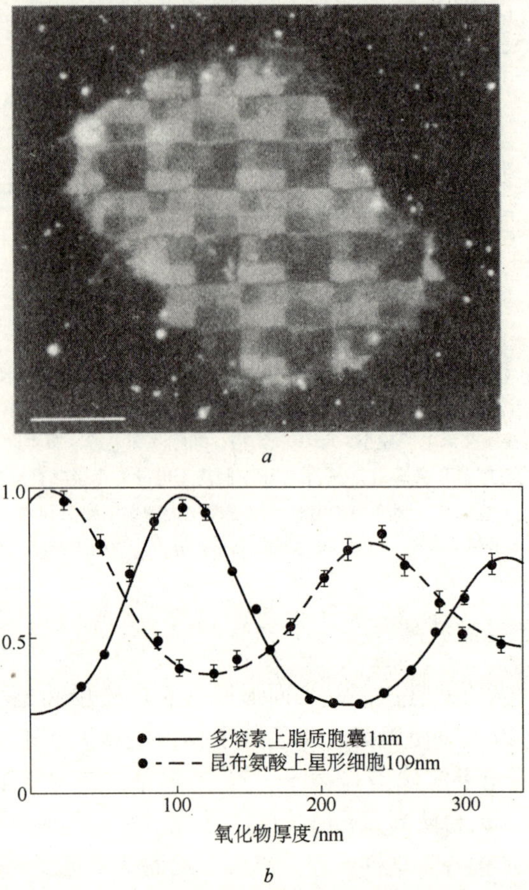

图 25.3　荧光干涉像差（FLIC）显微术

a—带二氧化硅 2.5μm×2.5μm 二元台阶的硅片上鼠脑星形细胞黏着区的荧光显微照片，标尺 10μm；*b*—星形细胞（亮点）和多熔素上脂质胞囊（黑点）的荧光强度-台阶高度曲线，由电磁场原理计算得出。对于星形细胞和脂质胞囊，氧化物和细胞膜间水膜厚度分别为 109nm 和 1nm

25.2.3　狭隙的导电性

如果给细胞施加角频率为 ω 的交流电压 V_M（ω）而将环境电解液保持为零电势，在结中就会诱导出电压 V_J（ω）（图 25.2）。借助面接触和点接触模型[3,6]，我们就可以通过复谱转移函数 V_J/V_M 得到狭隙的薄膜电阻 r_J。电压 V_M通过微管施加，电压 V_J采用衬底中的开式场效应晶体管测量。由水蛭神经细胞和微管组成的晶体管见图 25.4*a*，转移函数的幅值

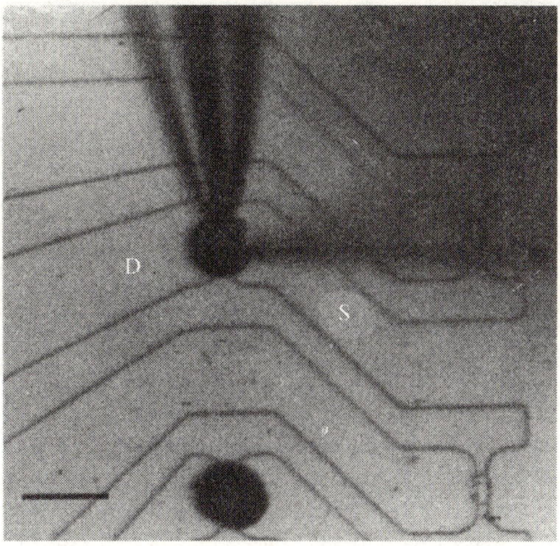

a

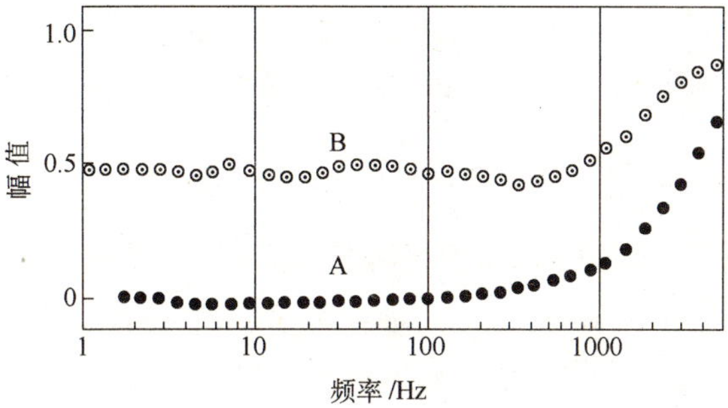

b

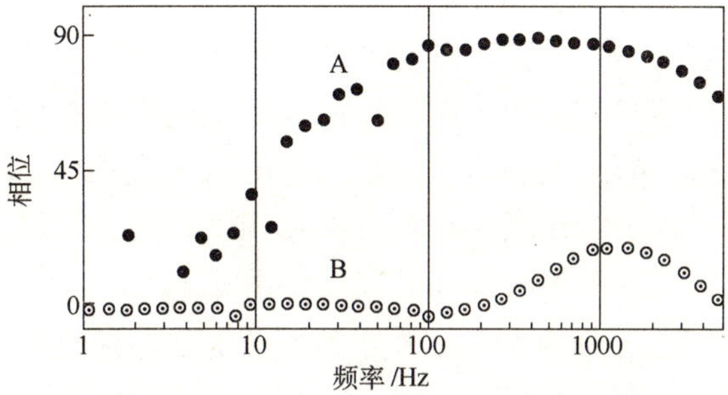

c

图 25.4　细胞到细胞-硅结的电压转移函数 V_J/V_M

a—开式场效应晶体管（源极 S、漏极 D）上水蛭神经细胞微观照片，标尺 100μm，从右侧插入第二根微管以测量细胞中的实际电压；*b*—细胞到细胞-硅结的电压转移幅值 V_J/V_M 随频率 f 的变化情况；*c*—电压转移相位

黑点为 A 型；小圆圈代表 B 型

和相位对频率 $f=\omega/(2\pi)$ 的曲线见图 25.4*b* 和图 25.4*c*。我们观察到两种谱型：A 谱在低频时幅值较小，在 10Hz 时相位增高，在 1000Hz 以上幅值升高；B 谱在低频时具有较高的幅值。

我们采用点接触模型进行了实验评价，细胞膜和芯片的面比电容分别为 $c_M = 5\mu F/cm^2$ 和 $c_S = 0.3\mu F/cm^2$，附膜和狭隙的面比欧姆电导率 g_{JM} 和 g_J 未知。低频幅值极限由欧姆电导率决定。这样，A 谱的小幅值表示膜电导 g_{JM} 较低。当细胞膜的电容性电导率超过其欧姆电导率时就出现相位升高；当细胞膜的电容性电导率超过狭隙的欧姆电导率时就造成幅值增大。代入数据得到 $g_{JM}\approx 0.35mS/cm^2$，$g_J\approx 210mS/cm^2$，狭隙电导率约比完整细胞的膜电导率高 600 倍。B 谱的情况不同。代入数据后得到 $g_{JM}\approx 40mS/cm^2$，$g_J\approx 40mS/cm^2$，即狭隙电导率约降低了 4/5，而膜的电导率则提高了两个数量级。B 谱反映的是破坏了的膜的情况。利用面比电导 g_J、薄膜电阻 r_J 和狭隙半径 a_J 之间的关系式 $g_J = 5/(r_J a_J^2)$，得到 A 型接触的面积 $a_J^2\pi = 1000\mu m^2$ 和薄膜电阻 $r_J\approx 8M\Omega$。通过降低狭隙的宽度或提高其比电阻来提高它的薄膜电阻是一个研究难题。

25.2.4 细胞-硅结中的离子通道

神经细胞激发时的细胞外跨导电势 $V_J(t)$ 取决于附膜中的离子导电电流。另外，附膜中的离子电导又是由电容激励导致的细胞外跨导电势 $V_J(t)$ 首先引起的。因此，我们不禁要问：在接触区究竟有没有功能性的离子通道？其中的离子通道密度是否与自由膜中的一样[7]？为此，采用确定的重组通道进行了测试研究[8]。

图 25.5*a* 所示为晶体管阵列上带过表达 hSlo 钾（α-K）通道的人体胚胎肾细胞（HEK293）。使用微管给晶体管上的细胞施加直流电压 V_M，同时测量膜中的全电流 I_M 和结中的细胞外电压 V_J。如图 25.5*b* 所示，正压提高微管电流和晶体管信号。将 V_J 对 I_M 作图，我们发现二者之间完全呈线形关系[8]。通过全膜面积的电流由关系式 $I_M A_M \approx g_M^K (V_M - V_0^K)$ 给出，其中 g_M^K 和 V_0^K 分别为平均比电导和反向电压。细胞外电压由关系式 $g_J V_J \approx g_{JM}^K (V_M - V_0^K)$ 给出，其中 g_{JM}^K 为接触面的比电导。由于 V_J 和 I_M 存在比例关系，因此 g_{JM}^K/g_M^K = 常数。由此我们得出结论：局部电导 g_{JM}^K 和总电导 g_M^K 服从同样的电压开关关系。在接触面上存在功能性钾通道。借助交流测量获得的规模因子 A_M 和 g_J，我们得出最大电压比为：$\bar{g}_{JM}^K/\bar{g}_M^K = 3.3$，证明 hSlo 钾在结中的聚集严重。优化离子通道在神经细胞-芯片接触面上的分布是未来重要的研究课题。

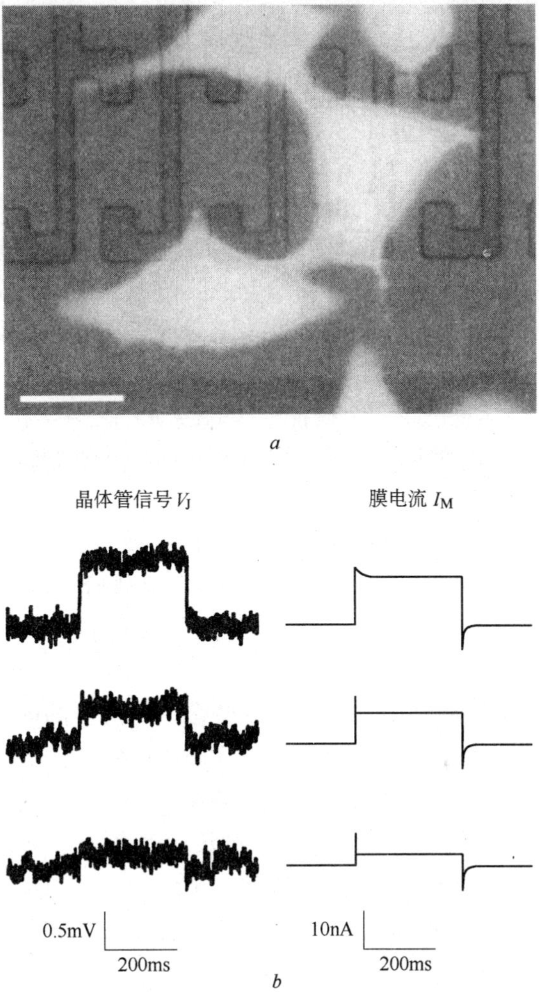

图 25.5 晶体管上的重组 hSlo 钾通道

a—线性晶体管阵列（黑色）上的转染 HEK293 细胞（白色）；

b—三种细胞内电压 V_M = 30mV、45mV 和 58mV 下的离子-电子耦合

（左：结内的细胞外电压 V_J；右：通过全细胞膜的电流 I_M）

25.3 神经元-硅电路

神经动力学和数字电子学相结合的第一步是单个神经元与硅微结构的界面问题：（1）通过电容激励获得芯片上的神经元活动；（2）通过晶体管记录神经元活动。下一步，通过两种基本途径将神经细胞对耦合到芯片上：（1）具备信号记录功能的神经元-硅-硅-神经元，记录晶体管-神

经细胞对的活动以及通过芯片微电子和第二个神经元的电容激励产生的信号转移；（2）具备信号记录功能的神经元-硅-硅-神经元，带一个神经元的电容激励、通过神经突触到第二个神经元的信号转移并通过晶体管记录那里的神经元活动。

25.3.1 通过晶体管记录神经元活动

钠通道的开启产生通过细胞的电流，钾通道的延迟开启产生向外的补偿电流，二者一起构成了一次动作电位。该电位在附在芯片上的膜中产生离子电流和电容电流。电流穿过狭隙形成了能被晶体管探测到的细胞外电导势 $V_J(t)$[9~11]。

图 25.6 为晶体管记录的水蛭神经元的活动，图中 a 和 b 分别为细胞体和轴突端位于晶体管上的情况。在神经元内插入微管，通过电流注入激发动作电位，采用微管测量细胞内电位 $V_M(t)$。晶体管的响应采用细胞外转换电位 $V_J(t)$ 校正。图 25.6c 为测得的三种情况：（1）晶体管上的细胞体，$V_J(t)$ 接近 $V_M(t)$ 的一阶导数；（2）晶体管上的细胞体，$V_J(t)$ 接近 $V_M(t)$ 本身；（3）晶体管上的轴突端，$V_J(t)$ 接近 $V_M(t)$ 的一阶导数的倒数。

如果附膜中不存在电压控制的栅极电容，则结中的电流平衡表现为 $g_J V_J \approx g_{JM} V_M + c_M \mathrm{d}V_M/\mathrm{d}t$。如果漏电容 g_{JM} 可以忽略不计（A 结），则电容电流占主导，此时 $V_J(t)$ 正比于 $V_M(t)$ 的一阶导数；如果漏电容较高（B 结），则 $V_J(t)$ 正比于 $V_M(t)$。通过电压控制的栅极通道的选择性增益，可以形成称作 C 型响应的各种波形 $V_J(t)$[11,12]。如果所有电容的增益因子都是 $\mu_J > 1$，则 $V_J(t)$ 正比于 $V_M(t)$ 的一阶导数的倒数，此时 $g_J V_J \approx (1-\mu_J) c_M \mathrm{d}V_M/\mathrm{d}t$[11,12]。

晶体管记录的作用势没有统一的形状，我们可以通过以下办法进行优化：（1）改善细胞-芯片接触，降低狭隙宽度或提高其比电阻；（2）通过重组方法提高结中的离子通道密度；（3）通过改善晶体管的设计和制造工艺降低晶体管噪声。

25.3.2 神经元活动的电容激励

如果给硅片的激励区施加一变化的电压 $V_S(t)$，则在氧化物中形成一位移电流（图 25.2）。此时沿狭隙的伴生电流会产生细胞外传导势 $V_J(t)$，这一传导势可能开启电压控制的栅极离子通道，从而诱导作用势[13,14]。

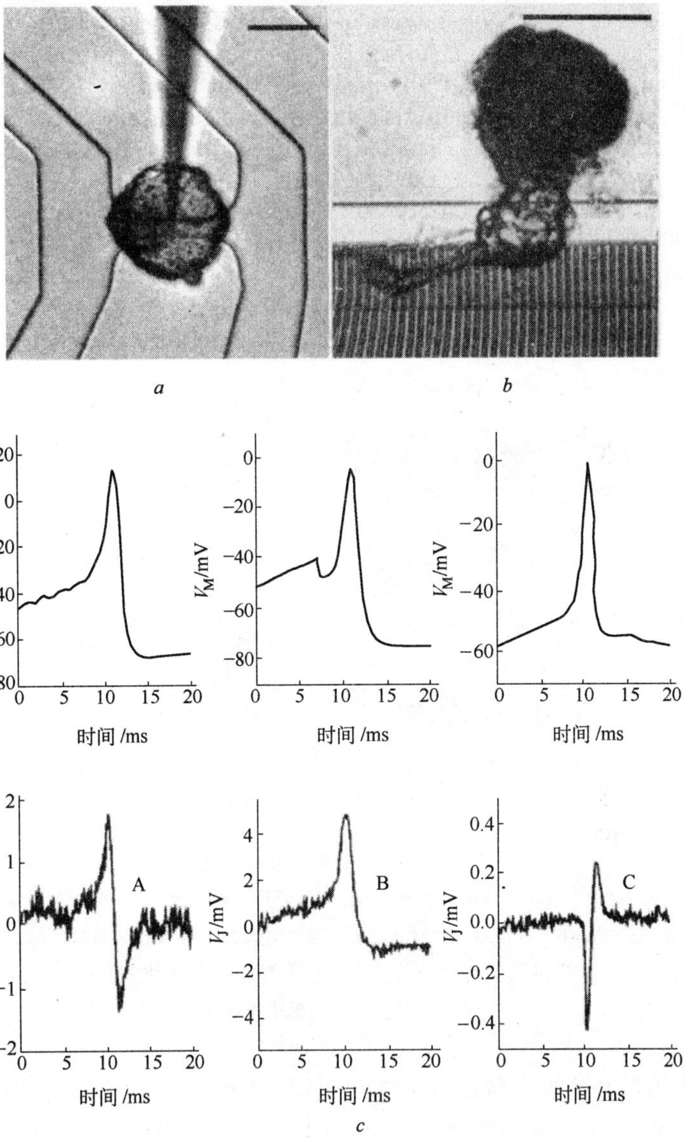

图 25.6 晶体管测得的神经元激励

a—水蛭神经元体位于开式场效应晶体管上（标尺 50μm，微管插入细胞内）；*b*—水蛭神经元轴突端位于场效应晶体管阵列上（标尺 50μm）；*c*—A 型、B 型和 C 型耦合，上排为细胞内电压 $V_M(t)$，下排为细胞外结内电压 $V_J(t)$，其中 A 型和 B 型耦合对应于 *a* 的情况，C 型耦合对应于 *b* 的情况

图 25.7a 为与激励区和晶体管双向接触的蜗牛神经细胞。对激励区施加三个电压脉冲，细胞外电势 $V_M(t)$ 在每个脉冲的上升和下降时都会有瞬间的电容响应且在其后出现逐渐升高的去极化电位，后者导致作用势的产生，如图 25.7b 所示[14]。晶体管的记录有助于我们研究结中的情况。在每个脉冲的上升和下降边沿都会出现电容的快速瞬间相应 $V_J(t)$。此外，每个脉冲的上升段都会诱发负电位 $V_J(t)$，该电位在脉冲持续时间和脉冲间歇期逐渐衰减。

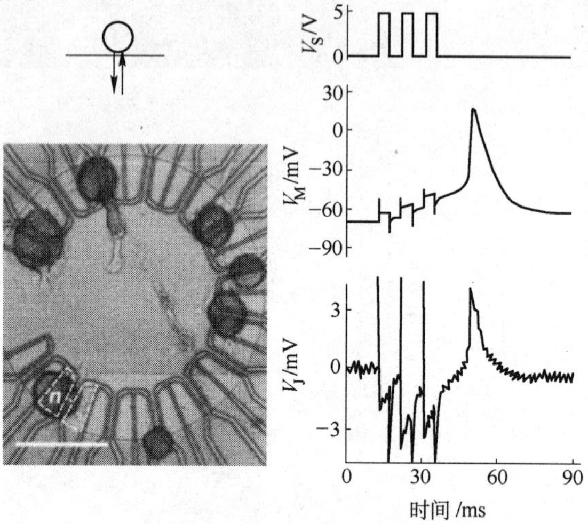

a *b*

图 25.7 硅片上的神经元电容激励

a—芯片上双向环形接触的蜗牛神经细胞照片，神经细胞 n 下的双翼激励区以曲线标示，晶体管位于双翼之间，标尺 100μm；*b*—上图：激励区施加的电压 $V_S(t)$，中图：插入微管测量的细胞内电压 $V_M(t)$，下图：晶体管测量的细胞外电压 $V_J(t)$

当给芯片施加台阶高度为 V_S^0 的电压脉冲时，如果激励初期膜的电容可以忽略不计，则细胞外和细胞内电压均呈指数关系上升，即：$V_J \propto \exp(-t/\tau_J)$，$V_M = V_J\beta_M/(1+\beta_M)$，其中 β_M 为连接膜与自由膜的面积之比。对于蜗牛细胞，时间常数约为 100μs。这些初始反应表现在图 25.7b 中的记录曲线上。连接膜中快速瞬态电压 $V_M - V_J$ 的存在可以通过电压敏感染色剂直接显示出来[15]。图 25.7b 中的晶体管记录曲线表明，正电容电压 $V_J(t)$ 在连接膜中诱发出内向电流，该电流逐渐衰减而且不受负电容电压的影响。这一内向电流似乎与产生神经兴奋的细胞内去极化电压 $V_M(t)$ 有关。

然而，对电容激励机制还不能进行完全理性的解释，目前还难以区分渗漏膜中的电流注入、离子通道的电容开启和关闭以及电容性极化。激励的优化有下列措施：（1）降低狭隙电容；（2）在结中插入重组型离子通道；（3）采用具有更高面比电容的激励接触。

25.3.3 芯片上的双神经元电路

通过两个蜗牛细胞与芯片的双向接触形成了神经元-硅-硅-神经元的混合通道，见图 25.8*a*。信号采集通过图 25.8*b* 中的电路实现：（1）第一个神经细胞的活动通过一支晶体管采集；（2）动作电势的晶体管记录

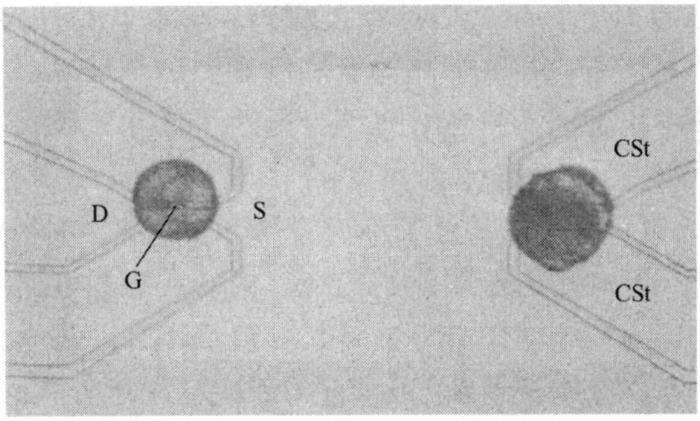

a

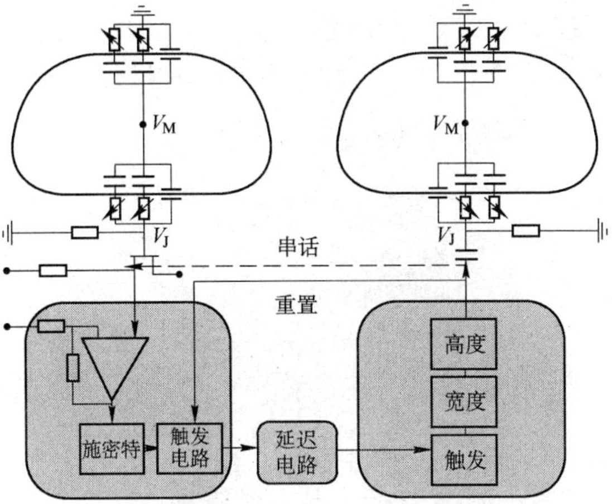

b

图 25.8 神经元-硅-硅-神经元的信号采集

a—与带源极（S）、漏极（D）和栅极（G）的晶体管和双翼电容激励区（CSt）的硅片双向接触的两个蜗牛神经细胞；*b*—电路，上部：晶体管记录和电容激励的点接触模型，下部：带识别元件（施密特触发器）、延迟线和脉冲发生器的微电子电路结构图，虚线表示从激励源到晶体管的串话，触发电路由动作势设置并在激励脉冲通过后重置

通过芯片上的施密特触发器识别；（3）相应的数字信号触发一根延迟线；（4）延迟电路触发电压脉冲并加到激励接触上；（5）电容耦合诱发第二个神经细胞的细胞活动。这样，第二个神经细胞的活动是通过硅（假体）而不是通过神经接触与第一个神经细胞紧密相关[16]。这一器件的主要问题是芯片上从激励器到晶体管的串话问题。晶体管记录可通过识别动作电位后的触发电路或激励脉冲之后的重置清除。在采取触发电路的情况下，芯片由边对边连线的两部分组成，即包括晶体管和激励点的界面单元以及神经细胞间的微电子单元。

在由硅-神经元-神经元-硅构成的混合通道中，双向接触的两个神经细胞通过生长的神经突和一个神经键相连。然而，在外向生长过程中，细胞体在芯片上移位，导致带晶体管和激励源的结破坏。为解决这一问题，特别制作了桩篱用于神经细胞体的安置，如图 25.9 所示。这样，即使在生长数天之后，细胞体仍然保持了双向接触[17]。信号记录见图 25.10。对插入微管定位的神经细胞 1 施加电压脉冲，在神经细胞 2 中观察到受到电神经键调制的亚阈值去极化。第二次施加电压脉冲时在神经细胞 1 中激励出另一个动作电势并导致神经细胞 2 的进一步去极化。第三次电压脉冲未能激励神经细胞 1，而第四次脉冲则在神经细胞 1 中产生了动作电势并激发了神经细胞 2 的神经兴奋。晶体管还记录到突触后的动作电势。突触后的信号延迟和短时累加与细胞内的突触前激励相关。

复杂神经网络依赖于：（1）神经单元组的构造；（2）突触前与突触后

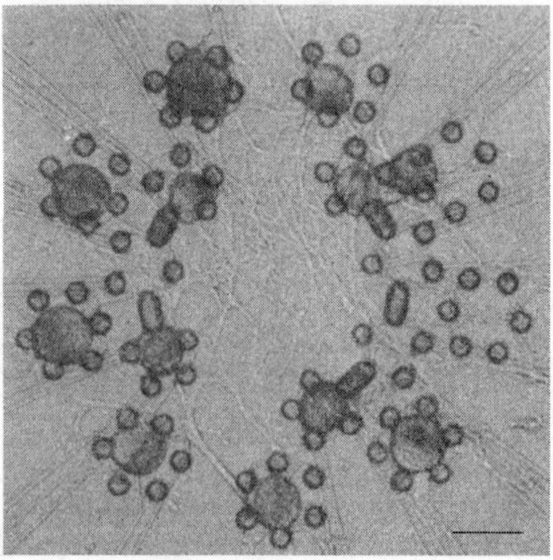

图 25.9　硅片上的蜗牛神经细胞网络

细胞体（黑斑点）被桩篱（小点）固定在双向接触的圆圈上，

培养 2 天后中央部分长出神经突（亮线），标尺 100μm

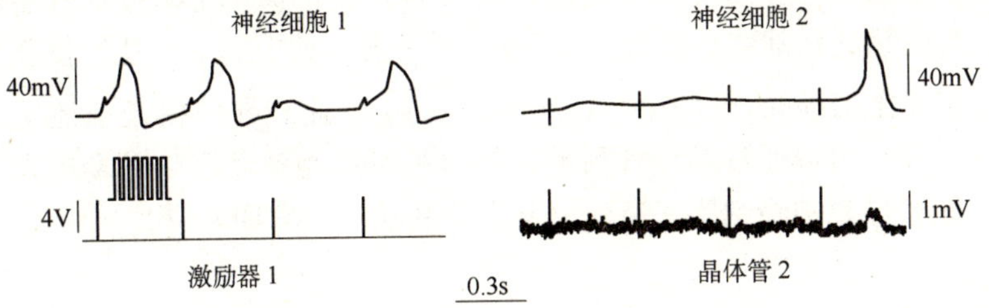

图 25.10　两个蜗牛神经细胞间带电神经键的硅-神经元-神经元-硅的采集信号

左下：施加给激励器的电压脉冲（7 个脉冲，幅值 5V，周期 0.5ms）；
左上：神经细胞 1 的细胞内电压；右上：神经细胞 2 的细胞内电压；
右下：神经细胞 2 的晶体管记录曲线

活动相关并具有更高突触强度的海布学习过程。对网络动力学的研究需要：（1）具有确定突触连接结构的神经细胞布置图；（2）大量细胞的无创监测以进行学习诱导和行为观察。为达到这些目标，我们需要控制细胞的外向生长和突触的形成[18,19]，并制备出带大量密排双向接触点的硅芯片。

25.4　脑-硅芯片

如果我们使用来自大脑的神经网络，就可以避免培养给定的神经网络。为便于通过平面芯片进行检测，最好使用平面网络。器官型脑切片因其只有几个细胞层厚并含有主要的神经连接而成为理想材料。但是，要想获得单个神经细胞的电子界面却很困难。我们必须考虑局部神经细胞群的激励和记录问题。对此，单个细胞-芯片结的中心-外膜导体概念不再适用。

25.4.1　组织-片层导体

在器官型脑切片中，神经细胞被厚度约 100μm 的组织包围在芯片的二氧化硅绝缘层和具有零电位的电解液中，如图 25.11*a* 所示。神经细胞是流向邻区组织层和电解液的电流的起源或终点。这样，组织中就会产生细胞外场电势，该电势可以通过基体中的晶体管记录到。另外，基体中的局部电容性接触也可以向组织层中注入电流，该电流流向邻区的切片和电解液[20]，由此产生的细胞外场电势可能导致神经细胞的兴奋。切片和电解液之间的大脑切片是一个带有底部电容和顶部渗区的片式导体。我们用单位面积的电容 c_S 描述衬底，用电阻 $r_{片}$ 描述片层，用单位面积的欧姆电导 $g_{漏}$ 描述漏区，如图 25.11*b* 所示。单位面积的电流源密度 $j_{源}^{(2)}$ 以及由于施加到电容性接触上的变电压 V_S 而产生的激励电流被沿片层的电流以及电解液和基体的欧姆/电容分流所平衡。其中的一个特征值就是决定电相互作用程的长度常数 $\lambda_{片}=1/\sqrt{r_{片}g_{漏}}$。片式导体模型描述了下列行为：(1) 可以通过晶体管测量到的由神经细胞活动产生的场电位 $V_{场}$；(2) 能够导致神经细胞兴奋的由电容性激励产生的场电位。

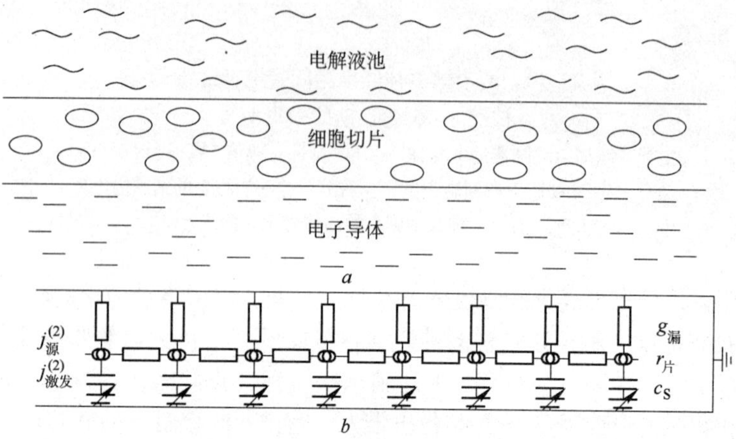

图 25.11 硅基体上的脑切片

a—电子导体和电解液之间组织层图示；b—片式导体模型切片中的神经细胞在单位面积上产生一个源电流密度，电流经切片（切片电阻为 $\gamma_{片}$）流入电解液池（漏电导为 $g_{漏}$）。芯片电流通过电容性接触（比电容 c_S）对切片产生激励

25.4.2 脑切片的晶体管记录

图 25.12a 是带有晶体管线阵的芯片上老鼠海马状凸起切片照片。采用钨电极激励，记录了其中 CA1 区的诱发场电位[21]。晶体管阵列能够同时测量电流流向神经元的枝状区（放射区）瞬间负电位和外向补偿电流所在的细胞体（锥状区）的瞬间正电位。瞬间电位值随晶体管位置的变化关系见图 25.12b。

将试验数据与片式导体模型作了比较。沿 CA1 层海马状凸起的电活动保持稳定。对于 CA1 层两侧采用具备生理意义的最简单的电流源密度曲线模型：放射区为稳定的神经键内向电流密度，锥状区为稳定的外向补偿电流密度。相应的场电位可用双曲线方程表示。数据拟合曲线见图 25.12b，其中长度常数为 $\lambda_{片}=50\mu m$，电流密度比值为 $j_{源}/g_{漏}=-0.9mV$。这些通过晶体管记录得到的初步结果也是对硅片上的器官型脑

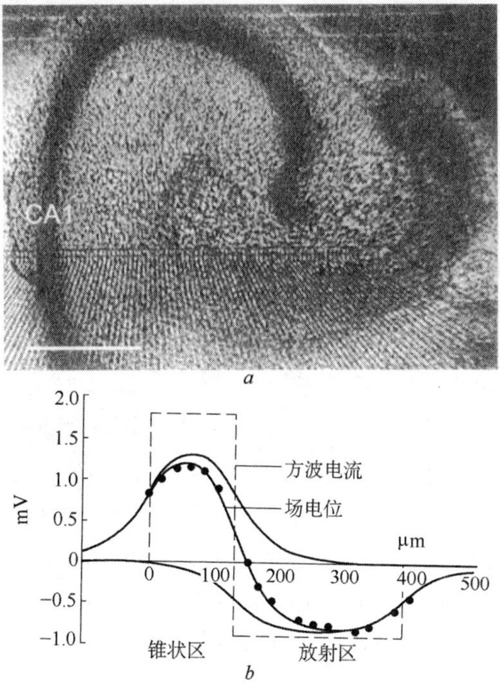

图 25.12　有机切片的晶体管记录

a—培养 14 天后的老鼠海马状突起切片的尼氏染色照片，标尺 400μm，神经细胞体（点状）呈带状分布，晶体管线阵穿过细胞体黑带（锥状区）和浅色枝状区（放射区）沿垂直于 CA1 区分布；*b*—垂直于 CA1 区（黑点）的场电位分布曲线，根据片式导体模型进行曲线拟合，放射区为稳定的负电流密度，锥状区为稳定的平衡正电流密度，两个区的贡献以细线表示，电流密度的方波曲线以虚线表示

切片实施电容性激励的基础。

25.5　结论与展望

本研究很好地回答了单个神经细胞与半导体芯片之间电相互作用界面的基本问题，如中心-外膜导体的本质、狭隙性能、累计离子通道的作用以及晶体管记录和电容激励机制等。但对于电容激励，尚需研究离子通道的电容性开关问题。目前的问题是优化问题。对于神经细胞，必须通过重组的方法提高结中细胞膜的结合力和电导率。对于半导体，必须提高激励源电容并降低晶体管噪声。

就神经网络和数字微电子混合体系来说，研究还处于初级阶段。未来的发展有两个方向：一个是创造具有学习型神经键和确定结构的脊椎动物和哺乳动物的小型神经网络，另一个是在密排双向界面接触阵列上生长大型神经网络。最为关键的一个问题就是修订 CMOS 技术的现行工业标准。对于尚处于孕育期的脑切片界面技术，也有两个发展方向：双向接触阵列将描绘出脑动力学的完整时空图谱，而混合神经电子系统的实现将展示出数字控制的联想记忆能力。

神经电子集成系统将揭示神经网络中信息处理的本质，但同时也会提出极具吸引力的新的物理-生物-计算问题。尽管生物电子神经计算机和微电子神经假体的梦想令人振奋，但这不应该掩盖其中大量的实际问题。

致 谢

大量的研究者们用他们的知识和热情为本领域的研究做出了贡献，没有他们的合作就没有本章介绍的工作。柏林工业大学（TU Berlin）微电子学院的 Bernt Muller 制备出多种芯片并对我们的芯片技术提出了建议，他的帮助对我们是无价之宝。本项目的资助方为：the Universität Ulm, the Fonds der Chemischen Industrie, The Deutsche Forschungsgemeinschaft, the Max-Planck-Gesellschaft, the Bundesministerium für Bildung und forschung.

（米绪军译，屠海令校）

参 考 文 献

1. P. Fromherz: 20th Winter seminar on Molecules, Memory and Information, Klosters, Switzerland (1985) (see http://www.biochem.mpg de/mnphys/)
2. P. Fromherz: Chem. Phys. Chem. **3**, 276 (2002)
3. R. Weis, P. Fromherz: Phys. Rev. E **55**, 877 (1997)
4. A. Lambacher, P. Fromherz: J. Opt. Soc. Am. B **19**, 1435 (2002)
5. D. Braun, P. Fromherz: Phys. Rev. Lett. **81**, 5241 (1998)
6. R. Weis, B. Müller, P. Fromherz: Phys. Rev. Lett. **76**, 327 (1996)
7. S. Vassanelli, P. Fromherz: J. Neurosci. **19**, 6767 (1999)
8. B. Straub, E. Meyer, P. Fromherz: Nature Biotech. **19**, 121 (2001)
9. P. Fromherz, A. Offenhäusser, T. Vetter, J. Weis: Science **252**, 1290 (1991)
10. M. Jenkner, P. Fromherz: Phys. Rev. Lett. **79**, 4705 (1997)
11. R. Schätzthauer, P. Fromherz: Eur. J. Neurosci. **10**, 1956 (1998)
12. P. Fromherz: Eur. Biophys. J. **28**, 254 (1999)
13. P. Fromherz, A. Stett: Phys. Rev. Lett. **75**, 1670 (1995)
14. M. Jenkner, B. Müller, P. Fromherz: Biol. Cybernet. **84**, 239 (2001)
15. D. Braun, P. Fromherz: Phys. Rev. Lett. **86**, 2905 (2001)
16. P. Bonifazi, P. Fromherz: Adv. Mater. **14**, 1190 (2002)
17. G. Zeck, P. Fromherz: Proc. Nat. Acad. Sci. USA **98**, 10457 (2001)
18. A.A. Prinz, P. Fromherz: Biol. Cybernet. **82**, L1 (2000)
19. M. Merz, P. Fromherz: Adv. Mater. **14**, 141 (2002)
20. P. Fromherz: Eur. Biophys. J. **31**, 228 (2002)
21. B. Besl, P. Fromherz: Eur. J. Neurosci. **15**, 999 (2002)

List of Contributors

Ammerlaan, C.A.J
Van der Waals–Zeeman Institute
University of Amsterdam
Valckenierstraat 65
1018 XE Amsterdam,
The Netherlands
ammerlaan@science.uva.nl

Baron, F.A.
University of California Los Angeles
CA 90095-1594, USA
baron@ee.ucla.edu

Barton, J.
NMRC Institute, Lee Maltings
Prospect Row
Cork, Ireland
john.barton@nmrc.ie

Bellis, S.
NMRC Institute, Lee Maltings
Prospect Row
Cork, Ireland
stephen.bellis@nmrc.ie

Borel, J.
JB-R&D
12 rue du Drac
38120 Saint Egreve, France
josephborel@aol.com

Chelikowsky, J.
Department of Chemical Engineering
and Materials Science
University of Minnesota
Minneapolis, MN 55455, USA
jrc@msi.umn.edu

Colinge, J.-P.
Department of Electrical and
Computer Engineering
University of California
Davis, CA 95616, USA
colinge@ece.ucdavis.edu

Crean, G.
NMRC Institute, Lee Maltings
Prospect Row
Cork, Ireland
gabriel.crean@nmrc.ie

Deboy, G.
Infineon Technologies AG
Automotive and Industrial Division
Power Management & Supplies
Balanstr. 59
81541 München, Germany
gerald.deboy@infineon.com

Delaney, K.
NMRC Institute, Lee Maltings
Prospect Row
Cork, Ireland
kieran.delaney@nmrc.ie

Duesberg, G.S.
Infineon Technologies AG
Corporate Research, Nano Processes
Otto-Hahn-Ring 6
81739 Munich, Germany

Eisele, I.
Universität der Bundeswehr München
Institut für Physik
85579 Neubiberg, Germany
ignaz.eisele@unibw-muenchen.de

Flade, T.
Freiberger Compound Materials GmbH,
Am Junger Löwe Schacht 5
09599 Freiberg, Germany
info@fcm-germany.com

Fromherz, P.
Max-Planck-Institut für Biochemie,
Am Klopferspitz 18 A
82152 Martinsried, Germany
fromherz@biochem.mpg.de

Fuhs, W.
Hahn Meitner Institut
Abteilung Silizium – Photovoltaik
Kekulestraße 5
12489 Berlin, Germany
fuhs@hmi.de

Giessibl, F.J.
Experimentalphysik VI, EKM
Institute of Physics
University of Augsburg
86135 Augsburg, Germany
franz.giessibl@physik.uni-augsburg.de

Graham, A.P.
Infineon Technologies AG
Corporate Research, Nano Processes
Otto-Hahn-Ring 6
81739 Munich, Germany

Grimmeiss, H.G.
Solid State Physics
University of Lund
221 00 Lund, Sweden
hermann.grimmeiss@ftf.lth.se

Healy, T.
NMRC Institute, Lee Maltings
Prospect Row
Cork, Ireland
thomas.healy@nmrc.ie

Heiser, T.
Laboratoire de Physique et Applications des Semiconducteurs
BP20
67037 Strasbourg Cedex 2, France
thomas.heiser@phase.c-strasbourg.fr

Heywang, W.
Siemens Corporate Research Laboratories
Munich, Germany, retired
Schwabener Weg 9 A
85630 Neukeferloh, Germany
walter.heywang@t-online.de

Hoenlein, W.
Infineon Technologies AG
Corporate Research, Nano Processes
Otto-Hahn-Ring 6
81739 Munich, Germany
wolfgang.hoenlein@infineon.com

Jacob, H.
Chemitronik,
Marienbergerstrasse 17
84489 Burghausen, Germany,
herbert.g.jacob@t-online.de

Jurisch, M.
Freiberger Compound
Materials GmbH,
Am Junger Löwe Schacht 5
09599 Freiberg, Germany
jurisch@fcm-germany.com

Kasper, E.
Institut für Halbleitertechnik
Universität Stuttgart
Pfaffenwaldring 47
70569 Stuttgart, Germany
icsi2@iht.uni-stuttgart.de

Kretz, J.
Infineon Technologies AG
Corporate Research
Otto-Hahn-Ring 6
81739 Munich, Germany
johannes.kretz@infineon.com

Kreupl, F.
Infineon Technologies AG
Corporate Research, Nano Processes
Otto-Hahn-Ring 6
81739 Munich, Germany

Krimmel, E.F.
Siemens Corporate
Research Laboratories
Munich, Germany, retired
and J.W. Goethe University,
Frankfurt/Main, Germany, retired
and European Materials Research
Society
Strasbourg, France
Mendelssohnstrasse 7
82049 Pullach/Isartal, Germany
520079789984-0001@t-online.de

Liebau, M.
Infineon Technologies AG
Corporate Research, Nano Processes
Otto-Hahn-Ring 6
81739 Munich, Germany

Majeed, B.
NMRC Institute, Lee Maltings
Prospect Row
Cork, Ireland
bivragh.majeed@nmrc.ie

Muller, J.-C.
CNRS, Laboratoire PHASE, BP 20
67037 Strasbourg Cedex 2, France
jean-claude.muller@
phase.c-strasbourg.fr

O'Mathuna, C.
NMRC Institute, Lee Maltings
Prospect Row
Cork, Ireland
cian.omathuna@nmrc.ie

Porst, A.
Siemens Corporate
Munich, Germany, retired
Kurt Floericke Strasse 14
81249 München, Germany

Risch, L.
Infineon Technologies AG
Corporate Research,
Otto-Hahn-Ring 6
81739 Munich, Germany
lothar.risch@infineon.com

Schnöller, M.
Siemens Corporate
Munich, Germany
retired,
Grete-Hoffmann-Weg 24
85778 Haimhausen, Germany
m.schnoeller@web.de

Schulze, J.
Universität der Bundeswehr München
Institut für Physik
85579 Neubiberg, Germany

Seidel, R.
Infineon Technologies AG
Corporate Research, Nano Processes
Otto-Hahn-Ring 6
81739 Munich, Germany

Siffert, P.
Laboratoire PHASE-CNRS and
European Materials Research Society
23 rue du Loess
67037 Strasbourg Cedex 2, France
emrs@phase.c-strasbourg.fr

Slaoui, A.
Laboratoire PHASE-CNRS
23 rue du Loess
67037 Strasbourg Cedex 2, France
slaoui@phase.c-strasbourg.fr

Unger, E.
Infineon Technologies AG
Corporate Research, Nano Processes
Otto-Hahn-Ring 6
81739 Munich, Germany

Wang, K.L.
University of California Los Angeles
CA 90095-1594, USA and
Hong Kong University of Science and Technology
Clear Water Bay
Hong Kong
wang@ee.ucla.edu

Zaininger, K.H.
Siemens Corporate Research Laboratories
Princeton, NJ, USA, retired
9 East Shore Drive,
Princeton-Atlantic City,
Princeton, NJ 08540, USA
karl@zaininger.com